"十三五"国家重点出版物出版规划项目
中国油气重大基础研究丛书

中国天然气地质与开发基础理论研究

Basic Research on Natural Gas Geology and Development in China

赵文智 等 著

科学出版社
北京

内 容 简 介

本书为国家重点基础发展计划（973）“高效天然气藏形成分布与凝析、低效气藏经济开发的基础研究（2001CB2091）”与“中低丰度天然气藏大面积成藏机理与有效开发的基础研究（2007CB2095）”十年研究成果的凝练，分为天然气地质、地球物理和气藏开发三部分共十二章：第一章至第四章重点介绍中国两类天然气资源成藏地质理论与分布；第五章到第八章重点介绍两类天然气藏地震识别理论、技术及应用；第九章至第十二章重点介绍致密砂岩天然气藏有效开发基础理论与关键方法和技术。

本书可供从事天然气勘探开发的科研人员、院校师生及油田生产部门的技术和管理人员阅读参考。

图书在版编目（CIP）数据

中国天然气地质与开发基础理论研究＝Basic Research on Natural Gas Geology and Development in China/赵文智等著. —北京：科学出版社，2019.3

（中国油气重大基础研究丛书）

“十三五”国家重点出版物出版规划项目

ISBN 978-7-03-058547-9

Ⅰ.①中…　Ⅱ.①赵…　Ⅲ.①石油天然气地质-研究-中国②天然气-气田开发-研究-中国　Ⅳ.①P618.130.2②TE37

中国版本图书馆 CIP 数据核字（2018）第 187793 号

责任编辑：吴凡洁　冯晓利 / 责任校对：彭　涛

责任印制：师艳茹 / 封面设计：黄华斌

科学出版社 出版

北京东黄城根北街 16 号

邮政编码：100717

http://www.sciencep.com

三河市春园印刷有限公司 印刷

科学出版社发行　各地新华书店经销

*

2019 年 3 月第　一　版　开本：787×1092　1/16

2019 年 3 月第一次印刷　印张：23 1/4

字数：522 000

定价：298.00 元

（如有印装质量问题，我社负责调换）

“中国油气重大基础研究丛书”编委会

丛　书　序

石油与天然气是人类最重要的能源，半个世纪以来油气在一次能源消费结构中占比始终保持在56%～60%。2015年，全球一次能源消费总量130亿t油当量，其中石油占31%、天然气占27%。据多家权威机构预测，2035年一次能源消费总量162亿t，油气占比仍将在60%左右；随着全球性碳减排趋势加快，天然气消费总量和结构性占比将逐年增加，2040年天然气有望超过原油成为主要一次消费能源。

根据以美国地质调查局（USGS）为代表的多家机构预测，全球油气资源丰富，足以支持以油气为核心的全球能源经济在21世纪保持持续繁荣。USGS研究结果表明：全球常规石油可采储量4878亿t，已采出1623亿t，剩余探明可采储量2358亿t，剩余待发现资源897亿t；全球常规天然气可采资源量471万亿m^3，已采出95.8万亿m^3，剩余探明可采储量187.3万亿m^3，剩余待发现资源187.9万亿m^3。近年来美国成功开发了新的油气资源——非常规油气，据多家机构评估全球非常规油可采资源量5100亿t，非常规气可采资源量2000万亿m^3，油气资源将大幅增加，全球油气资源枯竭的威胁彻底消除。与此同时，全球油气资源变化的另一个趋势是资源劣质化，油气经济开发将要求更新、更复杂的技术，以及更低的生产成本。油气资源的大幅增加和劣质化已成为影响石油工业发展的重大因素，并将长期起作用。

石油工业的繁荣依赖于油气资源、技术、市场和政治、经济、社会环境。在一定的资源条件下，理论技术是最活跃、最具潜力的变量，石油工业的历史就是一部石油地质学与勘探开发技术发展史。非常规油气依靠水平井和体积压裂技术进步得以成功开发，揭示了全球石油工业未来油气资源大幅度增加和大幅度劣质化的资源前景，也揭示了理论技术创新的巨大威力和理论技术未来发展的无限可能性。所以回顾历史、展望未来，石油工业前景一定是持续发展和前景辉煌的，也一定是更高度依赖石油地质理论和勘探开发技术进步的。

石油天然气地质学（geology of petroleum），是研究地壳中油气成因、成藏的原理和油气分布规律的应用基础学科，是油气勘探开发的理论基础。人类认识和利用油气的历史由来已久，但现代油气勘探开发一般以1859年美国成功钻探的世界上第一口工业油井作为标志。1917年，美国石油地质学家协会（AAPG）成立，并出版了《美国石油地质学家协会通报》（*AAPG Bulletin*）。1921年，Emmons出版*Geology of Petroleum*，标志着石油天然气地质学成为一门独立的学科。20世纪30年代，McCollough与Leverson正式提出“圈闭学说”，成为常规油气地质理论的核心内容。1956年，Levorsen的*Geology of Petroleum*问世，实现了石油天然气地质学理论的系统化和科学化，建立了完善的圈闭分类体系，将圈闭划分为构造、地层和复合圈闭，指出储集层、盖层和遮挡条件是油气藏形成的必要条件，圈闭油气成藏是常规油气聚集机理的理论核心。经典的石油天然气地质学的理论核心包括盆地沉降增温增压、有机质干酪根生烃与油气系统理论；由岩石骨架、有效孔隙及充注的可动流体构成的油气储集层理论；含油气盆地、区带、圈闭与油气藏的油气分布理论；能量与物质守恒，由人工干预形成油气储集层不同部位流体压差，从而形成产生和控制流动的油气开发理论。

石油天然气地质学历经百年历史，其发展史深受石油工业勘探开发实践、地质学相关基础学科进展和探测与计算机技术发展的推动。石油工业油气勘探从背斜圈闭油气藏发展到岩性地层油气藏；从陆地推进到海洋，进而到深水；从常规发展到非常规，这些都推动了石油天然气地质学理论的重大突破和新理论、新概念的出现。而地质学基础学科不断出现的重大进展，包括板块构造理论、层序地层学理论、有机质生烃理论都被及时融入石油天然气地质学核心理论之中。地震与测井等地球物理学勘探技术、地球化学分析技术与计算机技术的飞速发展推动了油气勘探开发技术进步，也推动了石油天然气地质学理论的进步与完善。纵观百年石油天然气地质学发展历史，可以看到五个重要节点：①背斜与圈闭理论（19 世纪 80 年代～20 世纪 30 年代）；②有机质生烃与油气系统理论（20 世纪 60～70 年代）；③陆相油气地质理论（20 世纪 40 年代～21 世纪初）；④海洋深水油气地质理论（20 世纪 80 年代～21 世纪初）；⑤连续型油气聚集与非常规油气地质理论（2000 年至今）。

近年来，随着全球油气产量增长和勘探开发规模不断扩大，勘探领域主要转向陆地深层、海洋深水和非常规油气。新的勘探活动不断揭示了新的地质现象和新的油气分布规律，许多是我们前所未知的，如陆地深层 8000m 的油气砂岩和碳酸盐岩储层、海洋深水陆棚的规模砂体分布、非常规油气的“连续性分布”成藏规律，都突破了传统的石油地质学、沉积学认识，揭示了基础理论的突破点和新理论的生长点，石油地质理论正面临着巨大变革的前景和机遇。

深层、深水、非常规勘探地质领域的发展同时也对地球物理和钻井等工程技术提出了更高、更难的技术需求和挑战，刺激石油工业工程技术加速技术创新和发展。与此同时，全球材料、电子、信息和工程制造等学科快速发展，极大地推动了工程技术和装备的更新。地球物理勘探的陆地和海洋反射地震三维技术，钻井工程的深井、水平井钻井和体积压裂技术，3000m 水深的海洋深水开发作业能力，以人工智能为特征的信息化技术等都是近年工程技术创新发展的重点和亮点。预期工程技术发展方兴未艾，随着科技创新受到极大重视和科技研发投入持续增加，工程理论技术必将进入快速发展期，基础理论与基础技术已受到关注，也将进入发展黄金期。

我国石油工业历经六十余年快速发展，形成了独立自主的石油工业体系和强大的科技创新能力，油气勘探技术水平已进入全球行业前列。2015 年我国原油产量 2.15 亿 t，世界排名第四位，天然气产量 1333 亿 m^3，世界排名第六位。目前，我国油气勘探开发理论技术水平已经总体达到国际先进水平，其中陆相油气地质理论一直居国际领先地位，在陆上复杂地区的油气勘探技术领域，我国处于领先水平；我国发展了古老海相碳酸盐岩成藏地质理论与勘探配套技术，在四川盆地发现安岳气田，是我国地层最古老、规模最大的海相特大型气田，累计探明地质储量 8500 亿 m^3；发展了前陆冲断带深层天然气成藏理论，复杂山地盐下深层宽线大组合地震采集和叠前深度偏移、超深层复杂地层钻完井提速等勘探配套技术，油气勘探深度从 4000m 拓展到 8000m，在塔里木盆地库车深层发现5个千亿立方米大气田，形成万亿立方米规模大气区；在油气田开发提高采收率技术领域，大庆油田发展的二次、三次采油提高采收率技术，在全球原油开发技术界一直处于国际领先地位。在海洋油气勘探开发和工程技术领域，我国在近海油气勘探开发方面处于同等先进水平；在深水油气方面，我们已获得重大突破，但在深水工程技术和装备方面，与全球海洋工程强国相比仍有重大差距；在新兴的非常规油气开采技术领域，我国石油工业界起步迅速，已经基本掌握了页岩气、煤层气开采技术，成功开发了四川盆地志留系龙马溪组页岩气田。在油气勘探开发专业服务技术及装备领域，我国近年快速发展，在常规专业技术和装备方面已经全面实现了国产化，高端技术服务和装备已初步具有独立研发先进、新型、高端装备的能力。在技术进步助推下，中国石油集团东方地球物理勘探有限责任公司已成为全球最大物探技术服务公司。但我国石油科技界油气勘探开发面临重大挑战：深层油气成藏富集规律与科学问题；低渗透-致密油气提高采收率技术与理论问题；非常规油气（页岩气、致密油气、煤层气）勘探生产先进技术与科学问题；海洋及深水油气勘探生产重大科学问题；勘探地球物理、测井、钻井压裂新技术与科学问题等。我们也清醒地看到我国要成为真正的石油工业技术强国依然任重道远，我们要正视差距、继续努力，特别是要大力加强基础理论和基础技术。

1997年3月，我国政府高度重视科学技术，确定了建立“创新型国家”的战略方向，采纳科学家的建议，决定开展国家重点基础研究发展计划（973计划）。973计划是具有明确国家目标、对国家的发展和科学技术的进步具有全局性和带动性的基础研究发展计划，旨在解决国家战略需求中的重大科学问题，以及对人类认识世界将会起到重要作用的科学前沿问题，提升我国基础研究自主创新能力，为国民经济和社会可持续发展提供科学基础，为未来高新技术的形成提供源头创新。这是我国加强基础研究、提升自主创新能力的重大战略举措。自1998年实施以来，973计划围绕农业、能源、信息、资源环境、人口与健康、材料、综合交叉与重要科学前沿等领域进行战略部署，2006年又启动了蛋白质研究、量子调控研究、纳米研究、发育与生殖研究四个重大科学研究计划。十几年来，973计划的实施显著提升了中国基础研究创新能力和研究水平，带动了我国基础科学的发展，培养和锻炼了一支优秀的基础研究队伍，形成了一批高水平的研究基地，为经济建设、社会可持续发展提供了科学支撑。自973计划设立以来，能源领域油气行业共设置27项（表1），对推动油气地质理论的研究与应用起到了至关重要的作用，带动了我国油气行业的快速发展。

表1　国家973计划油气行业立项清单

序号	项目编号	项目名称	首席	第一承担单位	立项时间
1	G1999022500	大幅度提高石油采收率的基础研究	沈平平 俞稼镛	中国石油勘探开发研究院	1999
2	G1999043300	中国叠合盆地油气形成富集与分布预测	金之钧 王清晨	中国石油大学（北京）	1999
3	2001CB209100	高效天然气藏形成分布与凝析、低效气藏经济开发的基础研究	赵文智 刘文汇	中国石油勘探开发研究院	2001

续表

序号	项目编号	项目名称	首席	第一承担单位	立项时间
4	2002CB211700	中国煤层气成藏机制及经济开采基础研究	宋　岩 张新民	中国石油集团科学技术研究院	2002
5	2003CB214600	多种能源矿产共存成藏（矿）机理与富集分布规律	刘池阳	西北大学	2003
6	2005CB422100	中国海相碳酸盐岩层系油气富集机理与分布预测	金之钧	中国石油化工股份有限公司石油勘探开发研究院	2005
7	2006CB202300	中国西部典型叠合盆地油气成藏机制与分布规律	庞雄奇	中国石油大学（北京）	2006
8	2006CB202400	碳酸盐岩缝洞型油藏开发基础研究	李　阳	中国石油化工股份有限公司石油勘探开发研究院	2006
9	2006CB705800	温室气体提高石油采收率的资源化利用及地下埋存	沈平平 郑楚光	中国石油集团科学技术研究院	2006
10	2007CB209500	中低丰度天然气藏大面积成藏机理与有效开发的基础研究	赵文智	中国石油天然气股份有限公司勘探开发研究院	2007
11	2007CB209600	非均质油气藏地球物理探测的基础研究	王尚旭	中国石油大学（北京）	2007
12	2009CB219300	火山岩油气藏的形成机制与分布规律	陈树民	大庆油田有限责任公司	2009
13	2009CB219400	南海深水盆地油气资源形成与分布基础性研究	朱伟林	中国科学院地质与地球物理研究所	2009
14	2009CB219500	南海天然气水合物富集规律与开采基础研究	杨胜雄	中国地质调查局	2009
15	2009CB219600	高丰度煤层气富集机制及提高开采效率基础研究	宋　岩	中国石油集团科学技术研究院	2009
16	2010CB226700	深井复杂地层安全高效钻井基础研究	李根生	中国石油大学（北京）	2010
17	2011CB201000	碳酸盐岩缝洞型油藏开采机理及提高采收效率基础研究	李　阳	中国石油化工股份有限公司石油勘探开发研究院	2011
18	2011CB201100	中国西部叠合盆地深部油气复合成藏机制与富集规律	庞雄奇	中国石油大学（北京）	2011
19	2012CB214700	中国南方古生界页岩气赋存富集机理和资源潜力评价	肖贤明	中国科学院广州地球化学研究所	2012
20	2012CB214800	中国早古生代海相碳酸盐岩层系大型油气田形成机理与分布规律	刘文汇	中国石油天然气股份有限公司勘探开发研究院	2012
21	2013CB228000	中国南方海相页岩气高效开发的基础研究	刘玉章	中国石油集团科学技术研究院	2013
22	2013CB228600	深层油气藏地球物理探测的基础研究	王尚旭	中国石油大学（北京）	2013
23	2014CB239000	中国陆相致密油（页岩油）形成机理与富集规律	邹才能	中国石油集团科学技术研究院	2014

续表

序号	项目编号	项目名称	首席	第一承担单位	立项时间
24	2014CB239100	中国东部古近系陆相页岩油富集机理与分布规律	黎茂稳	中国石油化工股份有限公司石油勘探开发研究院	2014
25	2014CB239200	超临界二氧化碳强化页岩气高效开发基础	李晓红	武汉大学	2014
26	2015CB250900	陆相致密油高效开发基础研究	姜汉桥	中国石油大学（北京）	2015
27	2015CB251200	海洋深水油气安全高效钻完井基础研究	孙宝江	中国石油大学（华东）	2015

这 27 个项目选题涵盖了我国石油工业上游和石油地质基础理论、基础技术方面的重大科学问题，既是石油工业当前发展面临的重大挑战，也是石油地质基础理论和基础技术未来的发展方向。这批重大科学问题的研究解决，必将大大推动我国石油天然气勘探开发储量产量的增长，保障国家油气供应安全和社会经济增长的能源需求；同时支持我国石油地质科学技术的进步与深入发展，推动基础研究进入新的阶段。

这 27 个项目现在已基本完成计划合同规定的研究内容，取得丰硕的成果，相当部分研究成果已经被中国石油天然气集团有限公司、中国石油化工集团有限公司和中国海洋石油集团有限公司应用于勘探生产，取得了巨大的经济效益；在科学理论方面的成果也在逐渐显现，我国石油地质学家在非常规油气地质理论方面已逐渐赶上国际前沿，先进理论技术进步渗透石油界与科学界，未来将进一步发挥其效能，显现其深远影响。

这 27 个 973 项目及其成果主要集中在以下几个方面。

（1）大幅度提高采收率技术（2 个项目），在大型砂岩油田化学驱提高石油采收率基础理论技术研究方面取得了国际领先的成果，并成功应用于大庆油田。

（2）我国天然气地质理论（3 个项目），针对我国复杂地质条件背景，在形成高丰度构造型气藏和低丰度大面积岩性地层型气藏的成藏机理、富集规律及开发理论技术方面取得重大进展，支撑我国天然气快速增长。

（3）海相碳酸盐岩油气地质理论（4 个项目），针对我国古老层系海相碳酸盐岩多期演化与高热演化成熟度特点，在古老碳酸盐岩沉积层序恢复、古老油气系统演化、储层分布规律及成藏特征等重大地质基础理论，以及深层复杂气藏勘探开发技术方面取得重大进展。

（4）我国西部叠合盆地构造与油气成藏理论（3 个项目），在我国西部塔里木等盆地“叠合”特征分析、盆地构造演化解析及多源油气系统长期演化的规律研究中，在盆地构造学和石油地质学基础理论方面取得重大进展。

（5）非常规油气地质（8 个项目，包括煤层气、致密油气、页岩油气、天然气水合物），非常规油气是近年出现的新油气资源，其成功开发既表现出巨大的经济意义，也揭示了非常规油气地质是一个全新的理论技术领域，是石油地质基础理论和技术新突破和取得重大进展的良好机遇，因此 973 计划给予了重点部署。这批成果包括建立了独具特色的高煤阶煤层气地质理论与开发技术；在古老海相页岩气地质理论和技术上取得重大进展，支持四川盆地志留系龙马溪组页岩气成功大规模开发；在陆相致密油和页岩油地质理论取得重大进展，发展了我国陆相非常规油气地质理论；在天然气水合物地质上取得进展。这批成果追踪和接近国际前沿，显示了我国科学家的学术水平和创造力，未来有进一步扩大的潜力。

（6）深井、深水钻井与地球物理勘探理论技术（5个项目），针对油气勘探转向深层、深水与非常规，在深井、深水钻井和地球物理反射地震勘探基础理论技术方面取得重大进展，从工程技术上支撑了我国近年油气勘探开发。

（7）南海深水石油天然气地质理论（1个项目），在南海构造沉积演化与深水油气富集规律理论领域取得重大成果。

（8）沉积盆地多种能源矿产共存机理（1个项目），在沉积盆地中油气、煤与铀等矿产共存富集机理方面取得重大成果。

石油作为人类社会最重要的能源战略资源，将在一段相当长的时期内发挥无可替代的作用，石油工业仍然是最强大和最具生产力的工业部门。科学技术是石油工业生存发展的永恒动力，基础理论和基础技术创新是动力的不竭源泉，相信石油科技未来必将有更伟大的创新发现，推动石油工业走向更辉煌的未来。

我本人有幸在2007～2015年期间成为973计划第四、五届专家顾问组成员，并担任能源组召集人，亲身经历了这一段石油地质科学蓬勃发展的珍贵时光。回顾历史，十分感慨。感谢科学技术部关注石油工业科技发展，设立27个973计划项目，系统开展石油地质基础理论研究，有效推动了我国油气勘探开发理论技术创新，促进了油气行业的快速发展；感谢这批973计划项目首席科学家及相关研究人员立足岗位、积极奉献，为我国石油科技进步做出了突出贡献；感谢各承担单位在项目研究过程中给予的支持，保障项目顺利实施。“科学技术是第一生产力”，希望我们广大石油地质工作者能够立足行业重大科学问题，持之以恒、开拓进取，不断推进石油地质基础理论研究，为我国油气勘探开发提供不竭的动力。

本套丛书是对973计划油气领域27个项目在基础理论和基础技术方面攻关成果的总结，将陆续出版。相信本套丛书的出版，将会促进研究成果交流，推动我国石油地质理论领域发展。

中国科学院院士

2018年12月

前　　言

2000 年以来，随着国民经济的快速发展，我国石油需求急剧增加，石油对外依存度逐年增大，从 2001 年的 25%增加到 2010 年的 54%，已严重威胁国家能源安全。以煤为主的一次能源消费结构造成的大气污染损失已占 GDP 的 5%～7%，环境问题已严重影响我国经济和人民生活的健康发展。有效解决的重要途径是加快天然气勘探开发，提高天然气在一次能源消费结构中的比例，保障国民经济可持续发展，促进建设宜居环境，构建和谐社会。

我国天然气资源丰富，剩余可采资源量近 $27\times10^{12}m^3$。天然气工业正步入快速发展阶段，未来 50 年是天然气的大发展时期。资源品质方面，高效天然气资源只占天然气总资源量的 1/3 左右，其余 2/3 主要是中低丰度天然气资源。在当前已探明的 $5.3\times10^{12}m^3$ 储量中，中低丰度天然气储量占 73%。由于中低丰度天然气资源在地质条件上有特殊性，如储层低孔低渗、气水边界与储层物性边界不明显，常规天然气藏地震识别与开发理论具有不适用性，相关技术研发缺少理论基础等，亟待创新和突破。

我国高度重视天然气资源的开发和利用，不断加大科技投入，2001～2011 年，先后启动两期国家 973 天然气基础研究项目，聘请中国石油勘探开发研究院赵文智教授为首席科学家，由中国石油勘探开发研究院、中国石油大学（北京）、清华大学、中国科学院广州地球化学所等 14 家单位近百位专家学者参与研究，形成一支高水平、长期稳定和有创新能力的科学家团队，历经十年，潜心研究，通过基础理论和方法技术创新，推动我国天然气地质学发展，实现对我国天然气资源大规模勘探、发现与开发利用，推动天然气储量与产量快速发展。

总体上，我国天然气资源受两类大气田控制：一类是以构造型气藏为主的高丰度大气田，另一类是以地层岩性气藏为主的中低丰度大气田。

高丰度大气田方面，重点围绕制约我国天然气工业快速发展的关键问题开展研究，从高效气源灶、有效的成藏过程及优质成藏要素组合三个方面提出高效天然气藏形成与分布的评价指标，初步建立中国高效天然气藏形成的地质理论。针对我国高效气藏地质特点，建立气藏地球物理响应的理论基础，发展并完善实用技术，实现天然气藏的有效发现。阐明我国典型低效气藏的成因机理，建立相应的地质模式，提供低效气藏高效改造与保护的理论技术与实用技术。发展并完善凝析气藏气、液、固复杂相态与渗流理论，为实现凝析、低效气藏的经济开发提供理论依据和技术支持。

低丰度大气田方面，重点研究我国中低丰度天然气资源形成分布与规模有效开发的基础理论问题，提出一整套有关中低丰度天然气资源大型化成藏的地质新认识，创新开发多项面对复杂气水分异的气藏地震有效识别特色技术和低孔、渗气藏规模有效开发的理论与配套技术等。中低丰度大气田的成藏过程更为复杂，既有埋藏期的体积流充注，又有抬升期的扩散流充注，天然气在大面积分布的低孔渗储集体中高效聚集成藏。在气藏地球物理识别方面，由于这类气藏的气水分异复杂、含气饱和度空间变化大，有效预测这类气藏和定量评价其中含气饱和度的空间变化是世界难题。这项研究成果攻克了一系列岩石物理和复杂气藏有效识别方面的基础理论问题，研发出多项特色识别评价新技术。在低孔、渗天然气藏有效开发方面，这项成果在渗流机理研究基础上，通过井网优化，优先开发“甜点”储层中的天然气储量，并带动周围致密储层中天然气储量的有效动用，成功解决了边际性很强的低丰度天然气储量规模动用问题，不仅增加了可动用储量，还为今后大规模有效动用我国低品位天然气储量作了有益的探索和开发技术的准备。

本专著是两期国家973项目研究的成果凝练，分为天然气地质、地球物理和气藏开发三部分共十二章：第一章至第四章重点介绍中国两类天然气资源成藏地质理论与分布，主要编写人员有赵文智、王红军、柳广弟、汪泽成、王兆云、卞从胜、徐安娜、徐兆辉、孙明亮、赵长毅、李永新、王铜山等；第五章至第八章重点介绍两类天然气藏地震识别理论、技术及应用，主要编写人员有曹宏、李红兵、巴晶、杨志芳、卢明辉、石玉梅、晏信飞、孙卫涛、徐右平、刘炯等；第九章至第十二章重点介绍致密砂岩天然气藏有效开发基础理论与关键方法和技术，主要编写人员有何东博、冉启全、杨贤友、熊春明、童敏、丁云宏、阎林、位云生、冀光、杨振周、唐海发、郑伟等。

全书由赵文智统一审稿，王红军、卞从胜、李永新和徐兆辉参与统稿。

本书相关研究得到科学技术部与中国石油天然气集团公司科技管理部的大力扶持，承担单位中国石油勘探开发研究院、中国石油大学（北京）、清华大学、中国科学院广州地球化学研究所等的全方位支持，参加研究的近百位科技人员付出了艰苦的劳动，项目跟踪专家组给予了严格的把关和指导，在此一并表示衷心的感谢！

作　者

2018年2月

目　　录

第一章　中国天然气资源类型与地质特征

我国天然气工业已进入快速发展时期，加强天然气地质基础研究，对客观评价天然气资源潜力、有效发现大气田、增加天然气储量具有重要指导意义。20 世纪八九十年代，通过大中型天然气田攻关研究，建立了以煤成气理论为核心的中国天然气地质理论，推动了我国天然气工业的起步。2002～2006 年，以国家 973 项目“高效天然气藏形成分布与凝析、低效气藏经济开发的基础研究（2001CB2015）”为依托，针对中国天然气地质条件的特殊性，建立了中国天然气高效成藏的地质理论，有效推动了一批高效大气田的发现。同时指出，中低丰度天然气资源是我国天然气勘探开发的主体，实现其大规模有效发现和利用，对确保我国天然气工业长期快速发展具有更重要的现实意义（赵文智等，2008a）。为此，自 2007 年开始，国家启动 973 项目“中低丰度天然气藏大面积成藏机理与有效开发的基础研究（2007CB2095）”，构建了中国低孔渗储层天然气资源大型化成藏的地质理论，重新评价了重点盆地的资源量，在推动这些地区天然气勘探并发现新储量中发挥了指导作用。

第一节　中国天然气资源类型

无论在中国还是在世界范围内，天然气资源的勘探程度和采出利用程度，与石油资源相比都相对较低，未来具有更大的发展潜力和前景。由于天然气的物质来源更具多样性，天然气资源赋存环境更广泛。总体上看，天然气资源十分丰富。按照资源品质和开发难易程度，天然气资源可分为常规天然气和非常规天然气资源两大类。常规天然气是指气藏的形成遵从经典的地质理论，即天然气从气源灶（岩）排出以后，在浮力作用下，经过运载层输配，在局部良好圈闭中发生了从分散到富集的过程，气藏的聚集需要盖层和圈闭的良好遮挡，具有较明显的气-水界面（张厚福，2000）。非常规天然气资源是指天然气的聚集过程不遵从经典的地质理论，并非在浮力作用下经过输导层输送，发生由分散到聚集的过程，而主要是靠气源灶和储集层之间强大的压力差或气体浓度差而发生体积式转移。天然气的聚集更多地依靠毛细管力的“束缚”和“阻挡”，没有明显的气-水分异界面，也没有明显的气藏边界。我国陆上多发育海相、海陆过渡相和陆相多层系叠合沉积盆地，其中陆相和海陆过渡相沉积层序中，碎屑岩沉积体系由于物源多、流程短、沉积相带变化快、储集体内部物性变化大且非均质性强，往往是常规储层与非常规储层交互共生。这种储层特征决定我国含气盆地中，很多天然气藏多形成于中低孔、低渗储层中，同时受原始沉积环境和成岩作用的双重影响，发育一系列物性相对较好的地区，俗称“甜点”。在储层特征上，具有常规与非常规储层共生的特点。据此，将这类由常规天然气藏与非常规天然气藏混合成藏构成的天然气资源，定义为中低丰度天然气资源（赵文智等，2008b）。中低丰度天然气资源有三个特征：①构成天然气藏的储集体物性和储层结构特征处于常规储层和非常规储层的过渡区，具有明显的过渡性（图 1.1）。②天然气聚集存在两种成藏机制，即常规气藏主要通过达西流流动，以体积流方式成藏，部分气藏具有明显的气水分异；非常规气（主要是致密砂岩气）主要通过非达西流动，以扩散流方式成藏，成藏机制具有双重性。③资源构成具有过渡性。以储层地下渗透率小于 0.1mD、地面渗透率小于 1mD 为标准，统计我国陆上已发现的中低丰度（亦称低渗透）气藏，常规气占 35%左右，非常规气占 65%左右（表 1.1）。

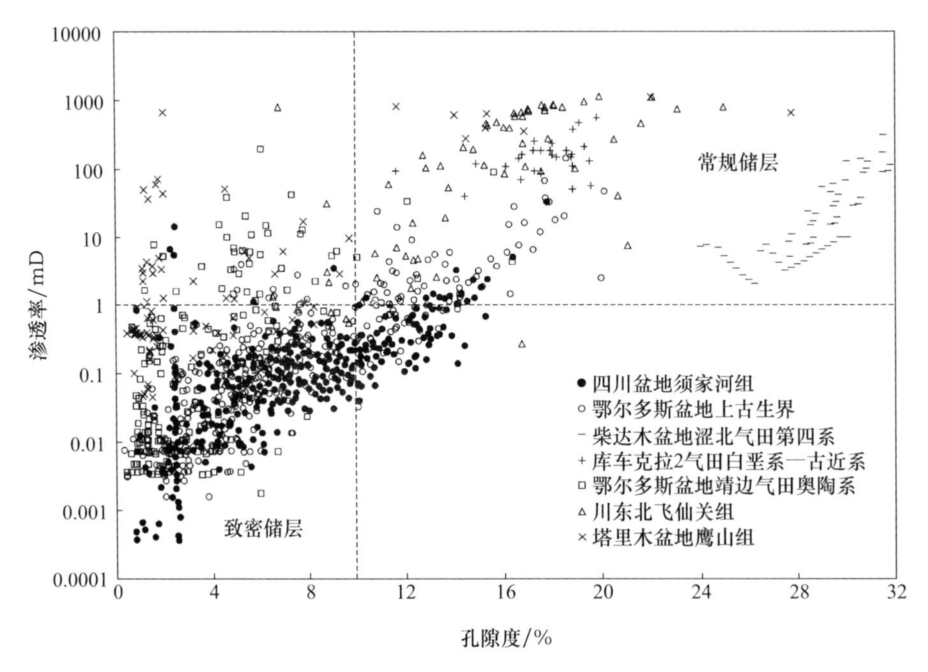

图 1.1 不同类型天然气藏储层物性分布特征

表 1.1 中国主要中低丰度气田储量构成一览表

序号	气田名称	面积/km^2	地质储量/10^8m^3	储量丰度/($10^8m^3/km^2$)	储量丰度类型	储层物性		非常规储量比例/%
						孔隙度/%	渗透率/mD	
1	塔中Ⅰ号	478.1	2376	3.1	中	3～6	3.5～12	0
2	罗家寨	125	797.4	4.8	中	5～11	1～56	0
3	和田河	143.4	616.9	3.1	中	2～7.9	2.5～27	0
4	东方 1-1	336.1	951.2	1.9	低	22～31	3～200	0
5	大北 1	50.8	587	7.2	中	5～9	5～15	0
6	徐深	285.1	2217.6	3.7	中	4～11	0.1～1	95
7	长岭Ⅰ号	54	706.3	7.2	中	4～9	0.1～1	96
8	威远	100	408.6	1.5	低	2～4	0.01～1	94
9	靖边	6693.7	4700	0.4	特低	4～9	0.01～5	79

续表

序号	气田名称	面积/km^2	地质储量/10^8m^3	储量丰度/($10^8m^3/km^2$)	储量丰度类型	储层物性		非常规储量比例/%
						孔隙度/%	渗透率/mD	
10	新场	161.2	2045.2	5.5	中	3～8	0.1～4	52
11	大天池	274.6	1067.6	2.7	中	3～7	0.01～7	83
12	大牛地	1457.7	3745.3	1.2	低	5～11	0.001～100	80
13	合川	1058	2299.4	1	低	7～10	0.001～50	83
14	广安	578.9	1355.6	1.1	低	6～13	0.001～10	81
15	苏里格	6356.8	8715.3	0.7	特低	7～11	0.01～100	75
16	榆林	1715.8	1807.5	0.7	特低	5～11	0.01～100	62
17	乌审旗	872.5	1012.1	0.6	特低	3.5～14	0.01～100	70
合计			35409					65.5

根据国土资源部2005年完成的全国油气资源评价结果，我国常规天然气地质资源量为$35\times10^{12}m^3$，可采资源量$22\times10^{12}m^3$（包括常规天然气资源和部分致密砂岩气资源）。煤层气资源总量为$37\times10^{12}m^3$，可采储量$11\times10^{12}m^3$。

截至2010年年底，全国共发现天然气田235个，累计探明天然气地质储量$7.67\times10^{12}m^3$，可采储量$4.47\times10^{12}m^3$，其中地质储量大于$300\times10^8m^3$的大型气田有45个，探明天然气储量$6.25\times10^{12}m^3$；地质储量大于$1000\times10^8m^3$的大型气田有19个，探明天然气储量$4.82\times10^{12}m^3$。通过对这些大气田基本地质特征进行分析，能够反映我国已发现天然气资源的类型和特征（表1.2）。

一、已发现大气田的地质特征

表1.2列出了44个大气田的主要地质参数。按照天然气藏分类的国家标准：可采储量丰度大于$8\times10^8m^3/km^2$为高丰度气藏，$2.5\times10^8\sim8\times10^8m^3/km^2$为中丰度气藏，小于$2.5\times10^8m^3/km^2$为低丰度气藏。我国天然气资源总量中，高丰度气藏占37%，中低丰度气藏占63%。另外，大气田的定义标准为气田探明储量大于$300\times10^8m^3$。按此两项标准，11个气田为高丰度大气田，33个气田为中低丰度大气田，两者分别占气田总数的25%和75%（表1.2）。

高丰度大气田以大中型构造圈闭与构造-岩性圈闭为主，储层物性较好，孔隙度一般大于10%，通常为8%～20%，渗透率大于1mD，多为5～20mD，无论是砂岩储层还是碳酸盐岩礁滩型储层，一般厚度较大，连续性较好，气柱高度可达百米至数百米。在气藏形成过程中，浮力作用和气水分异都较显著，具有明显的气-水界面，多为异常高压气藏。含气面积不一定很大，但单个气藏控制的储量规模大、储量丰度高。如塔里木盆地库车坳陷前陆冲断带中的克拉2大气田、四川盆地川东高陡构造带的普光大气田、琼东南断陷底辟构造带的崖13-1大气田等典型代表，它们是现阶段我国天然气产量的重要贡献者之一。

表 1.2　中国大气田地质参数

序号	气田名称	所属盆地	面积/km^2	圈闭类型	地质储量/10^8m^3	技术可采储量/10^8m^3	储量丰度/($10^8m^3/km^2$)	储量丰度类型	储层特征			
									时代	岩性	孔隙度/%	渗透率/mD
1	普光	四川盆地	126.6	构造-岩性	4121.7	3048.2	24.1	高	T_1	白云岩	6～28	0.1～3000
2	克拉 2	塔里木盆地	48.1	构造	2840.3	2128.9	44.3	高	K、E	砂岩	9～14.0	4.0～350
3	迪那 2	塔里木盆地	125.3	构造	1752.2	1138.9	9.1	高	N	砂岩	8～15.2	0.5～216
4	崖城 13-1	琼东南盆地	54.5	构造	978.5	763.7	14	高	E_3	砂岩	10.8～18.9	142～1400
5	克拉美丽	准噶尔盆地	65.7	构造-地层	1053.3	632	9.6	高	C	火山岩	4.3～10.5	1.6～6.3
6	台南	柴达木盆地	35.9	构造	951.6	536.7	15	高	Q	砂岩	21～39	76～470
7	涩北一号	柴达木盆地	46.7	构造	990.6	536	11.5	高	Q	砂岩	30.9～31.1	20～50
8	涩北二号	柴达木盆地	44.6	构造	826.3	433	9.7	高	Q	砂岩	18～38	>100
9	铁山坡	四川盆地	24.9	构造	374	280.5	11.3	高	T_1f	白云岩	5～11	50～100
10	春晓	东海盆地	19.3	构造	330.4	206.9	10.7	高	N	砂岩	13～28	16.1～239.4
11	柯克亚	塔里木盆地	19.4	构造	348.9	169.8	8.8	高	N	砂岩	7～18	300～500
12	塔中Ⅰ号	塔里木盆地	478.1	构造-岩性	2376	1468.7	3.1	中	O	碳酸盐岩	3～6	3.5～12
13	徐深	松辽盆地	285.1	构造-地层	2217.6	1048	3.7	中	K_2	火山岩	4～11	0.1～1
14	新场	四川盆地	161.2	构造	2045.2	893.4	5.5	中	T_3	砂岩	3～8	0.1～4
15	大天池	四川盆地	274.6	构造	1067.6	728.3	2.7	中	C_1h	白云岩	3～7	0.01～7
16	罗家寨	四川盆地	125	构造	797.4	596.4	4.8	中	T_1f	碳酸盐岩	5～11	1～56
17	和田河	塔里木盆地	143.4	构造	616.9	445.7	3.1	中	O、C	碳酸盐岩和砂岩	2～7.9	2.5～27
18	长岭Ⅰ号	松辽盆地	54	构造-地层	706.3	389.2	7.2	中	K_2	火山岩	4～9	0.1～1
19	卧龙河	四川盆地	92.1	构造	408.9	370.6	4	中	C—T	碳酸盐岩和砂岩	3～13	0.1～0.4
20	大北 1	塔里木盆地	50.8	构造	587	363.5	7.2	中	K_1	砂岩	5～9	5～15
21	荔湾 3-1	珠江口盆地	43.5	构造	475.8	344.5	7.9	中	N	砂岩	11～25	>100
22	松南	松辽盆地	41	构造	484.7	285.7	7	中	K_1	火山岩	7～12	0.01～0.5

续表

序号	气田名称	所属盆地	面积/km^2	圈闭类型	地质储量/10^8m^3	技术可采储量/10^8m^3	储量丰度/($10^8m^3/km^2$)	储量丰度类型	储层特征			
									时代	岩性	孔隙度/%	渗透率/mD
23	渡口河	四川盆地	33.8	构造	359	269.3	8	中	T_1f	碳酸盐岩	6～12	0.1～10
24	邛西	四川盆地	81	构造	323.3	212.9	2.6	中	T_3	砂岩	3～9	0.01～0.8
25	番禺 30-1	珠江口盆地	26.4	构造	300.9	197.8	7.5	中	N	砂岩	15～35	5～210
26	英买 7 号	塔里木盆地	45.2	构造	309.2	190.9	4.2	中	E	砂岩	12～25	12～260
27	玛河	准噶尔盆地	25	构造	314	172.7	6.9	中	E	砂岩	15～25	10～200
28	大牛地	鄂尔多斯盆地	1457.7	岩性	3745.3	1744.9	1.2	低	C—P	砂岩	5～11	0.001～100
29	合川	四川盆地	1058	岩性-构造	2299.4	1034.7	1	低	T_3	砂岩	7～10	0.001～50
30	东方 1-1	莺歌海盆地	336.1	构造	951.2	655.1	1.9	低	N—Q	砂岩	22～31	3～200
31	广安	四川盆地	578.9	构造-岩性	1355.6	610	1.1	低	T_3	砂岩	6～13	0.001～10
32	磨溪	四川盆地	229	构造-岩性	702.3	297.9	1.3	低	$T_{2\text{-}3}$	砂岩	4～9	0.001～2
33	乐东 22-1	莺歌海盆地	165.8	构造	431	250	1.5	低	N—Q	砂岩	22～36	1～12
34	塔河	塔里木盆地	124.9	岩性	365	249.3	2	低	O	灰岩	3～5	0.1～5
35	威远	四川盆地	100	构造-岩性	408.6	152.8	1.5	低	Z	藻白云岩	2～4	0.01～1
36	八角场	四川盆地	69.6	构造-岩性	351.1	137.1	2	低	T_3	砂岩	6～9	0.01～2
37	苏里格	鄂尔多斯盆地	6356.8	岩性	8715.3	4408.7	0.7	特低	P	砂岩	7～11	0.01～100
38	靖边	鄂尔多斯盆地	6693.7	岩性-地层	4700	2995.2	0.4	特低	C—P	碳酸盐岩和砂岩	4～8	0.01～5
39	榆林	鄂尔多斯盆地	1715.8	岩性	1807.5	1244.4	0.7	特低	C—P	砂岩	5～11	0.01～100
40	子洲	鄂尔多斯盆地	1189	岩性	1152	679.7	0.6	特低	C—P	砂岩	4～9	0.01～100
41	乌审旗	鄂尔多斯盆地	872.5	岩性	1012.1	518.1	0.6	特低	C—P	砂岩	3.5～14	0.01～100
42	神木	鄂尔多斯盆地	827.7	岩性	935	474.6	0.6	特低	C—P	砂岩	4～12	0.01～100
43	米脂	鄂尔多斯盆地	478.3	岩性	358.5	205.1	0.4	特低	C—P	砂岩	2～10	0.01～100
44	洛带	四川盆地	161.9	构造	323.8	126.4	0.8	特低	$J_{2\text{-}3}$	砂岩	7～12	0.01～2
合计					57571.3	33636.2						

中低丰度大气田是众多单体规模较小的岩性气藏以“集群方式”形成的气藏群，由常规气藏与非常规致密气藏构成。以鄂尔多斯盆地石炭系—二叠系、四川盆地川中地区须家河组发育的天然气最为典型，这类气藏的特点是气田含气面积大，达数百乃至数千甚至数万平方千米，储量规模也大，一般都在数百亿乃至数千亿至万亿立方米，但储量丰度很低。一个大气田通常由成千上万个单体规模较小的气藏构成，在常规小型岩性气藏之间连续或不连续分布着含气饱和度很低的致密气层、水层或干层。如苏里格气田，到目前为止，已经基本探明天然气储量 $2.8\times10^{12}\,m^3$，含气面积近 $20800km^2$，以后还有进一步扩大的趋势。其中可以通过明显的砂体形态划分出来的单个气藏总数为 $5\times10^4\sim8\times10^4$ 个，单个气藏的气柱高度为 2～6m，气藏压力较低，单个气藏的储量规模一般为 $0.3\times10^8\sim1\times10^8m^3$，平均为 $0.86\times10^8m^3$。储层物性总体偏差，其中的常规砂岩储层，孔隙度大于 10%，渗透率为 0.1～10mD；非常规致密砂岩储层，孔隙度小于 10%，渗透率小于 1mD。相对高渗储层控制的常规气藏规模小，含气饱和度较高，但呈孤立状分布。致密砂岩普遍含气，含气饱和度低，但连续分布。这类集群式分布的气藏群多形成于大型坳陷盆地的腹部，为构造平缓区、斜坡区和部分向斜区。

除此之外，非常规天然气中的煤层气和页岩气在我国也有发现，属于典型的烃源岩中的连续型气聚集（Schmoker，1995）。天然气的生成和聚集过程都发生在煤层和页岩内部，分布面积大，资源丰度更低，是典型的非常规气藏，开发技术具有相似性，更强调低成本开发。此外，气藏的形成条件与资源富集分布的评价标准，则与中低丰度天然气的研究、评价与选区有很大不同。

二、中国天然气资源分类

基于已发现天然气藏地质特征的分析研究，本书将我国天然气资源划分为三大类：一类是常规天然气资源，以高丰度优质大气田为代表；另一类是纯非常规天然气资源，包括均质性和连续性都比较好的致密砂岩气、煤层气和页岩气，可称为连续型天然气；第三类是中低丰度天然气资源，是由常规天然气和非常规天然气资源混合构成的，是已经探明和将要发现的天然气储量的主体。

上述三类天然气资源在成藏条件、气藏特征与资源赋存环境等方面存在明显差异（表 1.3）。高丰度天然气藏的形成一般需要优质生储盖层及组合条件，气藏的形成经历了初次和二次运移过程，天然气在浮力作用下发生了由分散向聚集的过程，气藏分布于局部范围的圈闭之中，资源丰度相对较高，可以用常规的油气成藏理论进行评价和勘探。低丰度连续气是源储一体的，需要优质烃源岩和呈连续性分布的储集体大面积接触，气藏的形成更多地依靠毛细管力的束缚而非浮力作用。气藏边界不明显，分布具有区域性，较多分布于沉积盆地的向斜区和斜坡区。中低丰度天然气资源是由部分常规天然气藏与众多非常规天然气藏（以致密砂岩气为主）构成，以中低丰度天然气藏群的形式出现，需要大型化发育的成藏条件，天然气以初次运移为主，其中常规气藏的形成有浮力参与，存在明显的二次运移，主要分布于大型坳陷和克拉通盆地的坳陷区和斜坡区。

表 1.3 中国三类天然气资源对比

资源特征	常规天然气资源	中低丰度天然气资源	非常规（连续型）天然气资源
气藏类型	常规气藏	中低丰度气藏群（含致密气）	连续气（页岩气和煤层气/天然气水合物）
静态地质要素	源储分离 优质烃源岩 优质高孔渗储层 优质盖层 大型圈闭	两类气源灶的大型化发育 广覆式与三明治式等四类生储盖组合 中低丰度储集体的大型化发育 成藏要素的横向规模变化	优质源岩 源储一体 低-特低孔渗 顶底板封闭 无圈闭
动态成藏条件	高效气源灶 高剩余压力差驱动（不必要）、浮力驱动 二次运移明显 优势输导体系 运聚动平衡	气源输入的规模化 源储剩余压差、扩散、浮力共同作用 初次运移为主，二次运移较弱 抬升卸载排烃的规模化	吸附为主，无二次运移 无输导
气藏内部特征	浮力作用，气水分异明显 异常高压-常压为主 高气柱为主，单个气藏规模大 封闭式气藏，气水边界明显	浮力作用不明显，气水关系复杂 常压-异常低压 中小气柱，单气藏规模小 单个气藏为开放式	无气水分异 无连续气柱 无边界
资源分布特征	各类盆地内大型构造发育区 流体运移的低势区	大面积与大范围成藏组合为主体 大型拗陷和克拉通盆地内深盆区、构造平缓区和斜坡区	盆地内源岩发育区

在气藏内部特征方面，常规天然气藏内部具有明显的气-水边界，大型构造气藏具有较大且连续的含气高度，圈闭充满程度高，一般气藏具有较高的压力或异常高压。非常规（连续型）天然气主要依靠矿物颗粒的吸附作用和孔喉结构的束缚而在烃源岩内部和致密砂岩中聚集，没有明显的气-水分异过程。中低丰度天然气藏（群）的形成分布介于二者之间，气-水关系复杂，在储层物性较好的岩性与低幅度构造圈闭中，气-水界面明显，在相对致密储层中气水分异不清。

在资源分布方面，常规天然气藏形成于大型构造背景之下，聚集在盆地的低流体势区。非常规（连续型）天然气或分布于烃源岩层内，一般分布于盆地凹陷深处，或分布于烃源岩大面积间互发育的近源储集体中。中低丰度天然气藏（群）的分布与非常规天然气资源在地域上有交叉，多位于克拉通陆内拗陷盆地宽缓的向斜区和前陆盆地的广大斜坡区，在以往认为天然气成藏条件较差的构造抬升区和盖层条件“劣质区”等都能规模成藏。

第二节 两类天然气资源的地质特征

经典的天然气地质学理论重点总结了常规天然气资源成藏与分布的共性特征，以及大气田形成的基本条件，特别强调充足的气源、良好的储层、大型圈闭与区域性优质盖层在气藏形成中的重要地位。经典天然气地质学理论还特别强调气源灶供气和天然气圈闭发生扩散损失之间的动平衡关系，指出唯有聚集量大于扩散量，天然气藏才可能形成并保存至今，成为有价值的工业气藏（郝石生等，1995）。此外，常规天然气藏的形成一般都经历了天然气经过输导层的传递，发生了由分散向富集的过程，因而，气藏的分布都是在沉积盆地的局部范围，或都是构造型、地层岩性型与构造-地层岩性复合形成的圈闭中，分布具有局限性。2002～2006 年，作者完成了 973 项目天然气基础研究一期项目，重点研究了高效天然气藏形成机理、分布特征及资源潜力等问题，提出了高效气源灶、优质储层保持机理与源储剩余压力差等重要概念，并总结提出了高效天然气藏形成条件与分布规律，评价了我国高丰度天然气资源总量及分布，指出我国陆上高丰度天然气地质资源总量为 $13\times10^{12}\,m^3$，约占总资源量的 37%，其余为中低丰度资源，总量约 $22\times10^{12}\,m^3$，占天然气资源总量的 63%，是近几年我国天然气储量增长的主体（图 1.2），也将是未来相当长一段时间天然气储量增长的重中之重。

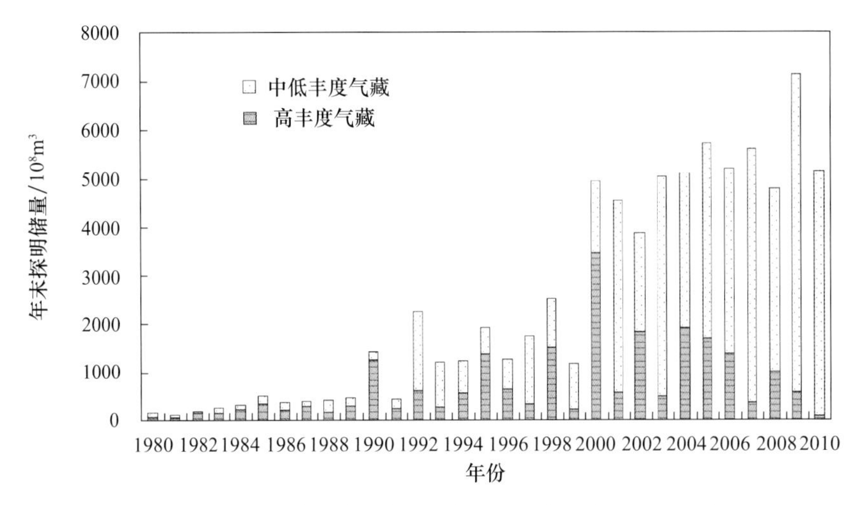

图 1.2　中国历年天然气探明储量增品位统计（截至 2010 年年底）

非常规（连续型）天然气是近一个时期国外天然气研究与勘探最热点的领域之一。非常规资源类型包括致密气、煤层气和页岩气。2010 年，美国天然气年产量超过 $6000\times10^8\,m^3$，其中常规天然气产量 $2594\times10^8\,m^3$，致密气产量 $1890\times10^8\,m^3$，页岩气产量 $1320\times10^8\,m^3$，煤层气产量 $576\times10^8\,m^3$，非常规气年产量已占总产量的 50%以上，成为美国天然气产量的主体。这得益于对非常规天然气资源地质研究的认识进展，也得益于工程技术突破性进步，从而大大改善了资源的经济性。

我国对煤层气的研究已有 20 多年历史，目前已探明煤层气地质储量 $2734\times10^8\,m^3$，页岩气的开发还处于探索研究和实验开发阶段，资源潜力还有待研究。当前，中低丰度天然气资源正进入大规模开发利用阶段，这其中既有致密砂岩气，也有部分常规气，其中致密气的比例更大一些。由于陆相盆地沉积物岩性横向变化大、储集体的横向非均质性强，很难将致密气藏和非常规气藏的边界划分开来，故本书研究将这类天然气资源统称为中低丰度天然气资源，是我国当前及未来天然气工业发展可依赖的主体资源。

一、中低丰度天然气资源特征

客观地讲，与世界范围很多大型天然气产区的成藏地质条件相比，我国几个主要含气盆地的天然气成藏条件并不十分理想，更谈不上优越。归纳起来，中低丰度天然气资源的形成条件有以下诸方面的特殊性。

（一）源灶和储集体的规模与分布范围很大，但内部非均质性很强

对于煤系气源灶来讲，覆盖范围多在数万至十几万平方千米，但由于煤系横向变化较大，导致气源灶范围内存在高生气强度区和无源岩的“天窗区”，因而导致与之相关的中低丰度天然气资源的成藏分布也遵从“源控论”，形成的气藏从大范围来讲并不连续，含气丰度与含水丰度都有较大变化。分布于古生界、由烃源岩内部滞留液态烃裂解产生的气源灶规模更大，范围多达十几万至数十万平方千米，气源灶的均质连续性较好。但与之相联系的储集体往往是具有强非均质性的碳酸盐岩，储集体的物性在平面上有较大变化，因而导致气藏的形成在平面上也出现常规与非常规的混生。从储集体本身来讲，如碳酸盐岩储集体，特别是后生溶蚀作用形成的层间、顺层与喀斯特古地貌储集体，非均质性很强，因而天然气藏类型横向变化较大。我国大多数碎屑岩储层都是陆相沉积，原始沉积阶段的物源输入、水流周期性与沉积古地形等都影响了砂体沉积的规模、永久性与横向变化，加之后期成岩作用的改造，使其中的孔喉结构与孔、渗条件横向变化较大。一部分储层是常规储层，一部分又是致密层，二者横向上频繁变化，很难在平面上区分出稳定的区域，当天然气进入其中以后，部分范围可能存在气水分异，部分范围则气水分异不明显，储层结构表现出低孔渗储层特征。这些特殊性会在本书后面相关内容中介绍，为避免重复，此处不再赘述。

（二）构造平缓，缺少大型构造圈闭，发育“集群式”岩性圈闭

中低丰度天然气资源主要分布于克拉通盆地台地区的海相碳酸盐岩层系、叠合沉积盆地陆内拗陷区沉积层系及前陆沉积盆地的缓翼斜坡区。这些区域地层比较平缓，构造起伏不大。不管是海相碳酸盐岩层系，海陆过渡相煤系沉积，还是陆相碎屑岩层系，都因储层内部的非均质性和孔喉结构变化，极易形成岩性和地层圈闭，且成群发育，分布范围十分广泛。单体规模可变性较大，总体以小型为多。但形成的“圈闭群”则规模相当大，其中有些岩性、地层圈闭中的储集体，是原始沉积中的主砂体、建设性成岩作用形成的相对高孔渗区及后生改造形成的良好洞缝系统，当天然气移入其中后，在浮力作用下可发生由相对分散到富集的分异过程，因而呈现常规天然气成藏的特点。而更多的岩性、地层圈闭中的储集体的物性表现出大范围变化，天然气在其中聚集所受到的水的浮力作用，主要是在源灶和储集体之间强大压力差作用下，以体积流方式发生整体移入，天然气在其中的富集也主要是孔隙吼道的束缚，而无需很严格的封盖条件。因而，这类天然气资源的成藏区并没有很好的盖层条件。因此，可以将天然气勘探范围从成藏条件优质区向“劣质区”大大扩展，在很多以往勘探的“禁区”，都会发现天然气储量。最近几年在鄂尔多斯盆地苏里格与四川盆地川中地区等勘探获得的储量发现表明，中低

丰度天然气资源是我国现阶段和今后相当长一个时期天然气储量发现和规模增长的主体。

（三）抬升背景下，气源灶可以发生规模排烃

经典天然气地质学认为，天然气藏主要形成于沉积盆地中具有持续埋藏历史且保存条件优良的地区，而对那些后期抬升幅度大、地层剥蚀较强烈的地区，如果不存在优质盖层和天然气的早期成藏，一般天然气成藏前景和发现潜力都比较差。按照经典天然气地质理论，沉积盆地中后期大幅度抬升区（地层剥蚀规模达 1000～3000m），成藏条件不理想，是天然气勘探的“禁区”。在盆地整体抬升背景下，气源灶内部的天然气因地层剥蚀“卸载”而发生整体大面积扩容排烃，是中低丰度天然气藏总体呈现低丰度或气藏分异不够充分的主要原因。

我国陆上叠合沉积盆地的陆内拗陷区，如鄂尔多斯盆地和四川盆地川中地区等，白垩纪末期以来曾发生大规模抬升，地层剥蚀量高达 1000～3000m。上述地区经过几年勘探已经发现了一批大型天然气田，多以低丰度为主。研究发现，沉积盆地后期抬升区，仍然有大型天然气藏形成，主要机理和条件如下：①广覆式分布的煤系气源灶在抬升发生之前，都经历了持续埋藏过程。在递进受热过程中，天然气在源灶内部发生“阶段性储蓄”过程，为抬升阶段发生排烃提供较充分的气源基础；②递进埋藏阶段，天然气以压缩状态存在于气源岩的微小孔隙和裂缝当中，当抬升发生以后，因上覆压力减小，而使气源岩本身和存在于微小孔隙中的天然气发生膨胀，相对而言，气体的膨胀倍数更大，从而导致天然气的排驱。由于因“卸载”而诱发的天然气扩散排烃是阶段性持续而非长期性持续的。所以，抬升区的天然气成藏存在明显的阶段性，往往与抬升期相对应。供烃总量取决于源灶的规模与供气强度，有较大的可变性。有些源灶质量优质区，可以形成持续性、充满度和规模都很大的气藏，如鄂尔多斯盆地苏里格-榆林地区的天然气成藏；有些气源灶质量较差、生气强度较低的地区，形成的气藏充满度、持续性和规模就相对较差，如四川盆地川中地区须家河组的天然气成藏。可见，抬升区可以有天然气成藏发生，但可变性较大，主要表现为持续性、气藏充满度与规模等方面，总体为低丰度，发育大面积持续型成藏与大范围斑块状不连续成藏两种类型。直接的影响是现有技术条件下经济性储量的比例和规模不同，值得勘探时予以关注（赵文智等，2013；Bian et al.，2015）。

应该指出，抬升期成藏虽已在本书研究中获得肯定答案，但并不是所有的抬升区都一定有气藏的良好保存和保持。那些抬升规模过大，直接影响气藏的保存条件的地区，尽管有规模排烃过程，但也不会有规模气藏的保存。适度抬升又不破坏成藏目的层的保存条件的地区，是抬升阶段气藏保存和保持的主要分布区。这就是我国天然气成藏的特殊性，对这些成藏特征的归纳总结和升华，无疑是对中国天然气地质理论的完善和发展。

二、高效天然气资源特征

相对于中低丰度天然气资源，高效天然气藏控制的高丰度天然气资源，虽然数量

少，但开发效益好，意义重大。本书定义高效天然气藏为单个气藏探明储量大于$100\times10^8m^3$，储层连通性较好，气藏可动用程度高，投入开发后具有较好的经济效益的气藏。对于陆相砂岩储层的气藏，高效天然气藏储量丰度一般大于$3\times10^8m^3/km^2$，千米井深日产量大于$5\times10^4m^3$；如克拉2气田为一个陆相砂岩储层的大气田，探明天然气地质储量为$2840\times10^8m^3$，储量丰度为$59\times10^8m^3/km^2$，千米井深日产量近$20\times10^4m^3$，属于典型的高效大气田（赵文智等，2005）。

根据对已发现的高效天然气藏地质分析，这些气藏除具备大中型天然气藏的基本地质条件外，其“高效”特征表现在三个方面：①优质气源灶具有短时间快速和晚期大量生气的特点；②天然气有效成藏过程除存在优势通道和汇聚运移外，成藏阶段源岩与储层间有较大压力差是有效成藏动力；③优质成藏要素在三维空间有机组合。

生烃灶的有效性重点研究不同母质成气机理及有效性评价，属于天然气成因理论研究范畴，重点关注不同类型沉积有机质的生气全过程。如前所述，将对海相Ⅰ、Ⅱ型干酪根的生气机理及干酪根进入高热演化阶段后生气潜力做出评价。对于气源灶的评价，强调生气过程对高效成藏的作用。常规气源灶的评价重在利用多种静态指标评价灶的质量，最后以累计生气强度作为气源灶的评价指标。目前还缺乏对气源灶生气过程的研究。大量实际资料表明，生气高峰期出现的时机和持续时间对成藏效率有明显的控制作用。

成藏过程的有效性以天然气运聚的动力、输导体系、封盖性能的定量评价为重点，将影响成藏过程的众多单一地质因素的定性评价引向综合定量评价，力图通过一些地质上可以操作的有效指标达到对成藏过程是否高效做出判断的目的。

要素组合的有效性强调在我国含油气盆地中，哪些特殊的环境能够为形成高效天然气藏提供最优的成藏要素，使高效天然气藏分布预测研究结合到具体的富气盆地、富气区带中，在大气田形成的普遍规律下，落实制约高效天然气藏形成的关键的成藏要素的形成条件。根据我国天然气资源分布普遍偏深的特点，重点研究深层优质储层形成机理，其是关系深层能否形成高效经济资源的关键因素。

第三节　中低丰度天然气资源的形成与分布特征

中低丰度天然气藏不仅在气藏外观形态上与以往关注的高丰度气藏有明显差别，而且在制约天然气藏形成的生储盖组合特征、天然气生排运聚过程、气藏保存条件等方面都有其特殊性，可以用“中低丰度天然气藏群大型化成藏”来表述其成因与分布特点。

所谓“大型化成藏”，是指由于成藏要素的大型化发育与横向规模变化，在我国陆上克拉通盆地内拗陷区、克拉通盆地台地区与前陆盆地缓翼斜坡区，发育众多低孔渗碎屑岩、强非均质性碳酸盐岩和火山岩储层，其中形成的天然气藏往往呈大型化分布。从统计看（表1.1），大型化成藏的含气面积至少达数百平方千米以上，主体在数千至上万平方千米、储量规模在千亿立方米以上，多数在数千至上万亿立方米。决定大型化成藏的主要原因，是成藏要素的大型化发育与成藏要素在三度空间的规模变化，以及二者在三维空间的组合关系。包含两方面的含义：一是成藏要素的大型化发育与平面上的规模变化。成藏要素的大型化发育是指在含气盆地中，具备一定成藏潜力的气源灶、储集体及生储盖组合的分布面积具有相当规模。从统计看，面积多在 5000km² 以上。二是成藏样式表现为薄饼式和集群式，这是中低丰度气藏群别于常规高丰度大气田的重要特征，也是与页岩气等非常规连续型聚集不同的典型特征。薄饼式成藏是指气藏的气柱高度较小，而含气面积却很大的一类天然气藏，从气藏形态看（图 1.3），似如薄饼状，反映中低丰度天然气藏群的外部形态特征。将气藏含气面积人为转化为正方形面积，用正方形边长间接代表气藏面积。从统计来看，这类气藏的含气面积与含气厚度之比多数在 1∶1000 以上。集群式成藏是指由于储集体内部的非均质性和陆相沉积储集体横向和垂向的频繁变化，产生一系列地层-岩性圈闭的集合体，当天然气在其内部发生聚集成藏后，不是形成连续性和均质性较好的单一气藏，而是形成一系列气藏的集合体，数量多达数百至数千个，甚至上万个气藏，反映了中低丰度天然气藏群的内部结构特征。集群式成藏既保证了成藏的规模性，也降低了天然气成藏对盖层条件的要求，因而在很多以往认为成藏条件劣质的地区，仍然可以形成大气田。集群式成藏的不利一面表现在气藏群以低-特低丰度为主，而且气藏群内部非均质性较强，需要在气藏精细描述基础上，部署探井、评价井和开发井，才能提高相对高产井的比例，减少低产井和低效井的数量，从而提高其经济效益。

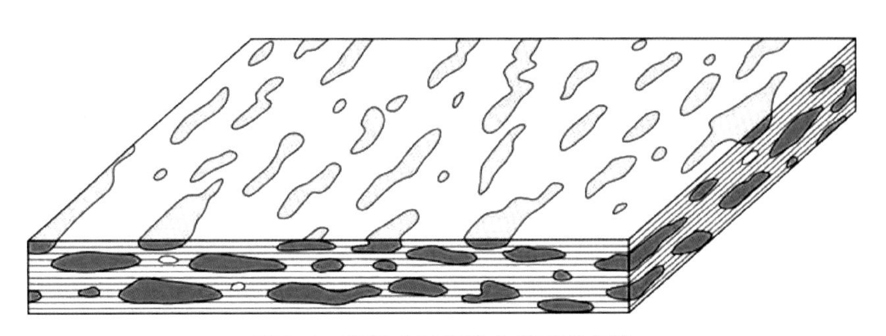

图 1.3　薄饼式与集群式成藏模式图

大型化发育的成藏条件决定了我国中低丰度天然气藏形成分布的特殊性，也决定了天然气成藏组合分布的主体性，即主要发育大面积成藏和大范围成藏两大类。此外，这类资源的分布还表现出近源性、晚期性和主体性。

所谓成藏分布的近源性，就是指中低丰度天然气藏群主体都分布在有效气源灶范围之内或与有效气源灶紧密联系的地域之内，即天然气成藏分布具明显的源控性。包含两层含义：一是与源灶的联系性，适宜中低丰度气藏群大型化成藏的源灶和储集体不仅要规模大，而且源岩与储集体要紧密接触，以利于天然气在物性更差的储层中大规模成藏，可谓“近水楼台先得气”；二是源灶与储集体间存在较大的压力差或天然气浓度差，以保证天然气的有效排驱成藏和大规模成藏。

作者统计了鄂尔多斯盆地、四川盆地、松辽盆地与吐哈盆地和准噶尔盆地所发现的中低丰度天然气藏，发现这类气藏分布于源灶范围内的比例高达 100%。由于近源属性，使得中低丰度天然气藏群的成藏分布有相对特定的地域，即分布在陆内拗陷盆地的向斜区和斜坡区、克拉通盆地古隆起的围斜部位与前陆盆地缓坡区。与常规天然气成藏相比，中低丰度天然气藏的勘探范围有了明显的扩大，已经从局部有限范围成藏，扩大为气源灶范围内的大面积或大范围成藏，这也是该理论认识对勘探发展的重要指导作用之所在。

所谓成藏的晚期性，是指大多数中低丰度天然气藏都是在白垩纪中后期以来的古近纪或新近纪时期形成的，成藏期明显偏晚，由于天然气散失时间偏短，散失量有限，所以成藏效率较高。所谓成藏的主阶性，是指中低丰度天然气藏的形成不仅时间偏晚，而且成藏具有明显的主阶段性，即天然气藏是在一个相对不长的时间段内集中形成的。导致中低丰度天然气资源形成的晚期性和主阶性有三个重要原因：①抬升过程的晚期性和阶段性；②液态烃裂解的晚期性和主阶性（R_o＝1.6％～3.2％）；③煤系源岩母质生气的主阶性（前述表明，煤系主生气阶段主要发生于R_o＝0.9％～2.0％）。另外主要成藏期多发生于储集体成岩致密化以后，是在陆相-海陆过渡相碎屑岩原始物性条件本身就比较差的基础上，破坏性成岩作用进一步减小了储集空间，加剧了天然气藏聚集丰度向更差的方向发展，也是一个不容忽视的重要因素。受后生改造作用形成的海相碳酸盐岩储集体，其中发育大小不等的缝洞，按理说这种储集空间的保持与深度并没有严格的线性对应关系。但是这类储集体形成时间相对较早，多数发育于奥陶系沉积期间或之后，志留系和石炭系出现的溶滤作用，在后期埋藏阶段经历了不同程度的充填作用。这一过程对储集空间是个减少过程。加上古近纪以来的埋藏作用，使资源的埋藏深度加大，因而资源的经济性进一步变差，也是资源“劣质化”的一个重要因素。

我国含气盆地中低丰度天然气资源分布具有的主体性、近源性、晚期性和主阶性的特点，决定了其分布范围，主要分布在海相克拉通盆地大型古隆起的斜坡区与有差异沉积发生的台内拗陷与台缘隆起的结合部。此外，大型陆内拗陷的向斜与斜坡区也是这类资源主要分布区。上述两类盆地之所以适宜中低丰度气藏群形成，除了上面提及的四个条件外，还有一个十分重要的条件，即多是煤系和海相气源灶发育区，有近水楼台之便。中低丰度天然气藏群所分布的重点范围按经典天然气成藏理论来衡量，多数是不利于天然气成藏的范围，是以往勘探的“禁区”。无疑中低丰度、中低丰度天然气资源成藏理论的建立和发展，不仅大大增加我国的天然气资源总量，还大大扩展了勘探范围，使以往立足局部有限范围找常规天然气藏，到立足于气源灶分布的整个范围，找大面积和大范围的常规和非常规混合气藏群，其意义和价值不言自明。

第四节　高效天然气藏形成条件与分布特征

高效天然气藏形成与分布研究关注的是天然气在生成、运移、聚集过程中最佳地质要素的配置和相互耦合作用。高效气藏的形成取决于关键时刻优质要素和高效成藏过程在空间上的有效组合。这种组合取决于能量场环境、地质要素与作用过程的耦合。但是，不同能量场环境下，优质的成藏地质要素与高效的成藏作用过程在时间和空间上耦合方式不同（图1.4）。

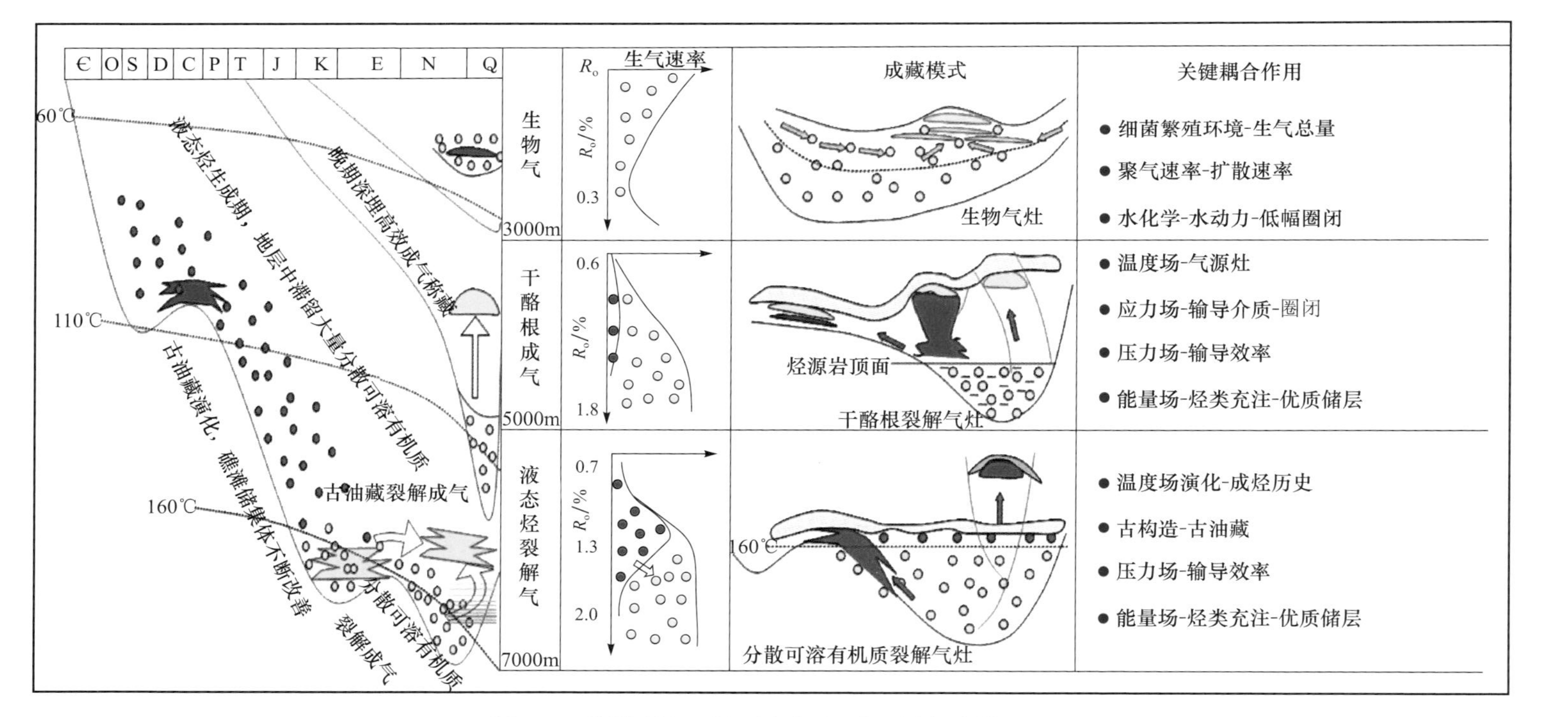

图1.4　不同能量场环境下成藏过程与要素耦合模式图

柴达木盆地第四系气藏属于生物成因的高效气藏。其成藏机制主要体现在：①晚期高效生气过程，距今小于1Ma以来生物作用的生气速率达到$15\times10^8m^3/(km^2\cdot Ma)$，目前正处在成藏高峰期，生气量远大于散失量，从而也降低了对盖层的要求；②天然气运移方式主要有两种，浮力驱动下的垂向运移和水溶气横向运移，前者导致下部生成天然气向浅层运移，后者导致盆地边缘供水区水溶气在盆内泄水区释放出来；③高效气藏形成的最佳场所为区域水动力流动路径中的低幅度隆起构造带耦合区。

库车拗陷克拉2气田是目前发现的储量规模最大的高效气藏。高效成藏机制体现在以下三个方面：①5Ma以来快速深埋（深埋速率可达700～1200m/Ma）与低地温梯度(25～26℃/km)的耦合，形成高效气源灶，保证充足的气源供应。②强烈挤压变形与“构造抽吸”耦合，导致天然气高效运聚。由于构造抽吸产生指向扩容区的作用力，使气藏周围源岩中的天然气通过包括断裂在内的一切通道向圈闭高效运聚。计算表明，克拉2气田聚集速率可达$11.81\times10^8m^3/(km^2\cdot Ma)$，迪那2气田聚集速率可达$3.0766\times10^8m^3/(km^2\cdot Ma)$。③多种抗压实作用耦合，利于深层优质储层形成与保持。在库车白垩系储层深埋过程中，由于快速埋藏导致的欠压实、挤压构造产生的构造托举作用及挤压环境下的局部拉张等因素耦合，使得埋深为5000～6000m的白垩系仍具有高达15%～20%的孔隙度。④挤压应力场与压力场耦合，导致低势区天然气富集。库车拗陷构造应力场与流体势场模拟表明，强挤压应力背景下的相对弱应力区与低势区存在良好的耦合关系，是天然气富集的有利场所。

四川盆地川东北飞仙关组鲕滩高效气藏形成有三个关键时刻。高效气藏的形成是三个关键时刻能量场、成藏作用过程、地质要素三者耦合作用的结果：①T_3末至J_1，开江古隆起控制古油藏，按沥青含量推算古油藏，含油面积超过730km^2，古油藏储量达到45×10^8t，同时，液态烃充注鲕粒孔隙，物性得以保持。②J_2—K，大巴山前陆盆地形成，古油藏被深埋，古温度达到160～220℃，发生原油裂解成气；同时，硫酸盐热化学还原反应（thermochemical surfate reduction，TSR）反应产生酸性气体，使得深部溶蚀作用发生，由此增大储层孔隙度为4%～5%。③燕山晚期—喜马拉雅期，大巴山前陆的挤压冲断，一方面早期形成的气藏发生调整与改造，形成现今受构造-岩性控制的复合型气藏；另一方面，地层温度与压力在抬升过程中发生降温与降压作用，TSR作用趋于停滞，连通性良好的高效气藏压力以常压为主，但储层致密的灰岩气藏仍保持异常超压（图1.5）。

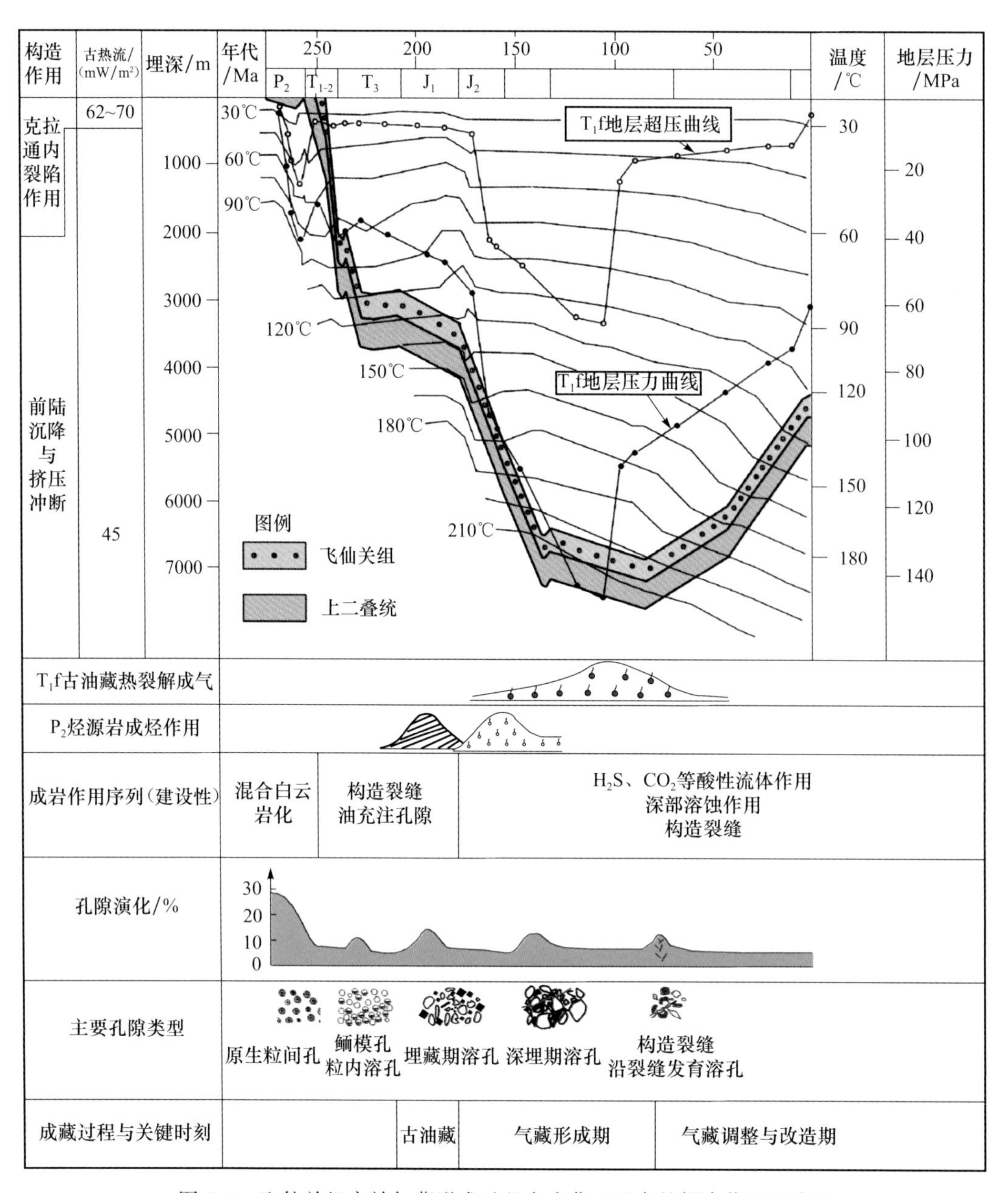

图 1.5　飞仙关组高效气藏形成过程中成藏三要素的耦合作用示意图

参考文献

郝石生，陈章明，吕延防，等. 1995. 天然气藏的形成于保存. 北京：石油工业出版社.

张厚福. 2000. 石油地质学. 北京：石油工业出版社.

赵文智，汪泽成，王兆云，等. 2005. 中国高效天然气藏形成的基础理论研究进展与意义. 地学前缘，12（4）：499-506.

赵文智，刘文汇，王云鹏. 2008a. 高效天然气藏形成分布与凝析、低效气藏经济开发的基础研究. 北京：科学出版社.

赵文智，汪泽成，王红军，等. 2008b. 中国中、低丰度大油气田基本特征及形成条件. 石油勘探与开发，35（6）：641-650.

赵文智，胡素云，王红军，等. 2013. 中国中低丰度油气资源大型化成藏与分布. 石油勘探与开发，40（1）：1-12.

Bian C S，Zhao W Z，Wang H J，et al. 2015. Contribution of moderate overall coal-bearing basin uplift to tight sand gas accumulation：Case study of the Xujiahe Formation in the Sichuan Basin and the Upper Paleozoic in the Ordos Basin，China. Petroleum Science，12（2）：218-231.

Schmoker J W. 1995. Method for assessing continuous-type（unconven-tional）hydrocarbon accumulations//Gautier D L，Dolton G L，Takahashi K I，et al. US Geological Survey Digital Data Series DDS-30：National Assessment of United States Oil and Gas Resources. Tulsa：USGS.

第二章 有机质接力成气机理

有机质接力成气机理是指在晚期成气过程中生气母质的转换和生气时机的接替，是 Tissot 生烃模式在不同地质条件下的丰富、完善和发展。有机质接力成气模式与 Tissot 经典生烃模式的差异具体表现在三方面：①细化天然气的成因，明确深层天然气的两种成因机制；②明确油裂解成气的热动力学条件和油裂解气的潜力；③明确油裂解型气源灶的三种赋存形式，即原生气源灶到油裂解型气源灶的转换、变迁和分布。

第一节 高-过成熟干酪根生气潜力

一、我国高-过成熟烃源岩分布及天然气勘探现状

我国海相高过成熟烃源岩主要分布在中西部的海相克拉通盆地，这些盆地经历了从古生代海相沉积到中新生代陆相沉积的叠加过程。海相原型盆地发育期形成优质的烃源岩、多类型的储盖组合及受古隆起控制的多种类型圈闭，多期构造运动造成油气多期次充注，油气成藏具多样性，且调整次数频繁，含油气系统复杂（赵文智和何登发，2000；陈建平等，2012）。我国叠合盆地中下部组合海相地层具有时代老、有机质丰度低、热演化程度高、勘探目的层埋藏相对较深，成盆、成烃、成藏史复杂等特征。因此，我国海相地层发育与分布、油气地质基本特征与国外相比有特殊性，尤其是这些烃源岩现今演化程度普遍较高，大量生油阶段已过，高-过成熟阶段干酪根（$R_o \geqslant 1.6\%$）的生气潜力究竟有多大，能否形成具有工业价值的气藏，高演化阶段有机质的成气机理如何？另外，现今发现的海相成因天然气藏，如塔里木盆地和田河气藏、四川盆地罗家寨、铁山坡气藏等，天然气究竟来源于过成熟烃源岩中干酪根的热裂解，还是来源于早期形成的古油藏或呈分散状分布的液态烃的热裂解，二者的贡献比例如何？无疑，这些基础问题的解决对破解叠合盆地中下部海相成因天然气的成藏和富集规律很有助益，并会使勘探目标的选择与油气发现获益。研究表明，高-过成熟阶段，由于液态烃的不稳定性，导致二次裂解气的产生，不同热演化阶段，生气母质的转换和生气时机的接替，构成了有机质的“接力成气”过程。有机质接力成气机理为评价我国海相深层天然气的勘探潜力和研究天然气晚期成藏提供了依据（赵文智等，2005）。

二、核磁共振技术研究高-过成熟干酪根生气潜力

固体^{13}C核磁共振技术是研究物质结构最有效的手段。选取不同类型、不同热演化程度的五组样品进行固体^{13}C核磁共振数据采集及分析，样品特征及实验条件如表 2.1 所示。

表 2.1 核磁共振分析样品及其地球化学特征

系列	样品	有机质类型	模拟温度(样号)/℃	R_o/%	原始样品基本地球化学特征
a	Irati 油页岩	Ⅰ	230 (1)	0.65	TOC：6.96% T_{max}：422℃ I_H：479mg/gTOC S_1：6.30mg/g S_2：33.37mg/g
			250 (2)	0.74	
			310 (3)	1.19	
			400 (4)	1.96	
b	湖相灰泥岩	Ⅰ	原始样品 (1)	0.64	TOC：4.75% R_o：0.64% I_H：502mg/gTOC S_1：0.66mg/g S_2：23.86mg/g 碳酸盐含量：50.7%
			300 (2)	0.83	
			330 (3)	1.02	
			360 (4)	1.76	
c	低位沼泽泥炭	Ⅱ	230 (1)	0.52	TOC：37.88% T_{max}：401℃ I_H：158mg/gTOC S_1：24.11mg/g S_2：59.70mg/g
			310 (2)	1.01	
			340 (3)	1.39	
			370 (4)	1.80	
			400 (5)	2.07	
d	沼泽泥炭	Ⅲ	230 (1)	0.52	TOC：34.38% T_{max}：403℃ I_H：103mg/gTOC S_1：50.66mg/g S_2：35.40mg/g
			310 (2)	1.04	
			370 (3)	1.67	
e	自然演化系列	Ⅲ	(1)	0.58	TOC：0.43%，I_H：40mg/gTOC
			(2)	1.12	TOC：1.27%，I_H：24mg/gTOC
			(3)	1.43	TOC：1.50%，I_H：21mg/gTOC
			(4)	1.72	TOC：1.37%，I_H：18mg/gTOC
			(5)	2.51	TOC：0.22%，I_H：20mg/gTOC

注：TOC 为总有机碳；T_{max}为热解烃峰顶温度；I_H 为氢指数；S_1 为含游离烃量；S_2 为热解烃量。

表 2.1 中 a 系列是巴西 Parana 盆地上二叠统 Irati 油页岩，通过不同温阶低温加水热模拟实验固体产物制备的干酪根，代表海相Ⅰ型干酪根低熟、成熟到高成熟不同演化阶段的样品；b 系列是我国渤海湾盆地古近系沙河街组湖相灰泥岩，通过不同温阶低温加水热模拟实验的固体产物制备的干酪根，代表湖相Ⅰ型干酪根从低熟到高成熟不同演化阶段的样品；c 系列是采自德国的低位沼泽泥炭不同温阶低温加水热模拟固体产物制备的干酪根，代表Ⅱ型干酪根从未熟到高成熟不同演化阶段的样品；d 系列则是采自德国的沼泽泥炭不同温阶低温加水热模拟固体产物制备的干酪根，代表Ⅲ型干酪根从未熟到高成熟不同演化阶段的样品；e 系列是我国南华北地区石炭纪—二叠纪海陆交互相环境沉积的灰泥岩，从未熟到过成熟自然演化系列样品。

样品^{13}C核磁共振数据采集是在 400MHz 高磁场下，采用交叉极化（cross polarization)、魔角旋转（magic angle spinning）和旋转边带全抑制（total side-band suppression）技术完成的，照射^{1}H和^{13}C核的射频场强均为 64kHz，转子工作转速为 4kHz，交叉极化接触时间 1ms，重复延迟 1.5s，数据采集 1k 点，补零至 8k，累加次数 2000～5000 次。分析样品的^{13}C CP/MAS+TOSS 谱图示如图 2.1 所示。

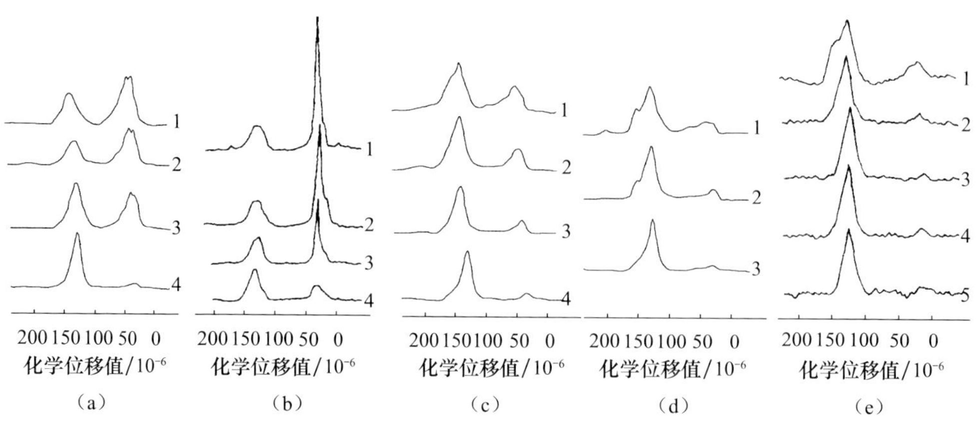

图 2.1　样品的 ^{13}C CP/MAS+TOSS 谱图

(a) Irati 油页岩不同温阶加水热模拟固体产物制备的干酪根；(b) 湖相灰泥岩不同温阶加水热模拟固体产物制备的干酪根；(c) 低位沼泽泥炭不同温阶加水热模拟固体产物制备的干酪根；(d) 沼泽泥炭不同温阶加水热模拟固体产物制备的干酪根；(e) 自然演化系列样品。所有样品具体特征见表 2.1

化学位移值 $0\sim90\times10^{-6}$ 主要是干酪根中脂肪结构碳官能团（包括氧接脂碳）出现的位置，而芳香结构碳官能团化学位移值为 $90\times10^{-6}\sim170\times10^{-6}$，羧基和羰基碳化学位移值为 $165\times10^{-6}\sim220\times10^{-6}$。分析每个系列 1～4 或 1～5 样品核磁共振谱图的变化特征，a～e 系列的五组样品均反映了在干酪根热降解生烃演化过程中，脂肪结构碳、羧基、羰基碳含量逐渐降低，而芳香结构碳含量几乎不发生变化并保留在残碳中。因此，脂肪结构碳是油气的主要贡献者。脂肪结构碳含量（$0\sim50\times10^{-6}$ 和 $165\times10^{-6}\sim220\times10^{-6}$ 段吸收强度积分）与总结构碳含量（$0\sim220\times10^{-6}$ 段吸收强度积分）的比值叫脂碳率（f_{al}）。

在脂肪结构碳中又可划分出油潜力碳（C_{oil}）和气潜力碳（C_{gas}），油潜力碳指脂碳中的亚甲基、次甲基和季碳，化学位移值为 $25\times10^{-6}\sim45\times10^{-6}$，是成油的主要母质；气潜力碳指脂碳中的脂甲基、芳甲基、氧接脂碳和梭基、碳基碳，化学位移值分别为 $0\sim25\times10^{-6}$、$45\times10^{-6}\sim90\times10^{-6}$ 及 $165\times10^{-6}\sim220\times10^{-6}$，是成气的主要母质。根据上述每一种结构碳的化学位移值，并设置不同的峰型参数［高斯（Gause）和洛伦兹（Lorentz）比］，进行分峰模拟与原谱图拟合，每一种结构碳吸收强度的定量积分即为该结构碳的含量。不同类型干酪根在不同演化阶段的脂碳率、油潜力碳和气潜力碳数值及其比较特征如图 2.2 所示，反映了四个方面：一是不同类型母质生烃潜力大小，比较不同类型低演化程度的样品［图 2.2（a）］，Ⅰ型母质较Ⅲ型母质的脂碳率值大，Ⅰ型的脂碳率为 63%～71%，Ⅱ～Ⅲ型的脂碳率为 31%～41%，即Ⅰ型较Ⅱ、Ⅲ型母质含有更多能生成油气的脂族碳，生烃潜力大；二是同一类型母质在生烃热演化过程中的生油气量和油气比，比较Ⅰ型和Ⅲ型未进入生油窗门限样品的油、气潜力碳含量［图 2.2（b）～(f)］，Ⅰ型母质的油潜力碳含量大于气潜力碳，反映在生烃演化过程中，总生油量大于总生气量，即油气比高，因此此类烃源灶有大量液态烃油生成，Ⅱ～Ⅲ型母质则反之，即油潜力碳含量小于气潜力碳，反映在生烃演化过程中，总生气量大于总生油量，气油比高；三是同一类型母质油潜力碳在不同演化阶段的含量变化，Ⅰ型和Ⅲ型母质的油潜力碳含量在生油窗阶段均大幅度减少，在 $R_o=1.3\%$ 时，分别已降至 10%

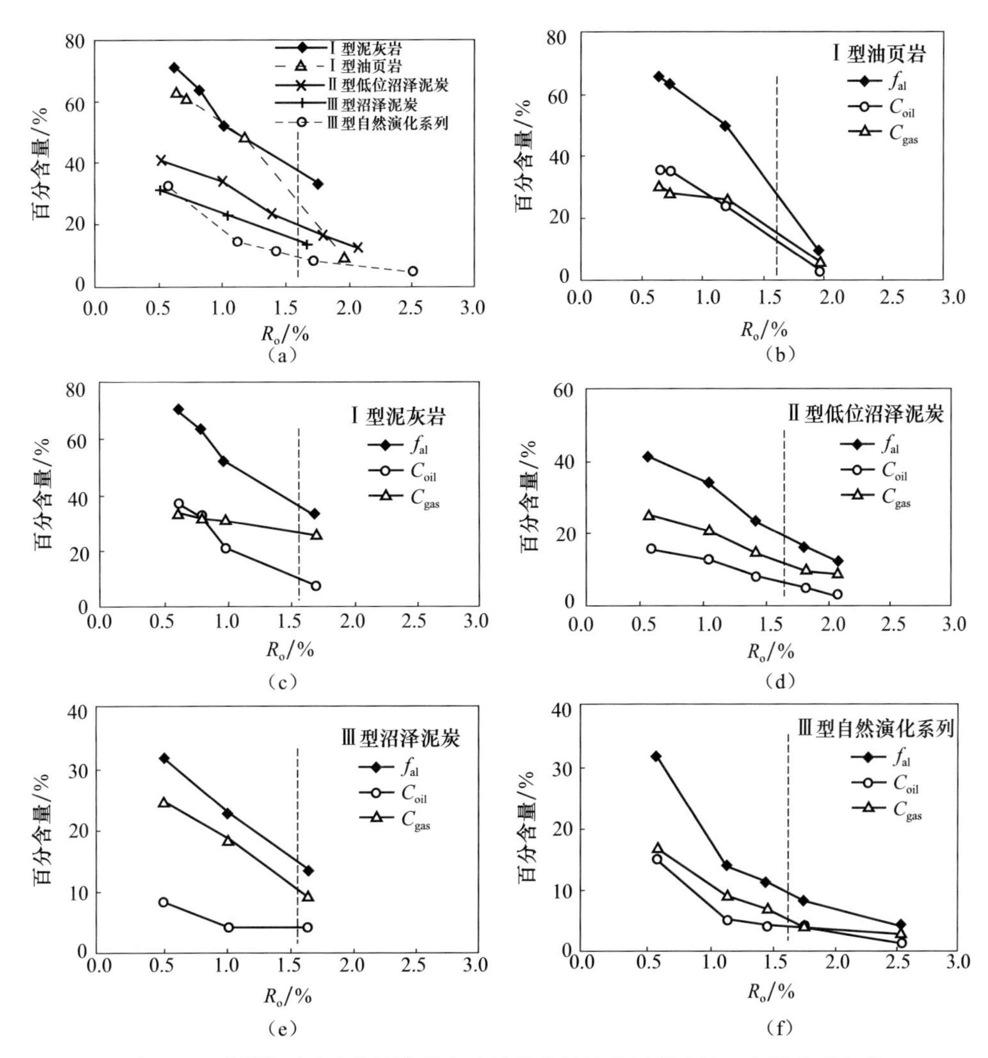

图 2.2 不同类型干酪根的脂碳率比较及生烃演化过程中油、气潜力碳变化

(a)为不同类型干酪根的脂碳率比较(样品特征见表 2.1);(b)～(f)为同一类型干酪根油气潜力碳比较及生烃演化过程中油、气潜力碳变化特征

和 5%以下，表明已生成大量液态烃，而在高成熟阶段，油潜力碳含量很少且降解速度缓慢；四是同一类型母质气潜力碳在不同演化阶段的含量变化，Ⅰ型和Ⅲ型母质的气潜力碳含量在生油窗阶段有所降低，表明在此阶段也生成了部分气，这主要是与重杂原子相连接的碳键断裂成气。由于受重杂原子（氧、氮等）的吸电子作用影响，这类碳原子与相邻碳原子间的键能较弱，所以在热演化早期阶段就形成了天然气。过成熟阶段（$R_o \geq 2.0\%$）油气潜力碳均较低，生气量有限。由此可见，不同类型、不同热演化程度干酪根的核磁共振谱图显示不同类型母质生烃组分的结构、含量均差异很大，从而决定了其在生烃演化过程中生成油气的数量和油气比。高-过成熟阶段Ⅰ、Ⅱ、Ⅲ型干酪根的气潜力碳含量均较低，表明生气潜力较小。因此，单从干酪根晚期热降解生气潜力分析，我国海相地层天然气资源有限，勘探前景不乐观。

第二节　有机质接力成气机理

一、干酪根降解气和油裂解气成气时机和数量对比

（一）封闭和开放体系有机质生气量对比及油裂解生气时机

加拿大威利斯顿盆地奥陶系海相灰泥岩有机质丰度高、热演化程度低，是进行生、排烃模拟实验研究比较理想的样品。样品基本地球化学参数如下：TOC＝31.8%、R_o＝0.61%、I_H＝377mg/gTOC、有机质类型为II_1型。对同一样品分别在两种体系下完成模拟实验。开放体系由于边生边排的特点，阶段产气量主要是干酪根热降解产物；封闭体系的阶段产气量则包含了干酪根热降解和原油热裂解产气量；二者的差值可认为是原油裂解的生气量，实验结果如图2.3所示。开放体系的原始样品用氯仿抽提72h后再进行模拟实验，以去除可溶有机质的参与。比较干酪根热降解气和原油热裂解气的生气时机和生气数量发现，干酪根热降解气大量生成于R_o为1.0%～1.8%时，主体在R_o＜1.6%时已经完成，而原油热裂解气大量生成于R_o＞1.6%以后，原油裂解气的生成时间明显晚于干酪根降解气的生成，而生气量则远大于干酪根降解气，前者大约是后者的4倍。说明在高、过成熟阶段，原油裂解气是天然气成藏的重要贡献者。因此在我国海相地层高演化地区，原油裂解气使勘探找气仍有良好的发现前景。

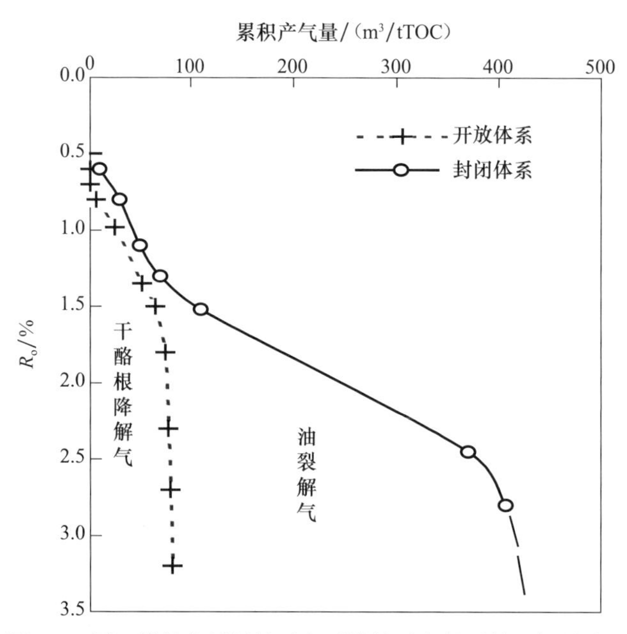

图2.3　同一样品在封闭体系和开放体系条件下的生气量对比

（二）不同类型干酪根与原油的生烃动力学研究

由于不同类型干酪根的化学组成和结构特征不同，因而不同阶段的产气率会有较大

变化。作者选取代表Ⅰ、Ⅱ、Ⅲ型干酪根的烃源岩及原油进行生烃动力学研究，获得不同类型有机质的天然气转化率曲线（图 2.4）。对不同母质主生气期的确定基于两点：一是确定天然气转化率曲线斜率的突变点；二是主生气期内天然气的生成量占总生气量的 70%～80%。由图 2.4 可知，Ⅰ型干酪根主生气期对应的 R_o 为 1.2%～2.3%，Ⅱ型母质主生气期对应的 R_o 为 1.1%～2.6%，Ⅲ型母质主生气期对应的 R_o 为 0.7%～2.0%。另外，对塔里木盆地取自轮南地区下古生界的海相原油（轮古 2 井）作了生气动力学研究，主生气期对应的 R_o 为 1.5%～3.5%。

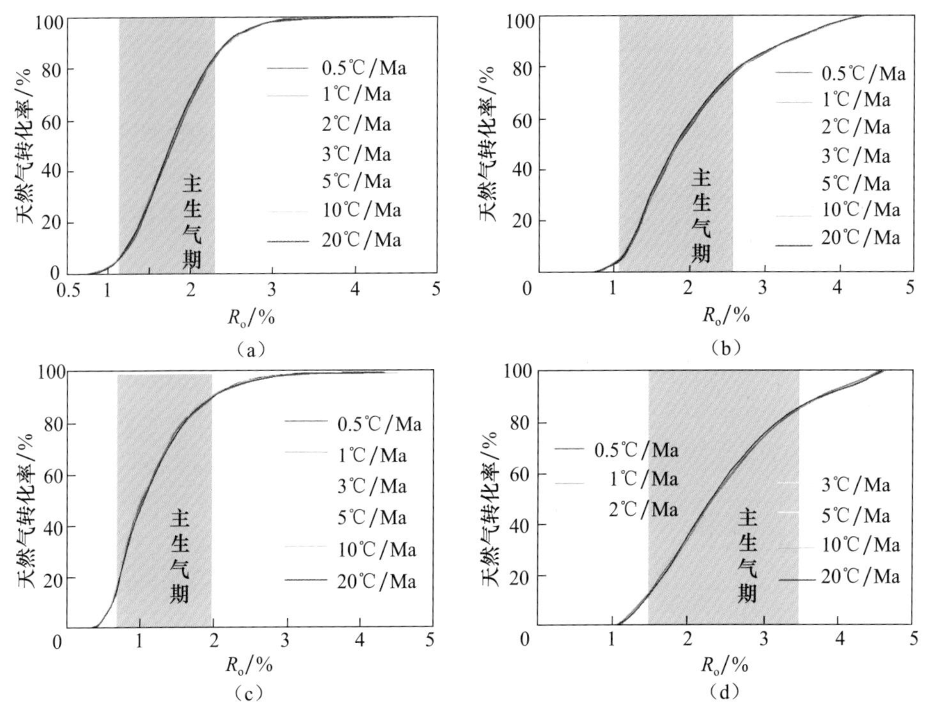

图 2.4 不同类型气源灶的天然气转化率曲线

（a）Ⅰ型；（b）Ⅱ型；（c）Ⅲ型；（d）海相原油

原油生烃动力学研究结果反映原油大量裂解生气偏晚，明显滞后干酪根。比较Ⅰ、Ⅱ、Ⅲ型母质的生气曲线，Ⅰ型干酪根的生气曲线较Ⅲ型包含更多油裂解气，所以，大量生气时期延续到热演化更高的阶段。应该指出，本书生烃动力学研究的基础实验采用金管封闭体系。因此，气源岩的生气过程及生气数量包含已生成液态烃裂解和干酪根降解生气两部分。

二、分散液态烃裂解成气的热动力学条件

不同类型烃源岩生成的原油化学组成和物性不同，导致原油开始裂解的温度、大量裂解的时机及最终结束时的温度都有所差异。另外，由于分散可溶有机质赋存于不同的岩性体中，无机矿物和周边的介质条件都会对分散可溶有机质裂解成气的时机产生影响。

（一）不同介质环境下原油裂解生气实验

优质干酪根在生油窗阶段生成的液态烃主要有三种赋存形式，一是“源内分散状液态烃”，即生成的液态烃未发生初次运移，仍滞留在烃源岩内；二是“源外分散状液态烃”，即生成的液态烃初次运移至储集层中，但富集度较低，尚未形成古油藏；三是“源外富集型液态烃”，即古油藏（图2.5）（赵文智等，2015）。

中间产物液态烃的生成数量及三种赋存状态的分配比例受控于多种因素，首先是原生烃源岩生成液态烃的总数量，这决定于烃源岩的优劣及分布规模；其次是烃源岩的排烃率及油气富集成藏条件。排烃率的影响因素颇多，具体到每个地区，则可根据源岩与储层的相互作用关系及区域作用动力，在一定范围内变化参数。富集形成古油藏的液态烃数量则可根据具体研究地区的石油地质条件选择参数，主要是运聚系数的分析。

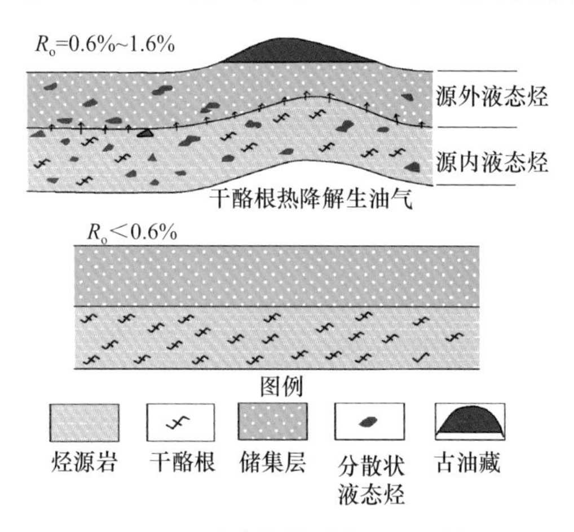

图2.5　液态烃的形成过程及其三种主要赋存状态

据塔里木盆地和四川盆地研究，源内分散型液态烃多赋存于泥岩、灰岩和泥灰岩中，源外分散型液态烃多赋存于砂岩和灰岩中。因此，选取塔里木盆地古生界的泥岩、灰岩和砂岩样品（表2.2），分别与油配置模拟上述三种环境，进行不同赋存状态原油裂解成气的动力学研究。挑选的泥岩、灰岩和细砂岩抽提后的生烃潜力很低，具体数值如表2.3所示，其生气量可忽略不计。将不同介质分别进行X射线衍射分析（图2.6），矿物的种类和含量如表2.4所示。泥岩富含黏土矿物，其次为方解石和石英；砂岩富含石英，灰岩富含方解石。

表2.2　不同介质的生气潜力分析

样号	井号	层位	岩性	TOC/%	S_1/(mg/g)	S_2/(mg/g)	I_H/(mg/g TOC)	有效碳(PC)/%	降解率 PC/TOC/%
1	轮南63	O	泥岩	0.13	0.03	0.01	8.0	0.00	2.55
2	轮古41	O	灰岩	0.06	0.02	0.01	17.0	0.00	4.15
3	轮南63	C	细砂岩	0.10	0.04	0.04	40.0	0.01	6.64
4	轮古13	O	泥灰岩	0.04	0.02	0.01	25.0	0.00	6.23

表2.3　原油样品的基础数据

样品	地区	深度/m	层位	物性和地球化学参数					
				密度(20℃)/(g/cm³)	黏度/(mPa·s)	凝固点/℃	初馏点/℃	含蜡量/%	含硫量/%
原油	塔里木轮南	4010	O	0.8576	9.037	30	102	18.15	0.17

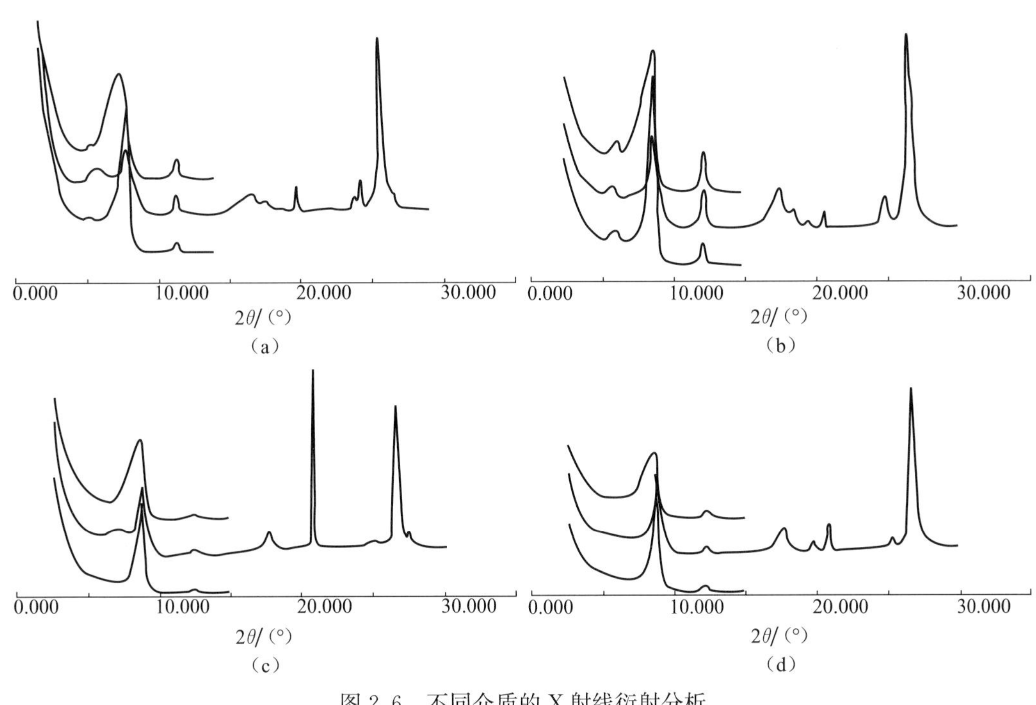

图 2.6 不同介质的 X 射线衍射分析

(a) 砂岩；(b) 泥岩；(c) 灰岩；(d) 泥灰岩

表 2.4 不同介质的矿物种类和含量 (单位:%)

样号	井号	层位	岩性	矿物种类和含量					黏土矿物总量
				石英	钾长石	方解石	白云石	黄铁矿	
1	轮南 63	O	泥岩	21	1.1	33.7	3.3		40.9
2	轮古 41	O	灰岩	1.3		92	4.7		2.0
3	轮南 63	C	细砂岩	64.5	7.0	19.4	0.4		8.7
4	轮古 13	O	泥灰岩	4.1	0.9	86.7		1.9	6.4

将纯原油（代表古油藏中的油）及原油与不同介质的配样分别进行金管封闭体系的生烃动力学实验，分别以 2℃/h 和 20℃/h 升温速率进行升温，甲烷的实验数据及拟合曲线如图 2.7 所示。

不同介质条件下原油累计产气量相同，具体到塔里木盆地轮南地区奥陶系的原油，产甲烷量为 680mL/g 油，产天然气为 750mL/g 油。不同油的累计产气量与原油的性质、组分含量、演化程度及后期是否遭受次生变化等因素有关，即不同的原油裂解生气量有一定差别。

不同介质条件下甲烷的生成活化能分布有差异（图 2.8），碳酸盐岩对油裂解条件影响最大，可大大降低其活化能，导致原油裂解热学条件降低，体现在油发生裂解温度的降低。泥岩次之，砂岩影响最小。碳酸盐岩、泥岩和砂岩对油的催化作用依次减弱，不同介质条件下主生气期对应的 R_o 值：纯原油为 1.5%～3.8%；碳酸盐岩中的分散原油为 1.2%～3.2%；泥岩中的分散原油为 1.3%～3.4%；砂岩中的分散原油为 1.4%～3.6%（图 2.9）。

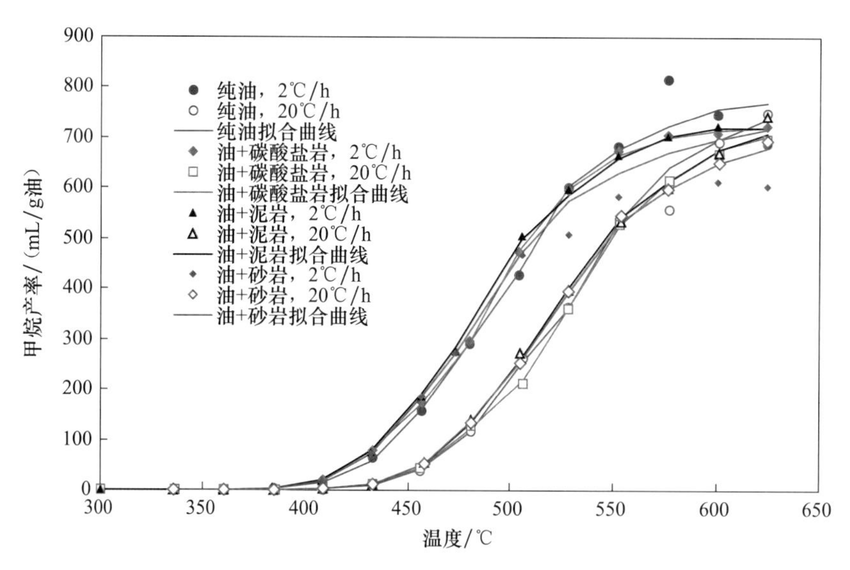

图 2.7　不同介质条件下甲烷产率及拟合曲线

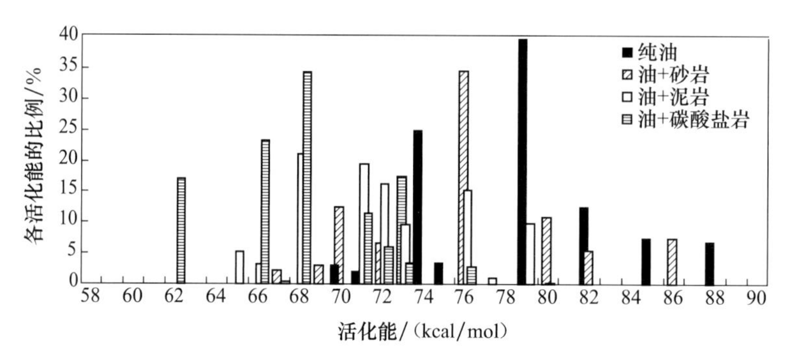

图 2.8　不同介质条件下甲烷生成的活化能分布

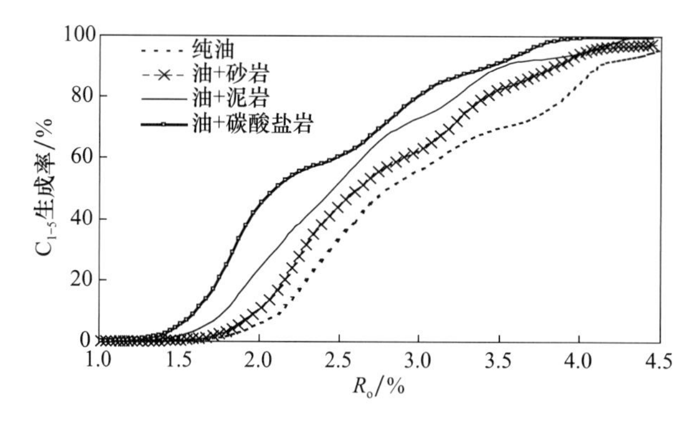

图 2.9　不同介质条件下原油裂解生气时刻及主要生气期

（二）压力对原油裂解作用的影响

将同一油样置于 50MPa、100MPa、200MPa 三种不同的压力条件下，完成压力对原油裂解生气影响的模拟实验。实验采用金管封闭体系装置，分别以 2℃/h 和 20℃/h 升温速率，进行气体定量、收集并进行组分分析。六组实验数据如图 2.10 所示，反映了以下三个特征：一是慢速升温条件下，如 2℃/h 升温速率，压力对油裂解生气有抑制作用，即随着压力的增大，同一温度条件下，原油裂解生气数量减少；二是快速升温条件下，如 20℃/h 升温速率，压力对油裂解生气作用影响不显著；三是压力的大小在原油裂解的不同演化阶段作用效果不同，高演化阶段作用更为显著。

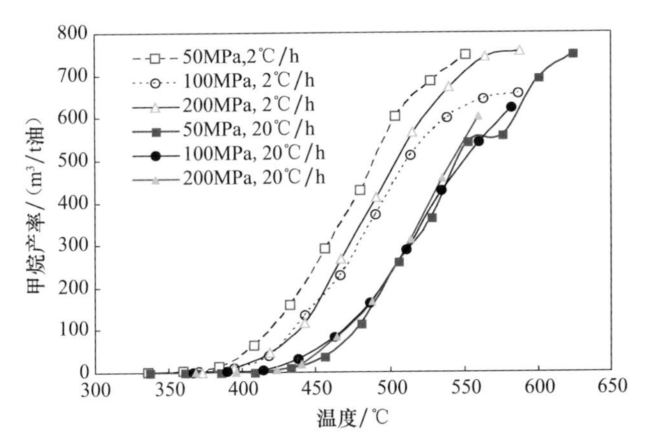

图 2.10 不同压力条件下原油裂解生气数量比较

压力对原油裂解作用的影响较为复杂，在慢速升温条件下，压力对油裂解生气有抑制作用；而在快速升温条件下，压力对油裂解生气作用影响不显著；压力的大小在原油裂解的不同演化阶段作用效果也不同。

（三）不同性质原油裂解生气的起、终点研究

原油裂解的实质是长链烃类混合物向短链烃类混合物的转化，最终转化为甲烷。不同组分在不同成熟度阶段的变化速率存在很大差异，对比塔里木盆地轮南地区不同性质海相原油裂解生成烃类气体和甲烷的活化能分布（表 2.5，图 2.11），说明短碳链要比长碳链更难断裂，环状化合物要比链状化合物更难断裂。

表 2.5 不同性质原油裂解成气态烃的平均活化能值

油样	平均活化能/(kcal/mol)
轮南 57 井轻质油裂解生成甲烷	62.34
轮南 57 井轻质油成裂解生成总气态烃	59.47
轮古 2 井稠油裂解生成甲烷	68.86

原油在 150～160℃开始发生裂解，取转化率 5%作为裂解气的开始，对应的 R_o 约为 1.3%，温度为 162℃。以 R_o 为 2.0% 作为原油裂解生成重烃气结束点，则对应的体积转化率为 65%，地质温度为 200℃。R_o 为 1.2%～2.0%时主要是湿气生成阶段，R_o>2.0%后则主要是重烃气的裂解阶段。

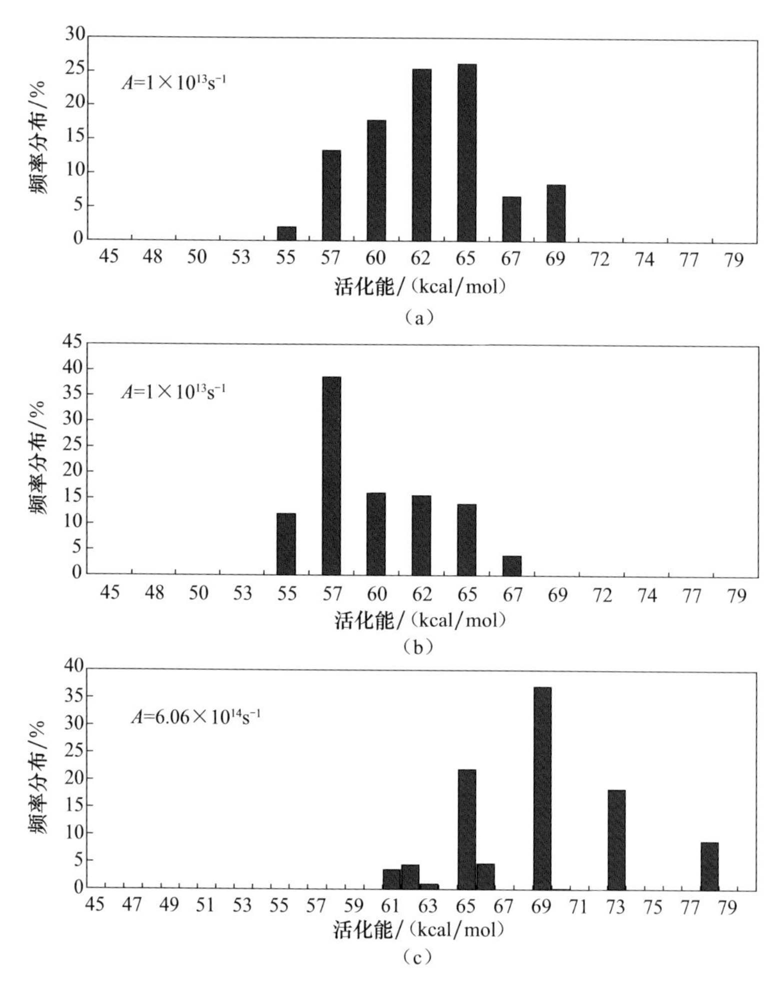

图 2.11　不同性质原油裂解生成烃类气体和甲烷的活化能分布

(a) 轮南 57 井轻质油裂解生成甲烷活化能分布；(b) 轮南 57 井轻质油裂解生成气态烃活化能分布；(c) 轮古 2 井稠油裂解生成甲烷活化能分布

第三节　不同类型烃源岩排油率

一、影响烃源岩排烃效率的主要因素

烃源岩是否发生有效排烃及其排烃效率和机制的影响因素颇多，归纳总结可从内因和外因两方面考虑：内因指烃源岩本身的特性，由于烃源岩的种类不同，它们的化学组成、结构特征、成岩机制和过程均不同，导致烃类的排烃动力、排烃通道、排烃相态、排烃机制等不同，各类烃源岩都有其各自的特点，具体包括有机质丰度、类型、演化程度及烃源岩的岩性、单层厚度、所处的成岩演化阶段及其物性特征（孔隙度和渗透率等）等；外因指疏导层的岩性、物性特征及其与烃源岩的接触关系，可划分为充分排烃型、有滞留带的排烃型、侧向排烃型等。影响烃源岩排烃效率和机制的因素及其相互作用关系如图 2.12 所示，不仅内因各要素之间及内因与外因之间存在相互作用，如生烃的数量及油气性质影响烃源岩的物性特征，即有机和无机的相互作用，并且区域动力如构造挤压应力及通过烃源岩的断层（包括断裂和剥蚀面等）也影响烃源岩排烃，即发生微裂缝排烃和断层排烃等。

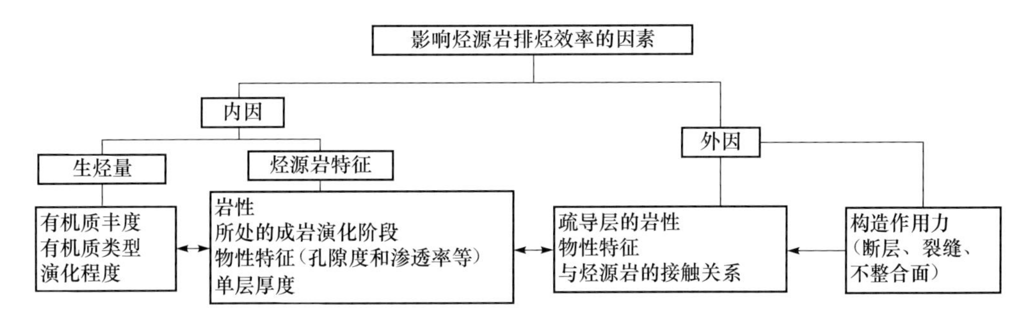

图 2.12 影响烃源岩排烃效率和机制的因素及其相互作用关系

对不同类型烃源岩吸附气量的实验表明（表 2.6），有机质对气的吸附量远大于岩石矿物颗粒，占主导地位，并随有机质含量的多少，发生数量级的变化。因此，含Ⅲ型有机质的煤岩和含Ⅰ、Ⅱ型有机质的油页岩中都相对富含液态烃。

表 2.6 岩性和有机质含量对气吸附量的影响

岩性	有机碳/%	最大生气量/(L/t 岩石)	C_{1-5}吸附量/(L/t 岩石)	C_1 吸附量/(L/t 岩石)
煤	83.25	84193	36000	20828
灰质泥岩	23.0	24335	6269	1622
泥岩	3.73	4711	620	120
含泥粉晶云岩	3.0	2155	518	128

泥岩主要以压实排烃为主，排烃过程分为水溶相排烃、油溶相排烃、气溶相排烃和扩散相排烃四个主要阶段。主要运移通道有较大的孔隙、构造裂缝和断层、微裂隙、缝合线及有机质或干酪根网络等。油页岩富含有机质，由于有机质的吸附作用，初次排烃的门限值很高；但生烃量一旦达到排烃门限值后，排烃机制和方式将转化，由克服毛细管阻力发生排烃转化成通过由干酪根和液态烃及孔隙、裂缝组成的有机质网络通道发生排烃，即由扩散排烃机制转变成渗流排烃机制，排烃效率并不低。碳酸盐岩烃源岩由于胶结作用强烈，固结成岩较早，排烃作用是多种机制共存。成岩早-中期阶段以压实和晶析排烃为主，在高-过成熟阶段，以微裂缝和分子扩散排烃为主。

二、烃源岩中滞留液态烃的数量统计

样品岩石热解（Rock Eval）分析中的数据 S_1 为加热到 300℃时释放出的烃类气体，因此可用这个参数基本代表样品中分散可溶有机质的数量，但需说明样品中少部分重质可溶组分（胶质和沥青质）热解产生的烃类与干酪根热解产生的烃类 S_2（300～500℃）重叠在一起，所以可溶有机质中少部分重质组分含量未包括在数据 S_1 内。

前已叙及，烃源岩中分散可溶有机质含量 S_1 是一个多变量动态函数，因此与演化程度密切相关。图 2.13 对比了塔里木古生界海相烃源岩和渤海湾古近系湖相泥岩中分散可溶有机质含量在油气生成的整个演化历史中的变化特征。435℃以前为未熟-低熟阶段，渤海湾古近系湖相泥岩中有机质富含 N、O 等杂原子化合物，其分子键能弱，在较低演化阶段大量断裂形成未熟-低熟油，因此，源内可溶有机质 S_1 含量较塔里木古生界海相烃源岩中的高。435～455℃的温度区间为生油窗阶段，塔里木古生界海相烃源岩和渤海湾古近系湖相泥岩中分散可溶有机质含量均处于顶峰。大于 455℃为高-过成熟阶段，渤海湾古近系湖相泥岩 S_1 急剧降至最低，反映滞留烃的大量排出。渤海湾盆地是富油气凹陷，三明治结构特征明显，古近系湖相泥岩有机质丰度高，且断层、裂缝发育，排油方式以达西流运移，这些均有利于排油，表现为排烃率很高，滞留烃量少。而塔里木盆地海相烃源岩中滞留烃量表现特征则不同，在高-过成熟阶段，仍含有一定数量的可溶有机质。塔里木盆地古生界油气地质条件和渤海湾古近系不同，最大特征之一是有机质丰度较低，TOC＜1.0%的烃源岩占较大比例，其对天然气的形成和成藏有贡献。

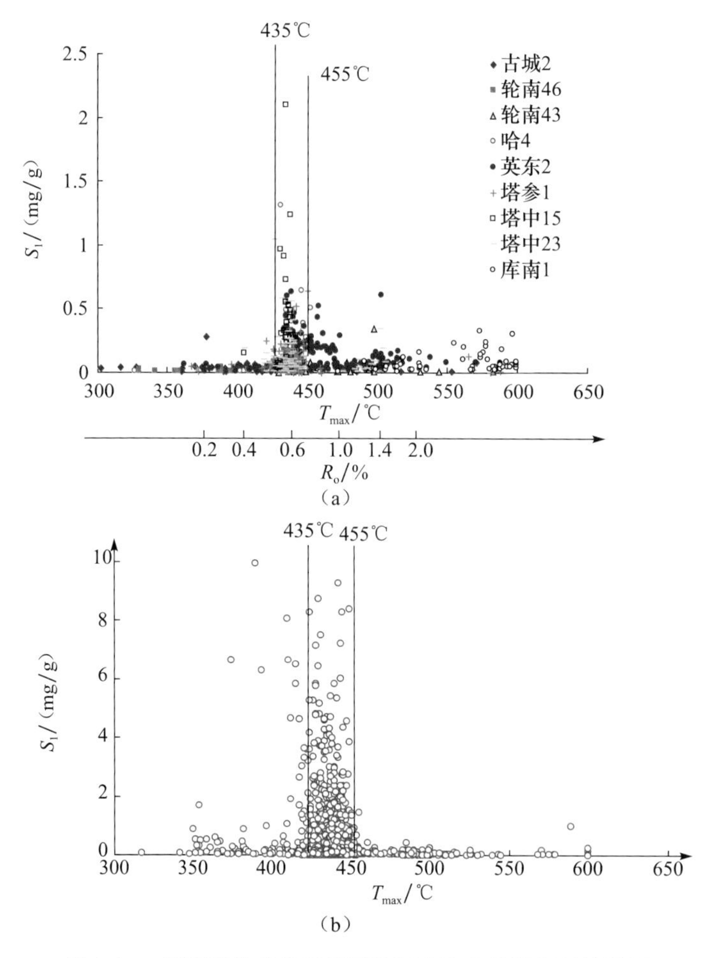

图 2.13　烃源岩分成熟度区间的源内液态烃滞留量统计图

(a) 塔里木盆地 9 口井的 1107 个数据，模拟实验研究和数据统计 S_1=0.1mg/g 为源内分散液态烃裂解成气的经济下限标准；(b) 渤海湾盆地湖相烃源岩由于现今海相烃源岩演化程度普遍较高，对滞留烃数量的统计并未考虑成熟度因素，而把大量已经发生二次裂解和排烃的高-过成熟样品都计入在内，因此，对滞留烃数量的统计宜在“液态窗”范围内进行（R_o= 0.6%～1.2%）。

三、烃源岩排油率模拟实验研究

选取有机质丰度不同、岩性不同的烃源岩进行生排烃模拟实验及对比研究。样品岩性、有机质丰度和演化程度如下：华北下马岭组灰岩，TOC=0.62%，R_o=0.68%；山西灰岩，TOC=0.68%，R_o=0.58%；泌阳古近系泥灰岩，TOC=4.75%，R_o=0.64%；唐山油页岩，TOC = 7.55%，R_o = 0.60%；广东茂名油页岩，TOC = 10.08%，R_o=0.34%。不同演化阶段排出液态烃量与总生油量的比值如图 2.14 所示。每个样品在不同演化阶段排油率不同，都有一个突变段，即油开始大量排烃阶段。烃源岩发生排烃的必要条件是生烃量大于岩石和其中有机质对烃的吸附量。烃源岩中有机质的数量、岩性、所处的成岩演化阶段均影响排烃机制、方式、相态和排烃效率，所以每个样品的滞留烃量曲线、排出烃量曲线及其相关性均表现出不同的特征。

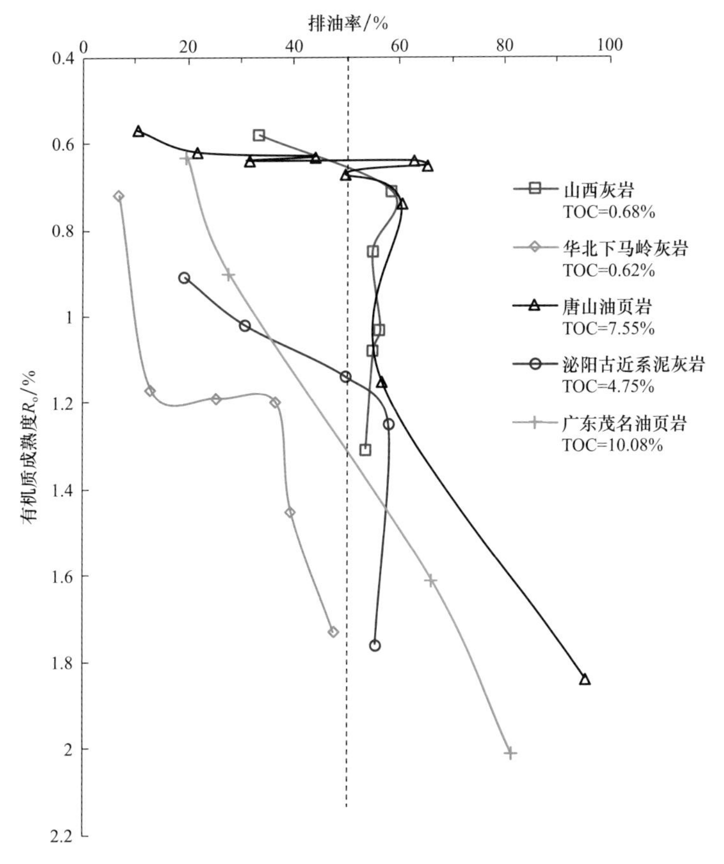

图 2.14 不同有机质丰度烃源岩滞留烃量、排出烃量及排油率对比图

不同有机质丰度烃源岩最大排油率差异较大，变化范围为 48%～90%；丰度较低

烃源岩（TOC<1.0%）最大排油率为45%～55%；油页岩的最大排油率可达80%左右。油页岩的排油率曲线变化特征，在高-过成熟阶段排油率急剧增大。原因有以下两个方面：一是油页岩有机质丰度高，吸附了大量原油，在高-过成熟阶段原油裂解成气，体积膨胀形成微裂缝，有利于原油的排出；二是高-过成熟阶段干酪根结构发生变化，导致对烃类吸附能力发生变化。

由此可见，液态烃滞留于烃源岩内是普遍现象，尤其是在有机质丰度较低的情况下。值得注意的是，在模拟实验体系中，由于模拟温度远高于实际地层温度，所以模拟实验中热作用更强，导致排烃效率比实际地质体要高。

第四节　分散可溶有机质为气源岩的丰度标准

一、分散可溶有机质成气热模拟实验

应用多种方法对分散可溶有机质作为气源的下限进行研究。结果表明，可溶有机质丰度的下限随着其赋存围岩的不同而存在着一定的差异。考虑到分散可溶有机质不同赋存围岩的岩性特征及吸附量，可将可溶有机质的丰度下限定为0.02%～0.03%。

生气下限是指岩石中的有机碳质含量达到某一值时，其生烃总量所形成的资源前景能形成有效的油气聚集并形成工业气藏，这个值就是生气下限值。梁狄刚等（2000）在综合国内外碳酸盐岩烃源岩有效性评价的基础上，结合我国古生界海相碳酸盐岩的特点及油气勘探的实践，认为评价海相地层或碳酸盐岩地层中的烃源岩，沿用泥岩有机质丰度的下限值（TOC=0.4%～0.5%）是比较合适的。对于典型的湖相泥质烃源岩而言，一般认为，TOC为0.4%和生烃潜量S_1+S_2为0.5mg/g是等效的，此时岩石的生烃量开始大于或等于其吸附量。对分散可溶有机质成气而言，其下限是生成的气体能够运出气源体形成有效的天然气聚集并形成工业气藏的可溶有机质丰度。与干酪根相似，这一界限值需要通过模拟实验获得。

（一）降解原油+灰岩

应用建化水泥厂鹰山组油苗降解原油确定的有机质丰度下限为0.017%（图2.15）。

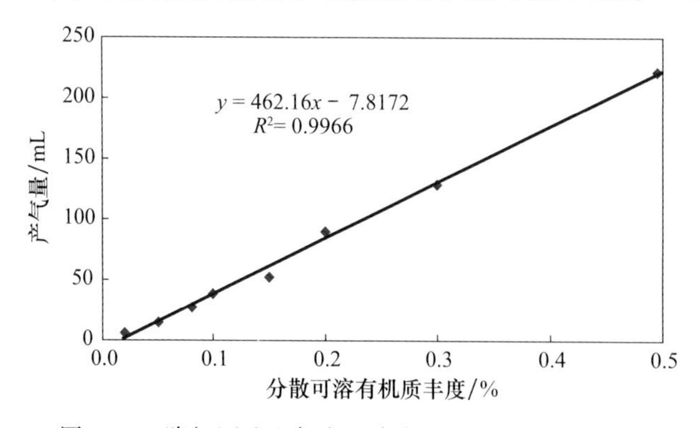

图2.15　降解原油+灰岩可溶有机质丰度下限的确定

（二）正常原油＋灰岩

应用灰岩加 TK111H 井正常原油确定的有机质丰度下限为 0.029%（图 2.16）。在模拟实验过程中，轻质组分的挥发使正常原油总量减少，使得降解原油的总量可能保持不变，而正常原油的下限反而增大。

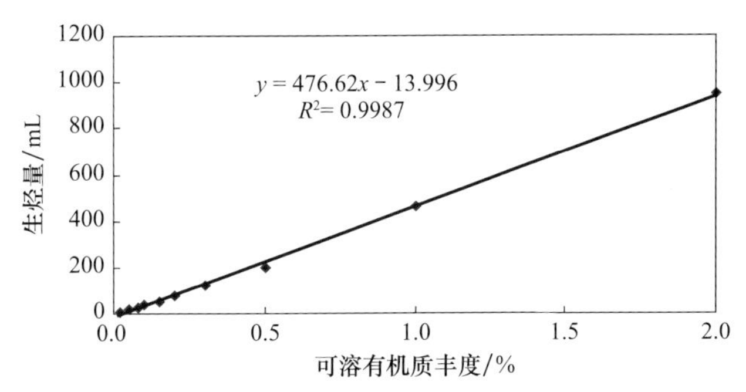

图 2.16 灰岩＋正常原油可溶有机质丰度下限的确定

（三）正常原油＋砂岩

应用砂岩加 TK111H 原油确定的有机质丰度下限为 0.0198%（图 2.17）。

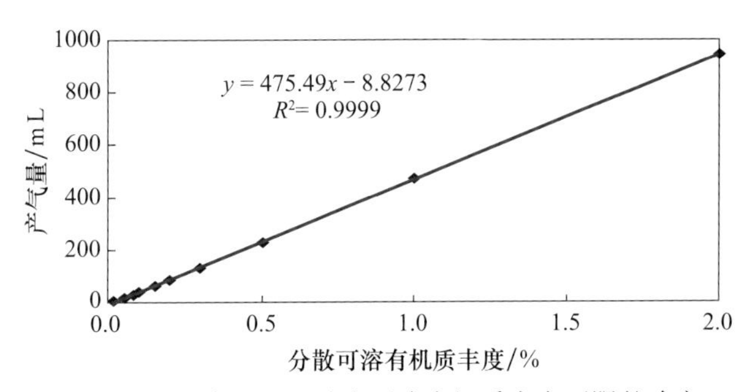

图 2.17 正常原油＋砂岩可溶有机质丰度下限的确定

综合以上实验结果，最终将分散可溶有机质生烃下限定为 0.02%～0.03%。

二、实际地层中分散可溶有机质的丰度

可溶有机质滞留于烃源岩内是普遍现象，尤其是在有机质丰度较低的情况下。图 2.18 为塔里木盆地高过成熟海相烃源岩中残留烃量。可以看出来，在所分析的样品中，仍然有相当数量的样品中氯仿沥青“A”的含量达到或超过 0.01%。说明即使在高过成熟阶段，海相源岩中残余分散有机质丰度仍然很高，还具有较高的的生气潜力。

在二次运移的路径上尚存在大量的分散可溶有机质，富集度较低，尚未聚集形成古油藏。如塔里木盆地中大型隆凹格局从古生代至新生代长期发育，油气具备从烃源灶向周缘高部位运移有利条件，造成滞留于运移路径中的分散可溶有机质总量也很大。因此，研究这部分可溶有机质在高-过成熟阶段的变化及成气潜力，无论对生烃理论的深化还是对勘探领域的拓展，都有十分重要意义。

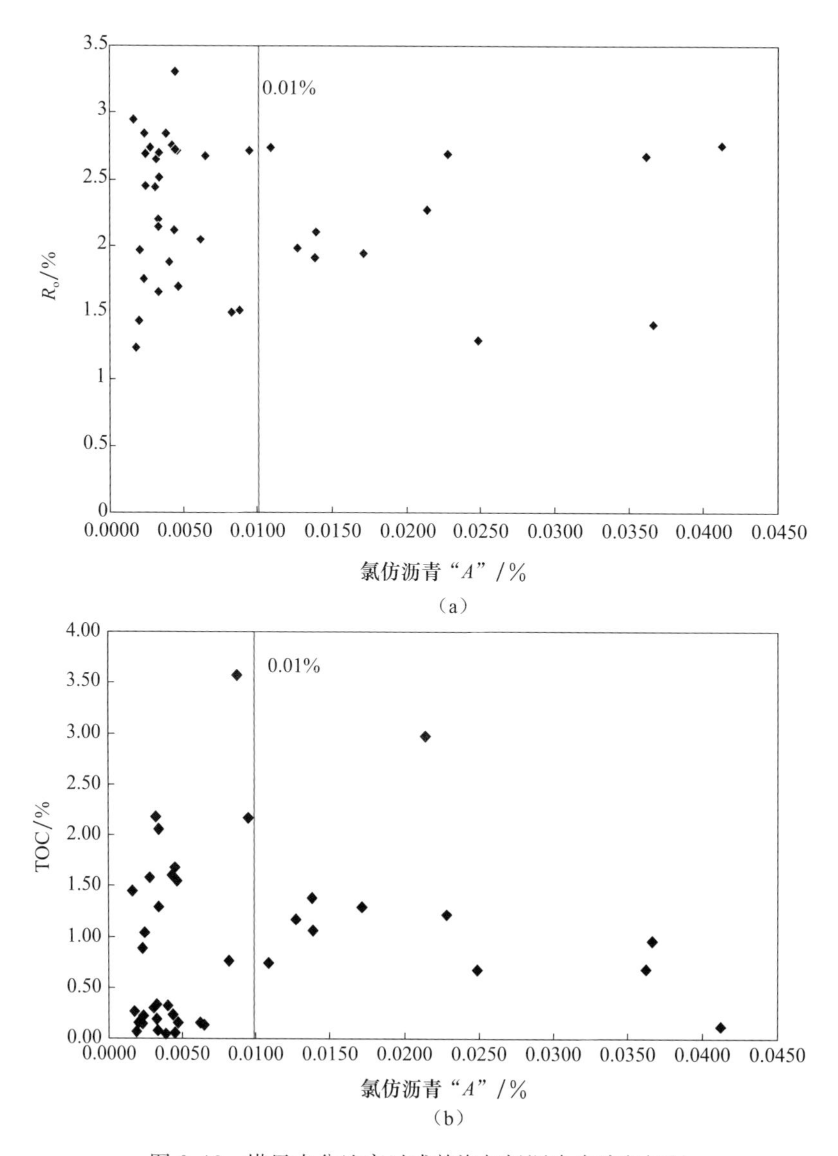

图 2.18 塔里木盆地高过成熟海相烃源岩中残留烃量

第五节 分散可溶有机质裂解气的鉴别指标

一、分散可溶有机质裂解成气过程的催化模拟实验

天然气的成烃过程主要有干酪根直接裂解和原油裂解两种途径，而原油裂解气主要有分散型和聚集型两种。对于分散型原油裂解气，由于液态烃以分散形式存在于烃源岩和输导层中，液态烃与具有催化性较强的矿物如蒙脱石等广泛接触，催化作用对烃类生成影响较大，原油裂解可能以催化裂解为主，古油藏中原油以聚集形式存在，原油裂解成气以单纯的热裂解方式为主，为了弄清两种类型天然气成气特征，开展了可溶有机质

热裂解和催化裂解产物对比实验，寻找差异性。

模拟样品为塔里木盆地塔中15井奥陶系原油（4656～4673m井段），在封闭体系下开展热模拟实验，加热温度为550℃，分别开展三种情况下的热模拟实验：原油、原油＋碳酸钙＋碳酸镁、原油＋蒙脱石。

模拟实验结果如表2.7所示，从表中可以看出，在原油未添加矿物催化剂的条件下，其热裂解产物主要以链烷烃为主，环烷烃及苯含量较少，分别占20.9％和7.5％；在原油＋碳酸钙＋碳酸镁组合中，裂解气轻烃中环烷烃相对含量非常高，占51.7％；原油＋蒙脱石组合中，热解产物中环烷烃含量也非常高，占48.5％，这些表明，催化裂解有利于环烷烃的生成。

表2.7 550℃时C_7轻烃相对含量组成 （单位：％）

实验系列	链烷烃	环烷烃	甲苯
原油	71.5	20.9	7.6
原油＋碳酸钙＋碳酸镁	47.1	51.7	1.2
原油＋蒙脱石	41.2	48.5	10.3

在聚集型原油裂解气中，由于储层中也存在少量的黏土矿物，古油藏中原油裂解时也存在少量的催化裂解，为了研究黏土矿物含量对原油裂解气轻烃组成的影响，开展了不同黏土含量的原油裂解气模拟实验（表2.8），实验样品同样为塔中15井奥陶系原油，实验环境封闭体系，加热温度为550℃，实验系列分别为：100％原油，50％原油＋50％蒙脱石，20％原油＋80％蒙脱石，5％原油＋95％蒙脱石，1％原油＋99％蒙脱石。

表2.8 分散型和聚集型可溶有机质热催化裂解实验结果

类型	实验系列	温度/℃	环烷烃/（nC_6+nC_7）	甲基环己烷/nC_7
聚集型	100％原油	550	1.14	0.43
	50％原油＋50％蒙脱石	550	0.85	0.44
	20％原油＋80％蒙脱石	550	0.83	0.44
分散型	5％原油＋95％蒙脱石	550	9.32	3.38
	1％原油＋99％蒙脱石	550	18.14	3.48

从表2.8中可以看出，随着原油含量的相对降低和蒙脱石相对含量的增高，环烷烃、甲基环己烷相对含量的变化具有非常好的规律性。在原油相对含量高的情况下，特别是原油占总量的20％以上时，环烷烃/（nC_6+nC_7）、甲基环己烷/nC_7值都很低，但在原油相对含量较低时，环烷烃/（nC_6+nC_7）、甲基环己烷/nC_7值迅速增高，表明催化剂相对含量的变化对原油裂解气轻烃的组成变化影响很大，因此，应用这些指标时可以鉴别分散型原油裂解气和聚集型原油裂解气。

二、天然气成因类型判识的轻烃新指标

国内学者利用Behar等（1992）及Prinzhofer和Hue（1995）建立的$\ln(C_1/C_2)$与

$\ln(C_2/C_3)$ 关系图版，对天然气的初次裂解和二次裂解进行了有效判识，但对于二次裂解，尚不能给出源于分散可溶有机质二次裂解还是源于原油的二次裂解。本节实验表明，分散型可溶有机质裂解气轻烃中环烷烃含量高。聚集型可溶有机质裂解时链烷烃生成量较苯系物多，但在裂解过程中，没有环烷烃产物出现。与之相反，分散可溶有机质在实验室催化裂解时，检测到有环烷烃的生成，苯系物、链烷烃及环烷烃均在 390℃达到生成高峰期，且生成量以链烷烃较多，苯系物与环烷烃基本相当。据此可以判别二次裂解的天然气属于分散可溶有机质的裂解（图 2.19），还是属于原油的裂解（图 2.20）。

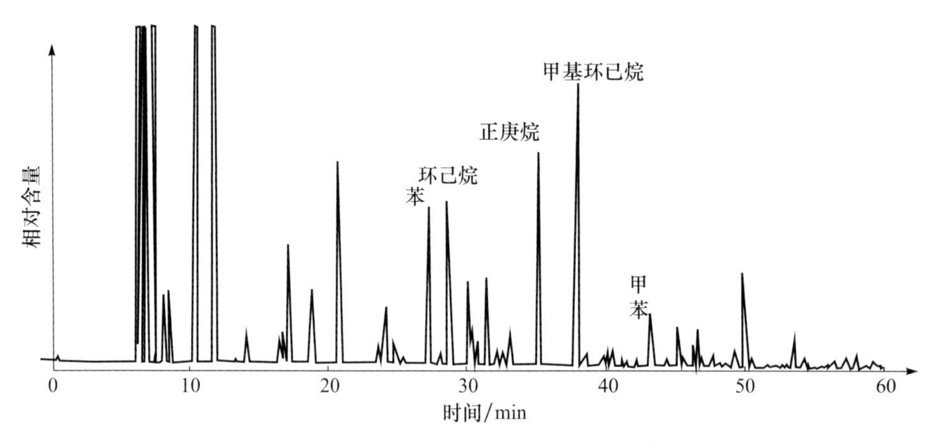

图 2.19　和田河玛 4 井天然气轻烃色谱图

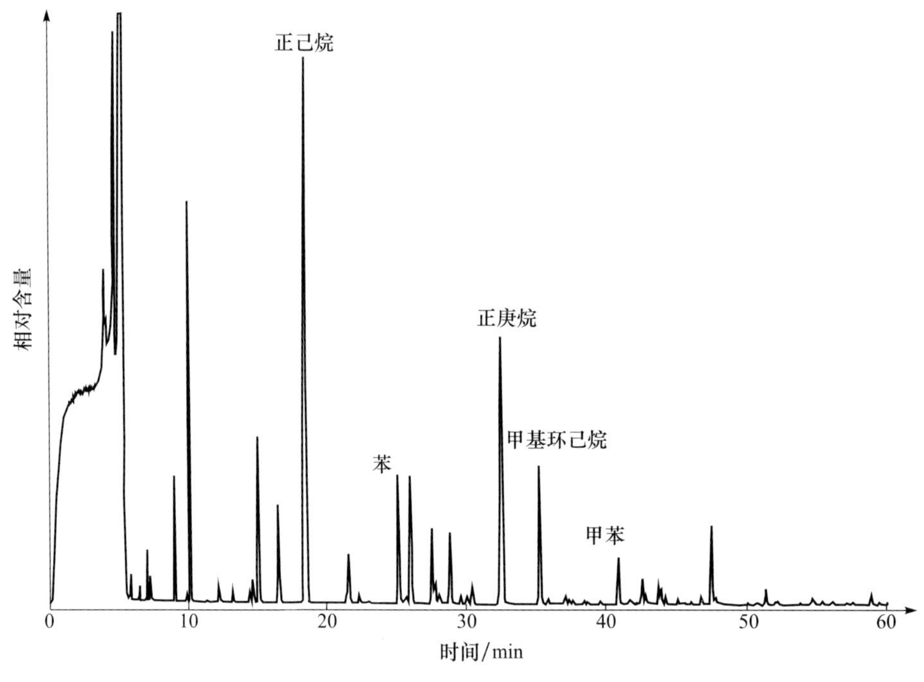

图 2.20　罗家 7 井天然气轻烃图谱

第六节 双峰式生气模式及分散液态烃裂解气定量评价

一、塔里木盆地海相烃源岩双峰式生气历史

叠合盆地深层古老碳酸盐岩经历的埋藏历史和受热历史决定了有机质多数都经历双峰式生气演化历史。塔里木盆地下古生界加里东—海西期隆拗相间的古构造格局控制了海相有机质不同的生烃演化历史。和4井、满西1井、哈得4井、轮古38井、满东1井、英南2井、塔东2井埋藏史图、下寒武统底层烃源岩、下奥陶统底层烃源岩、上奥陶统顶层烃源岩干酪根生油、干酪根生气和油裂解生气的演化历史如图2.21所示，再现生烃的整个历程。

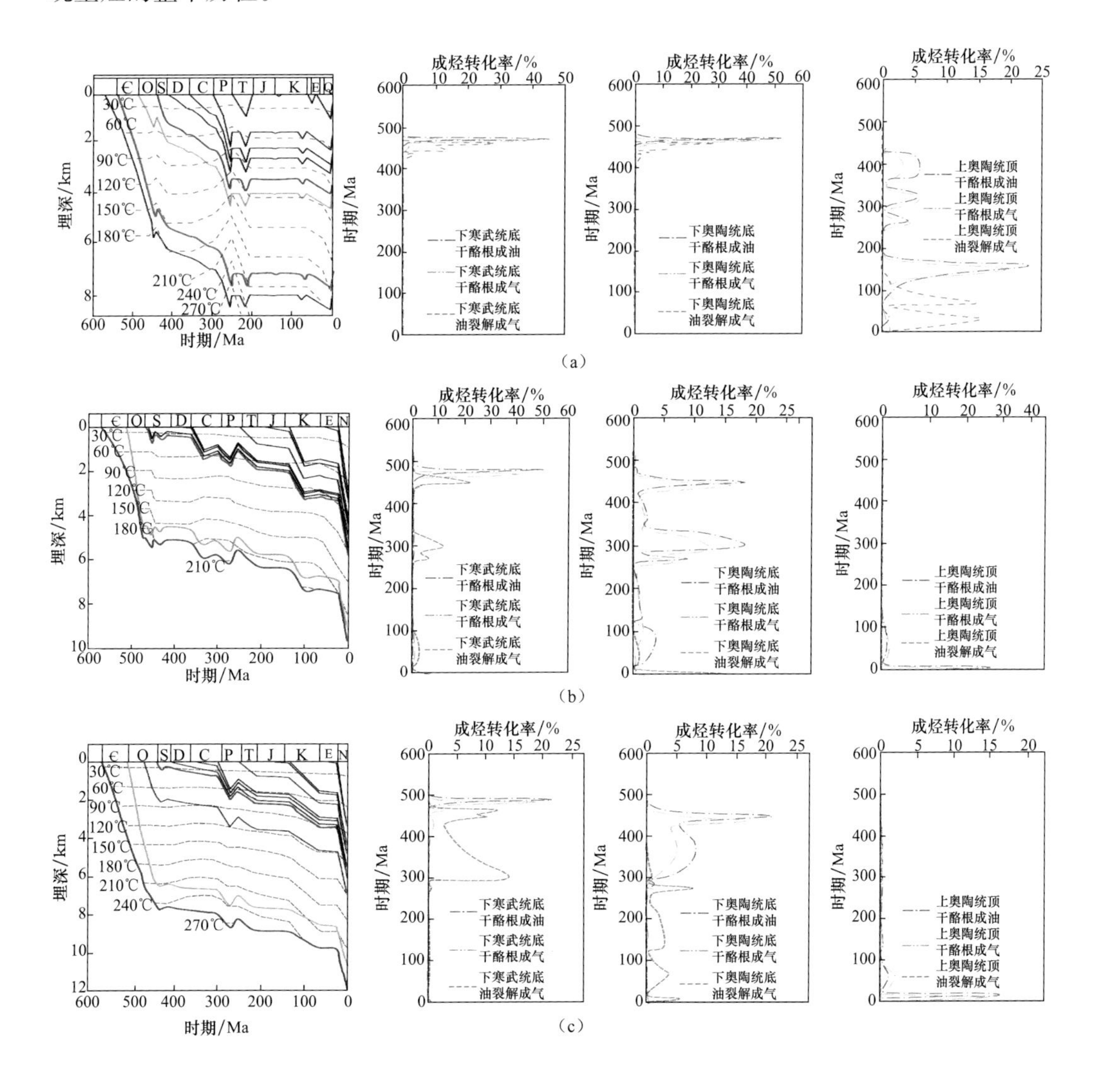

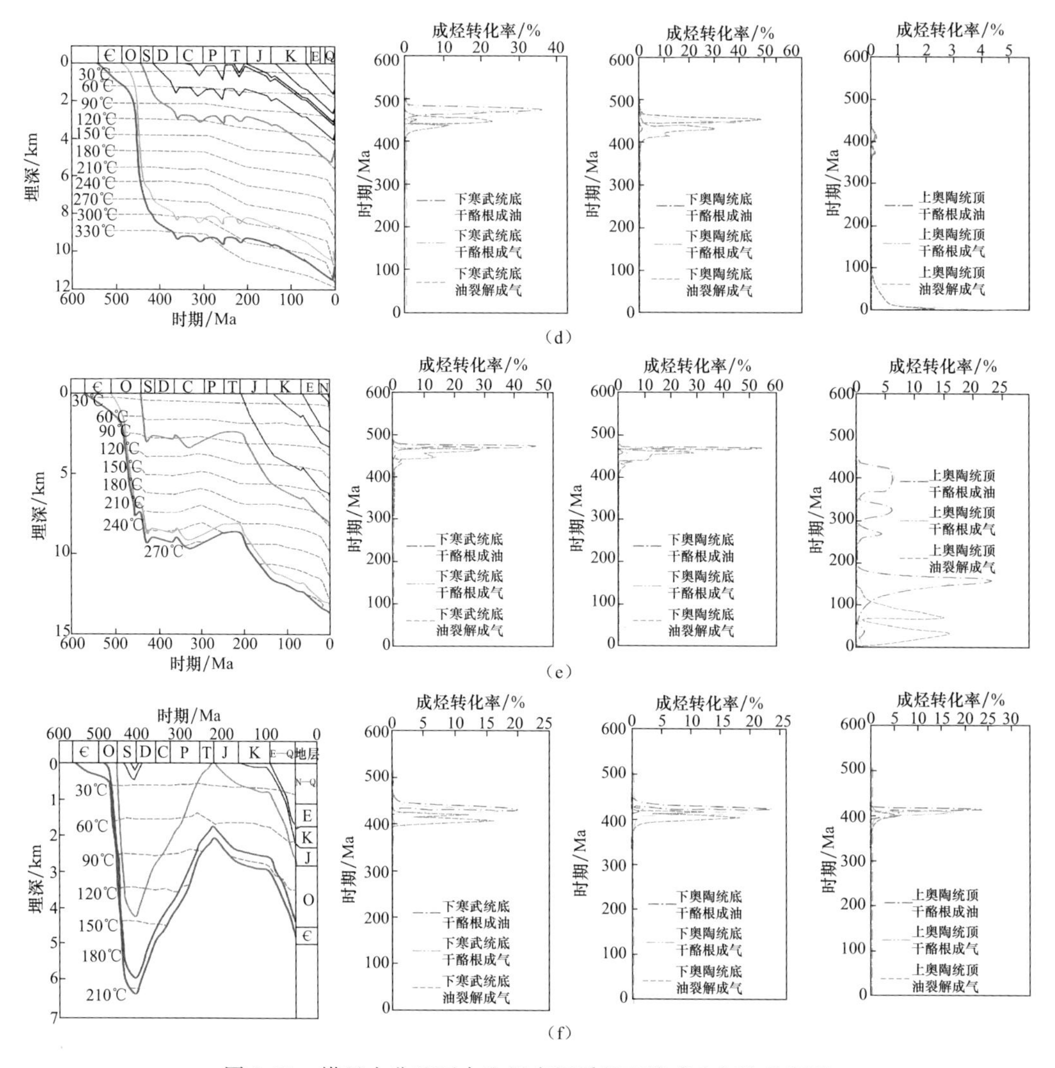

图 2.21　塔里木盆地下古生界有机质的双峰式生气演化历程

(a) 和 4 井；(b) 轮古 38 井；(c) 哈得 4 井；(d) 满东 1 井；(e) 英南 2 井；(f) 塔东 2 井

二、烃源岩双峰式生气模式及勘探意义

基于前述分散液态烃裂解成气的模拟实验结果，综合分析温度、压力和介质等条件对原油裂解边界条件的影响，干酪根生气及可溶有机质裂解成气的双峰式生气演化模式如图 2.22 所示。

中国叠合盆地中下部组合海相地层与国外海相地层相比，在大地构造背景、沉积环境以及油气地质条件等方面均有差异。中国广泛分布的海相烃源岩，目前都处于高-过成熟演化阶段（R_o=2.0%～4.0%）。按照传统的干酪根生烃模式，R_o>2.0%的海相烃源岩生烃潜力较低，勘探前景一般评价不高。这很难解释近年来在四川、塔里木、鄂尔多斯盆地高-过成熟海相烃源岩分布区不断发现储量超过千亿立方米的大气田（区）

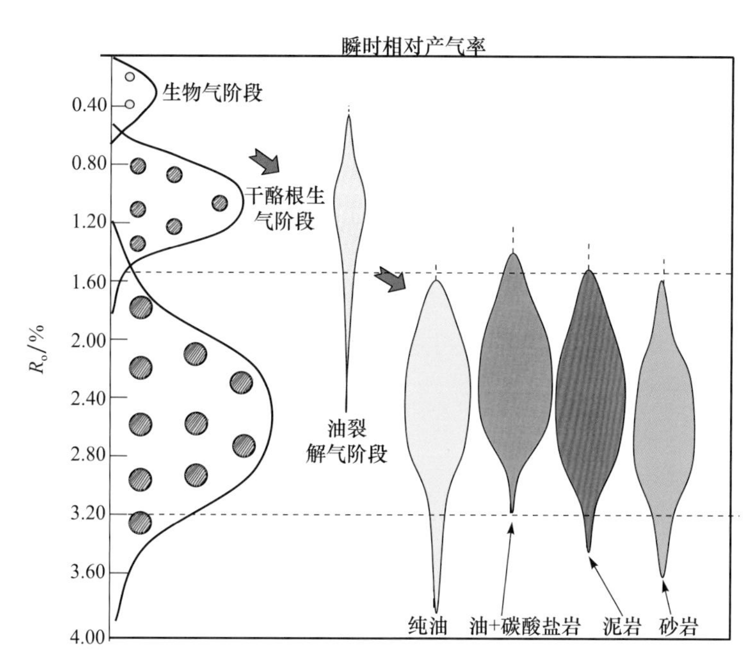

图 2.22 有机质双峰式生气演化模式图

的勘探现状。有机质接力成气机理是 Tissot 经典生烃模式在不同地质条件下的丰富、完善和发展，其细化了深层天然气的成因，明确了深层天然气的两种成因机制和油裂解型气源灶的三种赋存形式及油裂解成气的条件和潜力。对天然气资源来说，有机质经历干酪根降解生气和原油裂解生气两个高峰，有机质演化充分，天然气资源总量大。有机质接力成气机理较好回答了我国高-过成熟地区勘探潜力问题与天然气晚期成藏的机理问题。

三、分散液态烃裂解气的定量评价

（一）源内分散可溶有机质的分布预测模型及其裂解成气计算方法

源内残留烃裂解成气量可通过两条路径求取：第一是依据物质平衡原理，最大残留烃量与实际残留烃量的包络线的差值为源内分散可溶有机质裂解成气量这种办法较为简单，但存在的问题是该方法不能动态地得到各时期源内分散可溶有机质裂解成气量；第二是通过实际残留烃量的包络线，依据源岩层所经历的埋藏史和热史，将油成气过程结合化学动力学原理得到油裂解成气的比例进行裂解量计算，该方法能够得到各时期源内分散可溶有机质裂解成气量，计算公式为

$$X_{og}=\frac{\mathrm{Tr}}{1-\mathrm{Tr}}\times S_1$$

式中，X_{og}为源内分散可溶有机质成气量；Tr 为分散可溶有机质成气转化率（求取方法与油成气转化率计算一致，详见源岩生烃史评价）；S_1 为现今残留油量。

（二）源外分散可溶有机质分布预测模型及其裂解成气计算方法

源外分散可溶有机质的分布涉及油气运移问题，定量研究较困难。国内外学者对油气

的二次运移过程进行了大量物理模拟实验和数值模拟研究（Dembickih and Anderson，1989；Catalan et al.，1992；Thomas and Clouse，1995；Hindle，1997）。这些研究证明，油气二次运移只通过局限的优势通道进行，油气运移空间可能只占据整个输导层的1%～10%。

本书研究采用的简化模型，依据塔里木盆地运载层系的有效空间系数，粗略估算了塔里木盆地各运载层系的有效运移空间，再结合统计的7000多个残留烃样点建立残留烃量随深度变化的关系，统计数据表明，不同储集层的残留烃最大值的深度表现为下伏地层最大残留烃量对应的深度大于上覆地层最大残留烃量对应的深度，寒武系—奥陶系残留烃量最大值对应的深度大约为4800m，而志留系最大残留烃量出现的埋深为4600～4700m，相比之下石炭系最大残留烃的埋深不足4000m，三叠系甚至更浅。通过对疏导层中残留烃的包络线的勾绘，得到各深度最大残留烃量，以此作为运移通道的残留烃量，再依据优势运移通道的比例（本书取的比例为有效运移通道空间比例的最大值为1%～10%）及生排烃的分隔槽确定出不同地区残留烃量。依据该模型，得到主要储层的残留烃的分布。虽然该模型与以往的油成气的评价相比，在评价方法上有较大进步，但是也存在很多不足，例如，油气在地下基本属于不稳定状态，油气的优势运移通道是非均质的。

地下油气总是处于不断供给和散失的动平衡过程中，源岩生成的油气不断地向输导层充注，输导层中的油气不断散失，但大量的油气充注是幕式的，即大量的油气充注主要发生在油气大量生成期或大量生烃稍晚期。图2.23给出了油气充注及其裂解的模式，并通过该模型建立了计算源外分散可溶有机质的数学模型。

$$
\begin{cases}
\mathrm{Sl}_0 = \mathrm{Sl}^0 \sum\limits_{j=1}^{j=n} X_j \cdot (1-\mathrm{Tr}_{i,j}) \\
\mathrm{Sl}_i = \mathrm{Sl}^i \sum\limits_{j=1}^{j=i} X_j \cdot (1-\mathrm{Tr}_{i,j}) \\
\mathrm{OXG}_i = \mathrm{Sl}^i - \mathrm{Sl}_i \\
\mathrm{X}_i = \mathrm{KO}_i / \mathrm{KO} \\
\mathrm{Sl}^i = \mathrm{Sl}^0 \sum\limits_{j=1}^{j=i} X_j
\end{cases}
$$

$$
\mathrm{OXG}_i = \mathrm{Sl}_0 \cdot \left[\frac{\sum\limits_{j=1}^{j=i} x_j \cdot \mathrm{Tr}_{i,j}}{\sum\limits_{j=1}^{j=n} x_j \cdot (1-\mathrm{Tr}_{i,j})} \right]
$$

式中，X_i 为第 i 个时期生油百分比；KO_i 为第 i 个时期干酪根生油量；KO为干酪根总生油量；$\mathrm{Tr}_{i,j}$ 为第 j 个时期充注的油到第 i 个时期的油成气转化率；Sl_0 为到现今累计充注油量；Sl_i 为到第 i 个时期累计充注油量；Sl^0 为现今残余油量；Sl^i 为第 i 个时期的残留烃量；OXG_i 为第 i 个时期油成气量；n 为时期数。

在建立该数学模型过程中，对地质情况进行了大量的简化。

（1）各时期生油量与总生油的比例，疏导层各时期充注油量与该疏导层累计充注油量的比例相一致。

（2）各时期充注的原油性质稳定。

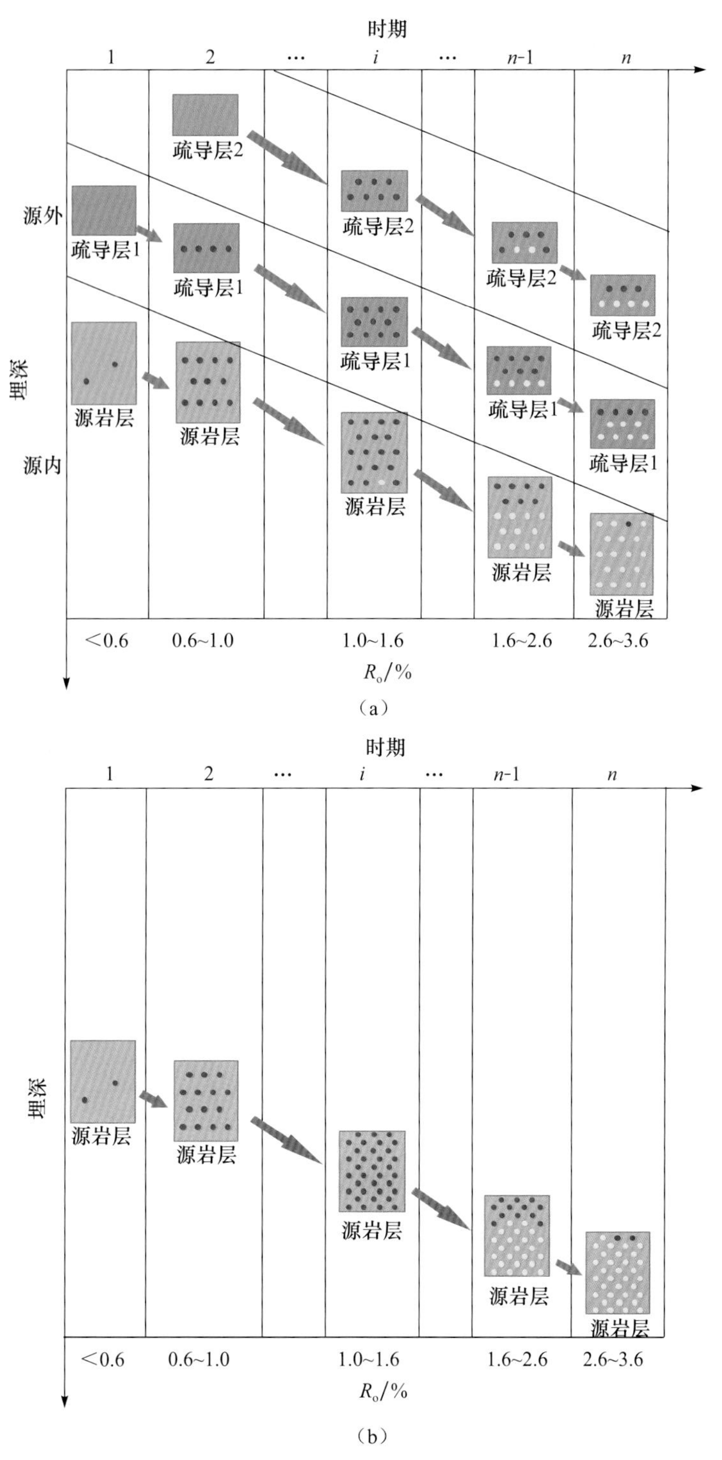

图 2.23 不同时期原油充注及其裂解模式对比

(a) 分散可溶有机质成气模式；(b) 传统油成气模式

（三）应用有机质接力成气机理计算的生烃量

基于以上基本原理，计算塔里木盆地古生界分散可溶有机质成气强度及其生气量如表 2.9 所示。源外分散可溶有机质成气主要呈现晚期大量生气的特点，对比分析传统油成气和分散可溶有机质成气各时期成气量发现，分散可溶有机质成气各时期成气量主要的特点就是生气期大大推后，其中有两个生气高峰，主要为石炭纪末期至二叠纪末期，其分散可溶有机质生气量达到 $1308\times10^{11}m^3$，油成气分布较为集中，主要分布在巴楚隆起带上和满加尔凹陷区及其周边地区，再就是白垩纪末到现今阶段，由于喜马拉雅运动造成的两大前陆盆地的形成，巨厚的新生界沉积使得古生界原油大量裂解，提供充足的天然气成藏物质基础，该阶段分散可溶有机质成气量达到 $799\times10^{11}m^3$，其中源外分散可溶有机质成气量达到 $759\times10^{11}m^3$。从成藏贡献来看，塔西南前陆盆地喜马拉雅期生气量大，对成藏贡献巨大，有利于在该区形成大中型气田。

表 2.9　分散可溶有机质与传统油成气算法各时期油成气量　（单位：m^3）

时期	分散可溶有机质成气（源内）	分散可溶有机质成气（源外）	传统油成气算法
€末之前	0.00	0.00	0.00
€末至O末	3.97×10^{13}	3.08×10^{13}	2.65×10^{14}
O末至S末	1.15×10^{13}	1.28×10^{13}	5.24×10^{13}
S末至C末	2.07×10^{13}	5.33×10^{13}	1.27×10^{14}
C末至P末	2.28×10^{13}	1.08×10^{14}	1.22×10^{14}
P末至T末	4.73×10^{11}	2.12×10^{12}	2.04×10^{12}
T末至K末	1.4×10^{11}	3.40×10^{12}	1.15×10^{12}
K末至现今	3.97×10^{12}	7.59×10^{13}	1.89×10^{13}
总计	9.93×10^{13}	2.86×10^{14}	5.89×10^{14}

注：优势运移空间比例为 10%。

分散可溶有机质累计生气量为 $3860\times10^{11}m^3$，而未考虑油气运移的传统油成气的算法得到的油成气量为 $5890\times10^{11}m^3$。总体上来看，源外的分散可溶有机质成气量较大（有效运移通道空间比例的取值为 10%），源外分散可溶有机质成气量为 $2863\times10^{11}m^3$，而源内分散可溶有机质累计成气量为 $993\times10^{11}m^3$，如图 2.24 所示。

从物质平衡角度分析，分散可溶有机质裂解成气量为 $3860\times10^{11}m^3$（有效运移通道空间比例的取值为 10%），剩余油量 3320×10^8t（干酪根生油量减去油裂解气量）。实例统计有效运移通道空间比例的取值范围为 1%～10%（Hindle，1997；李明诚，2000），塔里木盆地计算得到的分散可溶有机质裂解成气量为 $1280\times10^{11}\sim3860\times10^{11}m^3$（有效运移通道空间比例的取值为 1%～10%），期望值为 $2110\times10^{11}m^3$（有效运移通道空间比例的取值为 3.9%），净油量为 $3030\times10^8\sim5080\times10^8t$，期望值为 4420×10^8t（有效运移通道空间比例的取值为 3.9%）。从分散可溶有机质成气角度来看，塔里木盆地干酪根型烃源灶和油型气源灶成烃历史存在着接力生气的过程，并表现为双峰式生气历史。

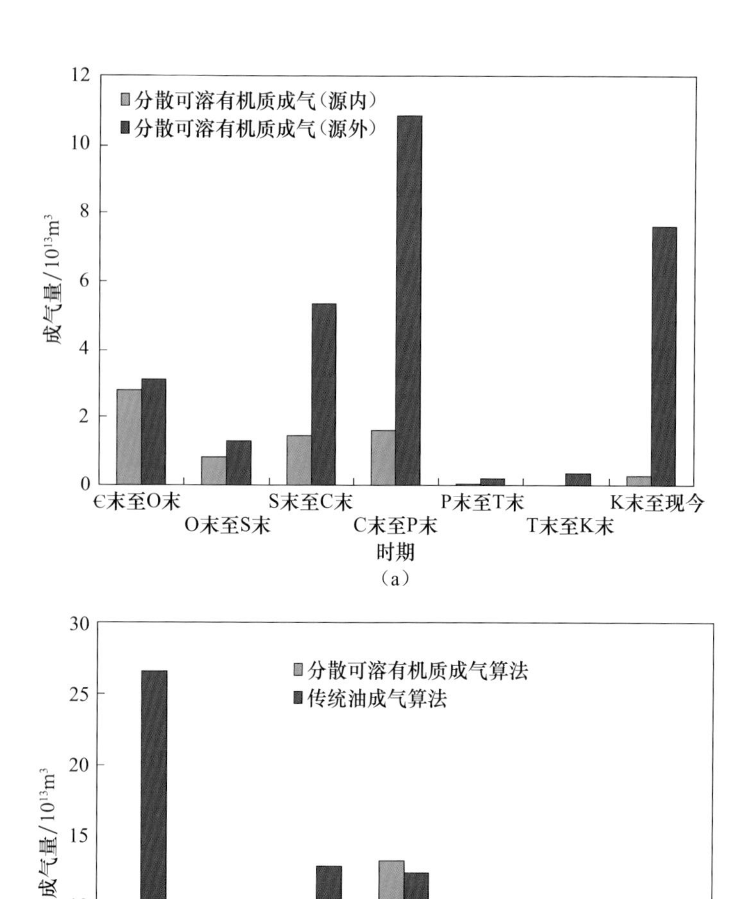

图 2.24 塔里木盆地海相原油（分散可溶有机质）不同算法各时期成气量对比

(a) 分散可溶有机质成气模式；(b) 传统油成气模式

参 考 文 献

陈建平，梁狄刚，张水昌，等. 2012. 中国古生界海相烃源岩生烃潜力评价标准与方法. 地质学报，86 (7):1132-1142.

李明诚. 2000. 石油与天然气运移研究综述. 石油勘探与开发，27 (4)：3-10.

梁狄刚，张水昌，张宝民，等. 2000. 从塔里木盆地看中国海相生油问题. 地学前缘，(4)：534-547.

赵文智，何登发. 2000. 中国复合含油气系统的概念及其意义. 中国石油勘探，5 (3)：1-11.

赵文智，王兆云，张水昌，等. 2005. 有机质“接力成气”模式的提出及其在勘探中的意义. 石油勘探与开发，32（2）：1-7.
赵文智，王兆云，王东良，等. 2015. 分散液态烃的成藏地位与意. 石油勘探与开发，42（4）：401-413.
Behar F，Kressmann S，Rudkzewiez J L，et al. 1992. Experimental simulation in confined system and kinetic modeling of kerogen and oil cracking. Organic Geochemistry，19（1-3）：173-189.
Catalan L，Xiaowen F，Chatzis I，et al. 1992. An experimental study of secondary oil migration. AAPG Bulletin，76（4）：638-650.
Dembicki H J，Anderson M J. 1989. Secondary migration of oil：Experiments supporting efficient movement of separate，buoyant oil phase along limited conduits. AAPG Bulletin，73（8）：1018-1021.
Hindle A D. 1997. Petroleum migration pathways and charge concentration：A three dimensional model. AAPG Bulletin，81（9）：1451-1481.
Prinzhofer A. Hue A Y. 1995. Genetic and post-genetic molecular and isotopic fractionations in natural gases. Chemical Geology，126（3-4）：281-290.
Thomes M M，Clouse J A. 1995. Scaled physical model of secondary migration. AAPG Bulletin，79（1）：19-28.

第三章 高效气源灶及对形成高效气藏的作用

传统研究气源岩的方法主要从生气评价指标和气源岩的空间分布考察源岩的生气潜力和有效性。戴金星等（戴金星等，1986，2003；戴金星，1997）强调生气强度大于$20\times10^8m^3/km^2$是形成大中型气田的主控因素之一。越来越多的研究和勘探实践表明，在高生气强度范围内，并不是所有圈闭都能形成大中型气田，可知气源岩的有效性不仅与原始生气潜力有关，还与生气过程及气体的运聚过程密切相关，包括古油藏中原油裂解生气过程、碳酸盐岩等储集体中次生有机质受热再次生气过程及与高效气藏形成相关联的快速生气过程等。

第一节 高效气源灶内涵

高效天然气灶是指有机质丰度、规模和受热历史诸项条件在时空上有良好耦合关系，从而在大中型气藏形成中高效发挥作用的气灶，有三维空间的含义。在生气潜力高强度前提下（一般生气强度大于$20\times10^8m^3/km^2$），快速埋藏和高受热是形成高效气灶的重要条件。塔里木盆地库车拗陷和琼东南盆地乐东凹陷分别代表快速埋藏和高受热史两个端元，用IES含油气系统模拟软件对两个凹陷有机质生烃历史研究表明，高效气灶完成大量生气作用（R_o从1.0%演化至2.0%）所需时间一般小于40Ma，又以小于20Ma更优。高效气灶对形成高效天然气藏的贡献不仅在于单位时间内的供气数量大，还有气灶内部因快速生气产生的微裂缝发生幕式排气，使运移效率更高。此外，二次运移过程中有效和优势运移通道的存在及成藏时间相对“短促”，减少了天然气散失数量等，都是高效天然气藏形成的重要因素。因此，高效气灶加晚期成藏，对形成高效气藏的概率较大。

一、高效气源灶的概念

高效气源灶是指具有一定分布范围的高有机质丰度源岩在热力或生物化学营力作用下，在较短时间内生成并排出大量天然气，从而在大、中型气藏形成中高效发挥作用的源岩体。包括两个含义：①气源岩生气的物质基础，即具备形成大、中型气田的气源条件（累计生气强度大于$20\times10^8m^3/km^2$）；②强调生气的热动力学（或生物化学）过程对生气效率与成藏效率的影响。高效气源灶具有高的生气效率和供气效率，有利于形成高效气藏。

地质历史中，气源岩在地下所经历的地温是不断变化的，不同盆地或同一盆地不同历史时期的升温速率也可能有很大的不同。在不同的升温速率下，其成熟、生烃过程及不同时期对生烃的贡献也有别。图3.1、图3.2展示了不同升温速率下的天然气生成过程，在较高的升温速率下，烃源岩在相对较短的地质时期内达到较高的天然气转化率，

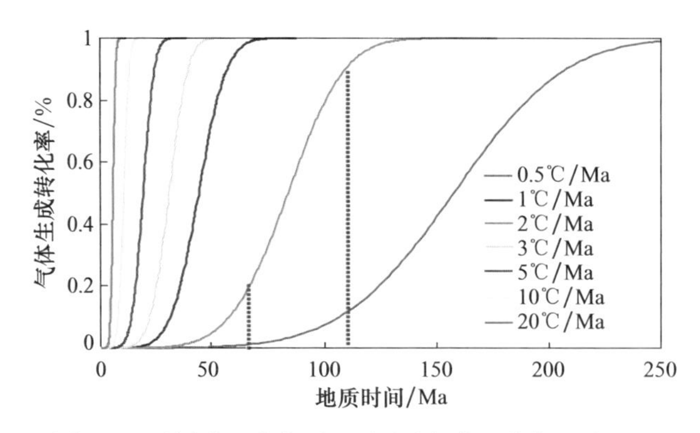

图 3.1 不同升温速率下Ⅰ型干酪根的天然气生成过程

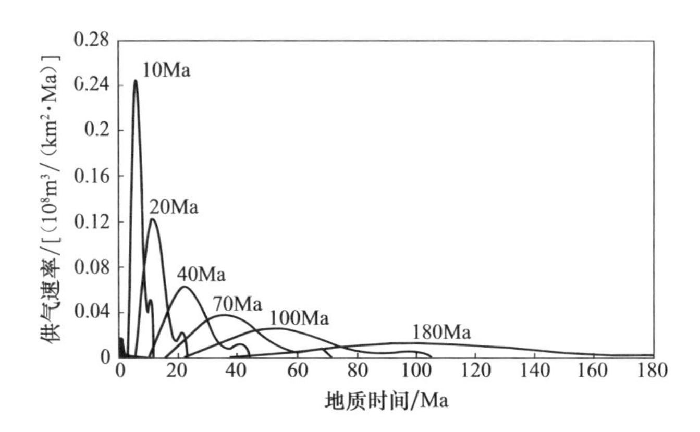

图 3.2 不同升温速率下Ⅱ型干酪根的供气速率

而在较低的升温速率下，需要较长的地质时间才能达到相同的天然气转化率。升温速率高，其气源灶的供气速率也高，同时主生气期的时间跨度也相对较短，因而有利于形成高效气藏。另外，若主生气期距现今的时间过长，由于天然气的分子很小、极易散失，不利于天然气的保存，因而晚期成藏对天然气成藏非常重要。

二、高效气源灶与有效气源岩、气源灶的异同

有效气源岩是指能够生成工业性聚集的那些气源岩，在生气评价上是指丰度和生气潜力指标达到下限值以上的气源岩。根据岩性不同主要分为三类：海、湖相泥岩，煤系和碳酸盐岩。根据它们的母质类型与丰度特征，已经形成各具特色的评价指标和评价体系，包括有机质丰度指标、母质类型指标、热演化指标和生气潜力指标等，可根据指标的大小划分出好、中、差和非气源岩四个级别。另外，有效气源岩的生气潜力不仅要考虑单位岩石的生气潜力，即气源岩质量的优劣，还需要考虑生气数量的多少，即达到生气评价指标下限值以上的气源岩体积。煤系气源岩具有以数量胜质量的优势。

有效气源灶是由呈一定规模分布的有效气源岩构成，并且经勘探证实已经为发现气藏提供了工业性数量的天然气，在气源岩和已发现气藏之间建立了良好的对应关系（图 3.3）。一个盆地或坳陷往往发育多套有效气源岩，既可以各自独立形成气藏，也可

以在某些区带和圈闭中同时提供气源，形成混源气藏，所以不同成因气藏的有效气灶可以是单一的气源岩，也可以由多层系气源岩构成。

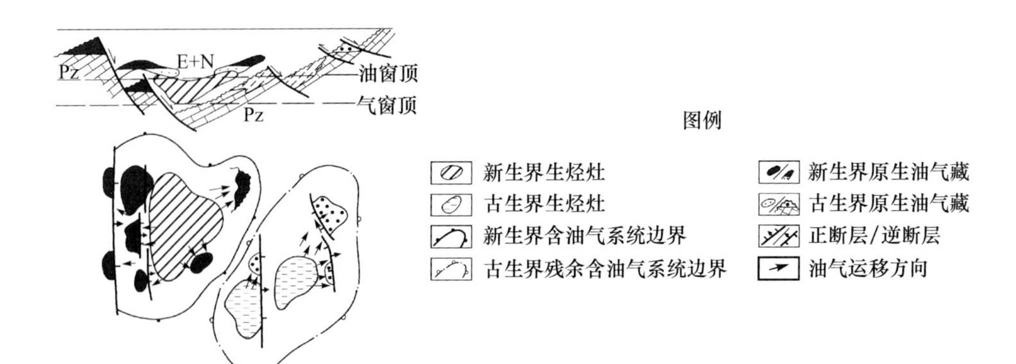

图 3.3 有效气灶和有效气源岩关系图示

高效气灶是在有效气灶基础上，加入气灶经受的热动力学过程及发生运移的天然气空间分配与可成藏圈闭在时空上的耦合关系，特指那类对形成大中型气藏不仅有效而且充分的气灶。高效气灶包含三方面涵义：一是有效气源岩的原始生气潜力与规模大，包括丰度高、类型好、演化适当、生气潜力和总量均大的气源岩；二是生气灶具有效性，即气灶的生气、排气过程与有效圈闭在时空间不仅有匹配关系，而且生成的气量能满足气藏工业性聚集需要；三是成气效率高，包括单位时间生气量高，排出源岩的天然气总量大和单位时间输送至圈闭中可供聚集的气量远大于散失量等几层含义，即气灶大量生气过程所需时间短（R_o 从 1.0%演化至 2.0%）。初步确定，高效气灶完成大量生气过程所需时间一般小于 40Ma，其中又以小于 20Ma 为优。有效气源岩、有效气灶和高效气灶三者间异同及界定标准如图 3.4 所示。

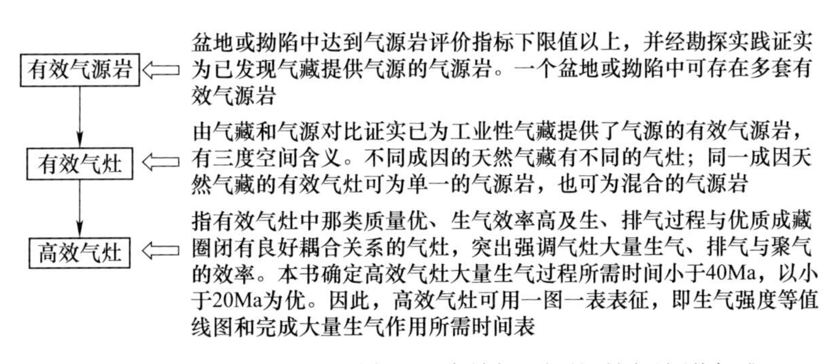

图 3.4 有效气源岩、有效气灶和高效气灶间的异同及评价标准

下面以四川盆地为例，讨论有效气源岩分布、有效气灶的确定及高效气灶分布的预测。四川盆地发育六套有效气源岩如表 3.1 所示。五套属Ⅰ型气源岩，一套为Ⅲ型气源岩。根据气藏成因及气源对比结果，可划分出四个含气系统，其中威远气田、资阳含气构造属于 Є—Z 含气系统［图 3.5 (c)］，寒武系海相泥岩、页岩是其主要气灶；五百

梯、沙坪场、卧龙河等气藏属于S—C含气系统［图3.5（b）］，志留系海相泥岩、页岩为其主要气灶；罗家寨、铁山、渡口河等气藏属于P_2—T_1含气系统［图3.5（a）］，P_2泥岩、煤系、灰岩为其主要气灶；沙湾场、沙坪坝等气藏属于二叠系（P）自生自储含气系统，P_1和P_2泥页岩、煤系、灰岩为其主要气灶。

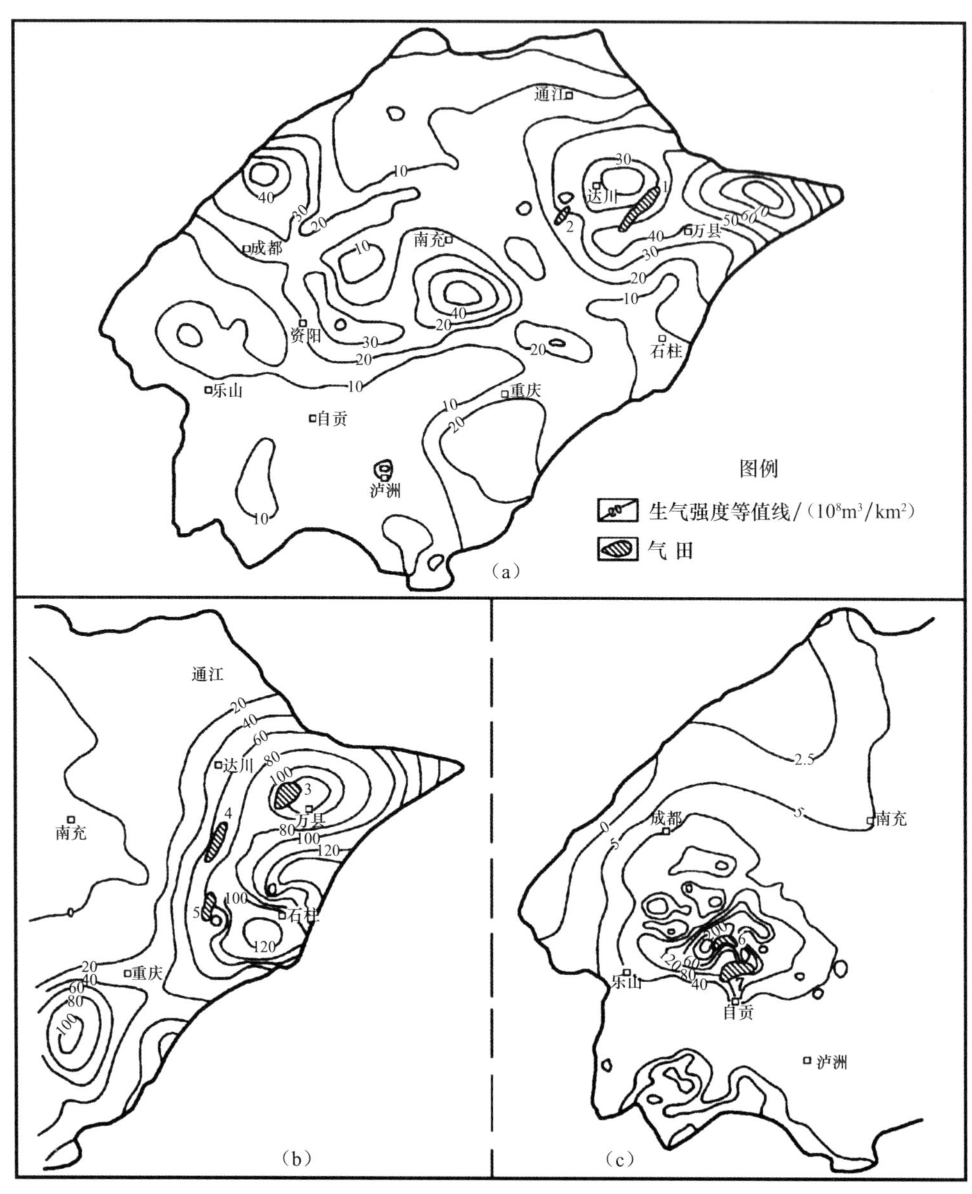

图3.5　四川盆地上二叠统、志留系、寒武系气灶生气强度与大气田分布

（a）上二叠统生气强度；（b）志留系生气强度；（c）寒武系生气强度；

1. 罗家寨气田；2. 铁山气田；3. 五百梯气田；4. 沙坪场气田；5. 卧龙河气田；

6. 威远气田；7. 资阳含气构造

表 3.1　四川盆地有效源岩、烃灶及可能存在的高效气灶

有效气源岩	含气系统	有效气灶	储层	典型气藏	高效气灶
Z_2 灯影组，$€_1$ 邛竹寺组，S_1 龙马溪组，P_2 栖霞组、茅口组 P_1 长兴组，P_1 龙潭组煤系	Z—€ 含气系统	€海相泥岩、页岩，Z 藻白云岩	Z 碳酸盐岩	威远震旦系气田、资阳含气构造	€海相泥（页）岩、S 海相泥（页）岩、P 泥岩、煤系和灰岩均为高效气灶
	S—C 含气系统	S 海相泥岩、页岩	C 碳酸盐岩	五百梯、沙坪场、卧龙河、大池干井、龙门、双家坝	
	T_1—P_2 含气系统	主要：P_2 泥页岩、煤系、灰岩 次要：P_1 泥页岩、煤系、灰岩	T_1f 鲕滩	罗家寨、铁山、渡口河、铁山坡、金珠坪	
	P 自生自储含气系统	P_1 和 P_2 泥页岩、煤系、灰岩	P 砂、生物礁	沙湾场、沙坪坝	

根据志留系气灶的生气强度图［图 3.5（b）］及其在地质历史中的生油、气速率（表 3.2），三叠纪为主要生油期，随后依附于古隆起背景先形成大型油藏。侏罗纪中晚期进一步升高温度，使油藏发生油裂解成气。原油裂解生气活化能的正态分布范围与干酪根热降解成烃相比，具有分布更集中的特点，表明原油可在较窄的温度范围内大量裂解成气，成气效率很高。因此，古油藏的形成可视为高效气藏形成过程中有机质的一次富集过程。四川盆地的寒武系（€）海相泥（页）岩、志留系（S）海相泥（页）岩、二叠系（P）泥岩、煤系和灰岩均是高效气灶。古油藏的分布和规模，控制了现今大中型气田的分布，是“源控论”的另一种表现形式。

表 3.2　四川盆地志留系烃灶在地质历史过程中的生油气速率

参数	时代										
	S	D	C	P_1	P_2	T_{1+2}	T_3	J_1	J_{1+2}	K	E—Q
生油速率/（10^8t/Ma）	3.03	0.92	1.68	1.13	1.86	8.67	6.73	2.68	−13.09	−1.85	−0.09
生气速率/（10^8t/Ma）	0.75	0.01	0.01	0.03	0.10	1.54	2.51	2.92	19.27	9.23	1.94
作用时间/Ma	35	80	45	40	10	25	15	18	35	72	65

注：负值表明油裂解生成了气。

综上所述，有效气源岩是形成工业性气藏的物质基础，有效气灶是在含气系统划分的基础上，强调气灶对工业性天然气聚集的贡献及现实性。高效气灶则是针对高效天然气藏的形成和分布而言，专指有效气灶中那类质量优、生气效率高及生、排烃过程与优质圈闭有着良好耦合关系的气灶，突出强调气灶大量生气、排气与形成聚集的效率。三者分布的普遍性构成递减序列。

第二节　典型高效气源灶形成与评价

一、库车拗陷煤系高效气源灶

（一）库车拗陷煤成气生成：部分地区 5.4Ma 前率先成为高效气源灶

库车拗陷是中、新生代两期前陆盆地的叠加。在中生代，缓慢沉降，沉积厚度不

大，一般为3200m左右。然而进入新近纪（23Ma）以来，强烈下沉，在拗陷中心堆积了厚近5000m的红层；自上新世（5.4Ma）以来，沉积速率更大，从而将侏罗系底面快速深埋到9000m以下（赵文智等，1998）。

根据拜城凹陷的热史，应用Easy%R_o模型计算了凹陷中心有机质的成熟过程。如图3.6所示，库车拗陷中心烃源岩在120Ma时镜质组反射率（R_o）达到0.5%，进入“油窗”；12Ma时，镜质组反射率为0.89%；5Ma左右时，镜质组反射率达到1.3%，进入“气窗”；2Ma时，镜质组反射率已经达到2.0%，现今镜质组反射率已经接近3.0%。

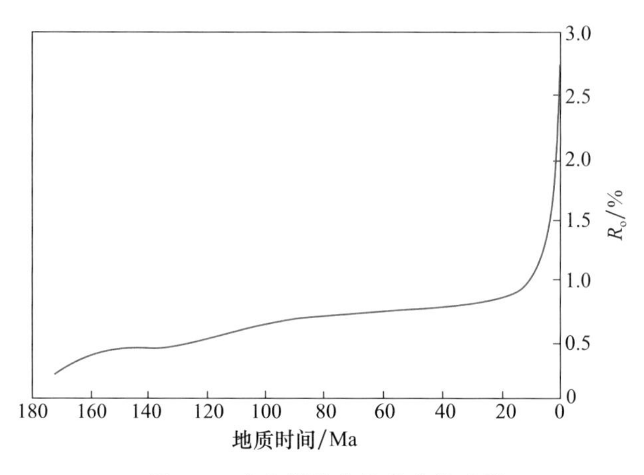

图3.6　库车拗陷有机质成熟过程

天然气转化率的计算表明（图3.7），气态烃（C_1～C_5）并非在进入“气窗”以后才开始生成。12Ma时，气态烃转化率达到10%，可视为天然气形成的开始。5Ma时，天然气转化率已达到34%；2Ma时，天然气转化率接近60%。至今，转化率接近80%且依然在生烃。根据反射率确定的主生气期为12～1Ma，成熟速率为1.2（%R_o/Ma）。比较R_o演化和生烃过程，可以看出，R_o演化和生烃过程很可能是不同步的。实际计算的天然气生成门限比仅用R_o确定的门限早。

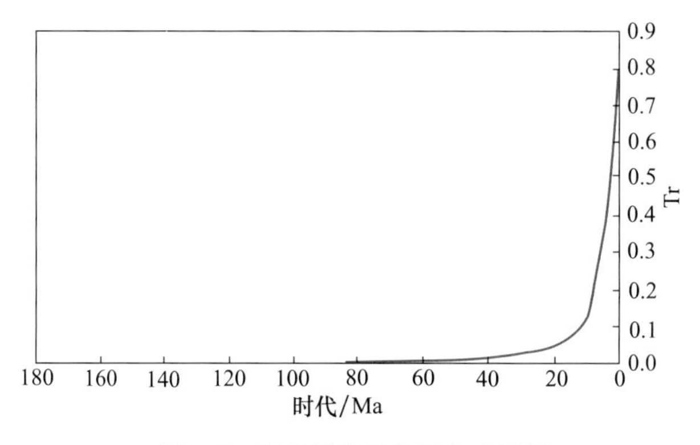

图3.7　库车拗陷天然气生成过程

根据有机质演化和天然气生成过程分析：从 12Ma 到 2Ma，R_o 从 0.89%增加到 2.0%，R_o 的增加幅度为 1.1%；天然气转化率从 10%增加到 60%，增加幅度达 50%，气源灶的平均生气速率达到 $5\times10^8 m^3/(km^2 \cdot Ma)$ 以上。从有机质演化和天然气生成过程来看，12Ma 至 2Ma 之间，天然气生成量大，占已生成天然气的 63%，是主要生气阶段，有利于形成大气田。

（二）库车拗陷煤成气聚集规律：以克拉 2 气田天然气的聚集为例

天然气中单个组分，特别是甲烷的碳同位素演化与之所对应的母源成熟度（即镜质组反射率）呈规律性的变化趋势。对这一现象，地球化学家早已注意到，并基于油气田实测数据建立了甲烷碳同位素与干酪根镜质组反射率之间的静态关系模型，曾对天然气研究起着非常重要的作用。近 10 年来，随着热解模拟实验的开展，特别是生烃动力学研究的不断发展和完善，已经建立了碳同位素演化的经验模型和动力学模型，这些模型各有其优缺点。以热解实验为基础的同位素动力学是通过不同升温速率热解数据拟合，获得天然气单组分生成的动力学参数；通过同位素数据的拟合，获得天然气单组分的碳同位素演化的动力学参数。同位素动力学参数结合埋藏史、热史可用于模拟天然气聚集和散失过程的研究。本研究根据天然气甲乙烷碳同位素及干燥系数的演化历史，用多个指标共同标定、约束天然气的聚集历史，以期更好地理解克拉 2 气田的天然气聚散历史。

库车拗陷中心区域干气田均位于拗陷中心的沉降和沉积中心周边。其中，克拉 2 气田位于沉积中心的北部、线性背斜带之上，明显处于构造高部位，是油气运移的指向和拗陷中心过成熟的煤所生成的烃的有利聚集区之一。大北和大宛齐气田位于拜城次级洼陷（沉积中心）中构造的高部位，是过成熟烃源岩生烃的另一个重要聚集区。因此，这些气田的天然气主要来源于库车拗陷的沉积中心。

根据该区拗陷中心埋藏史、热史资料，对其烃源岩过成熟区域的甲烷碳同位素拟合结果如图 3.8 所示。从图 3.8 表示的烃源岩瞬时生成甲烷的碳同位素曲线及拟合自 16.9Ma、5.3Ma 以来的阶段性累计甲烷碳同位素曲线不难看出，由于底部烃源岩埋藏过深，瞬时产生的甲烷碳同位素值在后期非常重，具有过成熟的特征。现在假设天然气在两个重要构造转折期 16.9Ma、5.4Ma 以来开始累计，甲烷碳同位素值应该分别为 −25‰～−20‰和−20‰～−18‰，与拗陷中心区域干气田上实测值（−32‰～27‰）存在明显的差别。图 3.9 展示了干燥系数和乙烷碳同位素的变化。综上所述，该气田的天然气聚集了长期生成的天然气，时间限定在 2.0Ma 左右。从而说明克拉 2 气田天然气聚集了从煤系开始生烃，至少从 12Ma 以来至库车期末（约 2.0Ma）生成的天然气。

从该区构造演化的历史来看，库车拗陷自新生代以来一直处于构造活动比较强烈的状态下。北部单斜带形成于 25Ma，拗陷中心区域的主体构造是在中新世晚期（16.9～5.4Ma）形成的（图 3.10）。燕山期末，大北-吐北、克拉苏、依奇克里克和吐格尔明等燕山期的古隆起已形成（图 3.11）。逆冲断层切断中间的岩层，导通了圈闭与烃源岩及下部前期形成的被煤系吸附或煤系岩石夹层中的天然气，开始了该区油气聚集的历史。库车期（5.4～2.0Ma），断层活动进入最强烈期，也开始了油气聚集的强烈期。随着挤

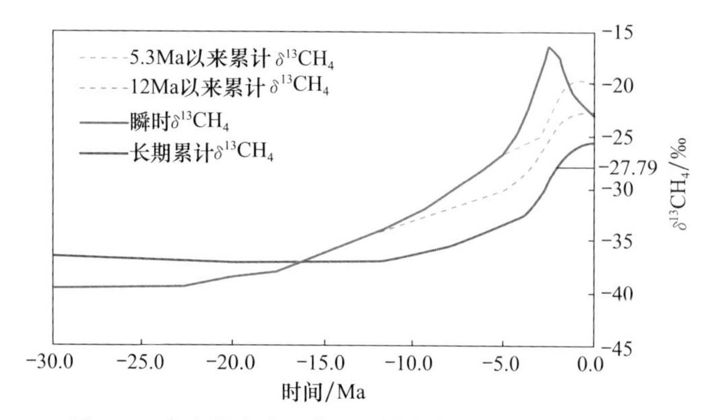

图 3.8 库车拗陷中心侏罗系煤成气甲烷碳同位素演化

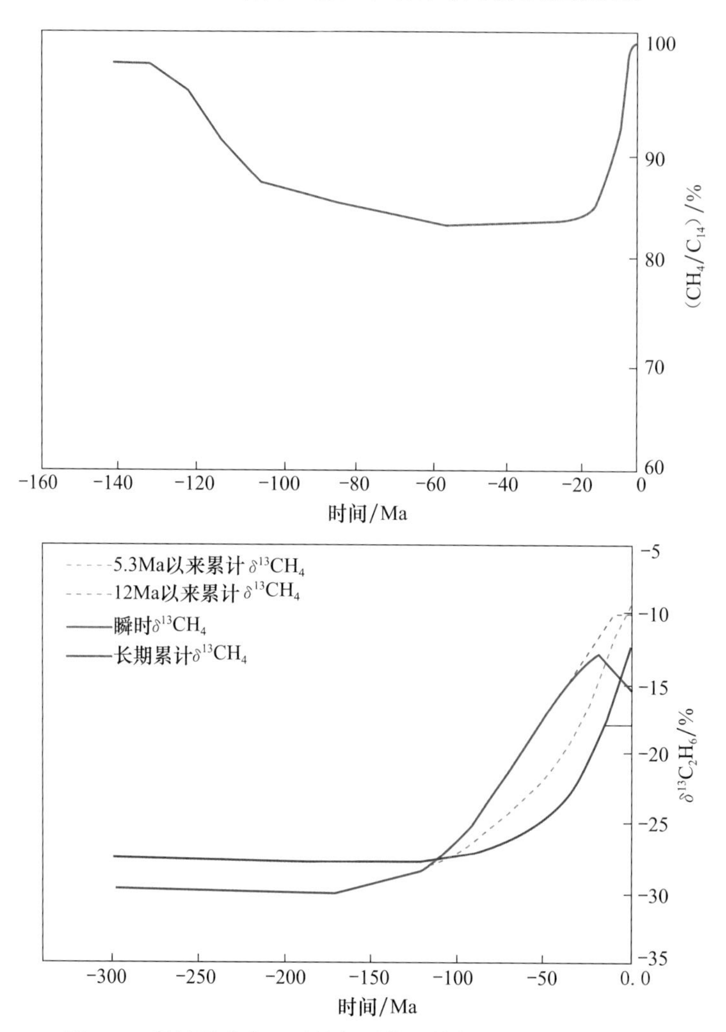

图 3.9 拜城凹陷中心天然气干燥系数与乙烷碳同位素演化

压应力的增加，2.0Ma 左右形成超压，气源灶生成天然气无法充注到气藏中，结束了天然气的聚集过程。

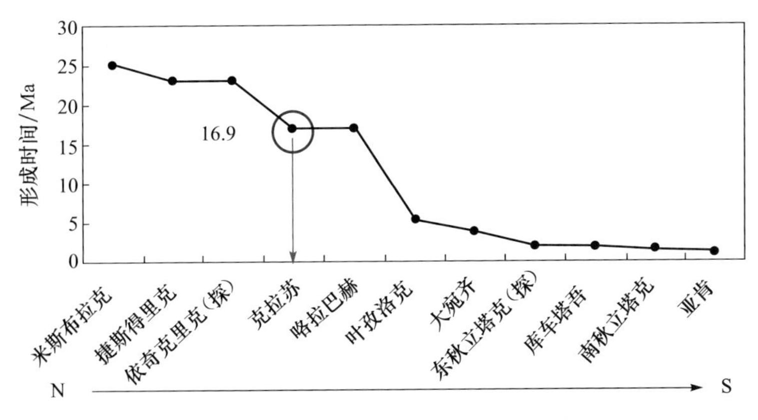

图 3.10　库车坳陷构造圈闭形成时间（李本亮，2000）

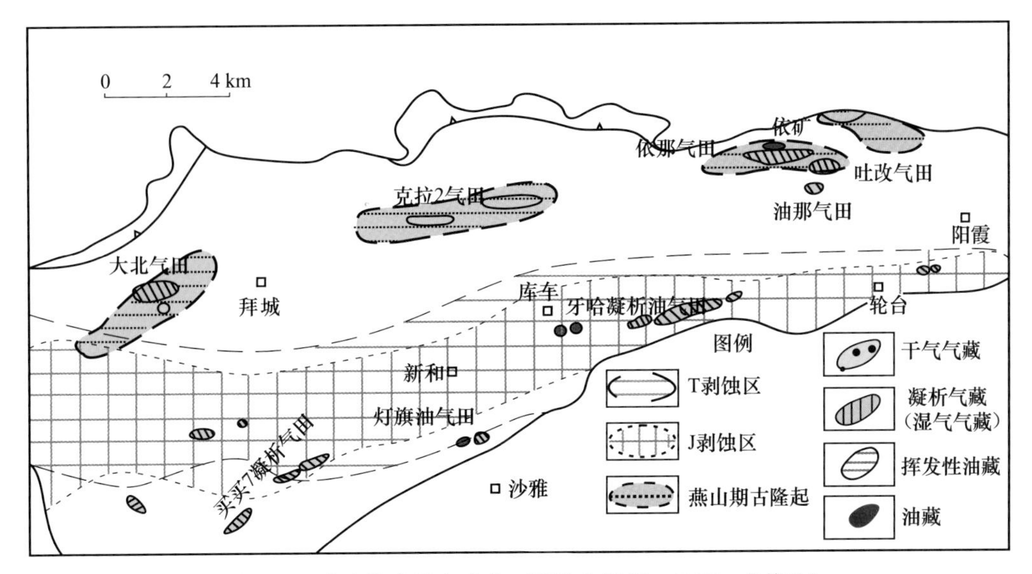

图 3.11　燕山期古隆起分布（据孙冬胜等，2007，有修改）

库车坳陷作为一个复合前陆盆地，从二叠系至今经历了两期前陆盆地演化过程，新生代前陆盆地叠置在中生代前陆盆地之上，经历了复杂的地质演化历史和深埋过程，特别是喜马拉雅运动，北部南天山山脉剧烈隆起，使库车坳陷快速沉陷，从而在库车坳陷内沉积了巨厚新生代的沉积物，中生代源岩深埋，使之短期内迅速成熟。

23.3Ma 时侏罗系尚未进入主生烃期，仅有很少部分镜质组反射率达到 1.0%，进入主生烃期。到 5.4Ma 时，拜城凹陷等大部分镜质组反射率达到 1.0%以上，相当一部分在 1.5%以上，进入主生气期。23.3～5.4Ma，经历了近 18Ma 的地质历史时期，由于拜城凹陷沉积速度相对较快，可能较早进入主生气期，为气藏供气。现今，库车坳陷绝大部分镜质组反射率达到 1.0%以上，特别是东部地区，而西部地区有相当部分的镜质组反射率超过 2.5%。

在地质历史过程中，熟化速率也经历了不断演化过程。23.3Ma 时侏罗系气源岩大部分尚未达到高效气源岩的熟化速率。到 5.4Ma 时，库车坳陷中西部侏罗系的熟化速率已经达到 0.05%R_o/Ma 的门限，现今库车坳陷不仅中西部，东部侏罗系源岩的熟化速率也已达到 0.05%R_o/Ma 的门限，向气藏供给天然气（图 3.12）。

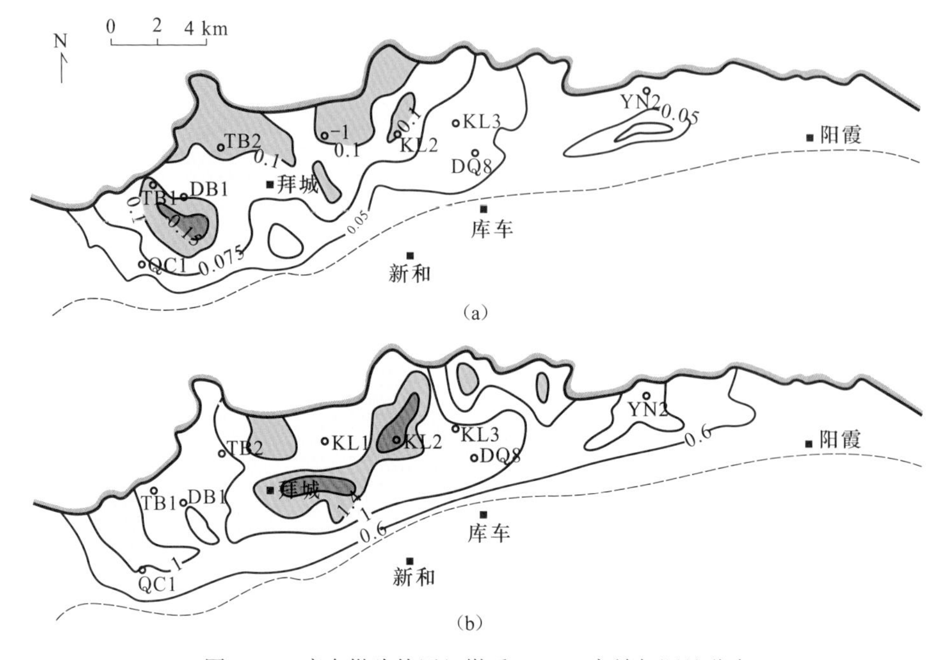

图 3.12 库车坳陷侏罗纪煤系 5.4Ma 高效气源灶分布

(a) 熟化速率等值线图（单位：%R_o/Ma）；(b) 生气速率等值线图［单位：$10^8m^3/(km^2 \cdot Ma)$］

生气速率是气源灶向气藏供气的贡献直接指标，其大小指示了单位时间内向气藏供气的贡献。23.3Ma 时侏罗系气源岩生气速率均小于 $0.6\times10^8m^3/(km^2 \cdot Ma)$，未达到高效气源灶的生气速率。到 5.4Ma 时，库车坳陷绝大部分侏罗系的生气速率超过 $0.6\times10^8m^3/(km^2 \cdot Ma)$ 的门限，而且有相当部分的生气速率达 $1.0\times10^8m^3/(km^2 \cdot Ma)$ 以上，成为高效气源灶（图 3.12）。有迹象表明，23.3～5.4Ma 的某一时刻，拜城凹陷已经达到较高的生气速率，有可能成为高效烃源灶。现今，库车坳陷东部的侏罗系气源岩生气速率也达到高效气源岩的门限，成为高效气源岩，而西部已有部分的侏罗系气源岩因成熟度超出主生气期，而使得其生气速率下降，部分地区在 5.4Ma 以前，已经达到较高的生气速率，为气藏供气。

二、川东北原油裂解型高效气源灶

作者系统开展了川东北地区热史的精确研究，对 140 多口井大地热流、古地温和烃源岩成熟演化史的初步研究，为气源灶描述奠定了基础。根据川东北地区 140 口井的地热史，利用 Easy%R_o 模型分别模拟计算各井上、下二叠统烃源岩的成熟度演化史。区域上的模拟表明，研究区大部分地区（除了受到异常热作用影响的地区）二叠系烃源层在晚白垩世达到最高古地温，其烃源层有机质热演化定型于晚白垩世。下二叠统中部及上二叠统中部烃源岩成熟度演化相似，都在早三叠世晚期进入生油门限，分别于中—晚三叠世及晚三叠世进入生油高峰，在中侏罗世—晚侏罗世早期进入高成熟阶段，在晚侏罗世达到原油裂解气生成高峰，在晚侏罗世晚期进入过成熟。二叠系烃源岩快速生烃时期在早—中三叠世、晚三叠世及早侏罗世晚期—晚侏罗世。晚侏罗世末—晚白垩世沉积结束时（84Ma）飞仙关组中部温度主要为170～220℃，嘉陵江组中部温度主要为160～200℃，因此白垩纪应是下三叠统储集层内原油裂解生气高峰期（如果此期下三叠统储层中已有油气注入）。

（一）川东北地区二叠系—三叠系气源灶评价

从川东北地区看，目前主要的烃源岩为二叠系和三叠系，二叠系烃源岩主要有四套，即下二叠统碳酸盐烃源岩、下二叠统泥质烃源岩、上二叠统泥质烃源岩、龙潭组煤系地层等。烃源岩有机质丰度高，有机母质类型以腐泥型为主，有机质演化程度目前都已达高-过成熟阶段，天然气类型以原油二次裂解气为主。为了精确刻画该地区二叠系—三叠系气源灶的特征，作者利用所取得的典型的海相源岩的烃类（油、气）和生成动力学参数计算了该区最大埋深处人工井典型井的成熟度、古地温及烃类（油及天然气）的生成和演化过程（图3.13）。可以看出，该地天然气的形成可以分成快速和慢速两个阶段：即快速裂解期，时间为156～137Ma；慢速裂解期，时间为137～84Ma。考虑到这两个生烃阶段生气速率相差很大，因此，需对这两个时期的气源灶分别进行评价。

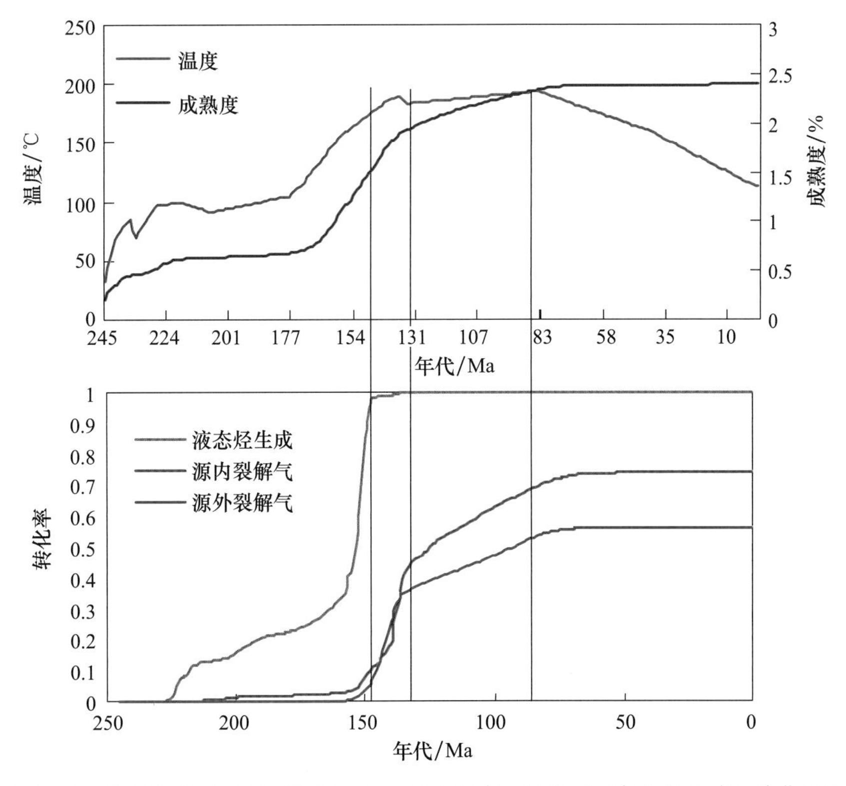

图3.13 川东北典型井的成熟度、古地温及烃类（油及天然气）的生成及演化过程

图3.14是川东北地区下二叠统和上二叠统中部主生气期熟化速率（%R_o/Ma），可以看出，上、下二叠源岩熟化速率在主生气期的快速阶段还是比较大的，主体部分熟化速率为0.034～0.07%R_o/Ma，以高效气源灶的划分标准来看，高效气源灶主要位于开县—达县—平昌—渠县—梁平一线，而且上、下二叠统高效气源灶的分布范围基本一致，从强度看，下二叠统气源灶略强于上二叠统。

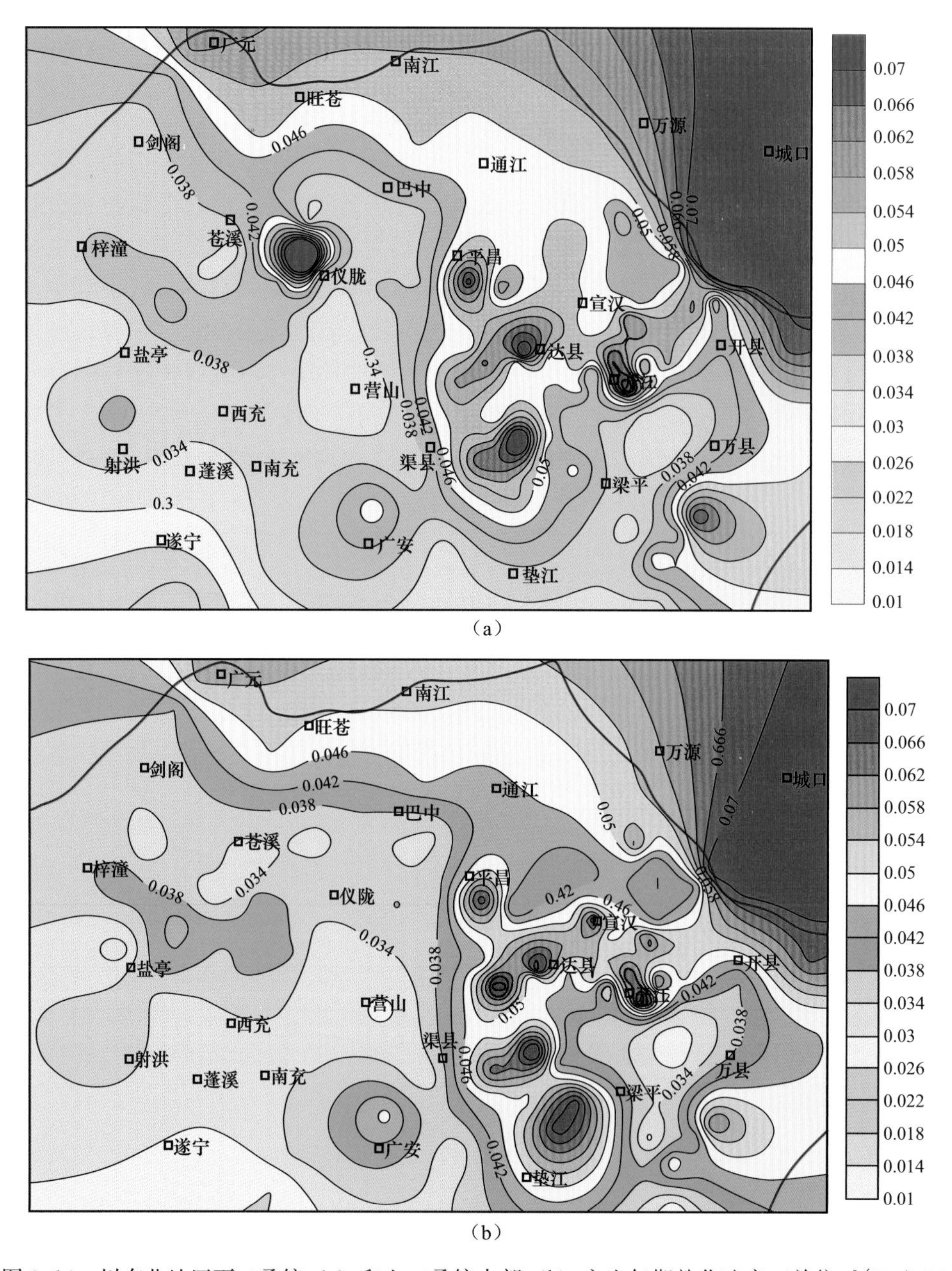

图3.14　川东北地区下二叠统（a）和上二叠统中部（b）主生气期熟化速率（单位：%R_o/Ma）

图 3.15 为川东北地区下二叠统和上二叠统中部主生气期生气速率，由图可以看出，上二叠统源岩生气速率在主生气期的快速阶段还是比较大的，主体生气速率为 $0.1\times10^{8}\sim0.54\times10^{8}m^{3}/(km^{2}\cdot Ma)$，以高效气源灶的划分标准来看，高效气源灶主要位于开县东北的范围内；而下二叠统源岩生气速率高值地区主要位于盆地的西北部，生气速率大于 $0.6\times10^{8}m^{3}/(km^{2}\cdot Ma)$，达到了高效气源灶的标准，东部在开县以东有一个相对高值的气源灶分布区，生气强度一般在 $0.3\times10^{8}m^{3}/(km^{2}\cdot Ma)$ 以上。从强度看，下二叠统气源灶略强于上二叠统。

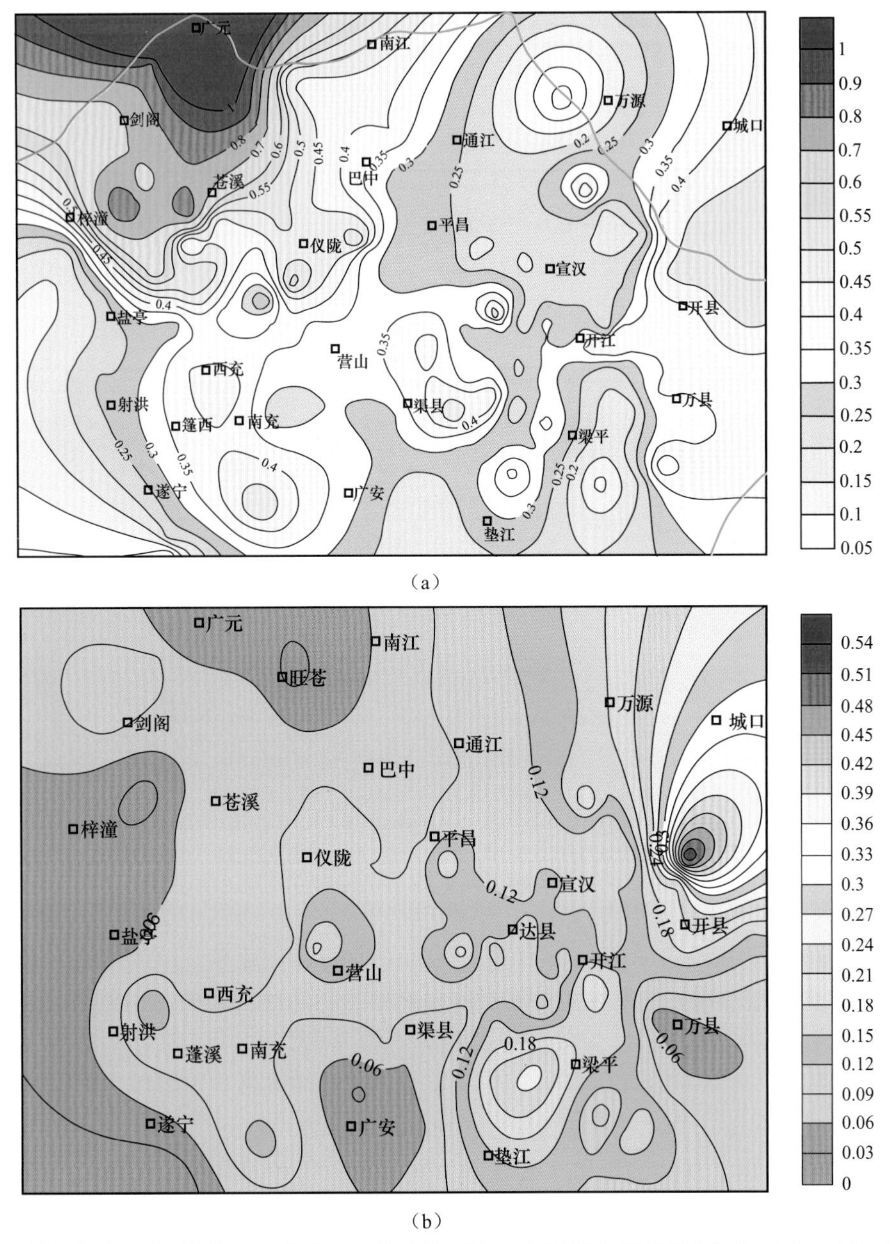

图 3.15 川东北地区下二叠统（a）和上二叠统中部（b）主生气期生气速率［单位：$10^{8}m^{3}/(km^{2}\cdot Ma)$］

（二）川东北地区三叠系气源灶评价

川东北地区三叠系是目前气田的主要储层，也是古油藏的储层，据目前研究结果，川东北地区三叠系古油藏也是该地区三叠系气藏的主要气源之一。热史研究表明，储层古地温已经达到 150℃以上，达到了原油裂解气的条件。但是相对于源岩的气源灶评价，原油裂解气灶的评价还是存在一些困难，主要是很难对古油藏中有机质的量进行准确估计。本书研究中，作者在实验室多种母质生气过程动力学模拟的基础上，发展和完善了海相高效气源灶评价与计算方法，利用取得的海相有机质的生油动力学参数、两种类型海相源岩的排烃效率和排烃阶段及原油的生气动力学参数，可以相对准确地描述和计算海相源岩的生油过程、海相源岩液态烃的排烃过程和古油藏中液态烃的裂解生气过程。

图 3.16 为川东北下三叠统飞仙关组 137Ma 的古地温，由图可以看出，在盆地东北和西北地区储层古地温已经达到 190℃以上，比较储层古地温的演化史，实际上宣汉-平昌地区早在 156Ma 时储层温度已超过 150℃，而在 84Ma 时，川东北地区绝大多数地区储层温度都已超过 150℃。

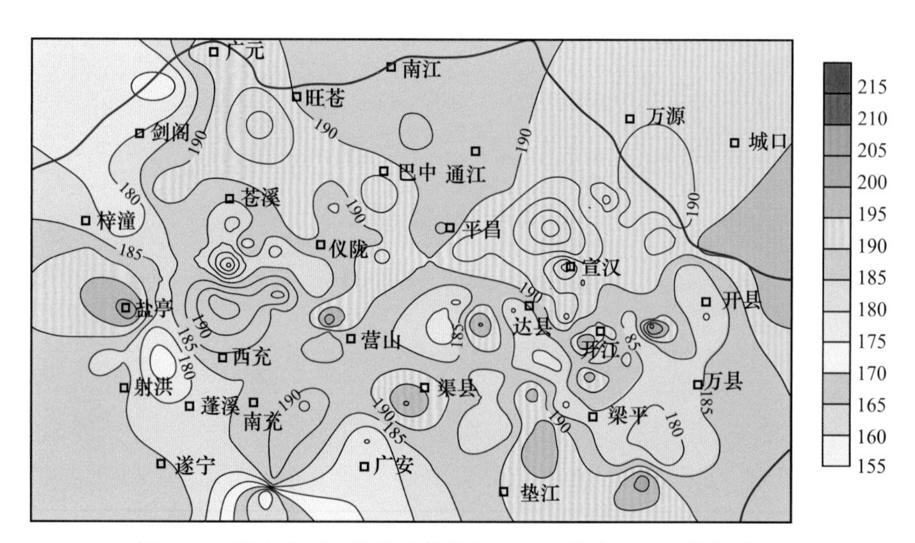

图 3.16 川东北下三叠统飞仙关组 137Ma 的古地温（单位：℃）

同样，作者利用 Easy%R_o 方法计算了飞仙关组的熟化速率，结果如图 3.17 所示，可以看到三叠系源岩熟化速率在主生气期的快速阶段还是比较大的，主体部分熟化速率为 0.03～0.07%R_o/Ma，以高效气源灶的划分标准来看，高效气源灶也是主要位于开县—达县—平昌—渠县—梁平一线，而且与上、下二叠统高效气源灶的分布范围基本一致，从强度看，气源灶熟化速率略小于二叠系气源灶。

图 3.18 是根据古油藏的量和原油裂解生气的动力学计算的川东北地区飞仙关组主生气期生气速率。三叠统源岩生气速率在主生气期的快速阶段还是比较大的，主体生气速率为 0.15×10^8～$1.0\times10^8 m^3/(km^2 \cdot Ma)$，以高效气源灶的划分标准来看，高效气

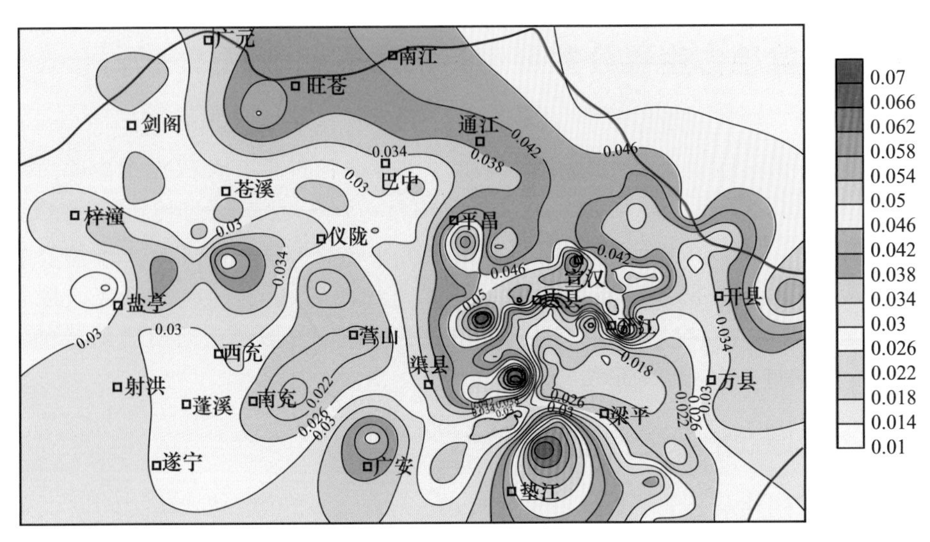

图 3.17 川东北飞仙关组等效熟化速率［单位：(%R_o/Ma)］

源灶主要位于研究区东部和西部两个地区。东部高效气灶位于万县—开县东北的地区，另外东部高效气灶还分布于从广安到宣汉的地区。另外三叠统源岩生气速率高值地区在中部和盆地的西北部也有分布，生气速率大于 $0.45\times10^8m^3/(km^2\cdot Ma)$，基本达到了高效气源灶的标准，另外从生气强度看，三叠统生气速率和二叠统气源灶的强度大致相当。

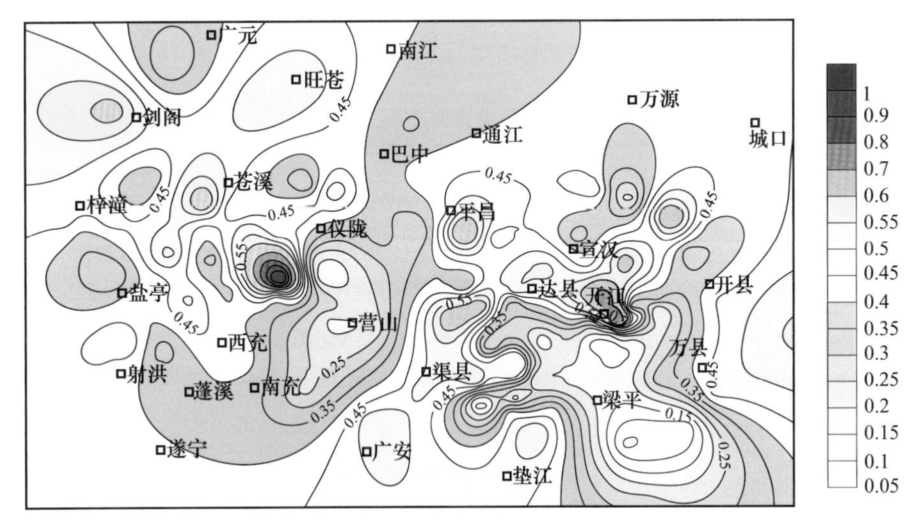

图 3.18 川东北地区飞仙关组生气速率［单位：$10^8m^3/(km^2\cdot Ma)$］

从上述结果看，川东北地区的气源灶是一个复合的高效源灶，无论是下二叠统、上二叠统，还是三叠系飞仙关组，在研究区东北部地区都存在较好的气源灶。根据高效气源灶的划分标准，都达到了高效气源。因此可以说三叠系系气灶，即这些气田既捕集了来二叠系气源灶的高-过成熟气，又捕集了来自二叠系原油裂解灶的裂解气，这可能也是形成川东北高效大气藏的主要原因之一。

三、塔里木盆地古生界分散可溶有机质裂解型高效气源灶

塔里木盆地克拉通盆地面积为$35\times10^4km^2$，发育优质寒武系海相烃源岩。克拉通盆地已发现和田河、塔中Ⅰ号坡折带奥陶系礁滩体、轮古东、吉拉克及山1、英南2、满东1等一批海相成因天然气（田）藏和含气构造，天然气藏具有相似的气源成因，天然气乙烷碳同位素值低于−28‰，表明其来源于还原环境下的寒武系烃源岩。天然气藏普遍形成于喜马拉雅期，成藏期对应于寒武系烃源岩的高-过成熟演化阶段（R_o=1.8%～4.5%），对应克拉通盆地多期成藏的最后一期，分散可溶有机质形成的裂解型高效气源灶为晚期天然气藏的形成提供了气源。

（一）气源灶常规生气潜力评价

按照以往封闭体系下干酪根裂解生烃模式，对寒武系烃源岩生烃潜力作了评价。评价中采用满加尔凹陷中央演化模式计算烃源岩在不同时期的生气量（表3.3），80%的生气量在志留纪末期都已贡献，这部分生气量中包括干酪根裂解气和原油裂解气，在产烃率使用中，油的最大产烃率对应的R_o=1.0%，R_o>2.0%以后不再产液态烃；气态烃产率高峰对应的R_o=2.3%，R_o>2.8%以后气态烃产率非常小，在封闭体系中以R_o=1.0%～2.5%为主要产烃期，这样计算结果表明寒武系气源灶生气强度在志留纪末期就已经达到现今的水平，从志留纪至现今，该气源灶基本不再有大量生气过程，因此只能算是一个古老的优质气源灶，在成藏过程中必然导致天然气的大量散失，因此计算资源量时取的运聚系数只有1.5‰，围绕满加尔凹陷天然气资源量很低。

表3.3 满加尔凹陷寒武系烃源岩不同成气模式下生气量对比

生气时期	三轮资评		接力成气	
	气/$10^{11}m^3$	生气量比例/%	气/$10^{11}m^3$	生气量比例/%
E—Q	32.30229031	0.6	938.08512	16.8
K	11.59897421	0.2	357.36576	6.4
J	108.0012329	1.9	368.53344	6.6
T	199.350262	3.6	340.61424	6.1
P	255.4119707	4.6	882.24672	15.8
C	391.2876992	7.0	452.29104	8.1
D	308.5668286	5.5	452.29104	8.1
S	708.8238327	12.7	519.29712	9.3
O_2	2272.837475	40.7	921.3336	16.5
$Є_3-O_1$	1256.669255	22.5	312.69504	5.6
$Є_{1-2}$	38.99017924	0.7	39.08688	0.7
合计	5583.84	100	5583.84	100
资源量	8.4		22.3	
运聚系数/‰	1.5		4	

（二）分散可溶有机质晚期高效裂解型气源灶

根据烃源岩吸附烃剖面的实际数据分析，塔东寒武系烃源岩成熟度高，其中的吸附

量很低，在 30mg/gTOC 以下（图 3.19）。同时，随成熟度的增加，烃源岩中吸附烃仍然有规律地减少。在镜质组反射率为 1.5%时吸附量约为 30mg/gTOC，R_o 为 2.0%时吸附量约为 10mg/g TOC，R_o 为 3.5%时吸附量降至 3mg/gTOC 以下，表示基本上没有吸附烃，到 3.5%时不再有吸附烃存在，说明寒武系烃源岩的生气上限应该是在镜质组反射率为 3.5%时。台盆区除满加尔和阿瓦提凹陷中央部分以外的大部分地区分散可溶有机质裂解成气的时机主要在白垩纪以后，特别是 20Ma 以来的快速沉降期（图 3.20、图 3.21）。

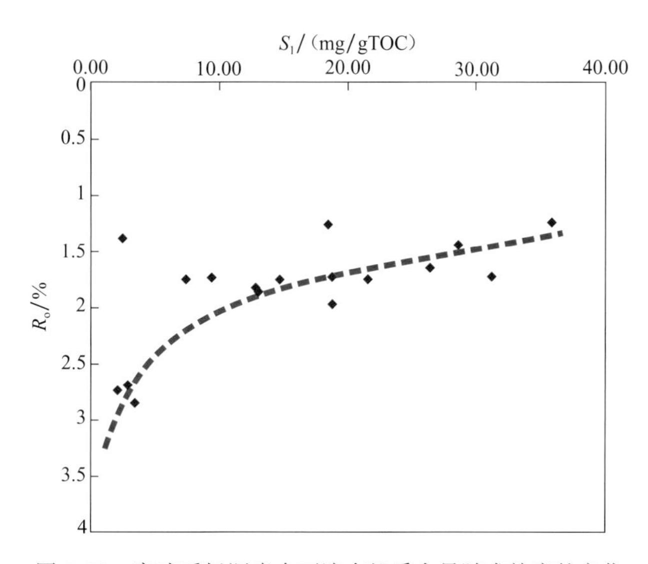

图 3.19 寒武系烃源岩中可溶有机质含量随成熟度的变化

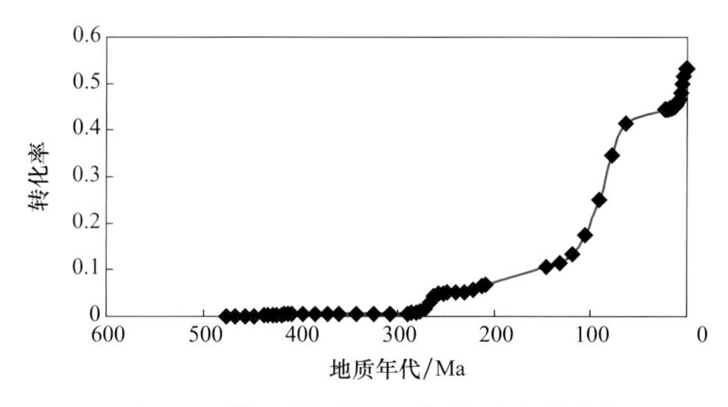

图 3.20 塔北隆起羊屋 2 井裂解气的转化率

根据海相Ⅰ型干酪根及分散可溶有机质主生气期的确定，重新计算寒武系在不同时期的生气量（表 3.4），其中在满加尔凹陷与阿瓦提凹陷两个持续沉降区，奥陶纪末期 R_o 值就达到 3.5%以上，这些地区裂解程度高、时间早，而周缘塔中与塔北及麦盖提斜坡部位，从白垩纪末期开始进入新生代的快速沉降期升温期（图 3.22、图 3.23），特别是古近纪末 20Ma 以来，成熟度增加率普遍大于 0.05R_o%/Ma，达到高效气源灶的标准，这些地区分散可溶有机质的裂解气量达到总生气量的 40%以上，生气强度大于

$20\times10^8m^3/km^2$，形成晚期分散可溶有机质裂解型高效气源灶（图 3.24）。

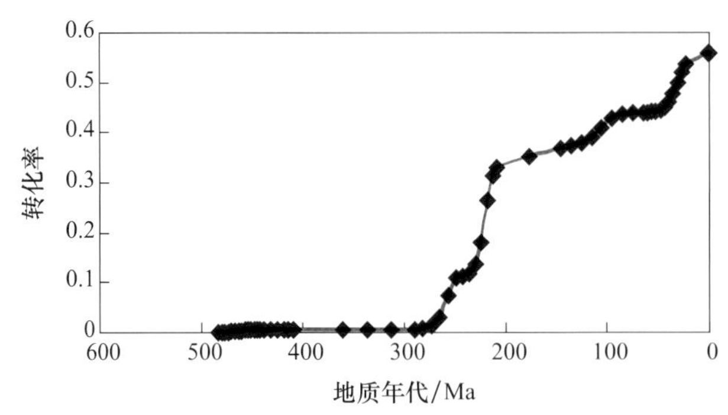

图 3.21　塔中隆起塔中 44 井裂解气的转化率

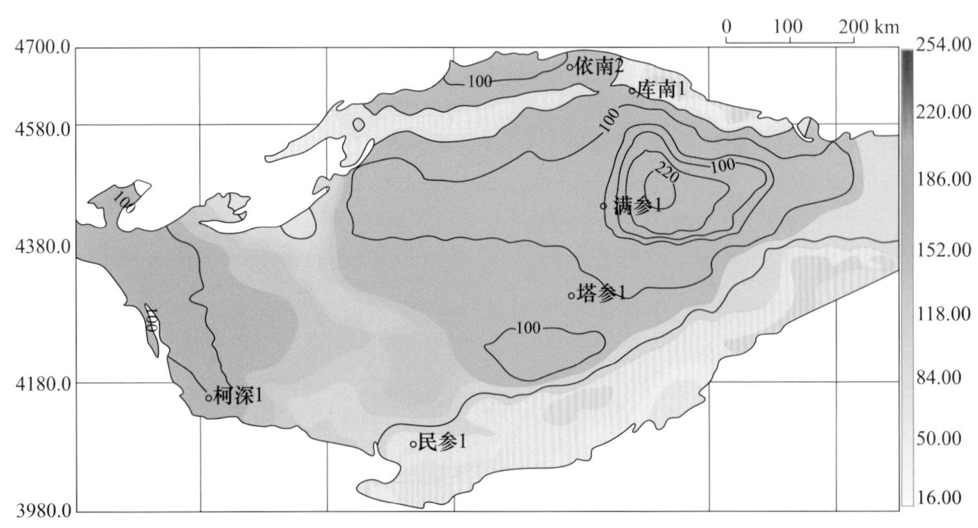

图 3.22　寒武系烃源岩顶面 65Ma 古地温（单位：℃）

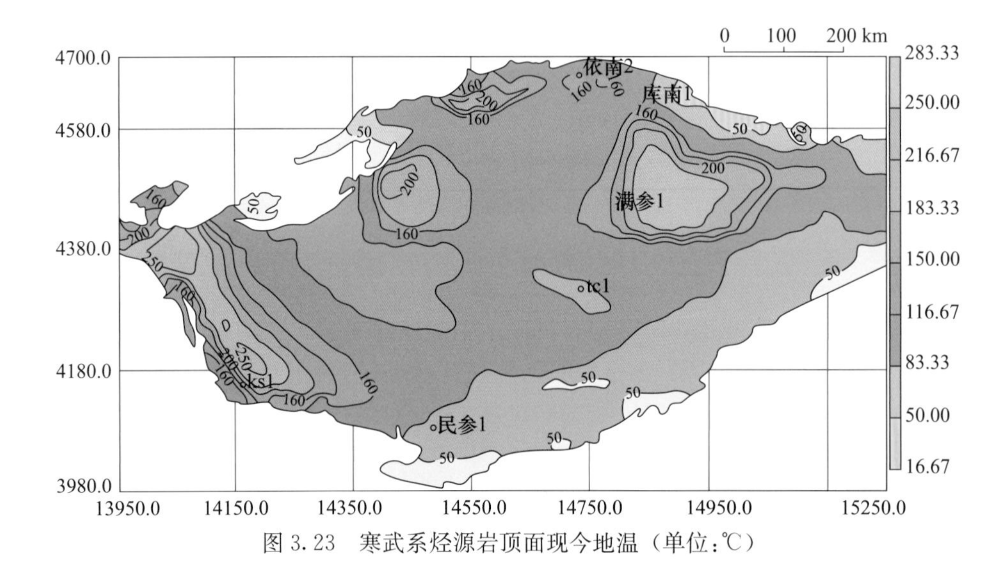

图 3.23　寒武系烃源岩顶面现今地温（单位：℃）

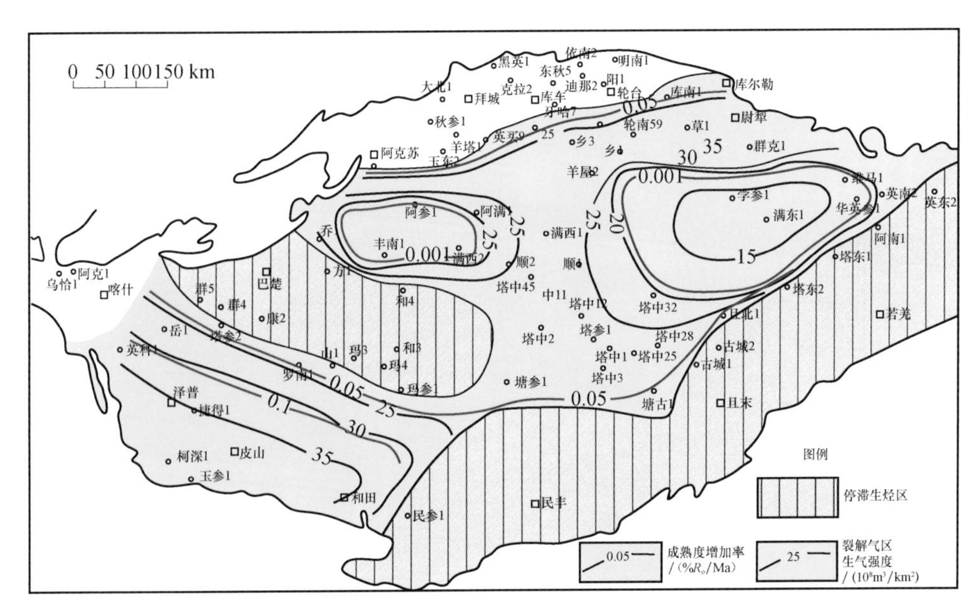

图 3.24 塔里木盆地台盆区 20Ma 形成的分散可溶有机质裂解型高效气源灶

表 3.4 不同地质条件下气灶大量生气时间差异表

气源岩分布区	沉降演化过程	沉积速率/(m/Ma)	大地热流值/(mW/m²)	生烃作用时间/Ma		
				生油窗—最大生油期生油窗下限(R_o：0.6%～1.0%～1.3%)	主要生气阶段(R_o：1.0%～2.0%～2.5%)	大量生气阶段(R_o 从 1.0%～2.0%)
库车拗陷侏罗系	5Ma 以前缓慢沉降	50	55	15～32～45	32～74～94	42
	5Ma 以来快速沉降	500	55	2～5.4～6.5	5.4～10.5～12.7	5.1
乐东凹陷古近系	2Ma 以前中等沉降	90	75	8～14～19	14～32～38	18
	2Ma 以来快速沉降	500	75	1.6～3.0～4.2	3.0～6.5～7.2	3.5

第三节 高效气源灶对形成高效气藏的作用

一、单位时间内供气量大

在气灶规模和质量已定的情况下，在最佳成藏时间段（如圈闭形成期后），气藏形成的可能性与规模决定于气源岩的生气效率，即 $Q_g = C_{org}V\rho K_c I_g$，其中 Q_g 为气产量；C_{org} 为残余有机碳含量；V 为岩石体积；ρ 为岩石密度；K_c 为恢复系数；I_g 为生气效率。而产气率是温度和时间的函数，快速受热可使气源岩经受生油和生气所需的时间较短，单位时间产气率高，生气量大，对气藏的供气量亦大，因而在聚与散之间就容易有一个超量的富余。图 3.25 展示了气源灶在不同热力学条件下的供气行为。

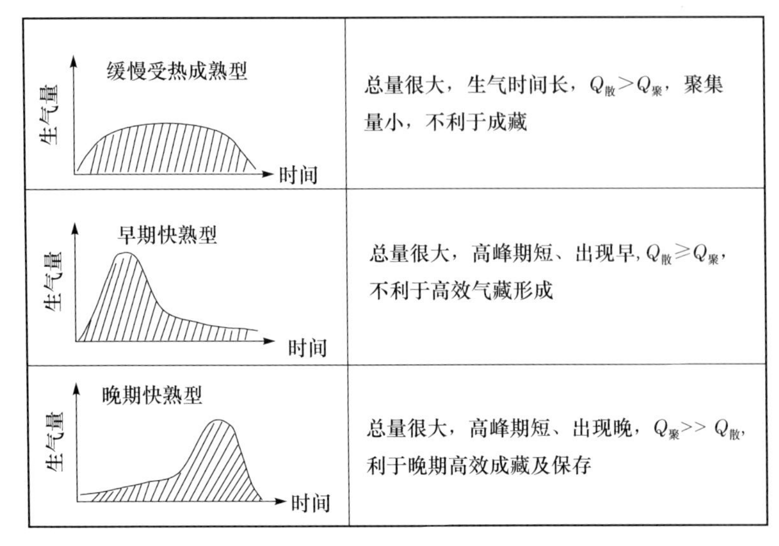

图 3.25　气源岩生气过程及其对成藏效率的影响示意图

基于塔里木盆地库车拗陷侏罗系气源岩和琼东南盆地乐东凹陷古近系崖城组气源岩埋藏和受热特征，用 IES 含油气系统模拟软件，建立不同沉积速率和大地热流值的地质模型，并分别计算生油门限、最大生油期和最大生气期所对应时间（表 3.4）。库车拗陷地温梯度偏低，是西部地区所谓“冷盆”的代表（大地热流值为 55mW/m^2）。统计显示，距今 5Ma 以前沉积速率偏低，平均为 50m/Ma。5Ma 以来，沉积速率明显加快，沉积速率达到 500m/Ma。缓慢沉降的气源岩达到大量生油和大规模生气时间分别为 32Ma 和 74Ma，完成大量生气（R_o 从 1.0%演化至 2.0%）所需时间为 42Ma；快速沉降的气源岩达到大量生油和大规模生气时间分别为 5.4Ma 和 10.5Ma，完成大量生气所需时间为 5.1Ma。琼东南盆地乐东凹陷是一个高受热（大地热流值为 75mW/m^2）的典型实例，中等沉降（90m/Ma）和快速埋藏（500m/Ma）达到大量生油和大规模生气时间分别为 14Ma、32Ma 和 3.0Ma、6.5Ma，完成大量生气所需时间分别为 18Ma 和 3.5Ma。上述两个盆地分别找到了克拉 2 气田和崖 13-1 气田两个高效大气田，可见在保证气源岩优质条件下，快速埋藏和高受热对高效气灶的作用和高效气藏的形成十分重要。

需要说明的是，实验室模拟显示在快速受热导致的生烃过程中，生烃过程的中路阶段所生气量往往小于正常演化阶段的生气量，这是因为前者有效受热时间短，有机质热成熟作用尚未达到平衡所致。

二、单位时间内大量生气导致气源岩产生微裂缝并幕式排气

烃源岩初次排烃机理复杂，目前有两种观点占主导地位：一种是压实排烃机理，即烃类在压实作用下，克服毛细管阻力从源岩中排出，且在油气生成的不同演化阶段，具

有水溶相、游离相和扩散相等不同的运移方式；二是微裂缝幕式排烃机理，即干酪根热降解生油和生气导致的体积增大不仅形成超压，同时伴随产生的微裂缝使孔隙流体及流体压力快速释放，改变了源岩初次运移方式。后者主要是针对低渗透源岩而言。

有众多学者关注成熟烃源岩中剩余孔隙流体压力的研究（Hunt，1990；Vladimir et al.，1995；Law and Spencer，1998；Swarbriek et al.，1998），当高密度有机质（如干酪根）向低密度流体（油和气）转化，产生的体积增加速率高于流体流动体积损失的速率时，就会产生剩余孔隙流体压力，即超压。笔者研究发现，高效气灶易形成超压，原因有二：一是单位时间内干酪根生油气的转化率高，易产生流体排放的不通畅；二是流体的流动速率小。流体流动速率主要取决于烃源岩的渗透率和剩余孔隙流体压力，而深埋和高热在增加油气转化率的同时，由于沉积物的压实和胶结作用也使渗透率快速降低。因此，高效气灶由于烃类的快速生成导致孔隙流体压力升高，从而源岩发生破裂形成微裂缝。微裂缝的产生大大降低了岩层的毛细管阻力。如何定量评价干酪根生油、油裂解生气、干酪根生烃过程中烃转化率与流体压力的关系，以及对气源岩发生微破裂临界值的计算等，都是值得深入研究的问题。通过简化和设定假设条件，建立对应的计算公式，在充分认识地下地质特征基础上，有可能（半）定量预测油、气转化率的多少与源岩微裂缝幕式排气的关系。

三、单位时间内气灶大量排气易产生有效与优势运移通道

单位时间内天然气的大量生成和从源岩中排出，极易造成天然气在运载层内部的“拥挤”，促使天然气选择阻力相对较小的通道发生优势运移，同时在优势通道以外的载层内仍保持着浮力下的正常运移，但输送气的数量远小于优势通道的输送量。鄂尔多斯盆地上古生界储层横向变化很大，非均质性很强，因此处在不同构造单元部位的天然气聚集差异很大，其中榆林-靖边和伊盟隆起区的天然气成藏可反映天然气优势运移与正常运移在气藏规模与经济性方面的作用，相关参数见表 3.5。

表 3.5　快速和慢速供气与有效运移通道匹配下的产气量对比

参数		榆林-靖边	伊盟隆起
气灶类型		高丰度快速供气区	低丰度慢速供气区
供气条件	生气强度/（$10^8m^3/km^2$）	28～32	6～8
	白垩纪古地温梯度/（℃/100m）	4.5～5.3	3.91
	大量生气作用时间/Ma	38	120
含气层（有效运移通道）物性下限	孔隙度/%	2.94①	6.06②
	渗透率/10^{-3}mD	0.11①	1.13②
相似物性条件下气层的产气量	孔隙度/%	10.99③	11④
	渗透率/10^{-3}mD	1.07③	1.1④
	产气量/10^4m^3	21.45③	3.75④

注：①铺 1 井，盒 8 段，2124m；②盟 2 井，盒 7 段，2861m；③陕 99 井，盒 8 段，3361m；④伊 17 井，盒 6 段，2674m。

榆林-靖边气田处在高丰度（$28\times10^8\sim32\times10^8m^3/km^2$）快速供气区（完成大量生

气作用时间 38Ma）内，有效运移通道（可用含气层表示）物性下限值孔隙度和渗透率分别为 2.94%和 0.11mD，形成的气藏丰度明显偏高（$0.924\times10^8m^3/km^2$），产量也高。伊盟隆起处在生气低丰度（$6\times10^8\sim8\times10^8m^3/km^2$）、慢速供气区（完成大量生气作用需 120Ma），有效运移通道物性下限值孔隙度和渗透率分别为 6.06%和 1.13mD，形成气田的储量丰度偏低，规模偏小，产量也低。快速和慢速供气区相似物性条件下（孔隙度为 10.99～11.0%、渗透率为 1.07～1.1mD），产气量分别为 $21.45\times10^4m^3$ 和 $3.75\times10^4m^3$，前者产气量是后者的 5.7 倍，说明快速排气对高效气藏的形成是相当重要的。

四、单位时间内大量供气缩短聚气时间，减少天然气散失

气藏中天然气储量取决于聚气速率、聚气时间、散失速率和保持时间。高效气灶提供了高效的聚气速率。在气藏盖层性能一定的条件下，散失量决定于散失时间。短时间内的大量聚气，肯定有利于气藏中聚气总量与聚气丰度增加。松辽盆地昌德地区气藏储量与天然气散失时间和扩散量的关系对此给予了很好的注释（表 3.6）。昌德气藏目前探明地质储量为 $117.08\times10^8m^3$。该气藏于泉头组沉积末期形成，至今 125.1Ma。扩散损失气量为 $205.47\times10^8m^3$，是目前储量的 175.5%。也就是说该气田在泉头组末期形成时是个储量为 $322.55\times10^8m^3$ 的大气田，由于散失目前成为一个中型气田。

若从盖层封盖性能考虑，高效气灶单位时间内供气量大，形成一定规模储量气藏的聚气作用时间短，因此，由高效气灶形成的天然气藏对盖层封盖性能的要求与一般的相比会有所降低。

表 3.6　松辽盆地昌德气藏天然气扩散散失时间及扩散量

地质时期	扩散时间/Ma	扩散量/10^8m^3
青山口组	11.50	17.68
姚家组	4.50	7.59
嫩 1 段—嫩 3 段	7.77	12.70
嫩 4 段至今	101.33	167.50
总计	125.10	205.47

参考文献

戴金星. 1997. 中国气藏（田）的若干特征. 石油勘探与开发，24（2）：6-9.

戴金星，戚厚发，宋岩，等. 1986. 我国煤层气组份、碳同位素类型及其成因和意义. 中国科学 B 辑，12：1317-1326.

戴金星，卫延召，赵靖舟，等. 2003. 晚期成藏对大气田形成的重大作用. 中国地质，30（1）：10-19.

李本亮. 2000. 库车拗陷构造地质与油气资源评价. 南京：南京大学博士学位论文.

孙冬胜，金之钧，吕修祥，等. 2007. 库车前陆盆地古隆起及双超压体系对天然气成藏的控制作用. 石油与天然气地质，28（6）：821-827.

赵文智，许大丰，张朝军，等. 1998. 库车拗陷构造变形层序划分及在油气勘探中的意义. 石油学报，

19 (3)：1-5.

Hunt J M. 1990. Generation and migration of petroleum from abnormally pressured fluid compartments, AAPG Bulletin, 74 (1)：1-12.

Law B E, Spencer C W. 1998. Abnormal pressure in hydrocarbon environments. AAPG Memoir, (70)：1-11.

Swarbrick R E, Osborne M J. 1998. Mechanisms which generate abnormal pressure：An overview. AAPG Memior, (70)：13-34.

Vladimir A, Serebryakov, George V. 1995. Methods of estimating and predicting abnormal formation pressures. Journal of Petroleum Science and Engineering, 13 (2)：113-123.

第四章　高效与中低丰度天然气藏形成机理研究

第一节　高效天然气藏的基本地质特征

一、高效气藏定义

高效气藏是指探明地质储量大于 $100\times10^8m^3$、储量丰度大于 $3\times10^8\ m^3/km^2$、千米井深日产量为 $5\times10^4m^3$ 以上的气藏称为高效气藏。这类气藏可动用程度高，投入开发后具有较好的经济效益，满足税后收益＞生产成本＋勘探费用＋开发费。因此，发现高效天然气藏对于保证产量快速增长意义重大。陆相成因砂岩储层高效天然气藏储量丰度一般大于 $3\times10^8m^3/km^2$，千米井深日产量大于 $5\times10^4m^3$。典型高效天然气藏如塔里木库车前陆盆地发现的克拉 2 气田，探明天然气地质储量为 $2840\times10^8m^3$，储量丰度为 $59\times10^8m^3/km^2$，千米井深日产量近 $20\times10^4m^3$，是西气东输工程的主要供气基地。海相成因碳酸盐岩高效天然气藏可以不受低储量丰度限制，低丰度（特低丰度）气藏只要含气面积大、储量规模大、储层连通性好，同样属于高效天然气藏，如长庆气田，探明天然气地质储量为 $5417.7\times10^8m^3$，储量丰度只有 $0.9\times10^8m^3/km^2$，但其主力产气层为风化壳储层，裂缝溶孔发育，分布稳定而广泛，投入开发后千米井深日产量一般为 $7\times10^4m^3$ 左右，已经实现向北京供气，具有较好的经济效益。

二、已发现高效气藏的分布

在已发现的 419 个气藏中属于高效天然气藏的有 32 个，其中四川盆地 10 个、塔里木盆地 6 个、柴达木盆地 4 个、莺琼盆地 4 个、东海盆地 4 个、渤海湾盆地 2 个、珠江口和准噶尔盆地各 1 个（表 4.1）。

表 4.1　我国高效天然气藏基本参数

序号	盆地	气田名称	气藏类型	层位	岩性	地质储量/10^8m^3	储量丰度/(10^8m^3/km^2)	日产量/[10^4m^3/(km·d)]	压力梯度/(MPa/km)	天然气成因
1	四川	西河口	构造-岩性	C_2	白云岩	137.9	5.16	13.52	1.12	裂解气
2		五百梯	背斜-地层	C	白云岩	409	2.95	14		
3		卧龙河	背斜-地层	T、C	白云岩，灰岩	380.61	4.13	16.25	1.42	
4		铁山坡	构造-岩性	T_1	白云岩	373.97	15.02	24.92		
5		沙坪场	背斜	C_2	白云岩	397.71	5.63	8.57	1.4	
6		普光	构造-岩性	T_1	白云岩	2510.7	42.05	57		
7		罗家寨	构造-岩性	T_1	白云岩	581.08	7.56	12.73	0.97～1.28	

续表

序号	盆地	气田名称	气藏类型	层位	岩性	地质储量/10^8m^3	储量丰度/(10^8m^3/km^2)	日产量/[10^4m^3/(km·d)]	压力梯度/(MPa/km)	天然气成因
8	四川	滚子坪	构造-岩性	T_1	白云岩	138.97	7.28	23.3		煤成气
9		渡口河	构造-岩性	T_1	白云岩	359	8.52	12.37	1.07	裂解气
10		八角场	构造-岩性	J_1、T_3	砂岩	351.36	5.08	5.82		煤成气
11	塔里木	英买7	断背斜	E、K	砂岩	295.74	7.32	10.3	1.1	
12		牙哈	断背斜	N、E、K	砂岩	376.45	6.51	8	1.12	
13		克拉2	背斜	K、E	砂岩	2840.29	59.05	19.4	1.95～2.2	
14		柯克亚	背斜-岩性	N	砂岩	339.24	10.65	5.65	2	
15		迪那2	背斜	N	砂岩	807.61	15.38	19	2.18	
16		和田河	背斜-潜山	C、O	砂岩-灰岩	616.94	4.3	10.3	1.05～1.11	裂解气
17	柴达木	涩北1	构造	Q	砂岩	990.61	21.21	8.4637	1.1	生物气
18		涩北2	背斜	Q	砂岩	826.33	18.53	15.15	1.2	
19		台南	背斜	Q	砂岩	951.62	10.96	14	1.1	
20		南八仙	背斜	N_2、E_3	砂岩	124.39	13.67	9.02	1.04	
21	莺琼	崖城13-1	构造-地层	E_3	砂岩	987.51	19.58	26	1.05	煤成气
22		东方1-1	底辟背斜	N_2	砂岩	996.8	3.46			
23		乐东22-1	底辟背斜	Q、N_2	砂岩	431.04	2.6			
24		乐东15-1	底辟背斜	Q	砂岩	178.8	4.9	47	1.5	
25	珠江口	番禺30-1	构造	N_1	砂岩	300.92	11.40	41.3		
26	东海	平湖	断背斜	N	砂岩	170.51	14.09	15	1.6	
27		天外天	背斜	N	砂岩	209.78	6.43	7.5	1.28	
28		断桥	背斜	N	砂岩	116.1	9.44	7.49	1.3	
29		春晓	背斜	N	砂岩	330.43	17.12	9.7	1.1	
30	渤海湾	千米桥	断块-地层	O	灰岩	358.78	10.22	7.1	1.2～1.6	干酪根降解气
31		锦州20-2	构造-岩性	E_3	白云岩	135.4	9.4	10	1.58～1.73	
32	准噶尔	呼图壁	背斜	E	砂岩	126.12	8.3	14	1	煤成气

按盆地性质分，高效气藏分布在新生代拗陷湖盆4个、前陆盆地7个、克拉通盆地10个、高地温梯度断陷盆地11个。

按区带类型划分，中西部地区的高效天然气藏主要分布在前陆褶皱冲断带，如塔里木盆地库车拗陷山前冲断带、四川盆地川东高陡构造带、准噶尔盆地南缘山前带。上述构造带拥有高效气藏16个，探明储量占总高效气藏的55.7%。东部及海域的高效天然气藏主要分布在中央隆起带或中央背斜带，尤其是具高地温场背景的深大断裂带和底辟构造带更有利于高效气藏形成，其中断陷湖盆主断裂带7个、底辟构造带4个。

按圈闭类型分，高效天然气藏以构造型圈闭为主，其次为构造-岩性（地层）复合型圈闭。目前发现的32个高效天然气藏中18个属于构造型气藏，累计探明地质储量为

$1.06 \times 10^{12} m^3$，占高效气藏总探明储量的64%；14个属于构造-岩性（地层）型气藏。

按层系统计，高效气藏以中新生界为主，累计探明占81.9%，其中又以白垩系、三叠系、第四系和新近系为主，分别为22.3%、17.45%、16.41%和14.95%。古生界高效气藏又集中在C—P，占11.4%。

按埋深统计，高效气藏以中深层（深度为3500～4500m）、深层（深度大于4500m）为主，累计探明占77.1%，其中中深层占69%；3500m以浅的中浅层只占22.9%，其中小于2000m的浅层占14.78%。

按储集层类型统计，高效气藏储层类型包括碎屑岩和碳酸盐岩两大类，其中碎屑岩储层孔隙度下限为10%，碳酸盐岩储层孔隙度下限为5%；以砂岩为储集层的气藏有22个，累计探明储量达到总量的70%；白云岩储层气藏有10个，探明储量占30%。

三、高效气藏的基本特征

（一）气藏类型以构造为主

目前，我国发现的32个高效气田基本上属于构造型和构造-岩性、构造-地层复合型气藏。其中，背斜型、断背斜型气藏20个，占62.5%；构造-岩性（地层）复合型气藏12个，占37.5%。从二级构造带看，中西部地区的我国高效气田主要分布在前陆褶皱冲断带，如塔里木盆地库车坳陷山前冲断带、四川盆地川东高陡构造带、准噶尔盆地南缘山前带。我国东部及海域的高效气田主要分布在中央隆起带或中央背斜带。由于新生代强烈的构造作用，西部表现为强烈沉降和冲断，东部表现为拉张沉降，南部海域西区则兼有走滑挤压的特点，使得气层埋深普遍较深，大多超过3000m。

（二）天然气成因类型

2005年完成的新一轮全国油气资源评价揭示，天然气资源按天然气成因统计，其中煤成气资源占75%，油型气占20%（其中液态烃热裂解气占12.7%），生物气占4.9%。

勘探已证实，我国的天然气资源主要为煤成气、热裂解气和生物气三大类；层系分布广，从震旦系到第四系均有资源分布；气藏类型多样，按储集类型分，有碎屑岩气藏、海相碳酸盐岩气藏与火山岩气藏。统计已知高效气藏，表明高效气藏天然气以煤成气为主，累计探明储量为$9565.3 \times 10^8 m^3$，占高效气藏的53%；原油裂解气累计探明储量为$4538.81 \times 10^8 m^3$，占25%；生物气累计探明储量为$2947.36 \times 10^8 m^3$，占16%；湖相泥岩裂解气累计探明储量为$1158.66 \times 10^8 m^3$，占6%。

（三）高效气藏多具有晚期成藏特点

大量研究表明，除了鄂尔多斯盆地大气田成藏期在白垩纪外，其余的大气田均成藏于新生代的古近纪、新近纪和第四纪，即成藏期晚（戚厚发和孙志平，1992）。究其原因，与天然气的分子小、难被吸附而易扩散等物理性质有关（戴金星等，2003）。其实，天然气晚期成藏是我国沉积盆地特殊演化历史的必然结果。

(1) 中西部地区地温场“退火”演化使古老烃源岩晚期成藏。中西部地区叠合盆地，在古生代克拉通盆地演化阶段，热流值高，如准噶尔盆地石炭纪—二叠纪的热流值高达70～80mW/m^2，但中新生代以来热流值持续降低，目前热流值仅为23.4～53.7mW/m^2，平均为42.3mW/m^2±7.7mW/m^2，低于我国大陆平均值61mW/m^2（王社教等，2000）。类似现象在塔里木、四川、鄂尔多斯等盆地均存在，这些盆地中古生代的地温梯度达到3.0～5.5℃/100m，中生代以来在区域挤压与造山隆升背景下发生的挠曲沉降，地温场随之逐渐降低，到新生代地温梯度仅有1.6～2.8℃/100m。

早期高地温导致了一部分凹陷中烃源岩生烃与成藏，如塔里木盆地满加尔拗陷周围志留系所见大面积的沥青砂岩就是早期油藏被海西早期运动破坏的结果。中新生代以来地温场演化的“退火”过程，与几乎同时出现的强挤压背景下的快速沉降，使得一部分烃源岩在很长时间里（可以延续到现今）都处在生液态石油烃的范围内，在埋深较大地区的烃源岩则在晚期高温度作用下发生裂解成气，使得气藏形成期晚。在塔里木盆地台盆区与前陆区所发现的油藏和气藏，相当多的都是晚期形成的，其中前陆区的成藏更晚，仅在距今2～5Ma的时间形成。类似地，在准噶尔盆地、四川等盆地的主要成藏期以白垩纪末—新近纪为主。上述的油气晚期成藏既包括部分早期油藏的晚期再调整，也包括古老烃源岩晚期深埋后才生成的烃类和成藏，和古近纪以来大量出现的新构造相吻合，利于油气在新圈闭中聚集。

(2) 分散液态烃成气偏晚，为部分天然气藏晚期形成提供物质基础。这类气源主要发生在古生代克拉通盆地，尤其是塔里木盆地早古生代和四川盆地的古生界—下三叠统。

(3) 除上述地质因素外，中西部地区广泛发育的煤系烃源岩，在煤化作用的全过程都有烃气生成，这也保证晚期成藏。新生界生物气和低熟过渡带气同样具有晚期成藏的特点。

(四) 高效气藏的成藏组合特征

成藏组合是由有效输导体系和与之相关的一系列有成因联系的油气藏（或远景圈闭）及其相关的成藏要素和成藏作用组成的地质实体。其核心是基于含油气系统理论，围绕油气源、油气藏及油气从源到藏的过程，从油气成藏要素和成藏地质作用的时空配置角度出发，分析盆地油气成藏特点和分布特征，进而指导油气勘探。同一油气成藏组合具有相似的成藏主导要素和特征及成藏地质模式，并有相对的独立性。

按生烃灶与气藏的配置关系，可分为灶-藏分离型、灶-藏一体型及混合型三大类组合类型。

灶-藏分离型是指生烃灶和气藏的发育层位分开，两者之间需要通过输导介质来联系，如库车前陆盆地的克拉2气藏、迪那2气藏等的气源灶为三叠系—侏罗系，气藏为白垩系—古近系，断层是主要的输导介质。

灶-藏一体型最典型实例为柴达木盆地生物气，气源灶、储集层均为第四系，且两者互层。

混合型组合是指既有藏外的气源供应，同时也有藏内的气源供应，典型实例如四川盆地的飞仙关组鲕滩白云岩气藏，烃源岩为二叠系，早侏罗世该套烃源岩经历了大量成油期，并在飞仙关组聚集成藏，形成古油藏；晚侏罗世，古油藏作为气源灶发生裂解成气，并在飞仙关组聚集，但同时有部分二叠系天然气通过断层输导进入气藏，构成混源聚集。类似实例为川东石炭系气藏，烃源岩为志留系，晚三叠世末烃源岩发生大量生油，并聚集在开江古隆起高部位的石炭系圈闭内；侏罗纪，古油藏发生裂解成气，形成灶-藏一体型组合。

（五）高效气藏的压力特征

目前，我国已发现的高效气田多属于块状或层状气藏，大部分存在边水或底水。从气藏压力看，多数属于正常压力系统，压力梯度多为0.95～1.20MPa/km。但在库车拗陷及莺歌海盆地发现的我国高效气田却以高压异常为特征，压力梯度多在1.40MPa/km以上。乐东15-1气田和东方1-1气田的压力梯度平均为1.50MPa/km，克拉2气田压力梯度为1.95～2.20MPa/km，迪那2气田压力梯度为2.18MPa/km。目前，我国发现的高效气田没有一个属于异常低压系统。

值得一提的是，相当一部分高效气田主要含气层系上覆层系具有异常高压特征（表4.2）。说明气藏保存条件好，气体不易散失；同时也说明我国高效气田上覆层系是一个压力封闭体系。

表4.2 部分中国高效气田气藏压力体系统计表

气田	压力封闭层系			富集层系			气藏充满度/%
	层位	原始地层压力/MPa	压力系数	层位	原始地层压力/MPa	压力系数	
福成寨	P_1	>48.65	>1.43	C_2	48.553	1.28	80～100
沙坪场	P_1	66.32	1.82	C_2	40.03	1.18	106
五百梯	P_1	61.8	1.53	C_2	54.4	1.33	>100
崖13-1	梅山组	58.1	1.5～2.2	陵水组	39	1.05	
千米桥	沙河街组		1.4～1.6	奥陶系	38.65	11.1	

第二节 天然气高效成藏过程研究

广义的成藏过程包括了从天然气的生成、天然气从气源岩的排出、天然气的二次运移及在圈闭中的聚集和保存这一全过程。狭义的天然气成藏过程主要是指天然气从气源岩中排出以后的二次运移及在圈闭中的聚集和保存过程。高效气田的形成除了要具备高效的气源灶、优质的储集层、大型的圈闭等基本条件外，还需要一个高效快速的成藏过程。建立高效成藏过程的评价方法对完善高效天然气藏形成的地质理论是十分必要的。

一、天然气高效成藏过程的基本类型

我国含气盆地地质条件十分复杂、多样，在不同类型的含气盆地中，气源灶的类型、天然气成藏动力的类型与作用方式、天然气输导通道的类型与输导效率、盖层的封闭机理与封闭条件、生储盖组合形式、圈闭条件等方面都存在显著差异。但是不同地质

条件下的含气盆地中都有形成高效气田的条件，而不同类型盆地高效气田形成的控制因素又有较大差异，其中所涉及的成藏过程也表现出不同的类型。

通过对我国主要含气盆地典型天然气藏成藏过程的解剖研究，将天然气的成藏过程划分为三类四亚类，即灶-藏分离型成藏过程（干酪根成气型和分散可溶有机质成气型）、古油藏裂解型成藏过程和生物气型成藏过程（表 4.3）。

表 4.3　高效成藏过程特征表

<table>
<tr><th colspan="2">成藏过程</th><th>典型高效气藏</th><th>高效成藏过程的特征</th><th>高效成藏模式</th></tr>
<tr><td rowspan="2">灶-藏分离型</td><td>干酪根成气型</td><td>克拉 2 气田、
迪那 2 气田、
崖 13-1 气田</td><td rowspan="2">①高源储剩余压差
②高效输导体系
③高效封闭条件
④幕式成藏</td><td rowspan="2">高源储剩余压差驱动高效输导幕式成藏模式</td></tr>
<tr><td>分散可溶有机质成气型</td><td>和田河气田</td></tr>
<tr><td colspan="2">古油藏裂解型</td><td>罗家寨气田、铁山坡气田、普光气田</td><td>①大型古油藏
②高效封闭条件
③原地裂解</td><td>大型古油藏裂解原地成藏模式</td></tr>
<tr><td colspan="2">生物气型</td><td>柴达木第四系气田</td><td>①高效的生烃过程
②一定的封闭条件
③超晚期成藏</td><td>高效生烃超晚期成藏运聚动平衡模式</td></tr>
</table>

灶-藏分离型成藏过程是指在气藏的形成过程中，气源灶和气藏在空间上是分离的，或者不属于同一套地层，或者处于盆地中的不同部位，气源灶生成的天然气要经过输导通道的输导才能进入圈闭形成气藏。

根据气源灶类型的不同，灶-藏分离型成藏过程又进一步划分为两个亚类，即干酪根成气型和分散可溶有机质成气。干酪根成气型是烃源岩中的不可溶有机质干酪根生成的天然气经过输导通道的输导进入圈闭的成藏过程；分散可溶有机质成气型是烃源岩中的分散可溶有机质在较高的演化程度下裂解生成的天然气经输导通道运移进入圈闭的成藏过程。这两种成藏过程在我国含气盆地中都有典型的实例，库车拗陷天然气的成藏过程属于典型的干酪根成气型的灶-藏分离成藏过程；和田河气田则是典型的分散可溶有机质成气的灶-藏分离型成藏过程。

古油藏的高温裂解气成藏是天然气藏形成的重要过程，我国四川盆地的大多数气田都是这样形成的。这种成藏过程的显著特征是形成气藏的直接气源是呈聚集状态的古油藏中液态石油，而与一般意义上的气源岩无关。与灶-藏分离型成藏过程的明显不同之处是，这种天然气在生成时呈聚集状态，不需要经过运移就可以形成气藏，而灶-藏分离型成藏过程所涉及的天然气在生成时是分散在气源岩中的，必须经过初次运移和二次运移才能形成气藏。因此，液态石油裂解成气后，一般是在原来古油藏的储集层中直接聚集形成气藏，也只有这样才最有利于形成大型气藏。相反，古油藏裂解气经过大规模的运移只能使其趋于分散，对大型气田的形成不利。

我国柴达木盆地第四系生物气藏是我国仅有的大型生物气藏，这些气藏时代新、埋藏浅，作为盖层的泥岩成岩程度低。该区第四系为典型的砂泥岩薄互层叠加沉积，砂中有泥，泥中有砂，气源岩与储集层和盖层的界限不十分明显，气层与非气层只是含气饱和度高低的差异。根据目前生物气成因研究的最新进展，生物气完全可以在储集层生成。因此，此类生物气藏源储界限不十分清楚，其成藏过程与其他类型气藏的成藏过程明显不同，有必要专门划分为一类，以便更进一步搞清其高效成藏的控制因素。

二、灶-藏分离型成藏过程

在我国高效天然气田中，以灶-藏垂向分离型气藏占主要地位，库车拗陷的克拉 2 气田、迪那 2 气田、大北气田，南海莺琼盆地的崖 13-1 气田、东方 1-1 气田和乐东 1-1 气田都属此类。库车拗陷和南海莺琼盆地的主要气田都具有灶-藏分离型成藏过程的特点。

（一）高源储剩余压力差是灶-藏分离型成藏过程高效成藏的必要条件

对于在灶-藏分离型的成藏过程，烃源岩与圈闭在空间上存在一定的距离，烃源岩中生成的天然气经初次排放后，必须经过二次运移才能到达圈闭。天然气要发生运动，驱动力（成藏动力）是一个必不可少的条件，成藏动力的高低显然影响天然气在运移通道中的运移速率，从而影响天然气的成藏效率。

对不同地质条件下天然气成藏动力的理论分析已经证明，剩余压力差是天然气成藏的最主要动力。尤其是地下流体存在流动阻力的条件下，剩余压力差在运移过程中发挥了决定性作用，为天然气快速运移提供了重要的驱动力。因此，源岩与储集层之间的剩余压力差也就直接反映了天然气成藏动力的大小。

对库车拗陷 10 个圈闭的源储剩余压力差与聚集效率对比发现（表 4.4），高聚集速率对应了高剩余压力差，如聚集速率高达 1180.99×$10^6m^3/(km^2 \cdot Ma)$ 的克拉 2 气田，在成藏期间的平均纵向剩余压力差高达 41.5MPa，类似情况出现在迪那 2 气田和大北 1 气田。高聚集速率与高剩余压力差存在很好的对应关系。

表 4.4 库车盆地典型构造成藏的纵向源储剩余压差对比

气田	平均剩余压差/MPa	剩余压力梯度/(MPa/100m)	聚集速率/[$10^6m^3/(km^2 \cdot Ma)$]	气藏类型
克拉 2	41.5	0.03268	1180.99	高效气藏
大北 1	32.5	0.05752	338.85	高效气藏
迪那 2	30.3	0.0302	307.66	高效气藏
依南 2	30.5	0.03941	0.769	低效气藏
东秋 8	41	0.04939		未成藏
秋参 1	26.5	0.04569		未成藏
依南 1	18	0.01062		未成藏
依南 4	14	0.00542		未成藏
明南 1	10	0.01021		未成藏
吐孜 1	7	0.00833		低效气藏

反过来，并非高剩余压力差就一定形成高的聚集速率。从表 4.4 中可以看出，依南 2 气田聚集速率仅有 0.769×$10^6m^3/(km^2 \cdot Ma)$，而成藏期间的源储剩余压力差却有 30.5MPa。依南 2 气田的剩余压力差幅度与迪那 2 气田相近，但聚集速率却仅有迪那 2

气田的1/400。由此可见，高源储剩余压力差必不一定能够形成高效天然气藏。上述关系同样出现在克拉1、克参1等井内（图4.1）。

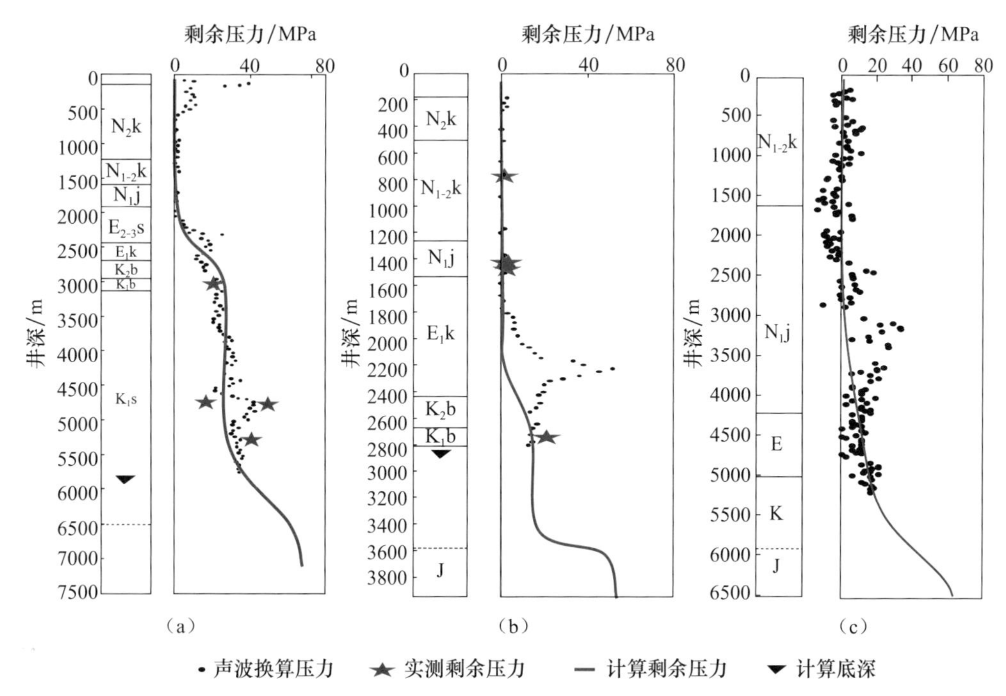

图4.1 克参1井、克拉1井、东秋8井压力剖面（示源储能量配置）
(a) 克参1井；(b) 克拉1井；(c) 东秋8井

琼东南盆地崖13-1气田的成藏过程同样反映了源储剩余压力差的控制作用。琼东南盆地发育较强的超压，平面上琼东南盆地主要的储集层陵3段压力系数从北向南逐渐增大（图4.2），在崖13-1气田基本为静水压力，而在崖南凹陷，陵3段压力系数为1.4～1.6。

该层在侧向上存在高的剩余压力差，为天然气从生烃凹陷向崖13-1构造运移提供了动力。与崖13-1构造形成对比，位于生烃凹陷中心的崖21-1构造反而没有形成天然气藏。从图4.2和图4.3可以看出，崖21-1构造的陵3段储层压力系数也为1.4～1.6，属于强超压，与下伏源岩之间没有形成足够的源储剩余压力差，缺乏成藏动力，因此造成天然气成藏效率很低。

从对库车坳陷和莺琼盆地典型高效气田的解剖已经看到，高效气田的形成都与高源储剩余压力差相联系，而低的源储剩余压力差不利于高效气田的形成。对我国主要天然气藏成藏要素的统计分析也表明，高效气田都具有高的源储剩余压力差。从图4.4可以看出，具有高效成藏过程［天然气聚集速率大于$100\times10^6m^3/(km^2\cdot Ma)$］的气田，其源储剩余压力差均大于35MPa；具有中效成藏过程［天然气聚集速率大于$10\times10^6\sim100\times10^6m^3/(km^2\cdot Ma)$］的气田，其源储剩余压力差均大于25MPa；而具有低效成藏过程的气田［天然气聚集速率小于$10\times10^6m^3/(km^2\cdot Ma)$］，其源储剩余压力差基本为25MPa或小于25MPa。

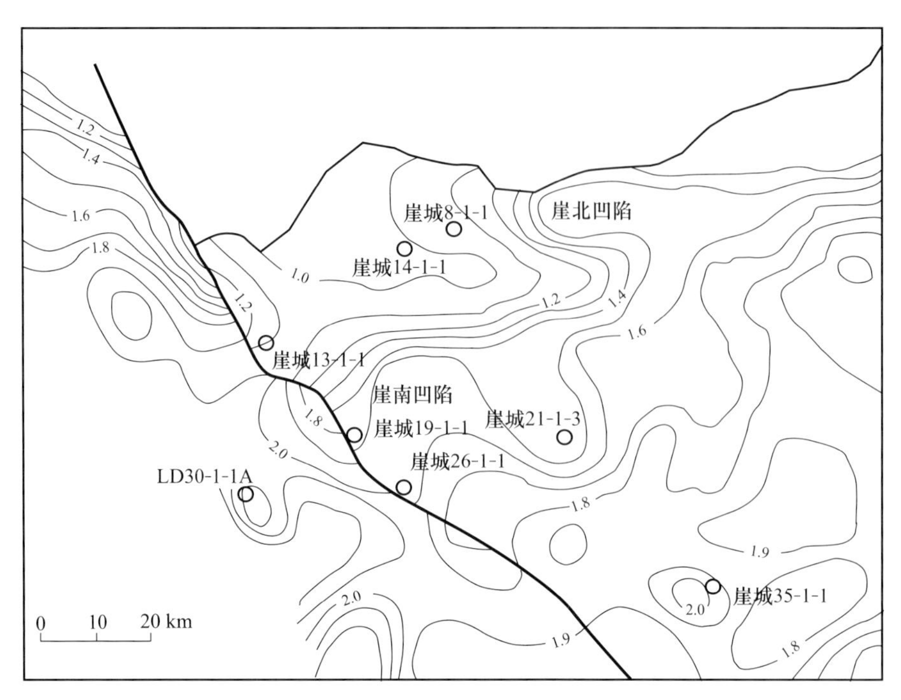

图 4.2 琼东南盆地陵水组 3 段压力系数平面图

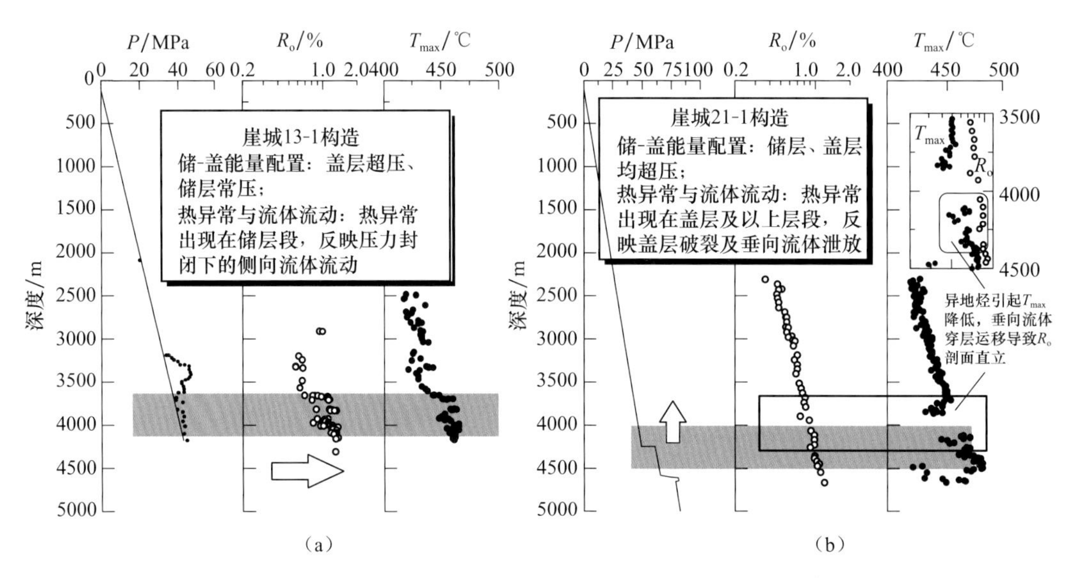

图 4.3 琼东南盆地崖城 13-1 构造和崖城 21-1 构造压力和古地温参数及其反映的流体活动（示储盖能量配置）

因此，在灶-藏分离型高效天然气藏形成过程中，高源储剩余压力差对高效气藏的形成具有重要的意义，是发生高效成藏过程的基本条件之一。

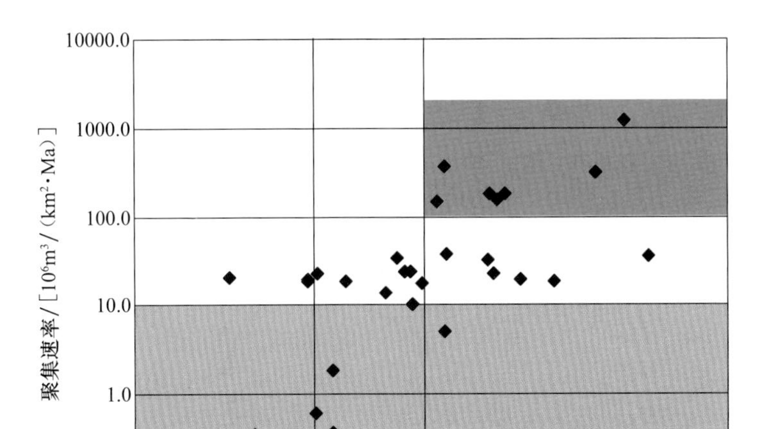

图 4.4 我国主要气田天然气聚集速率与源储剩余压力差的关系

（二）断裂高效输导是灶-藏分离型成藏过程高效成藏的关键控制因素

我国含气盆地中，灶-藏侧向分离型的高效气田很少，因此重点研究了灶-藏垂向分离型的成藏过程。灶-藏分离型成藏过程的主要输导通道为断裂，而断裂的样式、组合、断裂沟通的汇聚面积和断裂活动的周期性是控制其输导效率，成为控制高效成藏过程的重要因素。

根据断裂输导系数的评价模型对库车拗陷不同聚集效率构造的断裂输导系数的计算结果表明（表 4.5），高效气田都具有高效的输导体系，而低效输导体系仅能形成低效气田或不能成藏。说明高效输导体系对高效成藏过程具有重要的控制作用，高效输导是发育高效成藏过程的必要条件。

表 4.5 库车拗陷各构造输导效率对比表

典型构造	聚集效率 /[$10^6 m^3/(km^2 \cdot Ma)$]	库车期		西域期	
		输导系数/10^{-4}	输导效率	输导系数/10^{-4}	输导效率
克拉 2	1180.99	251.19	高效	1995.26	高效
大北 1	338.85	125.89	中效	1258.93	高效
迪那 2	307.66	2	低效	316.23	高效
依南 2	0.769	70.79	中效	194.33	中效
东秋 8		15.85	低效	63.1	中效
黑英 1		1.58	低效	3.16	低效
秋参 1		0.16	低效	3.16	低效

对典型高效气藏天然气成藏过程的成藏过程的解剖进一步证明了“贯通-贯穿”型汇聚断裂是天然气高效成藏的主排放通道。库车拗陷克拉 2 构造发育多条沟通烃源岩与储集层的断裂，正是这些断裂构成了喀桑托开背斜带超压流体的主排放通道，即构成了该区域油气主汇聚输导体系，有利于天然气聚集成藏（图 4.5）。而克拉 1 构造与克拉 3

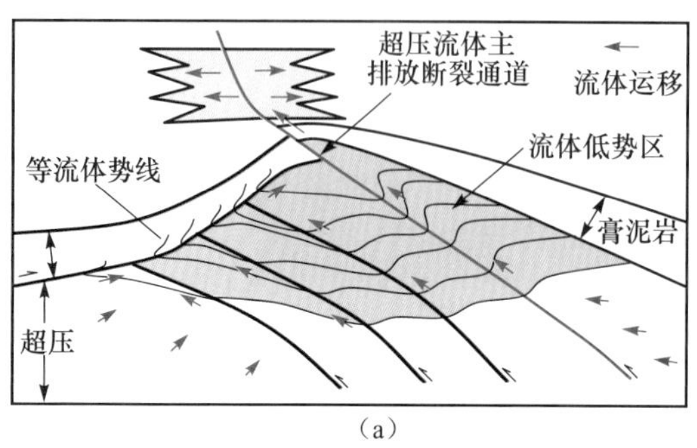

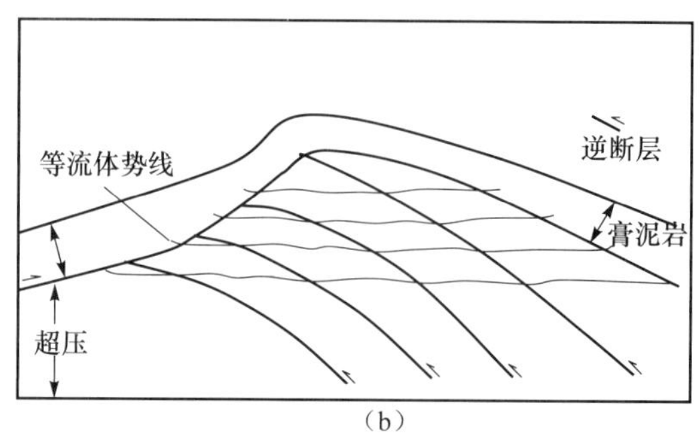

（a）　　（b）

图 4.5　克拉 2 构造相关断裂形成的超压流体主排放通道导致盐下双重构造形成流体低势区（a）及克拉 1 和克拉 3 由于缺乏超压流体主排放通道而未形成流体低势区（b）

构造，由于缺乏穿过膏泥岩盖层的断裂超压流体主排放通道，不具有“贯通-贯穿”特征，因而没有形成一个局域上的流体势低势区，显然，油气向该构造的汇聚程度大大地降低。

克拉 2 构造的断裂作为流体主排放通道还得到地球化学方面的证明。克拉 2 构造油气包裹体的丰度明显高于克拉 1 构造和克拉 3 构造（图 4.6），克拉 2 构造储层发育与酸性流体排放有关的自生高龄石，其自生高岭石含量普遍超过 20%，最高值达到 80%（图 4.7）。但是克拉 1 构造和克拉 3 构造相应砂岩缺乏自生高岭石，除克拉 1 井个别样品含有少量的高岭石外，其他几十个样品高岭石含量为零，说明克拉 1 与克拉 3 构造相关断裂没有形成有利的输导体系，不利于下伏烃源岩中生成的有机酸大量地向上运移进入古近系—下白垩统砂岩储层。在库车拗陷逆冲构造带其他钻井白垩系储层中也发现同样的特征，即发生了天然气充注成藏的层位含有自生高岭石，而没有成藏的层位则不含自生高岭石，这一普遍性表明自生高岭石的形成与含烃酸性流体的充注具有成因上的紧密联系，自生高岭石的形成是白垩系储层天然气充注成藏的识别标志。

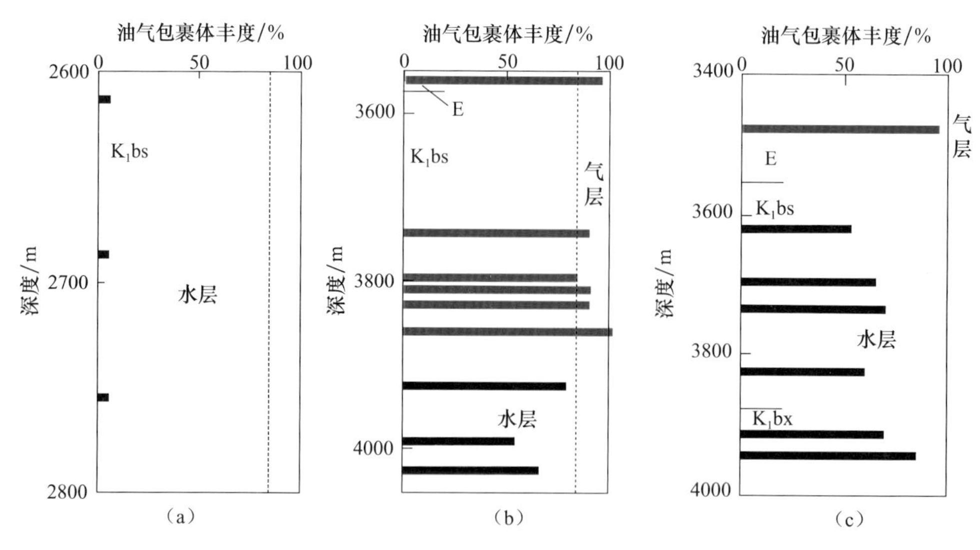

（a）　　（b）　　（c）

图 4.6　克拉 1 井、克拉 2 井、克拉 3 井储层油气包裹体丰度与试油结果

（a）克拉 1 井；（b）克拉 2 井；（c）克拉 3 井

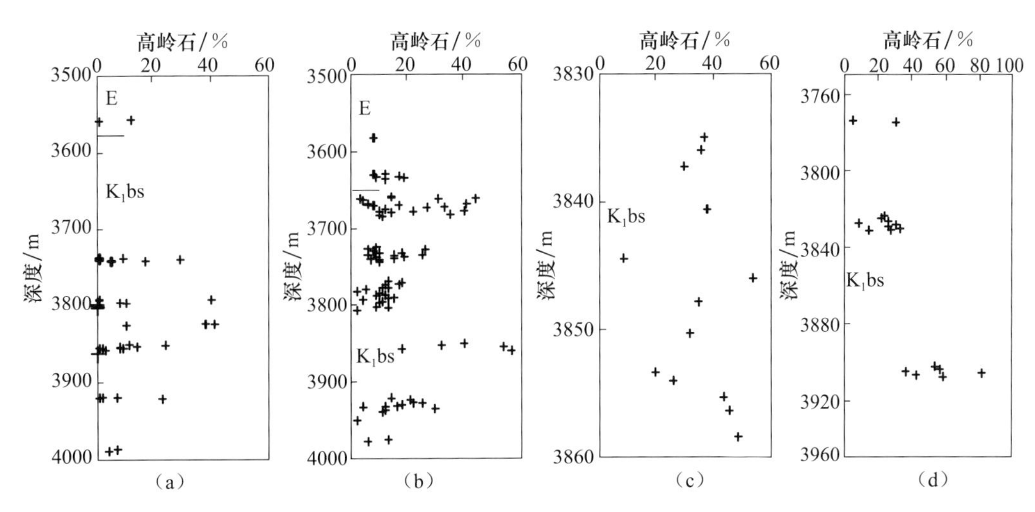

图 4.7 克拉 2 构造四口井古近系—下白垩统巴什基奇克组砂岩自生高岭石的含量

(a) 克拉 2 井；(b) 克拉 201 井；(c) 克拉 203 井；(d) 克拉 205 井

(三) 高效的封闭条件和良好的能量配置对高效气藏形成有重要影响

对高效气田的盖层条件进行的研究表明，高效气田的盖层厚度一般大于 100m，排替压力高于 25MPa；中效气田的高层厚度大于 40m，排替压力大于 15MPa；如果盖层的厚度小于 40m，排替压力小于 15MPa，很难形成高效气田。说明盖层的封闭条件对高效气田的形成具有重要意义（图 4.8、图 4.9）。

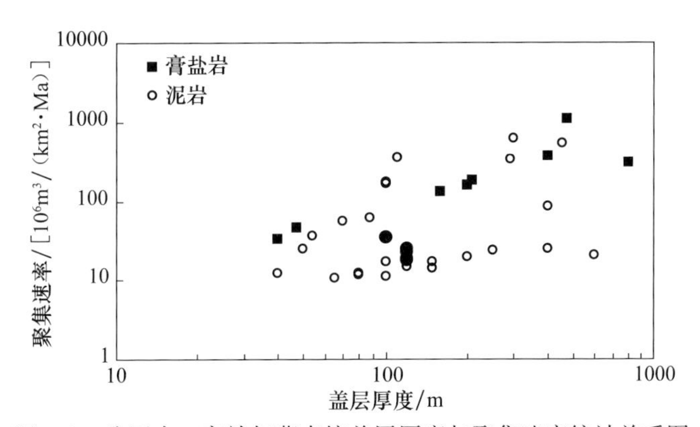

图 4.8 我国中、高效气藏直接盖层厚度与聚集速率统计关系图

对典型气藏的纵向能量（剩余压力）配置关系的研究表明，高效成藏过程与纵向能量配置有关。烃源岩与储集层之间的能量配置反映了天然气向储集层运移的能力，而盖层与储集层之间的能量配置则反映了盖层的封闭能力。因此，烃源岩剩余压力>盖层剩余压力>储集层剩余压力或盖层剩余压力>烃源岩剩余压力>储集层剩余压力，即为最有利的能量配置。能量配置类型对天然气藏的形成具有控制作用，盖层剩余压力>储层剩余压力对天然气的保存具有极强的保存能力，是高效气藏形成的重要条件。能量配置的类型和成藏期至今的能量配置历史是控制能否高效成藏的关键因素之一。

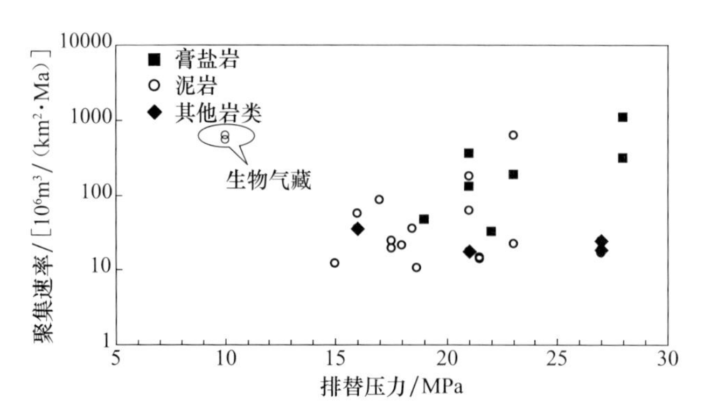

图 4.9 我国中、高效气藏直接盖层排替压力与聚集速率统计关系图

(四)幕式成藏是灶-藏分离型成藏过程高效成藏的基本模式

在含气盆地中断裂活动的周期性和烃源岩超压释放的周期性都可以造成天然气充注过程的周期性，是发生幕式成藏的主要原因。在库车拗陷灶-藏垂向分离型成藏过程中，断裂的周期性活动是幕式成藏的主导因素，形成了沿断裂通道的幕式充注过程。南海东方 1-1 气田的运移通道为底辟作用形成的纵向裂缝发育带，其幕式成藏过程的形成与超压的周期性排放有关。这种超压的周期性排放有利于形成高的源储剩余压力差，造成油气的快速运移与充注，导致快速高效成藏。

图 4.10 表示在高剩余压力差和高效汇聚型输导体系的共同作用下，天然气在断裂相关圈闭中高效成藏的基本过程和成藏模式。在断裂活动期，由于断裂贯穿了盖层，油气通过盖层散失到浅层，在克拉 2 井浅层发现大量的油气显示就是证明，由于油气向上散失，在盖层以下的断层相关圈闭中形成剩余压力低值区［图 4.10（a)］；断层的活动停止后，盖层被封闭，天然气不能继续通过盖层逸散，而进入处于剩余压力低值区的断层相关圈闭中聚集起来［图 4.10（b)］，随着油气的运移和向圈闭的充注，剩余压力低值区逐渐消失，天然气的充注暂停［图 4.10（c)～（e)］；断裂的再次活动可以形成天然气的下一个周期充注［图 4.10（f)］。这种断裂的周期性活动、剩余压力的周期性积聚和释放，导致天然气的周期性充注，构成了由构造周期性活动主导的天然气幕式成藏。

研究表明，在库车拗陷断裂的这种周期性的活动是十分频繁的。1950 年以来，库车拗陷地震频率的统计表明，库车拗陷地震年发生频率很高，最高达到年发生 23 次，平均年发生率也达到 3.5 次/年（图 4.11），如果按照库车期至今（5.3～0Ma）时间推算，则库车地区 4 级以上地震的发生次数推算应该达到 1855 万次之多。这种地震活动的周期性必然导致断裂活动的周期性，从而造成天然气向圈闭的多次幕式充注。据 Smith（1980）研究，流体沿活动断裂的运移效率相当高，一般是稳态流动的 3000～5000 倍，或者 10～100 年的运移效率相当于稳态流体 1×10^6 年的效率。只有沿断裂的这种快速幕式充注才可以有效地弥补天然气的散失，形成大型高效气藏，而一般意义上的稳态流动的效率极低，不能有效弥补天然气的散失，很难形成高效气藏。

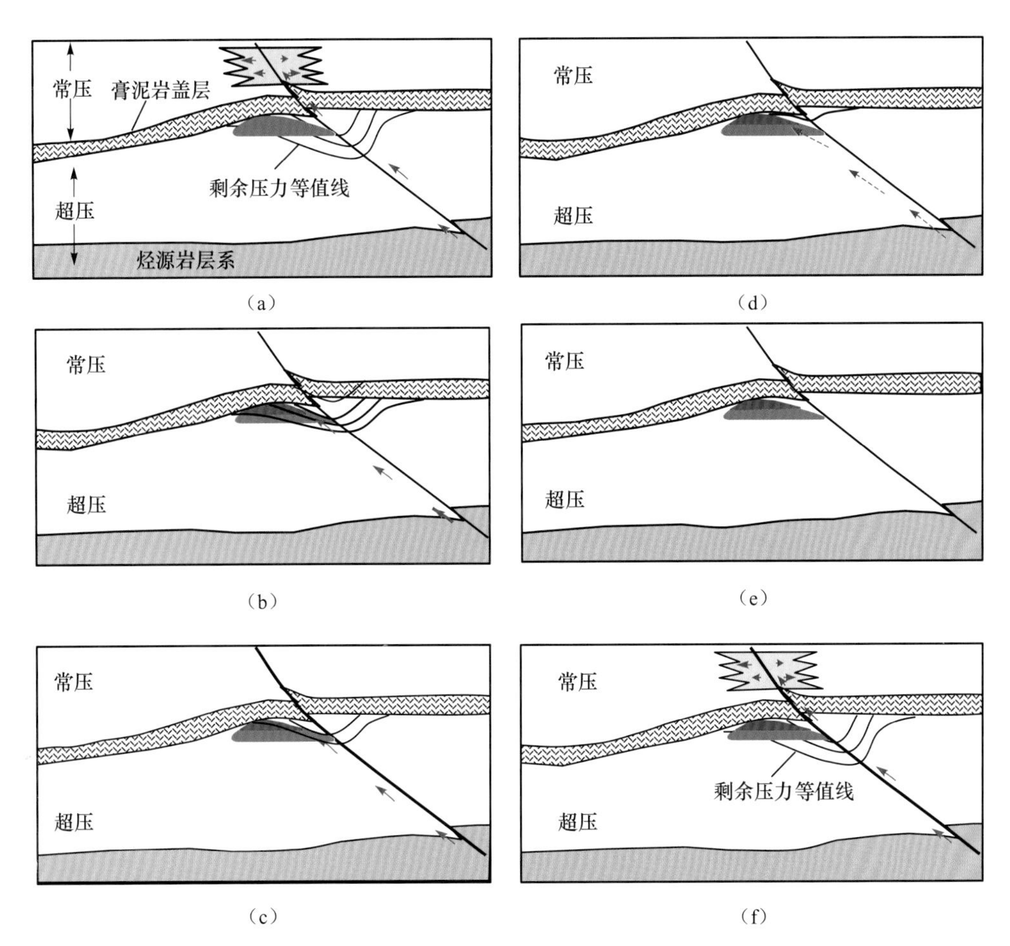

图 4.10 断裂相关圈闭中天然气高效成藏机理和成藏模式

(a) 断裂活动期：超压流体排放与低势区形成；(b) 断裂停止活动早期①：超压流体排放停止与油气充注和流体势开始恢复；(c) 断裂停止活动早期②：油气充注和流体势逐渐恢复；(d) 断裂停止活动早期③：油气充注和流体势基本恢复；(e) 断裂停止活动晚期：流体势完全恢复与油气充注停止；(f) 下一期的断裂活动：超压流体排放与低势区形成

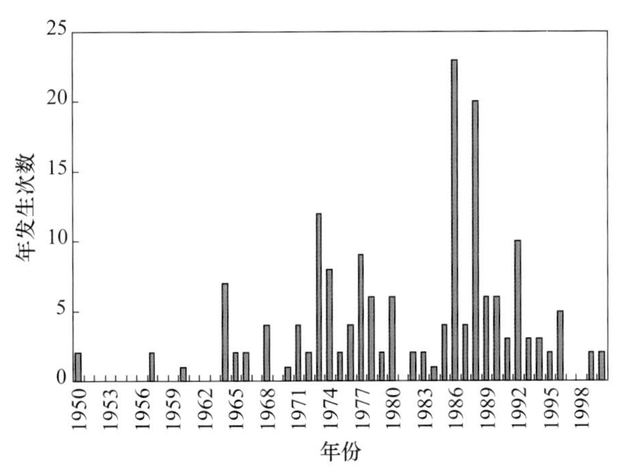

图 4.11 库车地区天然地震频率统计图（1950～1998 年）

莺歌海盆地底辟构造带天然气幕式成藏是超压和应力场共同控制的底辟活动及超压流体通过底辟集中排放的自然结果。随着压力的积累，当地层压力达到地层的破裂压力或已存在裂隙或断层的开启压力时，超压快速通过底辟垂向运移进入底辟之上的储层。在流体释放后，地层压力降低，超压系统封闭，直到下一次流体释放。随着压力的积累和释放这一过程周期性地进行，导致深层超压流体的幕式排放、浅部储层的幕式流体充注和天然气幕式成藏。东方1-1气田储层三期流体包裹体的存在和成藏流体层间非均质性反映了这种周期性幕式成藏的特点（图4.12、图4.13）。

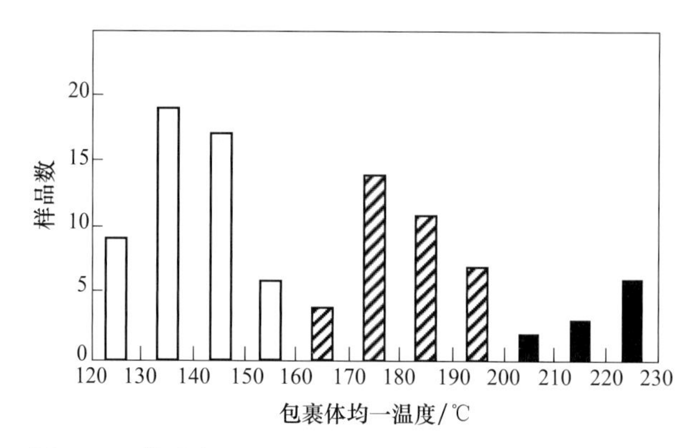

图4.12 莺歌海盆地东方1-1气田的流体包裹体均一温度

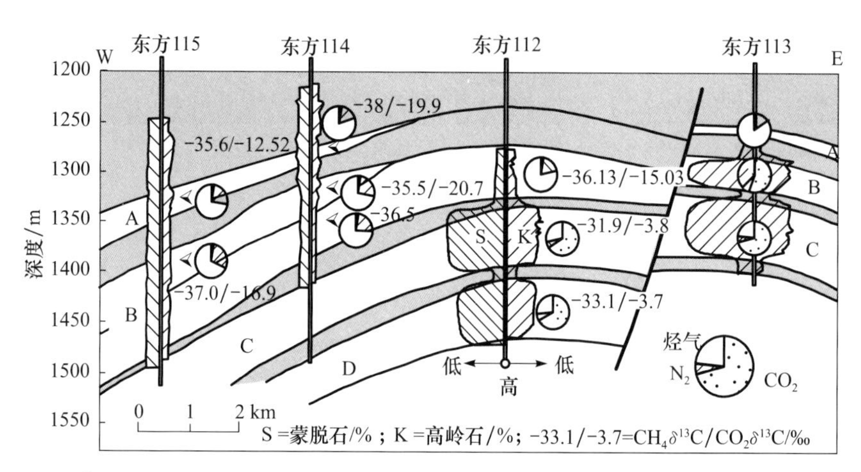

图4.13 莺歌海盆地东方1-1气田天然气组成的层间非均质性（据李绪宣，2000，有修改）
A～D均表示地层代号

三、古油藏裂解型成藏过程

四川盆地川东地区下三叠统飞仙关组鲕粒白云岩气藏是古油藏裂解型成藏的典型代表，其高效成藏过程与灶-藏分离型气藏明显不同。由于这类气藏的气源为原来聚集于相同储集层中的石油，石油裂解成气后在同一储集层中聚集成气藏。由于原来的油藏本身就是呈聚集状态的，天然气的大规模运移将导致聚集状态的天然气分散，因此，其最佳的成藏过程就是原地聚集。对川东地区飞仙关组大型天然气藏的解剖结果表明，这些气藏都是原地聚集的。

（一）大型古油藏原地裂解成藏是天然气高效成藏的关键因素

川东飞仙关组气藏组分分析表明，天然气 $\ln(C_1/C_2)$ 值主要为 4.5～8.0，$\ln(C_2/C_3)$ 值主要为 0.3～6，表现出原油二次裂解气的特征（图 4.14），说明这些气藏是古油藏裂解形成的。

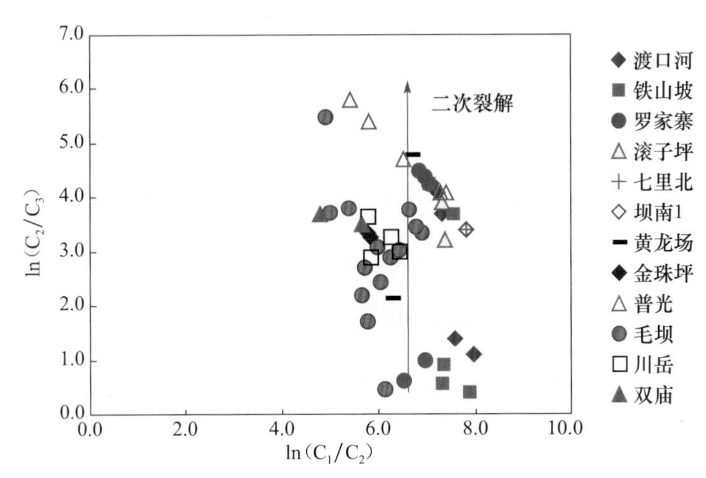

图 4.14 川东北飞仙关组天然气 $\ln(C_1/C_2)$ 与 $\ln(C_2/C_3)$ 关系图

川东北飞仙关组储层岩石，尤其是残余鲕粒白云岩中，肉眼可见含有丰富的分散状沥青。微观上，飞仙关鲕滩储层沥青主要有三种赋存方式，即晶间和粒间孔隙充填，溶孔中粒状、球粒状充填和溶孔中脉状、网脉状充填。不同地区，各类孔隙中充填的沥青含量有差异（表 4.6）。

表 4.6 川东北飞仙关储层沥青丰度统计表 （单位：%）

构造带	沥青总量	晶间粒间孔充填	溶孔粒状球粒状充填	溶孔脉状网脉状充填
罗家寨	0.1～2.5/0.60（50）	6.2～59.2/25.5（27）	1.5～60.8/26.9（27）	7.9～74.8/47.6（27）
渡口河	0.1～2.6/0.54（41）	13.1～82.4/50.9（22）	4.3～55.9/27.4（22）	4.5～63.5/21.7（22）
铁山坡	0.1～2.5/0.48（36）	6.7～57.8/26.6（18）	5.1～43.4/33.5（18）	12.9～75.4/39.9（18）
七里北	0.3～1.06/0.57（9）			

注：斜线之前为范围值，之后为平均值，括号内的数字为统计样品数。

储层沥青在纵向上的分布受储层储集性能的影响比较明显，沥青含量高的部位为储层孔隙发育段，也是主要的产层段（图 4.15）。在已发现气藏的普光、铁山坡、渡口河、罗家寨、滚子坪等构造带更是沥青含量的高值区，而储层孔隙发育程度较差的坡 3 井—朱家 1 井—金珠 1 井—鹰 1 井一线地区，沥青含量小于 0.3%（图 4.16）。

根据储层沥青的含量，可以反推原始古油藏的规模。如普光气田古油藏范围约为 $70km^2$，古油藏范围内的沥青含量约 0.5506×10^8t，古油藏范围内的原油大约有 5.506×10^8t；罗家寨古油藏范围约为 $120km^2$，古油藏范围内的沥青含量 0.1118×10^8t，古油藏范围内的原油大约有 1.118×10^8t；渡口河古油藏范围约为 $130km^2$，沥青含量为 0.1028×10^8t，原油大约有 1.028×10^8t；铁山坡古油藏范围约为 $65km^2$，沥青含量为

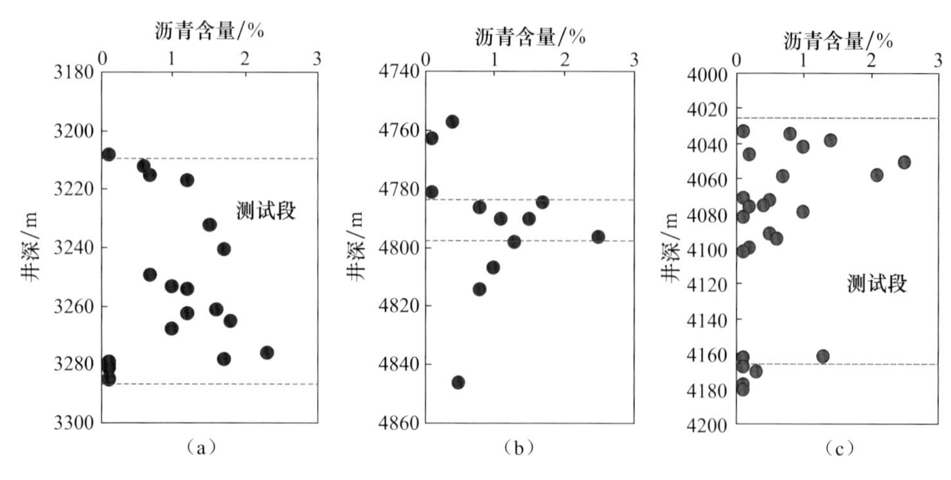

图 4.15 川东北飞仙关沥青含量在纵向的分布

(a) 罗家 2 井；(b) 渡 5 井；(c) 坡 2 井

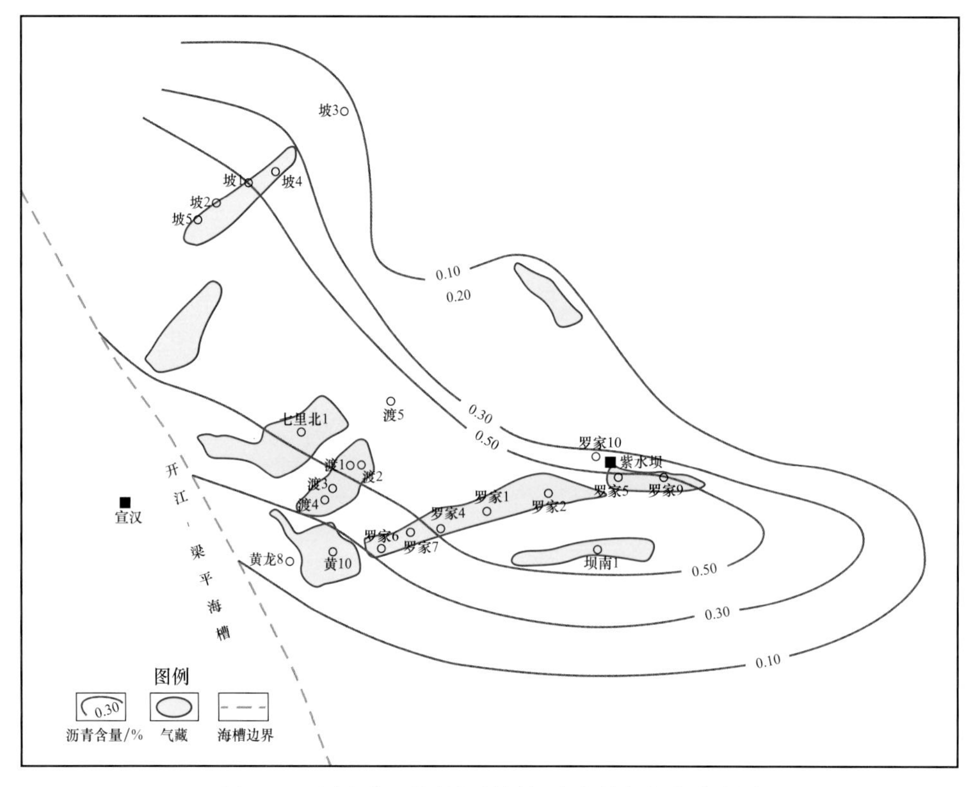

图 4.16 川东北飞仙关组储层沥青含量与气藏分布图

0.0858×10^8t，原油大约有 0.858×10^8t；滚子坪古油藏范围约为 30km²，古油藏范围内的沥青含量为 0.0188×10^8t，古油藏范围内的原油大约有 0.188×10^8t；七里北古油藏范围约为 105km²，沥青含量为 0.0956×10^8t，原油大约有 0.956×10^8t；金珠坪古油藏范围约为 65km²，沥青含量为 0.0018×10^8t，原油大约有 0.018×10^8t。可以看出，目前高效气田都对应着原来的大型古油藏。

（二）良好的封闭条件是保证原地成藏的重要条件

飞仙关组气藏良好的区域性盖层和侧向封闭条件有效地保证了古油藏裂解的天然气在原地形成大型天然气藏。

中三叠统雷口坡组膏盐岩和区域性分布的嘉陵江组膏盐岩是飞仙关组气藏的区域性盖层。这两套膏盐岩盖层在川东北地区的厚度一般为100～300m（图4.17）。

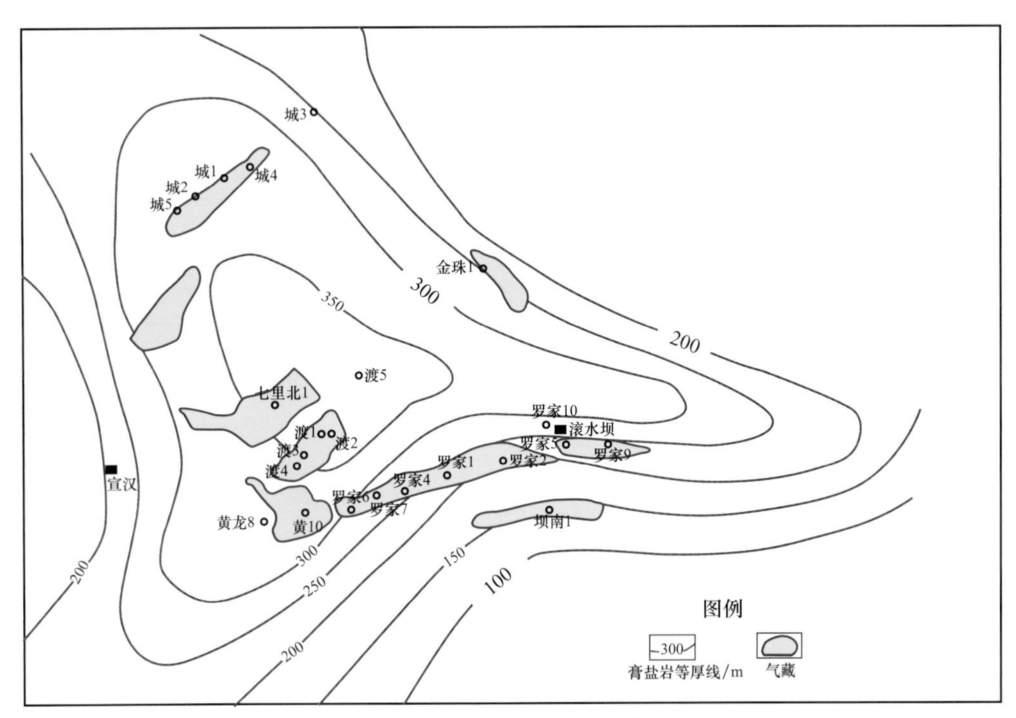

图4.17　川东北地区中下三叠统区域性膏盐岩盖层厚度图

飞仙关鲕滩气藏的直接封堵层在该地区同样发育较好。气藏之上的致密碳酸盐岩及飞仙关组四段局限海台地相蒸发产物——膏质云岩、泥岩、泥质云岩均具备封堵油气的条件。飞仙关组四段在开江-梁平海槽东侧的厚度分布比较稳定，钻井揭穿厚度分布为23.5m（罗家2井）至47.5m（鹰1井），其中，膏岩＋泥岩厚度为7～29m。飞仙关组储集层段距离飞仙关组顶部地层的厚度，即直接盖层的厚度一般为118～320m。

川东北地区沟通深部烃源岩和飞仙关组储层的输导断层，向下一般断至志留系，向上消失于下三叠统嘉陵江组区域性分布的膏盐岩层之下（图4.18），区域盖层一般未被断层破坏，封盖能力强。

除纵向上有致密碳酸盐岩和膏盐岩的强封盖外，侧向上，受优质鲕粒岩储层发育程度的控制，紧邻鲕粒岩的致密碳酸盐岩，由于储集物性的差异，同样可以作为气藏的侧向封堵条件（图4.19）。如罗家寨气田与黄龙场之间的致密岩性就构成了罗家寨气田的侧向封堵条件，确保了罗家寨大型气田的形成。

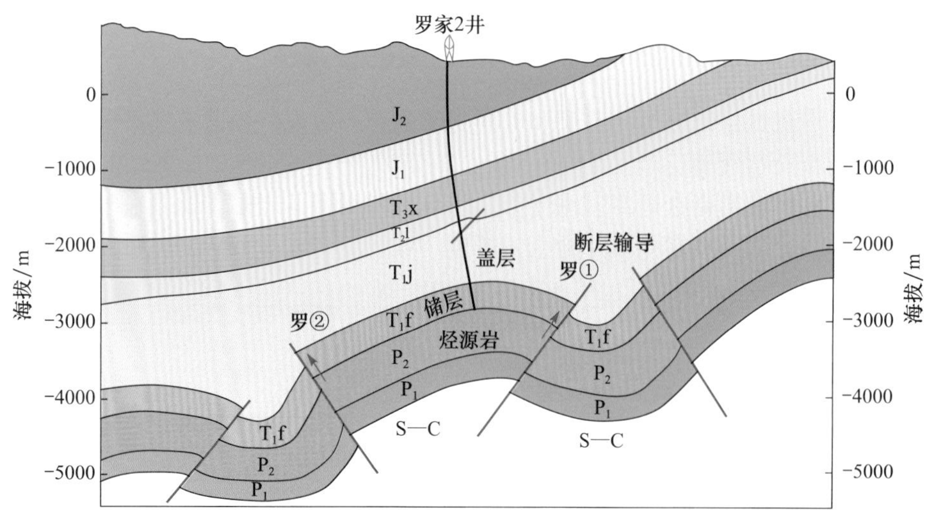

图 4.18　罗家寨构造过罗家 2 井剖面图

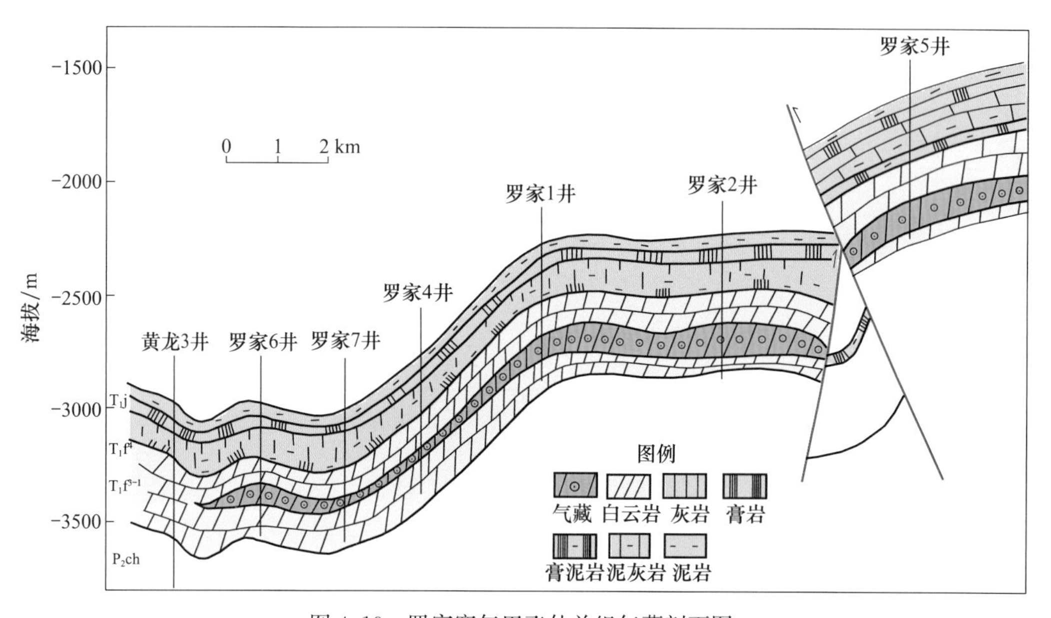

图 4.19　罗家寨气田飞仙关组气藏剖面图

（三）古油藏裂解型成藏过程的成藏模式

川东北飞仙关组鲕滩气藏的聚集成藏是一个十分复杂的过程，大致可以划分为三个阶段：古油藏阶段、古气藏阶段、古气藏调整最终定型阶段。通过对罗家寨、普光、渡口河、铁山坡、滚子坪、金珠坪等飞仙关组鲕滩气藏成藏过程的解剖，大体上可将其分为两种情况：前五个气藏主要经历了早期受岩性控制和晚期受构造控制的形成过程，金珠坪气藏的形成则主要是受晚期构造圈闭的控制。

对于普光、罗家寨、渡口河、铁山坡、滚子坪等受岩性和构造共同控制的气藏，其成藏过程中最主要的特点是：印支晚期—燕山早期，烃源岩中生成的烃类，通过断裂的输导，向上运移至飞仙关储层后，在孔隙性好的鲕粒岩中富集，并与周围的致密岩层形成一种很好的岩性圈闭油气藏；燕山中期，随着油气藏埋深的增大和地层温度的升高，液态烃类逐渐发生裂解，形成小分子烃类，直至生成以甲烷为主的干气；燕山晚期—喜马拉雅期，构造圈闭最终形成，原来形成的气藏进行内部调整，在流体重力分异作用下，形成现今圈闭中上气、下水的分布格局（图 4.20）。

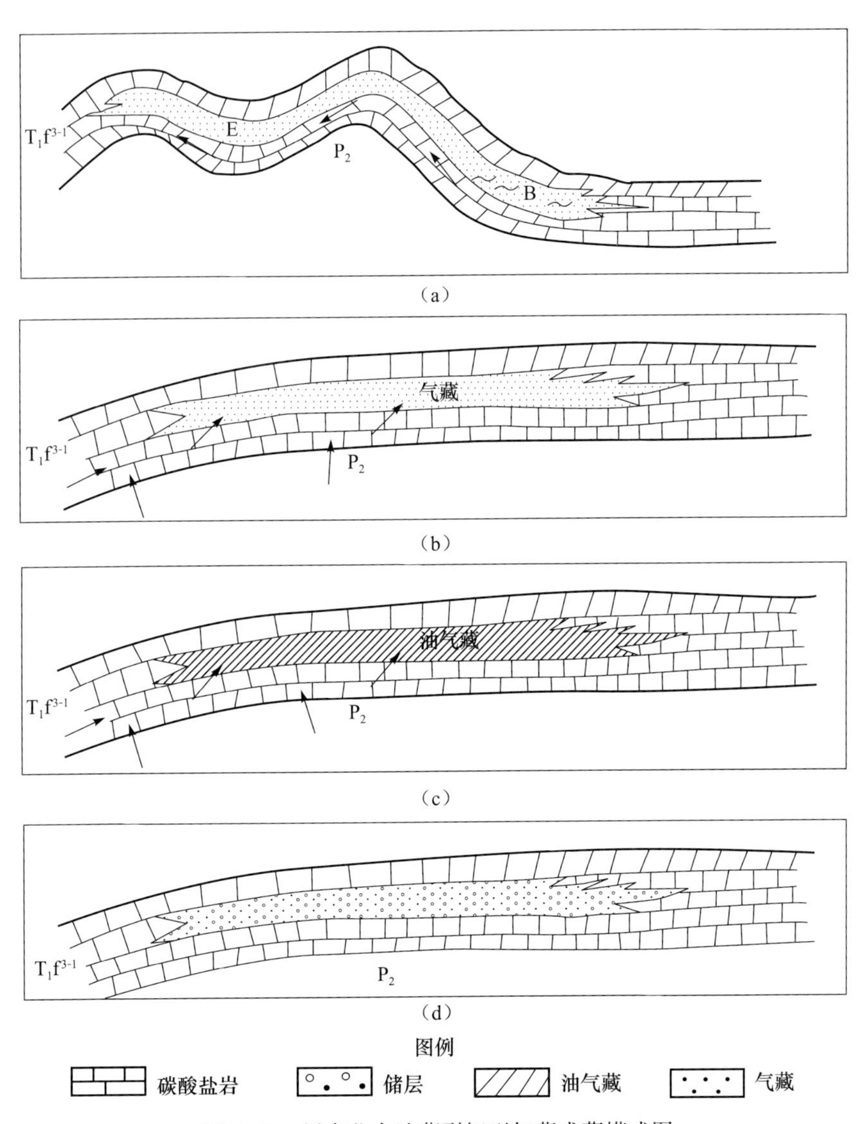

图 4.20　川东北古油藏裂解型气藏成藏模式图

(a) 燕山晚期—喜马拉雅期，气藏调整期及岩性-构造控气阶段；(b) 燕山中期，烃源岩、液态烃裂解生气期及鲕粒岩控油气阶段；(c) 印支晚期—燕山早期，烃源岩生烃高峰期及鲕粒岩控油气阶段；(d) 早三叠世飞仙关期鲕粒岩原生孔隙形成阶段

第三节　中低丰度天然气藏成藏机理

控制中低丰度天然气藏群大型化成藏的机制主要有以下三个方面：一是源储组合规模与源储间存在的剩余压力差，决定了排烃动力与排烃规模；二是抬升过程中气体体积膨胀与解吸作用，决定了抬升期排烃的规模与范围；三是“薄饼与集群式”成藏对保存条件的要求，由于降低了天然气藏逸散能量，保证了在成藏条件“劣质区”的规模化成藏。

一、天然气运移充注的基本方式

体积流是在压力差驱动下，流体以游离相方式进行的流动。在地质条件下，该压力差是（源储）剩余压力差与储层排替压力间的差值，在高效天然气藏形成中具有重要作用。研究表明，源储剩余压力差同样是中低丰度天然气藏成藏的主要充注动力。由于形成中低丰度天然气藏群的储层主要以低孔、低渗储集层为主，输导层普遍具有较高的排替压力。因此，在研究体积流充注时，不仅要关注源储剩余压力差及其演化，同样也要关注储层的排替压力及其变化。

（一）储层孔隙结构与排替压力

由于天然气是在岩石孔隙中运移，致密砂岩储层的孔隙结构直接控制了天然气充注运移的阻力大小，也是决定天然气充注和运移机理的重要因素。岩石压汞分析是确定岩石孔隙结构的有效方法之一。

使用鄂尔多斯盆地上古生界和四川盆地须家河组 190 个样品的压汞数据，建立了储层排替压力与孔隙度的关系如图 4.21 所示。结果表明，致密储层的排替压力一般超过 1MPa，最高可达 7MPa，且储层排替压力与孔隙度具有较好的指数关系，随着孔隙度的增加，储层排替压力呈指数减小。

这一规律为利用孔隙度定量表征天然气在地下运移过程中的阻力（排替压力）提供了依据。

（二）源储剩余压差的演化

源储剩余压差是源岩剩余压力与储层剩余压力间的差值，是天然气体积流充注的动力。现今储层压力可以通过实测得到，地质历史上储集层的压力可以通过盆地模拟方法，结合流体包裹体分析测试结果恢复。以鄂尔多斯盆地苏里格气田为例，利用盆地模拟技术恢复源岩与储层间的压力演化历史。

1. 埋藏期的源储剩余压差

利用泥岩压实曲线恢复埋藏期的地层压力，是当今比较成熟的地层古压力研究技术之一。图 4.22 是苏里格气田 9 口井的压实曲线图。从图中可见，三叠系延长组下部至中三叠统顶部异常带，定为第一正异常带；中三叠统底部至下三叠统底部异常带，定为正常-过渡异常带；上二叠统顶部及以下段是第二正异常带。

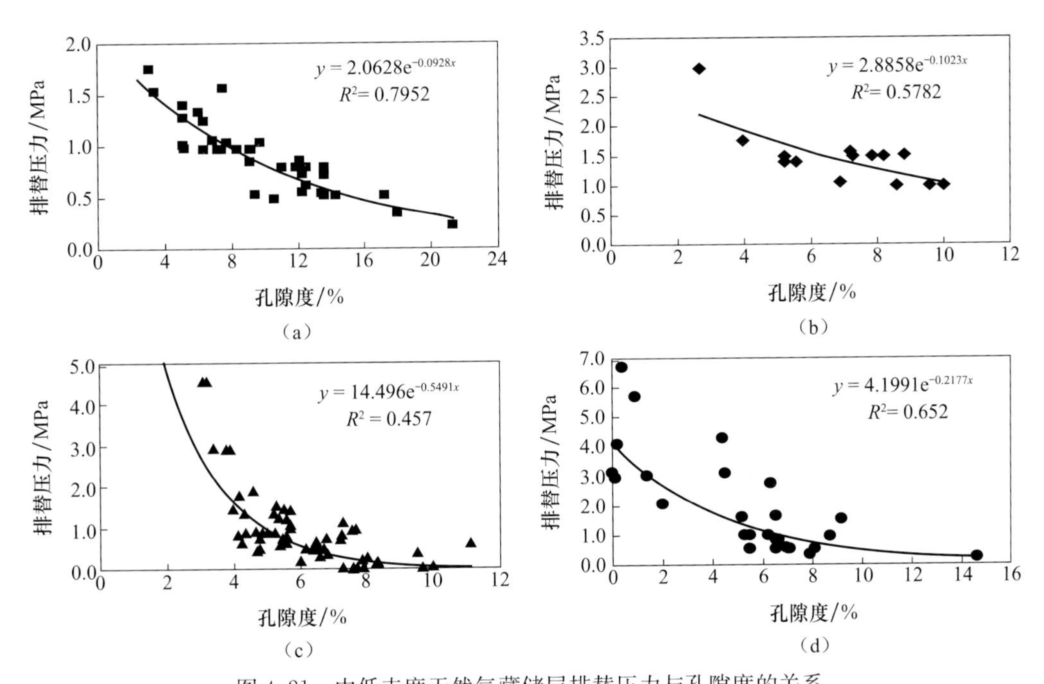

图 4.21 中低丰度天然气藏储层排替压力与孔隙度的关系

(a) 苏里格地区上古生界；(b) 榆林地区盒 8 段；(c) 榆林地区山西组；(d) 四川盆地须家河组

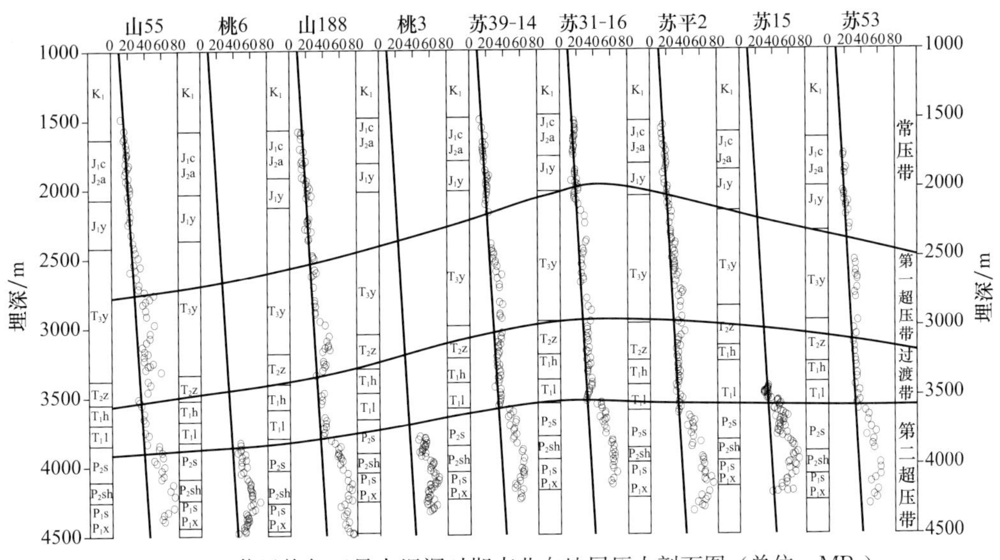

图 4.22 苏里格气田最大埋深时期南北向地层压力剖面图（单位：MPa）

根据平衡深度法，利用测井资料计算苏里格气田上古生界泥岩最大埋深时期（100Ma）的地层压力，并用流体包裹体计算的最大埋深时期的地层压力对测井计算结果进行标定，二者有较好的一致性。

在上述工作基础上，恢复苏里格地区地层压力演化史，并计算源储剩余压力差。从图 4.23 可见看出，在距今 100Ma 时期（早白垩世末前后）鄂尔多斯盆地上古生界气源岩埋藏深度最大。这个阶段源岩 R_o 从 1.0%升高至 1.8%。因此，递进型的埋藏过程导

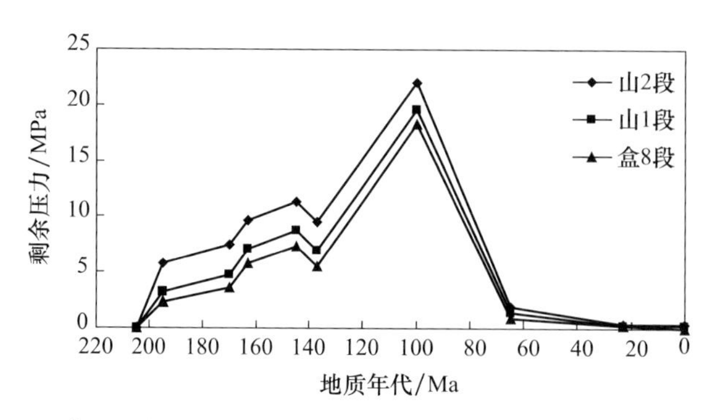

图 4.23 苏里格气田苏 6 井源岩与储层剩余压力演化图（单位：MPa）

致源岩内部天然气大量生成和聚集，是源岩内部压力迅速增加的主要原因。因而从侏罗纪末（约 140Ma）到早白垩世末，源储剩余压差迅速上升，从小于 10MPa 增至大于 20MPa，增加了一倍多。应该说埋藏期是源储剩余压差的主要集聚期。

苏里格气田埋藏期产生的源储剩余压差分布广泛，具有“中部地区大、四围小”的特征，并且随着地层埋藏深度增加，源储剩余压差增大。研究发现中侏罗世源储剩余压差大于 1MPa 的面积占气田面积的不到 50%；到晚侏罗世，源储剩余压差大于 1MPa 的面积占气田面积的 65%左右；而到早白垩世末期，源储剩余压差大于 1MPa 的面积占到了气田面积的近 80%左右（图 4.24）。

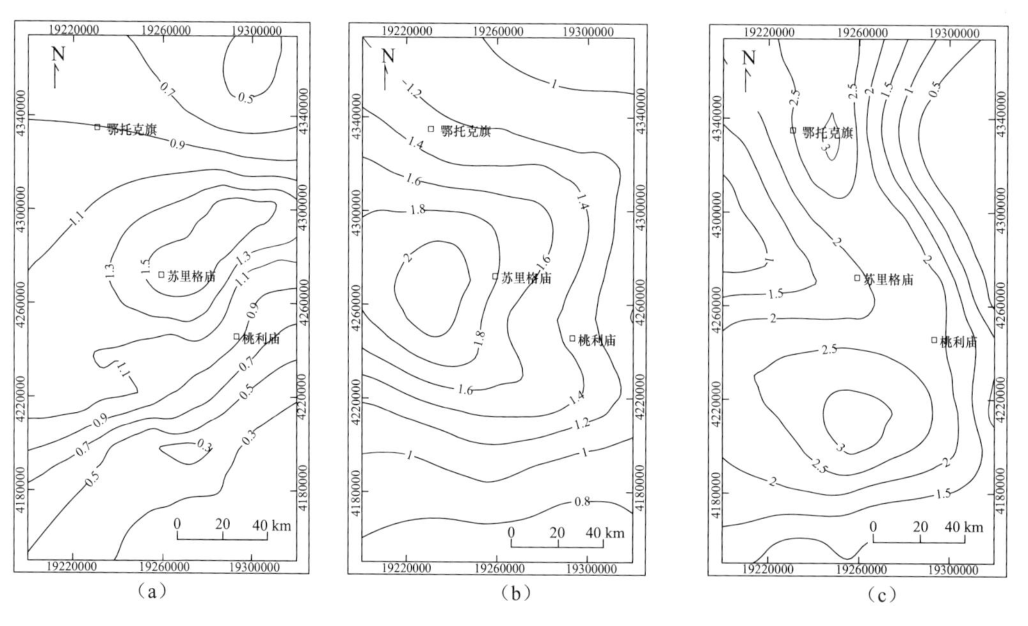

图 4.24 苏里格气田中侏罗世末（a）、晚侏罗世末（b）、早白垩世末（c）源储剩余压差平面图（单位：MPa）

2. 抬升阶段的源储压力差

地层递进埋藏阶段，由于持续生气导致源岩内部天然气的相对积聚过程，使源岩内部流体压力不断升高。进入抬升期以后，源岩内部压力进入释放期，强大的源储剩余压差是天然气发生体积流的主要动力之一。同时，因抬升导致的源岩内部微裂隙中呈压缩状态存在的天然气发生体积膨胀，也增加了源储间的压力差，对排烃也发挥了建设性作用。

从图 4.23 可以看出，鄂尔多斯盆地苏里格地区在距今 100～60Ma（白垩纪末前后）阶段，源储间的压力差有明显释放，应该是大规模排烃成藏期。应特别强调，这期间虽然没有看出源储压力差阶段性再升高的迹象，但不能否定抬升卸载引起的气体膨胀对源储压力差的贡献，只是排烃泄压过程掩盖了升压现象，使这个阶段的压力差出现平稳保持的过程。

（三）浓度差驱动下的扩散流充注

扩散是物质在浓度梯度的作用下，自发地从高浓度区向低浓度区转移，从而实现浓度平衡的一种传递过程。只要有浓度梯度存在，就会发生扩散作用。在地下岩石中，烃源岩生成天然气之后就会与周围岩石间产生浓度差，从而导致天然气以分子形式向外扩散，发生天然气的扩散运移。

鄂尔多斯盆地上古生界气藏天然气组分、同位素特征及气水分布模式都表明，天然气的扩散作用在该地区普遍发生。但扩散作用在中低丰度天然气藏成藏过程中究竟做出了多大贡献，这是成藏研究必须努力回答的问题。利用扩散-渗流耦合模型对鄂尔多斯盆地上古生界天然气的扩散充注进行定量评价。具体的地质模型和数学模型将在第五章中详述，本节仅就对单井点和全区的模拟结果重点说明扩散作用的成藏贡献。

从苏 7 井和桃 4 井的单井模拟结果看（表 4.7），扩散充注在苏里格地区的天然气充注过程中发挥了重要作用。

表 4.7 苏里格地区单井充注模拟结果汇总表

井号	总充注强度		扩散充注占总充注的百分比/%	散失强度	存留丰度
	体积流充注强度/($10^8m^3/km^2$)	扩散流充注强度/($10^8m^3/km^2$)			
苏 7	10.6		44	7.18	3.41
	5.91	4.69			
桃 4	13.4		65	8.85	4.52
	4.69	8.71			

从体积流充注和扩散流充注的比例来看，扩散流充注在两井点分别占总充注强度的 44%和 65%，说明扩散充注在天然气成藏中发挥了重要作用。

根据天然气运聚动平衡原理，低孔、低渗储层中天然气的聚集量是体积流充注、扩散流充注与扩散散失量间的动态平衡结果。对比两井点体积流充注强度与散失强度发现，其体积流充注强度均小于其扩散散失强度。因此，如果仅有体积流充注一种机理，其充注进入储层的天然气将会全部散失掉，储层中将不会有天然气聚集。正是有了扩散流充注才使进入低孔渗储层的天然气总量，高于散失的天然气数量，储层中才会有天然气聚集成藏。

对整个鄂尔多斯盆地上古生界天然气充注过程的模拟，也说明了同样的问题。模拟结果表明，体积流总充注量为195×10^{12}m^3，扩散流充注量为130.16×10^{12}m^3，两种充注机制产生的总充注量为325.16×10^{12}m^3，该区总散失量为290.74×10^{12}m^3，储层天然气存留量为34.42×10^{12}m^3。天然气散失量高于体积流和扩散流中任何一种单机理产生的充注量，而小于两者之和。因此仅靠任何一种充注机理均无法形成可保存至今的天然气聚集。

综上所述，可以认为体积流充注和扩散流充注均是低孔低渗储层内天然气成藏的重要充注机理，以往仅强调体积流充注，而忽视扩散流充注对中低丰度天然气藏形成的贡献。扩散充注有效地弥补了天然气通过上覆层的散失，对天然气成藏做出了重要贡献。

二、“薄饼式”成藏降低了对盖层条件的要求

“薄饼式”成藏是指气藏的气柱高度较小，而含气面积却很大的一类天然气藏，从气藏形态看似如薄饼状而称之。从统计来看，这类气藏的含气范围与含气厚度之比多数在1∶1000以上（表4.8）。

表4.8　中国中低丰度气藏与气层厚度一览表

序号	气田名称	含气面积/km^2	气层厚度①/m	宽厚比
1	新场	161.2	8～25/9.8	1311
2	大牛地	1545.65	6～19/11	3574
3	合川	1058.3	11～26/15.5	2168
4	广安	579	6～35/18.2	1322
5	安岳	360.8	10～36/16.8	1187
6	苏里格	20800	5～15/10	14422
7	榆林	1715.8	3～30/11.6	3570
8	乌审旗	872.5	5～12/8.5	3475
9	神木	827.7	3～15/8.4	3424

注：① 斜杠之前的数据为气层的厚度范围，之后的数据为平均值。

在平缓背景下，含气高度是控制天然气突破能量的关键因素。如图4.25所示，长方体模型以直立式、平卧式和斜置式三种不同方式放置。直立式是将长方体的短边平放，代表气藏的含气面积，而长边直立，代表气藏的气柱高度。平卧式则正好相反，而斜置式是上述两种空间姿态的过渡类型。

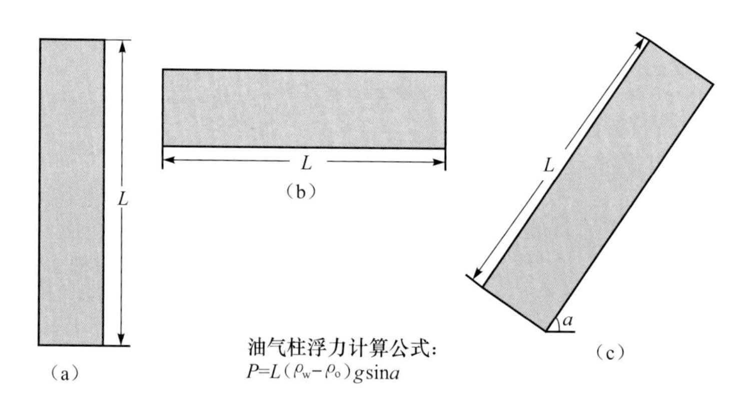

图4.25　天然气藏浮力与气柱高度和含气面积关系图

根据浮力定义，气藏的浮力与气水密度差及气柱高度有关，相关关系可以由公式 $P=(\rho_w-\rho_g)L$ 表示。如果地层有倾斜，则与含气面积有关，如果地层水平和直立，则与含气面积关系不大。这就是为什么平缓构造背景下天然气藏群能够大型化发育且又不需要很好的盖层条件的原因。

如前所述，当地层几近水平时，天然气藏的逸散能量，即气藏的浮力作用主要与气柱高度有关，而与含气面积的关系较疏。薄饼式成藏即是由于这样的原因而得以大型化成藏。为进一步说明这类气藏的特点，作者选择鄂尔多斯盆地苏里格气田和四川盆地川中广安、合川等气田作了解剖研究，一系列数据可以说明这类气藏的基本特征。鄂尔多斯盆地苏里格气田发育于石炭系—二叠系山西组与石盒子组，是一套海陆过渡相沉积，地层倾角为1°～3°，气层厚度为5～15m，单个含气砂体规模一般长为1000～2500m，宽为100～250m，纵向上有多个含气层段，叠加含气面积达到20800km^2，其中含气砂体为5万～8万个，储量探明区面积为6356.8km^2（图4.26）；单个气藏的气柱高度仅为2～6m，由气柱高度所产生的浮力最大为0.15MPa。实际上，该地区阻流层的排替压力大于1.2MPa，气层和阻流层之间的排替压力差大于0.5MPa。因此，由气柱高度产生的浮力不足以突破阻流层。所以，苏里格气田是由多达数万个小气藏构成的气藏群集合体。四川盆地须家河组主力含气层段为须2段、须4段和须6段，砂岩发育，厚度大，但有效含气层薄，广安气田须4段砂岩厚度为80～120m，有效储集层厚度为5～30m，含气层厚度平均仅18.2m（表4.9），目前已探明储量区块含气面积达320.8 km^2，探明储量566×10^8m^3。气藏解剖表明，广安气田也是由相对孤立-半孤立分布的小气藏组成的气藏群，目前气藏产生的突破压力为0.03～0.1MPa，直接盖层为更致密一些的砂岩，排替压力为2～14MPa。因气柱高度小，虽然盖层不理想，仍可以形成气藏。

上述表明，薄饼式成藏大大降低了对盖层条件的要求，使很多按经典成藏理论来衡量，基本上不具备成藏可能的"劣质区"，仍然可以大规模成藏。与此同时，薄饼式成藏看似降低了含气丰度，但也扩大了成藏规模，这是中低丰度天然气大型化成藏的重要原因。

三、"集群式"成藏降低了气藏群的整体逸散能量

所谓集群式成藏，是指由于储集体内部的非均质性和陆相沉积储集体横向和垂向的频繁变化，产生一系列地层-岩性圈闭的集合体，当天然气在其内部发生聚集成藏后，不是形成连续性和均质性较好的单一气藏，而是形成一系列气藏的集合体，数量多达数百至数千个，甚至上万个气藏。集群式成藏既保证了成藏的规模性，又降低了天然气成藏对盖层条件的要求，因而在很多以往认为成藏条件劣质地区，仍然可以形成大气田。集群式成藏的不利一面，是使天然气资源品质较差，总体以低-特低丰度为主，而且气藏群内部非均质性较强，经济性较差，需要在气藏精细描述基础上部署探井、评价井和开发井，才能提高相对高产井的比例，减少低产井和低效井的数量。

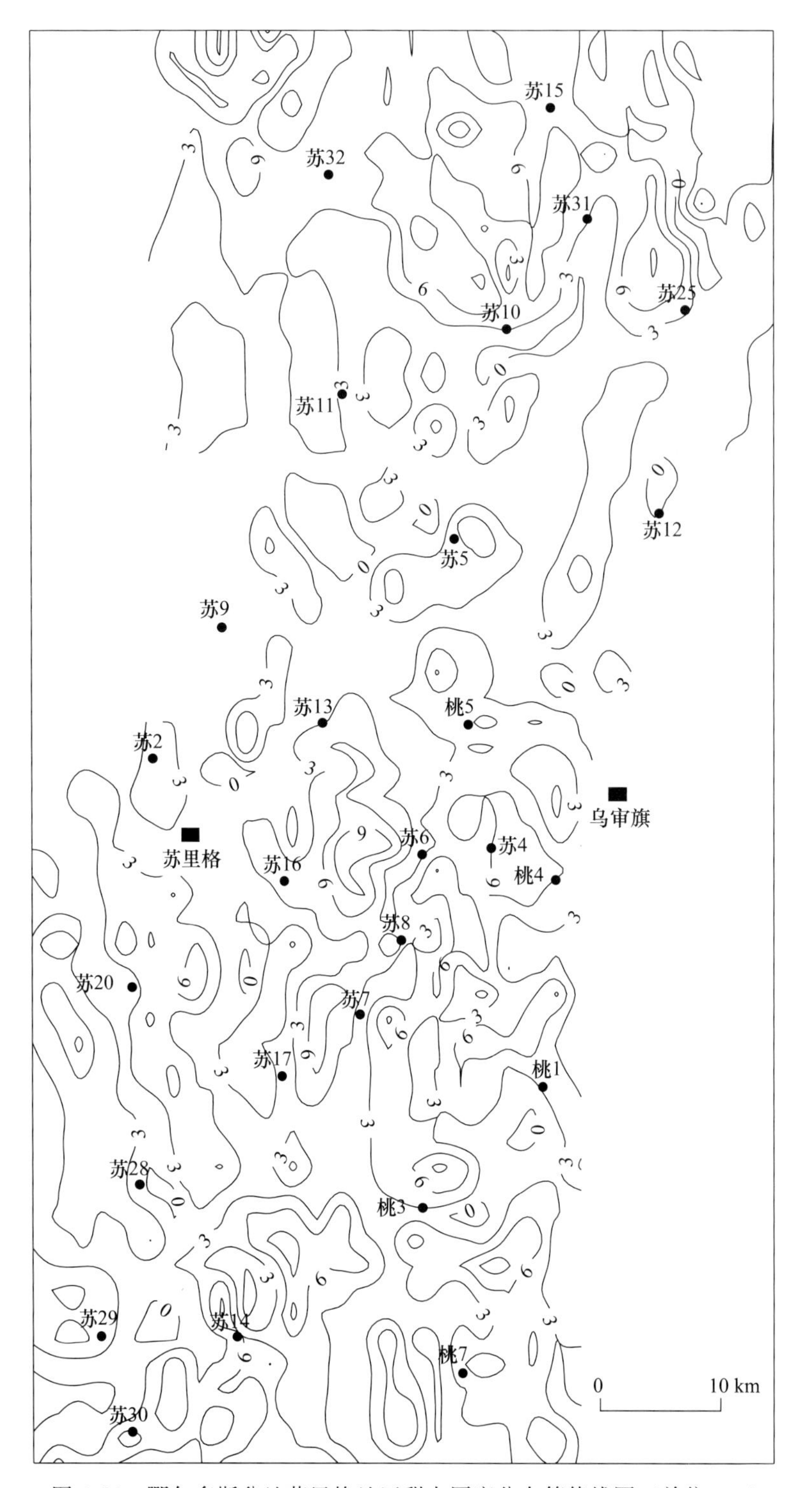

图 4.26 鄂尔多斯盆地苏里格地区甜点厚度分布等值线图（单位：m）

表 4.9 须家河组单层含气层厚度统计

气藏	层系	储量	含气面积/km^2	地质储量/10^8m^3	储量丰度/($10^8m^3/km^2$)	砂体厚度/m	含气储层厚度/m
龙女寺	须2段	探明	199.3	5.62	0.03	125	15
合川	须2段	探明	1058.3	2296.11	2.17	104	25.8
安岳	须2段	控制+预测	400	1113.35	2.78	81	24.3
潼南	须2段	探明	278.86	702	2.5	107	21.3
遂南	须2+4段	探明	14.4	1.4	0.1	134	8
磨溪	须2+4段	探明	22.5	26.25	1.17	93	30
荷包场	须2段	探明	50.47	105.68	2.09	63	22
八角场	须4段	探明	69.6	341.12	4.9	106	20
充西	须4段	探明	81.44	136.35	1.67	101	14.5
莲池	须4段	预测	35.3	100.16	2.84	115	8.5
南充	须4段	预测	64.9	159.08	2.45	111	10
广安	须4段	探明	415.6	566.91	1.36	80	10.6
荷包场	须4段	探明	55.93	78.27	1.4	138	9.3
广安	须6段	探明	200.82	788.67	3.92	109	20～25

如鄂尔多斯盆地苏里格气田现已探明的范围是由数万个相对独立的岩性气藏组成的大型气藏集合体。从统计看（表 4.10），单个气藏的面积一般为 0.3～1.5km^2，储量规模一般为 0.3×10^8～$1\times10^8m^3$，但已探明气田面积为 6356.8km^2，探明+基本探明天然气地质储量 $2.85\times10^{12}m^3$，是一个大气田。从气藏解剖资料看，气藏甜点的孔喉突破压力为 0.02～0.04MPa，气藏的直接盖层为与气层同期沉积的致密砂岩，突破压力为 0.3～1.2MPa。苏里格气田多数气藏的气柱高度为 2～6m，气藏群的累计气柱高度超过 50m。从理论计算看，单一气藏的突破能量小于盖层的突破能量，因而气藏可以保存。如果连续气柱高度达到气层累计厚度水平，则气藏将逸散，而不能保存。这其中除了薄饼式成藏降低气藏成藏要求外，还与集群式成藏带来的分隔性有很大关系。

表 4.10 中低丰度气藏集群式成藏特征统计

序号	气田名称	单个气藏个数	单个气藏含气面积/km^2	单个气藏储量规模/10^8m^3	单个气藏储量丰度/($10^8m^3/km^2$)	单个气藏气层厚度/m
1	苏里格	5×10^4～8×10^4	0.3～1.5	0.3～1	0.3～0.7	2～6
2	靖边	120～200	20～60	10～60	0.2～0.7	2～7
3	合川	150～200	0.5～10	1～20	1～5	2～10
4	广安	35～60	9～17	5～40	0.8～4.3	4～13

为证明集群式成藏对中低丰度气藏群大型化成藏的作用，作者设计了如图 4.27 所示的模型，从中说明均一化大型气藏与容积等量，且分散为数个气藏情况下，两者在逸散能量方面发生的变化。图 4.27（a）模型代表均一化较好的成藏端，而图 4.27（b）则是分散成藏端，两者体积不变，图中分别给出了两端元成藏总浮力和单体浮力。在天然气成藏体积一致情况下，内部分隔式的成藏将大大降低了气藏逸散的能量，两者导致的逸散能量之差为 8 倍左右。

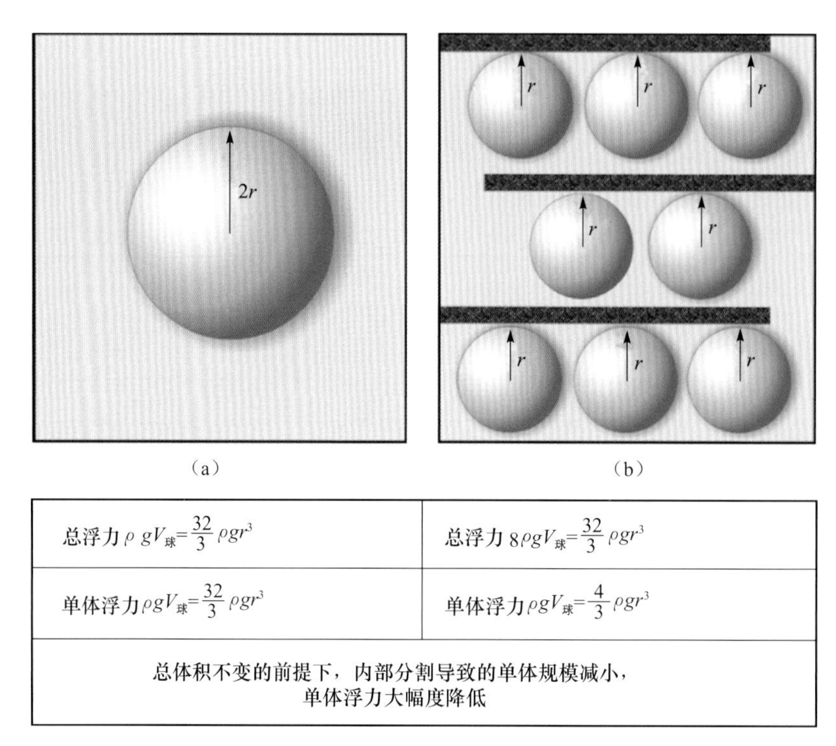

图 4.27　气藏分隔化作用示意图

广安气田是四川盆地川中地区上三叠统须家河组已发现的主要气田之一，其主力气层为须 4 段和须 6 段，截至目前，已探明天然气地质储量分别为 $566\times10^8\mathrm{m}^3$ 和 $788\times10^8\mathrm{m}^3$。广安 101 井 2025～2077m 产层段，测井曲线表现为齿状近箱形，显示为水下分流河道沉积。如果该砂体能够整体含气，含气高度可达 52m，分布面积为 $579\mathrm{km}^2$，突破能量将达到 2.5MPa。根据测井和岩心物性分析资料，须 6 段共解释出六个储层段(图 4.28)，分别为气层、气水同层和含气水层。在广安气田的六个气层中，最厚的一

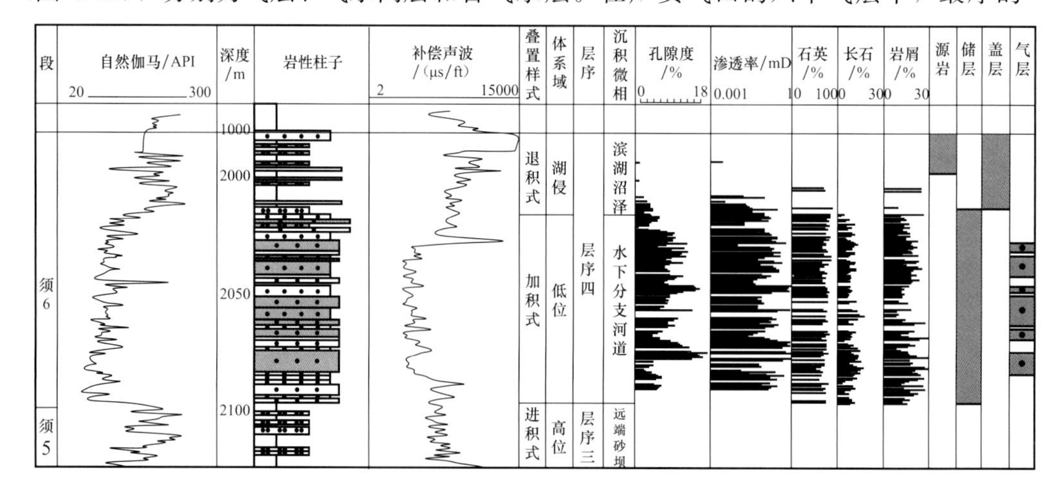

图 4.28　广安 101 井须 6 段分隔层特征

个气层厚度不足 8m，这六个气层段中间被致密砂岩或泥岩隔开，使单个气层高度较小，一般为 4～13m，面积为 51～218.5km²。储层段的物性较好，以中砂岩和中细砂岩为主，孔隙度为 10%～11.8%，渗透率为 0.68～0.9mD，排替压力为 0.34～1.32MPa。隔层的物性较差，都是非常致密的砂岩或泥岩，厚度为 4～13m，孔隙度为 2.8%～5.5%，渗透率为 0.01～0.05mD，排替压力为 0.94～8.38MPa。气柱高度仅为整体含气高度的 1/7 左右，突破能量也降低至 0.4MPa，远小于致密隔层的突破压力。所以气藏得以保存，但内部分隔性很明显。

上述解剖表明，储集体内部物性差异造成了砂体内部的分隔，低孔、低渗砂岩起到了“阻流层”的作用，构成有效盖层，不仅大大减小了气柱高度，而且使大气藏变成了数个小气藏，从而降低气藏逸散能量。对我国大中型气田统计表明（图 4.29），典型中低丰度天然气藏群的直接盖层厚度均较低，如鄂尔多斯盆地苏里格气田厚度为 2～20m、榆林气田为 2～36m、四川盆地广安气田为 3～8m。盖层的岩性也不理想，多是致密砂岩、粉砂质泥岩和泥质粉砂岩等，这些岩性很难成为大型气田的直接盖层，这就是中低丰度天然气藏群大型化成藏的特殊性之一。

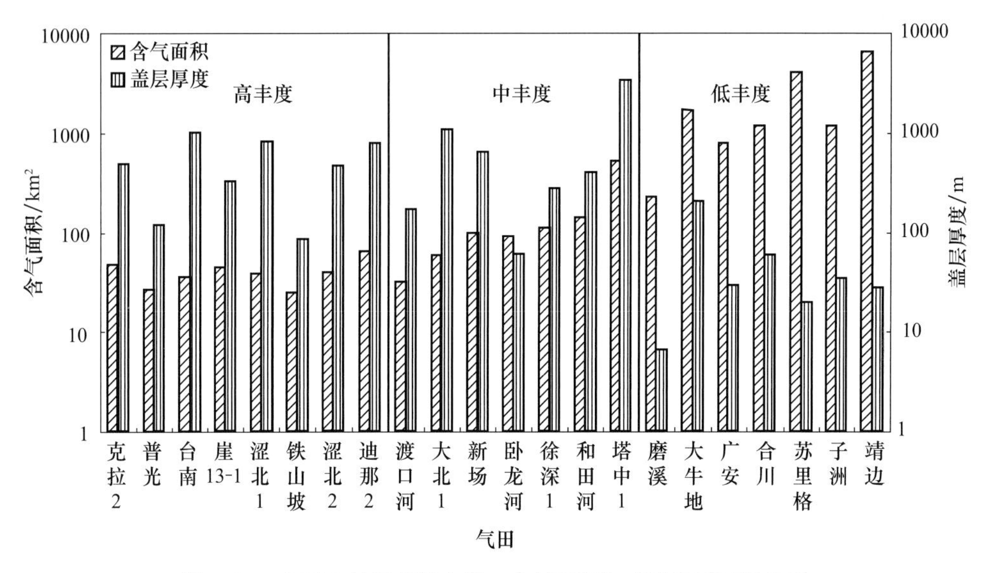

图 4.29 中国大气田储量丰度、含气面积与直接盖层厚度关系

四、抬升期成藏扩大了中低丰度天然气藏的成藏范围

传统石油地质理论认为，地层埋深阶段是天然气大量生成的主要阶段，也是天然气成藏的主阶段。而在抬升阶段，因地层经历抬升剥蚀，温度降低，生气过程会停止，失去烃源条件，导致成藏停止。我国几个主要含气盆地，如鄂尔多斯盆地和四川盆地中，已经发现的数个大气田的成藏期次研究后发现，这些大气田并不是完全在埋藏期形成的，相反恰恰是在抬升阶段形成的。由此需要思考抬升阶段天然气成藏的动力和现实性，为此作者开展了抬升阶段天然气成藏的模拟实验。

（一）抬升卸载环境下解吸气释放的物理模拟实验

为了证实抬升过程中天然气成藏的地质过程，以须家河组典型气藏为地质模型，开展了三维温压条件下天然气排驱模拟试验，模拟在沉降和抬升背景下，煤系源岩天然气可能发生的大规模充注和运移过程。

实验设备选用中国石油勘探开发研究院实验中心自行研制的三维模拟装置，主要由储气钢瓶、恒速注入系统、三维恒温箱、高温高压三维模拟器和测量系统组成。可以模拟石油和天然气在温度不大于150℃、压力不大于10MPa的条件下充注和运移过程。

1. 物理模拟实验模型和装置

根据川中广安地区的须4段和须6段气藏的解剖特征，共设计了两个实验模型，第一个模型模拟广安须5段煤系烃源岩在沉降和抬升卸载过程中，天然气发生膨胀解吸运移过程。地质解剖认为，须5段煤系地层由煤层、炭质泥岩和普通泥岩的互层组成，根据这三者的接触关系和厚度的统计比例，设计了如图4.30所示的实验模型。该模型下部为4cm厚的泥岩，选用200目的玻璃微珠，中部为两个煤层和炭质泥岩间互，煤层选用唐山煤矿的肥煤，组分与热演化程度基本与须家河组相一致，炭质泥岩为碳粒和玻璃微珠以2∶5混合而成。模型中各层都放入了压力传感器，测量实验过程中的模型内部压力。为了安全起见，实验气体为氮气，计量系统为高灵敏度的三相分离测量装置。第二个模型模拟川中须家河组储集层和泥岩隔夹层在沉降和抬升卸载过程中，游离态天然气在温压降低的条件下发生膨胀运移过程。实验中为了模拟成岩作用强烈的致密砂岩，选用粒级在180目以上的玻璃微珠代替，下部连接气源，温压测试装置与模型一相同。

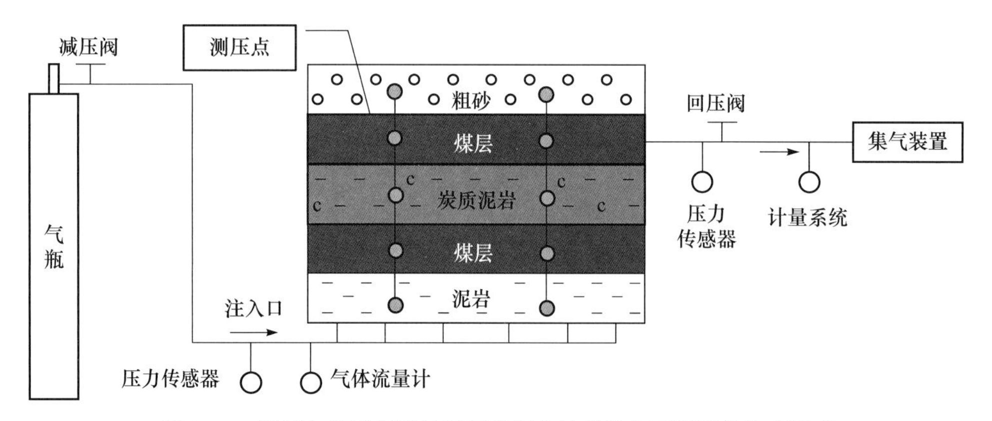

图4.30　煤层与炭质泥岩地层天然气在抬升状态下排驱的物理模型

2. 实验过程

实验中将模型在干燥无水条件下装入三维模拟器中，然后用真空泵将模型抽气12h，再充分饱和水，加上覆压力5～7MPa，流体压力1～1.5MPa，温度60℃，然后从模型底部注入气体，直到在顶部出口达到一定出气量为止，停止注气静置24h后，让模型充分饱和，该过程相当于地质条件下烃源岩和储层在埋藏过程中的生排气过程。停止注气后相当于最大埋深期后的生气过程停止阶段，随后降低上覆压力和流体压力及温度，观察出口有无气流及其变化特征。具体步骤如表 4.11 所示。

表 4.11 实验操作过程及现象

步骤	模型Ⅰ	模型Ⅱ
1	干燥无水条件下装入模型	
2	抽真空 12h	
3	从模型底部缓慢注水至内部压力均匀在 1MPa	
4	流体压力 1.63MPa，加上覆压力至 7MPa，温度 60℃	加流体压力 1.03MPa，加上覆压力至 5MPa，温度 50℃
5	大于 1.63MPa 下注入氮气，出口水流量逐渐增加	大于 1.1MPa 下注入氮气，出口水流量逐渐增加
6	出水量增加至 40mL/h 后逐渐降低	出水量增加至 80mL/h 后逐渐降低
7	加大注入压力，出口开始出现气体	
8	氮气流出量达到 10mL/min 时注入压力为 2MPa，此时关闭注入口	
9	出气量逐渐降低至小于 0.1mL/min，流体压力逐渐降低	
10	出口无气体流出后，静置 24h	
11	逐渐卸载上覆压力至 2MPa，流体压力不变，温度降为 30℃，记录气体出口流量大小及其变化	
12	将模型流体压力从 1.63MPa 降至 0.2MPa，上覆压力和温度不变，记录气体出口流量大小及其变化	将模型流体压力从 1.03MPa 降至 0.2MPa，上覆压力和温度不变，记录气体出口流量大小及其变化

3. 实验结果与分析

实验结果表明天然气在充注过程中，需要一个很明显的致密层突破压力，当气柱压力超过突破压力时发生幕式运移，说明煤系地层在埋藏过程中源岩大量生气，当其压力增加超过烃源岩的排替压力后，发生幕式排烃。同时，天然气在输导层中的气柱高度产生的压力只有大于致密层的排替压力后才能发生运移。实验证实在没有持续气源供应条件下，依靠烃源岩与致密层的滞留气体，在抬升降压条件下可以发生体积膨胀排烃，实验效果十分明显（图 4.31）。

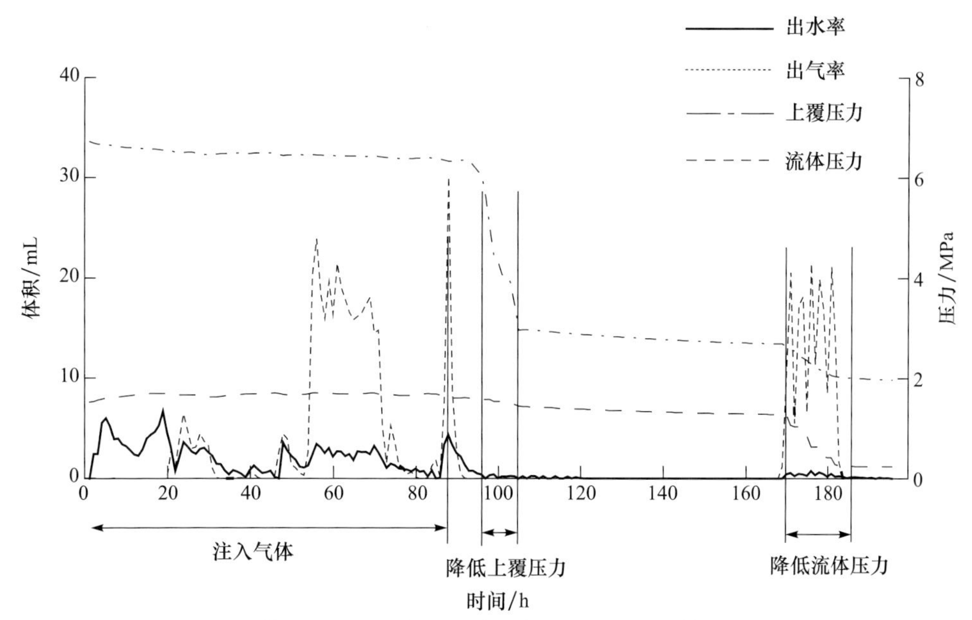

图 4.31 煤系地层天然气在抬升状态下排驱的物理模拟实验结果

在两次实验过程中，砂泥岩地层模型在降低上覆压力和流体压力过程中，均有大量天然气膨胀排出，说明天然气主要以游离态形式停留在岩石孔隙中，降压过程中发生膨胀排气。而煤层和炭质泥岩模型只在流体压力和上覆压力同时降低时解吸产生大量天然气，表明其天然气主要以吸附态存储在煤层孔隙表面，只有在流体压力降低时，吸附于煤层表面的天然气发生解吸，形成游离态天然气排出。

（二）游离气膨胀与吸附气解吸作用为抬升期成藏提供充足气源

从气源和成藏动力条件来说，导致抬升阶段天然气成藏的物质来源有两个方面：一是呈游离态存在于源岩内部超微孔隙和微裂缝中的游离气，这部分天然气在抬升阶段会发生体积膨胀，可从源内提供一种排驱的动力；二是以吸附状态存在于组成源岩固体颗粒（含有机物）表面的天然气，在抬升阶段会发生解吸作用，加入到游离气行列，参与抬升阶段的运移和成藏。

关于源灶内部游离气的存在、数量与在抬升阶段的作用，作者都给予高度关注，并予以充分肯定。这是因为我国陆上一些在后期抬升阶段出现大规模成藏的含气盆地，都在抬升作用发生之前，有过一个持续深埋的过程，如鄂尔多斯盆地的石炭系气源岩，在距今 100Ma 前后的晚白垩世抬升之前，一直处于相对持续的深埋过程。四川盆地川中地区的须家河组气源岩也经历相似的热过程。在深埋阶段，一部分天然气排出源灶形成天然气藏，还有相当多的天然气留在源岩内部，形成一个暂时性“储蓄库”，为抬升阶段的规模排气提供充足气源，特别是在抬升阶段气源岩的生气过程已经停止的条件下，这一过程可以弥补气源供应上的不足。发生于源灶内部的天然气积聚过程是抬升阶段能够出现天然气规模成藏的物质基础，是重要的成藏条件之一。关于游离气在抬升阶段因体积膨胀而发生有效排驱，从而在天然气晚期成藏中的作用，前面已有较多讨论，此处不再重述。下面重点讨论抬升解吸作用在天然气成藏中的地位和作用。

以状态方程和吸附方程计算的四川盆地须家河组煤系源岩在白垩纪末期之后的解吸气释放强度表明，盆地大部分地区在抬升期，天然气解吸气强度可达 $1\times10^8\sim5\times10^8m^3/km^2$。按四川盆地须家河组有效源岩面积为 $17\times10^4km^2$ 计算，由煤层和炭质泥岩解吸释放的总排气量达 $45\times10^{12}m^3$，规模相当大，完全可以保证大中型气藏形成的气源供给。

鄂尔多斯盆地上古生界在抬升阶段发生的排气情况与四川盆地类似。其中上古生界暗色煤层在抬升期的排气强度更高，平均为 $4\times10^8\sim6\times10^8m^3/km^2$，最大可达 $10\times10^8m^3/km^2$。按鄂尔多斯盆地上古生界有效烃源岩面积为 $23.80\times10^4km^2$ 计算，天然气总的解吸量可达 $105.52\times10^{12}m^3$，规模非常大，是抬升期天然气成藏的重要气源。

如上所述，抬升阶段源岩内部以游离和吸附方式存在的天然气会发生体积膨胀和解吸作用，这两种作用同时发生于源岩内部，不仅为天然气的有效运移提供动力，还为天然气的有效成藏提供数量充沛的气源。在鄂尔多斯盆地苏里格地区和四川盆地川中地区所发现的一系列大中型气田表明，抬升期不仅有排烃过程，还有成藏过程。对该阶段天然气成藏现实性的求证是对我国天然气地质学的重要补充和完善。

（三）扩散流是抬升期天然气充注的重要方式

前已述及，扩散对中低丰度天然气成藏具有重要贡献，为了进一步证实扩散作用在抬升阶段天然气有效成藏中的地位和作用，作者选取鄂尔多斯盆地上古生界和四川盆地上三叠统须家河组三个典型低丰度大气田的主力储层、共8块岩心样品，开展天然气在浓度梯度驱动下通过致密砂岩储层扩散运移的模拟实验。为保证所有样品测量结果的可比性，致密砂岩样品制备严格按照扩散系数测定制样标准进行（长度为0.5cm左右，直径为2.5cm）。样品长度控制在0.5～0.6cm，直径约为2.5cm。致密砂岩样品的孔隙度分布区间为0.9%～15.6%，主体分布在0.9%～12%；渗透率分布在0.004～1.12mD（表4.12）。

表4.12 低孔、低渗致密砂岩天然气扩散运移模拟实验样品基数据表

样品编号	长度/cm	直径/cm	渗透率/mD	孔隙度/%
1	0.59	2.55	0.58	8.1
2	0.62	2.55	0.038	2.9
3	0.55	2.55	0.004	0.9
4	0.6	2.55	0.027	6.8
5	0.54	2.55	1.12	15.6
6	0.53	2.5	1.06	13.2
7	0.57	2.5	0.177	4
8	0.47	2.5	0.052	6.7

为模拟天然气在浓度梯度驱动下通过致密砂岩发生扩散运移的过程，本次模拟实验采用中国石油勘探开发研究院廊坊分院天然气成藏与开发重点实验室的KY/3型岩石扩散系数测定装置，辅助设备及材料包括岩石饱和水装置、电子秤、真空泵、加压泵、CH_4和N_2气源、色谱检测仪及计算机控制系统等。将实验获得的数据进行整理，分别计算低渗致密砂岩样品的含水饱和度和含气饱和度，并分析含水饱和度与孔隙度的关系如图4.32所示。可以看出，饱和水的致密砂岩经过天然气扩散运移后，扩散量随孔隙度增加而减小，即含水饱和度随着孔隙度的增加而增大，二者之间呈良好的正相关关系。这说明致密样品中天然气在浓度梯度作用下，易发生扩散运移，而在物性较好的常规砂岩中，扩散作用并不明显。

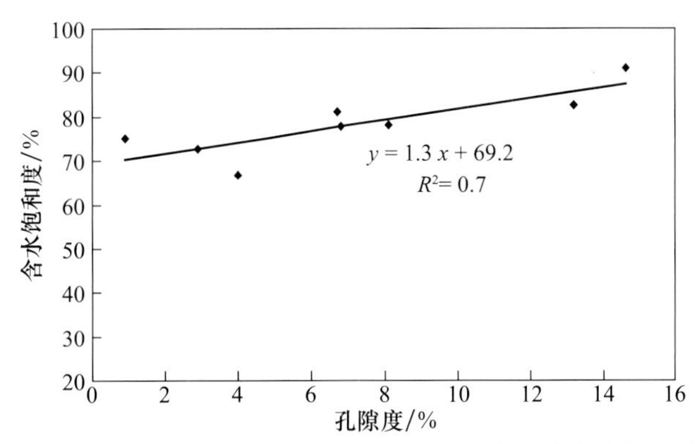

图4.32 天然气扩散运移后样品的含水饱和度与孔隙度之间的关系图

上述实验说明天然气扩散对于致密砂岩中的天然气成藏有着极为重要的贡献。相对于孔隙度（0.9%～15.6%）和渗透率（0.004～1.12mD）均较低的致密砂岩而言，天然气扩散运移可以使含气饱和度增加 15%～56%。因此，天然气扩散运移在低渗致密砂岩储层中的成藏有重要贡献，且物性向劣质化方向变化越明显，扩散作用和地位越突出。

扩散在天然气成藏中的作用可概括如下：①对孔、渗条件较好的常规储层，天然气运移主要遵从达西定律，即在浮力作用下发生达西流动，扩散作用居于次要地位；②对于物性条件相对较差的常规-非常规混合型储层，天然气运移不完全遵从达西定律，天然气多以分子扩散方式在低孔渗介质中运移，扩散作用在天然气聚集中的地位逐渐提高；③随着物性条件进一步降低，相对于孔隙喉道更狭小的非常规储层而言，天然气以游离相运移的可能性完全丧失，扩散运移就成为唯一的方式。如果扩散运移的范围和规模都足够大，天然气成藏的规模也相当大。

对于那些广泛分布在致密砂岩中、呈不规则状分布着一系列甜点砂岩的混合型储集体，如四川盆地川中地区和鄂尔多斯盆地苏里格地区的储层，天然气运移方式在总体呈扩散运移的基础上，还可以存在扩散运移与渗流运移的转化，从而为致密砂岩中大面积非常规成藏和“甜点”区常规成藏共生提供途径和条件。这是我国特定地质条件下，天然气资源呈现混合性的重要原因。

（四）流体包裹体指示抬升期是重要的成藏期

油气成藏期次的确定一直是石油地质研究的关键问题之一。流体包裹体是地下流体运移过程的直接证据。因此，可以通过流体包裹体测温，结合古地温演化与地质历史分析判断油气成藏期次。镜下观察发现，苏里格气田储层样品中见大量气体包裹体，主要分布于石英次生加大边、石英内裂纹、穿石英微裂隙及方解石和石英脉中。含烃包裹体主要沿石英次生加大边和切穿石英颗粒及其加大边的微裂隙分布（图 4.33），呈群状或线状分布，以气态烃包裹体为主，偶见液态烃包裹体，镜下呈淡黄色，显示浅黄色荧光。

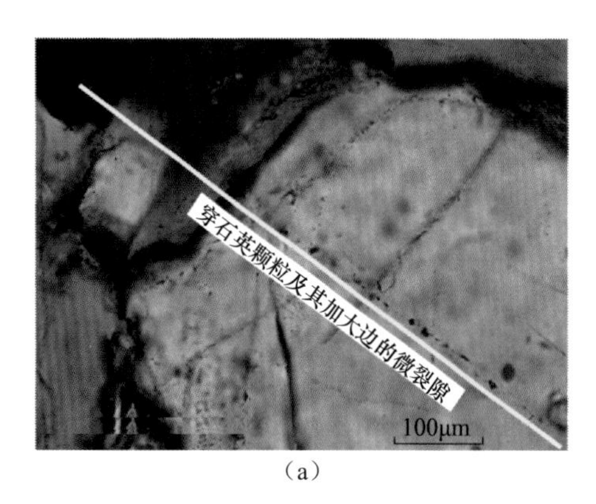

(a)

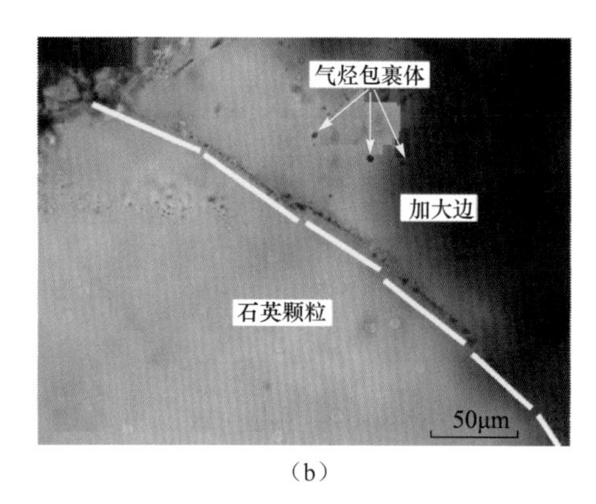

(b)

图 4.33　苏里格气田上古生界储层气烃包裹体照片

(a) 苏 13 井盒 8 段正交偏光；(b) 苏 3 井盒 8 段单偏光

对苏里格气田上古生界储层盐水包裹体的均一温度进行测定发现，其均一温度区间主要为80～150℃，并且具有明显的两期次特征：第一期的均一温度分布在80～110℃，主峰区为90～100℃，该期次样点数量约占样点总数的46%；第二期的均一温度分布区间为110～150℃，主峰区间为130～140℃，该期次样点所占比例较多，占样点总数的54%。盐水包裹体的冰点温度测定结果见图4.34。冰点温度分布范围较广，在－17～－0.1℃均有分布，且有两个明显分开的点群，高冰点温度（低盐度）点群分布在－7～－0.1℃，而低冰点温度（高盐度）点群分布在－17～－14℃。

由于不同时期捕获的流体包裹体在流体成分（盐度）上存在明显区别，因此，冰点温度测量揭示的现象反映流体活动存在多期性。测试样点呈三个相互分离的点群，分别为较低均一温度较低盐度点群（图4.34中的Ⅰ）、较高均一温度较低盐度点群（图4.34中的Ⅱ）和较低均一温度较高盐度点群（图4.34中的Ⅲ）。其中，较低盐度的两个点群的均一温度变化连续，而较高盐度点群的均一温度则呈明显的孤立中断分布特征。结合地质条件分析，认为均一温度变化连续的两个较低盐度的点群应该主要形成于地层深埋时期。随着地层的深埋，地温逐渐增高，地层水逐渐浓缩，盐度逐渐增大，这一变化特征与均一温度和冰点温度的变化趋势是一致的。而较高均一温度、较高盐度的点群则可能形成于地层抬升期。由于经过封闭、还原环境下的生烃作用后，地层流体的盐度会升高，同时地层抬升会导致温度降低，流体运移动力减弱，这个时期捕获的流体应该具有较高的盐度和较低的均一温度，这与鄂尔多斯盆地后期的演化历史是一致的。

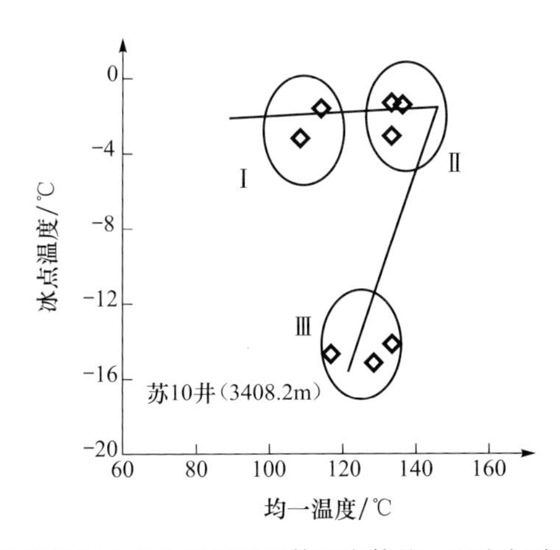

图4.34 苏里格气田上古生界储层流体包裹体均一温度与冰点温度交会图

基于均一温度和冰点温度交会图可将苏里格气田天然气成藏过程分为三期，分别为中侏罗世、早白垩世与白垩纪末—古近纪（图4.35），其中，古近纪期成藏处于盆地的抬升期，从成藏解剖看，苏里格气田的主要成藏期即发生于抬升期，因此，抬升阶段的成藏规模相当大。

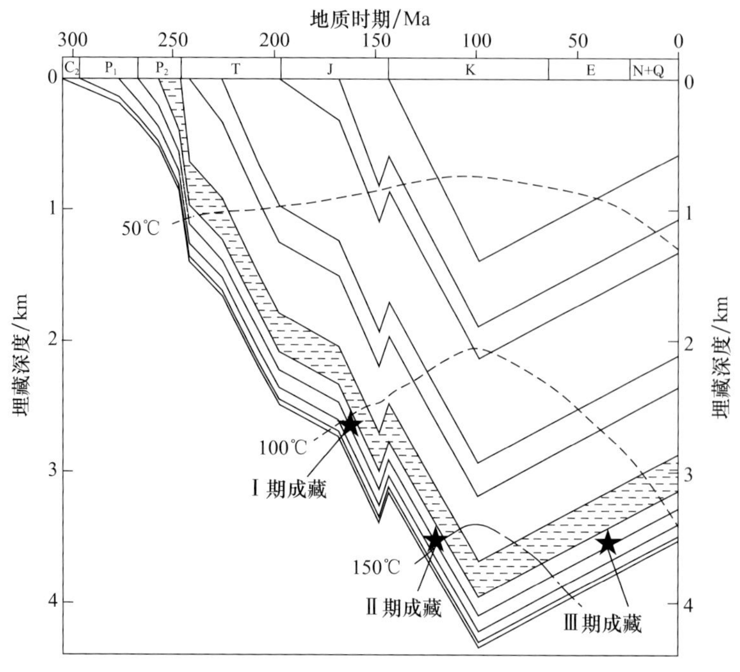

图 4.35　苏里格气田天然气成藏期次图

参 考 文 献

戴金星，卫延召，赵靖舟，等. 2003. 晚期成藏对大气田形成的重大作用. 中国地质，30 (1)：10-19.

李绪宣. 2000. 莺歌海盆地浅层天然气藏的地震识别技术研究. 中国海上油气（地质），14 (3)：193-199.

戚厚发，孔志平. 1992. 我国天然气气藏基本特征及富集因素. 天然气工业，12 (6)：1-7.

王社教，瞿辉，刘银河. 2000. 含油气系统赋存的地温场及其作用. 勘探家，5 (3)：23-29.

第五章　天然气地震有效识别现状及难点

第一节　我国天然气藏基本特点及地震需求

一、我国天然气藏基本特点

（一）薄气层识别难题

薄储层问题一直是我国石油天然气勘探所面临的重大难题，在中新生代陆相沉积盆地中尤其突出。地震勘探的薄层是一个相对概念，一般认为地震分辨的极限是 1/4 波长，厚度大于 1/8 波长的气层能够有效探测，所以薄层与地震采集、地层埋藏深度等有关，不同的勘探对象，薄层的厚度界限也不一样。例如，苏里格气田盒 8 段气层多小于 6m，埋藏深度约为 3200m；三湖地区第四系疏松含气砂岩多数厚仅 0.5～3m，埋藏深度自数百米至 1700m；川中地区须家河组，埋深 1500m 至 2000 多米不等，储层厚度多小于 8m。

对于薄气层问题，地震勘探的关键是要较可靠地识别它们，而不必苛求对厚度和深度的准确描述。

与薄层密不可分的还有薄互层调谐问题。薄层调谐作用对振幅和频率都有重要影响，目前还没有有效的办法来解决薄层调谐问题。

（二）低孔渗储层

低孔渗储层是我们油气勘探的又一重要特点。常见的碎屑岩气藏其储层孔隙度为 6%～15%，以次生孔隙为主，渗透率仅几个毫达西或更低。这样的储层条件在国外通常列为边际油气藏，而在我国，目前动用的天然气储量中占了较大的比例，并且今后仍将是天然气储量增长的重要方向。

孔隙度是影响地震响应的重要参数。通常高孔隙度气层比低孔隙度气层更易于识别。孔隙度越大，储层与围岩的弹性参数差异也越大，在地震记录中产生可识别反射“异常”的可能性也越大。孔隙度高的地层通常渗透也较高，渗透率直接影响地层流体在地震波驱动下的可动特性。流体运动越流畅，引起的频率域振幅响应也越显著，可检测性越强。一些高孔渗油层也能通过地震勘探方法有效检测就是这个原因。

（三）深层天然气勘探

深层地震勘探曾经是禁区。近年来，随着地震采集、处理和解释配套技术的进步，在深层不断获得天然气勘探新发现。例如，松辽盆地深层火成岩气藏、川东北鲕滩气藏。3000～4000m的埋深已较常见，而在川东北、库车拗陷，6000m左右天然气勘探亦有新发现，揭示了深层勘探的巨大潜力。

深层天然气勘探的最大问题是成像效果不佳。低频和高频信号损失均很严重，可利用的有效频带很窄。在经历更多的上覆地层后，深部气层的地震响应变得很难鉴别。采集和处理技术在深层勘探中举足轻重。

（四）低丰度气藏

低丰度气藏天然气充注程度不够，因而出现大量低含气饱和度气层。此类气藏的地震勘探重点是关注相对高含气饱和度气层的识别，困难是目前的地震勘探手段还不足以解决好含气饱和度预测问题。地层含少量天然气后（5%），即可导致不可压缩性的显著变化，但随着含气饱和度的继续增加，不可压缩性的变化却很微弱。含气饱和度与纵波速度的关系目前存在两种模型，一种是均匀介质模型，一种是Patchy模型。当符合Patchy模型时，通过岩石物理图版技术可以半定量地识别含气饱和度。

（五）岩性气藏勘探

岩性勘探将是今后一段时期世界范围内油气储量增长的重要方向。由于岩性圈闭的评价相对构造圈闭具有更大的难度，因此勘探风险也大幅度增长。砂岩储层含气后通常波阻抗会降低并与泥岩接近，因此储层预测本身就存在很大的挑战，要准确识别岩性圈闭就更加困难。要解决岩性气藏的勘探问题，关键是气层的识别。含气性检测与储层预测是不可分离的，并且要特别注意岩石物理的研究，区分岩性、含气性对波阻抗变化的贡献。

二、我国天然气工业发展对地球物理技术的需求

地球物理技术在我国天然气工业发展过程中一直发挥着重要作用，在近几年的重大突破中，地震勘探技术功不可没。例如，山地地震技术的进步推动了库车前陆盆地天然气勘探大发现，先后发现和探明了克拉2气田、迪那2气田两个特大型气田，使塔里木盆地成为“西气东输”的重要资源基地。苏里格气田通过应用“三高、三中、二小、一多”的高分辨率地震资料采集方法，解决了淤泥碱滩、黄土塬、沙漠、基岩露头地区信噪比低的难题；通过AVO、叠前属性等组合技术联合预测高效储层及地层含气性，为苏里格气田成为我国目前最大的世界级整装气田奠定了基础。川东北通过采集、处理、解释技术的全面提高，基本解决了构造成像和优质储层预测难题，为渡口河、罗家寨、铁山坡等大中型气田的发现和探明作出了贡献。

随着勘探程度的加深，未来我国天然气的勘探难度会越来越大，地震技术也将面临更大的挑战，主要体现在：目的层深度越来越大，地表条件复杂（沙漠、山地、黄土塬、盐沼、海洋等），地下构造复杂，储层横向变化快等。地震资料采集也必须重点针对复杂地表、地下地质条件展开攻关，地震资料处理要满足复杂地表、地下地质条件的构造成像要求，还要积极开展保幅处理技术研究，以满足储层预测和烃类检测的需求。烃类检测一直是我国天然气地震勘探的薄弱环节，几个大气田在勘探过程中地震技术滞后，缺乏超前积累的烃类检测技术是重要原因，而使用常规的储层预测技术来检测气层

显然是不能满足生产的需求。

要实现天然气工业的快速、稳定发展，必须要在地震技术上有积极的储备，开展针对性的配套技术攻关和准备。

第二节 理论模型及技术发展现状

一、理论模型研究现状

实际地震勘探所面对的地下介质通常要复杂得多，现有的认知水平、数学方法、物理模型、力学理论都很难给予恰当的描述。大量公布的成果往往是基于均匀介质假设，Biot（1956a，1996b）理论、Gassmann（1951）方程等一直是重要基石。涉及复杂的非均匀介质，目前的研究还主要停留在岩石基质本身的各向异性问题及其对波传播的影响，流体问题涉及很少（Mükerji and Mavko，1994）。

在速度与频率关系问题上，主要研究成果集中于流体饱和均匀介质，多数模型在解释高频衰减方面具有较好效果。如高频激发下软孔压缩可能出现的喷射流模型（或BISQ 模型）（Dvorkin et al.，1993；Parra，1997）目前接受程度最广。跨尺度预测研究具有较大挑战性，目前的研究还很不成熟，尤其是双孔介质模型。Berryman 和 Wang（1995）给出了一种描述流体流动的双孔隙模型，Pride 等（2004）建立了基于达西定律的频率域双孔方程，该方程是目前在跨尺度双孔介质模型中比较领先的成果，甚至可以描述部分饱和介质问题。

对于部分流体饱和介质的描述，White（1975）最先提出了球形孔隙斑块模型，Dutta 等对该模型进行了改进完善（Dutta and Sheriff，1979；Dutta and Ode，1979a，1979b）。该模型是目前描述非均匀饱和介质弹性参数特征应用最广泛的模型。非均匀饱和问题近年来受到越来越多的重视，实际介质的物性条件决定了其中的流体分布绝大多数更倾向于非均匀饱和，最新的微观成像技术也可以证明这一特点（Lebedev et al.，2009）。新近的进展包括孔隙和流体任意分布非均匀饱和模型（Müller and Gurevich，2004；Müller et al.，2008），以及双孔介质非均匀饱和模型（Chapman et al.，2002，2006）。

双孔甚至复杂多孔介质的非均匀流体饱和模型正引起广泛研究兴趣，并将成为今后流体介质地震波传播理论的重要发展方向。

二、烃类检测技术发展现状

地震技术是油气勘探最重要的技术之一，全球范围内，一些重大勘探发现几乎都离不开地震技术的贡献。现代油气勘探更是如此。地震勘探的终极目标是油气，如何通过地震技术直接查明地层中的油气一直是热门议题。

烃类检测概念诞生于 20 世纪 60 年代，经过近 50 年的发展，其理论和技术已取得全面进步。最早得到应用的是 20 世纪 60 年代的亮点技术，该技术在 70 年代被广泛应用，并发现了一系列气藏。通过气藏地震反射留下的低频阴影也可以寻找气藏，Balch

(1971) 最先开发了一种寻找这种低频阴影的彩色计算机图形方法，并由此导致了地震资料彩色显示技术的诞生。

20 世纪 60～70 年代，整体上还处于烃类检测的萌芽和初期发展阶段，大量目光依然仅仅停留于对剖面特征的分析上。进入 80 年代，烃类检测步入快速发展轨道，具有代表性的研究方向包括 AVO 技术、地震属性技术和纵横波联合勘探技术。

（一）AVO 技术

AVO 技术的诞生与亮点技术密切相关。继亮点之后，又出现了“暗点”和“平点”技术，用 AVO 理论解释暗点和平点的形成机制，不仅是对 AVO 现象的丰富和发展，对 AVO 分类也有重要价值。

AVO 技术的理论基础很早就已建立（Knott，1899；Zoepperitz，1919；Koefoed，1962；Costain et al.，1963；Tooley et al.，1965）。Ostrander（1984）的贡献在于将反射系数和振幅随炮检距的变化用于气藏识别。由于在地层分界面两侧声波的能量分配关系十分复杂，因而后来又有不少学者分别提出了近似表达式（Shuey，1985；Smith and Gidlow，1987；Fatti et al.，1994；Gray et al.，1999）。Connolly 等（1999）提出了“弹性波阻抗”和“广义弹性波阻”的概念，为推动 AVO 向定量化方向发展迈出了重要的一步。

AVO 代表了烃类检测技术发展的一个重要时代，如今的 AVO 研究范围已经大大超越了“振幅随炮检距变化”本身，不同弹性参数的组合派生出一系列的与流体有关的检测因子，如 Smith 和 Gidlow（1987）提出的纵横波反射系数流体检测因子，Goodway 等（1997）、Hilterman（2001）提出的 $\lambda\rho$、$\mu\rho$ 参数，称之为拉梅阻抗，Batzle 等（2001）提出的 K-μ 流体因子等。

（二）地震属性技术

地震属性的研究和使用始于 20 世纪 70 年代，主要是以振幅为基础的瞬时属性，用来直接指示油气。70 年代早期 Anstey 发现了含气砂岩波阻抗的异常变化，使用反射波振幅变化特征——“亮点”与“暗点”对含气砂岩储集体进行预测。80 年代，地震属性的数量迅速增加。种类繁多的地震属性至今还没有公认的统一分类，也很难建立一个完整的地震属性列表，很多学者基于不同的理解和原则对地震属性进行了归纳和总结。基本地震属性包括四类：时间、振幅、频率和衰减（Brown，1996），也有依据波动力学特性的更详细划分：振幅、波形、频率、衰减、相位、相关、能量、比率等（Chen and Sidney，1997）。与气藏有关的信息几乎蕴含在所有属性之中，振幅、频率和衰减是过去研究和使用比较广泛的属性。

随着数学、信息科学等领域新知识的引入和广泛应用，人们从地震数据中提取的地震属性越来越丰富。据估计，目前仅时间、振幅、频率、相位和吸收衰减等方面的地震属性就已多达 60 多种，加上几何方面、统计方面，以及综合和派生的属性，很难统计出确切的数目，并且新的属性还在不断涌现。大量地震属性的出现推动模式识别、多参数烃类检测技术的发展（Masuda，1990；Heggland et al.，1999；Meldahl et al.，

1999；Banchs and Jimenez，2002)，使用神经网络方法开展多属性分析识别气烟囱是比较成功的实例之一（Aminzadeh et al.，2002)。目前，属性反演与岩石物理、地震正演及测井分析相结合，成功进行储层特征的描述。

地震衰减是个相对古老的话题，但在实际地震资料中如何使用地震衰减来检测油气，目前仍存在较大争议。对于高孔隙度气藏，衰减最大的地方往往含气性很差，而在致密气藏中，大衰减量往往对应较高的含气饱和度。理论基础方面，应用较广泛的包括孔隙弹性动力学理论（Biot，1956a，1956b)、局域流（或喷射流）理论（Jones，1986；Murphy et al.，1986)、流体摩擦与涨缩理论（Lichman et al.，2004)。尽管衰减的微观机制仍有待探索，但衰减技术用于气藏检测已被广泛接受，从地震数据中甚至可以提取衰减体（Rasmussen and Pedersen，2001)。

（三）纵横波联合勘探技术

早在1897年就已经证实了天然地震信号中横波的存在，地球物理勘探家也很早意识到联合纵横波资料可以获得更多的地质信息。20世纪30年代，苏联首先进行了横波勘探的研究和实践，美国也相继开展了相应的研究工作，其主要目的是试图利用横波传播速度低的特点，取得比纵波更高的分辨率。但由于其时发现分辨率提高非常有限，而无法真正用于生产。到60～70年代，多次覆盖、可控震源和数字地震技术等取得突破，同时在此期间发明了实用的横波震源，80年代初形成了纵波与横波联合勘探（即多波勘探）的热潮。到了90年代中期，源于北海的成功多分量地震采集，使横波勘探获得了较大发展。但与此同时，由于多波资料的采集与处理中存在很多问题不能解决，特别是AVO技术的发展和广泛应用，使得多波勘探技术并没有得到广泛应用。

利用横波可以获得分辨率较高的地震资料，识别小断层、小构造、尖灭及薄层等细小的地质现象，横波资料用于联合烃类检测，主要是利用横波不能在流体中传播的特性。传统的纵波勘探中，也同样包含了横波速度变化的地震响应。运用叠前资料提取横波信息，也是流体指示的重要手段之一。

多波勘探可以获得较多的岩性参数，有利于研究岩性变化，发现岩性油气藏；并且可以利用多波资料研究介质的方位各向异性，探测裂隙。目前多波地震勘探能够进入常规实际应用所解决的实际问题主要还是构造成像，对陆上油气藏而言，浅层、地表条件相对较好的地区进行纵、横波联合勘探，可以取得较好的效果。

第三节 难点与挑战

一、难点

（一）物性差是导致孔隙流体非均匀分布的主要因素

储层内孔隙流体的分布通常受两个关键因素的影响：浮力和毛细管力。二者时刻处于不稳定的动平衡状态，在油气向高部位聚集的过程中，浮力不断克服毛细管力。浮力的作用总是促使气泡的聚集由小变大，浮力会试图克服毛细管力而使低比重组分向上聚集。一个大的气泡在通过细小的喉道时，浮力会逐渐减小，最终只有气泡的一部分向上移动，剩余的部分又很快达到新的动平衡，如此循环往复。

天然气地震勘探中所要描述的气层实际上总是部分饱和的。地下孔隙介质几乎没有完全气饱和的情况出现，因为孔隙中总有一部分水是不可动的，这部分水附着于岩石颗粒的表面或封闭于某些连通性很差的孔隙空间。水饱和情况是常见的，对于沉积岩，在固结成岩之前孔隙中总是充满水。

气水的分异程度与气源充足度、孔隙压力、储集层的物性等有密切关系。对于大面积分布的中低丰度天然气藏，通常具有构造比较宽缓、气源不足、储层物性较差等特点。平缓构造背景下，只有储层连续性好才能形成气藏内的连续水柱高度，气藏压力也相应升高。若是连续性较差的陆相沉积储层，单一砂体或所谓的“甜点”延展范围有限，气藏不同部位的埋深相差仅有几米或十几米，个别可达几十米。

储层孔隙连通性较差，毛细管压力较大，天然气聚集并向上运移的难度加大。同时由于孔隙分布很不均匀，局部物性较好，而有些地方物性很差，无论在砂体规模（米级）还是样品尺度（厘米级），这种孔隙非均匀性都比较突出，即储层非均质性较强。

在地下实际地层中，储层最先被水占据，后来注入的天然气要驱替较大孔隙中的地层水需要的压力比驱替微小孔隙中的水所需压力要小得多。因而在致密砂岩中，天然气总是优先聚集于物性相对较好的部分，所谓的“甜点”，包含了物性较好和含气性较好两层含义。理想的均匀孔隙介质由球状颗粒堆积而成，孔隙度和渗透率均匀分布，无论饱和度的大小，所有孔隙均连通，气体在其中均匀分布。但考虑到重力和浮力的影响，在实际地下均匀介质中，气水很容易分异，呈现上气、下水分布格局。

从微观孔隙结构和孔隙流体分布特征可知，中低丰度气藏的重要特点之一是气水混合分布，气水没有明确的物理边界。放大到储集体规模，天然气聚集受控于物性非均匀性，存在含气饱和度相对较高的部位，但找不到明确的气藏边界。

从气藏开发的角度，达到工业气流所需的气藏压力、气层厚度和含气饱和度及单井控制的天然气储量等通常没有固定的标准。气藏是否具有经济开采价值，与开采工艺和收回投资所设定的周期有更大关系。所以中低丰度气藏的“边界”更多的是一种工艺界限和经济学定义，是可变的。中低丰度气藏地震评价的关键是描述气藏的形态及其流体的分布，包括气层的厚度、储层孔隙度及气藏的空间规模等，为气藏勘探和经济开发提供依据。

研究孔隙结构及其流体分布特征的重要意义在于分析其对地震波传播行为的影响及流体地震检测的可行性。

由 Biot 及喷射流理论，在地震波传播过程中引起的孔隙压力差在一个波长传播周期内能够快速达到平衡，孔隙流体引起的速度变化会在地震上引起响应。均匀介质无论在高频（如超声波）还是低频（如地震）条件下，孔隙压力均较容易得到平衡，所以 Gassmann 方程描述的零频率（无限波长）岩石模量与物性关系能较好地适用于地震频带的高孔渗介质。低渗透储层由于孔隙连通差，渗透率低，在超声波激发下孔隙压力几乎无法完成瞬间平衡，孔隙流体处于非松弛状态，在波传播过程中仅反映了流体和骨架的综合性质，因此速度偏高。在低频条件下，允许压力平衡的时间变长，部分连通性较好的孔隙能够达到压力平衡，但大多数孔隙压力处于非松弛状态，地震波记录的仅是部分压力均衡的岩石速度。理论上讲，Gassmann 方程描述的无限波长条件下的低渗透岩石压力也能够达到均衡，但地震条件下观测到的现象离 Gassmann 方程仍有较大距离。

（二）气层与围岩岩石物理特征接近，地球物理识别难度大

测井资料分辨率高、测试项目多，可从声、电、放射性等不同角度分析目标层。声波测井所使用的频率为 10kHz，与地震频带和超声波所获得的速度经常存在频散效应。另外，钻孔观测到的是被揭开的地层，由于局部压力、井眼条件及地层污染等会造成测井数据的失真，尤其是气层的岩石物理特征受观测条件影响较大，利用测井资料进行气层识别时更需谨慎。

如果仅仅是气层被更致密的砂岩包围，即使含气性比较差也可以识别。但实际地层中围岩的构成也比较复杂。从各种岩性层段提取样本，由测井 GR 参数与纵波阻抗 AI 的交会图可以发现（图 5.1），气层在测井上的测量值通常介于不同岩性之间，要识别气层，首先要从不同岩性中识别出砂岩，再从砂岩中区分出含气层，这就必然导致气层识别的多解性。

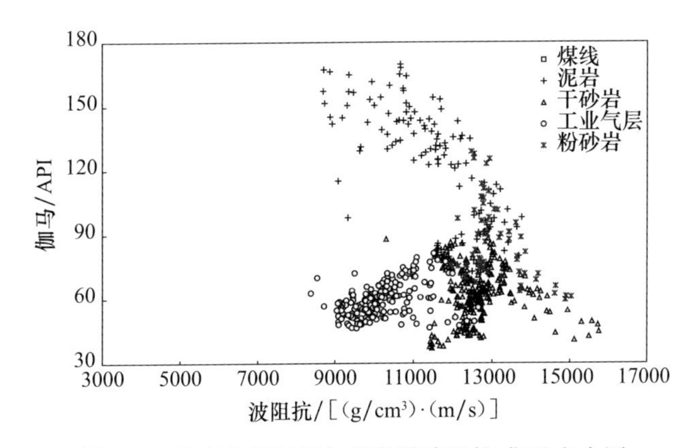

图 5.1 致密砂岩气层与围岩纵波阻抗-伽马交会图

地震方法识别气层最主要依据的是气层的可压缩性（如体积模量、纵波速度等），气层的此类性质与泥岩接近且在空间上非常接近时（紧邻的围岩），如果没有足够的厚度提高其可分辨性，要准确预测气层非常困难。厚度越小、岩性组合越复杂，低饱和度气层可被识别的潜力越小。

但是，测井难以识别的气层未必地震也不能识别。由于纵波速度随频率变化，在地震频带观测的气层速度要明显低于测井。若暂不考虑分辨率（或厚度）的影响，只讨论气层的岩石物理性质可区分性，地震频带可能具有更大的发挥空间。测井资料由于分辨率较高，得到的岩石物理参数更倾向于岩石本身的岩石物理性质。而地震资料则反映了包含气层在内的一套岩石的综合响应，如果气层厚度很小，甚至小于 1/8 波长，那么气层的响应则会被“抹平”而难以探测。再考虑到地震资料的信噪比问题，探测难度会更大。

二、挑战

中低丰度气藏具有很大的隐蔽性，从岩性区分、储层物性和含气性三个层面均有很大挑战性。与常规气藏地震勘探不同的是，作者面对的是一个气水混杂，到处有气和水的局面，只是在众多地质因素作用下，有些地方含气饱和度高一些，有些地方低一些。地震工作的目标正是在大面积分布的中低丰度含气区中优选那些含气性相对较好的目标，以满足经济开采的需求。因此，识别中低丰度气藏的关键是预测储层的含气饱和度，而不是试图去厘定明确的气藏边界。什么样的气藏符合经济开采要求，往往与所采用的开采方式和工艺水平有关，因此对饱和度的下限要求也不一样，从开发角度，中低丰度气藏的“边界”是浮动的。

当然，对中低丰度气藏而言，气层的厚度和孔隙度也是非常重要的参数，二者决定了单井控制的储量规模，厚度、孔隙度与含气饱和度都是影响地震响应的重要因素，彼此关联。在目前地震勘探水平下，要想完全理清不同因素的影响程度非常困难。这里面包括了对中低丰度气藏基本地质、地球物理特征的理解和描述、对薄层影响的分析、基本岩石物理特征研究、理论模型、孔隙度预测、含气性检测及饱和度预测等一系列理论和技术问题。

在物性差的储层中，非均质性通常也非常强，孔隙空间分布不均、连通性差，从而导致孔隙流体分布的空间多变。本质上讲，决定流体分布的主要因素依然是浮力（或构造高差）和孔隙发育特征。由于孔隙结构复杂性增加，现有基于均匀介质假设的理论模型无法正确解释致密储层中的流体与骨架相互作用、力学机制和波传播行为，从而给气藏地震描述留下难题。在低孔渗气藏中寻找具有商业价值的钻探目标，关键是寻找“甜点”，既要物性相对发育、也要含气性更好的储层。要解决上述问题，必须从理论模型和针对性技术两个角度入手，揭示低孔渗储层中的地震波传播规律及含气性变化引起的岩石性质变化，探索对物性和含气性变化更加敏感的参数和更可靠的预测方法，而要预测较致密储层的含气性变化则是一个全新的具有挑战性的课题。

参考文献

Aminzadeh F, Connolly D, Heggland R, et al. 2002. Geohazard detection and other applications of chimney cubes. The Leading Edge, 21 (7): 681-685.

Balch A H. 1971. Color sonograms: A new dimension in seismic data interpretation. Geophysics, 36 (6): 1074-1098.

Banchs R E, Jimenez J R. 2002. Content addressable memories for seismic attribute pattern recognition//64th EAGE Conference and Exhibition, Florence.

Batzle M, Han D, Hofmann R. 2001. Optimal hydrocarbon indicators. SEG Expanded Abstracts, 20 (1): 1697-1700.

Berryman J G, Wang H F. 1995. The elastic coefficients of double-porosity models for fluid transport in jointed rock. Journal of Geophysical Research, 100 (B12): 24611-24627.

Biot M A. 1956a. Theory of propagation of elastic waves in a fluid-saturated porous solid: Ⅰ Low-frequency range. Journal of the Acoustical Society of America, 28 (2): 168-178.

Biot M A. 1956b. Theory of propagation of elastic waves in a fluid-saturated porous solid: Ⅱ Higher frequency range. Journal of the Acoustical Society of America, 28 (2): 179-191.

Brown A R. 1996. Seismic attributes and their classification. The Leading Edge, 15 (10): 1090.

Chapman M, Zatsepin S V, Crampin S. 2002. Derivation of a microstructural poroelastic model. Geophysical Journal International, 151 (2): 427-451.

Chapman M, Liu E, Li X Y. 2006. The influence of fluid-sensitive dispersion and attenuation on AVO analysis. Geophysical Journal International, 167 (1): 89-105.

Chen Q, Sidney S. 1997. Seismic attribute technology for reservoir forecasting and monitoring. The Leading Edge, 16 (5): 445-456.

Connolly P. 1999. Elastic impedance. The Leading Edge. 18 (4): 438-453.

Costain J K, Cook K L, Algermissen S T. 1963. Amplitude, energy and phase angles of plane SV waves and their application to earth crustal studies. Bulletin of the Seismological Society of America, 53 (5): 1039-1074.

Dutta N C, Odé H. 1979a. Attenuation and dispersion of compressional waves in fluid-filled porous rocks with partial gas saturation (White model)-Part Ⅰ: Biot theory. Geophysics, 44 (11): 1777-1788.

Dutta N C, Odé H. 1979b. Attenuation and dispersion of compressional waves in fluid filled porous rocks with partial gas saturation (White model)-Part Ⅱ: Results. Geophysics, 44 (11): 1789-1805.

Dutta N C, Sheriff A J. 1979. On White's model of attenuation in rocks with partial saturation. Geophysics, 44 (11): 1806-1812.

Dvorkin J, Mavko G, Nur A. 1993. Squirt flow in fully saturated rocks. SEG Expanded Abstracts, 12 (1): 805-808.

Fatti J L, Smith G C, Vail P J, et al. 1994. Detection of gas in sandstone reservoirs using AVO analysis: A 3-D seismic case history using the Geostack technique. Geophysics, 59 (4): 1362-1376.

Gassmann F. 1951. Uber die elastizitat poroser medien. Vier Der Natur Gesellschaft, 96: 1-23.

Goodway W, Chen T, Downton J. 1997. Improved AVO fluid detection and lithology discrimination using lame petrophysical parameters. SEG Expanded Abstracts, 16 (1): 183-186.

Gray F, Chen T, Goodway W. 1999. Bridging the gap: Using AVO to detect changes in fundamental elastic constants. SEG Expanded Abstracts, 18 (1): 852-855.

Heggland R, Meldahl P, Bert B, et al. 1999. The chimney cube, an example of semiautomated detection of seismic objects by directive attributes and neural networks, Part Ⅱ: Interpretation. SEG Expanded Abstracts, 18 (1): 935-937.

Hilterman F J. 2001. Seismic Amplitude Interpretation. Tulsa: Society of Exploration Geophysicists.

Jones T. 1986. Pore fluids and frequency-dependant wave propagation in rocks. Geophysics, 51 (10): 1939-1953.

Knott C G. 1899. Reflexion and refraction of elastic waves with seismological applications. Philosophical Magazine and Journal of Science, 48 (290): 64-97.

Koefoed O. 1962. Reflection and transmission coefficients for plane longitudinal incident waves. Geophysical Prospecting, 10 (3): 304-351.

Lebedev M, Toms-Stewart J, Clennell B, et al. 2009. Direct laboratory observation of patchy saturation and its effects on ultrasonic velocities. The Leading Edge, 28 (1): 24-27.

Lichman E, Peters S W, Squyres D H. 2004. Wavelet energy absorption-1: Direct hydrocarbon detection by wavelet energy absorption. Oli & Gas Journal, 102 (2): 34-40.

Masuda R M. 1990. Pattern recognition of AVO and amplitude anomalies in exploration seismology. SEG Expanded Abstracts, 9 (1): 1539-1540.

Meldahl P, Heggland R, Bril B, et al. 1999. The chimney cube, an example of semi-automated detection of seismic objects by directive attributes and neural networks, Part Ⅰ: Methodology. SEG Expanded Abstracts: 18 (1): 931-934.

Murphy W F, Winkler K W, Kleinberg R L. 1986. Acoustic relaxation in sedimentary rocks dependence on grain contacts and fluid saturation. Geophysics, 51 (3): 757-766.

Mükerji T, Mavko G. 1994. Pore fluid effects on seismic velocity in anisotropic rocks. Geophysics, 59 (2): 233-244.

Müller T M, Gurevich B. 2004. One-dimensional random patchy saturation model for velocity and attenuation in porous rocks. Geophysics, 69 (5): 1166-1172.

Müller T M, Toms-Stewart, Wenzlau F. 2008. Velocity-saturation relation for partially saturated rocks with fractal pore fluid distribution. Geophysical Research Letters, 35 (9): L09306 (1-4).

Ostrander W J. 1984. Plane wave reflection coefficients for gas sands at nonnormal angles of incidence. Geophysics, 49 (10): 1637-1648.

Parra J O. 1997. The transversely isotropic poroelastic wave equation including the Biot and the squirt mechanisms: Theory and application. Geophysics, 62 (1): 309-318.

Pride S R, Berryman J G, Harris J M. 2004. Seismic attenuation due to wave-induced flow. Journal of Geophysical Research, 109 (B1): B01201.

Rasmussen K B, Pedersen J M. 2001. The lithology cube and attenuation cube for gas detection// 63rd EAGE Conference and Exhibition, Amsterdam.

Shuey R T. 1985. A simplification of the Zoeppritz equations. Geophysics, 50 (4): 609-614.

Smith G C, Gidlow P M. 1987. Weighted stacking for rock property estimation and detection of gas. Geophysical Prospecting, 35 (9): 993-1014.

Tooley R D, Spencer T W, Sagoci H F. 1965. Reflection and transmission of plane compressional waves. Geophysics, 30 (4): 552-570.

White J E. 1975. Computed seismic with partial gas speeds and attenuation in rocks saturation. Geophysics, 40 (2): 224-232.

Zoeppritz K. 1919. On the reflection and penetration of seismic waves through unstable layers. Göttinger Nachrichten, 1 (7B): 66-84.

第六章 天然气藏地震有效识别理论基础

第一节 地震衰减理论

一、叠前衰减

Bourbié（1982）在其博士论文中指出，黏弹性介质中的地震衰减有两个主要表现：一是脉冲信号穿过衰减介质时的频率组成和振幅变化；二是反射系数随频率变化。前者在很多研究中被视作地震衰减的主要响应，即吸收衰减，后者却很少被研究者注意。如果不涉及品质因子很低的特殊地层，通常可以只考虑吸收衰减。而当遇到品质因子非常低的气层时，不仅要考虑吸收衰减效应，还要考虑与吸收衰减相关的其他效应。正如 Sheriff 和 Geldhart《地震勘探原理》中所指出的，吸收和频散之间符合因果关系，二者是不可分割的。

（一）吸收衰减机理

岩石中传播的纵波和横波的衰减强烈地依赖于物理状态和饱和条件。总的来说，在物质的物理状态发生改变时，衰减比地震速度变化大，因此利用地震技术推断饱和条件和孔隙流体时，岩石的黏弹性性质是对弹性的补充，但是衰减的实验确定比测定速度更为困难。

实验室中已经有不同的技术在很宽的频率范围内测定品质因子 Q。这些测定表明衰减系数总体上与频率成正比（即品质因子 Q 与频率无关），衰减与岩性、孔隙流体饱和度和频率有关。岩石形成衰减的机理解释主要有两种：一是骨架黏弹性引起的摩擦衰减；二是由孔隙内饱和流体的黏滞性及流体流动引起的衰减。

对衰减机理的研究通常考虑下列几种因素。

（1）频率的依赖性。实验室测定表明在很宽的频率（$10^{-2}\sim10^{7}$ Hz）范围内 Q 与频率无关（α 与频率呈正比），特别是对于干燥岩石来说，情况更是如此。但是在液体中，Q^{-1} 与频率呈正比，所以在高孔隙和高渗透率的岩石中，Q^{-1} 可以包含一个频率依赖成分，这一成分在地震频率内可以忽略，甚至在松散的海洋沉积中（Hamilton，1972），也可以不考虑。

（2）应变振幅。对于像与地震波相连接的低应变来说，衰减可以认为是与应变的振幅无关。

（3）流体饱和。饱和岩石的衰减比干燥岩石的衰减高，并且依赖于饱和度、流体类型和频率，关系比较复杂。对于含有低黏度流体（如水和油）的完全饱和岩石，在超声频带一般有 $Q_P\geqslant Q_S$。

（4）压力和应力的依赖性。衰减随围压的增大而降低，通常认为这是由于岩石基质中的裂隙封闭引起。

（5）温度依赖性。衰减一般来说与温度无关。

（二）骨架黏弹性引起的摩擦衰减

摩擦衰减主要考虑岩石中裂隙的影响。岩石中的微裂隙可显著地影响衰减，这可以从 Q 随围压的增加而增大的现象中推断到，因为围压增大时裂隙闭合。微裂隙对衰减的作用是由于颗粒边界即裂隙表面间的摩擦滑动。

当岩石承受静水压力如上覆岩石压力时，其弹性和黏弹性性质会发生改变。众所周知，弹性性质在压力下发生改变。引起速度变化最重要的因素是孔隙度随压力的变化，特别是薄的裂隙的闭合。衰减随着压力的增加而降低，这是由于压差增大（围压与孔隙流体压力之差），减少了由摩擦造成衰减的裂隙个数，而摩擦损失取决于裂隙个数。衰减随着压力的增加降低，最后达到一个限值，这个限值称之为内在复合黏弹性。

地震波在岩石骨架中的衰减可以归结为两个因素：①骨架矿物内在的黏弹性；②颗粒边界处和穿过裂隙表面的相对运动。矿物内在的黏弹性通常较小，单个晶体的 Q 值通常高达几千，而在整个岩石中的 Q 值正常小于几百。因此考虑骨架衰减时，忽略矿物的内在衰减而只考虑穿过颗粒表面和薄的裂隙的衰减是合理的。

摩擦损耗的重要性在于 Q 通常是与频率无关的，它由摩擦机理所预测。但是穿过裂隙表面的摩擦没有考虑基质的黏弹性。正如 Wash（1966）指出的，当施加在岩石上的围压足够高到所有的裂隙都闭合时，岩石依然存在非零的衰减。因此除了裂隙表面的损耗外，必须考虑到复合矿物内在的黏弹性。

颗粒边界和裂隙损耗的精确机理还不能描述，但两边的相对运动产生的摩擦损耗可能是主要因素。确定颗粒边界和骨架黏弹性的衰减比较困难，因为这需要知道裂隙和颗粒边界的性质。Wash（1966）把裂隙近似为椭圆，假设裂隙的走向随机分布，推导出纵波的品质因子公式：

$$Q_P^{-1}=\frac{E^*}{E}\frac{(1-\sigma^*)}{(1-2\sigma^{*2})}\frac{l^3N}{V_0}F(\kappa,\sigma^*) \tag{6.1}$$

式中，E^* 和 E 分别为等效杨氏模量和基质杨氏模量；N 为体积 V_0 内长度为 l 的裂隙个数；κ 为摩擦系数；σ^* 为等效泊松比；函数 $F(\kappa,\sigma^*)$ 与垂直于裂隙平面的法线方向和波传播方向的角度有关。

横波的品质因子具有与纵波相似的公式（Johnston et al.，1979）

$$Q_S^{-1}=\frac{E^*}{E}\frac{(1-\sigma^*)}{(1+\sigma^*)}\frac{l^3N}{V_0}F(\kappa) \tag{6.2}$$

式中，$F(\kappa)$ 是摩擦系数的函数。

（三）由饱和流体的黏滞性及流体流动引起的衰减

实验表明，孔隙流体对岩石的衰减具有强烈的影响，甚至在很低的应变振幅时，影响也很显著。Nur 和 Simmons（1970）及 Nur 和 Byerlee（1971）建立了花岗岩、灰岩的速度和衰减作为孔隙流体黏滞性的函数，变化超过几个数量级。Toksöz 等（1979）首次对干燥和盐水饱和砂岩的纵波和横波衰减进行了测定，相比于干燥岩石，完全饱和砂岩的纵波衰减轻微增大，而横波衰减显著增大。Johnston 等（1979）分析这些数据时认为在含水和干燥岩石中摩擦滑动是主要的衰减机理，这一结论由 Toksöz 等（1979）用非常大的应变振幅的脉冲所做的实验证实。Spencer（1981）在此基础上对部分饱和岩石的衰减进行了测定，并根据流体流动机理对数据结果重新解释。在部分饱和岩石中，纵波具有显著的衰减，而横波的衰减量要小一些。

通常岩石孔隙中含流体时，衰减量比干燥岩石的要大，对这一现象的解释有许多机理：颗粒边界摩擦的潮湿效应、宏观流体流动、裂隙间的喷流、裂隙间的流动、热弹性效应及黏滞的切变松弛。

饱和的程度和饱和液的类型主要由黏滞性来描述，其在衰减中起着重要的作用。水饱和度函数的衰减性质对所有岩石来说是相似的。Q 在低饱和度时快速降低，推测是进入到细裂隙中的水的潮湿影响，其可能与颗粒间的物质相互作用，使岩石软化。对于 P 波和 S 波来说，压力的影响减弱了饱和度的影响。流体类型的影响即黏滞性已经有很多学者讨论过（Wyllie et al.，1962；Nur and Simmons，1969）。衰减对流体黏滞性的影响复杂，流体的黏滞性大反而使得流体对衰减的贡献小，这是由于流体的黏滞性越大，会降低有效渗透率。

Johnston 等（1979）给出了饱和或部分饱和时的几种流体衰减机理（图 6.1）。由应力（地震）波驱动的孔隙间流体流动可以引起衰减，这些流动机理不外乎两种：惯性流动（Biot，1956a，1956b），在超声频率很重要；喷射流动（Mavko and Nur，1975；O′Connell and Budiansky，1977），在低频更突出。

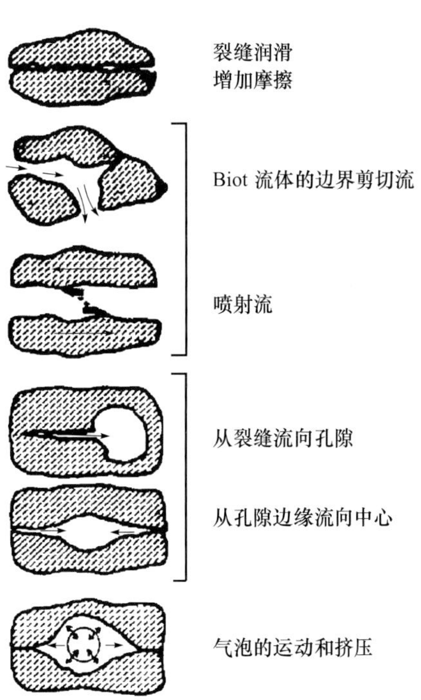

图 6.1　常见的几种流体衰减机理
（据 Johnston et al.，1979）

Biot（1956a，1956b）建立了流体饱和介质中波传播理论。当岩石基质由声波加速时，在孔隙流体内部产生切变应力，这些应力离开孔隙壁时随黏滞表层厚度呈指数降低，黏滞表层厚度随频率增加而减少。在低频端表层厚度远大于孔隙直径，切变应力小，黏滞能量传播微弱。在高频端表层厚度很小，在孔壁附近很小的体积内产生很大的切变应力，能量传播小。但是在中频段，黏滞表层厚度与孔隙大小相当，整个孔隙体内存在中等的切变应力，最大的能量传播出现。

当地震波在高孔、高渗岩石中传播时，岩石基质和饱和流体间的相对运动发生。Biot（1956a，1956b）推导出在各向同性固体中传播的声波与孔隙相互作用的理论，这个理论可用来计算速度和衰减。Biot 理论预测三种类型体波的存在：两个伸缩波和一个切变波。两个伸缩波的衰减计算公式为

$$\begin{vmatrix} Hk^2-\rho\omega^2 & \rho'\omega^2-Ck^2 \\ Ck^2-\rho'\omega^2 & m\omega^2-Mk^2-\dfrac{\mathrm{i}\omega F\eta}{\chi} \end{vmatrix}=0 \tag{6.3}$$

式中，ω 为角频；k 为波数；$m=a'\rho'/\phi$（$a'>1$），ϕ 为孔隙度；H、C、M 分别为骨架、基质和流体模量的函数；F 为复值的高频校正因子；η 为流体黏滞性；χ 为渗透率；ρ 和 ρ'分别为基质和流体密度。

Biot 机理假设孔隙中的流体由于黏滞性和惯性耦合与固体一起摆动。喷流机理则假设流体由于经过地震波使其从薄裂隙中挤压到大的孔隙中而形成的衰减，它在超声频带不重要，但在声波和地震频率范围内却是重要的。Toksöz 等（1976）的弹性模型在处理该机理时特别有用。喷流机理通过复模量计算衰减，令复体积模量和剪切模量表达成

$$K=K_{\mathrm{R}}+\mathrm{j}K_{\mathrm{I}} \tag{6.4}$$

和

$$\mu=\mu_{\mathrm{R}}+\mathrm{j}\mu_{\mathrm{I}} \tag{6.5}$$

式中，K_{R} 和 K_{I} 分别为体积模量的实部和虚部；μ_{R} 和 μ_{I} 分别为剪切模量的实部和虚部。

如果衰减较小，那么可以得到速度和衰减系数公式。

对于纵波

$$V_{\mathrm{P}}=\left(\frac{k_{\mathrm{R}}+4/3\mu_{\mathrm{R}}}{\rho}\right)^{1/2} \tag{6.6}$$

$$Q_{\mathrm{P}}^{-1}=\frac{k_{\mathrm{I}}+4/3\mu_{\mathrm{I}}}{k_{\mathrm{R}}+4/3\mu_{\mathrm{R}}} \tag{6.7}$$

对于横波

$$V_{\mathrm{S}}=\left(\frac{\mu_{\mathrm{R}}}{\rho}\right)^{1/2} \tag{6.8}$$

$$Q_{\mathrm{S}}^{-1}=\frac{\mu_{\mathrm{I}}}{\mu_{\mathrm{R}}} \tag{6.9}$$

式中，V_{P} 和 V_{S} 分别为纵波和横波的速度；Q_{P}^{-1} 和 Q_{S}^{-1} 分别为纵波和横波的逆品质因子。

弹性模量 K 和 μ 的计算比较复杂，Dvokin 等（1995）给出一个详细的计算步骤。

二、反射系数频散

地震波通过岩石的距离与地震波长密切相关，不同频率的地震波在岩石中的传播速度不同。Ricker（1953）、Wuenschel（1965）、Tullos 和 Reid（1969）等通过实验证明，在应变大于 10^{-6}的强震条件下，吸收是衰减的主要方式，但在地震勘探领域，岩石应变振幅小于 10^{-6}，频散也是地震衰减的一种重要的表现形式。Winkler 和 Nur（1982）指出，在地震勘探过程中，应变振幅小于 10^{-6}，地层的应变线性连续变化，其衰减是由地层品质因子而不仅仅是由吸收引起的。Kolsky（1956）和 Kjartansson（1979）就两者对地震波能量的影响研究后发现，此时地层中几乎不存在吸收现象，反射系数随频率变化使地震波传播的过程中能量发生衰减。尽管对吸收引起的衰减量尚有不同的看法，但反射系数频散现象是一个值得深入研究的课题。

反射系数随频率的变化规律主要基于速度频散和地层界面处的地震波的能量分配。

速度频散经常被用于地震衰减的解释，它与岩石的品质因子和频率有关，品质因子越小，速度频散越严重。Futterman（1962）最早发表了速度频散公式，Kjartannson（1979）、Strick（1970）等先后对速度频散现象做过理论方面的分析。

导致速度频散的另一个重要原因是岩石的非均质性，它是内在衰减的重要原因之一（Tang，1992；Hennah et al.，2003），目前速度频散现象已经为大量实验室测试和VSP资料所证实。由图6.2结果可以发现，纵波速度对频率变化很敏感。纵波速度频散特征与孔隙的开放程度有关，开放的孔隙空间由于岩石中的流体可以自由进出，速度随频率的变化存在跳跃现象[图6.2（a）]，而在封闭或部分封闭条件下，速度变化具有连续渐变特点[图6.2（b）]。但在高频（测井和超声波）条件下的岩石纵波速度与低频速度之间仍有较大区别，变化最快的频率区间与常规地震勘探的频率区间基本吻合。这一现象表明，利用常规地震勘探资料研究油气藏，不能忽略速度频散的影响，该影响也包括了纵波反射系数随频率的变化。

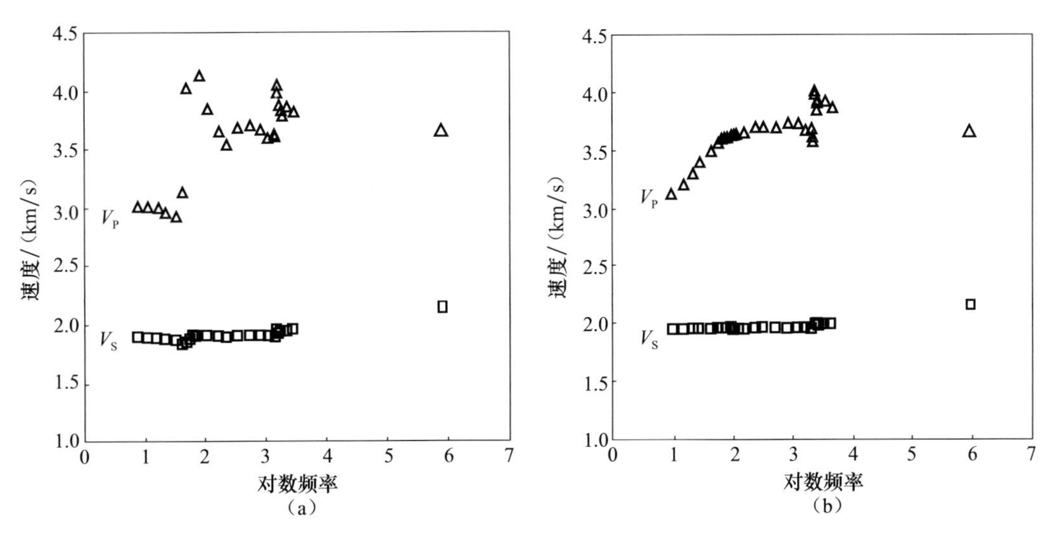

图6.2 速度频散实验测试结果（据Batzle et al.，2003）

（a）阀门打开；（b）阀门部分关闭

地层界面两侧的能量分配法则，最早追溯到Knott（1898）的研究，现在应用最多的是Zoeppritz（1919）方程。Tooley等（1965）解出了Zoeppritz方程的显式表达，但形式非常复杂，应用不太方便。Aki和Richards（1980）、Shuey（1985）等又分别提出了简化表达式，上述工作为后来的弹性介质AVO理论和技术的发展奠定了基础。

1982年，Bourbié在其博士论文中推导了垂直入射时反射系数频散的理论表达式（6.10）：

$$R=\frac{\rho_1 V_1-\rho_2 V_2}{\rho_1 V_1+\rho_2 V_2}+\frac{1}{2\pi}\left(\frac{1}{Q_1}-\frac{1}{Q_2}\right)\ln\left|\frac{f}{f_0}\right|+\mathrm{i}\,\frac{1}{4}\left|\frac{1}{Q_1}-\frac{1}{Q_2}\right| \tag{6.10}$$

式中，ρ、V、Q分别表示地层密度、纵波速度和品质因子，其下标1表示上地层，下标2表示下地层；f为中心频率；f_0为参考频率。

垂直入射的表达式形式简单，但并未反映入射角变化及横波散射的影响，其应用受到很大限制。

（一）常 Q 模型与速度频散

Schmitt（1999）、Hatchell 等（1995）、Hornby 等（2003）及有关的文献中都已显示在测井曲线中提取的速度与地震数据中提取的速度存在差异。这表明由于岩性的影响，测井与地震的速度差异可达 3%～15%，大部分对此现象的解释是尺度效应，即测井及地震由于测试频段上存在差异造成的；另一种解释则是频散，即速度随频率或波长变化。实质上，地震波的传播速度是随地震波长（频率）变化的，即速度频散现象。关于速度频散的机理目前尚没有定论，比较流行的速度频散机理是孔隙弹性动力学（Biot，1956a，1956b）和局部流动（或喷流）理论（Jones，1986；Murphy et al.，1986）。Endres（1995）对这两种理论的频散作了模型分析对比，结果表明，速度频散的机理主要与孔隙形态有关。球状孔隙为主时，Biot 理论能解释大的速度频散，而裂缝型介质速度频散偏低。局部流动机制可以通过流体在低频压力松弛情况下，较好地解释裂隙型介质的速度频散现象。

目前，随着对速度频散机理研究的深入，一般认为速度频散机制取决于流体与岩石之间的相互作用，在低频段内有宏观渗流机制，高频段有局部渗流、Biot（1956a，1956b）机制等。相对于这些机制，也对应有多种模型进行机制的模拟，其中低频频段模型有 Wood 方程、Gassmann 方程及 Patchy 模型等（Gassmann，1951；Wood，1955；Brown and Korringa，1975；White，1975；Dutta and Odé，1979a，1979b；Knight and Dvorkin，1998；Mavko and Mukerji，1998）；频散模型有 Biot（1956a，1956b）惯性模型、O′Connell 和 Budiansky（1977）的裂缝模型、Mavko 和 Nur（1978）的喷射流模型。Dvorkin 等（1993）还推导出一种计算中频段模量的模型。Batzle 等（1997）在实验中还发现流体的流动性改变会引起速度的变化。Mavko 和 Mukerji（1998）指出，Biot 的高频理论只有在特高孔、高渗条件下才适用；对于低黏度流体饱和的高孔隙度、高渗透率岩石，其频率为 10～200Hz 的地震数据趋近于 Gassmann 结果，对于高黏度流体饱和的低孔隙度、低渗透率岩石，其在地震频率的特征更接近测井或实验室测量数据（Wang，2001）。

本节提出的非均质双重孔隙理论模型显示，中观尺度非均匀性也是导致地震频段速度频散的主要原因之一，在部分饱和岩石中计算其品质因子低于 15。频散或衰减有多种单位及表达形式，最常用的是品质因子 Q 及其倒数 $1/Q$，关于 Q 有多种模型和衰减理论，Liu 等（1976）进行速度频散分析时所用的模型是非常 Q 模型（NCQ），即 Q 随频率变化，但其应用条件是 $Q>30$。Kjartansson（1979）提出了常 Q 模型（CQ），Q 不随频率变化，数学算法相对简单，简化的常 Q 理论也可以用于频率域内多种属性的分析，如复模量、相速度、衰减系数等。当 $Q>0$ 时，所有频率范围内的分析偏差都在有效范围内。

对于常 Q 模型和非常 Q 模型现在仍然存在很多分歧。常 Q 模型基于以下两个假设，即线性和偶然性，其中线性假设更为重要，但是在大多数文献中，该假设条件比 Q 随频率变化更有争议。事实上，当频率范围限制到地震频段时，地震波通过地下岩石所引起的应变小于 10^{-6}，由于吸收所引起的能量损失非常小，根据各种 NCQ 理论方法所得到的结果与根据CQ理论的计算结果的误差都在有效范围之内。而且NCQ的使用范围是$Q>30$，当Q很小时仍然适用CQ理论，这一理论在Bourbié（1982）的博士论文中已有论述。

对于任一地层界面，假设相邻上层Ⅰ的纵横波速度分别为V_P和V_S，密度为ρ，纵横波对应的地层品质因子分别为Q_P和Q_S；下层Ⅱ中相对应的参数分别为V'_P、V'_S、ρ'、Q'_P和Q'_S，则基于常Q假设，纵横波速度表达如下（Kjartansson，1979）：

$$V_P=V_P^{(0)}\left(i\frac{f}{f_0}\right)^{\gamma},\ V'_P=V_P'^{(0)}\left(i\frac{f}{f_0}\right)^{\gamma'},\ V_S=V_S^{(0)}\left(i\frac{f}{f_0}\right)^{\beta},$$
$$V'_S=V_S'^{(0)}\left(i\frac{f}{f_0}\right)^{\beta'} \tag{6.11}$$

式中，f为中心频率；f_0为参考频率；上角标（0）表示各参数的初始状态；其中，$\gamma=\frac{1}{\pi Q_P}$，$\beta=\frac{1}{\pi Q_S}$，$\gamma'=\frac{1}{\pi Q'_P}$，$\beta'=\frac{1}{\pi Q'_S}$。

（二）反射系数频散方程

从数学计算的角度，通过Zoeppritz方程和速度频散公式，就可以较准确地模拟反射系数随频率的变化，但计算结果无法分离出衰减介质对反射系数的影响。要比较衰减性质，只能设计不同的模型并比较其中的反射系数变化。本书从理论上推导反射系数随频率的变化，一是要研究不同入射角条件下反射系数受品质因子影响的规律；二是试图将弹性与黏弹性部分的反射系数加以分离，从而更直观地评价含气地层的反射系数特征，使其物理意义更加明确。正如前面所述，使用精确的Zoeppritz方程或Tooley（1965）等的理论解，由于表达十分复杂而很难推导，本书选择Aki和Richards（1980）的简化公式，速度频散公式用式（6.11），该公式从形式上更易于复杂形式的简化。

将式（6.11）代入Aki和Richards（1980）的简化公式，推导出反射系数频散公式：

$$R(\theta,Q,f)=R(\theta)+R(Q_P,f)\sec^2\theta+R(Q_P,Q_S,f)\sin^2\theta \tag{6.12}$$

式中

$$R(Q_P,f)=\frac{1}{2\pi}\left(\frac{1}{Q_P}-\frac{1}{Q'_P}\right)\ln\left(\frac{f}{f_0}\right)+i\frac{1}{4}\left(\frac{1}{Q_P}-\frac{1}{Q'_P}\right)$$

$$\begin{aligned}R(Q_P,Q_S,f)=&\left(\frac{1}{2}B-C\right)\left(\frac{f}{f_0}\right)^{\frac{2}{\pi}\left(\frac{1}{Q_S}-\frac{1}{Q_P}\right)}\cos\left(\frac{1}{Q_S}-\frac{1}{Q_P}\right)+\left(\frac{1}{2}B-C\right)\left(\frac{f}{f_0}\right)^{\frac{2}{\pi}\left(\frac{1}{Q_S}-\frac{1}{Q_P}\right)}\\&\times\cos\left(\frac{1}{Q'_S}-\frac{1}{Q'_P}\right)+(C-B)-\frac{4}{\pi}\frac{V_S^2}{V_P^2}\left(\frac{1}{Q_S}-\frac{1}{Q'_S}\right)\ln\left(\frac{f}{f_0}\right)\\&+i\left[\left(\frac{1}{2}B-C\right)\left(\frac{f}{f_0}\right)^{\frac{2}{\pi}\left(\frac{1}{Q_S}-\frac{1}{Q_P}\right)}\sin\left(\frac{1}{Q_S}-\frac{1}{Q_P}\right)+\left(\frac{1}{2}B-C\right)\left(\frac{f}{f_0}\right)^{\frac{2}{\pi}\left(\frac{1}{Q_S}-\frac{1}{Q_P}\right)}\right.\\&\left.\times\sin\left(\frac{1}{Q'_S}-\frac{1}{Q'_P}\right)-2D\right]\end{aligned}$$

其中，$A=\frac{1}{2}\left(\frac{\Delta V_P}{V_P}+\frac{\Delta\rho}{\rho}\right)$，$B=\frac{\Delta V_P}{2V_P}-4\frac{V_S^2}{V_P^2}\frac{\Delta V_S}{V_S}-2\frac{V_S^2}{V_P^2}\frac{\Delta\rho}{\rho}$，$C=\frac{1}{2}\frac{\Delta V_P}{V_P}$，$D=\frac{V_S^2}{V_P^2}$，$\frac{\Delta V_P}{V_P}=2\frac{V_{P(j)}-V_{P(j-1)}}{V_{P(j)}+V_{P(j-1)}}$，$\frac{V_S^2}{V_P^2}=\frac{1}{2}\left(\frac{V_{S(j)}^2}{V_{P(j)}^2}+\frac{V_{S(j-1)}^2}{V_{P(j-1)}^2}\right)$

反射系数频散理论公式是复数形式，$R(\theta)$项表示在参考频率（理论上的零频率，实际应用可取 1Hz）处的反射系数，与频率及品质因子无关，反映了地层的弹性特征；其他部分是地层黏弹性性质的体现，随频率及品质因子变化。

对式（6.12）中取 $\theta=0°$，即垂直入射，得到与式（6.10）相同的表达形式。

（三）模型分析

选取墨西哥湾的一个泥岩与含气砂岩互层的地层模型（Taner and Treitel，2003）来说明不同入射角条件下反射系数随频率的变化规律，模型中上、下两层为泥岩，中间为含气砂岩地层，界面两侧的地震参数如表 6.1 所示。

表 6.1 模型参数

岩性	$\rho/(g/cm^3)$	$V_P/(m/s)$	$V_S/(m/s)$	Q_P	Q_S
上层泥岩	2.25	2398	1091.6	60	35
含气砂岩	1.95	1701	1184.8	10	30
下层泥岩	2.21	2285.6	1020.3	70	35

含气砂岩顶界的反射系数计算结果如图 6.3 所示，反射系数频散引起地震振幅衰减，在较高频率范围，衰减增加。可以看出，随着入射角的增大，不同频率范围的反射系数频散也有所增加，特别是大入射角条件下，频散现象严重。新的反射系数频散方程将弹性和黏弹性反射系数分离，使频率、Q 及不同入射角引起的反射系数变化物理意义更加明确，有助于研究黏弹性介质中的 AVO 现象。

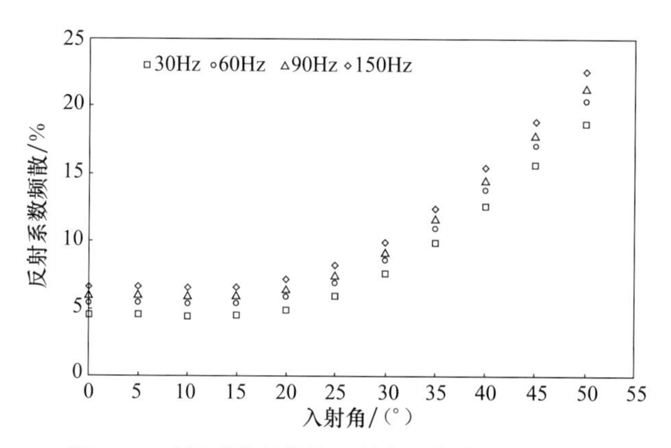

图 6.3 反射系数频散随入射角和频率的变化规律

三、小波尺度域地震波衰减分析

数字信号处理中的小波变换具有突出的时间和频率分辨率，称为“数学显微镜”。小波变换可分为连续小波变换、离散小波变换两大类。连续小波变换具有良好的局部化特性，非常适合对信号作分析。在连续小波变换中，仅要求小波函数满足允许条件即可，这为作者处理实际问题时选择小波函数提供了很大的自由度。连续小波变换中常用的小波函数有 Morlet 小波、Paul 小波和 Marr 小波等，根据要从信号中提取的信息不同，应恰当地选择或构造小波函数。连续小波变换可对地震信号进行时频分析，观察不同时刻的地震信号的频带信息，也可以结合 Hilbert 变换或利用复数域小波变换进行信号的瞬时特征分析（频率、相位、振幅等）。离散小波变换是对连续小波变换中的尺度因子和平移因子离散化。对尺度进行二进离散化，为二进小波变换，进一步取平移因子为 1 并对其二进离散化，则为二进正交小波变换。二进正交小波变换是无冗余变换，信号可精确重建，它可用于信噪分离、数据压缩等方面。小波变换在地震资料处理中已经得到广泛应用（Chakraboty and Okaya，1995；高静怀等，1996；高静怀和汪文秉，1997）。由小波变换计算的瞬时谱可直接用来进行碳氢检测（Castagna et al.，2003）。

地震信号可以看做由不同频率的小波组成，当信号在衰减介质中传播时，高频小波被吸收，信号的频率分布中心向低频方向移动。小波尺度域对应的是小尺度的小波被吸收，信号的能量向大尺度方向集中。当遇到气层时，这种吸收越强烈，信号能量向大尺度方向漂移得越厉害。信号能量向低频方向的漂移现象可以利用常规傅里叶分析观察到，但由于傅里叶分析的分辨率问题，难以描绘能量变化的细节。小波理论的引入使这一问题迎刃而解，因而，把小波变换引进到地震信号的衰减特征分析中，可以有效地提高对天然气层识别的精度和敏感性。利用小波理论对地震资料进行衰减特征分析，在国内外文献中还未见到。本书研究拟对这一方向进行理论原创性探讨和方法尝试，为储层描述提供新的属性参数，研发具有独立版权的特色技术。

（一）连续小波分析方法

实信号 $f(t)$对于解析小波 $\psi(t)$的连续小波变换为（Mallat，1998）

$$(W_{\psi}f)(a,b)=|a|^{-1/2}\int_{-\infty}^{+\infty}f(t)\overline{\psi\left(\frac{t-b}{a}\right)}\mathrm{d}t \tag{6.13}$$

式中，窗函数 $\psi(t)$称为母小波；参数 a、b 分别为尺度因子和平移因子；在每个尺度 a 下，母小波由因子 $1/a$ 伸缩且由 b 平移而生成小波系数$(W_{\psi}f)(a,b)$。

母小波 $\psi(t)$应当是绝对可积及平方可积，它满足允许条件：

$$C_{\psi}=\int_{-\infty}^{\infty}\frac{|\hat{\psi}(\omega)|^{2}}{|\omega|}\mathrm{d}\omega<+\infty \tag{6.14}$$

实际应用中可根据具体要求选取不同类型的小波，地震资料处理时，通常要研究信号的振幅谱和相位谱，这就需要选择复数型小波，Morlet 就是这一类型的小波：

$$\psi(t)=\pi^{-1/4}\mathrm{e}^{imt}\mathrm{e}^{-t^{2}/2} \tag{6.15}$$

式中，$m\geqslant5$。

为了使小波与地震子波的波形特征相接近，可对 Morlet 小波进行修正，得到修正后的 Morlet 小波（高静怀等，1996）

$$\psi_{m}(t)=\pi^{-1/4}\mathrm{e}^{imt}\mathrm{e}^{-(ct)^{2}/2} \tag{6.16}$$

式中，m 为调制频率；c 为调幅因子，它控制了小波函数的长度，参数的具体选择见高静怀等（1996）。

Morlet 小波和修正的 Morlet 小波具有一个共同的性质，用它们对信号 $f(t)$ 进行小波变换得到的小波系数的虚部就是其实部的 Hilbert 变换（高静怀和汪文秉，1997），这是一个非常重要的性质，运用它可直接来研究地震信号在不同尺度上的能量分布。

（二）基于尺度能量方程的衰减表征

1．能量衰减密度方程

地震波在一维黏弹性介质中传播时，假设品质因子 Q 为常数（即 Q 与频率无关），则其传播方程可写为（Aki and Richard，1980；Stainsby and Worthington，1985）

$$U(\omega,z)=U(\omega,0)\mathrm{e}^{\frac{\mathrm{i}\omega z}{c(\omega)}}\mathrm{e}^{\frac{-\omega z}{2Qc(\omega)}} \tag{6.17}$$

式中，$U(\omega,z)$ 为地震波传播距离 z 处的波场；$U(\omega,0)$ 为 0 时刻的震源波场；$c(\omega)$ 为相速度。

由传播方程知，地震波的衰减效应表现在两方面：一是振幅呈指数衰减；二是频散，即速度随频率发生变化，不同的频率成分以不同的速度（相速度）传播。波的能量以群速度方式传播（Sheriff and Geldart，1995），而群速度的定义就是波形的振幅包络的传播速度。因此研究地震波的能量衰减应考虑地震波的整个波形的能量变化，也就是研究波的振幅包络随时间的变化情况。Hilbert 变换为我们的研究提供了强有力的工具。

把式（6.17）代入到信号的能量密度公式：

$$E(\omega,z)=U(\omega,z)\overline{U(\omega,z)} \tag{6.18}$$

就得到能量衰减密度方程

$$E(\omega,z)=|U(\omega,0)|^2\mathrm{e}^{\frac{-|\omega|z}{Qc(\omega)}} \tag{6.19}$$

2．小波尺度域能量衰减方程

连续小波变换的频率域表达式为

$$(W_\psi f)(a,b)=\sqrt{a}F(\omega)\mathrm{e}^{\mathrm{i}b\omega}\overline{\psi(a\omega)} \tag{6.20}$$

同样，修正的 Morlet 小波的频率域表达式为

$$\psi_m(\omega)=\sqrt{2}\,\pi^{1/4}c^{-1}\mathrm{e}^{-(\omega-m)^2/(2c^2)} \tag{6.21}$$

对传播方程（6.18）进行连续小波变换，小波采用式（6.21）修正 Morlet 小波，从而得到小波尺度域的能量衰减密度方程：

$$E_\mathrm{a}(\omega,z)=2a\sqrt{\pi}c^{-2}|U(\omega,0)|^2\mathrm{e}^{\frac{-|\omega|z}{Qc(\omega)}}\mathrm{e}^{-(\omega a-m)^2/c^2} \tag{6.22}$$

式（6.22）对角频 ω 进行积分，假设震源子波为理想的脉冲源，即 $|U(\omega,0)|^2=1$，且忽略由频散效应引起的衰减，可以推导出小波尺度域能量衰减公式：

$$E_\mathrm{a}=c^{-1}\mathrm{e}^{\frac{-tm}{Qa}+\frac{t^2c^2}{4Q^2a^2}} \tag{6.23}$$

式中，t 为传播旅行时间。

由于品质因子 $Q\gg1$，选取合适的 c，使得 $c^2/(Q^2a^2)$ 足够小，忽略式（6.23）中的平方项，则简化成

$$E_\mathrm{a}=c^{-1}\mathrm{e}^{\frac{-tm}{Qa}} \tag{6.24}$$

由式（6.24）可知，在小波尺度域信号的能量与品质因子 Q 与尺度因子 a、传播时间 t 有关。Q 越大，能量衰减得越慢；Q 越小，能量衰减越严重。尺度越小，信号中保留的能量越少。因为小尺度对应信号的高频成分，大尺度对应信号的低频成分，衰减使得信

号的高频成分被吸收。传播时间越长，能量衰减得越厉害。当地震波在理想的无衰减介质（即 Q 趋近于 ∞）中传播时，信号在不同尺度内的能量相同。

3. 震源子波的影响

式（6.24）是在假设震源子波为理想脉冲源的情形下推导出来的，实际情况很难满足，通常是带通的平坦子波，如可控震源子波（Goupillaud，1976）。研究衰减不宜采用 Ricker 子波，因为 Ricker 子波是在大地吸收的基础上建立的，其表达式中已含有衰减项（Ricker，1940）。震源子波为带通子波时，因积分公式复杂，得不到显式解，但其频谱在带通范围内是平的，因而在带通范围内小波尺度域的能量性质与理想脉冲源情形是一样的。

图 6.4（a）是一单层模型产生的理论地震记录，$Q=100$。第 1 道是理想脉冲震源生成的地震记录，第 2 道是带通（5Hz，10～75Hz，85Hz）震源子波（Ormsby）生成的地震记录。图 6.4（b）是第 1 道的小波尺度域尺度能量剖面，图 6.4（c）是第 2 道的小波尺度域尺度能量剖面，小波参数 $m=100$ 及 $c=30$（下面的数值试验中，都采用同样的小波参数），尺度取值范围为 0.125～3.75，尺度呈比例增加，比例因子是 $2^{0.1}$，用了 50 个不同的尺度值，序列号 1～50 依次对应从小到大的尺度。图 6.4（d）是第 1 道在 $t=1500$ms 附近的尺度能量分布，在无衰减介质中，对于脉冲源来说，其反射信号的尺度能量在每个尺度都相同；在衰减介质中，其反射信号的尺度能量随尺度的减小呈指数降低。图 6.4（e）是第 2 道在 $t=1500$ms 附近的尺度能量分布，在无衰减介质中，对于带通的震源子波来说，其反射信号尺度能量在高、低尺度部分为零，中间尺度部分平坦，跟带通子波的频谱相似，亦呈一“带通”性质；在衰减介质中，其反射信号的尺度能量在某一尺度达到最大，从这一尺度起的“带通”范围内随尺度的减小反射信号的尺度能量呈指数降低。

（三）基于小波尺度谱图的衰减表征

1. 吸收和尺度谱图峰值的关系

考虑到地震波为平面波，地震波 $U(\omega,z)$ 在一维黏弹性介质中沿 z 轴的增加方向以角频 ω 传播时，假设品质因子 Q 为常数（即 Q 与频率无关），则其传播方程（Aki and Richards，1980；Stainsby and Worthington，1985）可写为

$$U(\omega,z)=U(\omega,0)\mathrm{e}^{\frac{\mathrm{i}\omega z}{c(\omega)}}\mathrm{e}^{\frac{-\omega z}{2Qc(\omega)}} \tag{6.25}$$

式中，z（$z>0$）为地震波传播距离；$U(\omega,0)$ 为 $z=0$ 时的震源波场；$c(\omega)$ 为相速度。

假设震源子波为单位脉冲，即 $|U(\omega,0)|=1$，且忽略由频散效应引起的衰减，对传播方程（6.25）进行连续小波变换，采用修正的 Morlet 小波，则地震信号的小波尺度谱图（又称为能量密度）（Mallat，1998）$G_{a,b}(t)$ 为

$$G_{a,b}(t)=\frac{a^{-1}}{\sqrt{\pi}}\mathrm{e}^{-\frac{mt}{Qa}+\frac{c^2t^2}{4Q^2a^2}-\frac{c^2(t-b)^2}{a^2}} \tag{6.26}$$

对小波参数 a 和 b 求导，并令其为零

$$\frac{\partial G_{a,b}(t)}{\partial a}=\frac{a^{-2}}{\sqrt{\pi}}\mathrm{e}^{-\frac{mt}{Qa}+\frac{c^2t^2}{4Q^2a^2}-\frac{c^2(t-b)^2}{a^2}}\left[-1+a\left(\frac{mt}{2Qa^2}-\frac{c^2t^2}{4Q^2a^3}+\frac{c^2(t-b)^2}{a^3}\right)\right]=0 \tag{6.27}$$

$$\frac{\partial G_{a,b}(t)}{\partial b}=\frac{a^{-2}}{\sqrt{\pi}}\mathrm{e}^{-\frac{mt}{Qa}+\frac{c^2t^2}{4Q^2a^2}-\frac{c^2(t-b)^2}{a^2}}\left[\frac{2c^2(t-b)}{a^2}\right]=0 \tag{6.28}$$

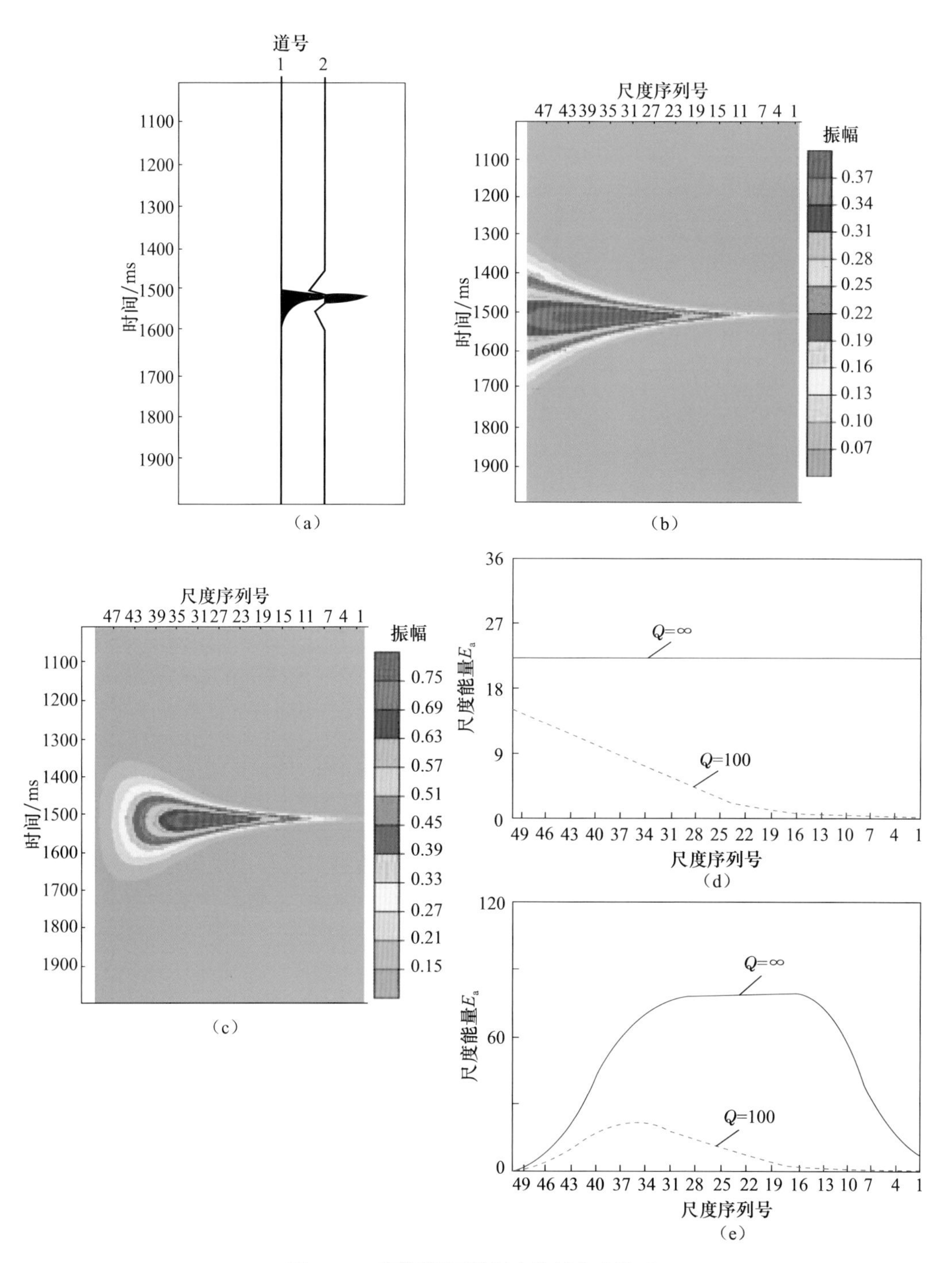

图 6.4 不同震源子波尺度能量公式性质

(a) 理论记录(1 为脉冲源,2 为带通子波);(b) 脉冲源的尺度能量剖面;(c) 带通子波的尺度能量剖面;(d) 脉冲源的尺度能量(t=1500ms);(e) 带通震源子波的尺度能量(t=1500ms)

得到

$$b=t \tag{6.29}$$

$$a=\frac{m\pm\sqrt{m^2-2c^2}}{2Q}t \tag{6.30}$$

式（6.30）的含负号根可以略去，因为品质因子 $Q\gg1$，选取适当的 c，使式（6.26）中含 Q 的平方项忽略，则有

$$a\approx\frac{mt}{Q} \tag{6.31}$$

由式（6.31）可知，峰值尺度与品质因子呈反比。

在震源子波为脉冲时可以从尺度谱图上拾取能量峰值对应的尺度值，由上面的公式再转换为品质因子。但震源子波通常是“带通”的，此时估计的品质因子存在误差。还可以由式（6.26）运用回归的方法估计品质因子，与运用尺度能量公式估计品质因子方法相同。

图 6.5 是三种不同地震信号的尺度谱图分析，图 6.5（a）是生成的地震记录信号，第 1 道是脉冲信号，相当于脉冲源在弹性介质（Q 趋近于∞）中传播 1000ms 后的地震记录，第 2 道是脉冲源在黏弹性介质 $Q=100$ 中传播 1000ms 后的地震记录，第 3 道是带通源 Ormsby 子波（$f=5$Hz，10～75Hz，85Hz）在黏弹性介质 $Q=100$ 中传播 1000ms 后的地震记录。

图 6.5（b）是由图 6.5（a）中第 1 道计算的尺度谱图，相当于修正的 Morlet 小波的尺度谱图，小波参数为 $m=100$，$c=30$（下面的数值试验中，都采用同样的小波参数），尺度取值范围为 $a=0.1$～5.97139，尺度成比例增加，比例因子是 $2^{0.1}$，用 60 个不同的尺度值，序列号 1～60 依次对应从小到大的尺度，序列号 I 与尺度 a 存在关系 $a=0.1\times2^{0.1\times(60-I)}$。在尺度 $a=0$ 时，尺度谱图在 $t=1000$ms 处有极大值，显然，此时的信号相当于在弹性介质中传播，品质因子 Q 趋近于∞，运用式（6.31）可计算得到 $a=0$。

图 6.5（c）是由图 6.5（a）中第 2 道计算的尺度谱图，图中峰值位于序列号为 27，对应的尺度值为 $a_{27}=0.984916$，运用式（6.31）估计的品质因子是 $Q_{27}=101.53$，与模型值接近。

图 6.5（d）是由图 6.5（a）中第 3 道计算的尺度谱图，图中峰值位于序列号 29 处，对应的尺度值为 $a_{29}=0.857$，运用式（6.31）估计的品质因子 $Q_{29}=116.6$，由于带通子波本身缺少低频信息，使得尺度谱图峰值向高频（小尺度）方向移动，由此估计的品质因子比真值偏大，需要一个校正项对之进行矫正。但通常考虑震源子波在整道内是不变的，因此比较上、下两层的衰减特征时结果应不受影响。

2. 基于尺度谱图的中心尺度定义

类似于频率域基于频谱的频率量度定义（Barnes，1993），定义小波域基于尺度谱图的尺度量度公式，尺度谱图的均值即中心尺度 $S_c(t)$ 定义为

$$\frac{1}{S_c(t)}=\frac{\int_0^\infty \frac{1}{a}G_{a,b}(t)\,\frac{da}{a}}{\int_0^\infty G_{a,b}(t)\,\frac{da}{a}} \tag{6.32}$$

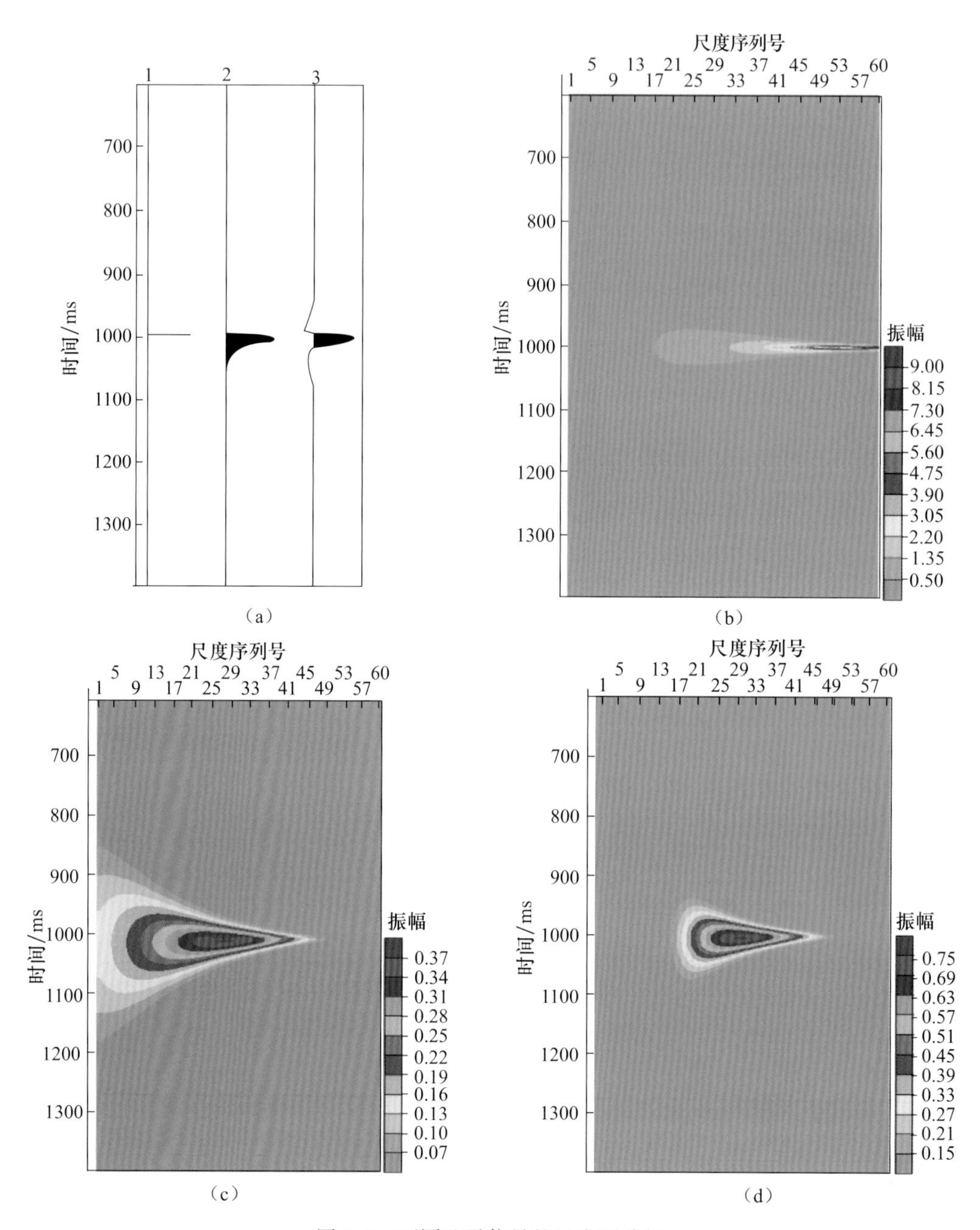

图 6.5 不同地震信号的尺度图分析

(a) 三种地震信号；(b) 修正的 Morlet 小波的尺度图；(c) 脉冲源的尺度图；(d) 带通源的尺度图

中心尺度 $S_c(t)$ 的方差 $S_b^2(t)$，即尺度带宽为

$$\frac{1}{S_b^2(t)}=\frac{\int_0^\infty \left(\frac{1}{a}-S_c(t)\right)^2 G_{a,b}(t)\ \frac{da}{a}}{\int_0^\infty G_{a,b}(t)\ \frac{da}{a}} \tag{6.33}$$

同样，主尺度 $S_d^2(t)$定义为

$$\frac{1}{S_{\mathrm{d}}^{2}(t)}=\frac{\int_{0}^{\infty}\frac{1}{a^{2}}G_{a,b}(t)\,\frac{\mathrm{d}a}{a}}{\int_{0}^{\infty}G_{a,b}(t)\,\frac{\mathrm{d}a}{a}} \tag{6.34}$$

中心尺度、主尺度和尺度带宽之间也存在着中心频率、带宽和主频之间类似的关系，即

$$\frac{1}{S_{\mathrm{d}}^{2}(t)}=\frac{1}{S_{\mathrm{c}}^{2}(t)}+\frac{1}{S_{\mathrm{b}}^{2}(t)} \tag{6.35}$$

对于修正的 Morlet 小波，由式（6.35）可计算得到中心尺度

$$S_{\mathrm{c}}(t)=\sqrt{\pi}\,|t-b| \tag{6.36}$$

由式（6.36）可知，修正的 Morlet 小波的中心尺度在 $t=b$ 时为 0，其尺度谱图在 $a=0$ 时存在最大值。

对于黏弹性介质中传播的脉冲信号，由式（6.26），不考虑式中含 Q 的平方项，可计算得到中心尺度为

$$S_{\mathrm{c}}(t)=\frac{mt}{Q} \tag{6.37}$$

由式（6.37）可知，中心尺度与品质因子呈反比，中心尺度越大，表明信号中的低频成分占的比例越大，说明信号的衰减程度越大。主尺度和尺度带宽具有与中心尺度类似的性质。实际计算时，由于积分区间的限制，估计的尺度量度属性与式（6.37）得到的相比偏大，不能用于估计品质因子，但尺度量度属性可定性地描述信号在黏弹性介质中传播时的衰减性质，间接用于气藏检测。

图 6.6 为三层地质模型的小波衰减属性分析，震源为带通 Ormsby 子波（参数为 $f=$ 5Hz，10～75Hz，85Hz）。三层的深度依次取 2000m、2250m 和 2500m，层速度为 2000m/s，品质因子值分别依次取 200、50、100。图 6.6（a）是生成的地震记录，图 6.6（b）是由图 6.6（a）计算的尺度谱图，可以看出，随着传播时间的增大，反射信号的峰值尺度向小序列号方向移动，即大尺度方向也就是低频方向移动。图 6.6（c）是由图 6.6（b）计算的中心尺度，由于尺度与频率成反比，为了与中心频率对比，此处对尺度取倒数，随着传播时间的增大，中心尺度的倒数逐渐减小，即中心尺度逐渐增大。图 6.6（d）是计算的中心频率剖面，与图 6.6（c）相比具有同样的特征，随着传播时间的推移，中心频率逐渐减小，向低频方向移动，但中心频率曲线变化平缓，其局域化与中心尺度相比要差。

（四）正演模型与气层敏感性分析

图 6.7 是一简单的砂体模型，上、下地层为泥岩，品质因子 $Q=150$，中间夹有一套砂岩。砂体中段含气［图 6.8（a）中道号 11～40］，Q 从 30（道号 11）均匀降低至 5（道号 25），再从 5（道号 26）均匀升至 30（道号 40），两端（道号 1～10 和 41～50）为不含气致密砂岩（以下简称“致密砂岩”），$Q=150$。假设含气砂岩和致密砂岩的反射系数相同，只研究两种不同厚度下由衰减引起的反射波形的变化。研究储层的衰减属性应从储层的底部反射入手，因为其为穿透储层。常规的瞬时振幅属性反映地震信号的瞬时能量变化，可以用来指示气藏（Winkler and Nur，1982），而小波衰减属性是基于某一

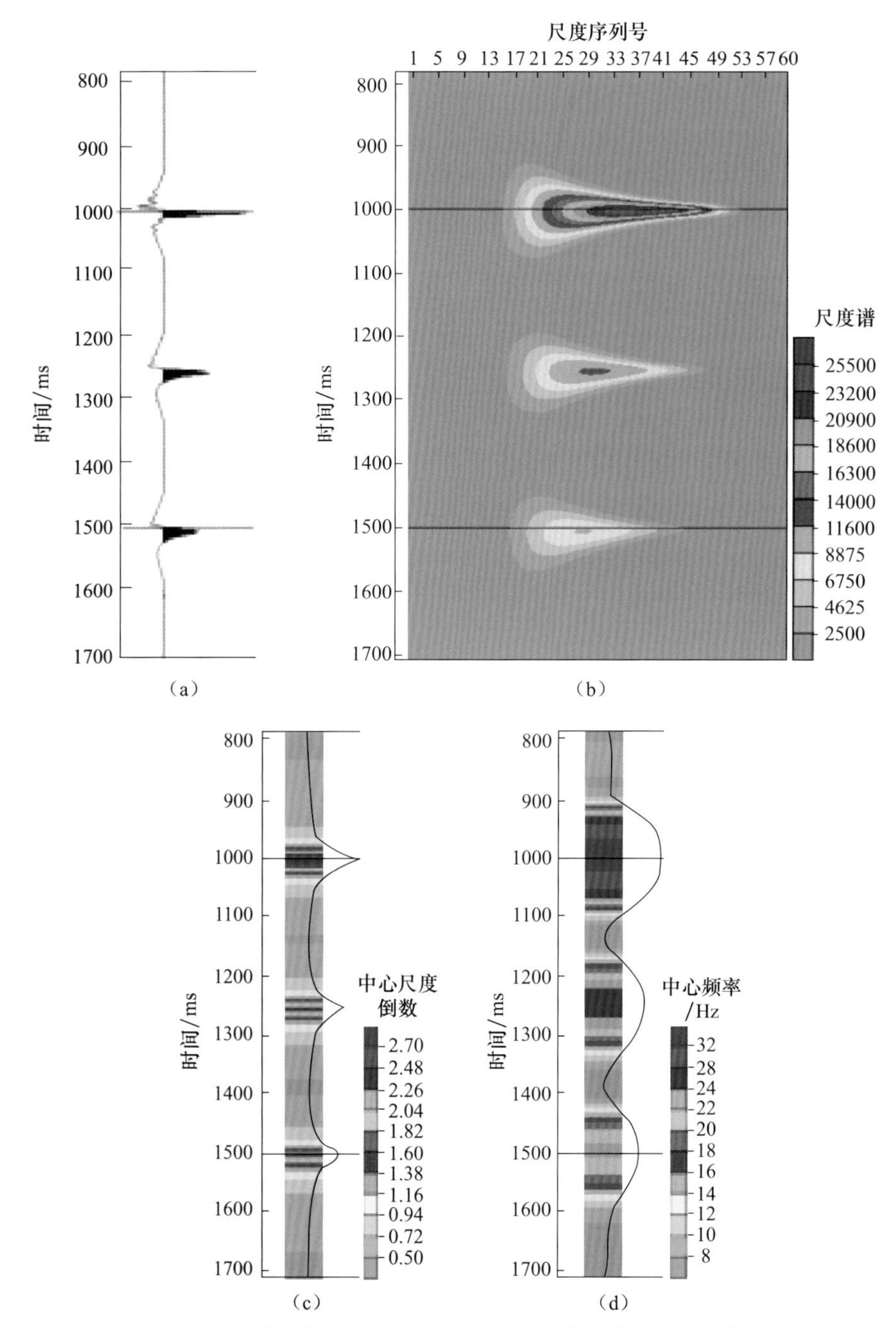

图 6.6 震源子波为带通时的小波尺度和频率衰减属性分析

(a) 地震记录；(b) 小波尺度谱图；(c) 中心尺度的倒数；(d) 中心频率

尺度的瞬时振幅属性上提取的，因此下面的模型试验主要把小波衰减属性与常规瞬时振幅属性进行比较，观察它们对气藏的敏感程度。

1. 厚层砂体情形

图 6.8 (a) 是砂层厚度 $h=50$m 时，模型的理论地震记录，反射层位 H_1 相当于

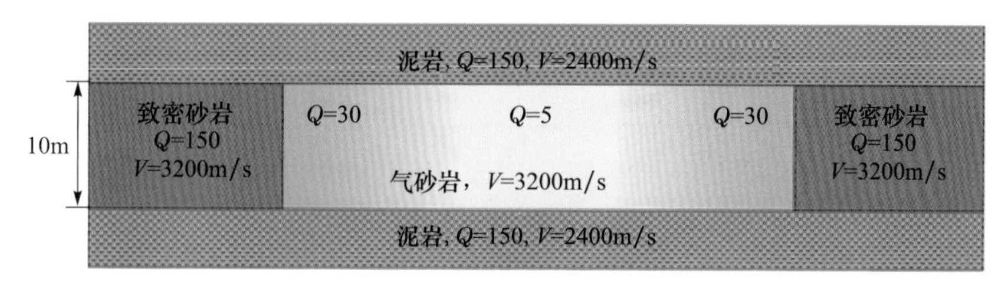

图 6.7 简单砂体模型

砂体底部附近的反射。图 6.8（b）是由图 6.8（a）计算的瞬时振幅包络剖面，H_1 附近的反射强度有明显的变化。图 6.8（c）是由图 6.8（a）计算的尺度 $a=0.2$ 时的尺度能量剖面，明显看出 H_1 附近的信号能量强烈衰减。图 6.8（d）是 H_1 附近的瞬时振幅和尺度能量变化率，尺度能量变化率是各道尺度能量与致密砂岩的平均尺度能量之比，小波尺度能量比瞬时振幅在气层底部附近要下降得多，说明小波尺度能量对品质因子更敏感。

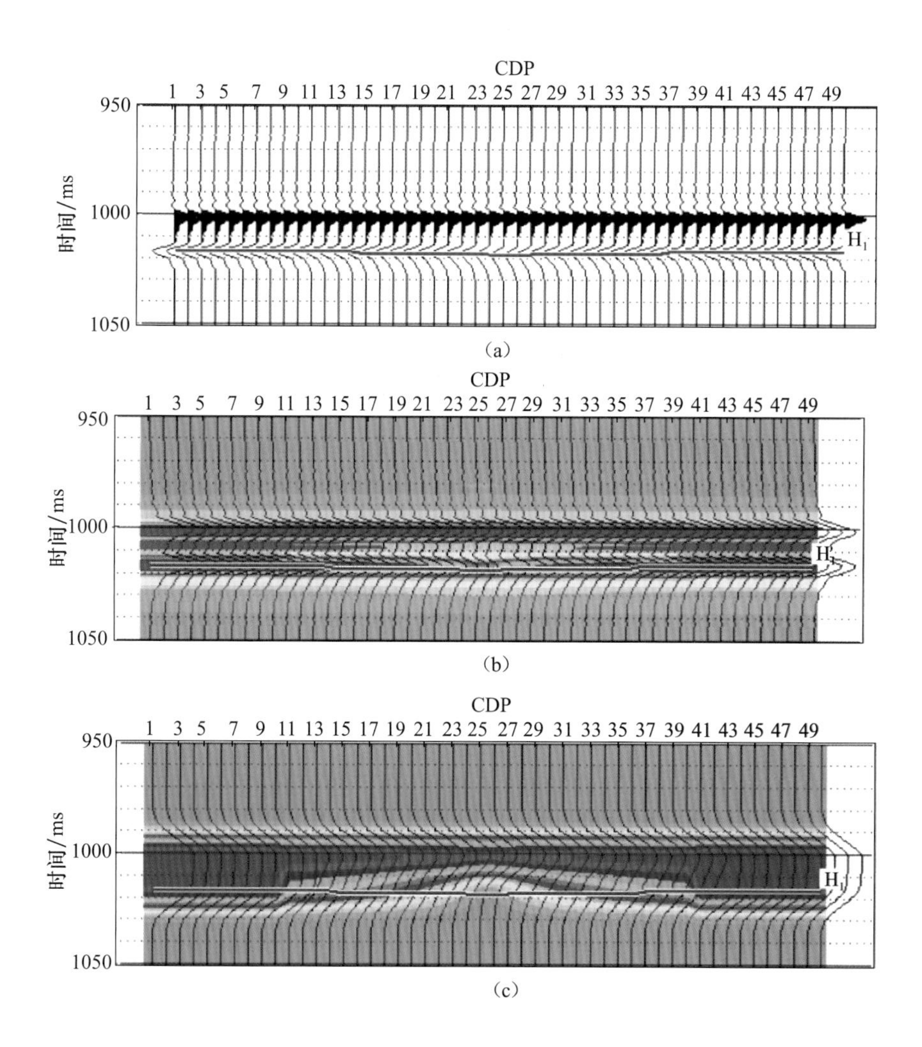

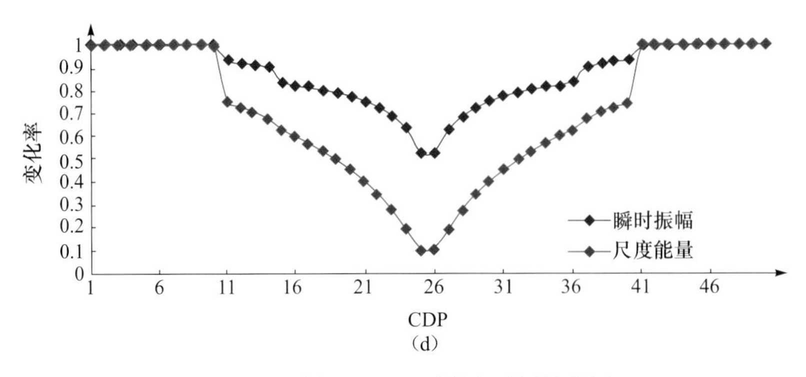

(d)

图 6.8　厚度 h=50m 时的衰减属性分析

(a) 理论合成纪录；(b) 瞬时振幅剖面；(c) 尺度能量剖面；(d) H_1 反射层位处瞬时振幅与尺度能量变化率对比

2. 薄层砂体情形

图 6.9 (a) 是砂层厚度 $h=10$m 时，模型的理论地震记录。图 6.9 (b) 是由图 6.9 (a)计算的瞬时振幅包络剖面，H_1 附近的反射强度变化不大。图 6.9 (c) 是由图 6.9 (a)计算的尺度 $a=0.2$ 时的尺度能量剖面，H_1 附近的振幅仍有较大变化。图 6.9 (d)是 H_1 附近的瞬时振幅和尺度能量变化率，由图可明显看出：①储层底部的反射信号能量变化可以反映品质因子的变化情况；②小波尺度能量在 Q 为 5～15 时变化剧烈，为 15～30 时变化缓慢；③与瞬时振幅相比尺度能量对品质因子更敏感。

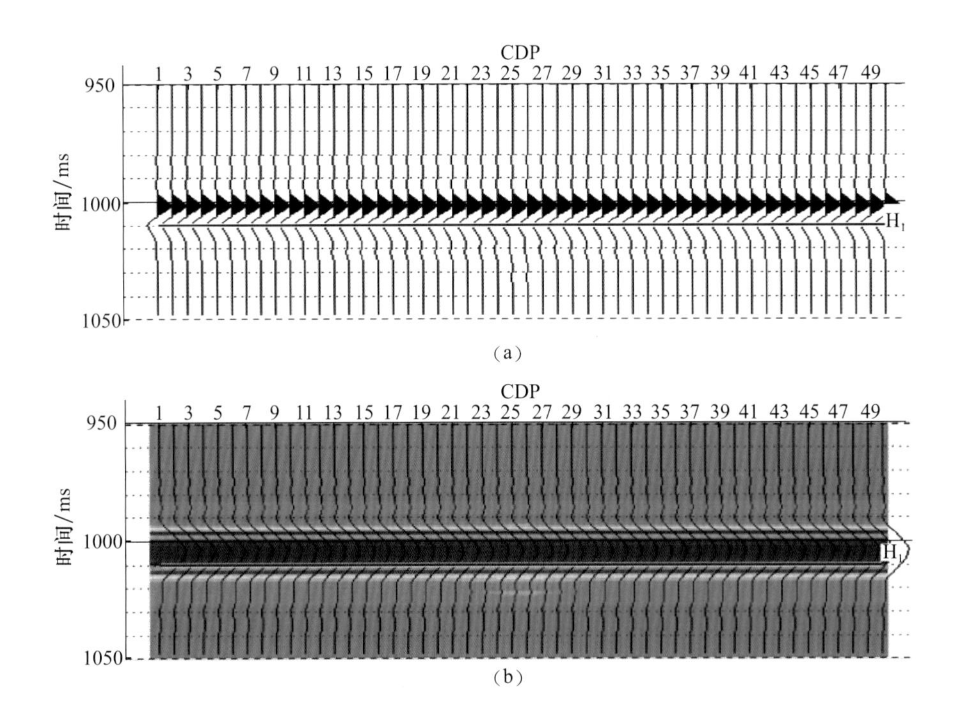

(a)

(b)

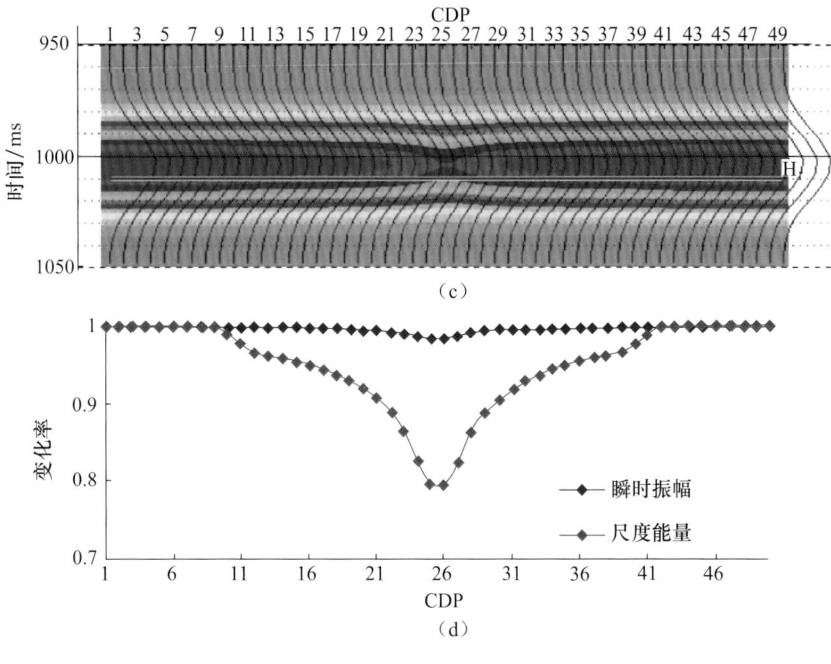

（c）

（d）

图 6.9 厚度 h=10m 时的衰减属性分析

（a）理论合成记录；（b）瞬时振幅剖面；（c）尺度能量剖面；（d）H_1 反射层位处瞬时振幅与尺度能量变化率对比

3. 噪声影响

图 6.10（a）是图 6.9（a）中加高斯随机噪声（噪声的标准偏差是有效信号的最大振幅的 0.25）后的地震记录。属性计算本身并不具备去噪的能力，因此在计算属性时，采用了 9 道混波，以克服随机噪声的影响。图 6.10（b）是由图 6.10（a）计算的瞬时振幅包络剖面，层位 H_1 附近的反射强度变化不大。图 6.10（c）是由图 6.10（a）计算的尺度 a=0.2 时的尺度能量剖面，H_1 附近的振幅仍有较大变化。图 6.10（d）是 H_1 附近的瞬时振幅和尺度能量变化率，由图可以看出，瞬时振幅分布由于受噪声的影响，已不能反映气层特征，而尺度能量仍能反映气层变化，特别是品质因子较低的区域。这是由于尺度能量在增强衰减敏感性的同时并没有放大噪声，这在一定程度上亦说明提高了信噪比。

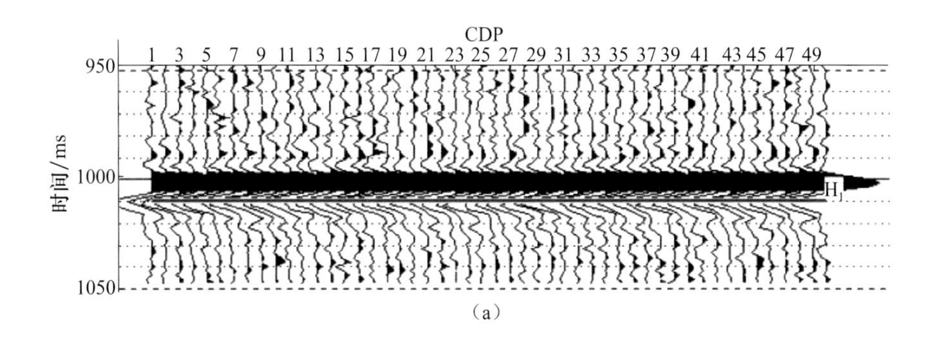

（a）

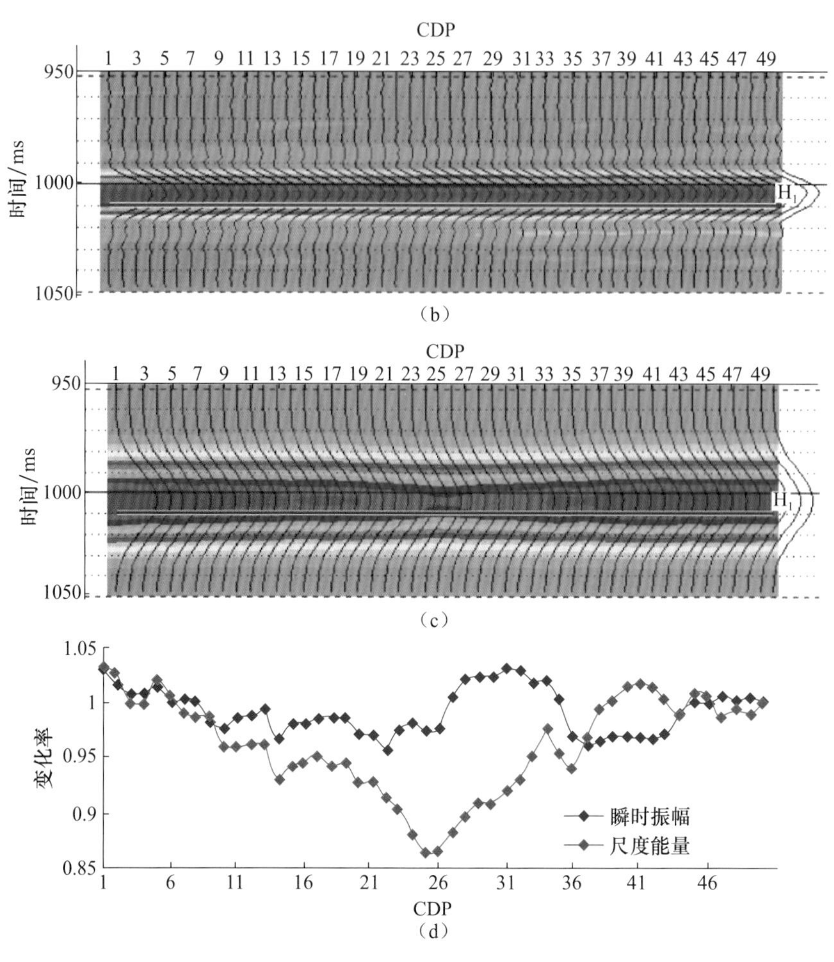

图 6.10 厚度 h=10m、含有噪声时的衰减属性分析

(a) 理论合成记录；(b) 9 道混波后的瞬时振幅剖面；(c) 9 道混波后的尺度能量剖面；(d) H_1 反射层位处瞬时振幅与尺度能量变化率对比

第二节 双孔理论

一、地震波理论基础

通过地震波响应特征反演孔隙介质岩性及其孔隙流体属性，是油气勘探开发的重要手段。弄清楚波传播过程中孔隙介质与流体的相互作用，对于进一步了解波在非均质含流体孔隙介质中的传播机理有重要意义。

（一）饱和两相流体岩石波传播的 White 理论及其拓展

1. White (1975) 理论及其 Dutta 和 Odé (1979) 修正

White (1975) 基于 Biot 的理论框架，研究部分饱和孔隙介质中 P 波频散和衰减问题，并建立与 Gassmann (1951) 的球状堆砌模型类似的内部包含气体空腔的同心球体模型。通过研究内外层压力差引起的流体局部流动，White 提出了介观尺度上波传播的能量衰减机制，也被认为是首个斑块饱和模型。

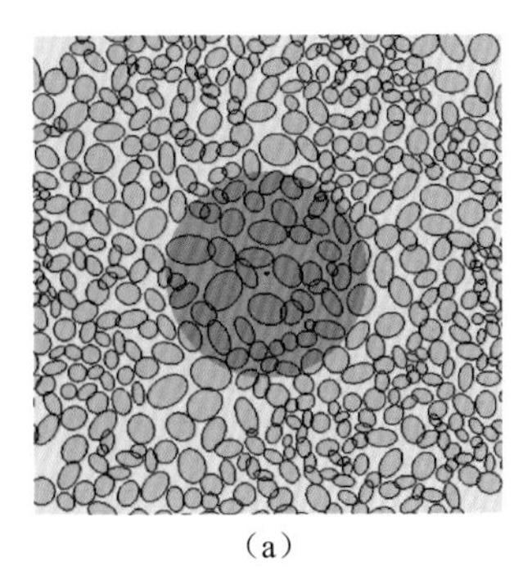
(a)

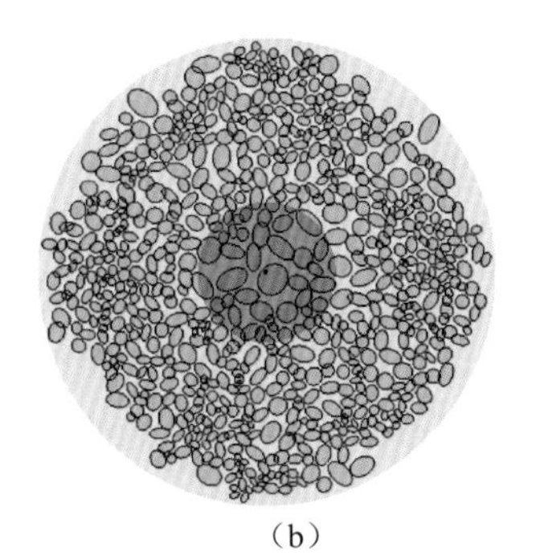
(b)

图 6.11 不同流体饱和的同心球体斑块模型

(a) 内层为球形气体饱和空腔，外层为流体饱和的单位立方体双层模型；
(b) 外部球壳体积与图 (a) 中立方体单元体积等同

图 6.11 (b) 的 White (1975) 模型中，同心球体内部包含气体，外层球壳的孔隙则充满另一种流体。压缩波传过球体时，有压力作用在外球壳上，从而导致其体积发生变化，同时内外层流体之间的压力差也会产生波速的衰减和耗散。在考虑流体内部流动的情况下，混合介质的体积模量可以通过压力和体积改变量之间的关系得到

$$K^{*}=-\frac{P^{*}}{D^{*}}=\frac{K_0}{1-K_0W}=\frac{K_0}{1-K_0\times\dfrac{3a^2(R_1-R_2)(-Q_1+Q_2)}{\mathrm{i}b^3\omega(Z_1+Z_2)}} \tag{6.38}$$

式中，a、b 分别为同心球体气体内球和液体外壳的半径；K_0 表示不包含流体流动效应的混合介质的体积模量，下标 1、2 分别表示内层球体和同心球壳的性质；$\mathrm{i}=\sqrt{-1}$；ω 为圆频率，$\omega=2\pi f$。

当 P_0 大小的外力作用在边界时，内球体和外部球壳承受的压力分别为 P_1、P_2，其与外加压力 P_0 之间的比例系数分别为 R_1、R_2，具体计算表达式为

$$R_1=\frac{K_{\mathrm{f}_1}}{\phi}\left[\frac{(1-K_1/K_{\mathrm{s}_1})}{(1-K_{\mathrm{f}_1}/K_{\mathrm{s}_1})}\right]\frac{\overline{K}_1}{K_1}$$

$$R_2=\frac{K_{\mathrm{f}_2}}{\phi K_2}\left[\frac{(1-K_2/K_{\mathrm{s}_2})(1-S_{\mathrm{G}}\overline{K}_1)}{(1-K_{\mathrm{f}_2}/K_{\mathrm{s}_2})(1-S_{\mathrm{G}})}\right]$$

式中，K_{f_1}、K_{f_2} 为流体体积模量；K_{s_1}、K_{s_2} 为固体骨架矿物颗粒的体积模量，其中下标 1、2 分别代表内部球体和外部同心球壳；$\overline{K}_1$ 为骨架体积模量；$S_{\mathrm{G}}=a^3/b^3$ 为内部全体饱和度，a、b 分别为内部球体和外部球体的半径。

同时外力作用在边界，导致流体发生流动，内部球体和外层球壳发生一定扩张，其中扩张系数 Q_1、Q_2 的表达式为

$$Q_1=(1-\overline{K}/K_{\mathrm{s}})\frac{K_{A_1}}{M_1}$$

$$Q_2=(1-\overline{K}/K_{\mathrm{s}})\frac{K_{A_2}}{M_2}$$

其中，$K_{A_m}=\left(\frac{\phi}{K_{f_m}}+\frac{1-\phi}{K_s}-\frac{\overline{K}}{K_s^2}\right)^{-1}$，$m=1，2$；$\overline{K}$ 为干骨架的体积模量。

式（6.38）中 Z_1、Z_2 为对应的阻抗系数，对波传播导致的流体流动起阻碍作用，具体表达式如下：

$$Z_1=\frac{\eta_1 a}{\kappa_1}\left[\frac{1-e^{-2\alpha_1 a}}{(\alpha_1 a-1)+(\alpha_1 a+1)e^{-2\alpha_1 a}}\right],$$

$$Z_2=-\frac{\eta_2 a}{\kappa_2}\left[\frac{(\alpha_2 b+1)+(\alpha_2 b-1)e^{2\alpha_2(b-a)}}{(\alpha_2 b+1)(\alpha_2 a-1)-(\alpha_2 b-1)(\alpha_2 a+1)e^{2\alpha_2(b-a)}}\right],$$

式中，$\alpha_m=[i\omega\eta_m/(\kappa_m K_{Em})]^{1/2}$，$m=1，2$，其中，$\eta$、$\kappa$ 为黏性系数和渗透率；K_E 为有效体积模量。

已知剪切模量和密度都不受流体流动的影响，再结合复体积模量 K^* 可得 P 波的频散和衰减。

Dutta 和 Odé（1979a）根据 Biot 理论（1962）中的耦合方程求解 White 模型发现，推导阻抗 Z 的等效体积模量 K_E 为流体、固体矿物颗粒和干骨架弹性系数的函数。考虑岩石的体积膨胀和流体变化时，White（1975）只考虑了沿波传播方向的值，而忽略了同心球体径向的体积变化，故采用平面波模量 M 来计算 K_E。而实际模型中，作用于同心球体外边界的径向应力会产生径向形变，从而导致径向流体和固体材料的位移，而固体应变在三个垂直方向是相同的，故不能用单一方向的变化值来代替整体，因此 Dutta 和 Odé（1979a）认为计算中应用体积模量 K 来替代平面波模量 M，本书将 Dutta 修正后的 White 模型记为 White-Dutta 模型。

2. White（1975）的推广分析

在 White 模型中，同心球体内部为球状气体，而外壳则被另一种流体饱和。在不考虑局部流动的时候，根据球体外部受到的压力与自身膨胀的比值来计算流固复合介质的体积模量 K_0：

$$K_0=\frac{\dfrac{2E_2(1-S_1)}{9S_1(1-\sigma_2)}}{\dfrac{2(1-2\sigma_2)+S_1(1+\sigma_2)}{3S_1(1-\sigma_2)}\dfrac{3(1-\sigma_2)}{2(1-2\sigma_1)(1-S_1)E_2/E_1+2S_1(1-2\sigma_2)+(1+\sigma_2)}} \tag{6.39}$$

式中，$S_1=a^3/b^3$ 为内部球体饱和度。

杨氏模量 E 和泊松比 σ 可以表示为

$$\sigma_n=\frac{M_n-2\mu_n}{2(M_n-\mu_n)}=\frac{K_n-\frac{2}{3}\mu_n}{2(K_n+\frac{1}{3}\mu_n)}=\frac{1}{2}-\frac{\mu_n}{2(K_n+\frac{1}{3}\mu_n)}$$

$$=\frac{1}{2}-\frac{\mu_n}{2\left\{\left[\overline{K}+\dfrac{(1-\overline{K}/K_s)^2}{\phi/K_{f_n}+(1-\phi)/K_s-\overline{K}/K_s^2}\right]+\frac{1}{3}\mu_n\right\}}$$

$$E_n=2\mu_n(1+\sigma_n),\quad n=1，2$$

而原始 White 模型中气体内部球体的泊松比 σ_1，杨氏模量 E_1 计算式为

$$\sigma_1=\frac{\overline{M}-2\overline{\mu}}{2(\overline{M}-\overline{\mu})}=\frac{1}{2}-\frac{\overline{\mu}}{2\left(\overline{K}+\frac{1}{3}\overline{\mu}\right)}$$

式中，$\overline{M}$ 为平面波模量；$\overline{\mu}$ 为剪切波模量。

$$E_1=2\overline{\mu}(1+\bar{\sigma})$$

此处计算内部球体的泊松比和杨氏模量均采用干骨架数据，与重新推导的式子相比较，White 模型、White-Dutta 模型忽略了内部流体的影响。

对等效密度的计算也存在同样忽略内部气体影响的问题，重新推导的密度公式如下：

$$\rho^*=\rho_0=(1-\phi)\rho_s+\phi(1-S_1)\rho_{f_2}+\phi S_1\rho_{f_1} \tag{6.40}$$

式中，ρ^* 为整个斑块的等效密度；ρ_s、ρ_{f_1} 和 ρ_{f_2} 分别为固体颗粒、内部和外部流体的密度；S_1 和 S_2 分别为内、外流体孔隙饱和度。

该公式能够适应内部非气体饱和的情况，也能够退化为传统的 White 模型。原始 White 模型及 White-Dutta 模型的密度公式为

$$\rho=(1-\phi)\rho_s+\phi(1-S_1)\rho_{f_2}$$

此时，White-Dutta 模型进行上述相应的改进后，可用于预测饱含两种任意不相混溶流体的孔隙介质中的波速。本书将推广后的 White-Dutta 模型记为 White-G 模型。

（二）饱和两相流体岩石波传播的 Johnson 理论模型

Johnson（2001）根据准静态的 Biot 理论，针对饱含两种不同流体的孔隙介质提出了动态体积模量的理论。Johnson 模型与 White 模型不同，没有建立固定的几何模型来分析内部受外力影响情况，而是根据低频时的体积模量 Biot-Gassmann-Woods（BGW）与高频时的体积模量 Biot-Gassmann-Hill（BGH）来构建函数描述中间频率的体积模量：

$$K^*(\omega)=K_{BGH}-\frac{K_{BGH}-K_{BGW}}{1-\zeta+\zeta\sqrt{1-i\omega\tau/\zeta^2}} \tag{6.41}$$

式中，K_{BGH}、K_{BGW}分别代表高频极限和低频极限时混合体的体积模量，与 Biot 理论中的模型参数及饱和度有关，但与斑块的几何特征无关

$$\tau=\left(\frac{K_{BGH}-K_{BGW}}{K_{BGH}G}\right)^2,\quad \zeta=\frac{(K_{BGH}-K_{BGW})^3}{2K_{BGW}K_{BGH}^2TG^2}=\frac{(K_{BGH}-K_{BGW})}{2K_{BGW}}\frac{\tau}{T}$$

其中，T、G 则为与体积模量、孔隙度、饱和度、流体黏性、渗透率相关的函数：

$$T=\frac{K_{BGW}\phi^2}{30\kappa b^3}\{[3\eta_2g_2^2+5(\eta_1-\eta_2)g_1g_2-3\eta_1g_1^2]a^5-15\eta_2g_2(g_2-g_1)a^3b^2$$
$$+5g_2[3\eta_2g_2-(2\eta_2+\eta_1)g_1]a^2b^3-3\eta_2g_2^2b^5\}$$

$$G=\left|\frac{\Delta P_f}{P_e}\right|^2\frac{S}{V}\frac{i}{q^*}(-i\omega)^{1/2}$$

这里，
$$g_m=\frac{(1-K_b/K_s)(1/K_W-1/K_{f_m})}{(1-K_b/K_s-\phi K_b/K_s+\phi K_b/K_W)},\quad m=1,2;$$

$$\frac{\Delta P_f}{P_e}=\frac{(R_2+Q_2)[K_1+(4/3)N]-(R_1+Q_1)[K_2+(4/3)N]}{\phi S_1K_2[K_2+(4/3)N]+\phi S_2K_2[K_1+(4/3)N]}$$

ΔP_f 是同心球体界面两侧孔隙压力的不连续值；P_e是外部作用力；q^* 为有效波速；S 为两相的接触面积；V 是整体体积；ω 为频率；参数 P_m，Q_m，R_m 分别为

$$\begin{cases} P_m = \dfrac{(1-\phi)[1-\phi-K_b/K_s]K_s+\phi(K_s/K_{f_m})K_b}{1-\phi-K_b/K_s+\phi K_s/K_f}+\dfrac{4}{3}N, & m=1,2 \\ Q_m = \dfrac{(1-\phi-K_b/K_s)\phi K_s}{1-\phi-K_b/K_s+\phi K_s/K_{f_m}}, & m=1,2 \\ R_m = \dfrac{\phi^2 K_s}{1-\phi-K_b/K_s+\phi K_s/K_{f_m}}, & m=1,2 \end{cases} \tag{6.42}$$

两种流体等效体积模量由 Woods 法则给出：$K_W=\left(\dfrac{S_1}{K_{f_1}}+\dfrac{S_2}{K_{f_2}}\right)^{-1}$。

（三）模型特征分析及模拟

根据 White 模型的推广分析知，由于忽略了内部流体的影响因子，故原始的 White 模型及 White-Dutta 模型均不适用于内部非气体的岩石波速预测（或误差较大）。而推广后的 White-G 模型适用于此类模型。根据 White 模型的前提假设，该模型（及 Dutta 修正的 White-Dutta 模型与推广后的 White-G 模型）主要适用于非固结砂岩的低频波速预测。Johnson 模型中的频散和衰减机制依赖于 Biot 理论，故其不适用于微观喷射流机理占主导地位的岩石。根据 Biot 理论，每个斑块内部需满足低频条件限制 $\omega \ll \omega_B$，$\omega_B=\dfrac{\eta\phi}{\kappa\rho_f\alpha_\infty}$，其中，$\alpha_\infty$ 为孔隙的弯曲度。而渗透率高的岩石中 ω_B 很小，故 Johnson 模型不适用于中高频范围的高渗透率岩石波速的预测（或误差较大）。同时模型处理的介观模型，要求波长与斑块特征尺寸 L 相比足够大，即 $\omega \ll \omega_x$，$\omega_x=\dfrac{2\pi V_{sh}}{L}$，其中，$V_{sh}$ 为剪切波速度。同样对于斑块特征尺寸很大的岩石，Johnson 模型也只适用于低频范围。Biot 理论中忽略了岩石孔隙的毛细作用。而在小孔隙岩石中（如低渗透率岩石样本），毛细作用占主导地位，同时当岩石孔隙尺寸呈大范围分布时，毛细效应也会导致斑块出现网状分叉结构。故 Johnson 模型也不适用于低渗透率、小孔隙尺寸的岩石波速预测（或误差较大）。同时，White 模型、White-Dutta 模型、White-G 模型及 Johnson 模型都假设岩石样本呈宏观各向同性，仅考虑斑块饱和的非均匀性，从而这些模型均不适用于骨架包含固体掺杂物的岩石波速预测。

为了研究上述模型在预测弹性波在岩石中速度的衰减和耗散规律方面的适用性，应用 White 模型、White-Dutta 模型、Johnson 模型、White-G 模型分别对波的频散和衰减进行预测。选取与 Carcione 和 Tinivella（2001）相同的模型参数，孔隙度 $\phi=0.3$，固相体积模量 $K_s=37\text{GPa}$，固相密度 $\rho_s=2.65\text{g/cm}^3$，岩石渗透率 $\kappa=1\text{D}$，水体积模量 $K_{water}=2.4\text{GPa}$，水密度 $\rho_{water}=1\text{g/cm}^3$，水黏性 $\eta_{water}=0.001\text{Pa·s}$；油体积模量$K_{oil}=0.7\text{GPa}$，油密度 $\rho_{oil}=0.7\text{g/cm}^3$，油黏性 $\eta_{oil}=0.01\text{Pa·s}$；空气体积模量 $K_{gas}=0.081\text{GPa}$，气体密度 $\rho_{gas}=0.078\text{g/cm}^3$，气体黏性 $\eta_{gas}=0.00015\text{Pa·s}$。

数值预测结果如图 6.12 所示，图 6.12（a）为 White 模型、White-Dutta 模型、

White-G 模型、Johnson 模型的纵波相速度随频率变化曲线，图 6.12（b）为三种模型的逆品质因子（衰减）随频率的变化曲线。除 White 模型在低频范围有较大差别外，其他几种模型都比较接近，这与 Dutta 和 Ode（1979b）指出 White 模型在低频段逆品质因子结果偏小，而速度偏大的结论吻合。在低频段时，结果显示除了 White 模型外，其他模型的波速均收敛于低频 BGW 极限速度；在高频段，所有模型的速度均趋于高频 BGH 极限速度。而在中频段，可以观察到 P 波速发生了一个急剧转变，这是由于岩石中存在介观尺度的局部斑块分布。

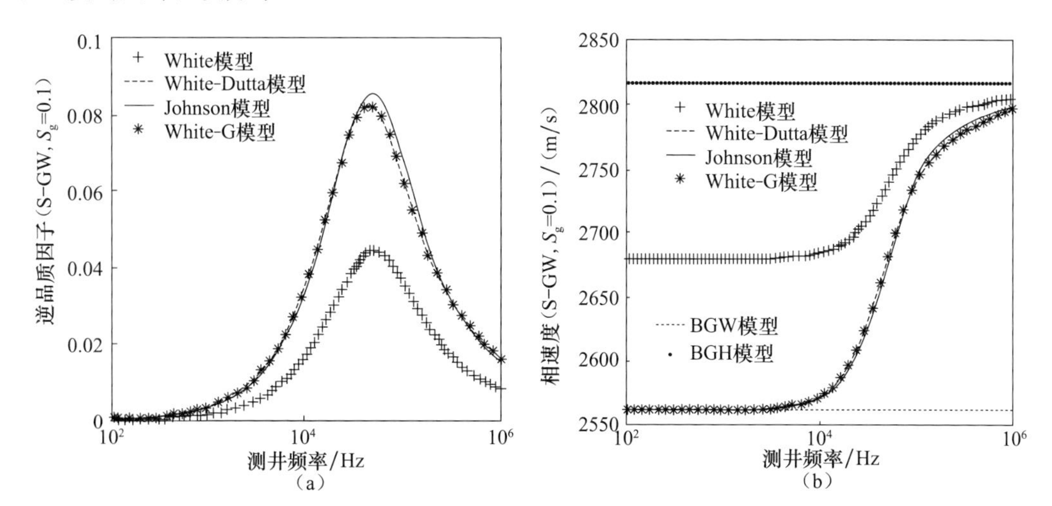

图 6.12 采用 White 模型、White-Dutta 模型、White-G 模型、Johnson 模型预测的快纵波速度与衰减随频率变化关系曲线

S-GW 表示选取的样本为内气外水的砂岩，S_g表示内部气体的体积饱和度

同时为了验证推广后的 White-G 模型对内部非气体模型的有效性和正确性，选取 White-Dutta 模型、White-G 模型和 Johnson 模型分别对内油外水的砂岩中波的衰减和耗散进行预测。图 6.13 为 Dutta 修正后的 White 模型对内部非气体模型预测的偏差，在低频和超声波频率范围，White-Dutta 模型预测的衰减逆品质因子几乎与 White-G 模型、Johnson 模型的结果一致，而在中间频率段 White-Dutta 模型预测的结果要明显低于其他两个模型。速度频散的分析图中，在整个频率段，White-Dutta 的理论预测都要低于其他两个模型的预测值，甚至超过了 BGH 方法预测的下极限值。这表明推广前的 White 模型在计算内部框架体积模量时，泊松比和杨氏模量的选取会影响频散和衰减预测。物理上的分析在于忽略内部流体在波传播过程中的流动，不考虑其导致的动能变化及内部流体本身在整体势能中的影响，将导致 White-Dutta 模型不能很好地预测内部非气的双重孔隙体系中波的衰减和频散。且当内部流体的密度、体积模量越大，流体流动越显著时，其与实际情况的误差也会越大。

二、双重孔隙介质地震波传播方程

在各个频段内，地震波已被发现带有强烈的速度频散与能量衰减特征，主导因素是实际岩石内部不同尺度下的非均匀性，但隐含在非均匀性尺度与地震波频率间的内在联

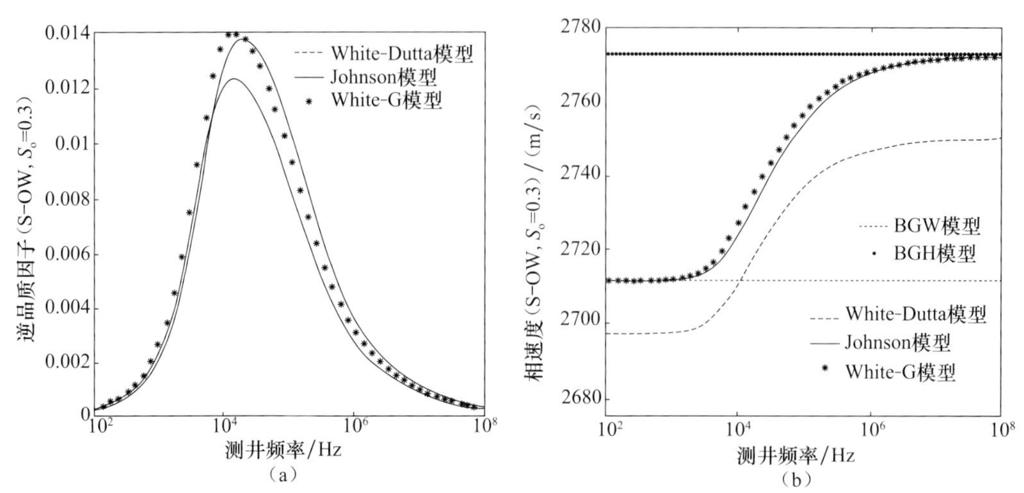

(a) (b)

图 6.13 采用 White-Dutta 模型、White-G 模型、Johnson 模型预测的快纵波速度与衰减随频率变化关系曲线

S-OW 表示选取的样本为内油外水的砂岩；S_o 表示内部油的体积饱和度

系仍未弄清。本小节将针对此类问题，基于动力学局域流机制分析地震纵波速度频散与能量衰减规律，推导双重孔隙波动方程，并与宽频带岩石物理实验数据进行对比分析。

（一）双重孔隙波动理论

1. 双重孔隙波动方程

对于单孔双相介质模型，Biot（1962）给出了势能方程：

$$W=W(I_1,I_2,I_3,\zeta) \tag{6.43}$$

式中，I_1、I_2、I_3 分别为固体应变矩阵的三个旋转不变量；ζ 为流体位移场散度。

如图 6.14 所示，假设孔隙介质内部由于孔隙结构的非均匀性，发育两类不同的孔隙，一类分布较广，渗透率较低［图 6.14（a），背景孔相］；一类分布较少，渗透率较高［图 6.14（b），渗流孔相］，实际上地下介质孔隙结构往往同时含有这两类孔隙［图 6.14（c）］。

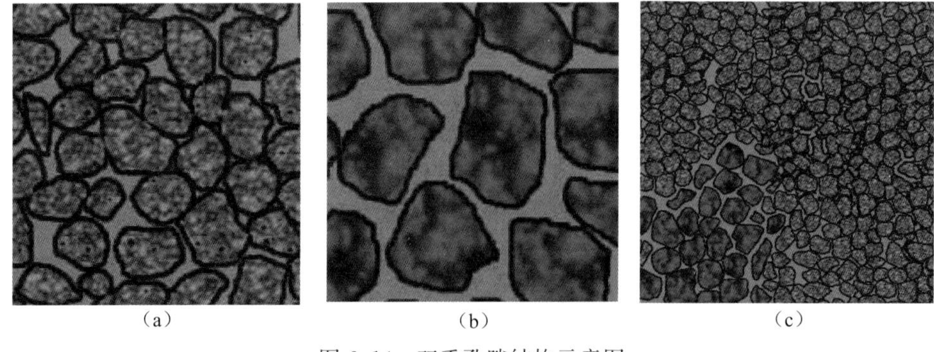
(a) (b) (c)

图 6.14 双重孔隙结构示意图

(a) 第一类孔；(b) 第二类孔；(c) 双重孔隙

地震波到来时，两类孔隙内部的流体分别以不同的动力学特征与岩石骨架发生耦合

振动，双方的弹性应变关系相对独立，此类双重孔隙双相介质模型的势能函数如下：

$$W_1 = W_1(I_1, I_2, I_3, \zeta^{(1)}, \zeta^{(2)}) \tag{6.44}$$

式中，$\zeta^{(1)}$ 和 $\zeta^{(2)}$ 分别为第一类孔与第二类孔的流体位移场散度。对其进行二阶展开得

$$W_1 = \frac{1}{2}(A+2N)I_1^2 - 2NI_2 + Q_1 I_1 \zeta^{(1)} + \frac{1}{2}R_1 \zeta^{(1),2} + Q_2 I_1 \zeta^{(2)} + \frac{1}{2}R_2 \zeta^{(2),2} \tag{6.45}$$

Biot（1962）提出了单孔双相介质的动能函数：

$$T = \frac{1}{2}\rho_s(\dot{u}_x^2 + \dot{u}_y^2 + \dot{u}_z^2) + \frac{1}{2}\rho_f \iiint_{\Omega} [(\dot{u}_x + v_x)^2 + (\dot{u}_y + v_y)^2 + (\dot{u}_z + v_z)^2] \mathrm{d}\Omega \tag{6.46}$$

式中，u_x、u_y、u_z 表示固相位移；v_x、v_y、v_z 表示孔隙流体对固体骨架的相对速度；ρ_s 和 ρ_f 表示固体与流体密度；Ω 表示孔隙空腔体积，其中 u_x、u_y、u_z 独立于Ω，而 v_x、v_y、v_z 是Ω 的函数。

对于双重孔隙双相介质，在各向同性情况下得到动能函数具有如下形式：

$$\begin{aligned} T_1 = &\frac{1}{2}\rho_{11}(\dot{u}_x^2 + \dot{u}_y^2 + \dot{u}_z^2) + \rho_{12}(\dot{u}_x \dot{U}_x^{(1)} + \dot{u}_y \dot{U}_y^{(1)} + \dot{u}_z \dot{U}_z^{(1)}) \\ &+ \rho_{13}(\dot{u}_x \dot{U}_x^{(2)} + \dot{u}_y \dot{U}_y^{(2)} + \dot{u}_z \dot{U}_z^{(2)}) + \frac{1}{2}\rho_{22}(\dot{U}_x^{(1),2} + \dot{U}_y^{(1),2} + \dot{U}_z^{(1),2}) \\ &+ \frac{1}{2}\rho_{33}(\dot{U}_x^{(2),2} + \dot{U}_y^{(2),2} + \dot{U}_z^{(2),2}) \end{aligned} \tag{6.47}$$

式中，流体位移的上标 1、2 表示两类孔。

同理，对于双重孔隙双相介质，耗散函数有如下形式：

$$D_1 = \frac{1}{2}b_1(u-U^{(1)}) \cdot (u-U^{(1)}) + \frac{1}{2}b_2(u-U^{(2)}) \cdot (u-U^{(2)}) \tag{6.48}$$

式中，b_1 与 b_2 分别为两类孔中的 Biot 耗散系数；u、U 为固体与流体的位移矢量。

将势能函数、动能函数与耗散函数代入带阻尼的拉格朗日方程：

$$\frac{\mathrm{d}}{\mathrm{d}t}\left(\frac{\partial L}{\partial \dot{x}_i}\right) + \frac{\mathrm{d}}{\mathrm{d}a_k}\left(\frac{\partial L}{\partial\left(\frac{\partial x_i}{\partial a_k}\right)}\right) + \frac{\partial D}{\partial \dot{x}_i} = 0 \tag{6.49}$$

式中，$L = T - W$。

基于 Biot 理论，双重孔隙介质的动力学传播方程可得

$$\begin{aligned} &N\nabla^2 u + (A+N)\nabla\varepsilon + Q_1 \nabla\zeta^{(1)} + Q_2 \nabla\zeta^{(2)} \\ &= \rho_{11}\ddot{u} + \rho_{12}\ddot{U}^{(1)} + \rho_{13}\ddot{U}^{(2)} + b_1(\dot{u} + \dot{U}^{(1)}) + b_2(\dot{u} - \dot{U}^{(2)}) \\ &Q_1\nabla\varepsilon + R_1\nabla\zeta^{(1)} = \rho_{12}\ddot{u} + \rho_{22}\ddot{U}^{(1)} - b_1(\dot{u} - \dot{U}^{(1)}) \\ &Q_2\nabla\varepsilon + R_2\nabla\zeta^{(2)} = \rho_{13}\ddot{u} + \rho_{33}\ddot{U}^{(2)} - b_2(\dot{u} - \dot{U}^{(1)}) \end{aligned} \tag{6.50}$$

式中，ε、$\zeta^{(1)}$、$\zeta^{(2)}$ 分别为固体、孔 1 流体与孔 2 流体的位移场散度。

2. 双重孔隙介质中的局域流

早期孔隙介质的波动研究采用了宏观平均近似，Gassmann 理论主要基于流、固双相的应力-应变静态关系。Biot 引入了流固耦合机制，并考虑了达西定律，将孔隙流体流动近似为管道流体中的 Poiseuille 流动［图 6.15（a）］，此时孔隙流体作为一个整体与固体骨架发生相对运动，流固界面发生摩擦力，造成速度频散与能量衰减，这种流动

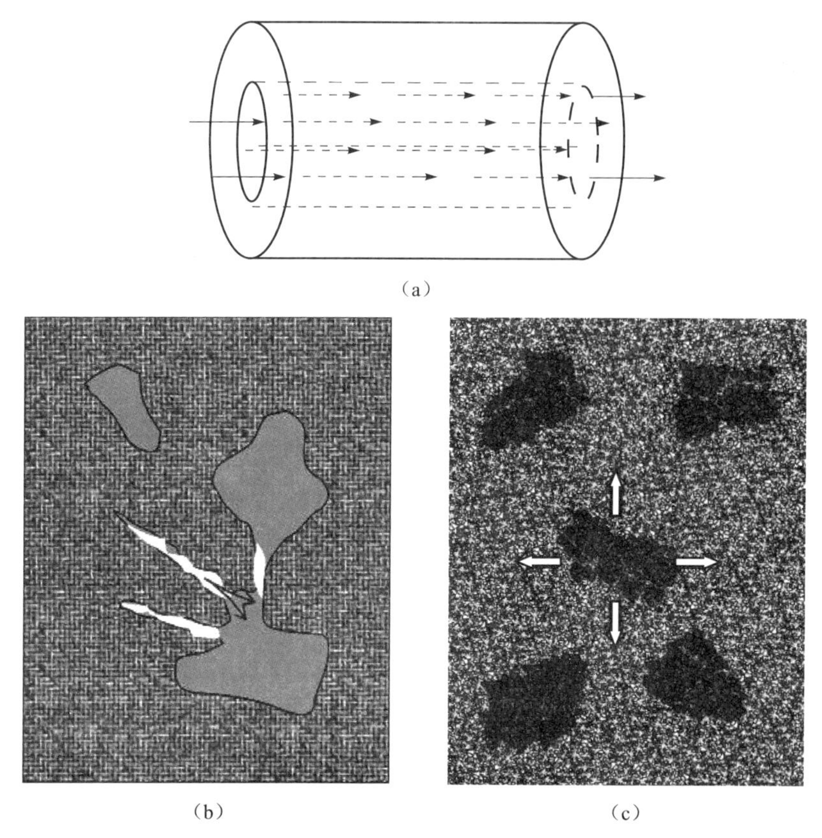

(a)

(b)　　(c)

图 6.15　流体流动示意图

(a) Biot 流动；(b) 喷射流；(c) 中观局域流

简称 Biot 流，是一种宏观流动。

由于实际岩石在颗粒、孔隙分布上的非均匀性，岩石内部局部范围内的流体也有可能发生流体颗粒的质量交换，一个典型的例子是 White 模型，由于气、水体积模量差异很大，因此在同样的压力激励下，气水界面的耗散性变形尤为显著。微观的局域流机制——喷射流也曾被认为与多相流体的渗入有关，有研究者认为，喷射流同样可能发生在一种流体饱和的岩石中，与岩石的微观非均匀性有关，主要与单个孔隙、晶缝与喉道的尺寸联系在一起（几到几十微米量级），流体的流动主要发生在孔隙角落、喉道与孔隙主腔体之间。Pride 和 Berryman（2003a，2003b）讨论了尺度介于晶体颗粒与地震波长之间的孔隙非均匀性引起的流体流动［图 6.15（c）］，并给出了中观局域流方程。在地震波挤压多孔岩石的过程中，由于孔隙结构的不同在两类孔隙之间产生了压力梯度。流体颗粒在这种压力梯度作用下，若由第一类孔隙向第二类孔隙中流动，第一类孔隙松弛化，第二类孔隙绷紧化；若由第二类孔隙向第一类孔隙中流动，则第二类孔隙松弛化，第一类孔隙绷紧化。

该流体应变散度增量在频率域的定义可由式（6.51）确定：

$$-\mathrm{i}\omega\zeta_{\mathrm{int}}=\gamma(\omega)(\bar{P}_{\mathrm{f}_1}-\bar{P}_{\mathrm{f}_2}) \tag{6.51}$$

式中，ω 为角频率；γ 为与频率相关的局域流系数；$\bar{P}_{\mathrm{f}_1}$、$\bar{P}_{\mathrm{f}_2}$ 为孔 1 与孔 2 中的平均流

体压力；ζ_{int} 为因流体流动造成的流体位移散度增量，其物理意义是孔 1 与孔 2 在局域流中所交换的流体。

引入局域流的影响，双重孔隙波动方程可写为

$$
\begin{aligned}
&ND^2u+(A+N)\nabla\varepsilon+Q_1\nabla\left(\zeta^{(1)}-\frac{1}{\phi_1}\zeta_{int}\right)+Q_2\nabla\left(\zeta^{(2)}+\frac{1}{\phi_2}\tilde{\zeta}_{int}\right)\\
&\quad=\rho_{11}\ddot{u}+\rho_{12}\ddot{U}^{(1)}+\rho_{13}\ddot{U}^{(2)}+b_1(\dot{u}-\dot{U}^{(1)})+b_2(\dot{u}-\dot{U}^{(2)})\\
&Q_1\nabla\varepsilon+R_1\nabla\left(\zeta^{(1)}-\frac{1}{\phi_1}\tilde{\zeta}_{int}\right)=\rho_{12}\ddot{u}+\rho_{22}\ddot{U}^{(1)}-b_1(\dot{u}-\dot{U}^{(1)})\\
&Q_2\nabla\varepsilon+R_2\nabla\left(\zeta^{(2)}-\frac{1}{\phi_2}\tilde{\zeta}_{int}\right)=\rho_{13}\ddot{u}+\rho_{33}\ddot{U}^{(2)}-b_2(\dot{u}-\dot{U}^{(2)})
\end{aligned}
\tag{6.52}
$$

式中，波浪上标表示傅里叶逆变换。

式（6.52）即为双重孔隙介质地震波传播方程，仍沿用 Pride 等（2004）基于不可逆热力学方法得出的局域流估算方法。

（二）双重孔隙介质地震波正演

在中观尺度非均匀岩石中（图 6.16），假设小孔与大孔的孔隙度比为 4∶1，小孔为第一类孔，大孔为第二类孔，两类孔隙渗透率分别为 $K_1=1\text{mD}$ 与 $K_2=10\text{mD}$。假定砂岩样本，在地震频段内进行中观双重孔隙介质的波场模拟。震源的中心频率为 50Hz，计算网格的空间采样率为 10m，震源位置在 64×64 网格的中心，时间采样步长为 1ms。

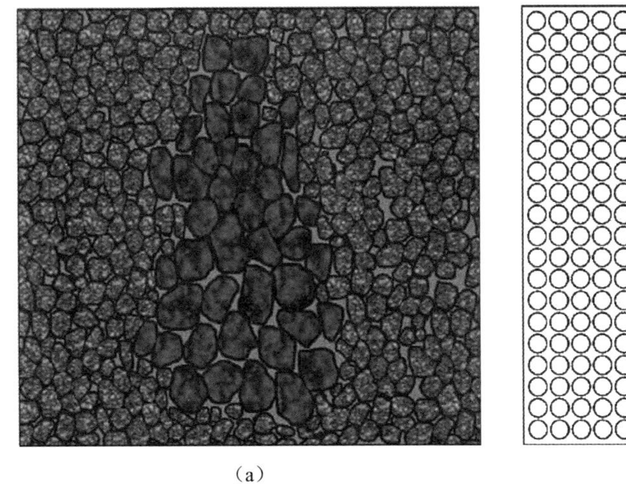

(a)

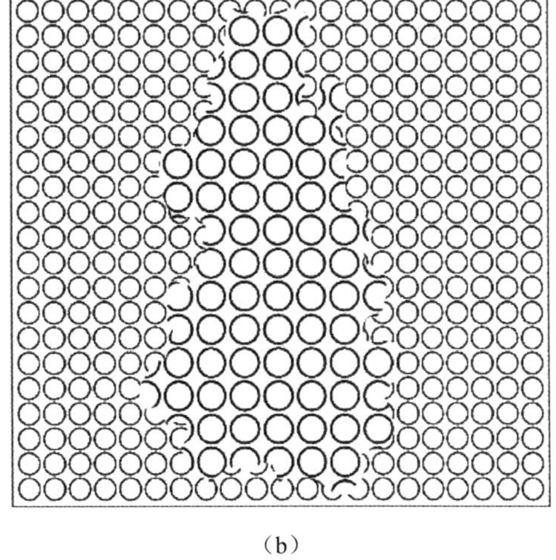

(b)

图 6.16 含有两种孔隙的岩石骨架及双重孔隙模型示意图

(a) 由两种岩石颗粒按中观尺度非均匀性构架的双重孔隙岩石（mm—dm）；
(b) 由双重孔隙岩石简化的双重孔隙介质模型

基于虚谱法的数值模拟结果如图 6.17 所示。图 6.17（a）从固相位移的波阵面中只能清晰观察到快纵波（P1）；在小孔流体位移场［图 6.17（b）］，慢纵波几乎无法被观察到，这一点与微观双重孔隙结构的超声段波场不同。在中、低频段，Biot 耗散力以及中观局域流对第一类慢纵波的衰减尤为显著。图 6.17（c）显示，在大孔流体的位移场

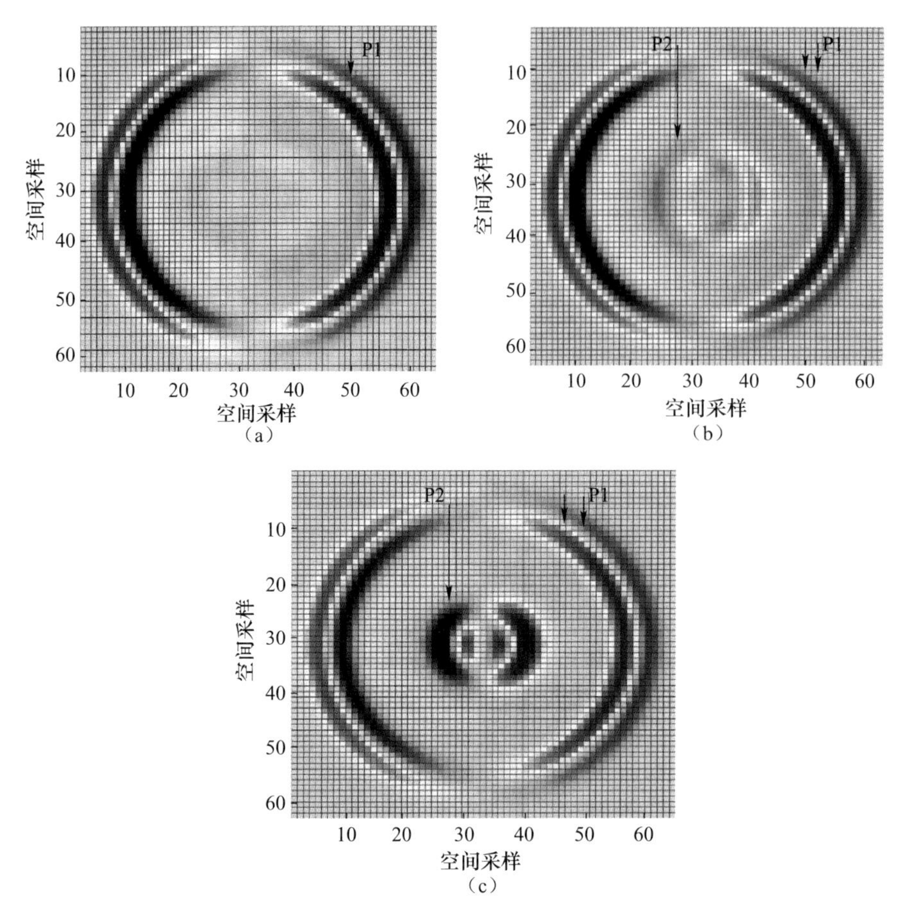

图 6.17　50Hz 中观双重孔隙介质波场模拟结果（80ms）

（a）固体骨架 X 方向位移场；（b）小孔流体 X 方向位移场；（c）大孔流体 X 方向位移场

中，慢纵波的振幅保持了一定幅度。

为模拟低频地震波衰减过程，对比设计了三个模型。模型 1 中，不考虑中观流体的流动和 Biot 耗散机制，所模拟的固相、第一类孔隙中的液相及第二类孔隙中的液相的三相地震波场是零衰减的。模型 2 中考虑中观流体的流动，以分析中观流体流动对三相地震波场的影响。模型 3 中，同时考虑中观流体流动与 Biot 耗散机制，以模拟导致地震波强衰减的流体流动机制。

为观测不同衰减机制在地震频段对双重孔隙介质所造成的能量衰减特征，将模型 1～模型 3 模拟结果的位移波阵面取“振幅-传播方向”切面，结果如图 6.18 所示。图中所有子图像显示的是同一时刻（80ms）、同一传播方向的不同位置各点的振幅随距离的变化。对比图 6.18（a）与图 6.18（d）、对比图 6.18（b）与图 6.18（e）发现，在考虑中观尺度流体流动情况下，固相位移场与第一类孔隙液相位移场的能量有明显损失。对比图 6.18（c）与图 6.18（f），由于中观流体流动效应的加入，导致第二类孔隙液相的位移场能量有所增强，表明中观流将转移一部分固相位移场与第一类孔隙液相位移场的能量到第二类孔隙液相位移场。这种效应造成快纵波与第一类慢纵波的能量损失，第二类孔隙液相慢纵

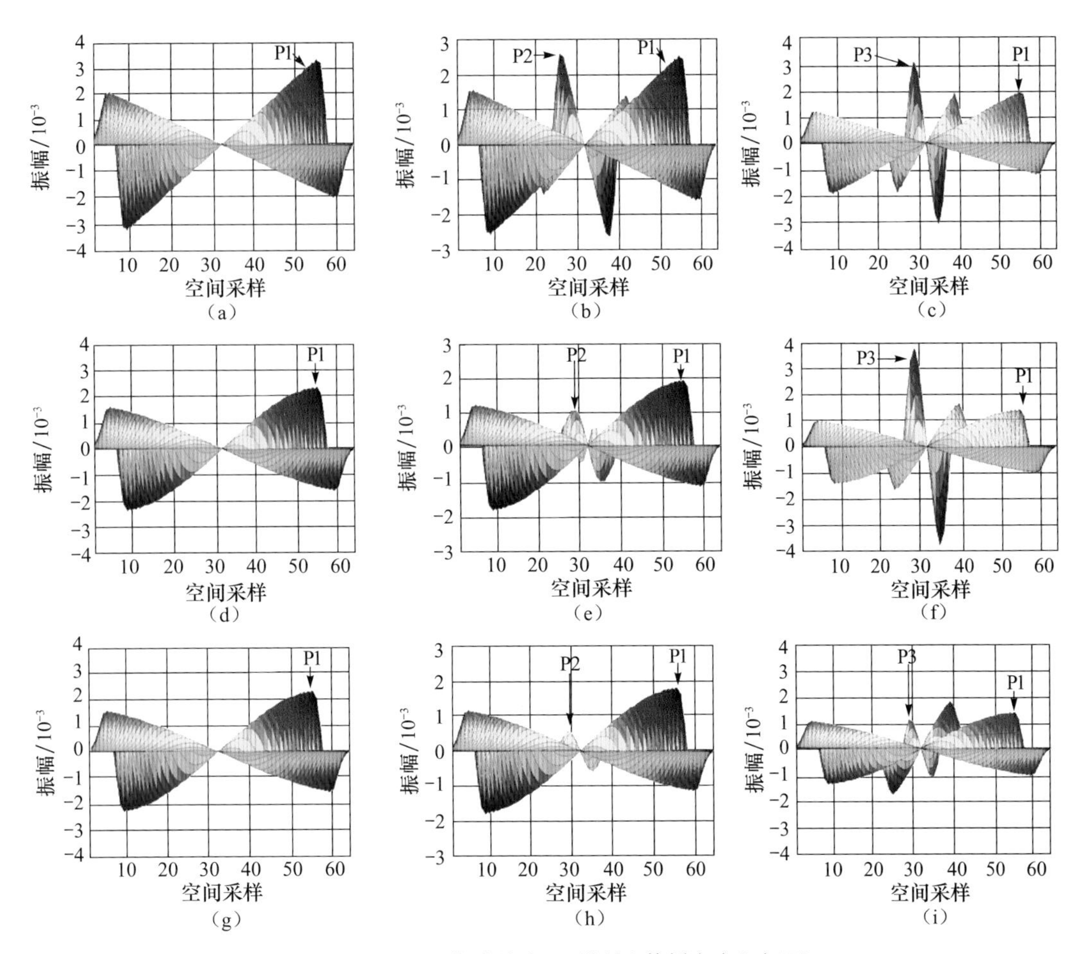

图 6.18 80ms 位移波阵面“振幅-传播方向”切面

(a) 模型 1 固体骨架相；(b) 模型 1 第一孔隙液相；(c) 模型 1 第二孔隙液相；(d) 模型 2 固体骨架相；(e) 模型 2 第一孔隙液相；(f) 模型 2 第二孔隙液相；(g) 模型 3 固体骨架相；(h) 模型 3 第一孔隙液相；(i) 模型 3 第二孔隙液相

波的能量反而增强。观察图 6.18（g）、图 6.18（h）、图 6.18（i），可给出一种由中观流体流动效应与 Biot 耗散联合作用的新衰减机制。从图 6.18（h）与图 6.18（i）可观察到，考虑 Biot 耗散后，两类慢纵波都发生了明显衰减。

为定量评价中观流体流动与 Biot 耗散对快纵波衰减的影响，基于数值模拟结果计算了快纵波（P1）能量衰减速度随时间的变化及快纵波衰减随距离的变化。对三个模型的能量衰减的对比性分析如图 6.19 所示。

在图 6.19（a）中，对应模型 1，在虚拟震源激发 20ms 后，P1 的平均波场能量衰减速度近于零，对整个波场而言，P1 几乎不存在损失。对于模型 2，P1 的能量衰减速度被提高了 0.02dB/ms。如果 Biot 耗散也被考虑（模型 3），波场能量衰减速度会更高。图 6.19（b）中实线显示了模型 1 的 P1 衰减随地震波传播距离的变化，此处如果不考虑中观流体流动与 Biot 耗散机制，则单道地震波的能量衰减将由地震波场的球面扩散决定。在 50Hz 的地震频率，将数值模拟的能量衰减和速度（50Hz 处以空心单点显示）

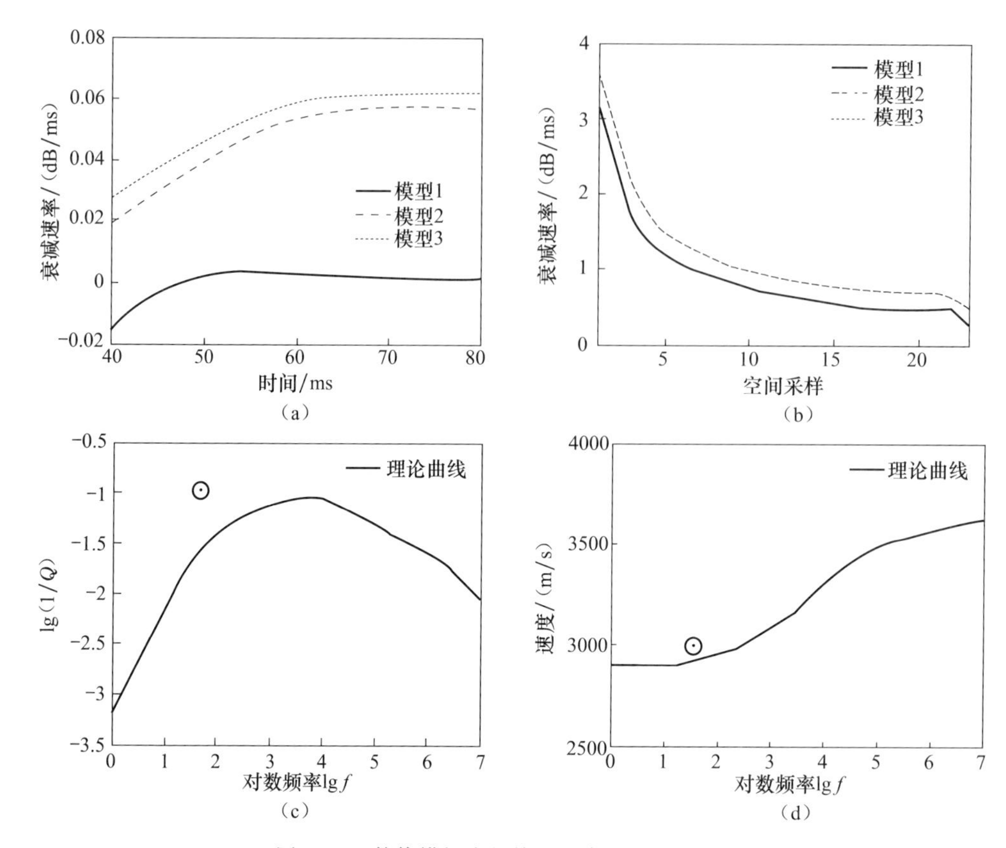

图 6.19　数值模拟中的快纵波衰减与速度估测

(a) 波场能量衰减随时间变化规律；(b) 快纵波衰减随距离的变化规律；

(c) 模拟与理论估测的品质因子对比；(d) 模拟与理论估测的速度对比

与前人理论曲线（Pride et al.，2004）对比，结果如图 6.19（c）与图 6.19（d）所示。数值模拟的速度为 2963m/s，与理论曲线吻合很好，而数值模拟的逆品质因子相对理论值偏高。

（三）双重孔隙介质地震波速度频散与本征衰减

为研究双重孔隙介质模型中的地震波传播规律，将平面纵波的解析解分别代入双重孔隙方程，给定不同的地震波中心频率，分别求取三种纵波的相速度与逆品质因子的离散数值解，将不同频率的数值解联系起来，作出三种纵波的相速度与逆品质因子随频率变化曲线。通过这种方法，可针对不同尺度非均匀性的岩石样本，分析不同频段波传播与衰减特征。

岩石样本的基本物理参数如表 6.2 所示，计算时分别考虑了岩石内部可能存在的三种孔隙分布状况。

表 6.2　岩石基本参数

K_s/(N/m²)	K_b/(N/m²)	K_f/(N/m²)	η/(mPa·s)	ρ_s/(kg/m³)	ρ_f/(kg/m³)	ϕ_1	K/mD
38×10^9	16×10^9	2.5×10^9	1	2650	1040	0.15	10

1. 双重孔隙介质理论与微观喷射流机制

为检验双重孔隙理论在描述岩石的微观喷射流机制问题上的可行性，在孔隙度为0.15与孔隙度为0.005的微观孔隙-喉道的双重孔隙结构中引入局域流机制，得到的相速度与逆品质因子随频率变化关系如图6.20所示：①快纵波频散最早发生在声波频段（几千赫兹以上），总的速度频散的相对比率在15%以上；②快纵波的衰减集中在声波至超声波频段；③两类慢纵波的衰减逆品质因子在零频极限达到峰值，且随频率的增加有显著降低；④纵波速度的频散现象起始于声波频段，在起始阶段，频散现象由局域流机制决定，频散出现的起始频率随基质的渗透率降低向低频段移动，在较高的超声频段，频散曲线的变化规律由Biot流决定，频散曲线随基质的渗透率降低向高频段移动[图6.20（a)，两个阶段的临界点位于对数频率值为4.7左右]；⑤随渗透率降低，快纵波的衰减峰逐渐裂变成两个峰，第一个峰由喷射流机制决定，这个峰随基质的渗透率降低向低频段移动[图6.20（b)]，第一个峰与Biot理论相反[图6.20（b)]，第二个峰与Biot理论吻合（随基质的渗透率降低向高频段移动)；⑥随渗透率降低，快纵波逆品质因子曲线的最大峰值有明显降低的趋势。

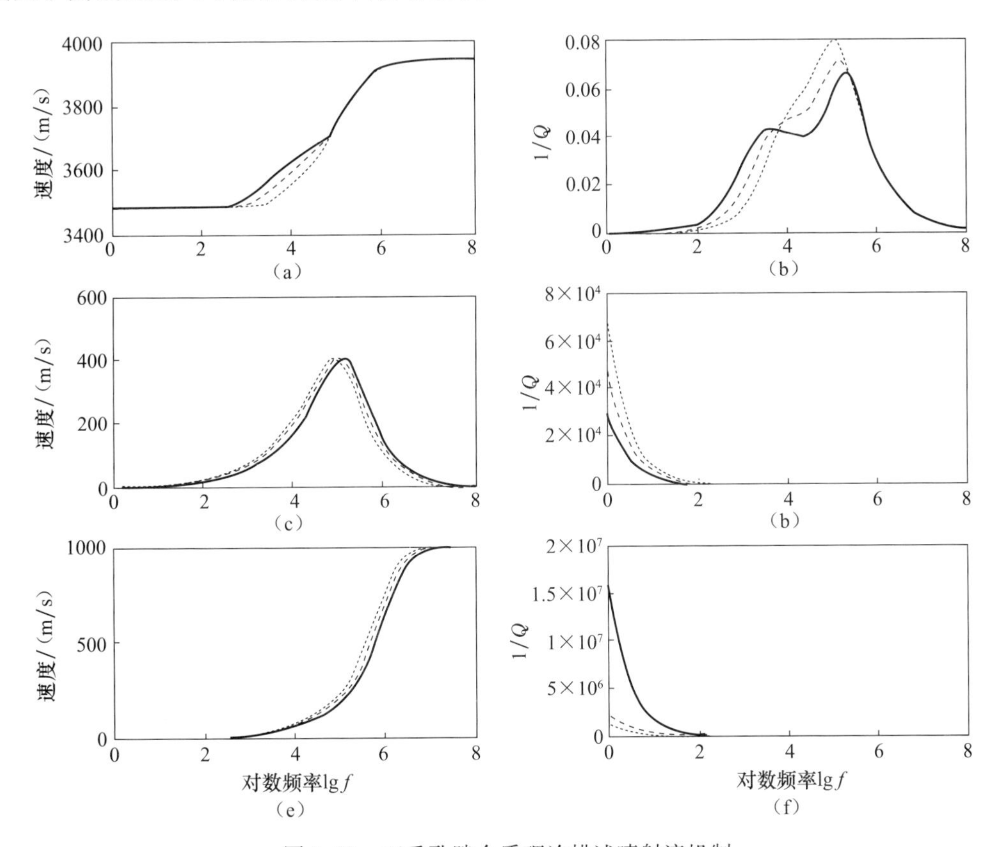

图6.20 双重孔隙介质理论描述喷射流机制

(a) 快纵波相速度频率关系曲线；(b) 快纵波逆品质因子频率关系曲线；(c) 第一类慢纵波相速度频率关系曲线；(d) 第一类慢纵波逆品质因子频率关系曲线；(e) 第二类慢纵波相速度频率关系曲线；(f) 第二类慢纵波逆品质因子频率关系曲线。点线为渗透率倍率1；虚线为渗透率倍率0.5；实线为渗透率倍率0.25

本算例中以上所有波场特征都与BISQ理论（Dvorkin and Nur，1993；Dvorkin et al.，1994）吻合。

2. 双重孔隙介质理论与中观喷射流机制

如果多孔岩石的固体骨架是由两种具有不同颗粒尺寸与弹性模量的岩石颗粒组成，在岩石的形成过程中，这两种颗粒非均匀分布于岩石内部，岩石颗粒间形成两类孔隙。第一类孔隙处于更松弛且相对较小的岩石颗粒之间，具有较低的渗透率。第二类孔隙由体积较大且较为坚硬的岩石颗粒构架而成，这类孔隙具有相对较高的渗透率和较大的流体容积。显然，实际岩石中大颗粒的分布率一般要远低于小颗粒的分布率，因此虽然单个大孔具有较大的孔腔容积，且这类孔隙在局部区域可能会造成较高孔隙度，但就岩石整体状况而言，仍然是小颗粒组成的第一类孔隙具有较高平均孔隙度（Thompson et al.，1987）。

采用双重孔隙波动理论描述岩石的中观局域流机制，在0.12∶0.03的中观小孔-大孔的双重孔隙结构中，计算得到的相速度与逆品质因子随频率的变化关系如图6.21所示：①快纵波频散最先发生在地震频段（几十赫兹以内），快纵波的相速度-频率曲线表现出独特的“两步”式频散规律，第一步始于地震段，终于声波段，第二步始于声波段，终于超声波段，总的速度频散量在30%以上；②快纵波的衰减在地震频段、声波频段乃至超声波频段都有突出表现，尤其最大的衰减峰值出现在地震频段；③两类慢纵波的衰减逆品质因子在中低频段较大，在较高频段时，其逆品质因子随频率增加有显著降低，第二类慢纵波的逆品质因子在声波频段出现一个峰值［图6.21（f）］；④纵波速度的频散曲线中，第一段始于地震频段，这一阶段的频散现象由局域流机制决定，频散出现的起始频率随基质的渗透率降低向低频段移动［图6.21（a），声波频段中，蓝、绿、红的曲线变化趋势，向频率轴左端移动］，第二段出现于超声频段，频散曲线随基质的渗透率降低向高频段移动［图6.21（a），超声波频段中，蓝、绿、红变化趋势向频率轴右端移动］，这种变化规律与微观局域流的曲线相近；⑤快纵波出现典型的两个衰减峰值，最大衰减峰随基质的渗透率降低向低频段移动。

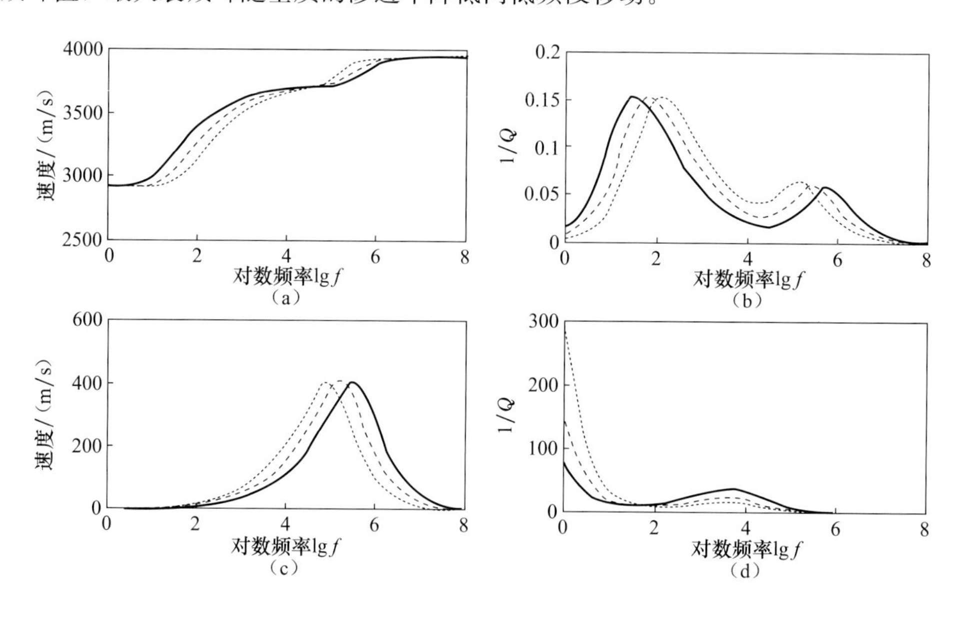

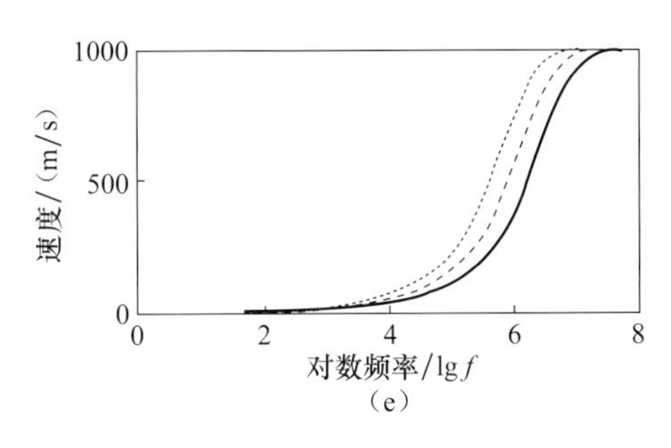

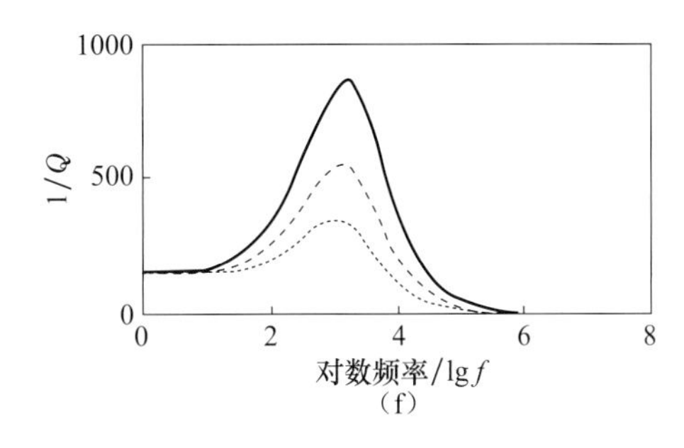

图 6.21 双重孔隙介质理论描述中观局域流机制

(a) 快纵波相速度频率关系曲线；(b) 快纵波逆品质因子频率关系曲线；(c) 第一类慢纵波相速度频率关系曲线；(d) 第一类慢纵波逆品质因子频率关系曲线；(e) 第二类慢纵波相速度频率关系曲线；(f) 第二类慢纵波逆品质因子频率关系曲线；

点线为渗透率倍率 1；虚线为渗透率倍率 0.5；实线为渗透率倍率 0.25

本书研究的速度频散曲线与衰减曲线的"两步双峰"的特征，与 Agersborg 等(2009) 基于双重孔隙理论的 T 矩阵法对饱水且中、微观孔隙联通的岩石模型的计算结果是接近的，而 Pride 等 (2004) 之前的结果中并没有如此典型的特征。

(四) 实际数据对比分析

利用实际实验数据对双重孔隙介质理论进行验证。

岩石样本来自四川盆地广安地区须家河组，取样深度为 2000m 左右。目标区砂岩的颗粒分选中等，岩石颗粒呈次棱角、次圆状，并以中粒石英为主。粉砂岩、泥页岩、千枚岩等岩屑、少量长石（风化中）及云母等其他矿物嵌入主骨架中，形成第二类骨架(图 6.22)，岩石孔径为 0.03～0.45mm，局部连通性好。

实验过程中的砂岩样本饱和液态丁烷，岩样的物性参数分别为：①通过干岩样的超声波速度估算得到 $K_b=13\text{GPa}$、$\mu_b=11.6\text{GPa}$；②目标区孔隙度测量结果为 12.5%～15%，实际计算采用了 15%；③对于该地区孔隙度为 10%～20%的砂岩，渗透率测量值稳定在 0.8～1.5mD，计算中渗透率为 1mD；④砂岩颗粒的体积模量一般为 38～39GPa，计算中取 34GPa；⑤石英颗粒密度为 2.65g/cm^3；⑥实验中孔隙压力为 500psi①，此时丁烷呈液态，密度接近 0.6g/cm^3，体积模量接近 0.5GPa。

图 6.22 须家河组致密砂岩镜下照片(铸体薄片)

分析对比结果如图 6.23 所示，测量数据分别用圆圈与"+"号表示。采用Biot 理论、BISQ 理论、黏弹性 BISQ 理论与双重孔隙介质理论（双重孔隙比率为 0.12∶0.03)

① 1psi=6.895kPa。

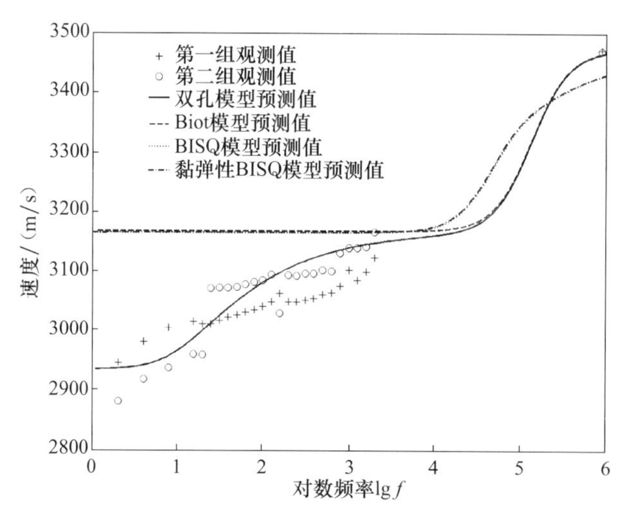

图 6.23　基于四种双相波动理论预测宽频带纵波实测速度

对岩石样本的纵波速度进行了理论预测。结果显示，除双重孔隙波动理论外，其他理论不能很好地预测中、低频段下的地震波速度频散特征；虽然在实际岩石中，各个尺度下双重孔隙的划分及其与实验观测的联系还有待深入探讨，但从目前的结果看，基于双重孔隙波动理论，在给定的两类孔隙比率下所得到的“两步”频散曲线，能够较好地吻合实验中频带宽、幅度强的纵波速度频散特征。

三、非均匀介质 Biot-Rayleigh 理论

（一）含一种流体岩石的 Biot-Rayleigh 理论

前述研究表明，双重孔隙结构作为近似描述非均匀孔隙岩石的一类逼近模型，具有合理性，“双重孔隙”考虑了岩石内部非均匀性，将孔隙分为软孔和硬孔，地震波挤压岩石时，孔隙流体在软孔与硬孔之间发生耗散性的荡动，并导致总体地震波能量的损失，使得岩石在中低频段内呈现“松弛”现象，即局域流导致的频散现象。以下采用孔隙介质理论的思路，通过宏观平均近似描述岩石骨架，采用球状流体的胀缩运动方程（Rayleigh，1917）描述局域流体流动，将固体振动、流体振动、局域流荡动统一放在哈密顿原理中处理，推导波传播与局域流动力学方程组，命名为 Biot-Rayleigh 方程组。

1. *基础理论*

图 6.24 为自然界四种双重孔隙介质示意图：①为微米量级晶体裂缝与粒间孔组成的双重孔隙结构［图 6.24（a）］；②为大颗粒组成岩石主骨架，小颗粒在局部形成补丁状嵌入体［图 6.24（b）］；③为在遭受强溶蚀的白云岩中，粉晶与泥残留在溶孔内部，形成第二类岩石骨架［图 6.24（c）］；④为部分溶化的冰块中，冰水混合物填充入疏松接触的冰块缝隙，与主骨架形成双重孔隙结构［图 6.24（d）］。

在此类各向同性的双重孔隙介质中，系统的总应变势能 W_1 是固体骨架应变 I_1、I_2、I_3，孔隙流体的应变 $\xi^{(1)}$、$\xi^{(2)}$ 与局域流体流动增量 ζ 的函数，用下式表示：

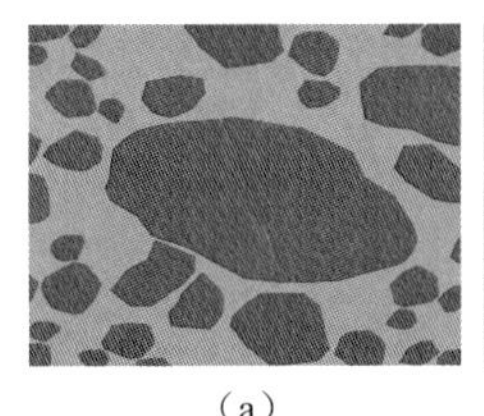
(a)
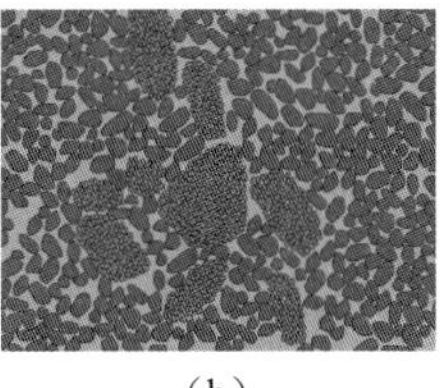
(b)
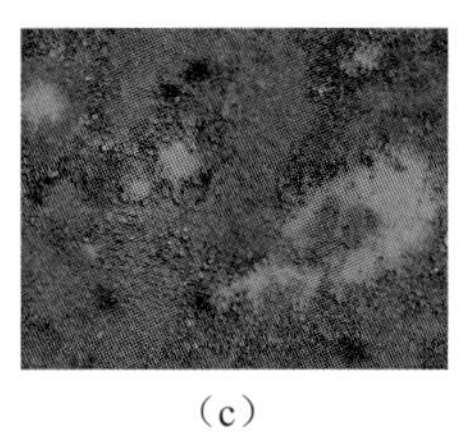
(c)
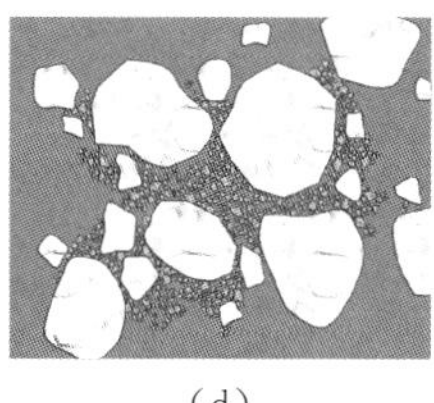
(d)

图 6.24　自然界的四种双重孔隙介质示意图

$$W_1(I_1,I_2,I_3,\xi^{(1)},\xi^{(2)},\xi)=\frac{1}{2}(A+2N)I_1^2-2NI_2+Q_1I_1(\xi_1^{(1)}+\phi_2\xi)$$
$$+\frac{1}{2}R_1(\xi^{(1)}+\phi_2\xi)^2+Q_2I_1(\xi^{(2)}-\phi_1\xi)+\frac{1}{2}R_2(\xi^{(2)}-\phi_1\xi)^2 \tag{6.53}$$

式中，ϕ_1、ϕ_2 分别为两类孔隙的绝对孔隙度。

系统的总动能是固体骨架振动速度 $\dot{u}_x$、$\dot{u}_y$、$\dot{u}_z$，两类孔隙流体的振动速度 $\dot{U}_x^{(1)}$、$\dot{U}_y^{(1)}$、$\dot{U}_z^{(1)}$、$\dot{U}_x^{(2)}$、$\dot{U}_y^{(2)}$、$\dot{U}_z^{(2)}$ 的函数，可用如下数学形式进行表述：

$$T=\frac{1}{2}\rho_{11}(\dot{u}_x^2+\dot{u}_y^2+\dot{u}_z^2)+\rho_{12}(\dot{u}_x\dot{U}_x^{(1)}+\dot{u}_y\dot{U}_y^{(1)}+\dot{u}_z\dot{U}_z^{(1)})$$
$$+\rho_{13}(\dot{u}_x\dot{U}_x^{(2)}+\dot{u}_y\dot{U}_y^{(2)}+\dot{u}_z\dot{U}_x^{(2)})+\frac{1}{2}\rho_{22}(\dot{U}_x^{(1),2}+\dot{U}_y^{(1),2}+\dot{U}_z^{(1),2})$$
$$+\frac{1}{2}\rho_{33}(\dot{U}_x^{(2),2}+\dot{U}_y^{(2),2}+\dot{U}_z^{(2),2})+T_{\mathrm{LF}} \tag{6.54}$$

式中，T_{LF}表示局域流体流动中的流体动能，为计算此参数，对双重孔隙介质中的嵌入体进行了球状近似，如图 6.25 所示，此时双重孔隙结构的两种组分分别体现为背景相(第一类孔隙结构）与球状嵌入体相（第二类孔隙结构)。两类孔隙结构的最大差异在于其可压缩性不同。

T_{LF}的计算简化为对一个流体球的各向同性的、均匀的、周期性的胀缩性运动模式的定量计算。引用 Rayleigh (1917) 对球状气泡周期性振荡运动的计算思路，将这一模型推广到含一种流体的双重孔隙结构的岩石模型中，得到 T_{LF}的计算公式如下所示：

$$T_{\mathrm{LF}}=\frac{1}{6}\rho_{f_1}\dot{\zeta}^2R_0^2\frac{\phi_1^2\phi_2\phi_{20}}{\phi_{10}} \tag{6.55}$$

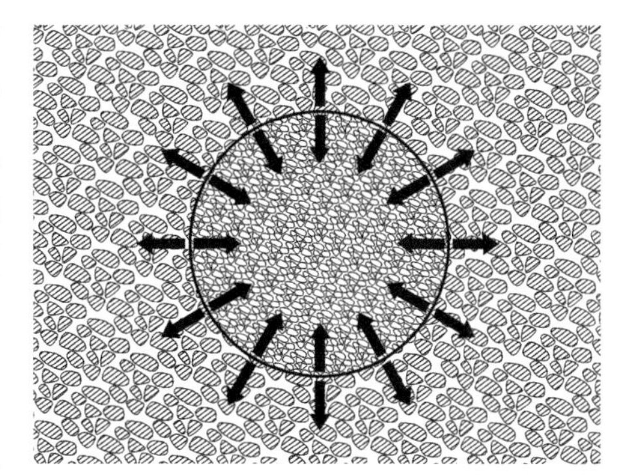
图 6.25　弹性波激励下球状流体周期性胀缩示意图

考虑到局域流体流动过程中流体与固体骨架之间存在摩擦力，采用与局域流体流动动能的计算方法相似的处理思路，也可以估算这一部分的耗散函数：

$$D_{\mathrm{LF}}=\frac{1}{6}\frac{\eta_1\phi_1^2\phi_2\phi_{20}}{\kappa_{10}}\dot{\zeta}^2R_0^2 \tag{6.56}$$

因此，总的耗散函数为

$$D=D_{\mathrm{LF}}+\frac{1}{2}b_1(\boldsymbol{u}-\boldsymbol{U}^{(1)})\cdot(\boldsymbol{u}-\boldsymbol{U}^{(1)})$$

$$+\frac{1}{2}b_2(\boldsymbol{u}-\boldsymbol{U}^{(2)})\cdot(\boldsymbol{u}-\boldsymbol{U}^{(2)}) \tag{6.57}$$

综合系统的势能函数、动能函数和耗散函数，基于哈密顿原理，采用带耗散的拉格朗日方程推导出波传播的动力学方程组如下：

$$\frac{\mathrm{d}}{\mathrm{d}t}\left(\frac{\partial L}{\partial \dot{x}_i}\right)+\frac{\mathrm{d}}{\mathrm{d}a_k}\left[\frac{\partial L}{\partial\left(\frac{\partial x_i}{\partial a_k}\right)}\right]+\frac{\partial D}{\partial \dot{x}_i}=0$$

$$\frac{\mathrm{d}}{\mathrm{d}t}\left(\frac{\partial L}{\partial \dot{q}_i}\right)+\frac{\partial L}{\partial q_i}+\frac{\partial D}{\partial \dot{q}_i}=0 \tag{6.58}$$

其中，$L=T-W$ 表示拉格朗日函数。

导出双重孔隙介质的 Biot-Rayleigh 方程组如下：

$$\begin{aligned}
&N\nabla^2\boldsymbol{u}+(A+N)\nabla e+Q_1\nabla(\xi^{(1)}+\phi_2\zeta)+Q_2\nabla(\xi^{(2)}-\phi_1\zeta)\\
&=\rho_{11}\ddot{\boldsymbol{u}}+\rho_{12}\ddot{\boldsymbol{U}}^{(1)}+\rho_{13}\ddot{\boldsymbol{U}}^{(2)}+b_1(\dot{\boldsymbol{u}}-\dot{\boldsymbol{U}}^{(1)})+b_2(\dot{\boldsymbol{u}}-\dot{\boldsymbol{U}}^{(2)})\\
&Q_1\nabla e+R_1\nabla(\xi^{(1)}+\phi_2\zeta)=\rho_{12}\ddot{\boldsymbol{u}}+\rho_{22}\ddot{\boldsymbol{U}}^{(1)}-b_1(\dot{\boldsymbol{u}}-\dot{\boldsymbol{U}}^{(1)})\\
&Q_2\nabla e+R_2\nabla(\xi^{(2)}-\phi_1\zeta)=\rho_{13}\ddot{\boldsymbol{u}}+\rho_{33}\ddot{\boldsymbol{U}}^{(2)}-b_2(\dot{\boldsymbol{u}}-\dot{\boldsymbol{U}}^{(2)})\\
&\phi_2[Q_1e+R_1(\xi^{(1)}+\phi_2\zeta)]-\phi_1[Q_2e+R_2(\xi^{(2)}-\phi_1\zeta)]\\
&=\frac{1}{3}\rho_{f1}\ddot{\zeta}R_0^2\frac{\phi_1^2\phi_2\phi_{20}}{\phi_{10}}+\frac{1}{3}\frac{\eta_1\phi_1^2\phi_2\phi_{20}}{\kappa_{10}}\dot{\zeta}R_0^2
\end{aligned} \tag{6.59}$$

式中，A、N、Q_1、R_1、Q_2 与 R_2 为双重孔隙介质中的六个 Biot 弹性参数，这些基础的弹性参数可以由岩石骨架的弹性模量、流体的体积模量、孔隙度、固体基质的弹性模量等基础的岩石物理参数进行显式的计算与估测；ρ_{11}、ρ_{12}、ρ_{13}、ρ_{22} 与 ρ_{33} 为双重孔隙介质中的五个密度参数，在对岩石内部的单个岩石颗粒采用球状近似假设的前提下，这五个密度参数也可以根据岩石中固体颗粒的密度、孔隙流体的密度、孔隙度及不同孔隙结构的组分比率进行显式的计算与估测。

2. 数值算例和对比分析

为验证 Biot-Rayleigh 方程组的正确性与适用性，采用与 Pride 和 Berryman（2003a，2003b）相同的岩石物理参数，对含流体的非均匀岩石（背景相为固结良好的砂岩骨架，嵌入体为未完全固结的砂）进行速度与衰减的预测。

在数值计算中，背景相与嵌入体相的体积比率分别为 $\nu_1=0.963$ 与 $\nu_2=0.037$。石英颗粒的体积模量与剪切模量分别为 $K_s=38\text{GPa}$ 与 $\mu_s=44\text{GPa}$，$\rho_s=2.65\text{g/cm}^3$。背景相岩石的孔隙度与渗透率为 $\phi_{10}=0.1$ 与 $\kappa_1=10^{-14}\text{m}^2$，嵌入体相的孔隙度与渗透率为 $\phi_{20}=0.3$ 与 $\kappa_1=10^{-12}\text{m}^2$。孔隙流体水的体积模量为 $K_f=25\text{GPa}$，黏度系数为 $\eta=0.001\text{Pa}\cdot\text{s}$，密度为 $\rho_f=1.04\text{g/cm}^3$。

快纵波 P1 速度随频率的变化关系曲线如图 6.26 所示。在地震频段内，快纵波速度随波频率的增加而上升，这种地震频段内的“上台阶”的现象即是小尺度非均匀性诱发的局域流所导致的低频地震波频散。图 6.26（a）给出了地震波速度随不同黏性流体的变化关系，图 6.26（b）给出了地震波速度随不同嵌入体尺寸的变化关系。结果显示随着流体黏性的降低与球状嵌入体半径的减小，地震波速度频散的“台阶”向对数频率轴右端移动。

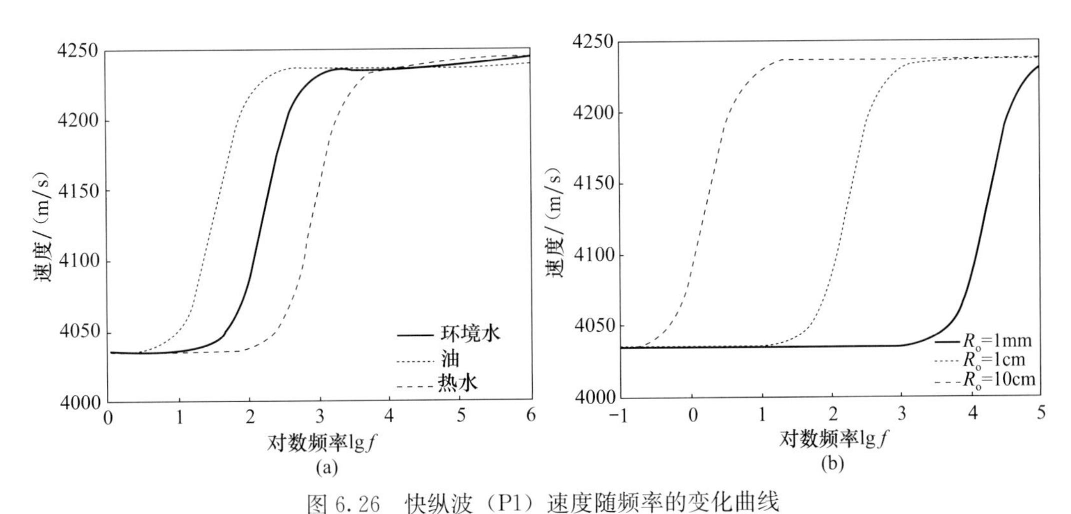

图 6.26 快纵波（P1）速度随频率的变化曲线

（a）不同流体对频散关系的影响；（b）不同嵌入体半径对频散关系的影响

图 6.27 给出了地震波衰减逆品质因子随地震波频率的变化关系曲线。

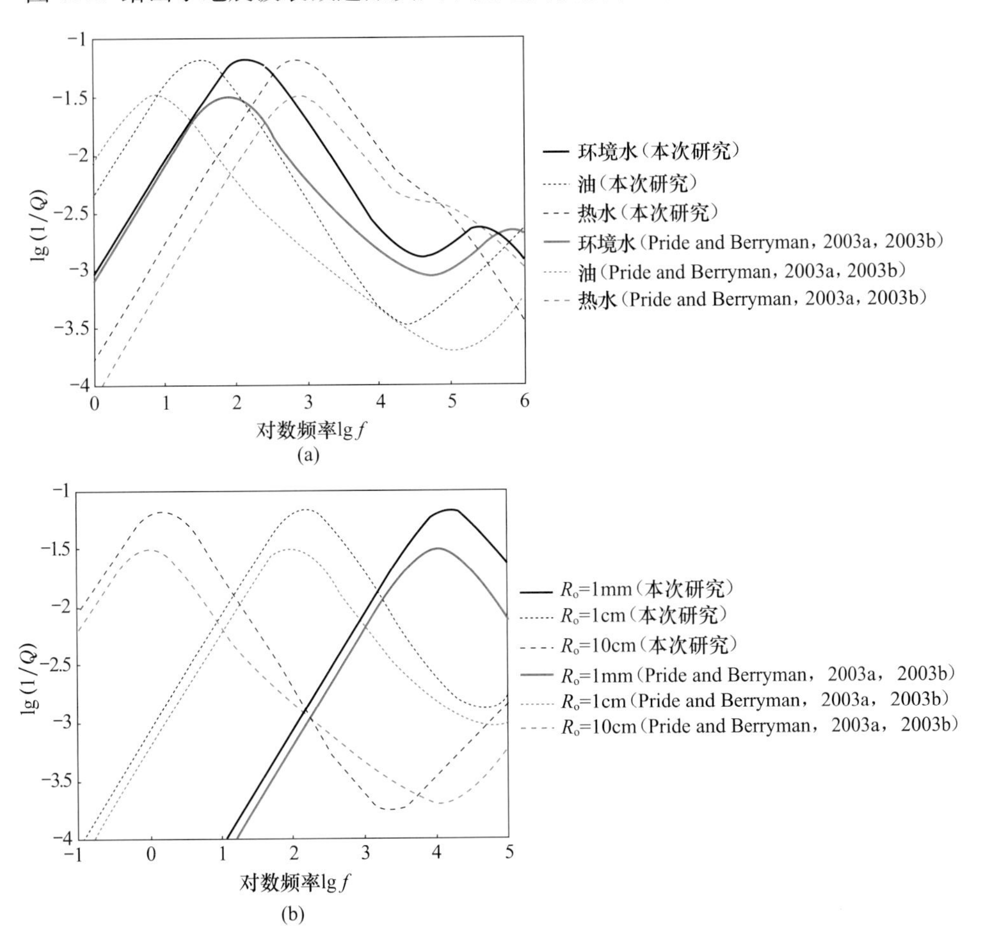

图 6.27 快纵波（P1）衰减逆品质因子随频率的变化曲线

（a）不同流体对频散关系的影响；（b）不同嵌入体半径对频散关系的影响

其中图 6.27（a）是地震波衰减随不同黏性流体的变化，图 6.27（b）为地震波衰减随不同嵌入体尺寸的变化，可以看出快纵波的衰减-频率变换关系曲线呈现“双峰”形态。在地震频段内，波的衰减峰值明显较强，主要由流体的局域流动引起，在超声频段内，波的衰减峰值较弱，主要由 Biot 耗散机制引起。本理论给出的结果（黑线）与 Pride 和 Berryman（2003a，2003b）的研究结果（红线）具有相似的曲线形态与变化规律，但黑线预测值略高于红线预测值。在 1～1000Hz 范围内，衰减的峰值（Q）为 15～30，这是储层岩石的典型衰减特征。

Pride 和 Berryman（2003a，2003b）采用单孔等效介质模型逼近了实际的双重孔隙模型，不能预测两类慢纵波的具体传播特征。在本书研究中，通过平面波分析并求解三次复方程组，可以导出两类慢纵波的速度与衰减结果。图 6.28 给出了两类慢纵波的速度-频率关系曲线，分析了不同黏性流体与不同嵌入体尺寸对慢纵波传播速度的影响。两类慢纵波（P2 与 P3）对应背景相与嵌入体相，具有不同的传播速度。

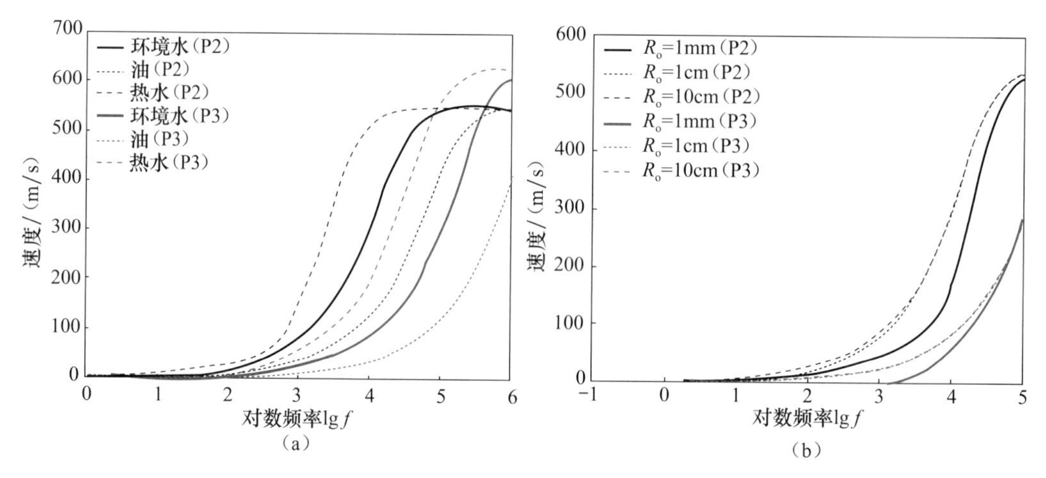

图 6.28　两类慢纵波（P2 与 P3）速度随频率的变化关系曲线

（a）不同流体对频散关系的影响；（b）不同嵌入体半径对频散关系的影响

图 6.29 显示了两类慢纵波的衰减逆品质因子-频率关系曲线，分析了不同黏性流体与嵌入体尺寸对慢纵波衰减的影响。随着流体黏性的降低与球状嵌入体半径的减小，在超声频段，P2 与 P3 的速度与衰减逆品质因子曲线有向对数频率轴左端移动的趋势。在地震频段内，P3 的衰减关系曲线呈现异常低值，并随着流体黏性的降低与球状嵌入体半径的减小，向频率轴右端移动，这种特征主要是由局域流体流动引起的。

（二）非均匀饱和 Biot-Rayleigh 理论

前人基于黏弹性理论与 BISQ 理论的相关研究中，由于引入了一些并不具有明确物理意义或并不易于直接物理实现的参数或系数（如松弛时间、黏弹性系数或特征喷射流长度等），使这些理论的数学基础与物理内涵难以得到实现或验证。另外，在基于精细模型的数值模拟与地震响应分析的相关研究中，由于需要建立过于详细的岩石模型并设置边界条件，使这类方法虽然能够给出实际岩石中的地震波响应，在应用中却往往缺乏

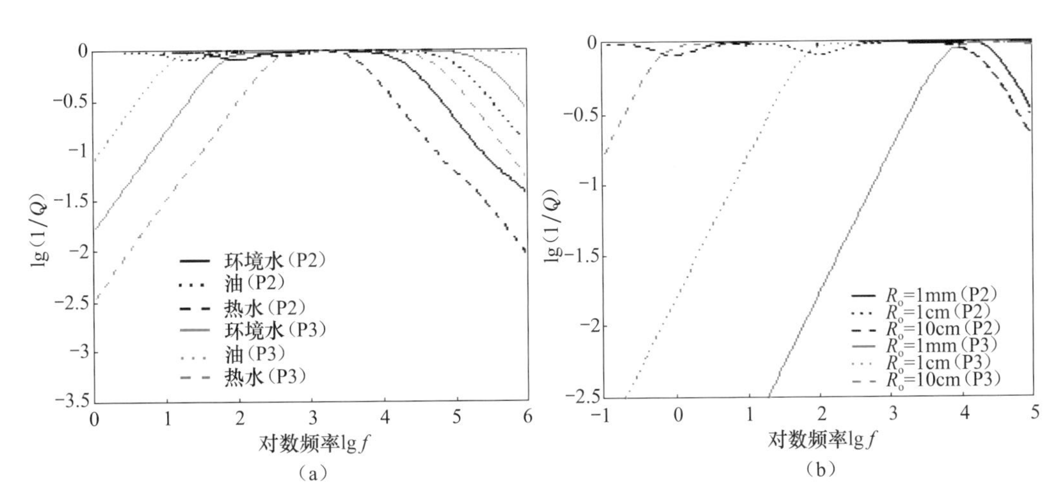

图 6.29 两类慢纵波（P2 与 P3）衰减逆品质因子随频率的变化关系曲线
(a) 不同流体对频散关系的影响；(b) 不同嵌入体半径对频散关系的影响

足够的先验信息，并且由于建模高复杂度与计算高消耗，使此类方法难以在实际工程中得到很好的应用。针对非均匀含流体岩石，推导一种格式尽可能简洁、物理参数尽可能少、各参量均具备物理可实现性的波传播方程，以期满足实际研究与工业生产需要。在处理非饱和岩石中的波传播问题时，将含一类流体、两种骨架的双重孔隙介质中的 Biot-Rayleigh 方程组拓展到一类骨架、两类流体情况，以描述在地震波激励下由气泡引起的岩石内部“球状”局部胀缩运动。

岩石内部仅含一类流体、但含两类骨架的双重孔隙结构如图 6.30 所示，为描述气水非饱和岩石中的地震波传播与频散规律，需要考虑一种岩石骨架、两类孔隙流体渗入的情况（图 6.31），将一类孔抽象为嵌入体，将另一类孔抽象为背景相，嵌入体与背景相之间的固体骨架与岩石基质的基础属性完全一致，两者之间的主要差别，来自于孔隙空间内部的孔隙水与孔隙气在密度、弹性模量与黏滞性方面的差异。此时，将气水非饱和岩石近似看作另一类双重孔隙介质模型，岩石内部赋存有一类气孔、一类水孔，形成“双重孔隙”。

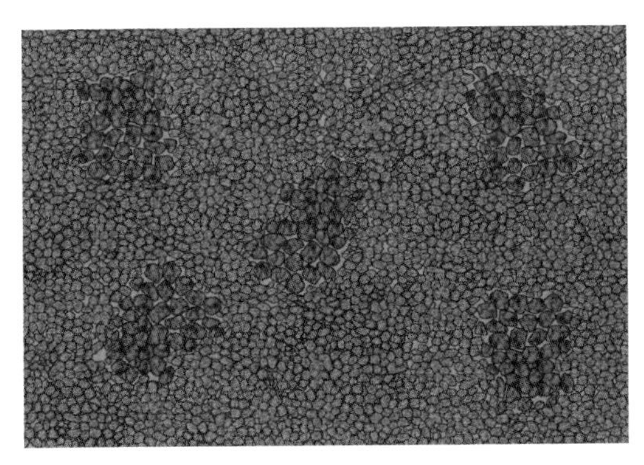

图 6.30 仅饱和水的非均匀砂岩中的双重孔隙结构示意图

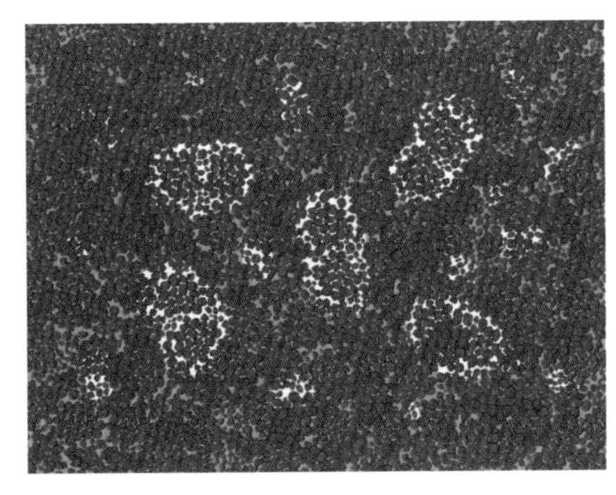

图 6.31 非饱和砂岩中的双重孔隙结构示意图（两种流体，一类骨架）

1. 理论模型

一类骨架、两种流体的推导过程与两类骨架一种流体的情况十分类似，但方程中的变量需要重新定义，此时 $\boldsymbol{u}$、$\boldsymbol{U}^{(1)}$、$\boldsymbol{U}^{(2)}$ 分别表示固体、水与气三相的位移矢量，并且，方程的所有弹性与密度常数需要重新定义。对含两类不同骨架的复合孔隙结构，引入新的变量 β，描述两类骨架的压缩性比例：

$$\beta=\frac{\phi_{20}[1-(1-\phi_{10})K_s/K_{b1}]}{\phi_{10}[1-(1-\phi_{20})K_s/K_{b2}]} \tag{6.60}$$

式中，ϕ_{10}、ϕ_{20} 分别为背景相与嵌入体中的局部孔隙度；K_s 为固体颗粒的体积模量；K_{b1} 与 K_{b2} 分别表示两类骨架的体积模量。

对于仅含一类骨架、含气和水两种流体的非饱和岩石，含气区与含水区具有相同结构，变量 β 的影响可以忽略，即取 $\beta=1$，这就得到了第一条弹性参数与岩石基本参数的联系。

忽略流体在剪切方向上对岩石整体受力的影响，即含流体岩石的剪切模量与干岩石的剪切模量相等。将含两种流体的岩石密封置于静水压环境下，且允许流体从中流出，此时岩石内部固、水、气三相的应力-应变复合本构关系可导出一条联系。将非饱和岩石置于统一的静水压流体环境中，固、水、气三相都只受到静水压作用，则此时可导出另外三条先验性联系。

基于以上六条先验性联系，可定量导出六个弹性常数关于岩石流体基本参量的显式表达式。

$$\begin{aligned}
A=&(1-\phi)K_s-\frac{2}{3}N-\frac{\phi_1(1-\phi_1-\phi_2-K_b/K_s)K_s^2/K_f^{(1)}}{(1-\phi_1-\phi_2-K_b/K_s)+K_s/K_f^{(1)}(\phi_1+\phi_2)}\\
&-\frac{\phi_2(1-\phi_1-\phi_2-K_b/K_s)K_s^2/K_f^{(2)}}{1-\phi_1-\phi_2-K_b/K_s+K_s/K_f^{(2)}(\phi_1+\phi_2)}\\
Q_1=&\frac{(1-\phi_1-\phi_2-K_b/K_s)\phi_1K_s}{(1-\phi_1-\phi_2-K_b/K_s)+K_s/K_f^{(1)}(\phi_1+\phi_2)}\\
Q_2=&\frac{(1-\phi_1-\phi_2-K_b/K_s)\phi_2K_s}{1-\phi_1-\phi_2-K_b/K_s+K_s/K_f^{(2)}(\phi_1+\phi_2)}\\
R_1=&\frac{(\phi_1+\phi_2)\phi_1K_s}{(1-\phi_1-\phi_2-K_b/K_s)+K_s/K_f^{(1)}(\phi_1+\phi_2)}\\
R_2=&\frac{(\phi_1+\phi_2)\phi_2K_s}{1-\phi_1-\phi_2-K_b/K_s+K_s/K_f^{(2)}(\phi_1+\phi_2)}\\
N=&\mu_b
\end{aligned} \tag{6.61}$$

一类骨架、两种流体的双重孔隙方程的密度参数的定义与两类骨架、一种流体的情况略有差异。首先，可采用孔隙介质理论通用的密度关系式如下：

$$(1-\phi_1-\phi_2)\rho_s=\rho_{11}+\rho_{12}+\rho_{13},\quad \phi_1\rho_f^{(1)}=\rho_{12}+\rho_{22},\quad \phi_2\rho_f^{(2)}=\rho_{13}+\rho_{33} \tag{6.62}$$

其次，引用 Berryman 关于浸润在流体中的球状颗粒假设，可估算岩石弯曲度 α，然后对气、水、固三相介质的密度参数进行定量估算。

$$\rho_{22}=\alpha\phi_1\rho_f^{(1)},\quad \rho_{33}=\alpha\phi_2\rho_f^{(2)},\quad \alpha=\frac{1}{2}\left(\frac{1}{\phi}+1\right) \tag{6.63}$$

含气区与含水区的耗散系数可沿用 Biot（1956a，1956b）的定义进行分别计算。

2. 实际数据对比分析

采用 Adam 等（2006）实验数据验证该理论的适用性，该砂岩来自北海，主要成分为石英，孔隙度为 0.35，固结程度好，渗透率达到 8.7D。设置气泡的平均尺寸为 5mm，所得到的实验结果与理论预测结果的对比如图 6.32 所示，结果显示：理论结果较好地预测了地震波速度在不同频段内、不同饱和度下的频散分布趋势。低频段的实验观测结果，全部分布于地震频段内的理论预测值以下，高频段的实验观测结果，则全部分布于超声频段内的理论预测值以上。随着含气饱和度下降，纵波速度的整体变化趋势，在理论预测与实验观测规律是一致。

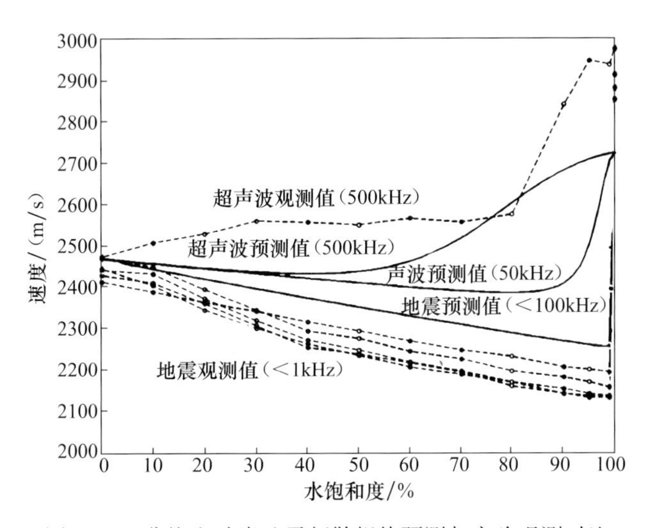

图 6.32 非饱和砂岩地震频散规律预测与实验观测对比

四、双连通孔隙部分饱和模型

低孔渗储层往往经历压实、胶结、交代、溶解及破裂等一系列的成岩作用，形成了各种孔隙类型，包括铸模孔、溶孔、粒间孔、粒内孔、晶间微孔、裂缝等，这些孔隙类型混合在一起构成一种非常复杂的孔隙空间网络。最近实验研究表明（Baechle et al.，2008；Smith et al.，2009），孔隙度和孔隙结构密切影响岩石弹性特征，特别当孔隙度低于 10%时，孔隙结构对弹性参数的作用将超过孔隙度。因此，岩石物理分析中考虑孔隙结构的影响将有助于改进储层预测及流体检测效果。尽管作者能够利用各种成像技术观察到这些孔隙结构特征，但是如何建立孔隙结构定量描述体系并将其引入到岩石物理模型中依然是目前的一个挑战。另外，复杂的孔隙结构还会导致多相流体在岩石内部分布不均匀，具体分布形式影响岩石速度与饱和度的关系，增加油气检测的难度。

一般来说，这种复杂储层岩石可以近似看作一种双重孔隙介质，即将全部孔隙空间分为硬孔和软孔两部分。硬孔主要涉及铸模孔、溶孔、粒间孔等孔隙类型，贡献大部分的孔隙空间，但对声波速度影响很小。与之相反，含量较低的软孔却与岩石速度密切相关，包括黏土孔隙、晶间孔、微裂隙、裂缝等孔隙类型。近几年，文献中出现不少以此为基础建立的双孔等效介质模型（Mavko and Dvorkin，2005；Baechle et al.，2008；

Xu and Payne，2009)，该类模型直接建立了岩石弹性参数与微观孔隙结构之间的关系，在实际中得到较好的应用效果。本书在前人双孔模型的基础上进一步改进，引入双连通孔隙及微观流体不均匀分布特征，推导得到一种双连通孔隙部分饱和模型，并且利用实验数据验证了模型的合理性。

（一）双连通孔隙介质弹性模拟

1. 双连通孔隙介质

孔隙结构是影响低孔渗岩石速度的一个非常重要的影响，主要体现在孔隙的形态、连通性及尺寸三个方面。相对于球形或管状孔隙，裂隙状软孔具有更高的可压缩性，因此软孔含量越多的岩石明显表现出低速特征。连通性反映了孔隙与周围孔隙之间的流体流动性能，取决于孔喉尺寸、形态及流体黏性等因素。当弹性波经过孔隙介质时，孔隙的形变会导致孔隙流体压力发生变化，由于孔隙存在压缩性的差异，导致孔隙之间存在压力梯度。如果孔隙连通性比较好且压力可以在波的半个周期内达到平衡，孔隙流体对速度的影响可以用 Gassmann 方程来进行描述。与之相反，孔隙之间连通性很差，孔隙压力无法及时与周围孔隙进行平衡，从而使孔隙表现出较强的刚性。本质上而言，孔隙介质是一种非均匀介质，弹性波在其内部传播时会发生散射。当波长远大于孔隙尺寸时，可以认为孔隙介质是均匀的，可忽略散射作用。

实际低孔渗储层岩石孔隙结构非常复杂，含有不同尺寸、形态和连通性的孔隙，很难从数学上准确地模拟其弹性特征，因此需要进行相应的简化近似。如果波长远大于孔隙或孔洞尺寸，那么只考虑孔隙形态和连通性两个方面。本书将低孔渗储层近似为一种双连通孔隙介质，并给出了相应的假设条件：①将全部孔隙空间划分为球形硬孔和硬币状软孔两部分，任何形态孔隙均可弹性等效为这两部分构成；②将全部孔隙空间划分为连通孔和孤立孔两部分，连通孔之间的压力能够在波的半个周期内达到平衡，而孤立孔之间及孤立孔与连通孔之间流体难以流动；③连通孔中硬软孔的比例与孤立孔相同；④各种类型孔隙在介质中随机分布，不存在定向排列。在此基础上，定义了三种表征孔隙结构的参数，包括孔隙纵横比 α、比例因子 ν 和连通系数 ξ。α 表示孔隙的长度与直径的比值，球形硬孔 $\alpha=1$，硬币状软孔 α 通常小于 0.01；ν 表示各种形态孔隙占总孔隙空间的比例；ξ 表示连通孔占总孔隙空间的比例。

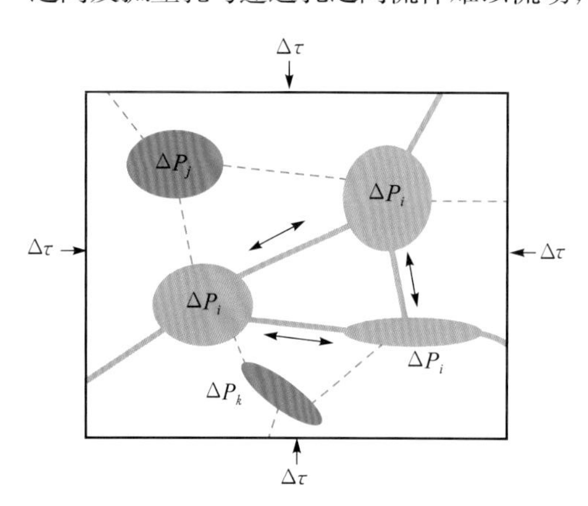

图 6.33 弹性波激励下的双连通孔隙介质流体响应

$\Delta\tau$ 为弹性波激励的应力变化；ΔP_i、ΔP_j、ΔP_k 为每个孔隙中压力状态

图 6.33 给出了双连通孔隙介质在弹性波激励下的孔隙流体响应示意图，其中蓝色表示连通孔、黄色表示孤立孔。假如在弹性波的激励下引发了 $\Delta\tau$ 的应力变化，在连通孔中形成的压力梯度可迅速平衡并达到稳定状态 ΔP_i，然而孤立孔的压力变化相对周围孔隙是独立的。

2. 弹性参数理论估计

孤立孔隙及其内部流体对岩石弹性模量的影响可以用包体等效介质理论来进行描述。文献中存在大量该类模型（Wang and Nur，1992；Mavko and Mukerji，1998）。此类模型的基本假设是孔隙作为包体嵌入到主介质中，孔隙之间不存在流体流动。出于计算和推导方便的目的，本书选用了Mori-Tanaka模型（Mori and Tanaka，1973），简称MT模型。该模型是一种基于平均应力场的方法，考虑了孔隙之间的相互应力作用，而且具有应用方便的显格式公式。MT模型适用于孔隙度不超过30%的岩石（Berryman and Berge，1996），低孔渗储层肯定满足这个要求。岩石矿物作为主介质而孔隙作为包体，将孔隙度ϕ、矿物模量$K_{\min}$与$\mu_{\min}$、流体模量K_{f}、孔隙结构参数引入MT模型，整理得到

$$\begin{cases} K=\dfrac{(1-\phi)K_{\min}+\phi\sum\limits_{i=1}^{n}\nu_i K_{\mathrm{f}} P_i}{(1-\phi)+\phi\sum\limits_{i=1}^{n}\nu_i P_i} \\ \mu=\dfrac{(1-\phi)\mu_{\min}}{(1-\phi)+\phi\sum\limits_{i=1}^{n}\nu_i Q_i} \end{cases} \tag{6.64}$$

式中，ν_i为第i种孔隙所占的比例；P_i和Q_i为孔隙形态因子，含有孔隙纵横比α_i、矿物模量及流体模量，具体形式参考相关文献。

对于含多种矿物的岩石，可以先利用Hill公式（Hill，1952）得到平均矿物模量。

在双连通孔隙介质中，连通孔的流体影响用Gassmann方程来进行描述，而孤立孔部分采用MT模型。根据前面定义的孔隙结构参数，将这两个模型有效地结合在一起，推导出一种双连通孔隙模型。图6.34给出了该模型的基本思路。首先由流体饱和孤立孔与矿物颗粒构成一种“基质”，然后将空连通孔加入“基质”形成“干骨架”，最后将流体引入干骨架中。

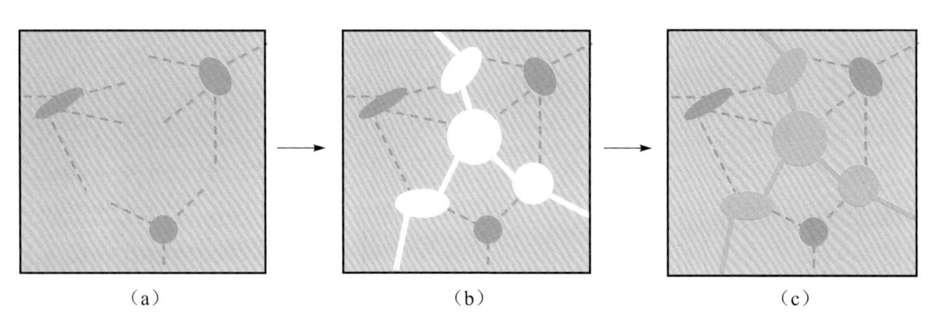

图6.34 双连通孔隙模型基本思路

(a)“基质”；(b)“干骨架”；(c) 流体饱和

利用双连通孔隙模型预测弹性参数需要通过以下三步来实现。

1）计算“基质”模量

由流体饱和孤立孔与矿物颗粒构成基质，其孔隙度为

$$\phi_{\mathrm{mat}}=\frac{\phi_{\mathrm{iso}}}{1-\phi+\phi_{\mathrm{iso}}} \tag{6.65}$$

式中，ϕ为总孔隙度；$\phi_{\mathrm{iso}}=(1-\xi)\phi$，为孤立孔隙度。

利用式（6.64）计算该基质的弹性模量，注意将式中 ϕ 替换为 ϕ_{mat}，得到

$$\begin{cases} K_{\mathrm{mat}}=\dfrac{(1-\phi_{\mathrm{mat}})K_{\min}+\phi_{\mathrm{mat}}\sum\limits_{i=1}^{2}\nu_i K_{\mathrm{f}}P_i}{(1-\phi_{\mathrm{mat}})+\phi_{\mathrm{mat}}\sum\limits_{i=1}^{2}\nu_i P_i} \\ \mu_{\mathrm{mat}}=\dfrac{(1-\phi_{\mathrm{mat}})\mu_{\min}}{(1-\phi_{\mathrm{mat}})+\phi_{\mathrm{mat}}\sum\limits_{i=1}^{2}\nu_i Q_i} \end{cases} \tag{6.66}$$

式中，$i=1$ 为硬孔，$i=2$ 为软孔，满足 $\nu_1+\nu_2=1$；P_i 和 Q_i 为含流体状态下的孔隙形态因子。

2）计算“干骨架”模量

将空连通孔加入该“基质”中，需要考虑连通孔和孤立孔在应力场中的相互作用。因此，利用 MT 模型计算“干骨架”模量，依然将矿物作为主介质，连通孔和孤立孔作为包体，即

$$\begin{cases} K_{\mathrm{dry}}=\dfrac{(1-\phi)K_{\min}+\phi_{\mathrm{iso}}\sum\limits_{i=1}^{2}\nu_i K_{\mathrm{f}}P_i}{(1-\phi)+\phi_{\mathrm{con}}\sum\limits_{i=1}^{2}\nu_i \hat{P}_i+\phi_{\mathrm{iso}}\sum\limits_{i=1}^{2}\nu_i P_i} \\ \mu_{\mathrm{dry}}=\dfrac{(1-\phi)\mu_{\min}}{(1-\phi)+\phi_{\mathrm{con}}\sum\limits_{i=1}^{2}\nu_i \hat{Q}_i+\phi_{\mathrm{iso}}\sum\limits_{i=1}^{2}\nu_i Q_i} \end{cases} \tag{6.67}$$

式中，$\phi_{\mathrm{con}}=\xi\phi$，为连通孔隙度；$\hat{P}_i$ 和 $\hat{Q}_i$ 为空孔隙的形态因子。

需要注意的是，对于同一种孔隙，充填不同孔隙流体时形态因子是不一样的。

3）流体饱和岩石模量

由于连通孔之间的压力能够在波的半个周期内达到平衡，满足 Gassmann 方程的假设条件，可以用该方程来描述连通孔的流体作用。将前面两步计算的“基质”和“干骨架”参数代入 Gassmann 方程中，并用 ϕ_{con}取代该方程中的 ϕ，得到

$$\begin{cases} K_{\mathrm{sat}}=K_{\mathrm{dry}}+\dfrac{(1-K_{\mathrm{dry}}/K_{\mathrm{mat}})^2}{\phi_{\mathrm{con}}/K_{\mathrm{f}}+(1-\phi_{\mathrm{con}})/K_{\mathrm{mat}}-K_{\mathrm{dry}}/K_{\mathrm{mat}}^2} \\ \mu_{\mathrm{sat}}=\mu_{\mathrm{dry}} \end{cases} \tag{6.68}$$

此外，由矿物密度 $\rho_{\min}$和流体密度 ρ_{f} 计算得到流体饱和状态下的密度 ρ_{sat}。再根据前面计算模量和密度可以换算得到相应的纵波和横波速度。

3. 流体替代计算

在岩心、测井和地震资料的岩石物理分析中，如何从根据一种流体饱和岩石的速度去预测另一种流体饱和状态是一个非常重要的问题，也就是所谓的流体替代计算。地下储层岩石饱和的流体类型具有多种可能，然而在测井中往往只会遇到其中一种情况，通过流体替代有助于作者理解横向上由于流体变化带来的地震波响应特征差异。Gassmann 方程是目前流体替代计算方法中的核心，然而对低孔渗储层而言，这种方法可能存在一定的局限性。

双连通孔隙模型同样可以用于流体替代计算，但是其前提条件是需要知道相应的模

型参数，主要涉及矿物、流体、孔隙度、孔隙结构四个方面。常见矿物的弹性参数一般是已知的，如果岩石中存在多种矿物，可以采用 Hill 平均来进行计算，或者根据岩石速度、密度与孔隙度的关系进行线性回归得到（Vernik and Liu，1997）。最关键的问题在于如何获取可靠的孔隙结构参数，在模型中主要体现在软孔纵横比 α_2、软孔比例 ν_2 和连通系数 ξ。对某种特定岩石而言，可以将软孔纵横比设为常数，此时软孔对岩石的作用主要体现在软孔比例上。因此，在实际中只需要获取软孔比例 ν_2 和连通系数 ξ，一般这两个参数可以通过分析实验数据得到。

以广安须家河组致密砂岩为例，分别利用 Gassmann 方程、MT 模型及双连通孔隙模型对实验测量数据开展流体替代分析。共选取了 14 块样品的超声波实验数据，包括干燥和蒸馏水饱和两种状态，其测量条件是室温、有效压力 35MPa 及孔压 10MPa。这些样品的孔隙度为 4%～14%。采用线性回归法（晏信飞等，2011）得到岩石矿物体积模量为 39.89GPa 及剪切模量为 30.01GPa。如果不考虑连通孔的流体作用，双连通孔隙模型与考虑两种孔隙形态的 MT 模型在形式上一致，因此可以使用相同的孔隙形态参数。在致密砂岩中，假定硬孔纵横比为 1、软孔纵横比为 0.01，可以利用 MT 模型从干燥样品数据中反演软孔比例。图 6.35 给出了反演软孔比例与孔隙度的关系。随着孔隙度从 2%增加 8%，软孔比例从 25%几乎线性下降到 10%左右，这意味着低孔样品可能会表现出更强的流体敏感性。当孔隙度大于 8%时，软孔比例几乎不随孔隙度变化，基本上保持在 9%左右。此外，连通系数可以根据水饱和数据进行适当设定。

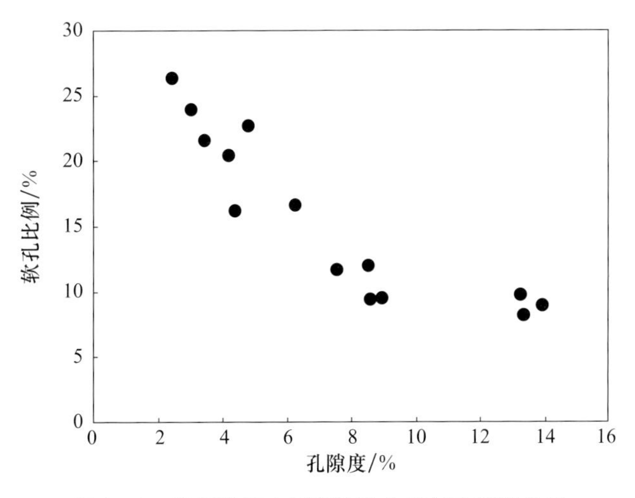

图 6.35 致密砂岩中反演软孔含量与孔隙度关系

得到前面的参数后，分别利用前面三种模型对干燥样品数据开展流体替代计算，图 6.36 给出了该三种模型预测结果与测量水饱和数据的对比分析。无论是纵波速度还是横波速度，Gassmann 方程的预测结果都总体偏低，V_P 偏低大概 3.7%，而且 V_S 也偏低 1.9%。与之相反，由于 MT 模型假定所有孔隙相互独立，不存在孔隙间的流体流动，因此它的预测结果总体偏高，特别是孔隙度较高的数据点，V_P 和 V_S 的误差可以超过 2%。实际岩石的孔隙结构非常复杂，既存在连通好的孔隙，也有相对封闭的孔隙，

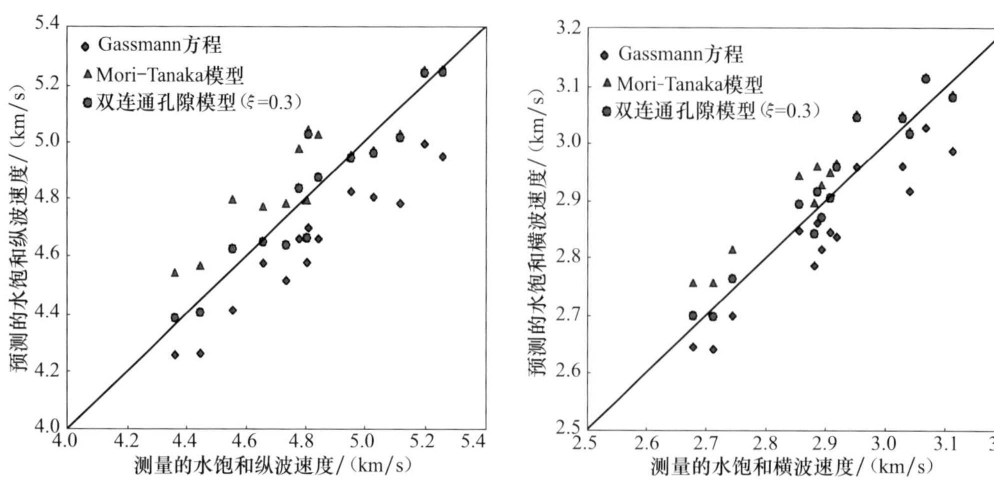

图 6.36　三种流体替代方法的预测结果与实测数据的对比

因此将这两种模型结合在一起可能会得到更加合理的预测结果。当连通系数设为 0.3 时，双连通孔隙模型的预测结果与实测数据非常接近，说明这种孔隙结构假设应该更符合实际岩石情况。

（二）双相流体部分饱和特征

1. 双连通部分饱和模型

地下油气储层中的孔隙流体通常以气-水、油-水或气-油-水混合的形式存在，所以如何描述双相或多相流体饱和岩石的弹性特征是岩石物理学中一个非常重要的问题。对于低孔渗储层岩石而言，由于孔隙结构复杂不均匀，在成藏过程中油气优先充填连通性好的孔隙，随着饱和度提高，油气也可能渗入到连通性差的孔隙。因此，烃类与水在微观孔隙尺度上分布是不均匀的，而这种分布特征又影响岩石速度与饱和度的关系。

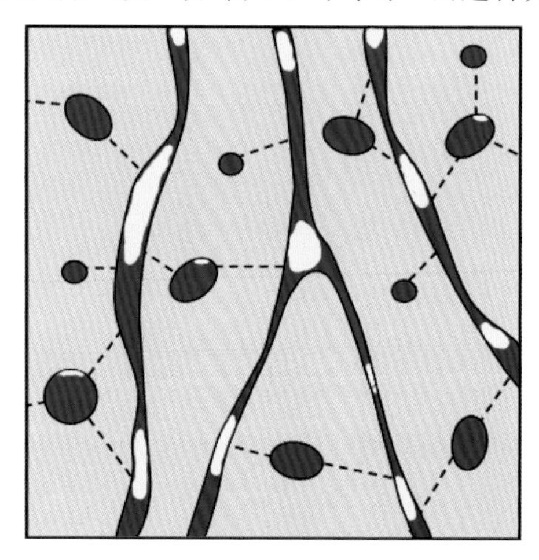

图 6.37　双连通孔隙介质中双相流体不均匀分布示意图

为了进一步表征低孔渗储层的部分饱和特征，在双连通孔隙介质基础上引入这种流体不均匀分布。假设流体 1 先充填该介质中的孔隙，接着注入流体 2 对流体 1 进行驱替，后进入的流体 2 优先占据连通孔，也存在少量的流体 2 侵入孤立孔（连通性差的孔隙）。图 6.37 给出了双连通孔隙介质中双相流体不均匀分布示意图，其中蓝色表示流体 1、黄色表示流体 2。

在双连通孔隙介质中，流体不均匀分布主要体现在孔隙与孔隙之间存在饱和度差异。根据流体 2 的含量定义三个饱和度参数，包括总饱和度 S、连通孔饱和度 S_{con} 和孤立孔饱和度

S_{iso}，三种之间满足

$$S=\xi S_{con}+(1-\xi)S_{iso} \tag{6.69}$$

将这些饱和度参数代入前面的双连通孔隙模型中，具体计算通过以下三步来完成：

1）计算“基质”模量

按照饱和流体的不同，将孤立孔总体上划分为两类孔隙，第一类孔隙以充填流体 1 为主，第二类孔隙以充填流体 2 为主。为了简化模型，将第二类孔隙所占比例近似等同于孤立孔饱和度。矿物颗粒作为主介质，两类孤立孔作为包体嵌入其中构成“基质”，则“基质”的弹性模量为

$$\begin{cases} K_{mat}=\dfrac{(1-\phi_{mat})K_{min}+\phi_{mat}(1-S_{iso})\sum\limits_{i=1}^{2}\nu_i K_{f1}P_i+\phi_{mat}S_{iso}\sum\limits_{i=1}^{2}\nu_i K_{f2}\widetilde{P}_i}{(1-\phi_{mat})+\phi_{mat}(1-S_{iso})\sum\limits_{i=1}^{2}\nu_i P_i+\phi_{mat}S_{iso}\sum\limits_{i=1}^{2}\nu_i\widetilde{P}_i} \\ \mu_{mat}=\dfrac{(1-\phi_{mat})\mu_{min}}{(1-\phi_{mat})+\phi_{mat}(1-S_{iso})\sum\limits_{i=1}^{2}\nu_i Q_i+\phi_{mat}S_{iso}\sum\limits_{i=1}^{2}\nu_i\widetilde{Q}_i} \end{cases} \tag{6.70}$$

式中，P_i 和 Q_i 为第一类孤立孔的形态因子；而 $\widetilde{P}_i$ 和 $\widetilde{Q}_i$ 为第二类孤立孔的形态因子。

2）计算“干骨架”模量

矿物颗粒作为主介质，两类孤立孔及空连通孔作为包体嵌入其中，再利用式（6.64）计算“干骨架”模量，即

$$\begin{cases} K_{dry}=\dfrac{(1-\phi)K_{min}+\phi_{iso}(1-S_{iso})\sum\limits_{i=1}^{2}\nu_i K_{f1}P_i+\phi_{iso}S_{iso}\sum\limits_{i=1}^{2}\nu_i K_{f2}\widetilde{P}_i}{(1-\phi)+\phi_{con}\sum\limits_{i=1}^{2}\nu_i\hat{P}_i+\phi_{iso}(1-S_{iso})\sum\limits_{i=1}^{2}\nu_i P_i+\phi_{iso}S_{iso}\sum\limits_{i=1}^{2}\nu_i\widetilde{P}_i} \\ \mu_{dry}=\dfrac{(1-\phi)\mu_{min}}{(1-\phi)+\phi_{con}\sum\limits_{i=1}^{2}\nu_i\hat{Q}_i+\phi_{iso}(1-S_{iso})\sum\limits_{i=1}^{2}\nu_i Q_i+\phi_{iso}S_{iso}\sum\limits_{i=1}^{2}\nu_i\widetilde{Q}_i} \end{cases} \tag{6.71}$$

式中，$\hat{P}_i$ 和 $\hat{Q}_i$ 为空连通孔的形态因子。

3）流体饱和岩石模量

将前面两步计算的“基质”和“干骨架”参数代入 Gassmann 方程中，并用 ϕ_{con} 取代该方程中的 ϕ，得到

$$\begin{cases} K_{sat}=K_{dry}+\dfrac{(1-K_{dry}/K_{mat})^2}{\phi_{con}/K_f^*+(1-\phi_{con})/K_{mat}-K_{dry}/K_{mat}^2} \\ \mu_{sat}=\mu_{dry} \end{cases} \tag{6.72}$$

式中

$$K_f^*=\frac{1}{\dfrac{1-S_{con}}{K_{f1}}+\dfrac{S_{con}}{K_{f2}}}$$

2. 部分饱和气藏速度特征

气藏的形成是一种气体驱替地层水的过程。储层在成岩过程中一直都是地层水饱和

的，烃源岩生成的天然气通过浮力、扩散等作用运移到储集层中，逐渐取代其中的地层水，从而形成气藏。在低孔渗气藏中，由于岩石矿物颗粒普遍具有亲水性，再加上其双重甚至多重孔隙连通性，导致这种驱替模式下气水分布不均匀。地层水倾向于吸附在矿物颗粒的表面或占据连通性较差的微孔，而气体优先分布在连通较好的孔隙中，随着含气饱和度的增加进而进入到微孔中。

如果用上述模型描述气藏的部分饱和特征，需要将地层水设为流体 1，而气体设为流体 2。以阿姆河盆地麦捷让低孔渗灰岩气藏为例，利用双连通部分饱和模型预测该气藏的速度-饱和度关系，并与传统的均匀饱和模型及斑块饱和模型（Mavko and Mukerji，1998）进行对比。图 6.38 给出了不同模型预测结果与实验数据的对比，黄色点为灰岩样品 M22-7-40 的测量数据点。该样品的主要矿物成分为方解石，含量少量的泥质，发育溶孔。常温、常压下测得孔隙度为 7.41%、渗透率为 0.9mD。实验过程中，采用注气法控制岩石含水饱和度，孔压保持在 2MPa，围压设定为 32MPa。模型所需的矿物基质信息按照方解石给定，软孔纵横比设为 0.01，根据干燥样品数据点得到的软孔含量为 2.5%。从图 6.38 中可以看出，当连通系数设为 0.34 时，双连通部分饱和模型的预测结果与实验现象接近，纵波速度随含水饱和度呈“台阶式”变化，即随含水饱和度的增加而先逐渐上升，达到一定饱和度后变化平缓，接近完全水饱和时速度迅速上升。其他两种模型明显偏离这种趋势，因此双连通部分饱和模型更加适用于低孔渗储层。当然，可以根据实验得到速度-饱和度关系来确定模型中的连通系数，进而将模型应用到测井和地震解释中。

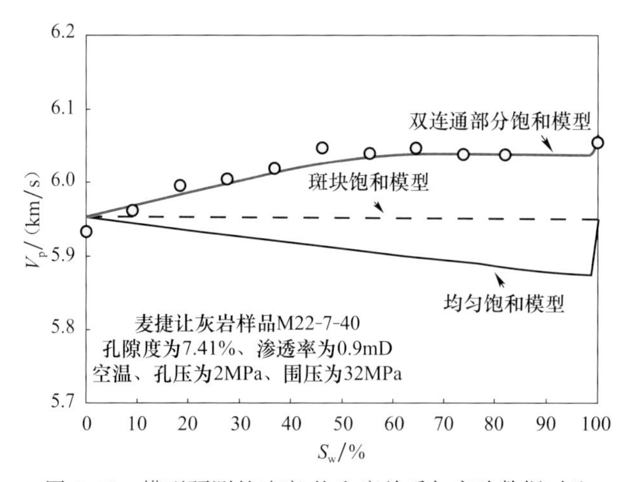

图 6.38 模型预测的速度-饱和度关系与实验数据对比

参考文献

高静怀，汪文秉. 1997. 小波变换与信号瞬时特征分析. 地球物理学报，40（6）：821-832.

高静怀，汪文秉，朱光明，等. 1996. 地震资料处理中小波函数的选取研究. 地球物理学报，39（3）：392-400.

晏信飞，姚逢昌，曹宏，等. 2011. 基于等效介质理论分析川中低孔砂岩的骨架结构. 应用地球物理，8 (3)：163-170.

Adam L, Batzle M L, Brevik I. 2006. Gassmann's fluid substitution and shear modulus variability in carbonate at laboratory seismic and ultrasonic frequencies. Geophysics, 71 (6): F173-F183.

Agersborg R, Johansen T A, Jakobsen M. 2009. Velocity variations in carbonate rocks due to dual porosity and wave-induced fluid flow. Geophysical Prospecting, 57 (1): 81-98.

Aki K, Richards P G. 1980. Quantative Seismology: Theory and Methods. San Francisco: W H Freeman and Co.

Baechle G T, Colpaert A, Eberli G B, et al. 2008. Effects of microporosity on sonic velocity in carbonate rocks. The Leading Edge, 27 (8): 1012-1018.

Barnes A E. 1993. Instantaneous spectral bandwidth and dominant frequency with applications to seismic reflection data. Geophysics, 58 (3): 419-428.

Batzle M, Han D H, Hofmann R. 2003. Macro-flow and velocity dispersion. SEG Expanded Abstracts, 1691-1694.

Batzle M, Han D, Castagna J. 1997. Seismic frequency measurement of velocity and attenuation. SEG Expanded Abstracts: 2030-2033.

Berryman J G, Berge P A. 1996. Critique of two explicit schemes for estimating elastic properties of multiphase composites. Mechanics of Materials, 22 (2): 149-164.

Biot M A. 1956a. Theory of propagation of elastic waves in a fluid-saturated porous solid: Ⅰ Low-frequency range. Journal of the Acoustical Society of America, 28 (2): 168-178.

Biot M A, 1956b. Theory of propagation of elastic waves in a fluid-saturated porous solid: Ⅱ Higher frequency range. Journal of the Acoustical Society of America, 28 (2): 179-191.

Biot M A . 1962. Mechanics of deformation and acoustic propagation in porous media. Journal of Applied. Physics, 33: 1482-1498.

Biot M A, Ode H, Roever W L. 1961. Experimental verification of the theory of folding of stratified viscoelastic media. Geological Society of America Bulletin, 72 (11): 1621-1631.

Bourbié T. 1982. Effects of Attenuation on reflections. California: Stanford University PhD Thesis.

Brown R, Korringa J. 1975. On the dependence of the elastic properties of a porous rock on the compressibility of the pore fluid. Geophysics, 40 (4): 608-616.

Carcione J M, Tinivella U. 2001. The seismic response to overpressure: A modelling study based on laboratory, well and seismic data. Geophysical Prospecting, 49 (5): 523-539.

Castagna J P, Sun S, Siegfried R W. 2003. Instantaneous spectral analysis: Detection of low-frequency shadows associated with hydrocarbons. The Leading Edge, 22 (2): 120-127.

Chakraborty A, Okaya D. 1995. Frequency-time decomposition of seismic data using wavelet-based methods. Geophysics, 60 (6): 1906-1916.

Clark V A, Spencer T W, Tittmann B R. 1980. Effect of volatiles on attenuation (Q-1) and velocity in sedimentary rocks. Journal of Geophysical Research: Solid Earth, 85 (B10): 5190-5198.

Dutta N C, Odé H. 1979a. Attenuation and dispersion of compressional waves in fluid-filled porous rocks with partial gas saturation (White model)-Part I: Biot theory. Geophysics, 44 (11): 1777-1788.

Dutta N C, Odé H. 1979b. Attenuation and dispersion of compressional waves in fluid-filled porous rocks with partial gas saturation (White model)-Part II: Results. Geophysics, 44 (11): 1789-1805.

Dvorkin J, Mavko G, Nur A. 1993. Squirt flow in fully saturated rocks. SEG Expanded Abstracts,

12 (1): 805-808.

Dvorkin J, Mavko G, Nur A. 1995. Squirt flow in fully saturated rocks. Geophysics, 60 (1): 97-107.

Dvorkin J, Nolen-Hoeksema R, Nur A. 1994. The squirt-flow mechanism: Macroscopic description. Geophysics, 59 (3): 428-438.

Dvorkin J, Nur A. 1993. Dynamic poroelasticity: A unified model with the Squirt and the Biot mechanisms. Geophysics, 58 (4): 524-533.

Endres A L. 1995. A comparison of the Biot and local flow mechanisms for elastic wave velocity dispersion. SEG Expanded Abstracts: 667-670.

Futterman W I. 1962. Dispersive body waves. Journal of Geophysical Research, 67 (13):5279-5291.

Gassmann F. 1951. Elastic waves through a packing of spheres. Geophysics, 16 (4): 673-685.

Goupillaud P L. 1976. Signal design in the "Vibroseis" technique. Geophysics, 41 (6): 1291-1304.

Hamilton E L. 1972. Compressional-wave attenuation in marine sediments. Geophysics, 37 (4): 620-646.

Hatchell P J, Gopa S D, Winterstein D F, et al. 1995. Quantitative comparison between a dipole log and VSP in anisotropic rocks from Cymric oil field, California. SEG Expanded Abstracts: 13-16.

Hennah S, Astin T, Sothcott J, McCann C. 2003. Relationships between rock heterogeneity, attenuation, and velocity dispersion at ultrasonic and sonic frequencies//SEG Expanded Abstracts: 1644-1647.

Hill R. 1952. The elastic behaviour of a crystalline aggregate. Proceedings of the Physical Society, Section A, 65 (5): 349.

Hornby B E, Howie J M, Ince D W. 2003. Anisotropy correction for deviated-well sonic logs: Application to seismic well tie. Geophysics, 68 (2): 464-471.

Johnson D L. 2001. Theory of frequency dependent acoustics in patchy-saturated porous media. Journal of the Acoustical Society of America, 110 (2): 682-694.

Johnston D H, Toksöz M N, Timur A. 1979. Attenuation of seismic waves in dry and saturated rocks: Ⅱ. Mechanisms. Geophysics, 44 (4): 691-711.

Jones T. 1986. Pore fluids and frequency-dependant wave propagation in rocks. Geophysics, 51 (10): 1939-1953.

Kjartansson E. 1979. Constant Q-wave propagation and attenuation. Journal of Geophysical Research: Solid Earth, 84 (B9): 4737-4748.

Knight R, Dvorkin J. 1998. Acoustic signatures of partial saturation. Geophysics, 63 (1): 132-138.

Knott C G. 1899. Reflection and refraction of elastic waves with seismological applications. Philosophical Magazine, 48: 64-97.

Kolsky H. 1956. The propagation of stress pulses in viscoelastic solids. Philosophical Magazine, 1 (8): 693-710.

Liu H P, Anderson D, Kanamon H. 1976. Velocity dispersion due to anelasticity, implications for seismology and mantle composition. Geophysical Journal of the Royal Astronomical Society, 47 (1): 41-58.

Mallat S. 1998. A Wavelet tour of Signal Processing. SanDiego: Academic Press.

Mavko G, Nur A. 1975. Melt squirt in the asthenosphere. Journal of Geophysical Research, 80 (11): 1444-1448.

Mavko G, Mukerji T. 1998. Bounds on low-frequency seismic velocities in partially saturated rocks. Ge-

ophysics，63 (3)：918-924.
Mavko G，Dvorkin J. 2005. P-wave attenuation in reservoir and non-reservoir rock. Extended Abstract，25 (2)：194-197.
Mavko G，Dvorkin J，Walls J. 2005a. A rock physics and attenuation analysis of a well from the Gulf of Mexico. SEG Expanded Abstracts，24 (1)：1-4.
Mavko G，Dvorkin J，Walls J. 2005b. A theoretical estimate of S-wave attenuation in sediment. SEG Expanded Abstracts：6-11.
Mori T，Tanaka K. 1973. Average stress in matrix and average elastic energy of materials with misfitting inclusions. Acta Metallurgica，21 (5)：571-574.
Murphy W F，Winkler K W，Kleinberg R L. 1986. Acoustic relaxation in sedimentary rocks dependence on grain contacts and fluid saturation. Geophysics，51 (3)：757-766.
Nur A，Simmons G. 1969. The effect of saturation on velocity in low porosity rocks. Earth and Planetary Science Letters，7 (2)：183-193.
Nur A，Simmons G. 1970. The origin of small cracks in igneous rocks. International Journal of Rock Mechanics and Mining Sciences & Geomechanics Abstracts，7 (3)：307-314.
Nur A，Byerlee J D. 1971. An exact effective stress law for elastic deformation of rock with fluids. Journal of Geophysical Research，76 (26)：6414-6419.
O'Connell R J，Budiansky B. 1977. Viscoelastic properties of fluid-saturated cracked solids. Journal of Geophysical Research，82 (36)：5719-5735.
Pride S R，Berryman J G. 2003. Linear dynamics of double-porosity dual-permeability materials. Governing equations and acoustic attenuation. Physical Review E，68 (3)：036603.
Pride S R，Berryman J G，Harris J M. 2004. Seismic attenuation due to wave-induced flow. Journal of Geophysical Research：Solid Earth，109 (B1)：1-19.
Rayleigh L. 1917. On the pressure developed in a liquid during the collapse of a spherical cavity. Philos Mag，34：94-98.
Ricker N. 1940. The form and nature of seismic waves and the structure of seismograms. Geophysics，5 (4)：348-366.
Ricker N. 1953. The form and laws of propagation of seismic wavelets. Geophysics，18 (1)：10-40.
Schmitt D R. 1999. Seismic attributes for monitoring of a shallow heated heavy oil reservoir：A case study. Geophysics，64 (2)：368-377.
Sheriff R E，Geldart L P. 1995. Exploration Seismology，2nd ed. Cambridge：Cambridge University Press.
Shuey R T. 1985. A simplification of the Zoeppritz-equations. Geophysics，50 (4)：609-614.
Smith T M，Sayers C M，Sondergeld C H. 2009. Rock properties in low-porosity/low-permeability sandstones. The Leading Edge，28 (1)：48-59.
Spencer J W. 1981. Stress relaxation at low frequencies in fluid saturated rocks：Attenuation and modulus dispersion. Journal of Geophysical Research，86：1803-1812.
Stainsby S D，Worthington M H. 1985. Q estimation from vertical seismic profile data and anomalous variations in the central North Sea. Geophysics，50 (4)：615-626.
Strick E. 1970. A predicted pedestal effect for pulse propagation in constant-q solids. Geophysics，35 (3)：387-403.
Taner M T，Treitel S. 2003. A robust method for Q estimation. SEG Expanded Abstracts：710-713.

Tang X M. 1992. A wave form inversion technique for measuring elastic wave attenuation in cylindrical bars. Geophysics, 57 (6): 854-859.

Thompson A H, Katz A J, Krohn C E. 1987. The microgeometry and transport properties of sedimentary rock. Advances in Physics, 36 (5): 625-694.

Toksöz M N, Cheng C H, Timur A. 1976. Velocities of seismic waves in porous rocks. Geophysics, 41 (4): 621-645.

Toksöz M N, Johnston D H, Timur A. 1979. Attenuation of seismic waves in dry and saturated rocks: Ⅰ. Laboratory measurements. Geophysics, 44 (4): 681-690.

Tooley R D, Spencer T W, Sagoci H F. 1965. Reflection and transmission of plane compressional waves. Geophysics, 30 (4): 552-570.

Tullos F N, Reid A C. 1969. Seismic attenuation of Gulf Coast sediments. Geophysics, 34 (4): 745-809.

Vernik L, Liu X. 1997. Velocity anisotropy in shales: A petrophysical study. Geophysics, 62 (2): 521-532.

Walsh J B. 1966. Seismic wave attenuation in rock due to friction. Journal of Geophysical Research, 71 (10): 2591-2599.

Wang Z. 2001. Fundamentals of seismic rock physics. Geophysics, 66 (2): 398-412.

Wang Z, Nur A. 1992. Seismic and Acoustic Velocities in Reservoir Rocks. vol. 2: Theoretical and Model Studies. Geophysics Reprint Series, No. 19. Tulsa: Society of Exploration Geophysicists.

White J E. 1975. Computed seismic with partial gas speeds and attenuation in rocks saturation. Geophysics, 40 (2): 224-232.

Winkler K W, Nur A. 1982. Seismic attenuation: Effects of pore fluids and frictional-sliding. Geophysics, 47 (1): 1-15.

Winkler K W, Plona T J. 1982. Technique for measuring ultrasonic velocity and attenuation spectra in rocks under pressure. Journal of Geophysical Research: Solid Earth, 87 (B13): 10776-10780.

Wood A W. 1955. A Textbook of Sound. New York: The MacMillan Co.

Wuenschel P C. 1965. Dispersive body waves an experimental study. Geophysics, 30 (4): 539-551.

Wyllie M R J, Gardner G H F, Gregory A R. 1962. Studies of elastic wave attenuation in porous media. Geophysics, 27 (5): 569-589.

Xu S Y, Payne M A. 2009. Modeling elastic properties in carbonate rocks. The Leading Edge, 28 (1): 66-74.

Zoeppritz K. 1919. On the reflection and penetration of seismic waves through unstable layers. Gottinger Nachrichten, 1 (7B): 66-84.

第七章 天然气藏地震有效检测技术

第一节 地震衰减气层检测技术

一、基于小波衰减理论的小波尺度能量、中心尺度技术

（一）瞬时尺度能量衰减属性

对于理想脉冲源来说，黏弹性介质中传播的地震信号的尺度能量随尺度的减小呈指数降低，任一尺度的能量都与品质因子 Q 呈指数关系。由于实际震源子波通常是带通子波，尺度能量得不到显式解，但在带通范围内尺度能量性质与理想脉冲源情形是一样的。模型试验表明，反射信号的尺度能量在某一尺度达到最大，从这一尺度起的“带通”范围内随尺度的减小，反射信号的尺度能量呈指数降低。

由上述知，实际地震信号的尺度能量在某一尺度达到最大（以下简称极值点尺度），从极值点尺度向小尺度（即信号的高频）方向，尺度能量与地层的品质因子有关，但在最高频端，由于地震信号本身缺少这部分能量，由尺度能量公式估算的能量值不反映衰减；从极值点往大尺度（即信号的低频）方向，尺度能量随尺度的减小反而增大，尺度能量公式已不适用。把由极值点尺度起向小尺度方向的“带通”区域（图 7.1 所示矩形内），所计算的尺度能量定义为地震波尺度能量衰减属性，尺度能量的计算是通过尺度瞬时振幅的平方积分得到，同样把“带通”区域内，由式（6.25）计算得到的参数剖面，统称为地震波小波尺度域衰减属性，简称为小波衰减属性。图 7.1 说明了小波衰减属性的尺度分布范围，图中下部是小波域尺度能量剖面，上部是对应的尺度能量分布（图中 Q=100 所示曲线，而 Q=∞则相当于震源子波的尺度能量分布）。尺度能量方程是用解析 Morlet 小波推导出来的，实际计算时可以利用其他实数小波如 Gauss 小波，结合 Hilbert 变换计算小波衰减属性。

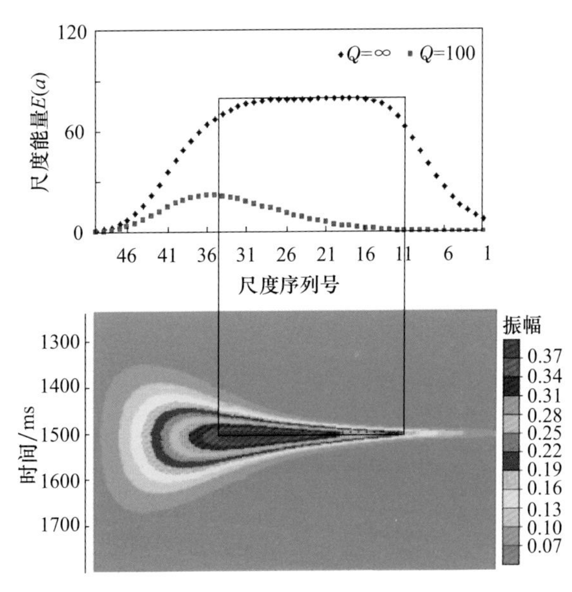

图 7.1 尺度瞬时衰减属性定义

（二）基于尺度图谱的中心尺度量度

由尺度能量公式知，信号的衰减能量与品质因子和传播时间有关。在传播时间一定

时，衰减量由品质因子控制。品质因子越小，信号中的高频能量衰减越严重。图 7.2 是带通震源子波在不同的品质因子下尺度能量变化示意图，可以看出，在有效的“带通”内尺度能量随尺度呈指数衰减，尺度能量的中心随着品质因子的减少，向高尺度（即低频）方向移动。因此尺度能量中心的移动可以表征信号能量的衰减程度。

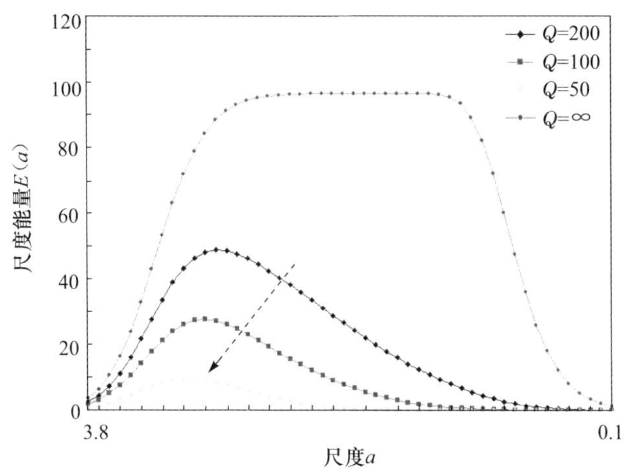

图 7.2　尺度能量随品质因子变化示意图

（三）实例分析

1. 尺度瞬时衰减属性研究实例

苏里格气藏属于岩性气藏，主要储集层为上古生界下石盒子组盒 8 段和山西组山 1 段河道砂体，储层砂体在工区内广泛分布。砂岩含气以后，速度、密度及波阻抗明显降低，尤其是物性好的砂层，呈现了类似泥岩特征，这就给储层描述时单纯利用波阻抗反演技术进行储层横向追踪带来困难。而砂岩中含气时的衰减特征与不含气砂岩及围岩的衰减特征存在明显不同，理论模型试验已明显说明小波域能量衰减属性对品质因子具有较高的敏感性。

三维工区内含气层段地层总体呈北东高南西低之势，图 7.3（a）是三维地震的一段连井剖面，层位 s_1b 相当于 s_1 地层底部附近的反射，气藏主要分布在地震层位盒 8 段（h_8）和上山西组（s_1）之间。连井剖面上有五口井，其中苏 4 井、苏 6 井和苏 38-16 井都是工区内的高产井，分别日产气 50.23×$10^4 m^3$、120.16×$10^4 m^3$ 及 15.18×$10^4 m^3$（无阻流量，下同），而苏 36-18 和苏 38-14 井分别为日产气 2.4×$10^4 m^3$ 和 3.2×$10^4 m^3$ 的低产井。图 7.3（b）是小波尺度为 0.107 时的尺度瞬时振幅剖面，可以看出高产井苏 4 井、苏 6 井和苏 38-16 在反射层位 s_1b 附近都存在低能量区（图中绿色），而低产井苏 36-18 井和苏 38-14 井在 s_1b 附近则为较高能量区（图中黄色），说明各井的衰减特征是不一样的。图 7.3（c）是由图 7.3（b）的尺度瞬时振幅剖面估计的 s_1 底部（气层的底界面）反射地震信号的能量分布，直观地看出苏 4 井、苏 6 井和苏 38-16 井都位于能量较低的区域，说明吸收较严重，而苏 36-18 井和苏 38-14 井都位于能量较高的部位。需要指出的是，实际小波变换时并非局限于只采用复值 Morlet 小波，亦可采用其他实

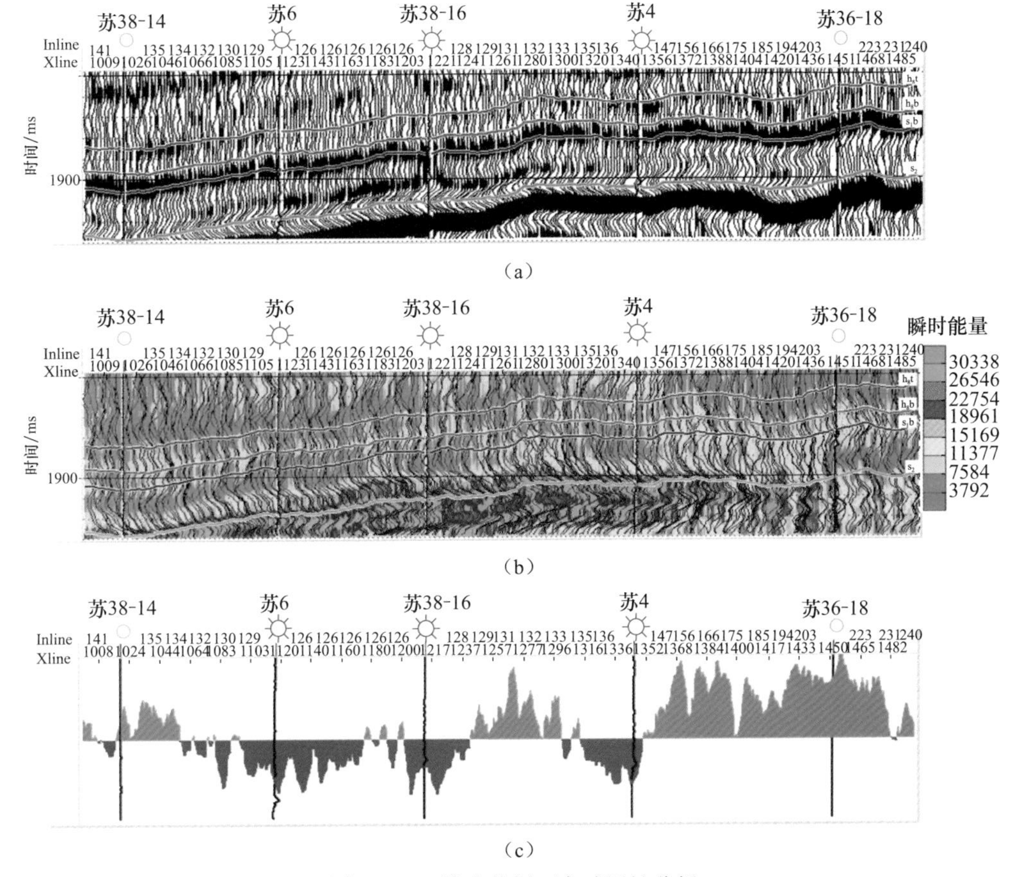

图 7.3 三维连井剖面衰减属性分析

(a) 地震连井剖面；(b) 尺度 $a=0.107$ 时小波瞬时能量剖面；(c) s_1 底部反射地震层位的尺度能量分布

数小波，此时计算属性参数时，要用到 Hilbert 变换。

图 7.4 是三维工区内层 s_1b 附近的尺度能量分布平面图，黄色及红色代表能量低值，绿色及蓝色则为能量高值。从图中看出，能量低值区主要分布在苏 6 井区的南部和北面的桃 5 井区以及西北面的苏 36-16 井区。苏 36-18 井区的能量高值说明这一井区的储层不发育。

由不同井统计的尺度能量与单井无阻流量交汇图表明（图 7.5），二者呈较好的指数相关关系，尺度能量越低，单井产能越高。上述结果表明，小波衰减属性可有效区分气层和非气层，并可以通过尺度能量的衰减程度，进一步指示含气性的好坏，为高效开发气藏提供可靠的依据。

2. 瞬时中心尺度研究实例

柴达木盆地东部气田为第四系生物气气藏，已有钻井结果表明气藏位于三湖拗陷中央凹陷周边的一系列局部构造高点，台吉乃尔气田即为其中之一，但是否含气或形成工业气藏不仅与构造有关，还与气藏的形成条件及距生气源岩的远近有关。工区内地震资料主要为常规二维地震数据，2000 年以后实施了少量二维高分辨率地震数据。

该区第四系沉积环境整体以滨浅湖亚相为主，涩北组为区域主力生气层发育段，储

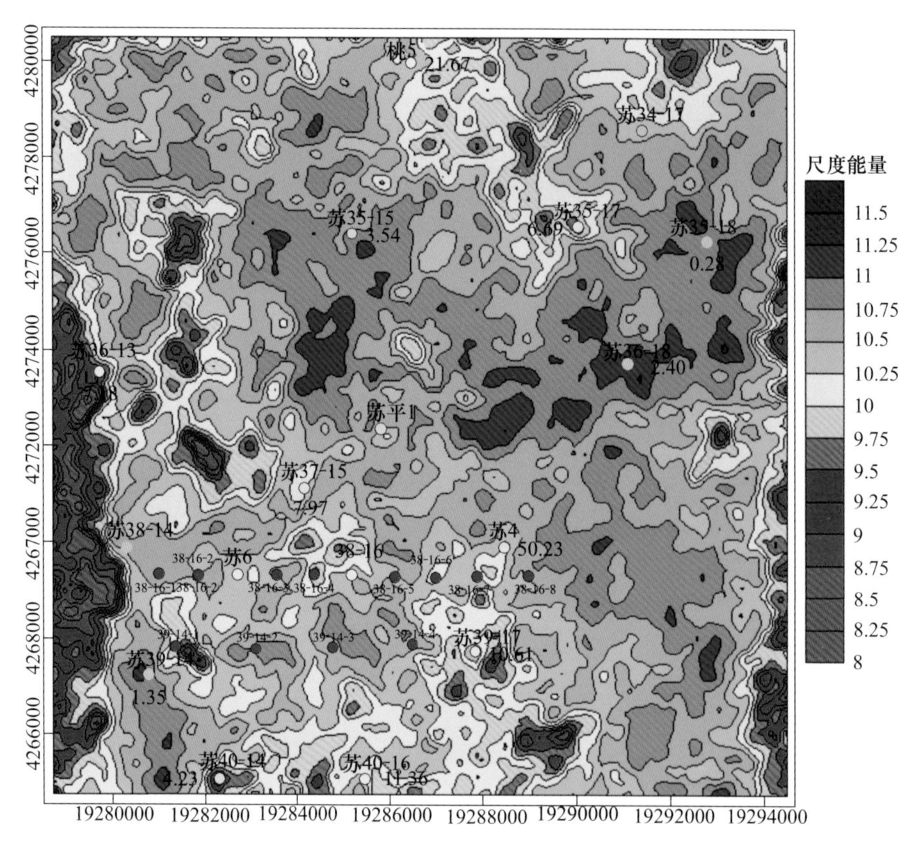

图 7.4　s_1b 附近的尺度能量分布平面图

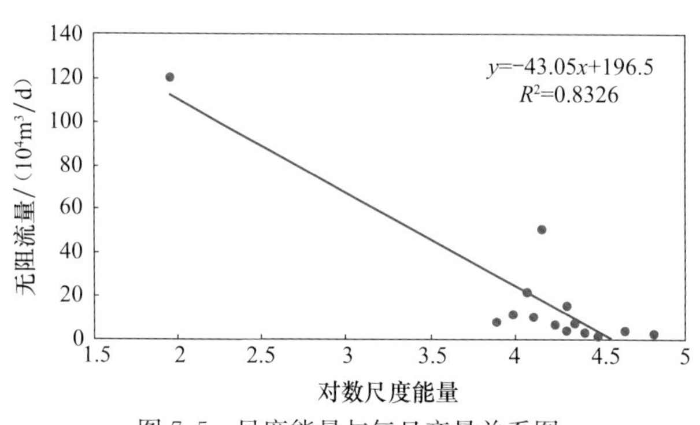

图 7.5　尺度能量与气日产量关系图

层为七个泉组和狮子沟组油砂组，储层的岩石种类有细砂岩、含泥粉砂岩、泥质粉砂岩和鲕粒砂岩，砂质岩主要为岩屑长石砂岩及长石岩屑砂岩。储层的显著特点是原生孔隙非常发育，次生孔隙不发育。气田的储层属于高孔、高渗储层，储层孔隙度为 24%～37.2%，渗透率为 2.06～2694.0mD，孔隙度在纵向上均随深度增加而降低，横向上变化不大，说明该区储层横向稳定，这是形成大气田的基础条件。

图 7.6 是经过台吉乃尔气田的 89270 二维地震测线，该测线经过两个背斜构造，左边的构造（CDP251 附近）已打了一系列的井获工业气流，而右边的构造（CDP701 附

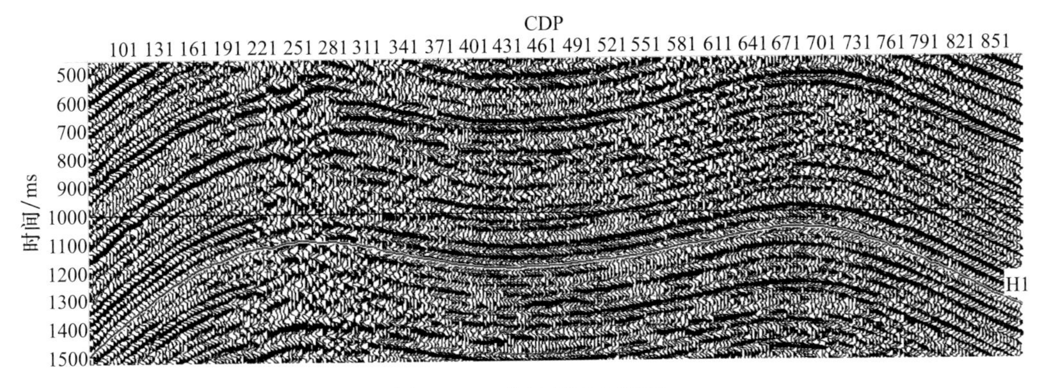

图 7.6 二维地震叠后剖面

近）则没有气显示，从叠加剖面上可以看出，气藏附近的地震信号同相轴连续性不好，存在轻微的下拉现象。

图 7.7 为两个构造高点附近提取的尺度图，图 7.7（a）是含气构造 CDP251 的尺度图，图 7.7（b）是非含气构造 CDP701 的尺度图，可以看出气藏附近的峰值尺度明显偏大，大部分在尺度序列号 29 的左边，非气藏的峰值尺度则偏小，大部分在尺度序列号 29 的右边。在尺度图上拾取层 H1（图 7.6）附近的峰值尺度值，再利用式（6.31）将其转换得到有效品质因子，图 7.8 是整条线经过转换后的层 H1 处的有效品质因子 Q 分布图，可以看出在气藏附近（CDP220～CDP280）的有效品质因子 Q 明显低于非气藏段，最低可至 80。图 7.9 是由图 7.6 提取的中心尺度属性图，可以看出在中心尺度剖面上气藏附近表现为尺度高的异常条带，尺度值大于 0.9，为典型的气烟囱特征，而在非气藏的构造背斜上则无任何异常显示，尺度值小于 0.8。

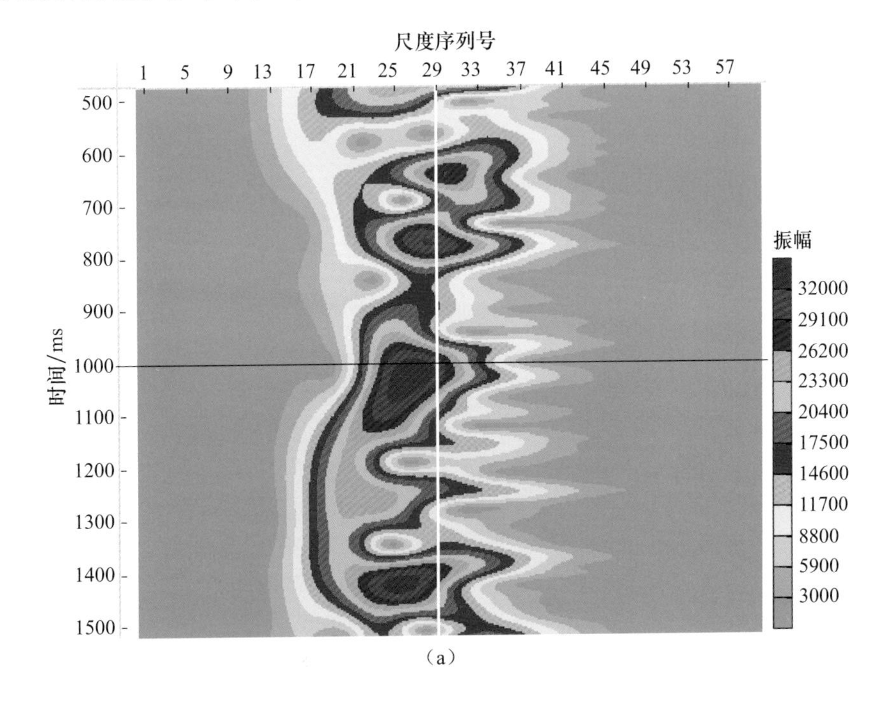

（a）

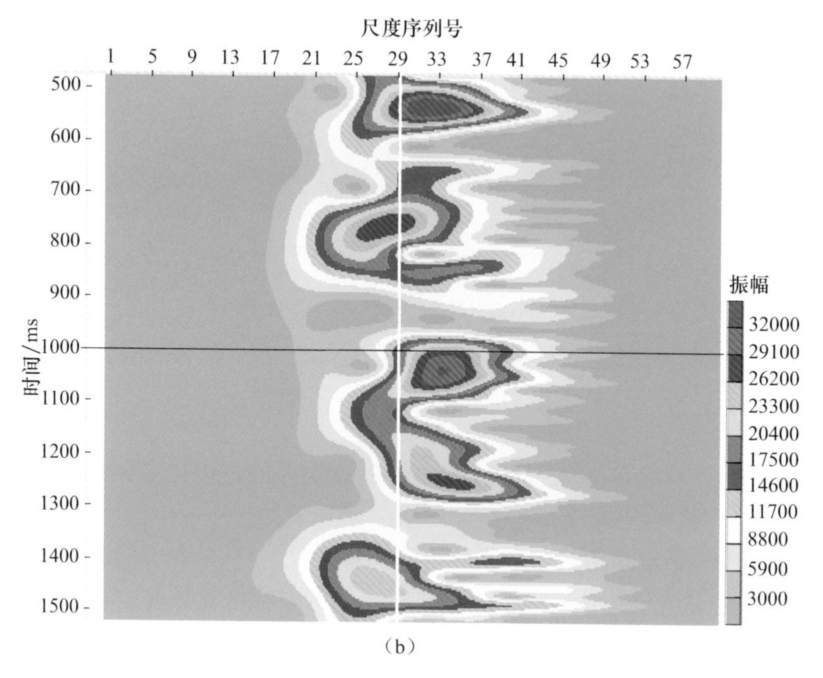

（b）

图 7.7 气藏和非气藏附近的尺度图分析

（a）CDP251；（b）CDP701

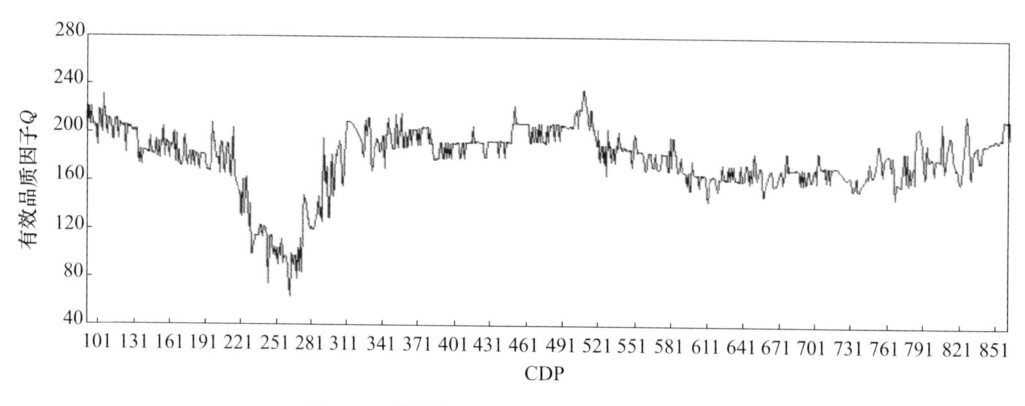

图 7.8 估计层 H1 附近的等效品质因子

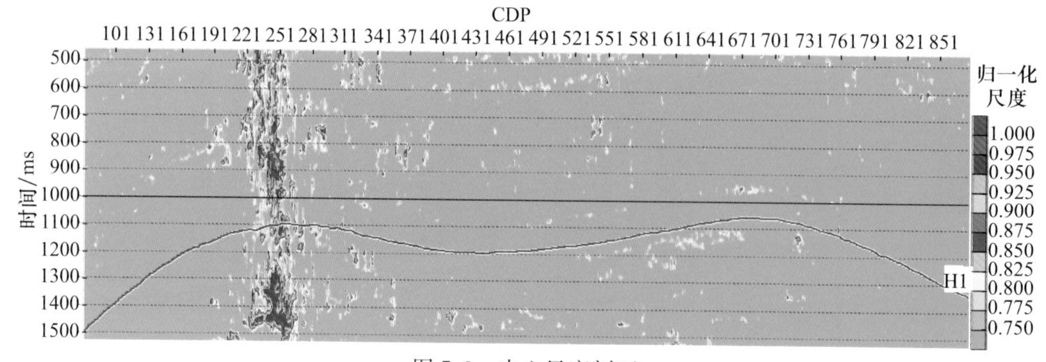

图 7.9 中心尺度剖面

二、反射系数频散气层检测技术

（一）基本原理

如前所述，对于任何黏弹性地层，其顶底反射系数是品质因子和频率的函数。当地层品质因子达到100或更高时，通常可以假设地层是完全弹性的。而气层的品质因子往往很低（5～30），并且在地震勘探频带内，气层的速度通常也要比围岩低很多。频率增加的过程，实际上是气层与围岩波阻抗差减小的过程。频率越高，波阻抗差越小，反射系数就越小。

在实际资料处理时，通过子波反褶积消除子波的影响，在处理后的剖面中，如果存在反射能量负异常，则可认为是反射系数引起的。

图7.10为垂直入射条件下地层存在反射系数频散时，顶底调谐后的振幅谱能量变化，模型参数来自广安气田（表7.1）。振幅谱表示为

$$S_f = [R_{1(0,f)}{}^2 + 2R_{1(0,f)}R_{2(0,f)}\cos(2\pi f\Delta t) + R_{2(\theta,f)}{}^2]^{\frac{1}{2}} \times S_{(0)} \qquad (7.1)$$

式中，$S_{(0)}$为能量不随频率变化的子波谱——无吸收衰减和子波频散。

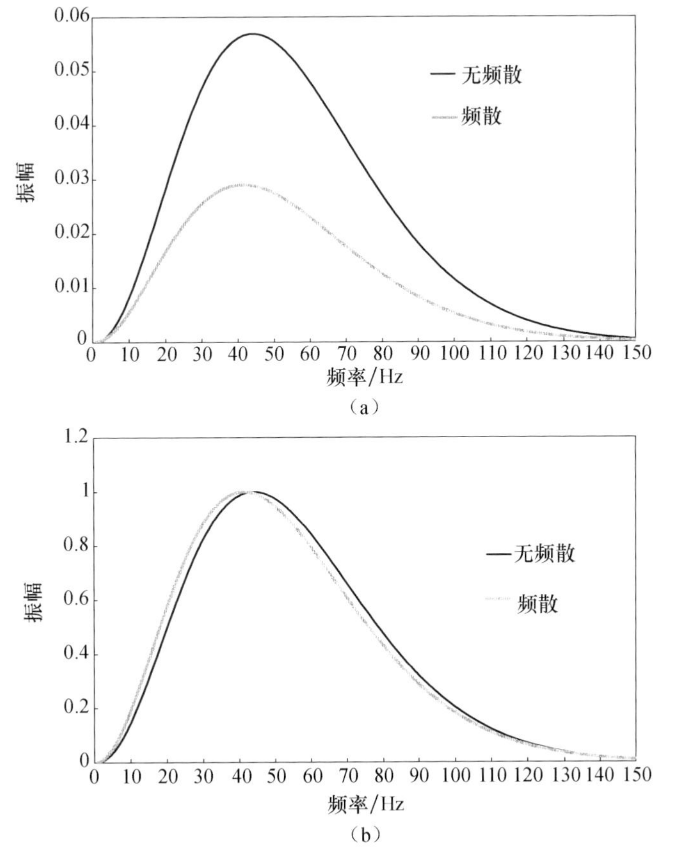

图7.10 反射系数频散对振幅谱的影响

气层厚度为10m，Q=10；(a) 未归一化；(b) 归一化

表 7.1 Ⅲ类含气砂岩组合参数表

岩性	V_P/(m/s)	V_S/(m/s)	ρ/(g/cm³)	Q
泥岩	4916	2235	2.6	50
含气砂岩	4119	3026	2.4	10
泥岩	4916	2235	2.6	50

在振幅谱中能量变化有两种因素，一是由岩性变化引起的反射系数变化，它与频率无关；二是由 Q 或含流体引起的反射系数变化，它依赖于频率。为了消除岩性引起的反射系数变化，可以对振幅谱进行归一化处理，处理后的振幅谱呈现高频衰减、低频增强的特征（以主频为界）（图 7.10），并且主频也降低了约 3Hz。

反射系数频散对反射能量的影响与储层组合有密切的关系。对于低阻抗的含气砂岩，反射系数频散导致能量衰减，并且频率越高，衰减量越大。但如果是高阻抗砂岩，反射系数频散的结果将导致能量增强。但通常情况下，碰不到高阻抗的气层。即使测井上测得的气层速度略高于围岩，但转换到地震频带内，气层的速度还是会低于围岩。一种理论上推测可能是碳酸盐岩储层，上下为泥岩，通常会组成Ⅰ类组合。但在实际勘探中，很难碰到真正的高阻抗型Ⅰ类组合。

反射系数频散对反射能量的影响应该根据具体的情况分析，这需要岩石物理研究与地震、测井资料标定后综合分析，尤其是在某些频率附近会造成反射系数符号变化时。对于天然气勘探，目前所接触的实际资料，基本上均表现为衰减特征。对于高阻抗的油砂岩，反射系数频散的结果则可能造成反射能量增强。但由于油层的 Q 通常为 40～50，能量变化的幅度并不显著。

（二）实际资料分析

以柴达木盆地三湖地区涩北一号大气田 89298 测线为例（图 7.11），地震资料先进行子波反褶积处理，以消除子波衰减的影响。

含气性检测剖面具有以下特点。

（1）该含气构造气层非常多，地震预测有近 36 层（按测井解释有近 70 层之多），含气性检测结果具有较高的分辨率。

（2）含气性横向上相对比较稳定，连续性较强，符合宽缓构造控制下湖相稳定储层的基本特征。

（3）该测线的含气范围宽约为 6750m，主体部位宽约为 4600m，右侧边界在涩 29 井附近。纵向自很浅（约 400ms）就开始含气，直至近 1800ms 左右，而且主力气层集中在中下部（K8～K13）。

（4）纵向含气范围相比较，具有中间较宽，上下较窄的特点，K4～K6 含气范围最小，K8～K9 最大，向下逐渐减小，K8～K9 段在构造的南西侧仍有较大的含气范围。

（5）整体含气丰度非常高（色标值越低含气就越好）。

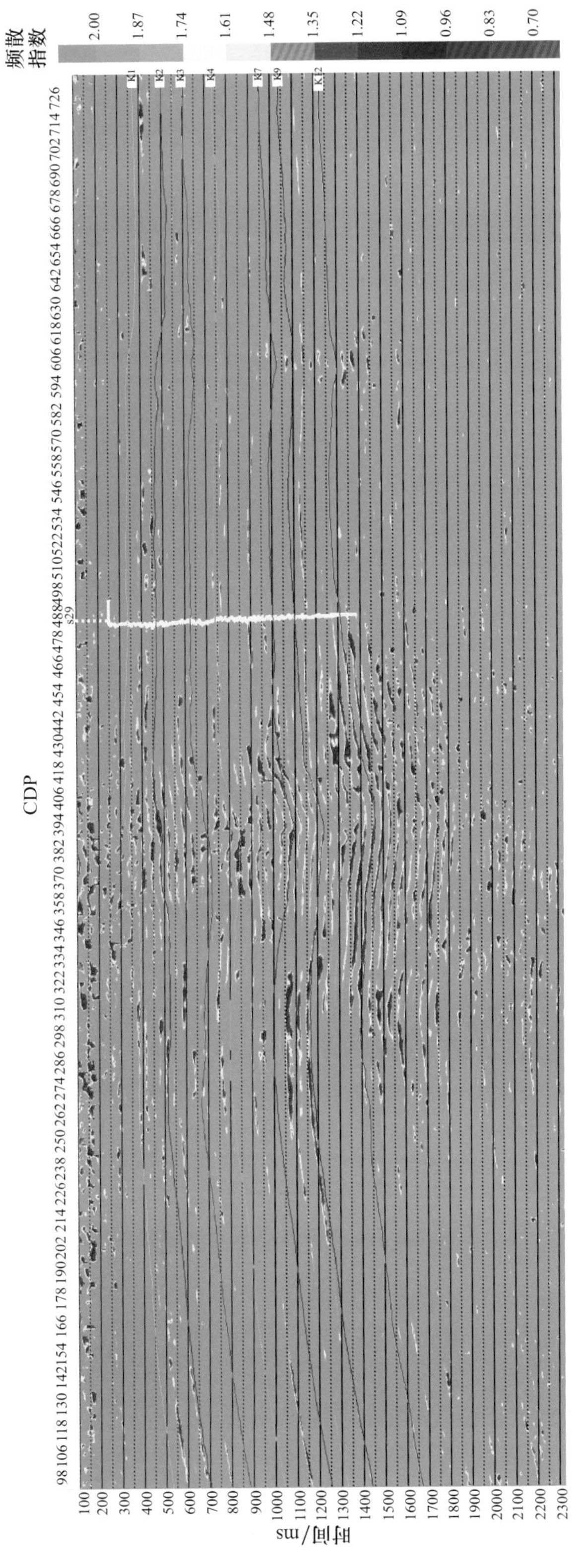

图7.11　89298 测线反射系数频散含气性检测结果

反射系数频散指数分布直方图如图 7.12 所示，含气异常与非异常之间存在突变，因而具体应用比较时容易区分，根据低值区量值的范围和面积大小，可以辅助分析气藏的潜力。

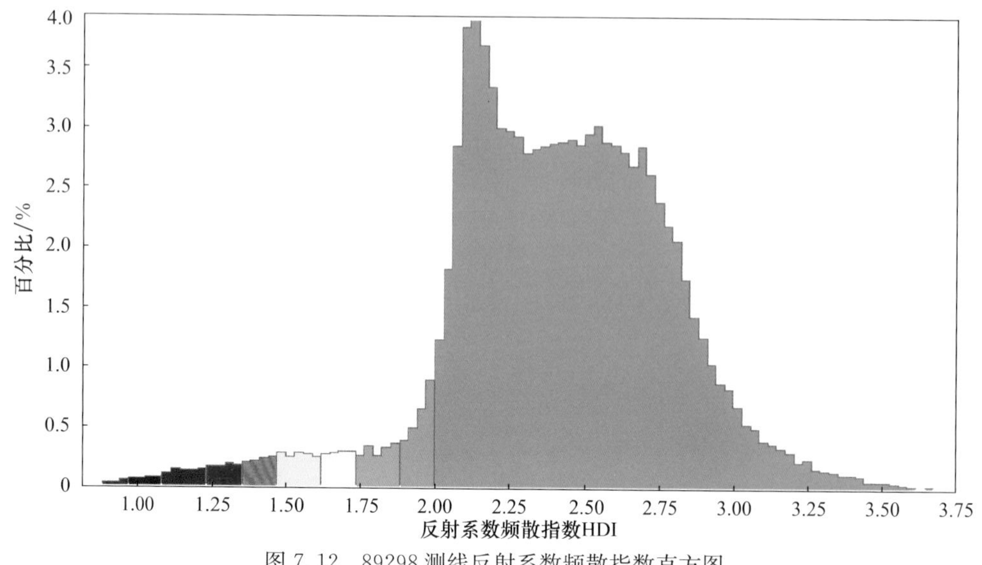

图 7.12　89298 测线反射系数频散指数直方图

（三）应用条件分析

根据前面对反射系数频散的理论分析、正演模拟和实际资料试验研究，反射系数频散地层含气性地震检测需要考虑以下基本条件。

（1）原始地震资料必须经过保幅处理，频率相对关系不能被破坏，所有提高分辨率的处理都应该谨慎使用。

（2）地震资料主频通常要求大于 15Hz，高频范围内要有比较可靠的能量分布，带宽要足够大，即主频到 55Hz 范围内要有有效的能量分布和较高的信噪比。

（3）要开展叠前分析，须将同相轴拉平。

（4）通常认为开展衰减类属性分析，不能做反褶积处理，目的是保持吸收衰减特征。但对于反射系数频散而言，子波反褶积应该不影响含气检测效果。但其他反褶积在使用时应特别慎重。

三、振幅谱随入射角变化技术（SVA）

（一）方法原理

叠前衰减属性有两种主要表现形式：一是相同频率成分反射地震信号振幅随入射角的变化；二是随着频率的增加，吸收衰减会有一定程度的加强。振幅谱恰恰描述了地震信号在不同频率条件下能量分布的变化。因而，分析振幅谱随入射角的变化规律可以较可靠地反映叠前衰减特征。在前面气层地震衰减的机理分析和叠前衰减的理论研究部分，已清楚地指出气层的衰减是随入射角增大而增大的。

Zhang 和 Ulrych（2002）在估计地层品质因子时，提出以里克子波的主频随入射角增大而降低的途径来实现。从理论上讲，这种方法是可行的。但对于实际地震资料，实际上主频随入射角的变化常常是不敏感的，并且主频的估计本身也存在较大的误差。从衰减的基本原理分析，频率越高，地震信号能量衰减幅度也越显著。因而，如果考察主频至有效频率上限之间的相对高频范围内的振幅谱变化，应该比仅用主频更加敏感，同时统计效果也更具稳定性。

注意到频谱分析目前所能使用的方法（零相位法、傅里叶变换、AOK 法、SinFit、小波变换、Proni 滤波等），要分解出准确的离散频率成分，其实是很困难的，尤其是要开展小时窗分析则更困难。因而在本书中，建议使用高频部分的面积变化来识别气层，即 SVA 技术。

对于气层，考虑吸收项 k_{att}，频率域的薄层调谐信号：

$$G(f)=R_{1\mathrm{p}}\exp(-\mathrm{i}2\pi ft)+k_{\mathrm{att}}R_{2\mathrm{p}}\exp[-\mathrm{i}2\pi f(t+\Delta t)] \tag{7.2}$$

假设顶界面的旅行时为零，顶底界面的旅行时差为

$$\Delta t=\frac{2h}{V_{\mathrm{P2}}}\cos\beta \tag{7.3}$$

调谐信号的振幅谱为

$$S_f=[R_{1(\theta,f)}{}^2+2k_{\mathrm{att}(\theta,f)}R_{1(\theta,f)}R_{2(\theta,f)}\cos(2\pi f\Delta t)+k_{\mathrm{att}(\theta,f)}{}^2R_{2(\theta,f)}{}^2]^{\frac{1}{2}}\times S_{(\theta,f)} \tag{7.4}$$

通过比较不同角度振幅谱的变化，即可识别气层。

（二）正演模拟

选择苏 4 井的实际资料进行正演模拟分析，模型如图 7.13 所示。采用波场模拟的方法得到 Z 分量，处理后得到的纵波剖面如图 7.14 所示。分别统计气层段与非气层段的振幅谱随入射角变化的特征，结果表明（图 7.15），气层段的振幅谱高频部分随入射角增大呈明显的规律性衰减，入射角为 2°与 22°时对应的第二峰值振幅由 1.0 降至 0.5。而干砂岩段的第二峰值振幅随入射角有一定程度的变化，但变化幅度却不明显，更没有规律性。

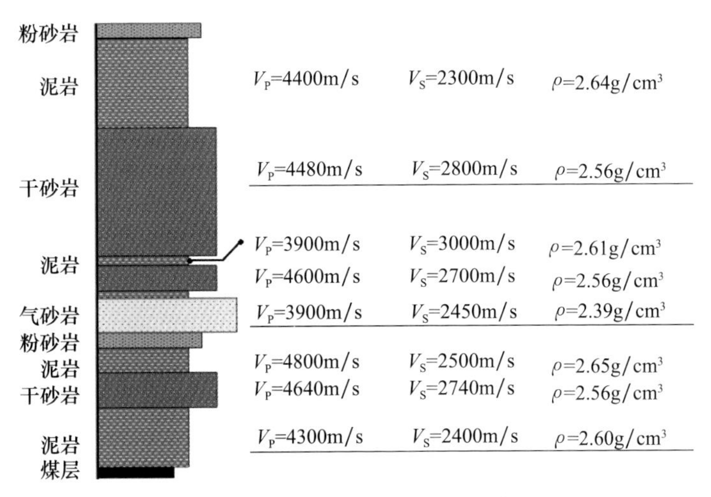

图 7.13 苏 4 井波场模拟数学模型

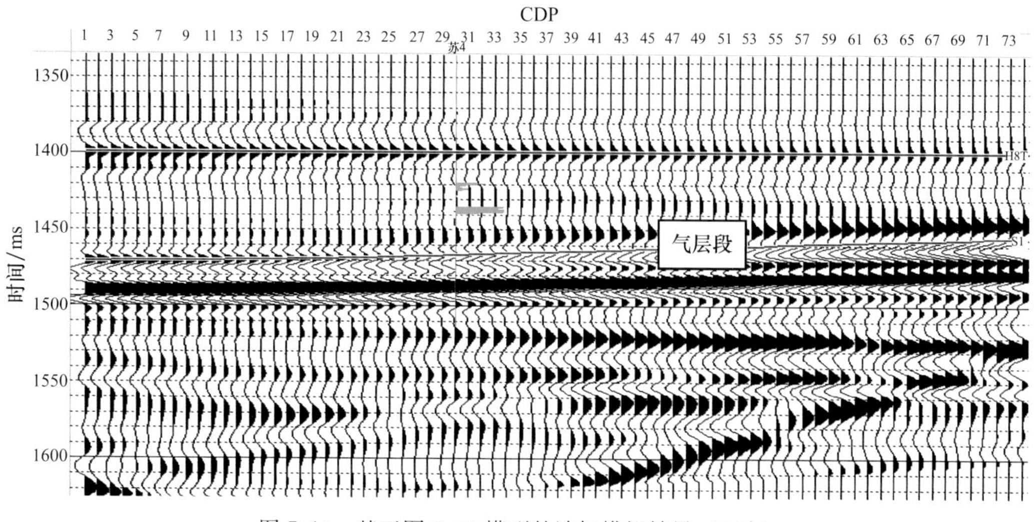

图 7.14　基于图 7.13 模型的波场模拟结果（P 波）

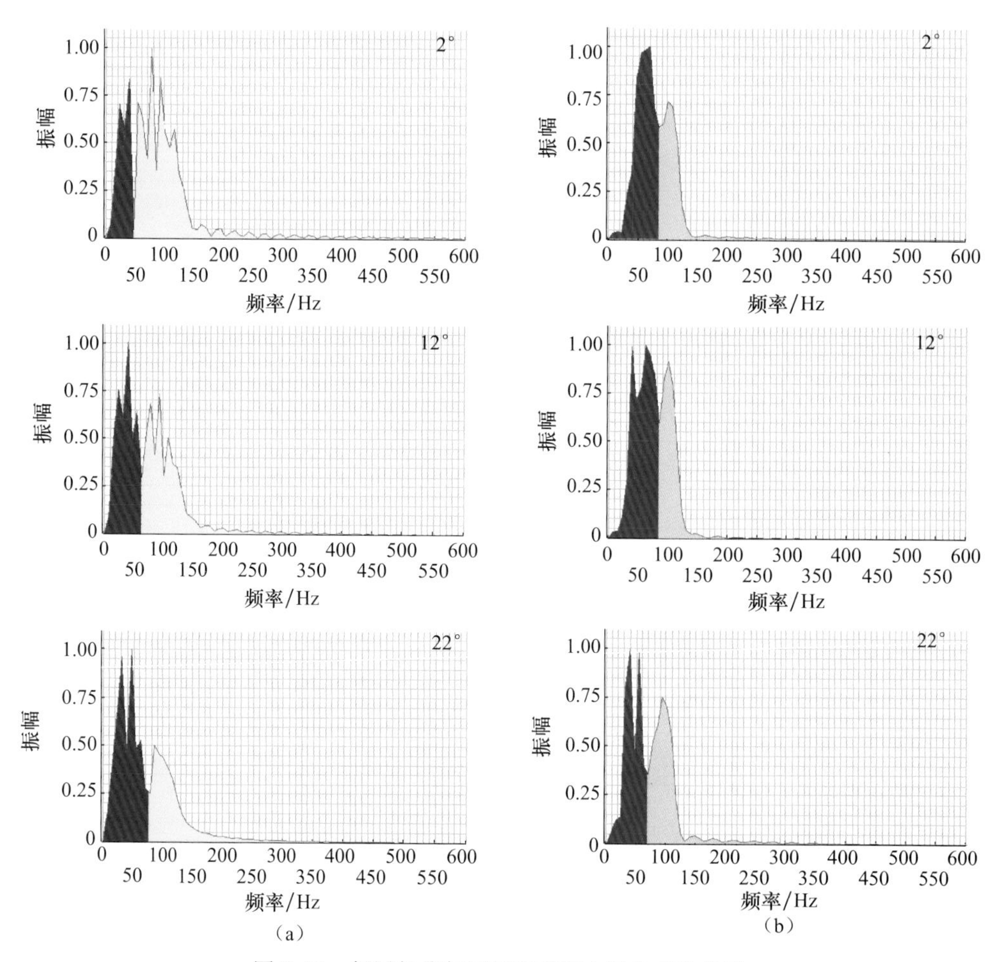

图 7.15　气层与非气层振幅谱随入射角变化关系

(a) 气层；(b) 非气层

无论第一峰值振幅是气层还是干砂岩，均没有明显的规律性。实际资料中，由于缺乏低频部分的可靠信息，因此不建议使用低频部分识别气层。当然，理论上分析，低频部分对气层也是相对不敏感的。

（三）实际地震资料气层识别

选择苏里格气田 99591 测线进行处理分析。该测线在苏 6 井区已有探井 2 口：苏 6 井和苏 4 井（投影），老开发井 1 口：苏 38-16，新钻加密井 8 口：苏 38-16-1～苏 38-16-8。选择处理 19°与 4.5°入射角目的层段的高频部分面积相对变化率（ASRH，频率下限为 38Hz）。处理结果如图 7.16 所示。

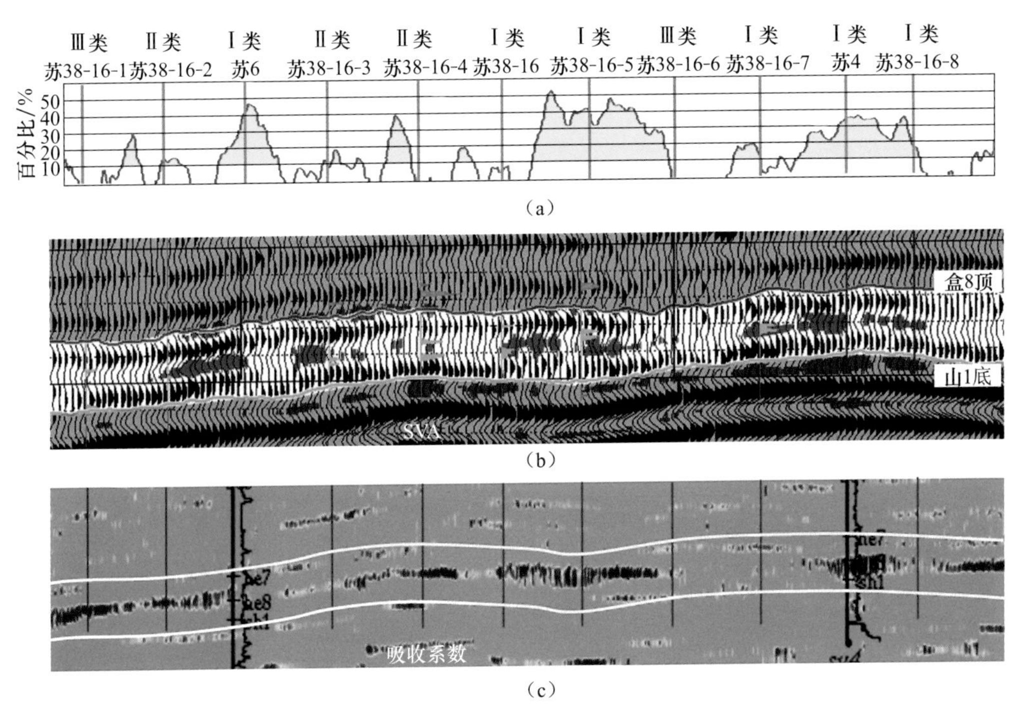

图 7.16 99591 测线 SVA 技术气层识别结果

Ⅰ、Ⅱ、Ⅲ类指实际钻探结果的产能分类

图 7.16（a）为 ASR 结果，图 7.16（b）为 ASR 与地震振幅交汇法识别的气层，图 7.16（c）列出了吸收系数法预测的气层，以便于比较。对比实钻结果，除苏 38-16 井、苏 38-16-4 井外，ASRH 与含气性有很好的一致性。尤其是该结果可以指示在苏 4 井及苏 38-16-5 井附近有两个有效宽度相对较大的有效砂体（约为 1km），其他部位的砂体宽度明显较窄（250～600m）。

关于高频部分衰减的计算方法，国外有两种途径。一是比较主频的下降幅度，二是拟合高频部分的吸收系数。以苏 38-16-5 井为例，作者比较了上述两种方法与面积法的敏感度，结果分别为：主频法为 10.6%、拟合法为 8.2%、面积法为 37.1%。显然，使用面积法对气层识别效果最敏感。

（四）叠前衰减的适用条件分析

1. 对地震资料处理的要求

含气地层的叠前响应受很多因素的影响，但在频谱属性上有相对规律性的响应。因此，保持地震振幅和频率的相对关系对叠前衰减分析至关重要。反褶积、能量均衡、反 Q 滤波等对气层的识别效果非常不利，应在处理过程中避免。对于所有衰减类的分析均是如此。

2. 噪声的影响

对于偏向于Ⅲ类亮点型气层，叠前呈现高频增强特征，但幅度不如Ⅰ、Ⅱ类砂岩强，比较容易受噪声的影响。所幸的是此类砂岩由于具有较明显的亮点特征，而易于通过 AVO 技术加以识别。Ⅰ类、Ⅱ类含气砂岩叠前衰减幅度相对较大，有较好的抗噪声能力。

3. 频带范围的选择

选择合适的频带范围是使用叠前衰减方法识别气层的关键。常规地震勘探的频带范围以选主频（垂直入射）到 70Hz 范围最理想。频率越高，受噪声的影响越大，分析结果越不准。

图 7.17 是以苏里格气田的实际资料分析叠前衰减的频带选择原则为例。通过频带扫描的方法，获得相对衰减量与实际气层厚度的相关系数。相关系数越高，表明检测结果越接近实际气层的衰减特征。可以发现，取窗口的低截频率与主频相当时，可以获得较好的气层厚度预测效果，但过高的频率窗口会导致相关系数的迅速下降。最佳窗口低频为 35～45Hz。

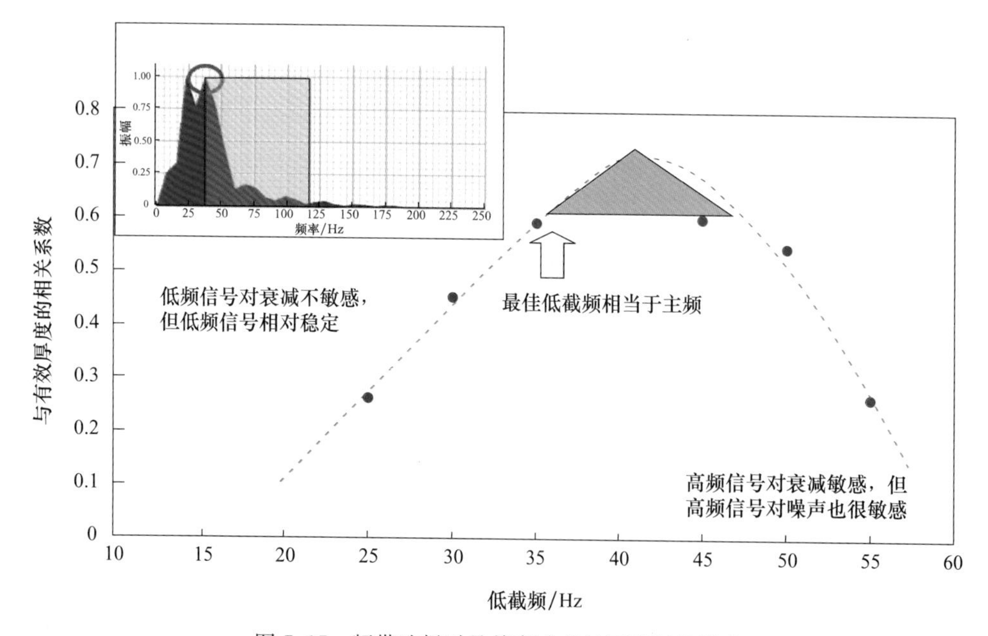

图 7.17　频带选择对叠前衰减对气层识别的影响

由前面的研究也可以发现，低频增强也可以作为气层识别的途径之一。低频部分能量相对稳定，受噪声的影响很小。不足之处是低频成分对厚度很不敏感，对指示气层的有无有一定的参考价值。

对于含油砂岩，用低频衰减特征是一个很好的选择。Lichman 等（2004）提出了流体摩擦衰减的机理，但其可操作性没有得到验证。

4. NMO 与频率拉伸畸变

前面所述的理论模型研究均是在未作 NMO 分析的情况下给出的。实际地震资料分析时一般在 CMP 道集或角道集上进行。在 NMO 之后，高频部分受拉伸畸变造成的高频衰减要比低频部分大得多。因而，Ⅰ类、Ⅱ类含气砂岩高频衰减将更加明显，而Ⅲ类砂岩的高频增强会削弱而难以应用。

开展角道集的 SVA 分析，要求同相轴拉平。如果拉平效果不佳，必然将导致分析窗口的不一致。在部分叠加时也会造成人为的衰减。这是叠后衰减分析时尤其应该注意的。因而，在地震资料处理时必须要进行精细的速度分析，对目的层更是如此。

5. 时窗的影响

频谱分析必然会涉及时窗问题。使用快速傅里叶变换，由于时窗偏大而可能导致谱分解的不准确，并且会直接影响气层厚度估计的较大误差。使用短时窗傅里叶变化或小波变换，可以较好地改善谱分解的精度，但这方面的研究还有待深入。

第二节　声波方程弹性参数反演技术

一、基于波动方程和非线性扰动理论的叠前弹性参数反演技术

地震学的目的就是利用地震观测资料和对地震波传播的透彻理解来获得关于地球内部的知识。在过去的二十多年，从地震数据中获取岩石特性的叠后地震反演已经取得了巨大的进展，其反演理论已逐渐趋于成熟。相对于叠后反演，叠前反演由于其运算量和数据量的限制，起步比叠后反演晚。然而，叠前数据比叠后数据包含更多的地层信息，利用叠前数据进行地质结构成像或物性分析能比叠后数据反演获得更高的分辨率和更多的地质信息。因此，近年来叠前反演理论、方法也取得了长足的进展，这也得力于计算机技术的高速发展。

目前，地震反演基本上是在各向同性介质中进行的，反演的模型参数主要是波阻抗、速度和地层结构等。多参数同时反演也主要涉及纵、横波速度和介质密度等的反演。随着地震学和勘探地球物理学理论和实用研究的深入，我们面临的问题越来越复杂，尤其是储集层问题，特别是裂缝型油气藏，这种储层介质经常表现为方位各向异性(Backus，1962)。研究各向异性问题的关键之一是各向异性介质参数反演，包括速度、弹性常数、各向异性系数（或裂缝密度和裂缝方位）等。目前，各向异性介质中的参数估计一般都是先从地震资料中分离出纵、横波，然后提取纵波的旅行时差、正常时差速度或 AVO 梯度的方位变化，通过这些波场属性与各向异性介质参数的关系进行反演，或者提取横波的分裂参数，据此确定裂缝的方位或各向异性的强弱（Tsvankin，1997；

Grechka and Tsvankin，1999）。因此，波场分离、地震属性信息提取的精度、波场特征的分解等都直接制约参数估计的效果。

近年来，人们也开始注意到各向异性介质中参数直接反演，如利用波场延拓和特征线边界条件，逐层下推，求出 VTI 介质中不同深度的弹性系数。该方法需要已知地表的弹性常数，并且需要对地表接收的波场进行上下行波分离、纵横波分离。另一种方法是直接对各向异性介质中波动方程求导，用正演方法获得 Jacobian 矩阵，然后迭代反演介质的弹性参数（Mora，1987；Tarantola，1987）。该方法避免了各向异性介质中 Jacobian 矩阵计算的困难，但计算量大。

作者从各向异性介质中弹性波方程出发，通过定义一个新的弹性张量与弹性常数、裂缝密度、方位的关系式，建立无需波场分离的多参数反演系统，从叠前地震数据中直接反演介质的弹性常数、密度和裂缝密度、方位。反演根据非线性波形层析及迭代修改地层参数，使观测资料与用这些地层参数模拟的数据拟合达到最好而实现的。该方法既适应各向同性介质也适应各向异性介质。

下面的公式中使用了爱因斯坦求和约定。

（一）各向异性介质中弹性参数反演的基本原理

在各向异性介质中，地震波的传播满足下列初边值问题：

$$
\begin{aligned}
&\rho(\boldsymbol{x})\frac{\partial^2 u_i(\boldsymbol{x},t;\boldsymbol{x}_s)}{\partial t^2}-\frac{\partial}{\partial x_j}\left[c_{ijkl}(\boldsymbol{x})\frac{\partial u_k(\boldsymbol{x},t;\boldsymbol{x}_s)}{\partial x_l}\right]=f_i(\boldsymbol{x},t;\boldsymbol{x}_s)\\
&n_j(\boldsymbol{x})c_{ijkl}(\boldsymbol{x})\frac{\partial u_k(\boldsymbol{x},t;\boldsymbol{x}_s)}{\partial x_l}=T_i(\boldsymbol{x},t;\boldsymbol{x}_s)\qquad \boldsymbol{x}\in S\\
&u_i(\boldsymbol{x},0;\boldsymbol{x}_s)=0\\
&\dot{u}_i(\boldsymbol{x},0;\boldsymbol{x}_s)=0
\end{aligned}
\tag{7.5}
$$

式中，$\boldsymbol{x}$ 为介质内或表面上的一个点，$\boldsymbol{x}=(x_1,x_2,x_3)$；$t$ 为时间变量，取值区间为 $0\leqslant t\leqslant T$；$f_i(\boldsymbol{x},t;\boldsymbol{x}_s)$ 为在 $\boldsymbol{x}_s$ 点激发的 i 方向的内力体密度；$T_i(\boldsymbol{x},t;\boldsymbol{x}_s)$ 为介质表面 i 方向的应力矢量；$n_j(\boldsymbol{x})$ 为表面 j 方向的单位法线；$u_i(\boldsymbol{x},t;\boldsymbol{x}_s)$ 为相应的 i 方向的位移；$\rho(\boldsymbol{x})$为介质的密度；$c_{ijkl}(\boldsymbol{x})$ 为弹性张量，$i,j,k,l=1,\cdots,6$；$\dot{u}_i$ 为对时间的一阶导数（以后遇到类似的情况，不再赘述）。

方程（7.5）的解可表示成

$$
\begin{aligned}
u_i(\boldsymbol{x},t;\boldsymbol{x}_s)=&\int_V \mathrm{d}V(\boldsymbol{x}')\Gamma^{ij}(\boldsymbol{x},t;\boldsymbol{x}',0)*f_j(\boldsymbol{x}',t;\boldsymbol{x}_s)\\
&+\int_S \mathrm{d}S(\boldsymbol{x}')\Gamma^{ij}(\boldsymbol{x},t;\boldsymbol{x}',0)*T_j(\boldsymbol{x}',t;\boldsymbol{x}_s)
\end{aligned}
\tag{7.6}
$$

式中，$*$ 为时间卷积；V 和 S 分别为介质的体积和表面积；$\Gamma^{ij}(\boldsymbol{x},t;\boldsymbol{x}',0)$ 为 Green 函数，表示“在点 $\boldsymbol{x}'$、时刻 0、第 j 个坐标方向的单位脉冲相应在点 $\boldsymbol{x}$、时刻 t、第 i 个坐标方向的位移分量。

根据扰动理论和 Tarantola 波形反演方法（Tarantola，1987）可得

$$\delta u_i(\boldsymbol{x},t;\boldsymbol{x}_s)=-\int_V \mathrm{d}V(\boldsymbol{x}')\frac{\partial \Gamma^{ij}}{\partial x'_{\mathrm{p}}}(\boldsymbol{x},t;\boldsymbol{x}',0)*\frac{\partial u_k}{\partial x'_l}(\boldsymbol{x}',t;\boldsymbol{x}_s)\delta c_{pjkl}(\boldsymbol{x}')$$
$$-\int_V \mathrm{d}V(\boldsymbol{x}')\Gamma^{ij}(\boldsymbol{x},t;\boldsymbol{x}',0)*\ddot{u}_j(\boldsymbol{x}',t;\boldsymbol{x}_s)\delta\rho(\boldsymbol{x}') \tag{7.7}$$

式中，$\delta\rho(\boldsymbol{x})$ 和 $\delta c_{ijkl}(\boldsymbol{x})$ 为系数 $\rho(\boldsymbol{x})$ 和 $c_{ijkl}(\boldsymbol{x})$ 的扰动；$\delta u_i(\boldsymbol{x},t;\boldsymbol{x}_s)$ 为系数扰动引起的位移场扰动。

式（7.7）给出了在一阶近似下介质参数变化引起的位移波场变化量的定量表达式。

在接收点 $\boldsymbol{x}_r$ 处的位移波场变化量可表示为

$$\delta u_i(\boldsymbol{x}_r,t;\boldsymbol{x}_s)=-\int_V \mathrm{d}V(\boldsymbol{x})\frac{\partial \Gamma^{ij}}{\partial x_{\mathrm{p}}}(\boldsymbol{x}_{\mathrm{r}},t;\boldsymbol{x},0)*\frac{\partial u_k}{\partial x_l}(\boldsymbol{x},t;\boldsymbol{x}_s)\delta c_{pjkl}(\boldsymbol{x})$$
$$-\int_V \mathrm{d}V(\boldsymbol{x})\Gamma^{ij}(\boldsymbol{x}_r,t;\boldsymbol{x},0)*\ddot{u}_j(\boldsymbol{x},t;\boldsymbol{x}_s)\delta\rho(\boldsymbol{x}) \tag{7.8}$$

式中，$\ddot{u}_i$ 为对时间的二阶导数。在裂隙裂缝引起的各向异性介质中，弹性张量 c_{ijkl} 是由拉梅系数λ、μ，裂隙裂缝密度 e 及裂隙裂缝方位θ 确定，即 c_{ijkl} 是λ、μ、e 及θ 的函数。因此，可以定义

$$\delta c_{pjkl}(\boldsymbol{x})=A_{pjkl}(\boldsymbol{x})\delta\lambda_b(\boldsymbol{x})+B_{pjkl}(\boldsymbol{x})\delta\mu_b(\boldsymbol{x})+C_{pjkl}(\boldsymbol{x})\delta e(\boldsymbol{x})+D_{pjkl}(\boldsymbol{x})\delta\theta(\boldsymbol{x}) \tag{7.9}$$

式中，$\delta\lambda_{\mathrm{b}}$、$\delta\mu_{\mathrm{b}}$、$\delta e$ 和$\delta\theta$ 分别为背景介质的拉梅系数扰动量和裂缝密度及裂缝方位的扰动量，张量 A_{pjkl}、B_{pjkl}、C_{pjkl} 和 D_{pjkl} 为相应的系数。

将式（7.9）式代入式（7.8）并整理可得

$$\begin{aligned}\delta u_i(\boldsymbol{x},t;\boldsymbol{x}_s)&=G_\lambda\delta\lambda_{\mathrm{b}}(\boldsymbol{x})+G_\mu\delta\mu_{\mathrm{b}}(\boldsymbol{x})+G_e\delta e(\boldsymbol{x})+G_\theta\,\delta e(\boldsymbol{x})+G_\rho\delta\rho(\boldsymbol{x})\\&=\int_V \mathrm{d}V(\boldsymbol{x})G^i_\lambda(\boldsymbol{x}_r,t;\boldsymbol{x})\delta\lambda_{\mathrm{b}}(\boldsymbol{x})+\int_V \mathrm{d}V(\boldsymbol{x})G^i_\mu(\boldsymbol{x}_r,t;\boldsymbol{x})\delta\mu_{\mathrm{b}}(\boldsymbol{x})\\&\quad+\int_V \mathrm{d}V(\boldsymbol{x})G^i_e(\boldsymbol{x}_r,t;\boldsymbol{x})\delta e(\boldsymbol{x})+\int_V \mathrm{d}V(\boldsymbol{x})G^i_\theta(\boldsymbol{x}_r,t;\boldsymbol{x})\delta\theta(\boldsymbol{x})\\&\quad+\int_V \mathrm{d}V(\boldsymbol{x})G^i_\rho(\boldsymbol{x}_r,t;\boldsymbol{x})\delta\rho(\boldsymbol{x})\end{aligned} \tag{7.10}$$

式中

$$G^i_\lambda(\boldsymbol{x}_r,t;\boldsymbol{x})=-A_{pjkl}(\boldsymbol{x})\frac{\partial \Gamma^{ij}}{\partial x_{\mathrm{p}}}(\boldsymbol{x}_r,t;\boldsymbol{x},0)*\frac{\partial u_k}{\partial x_l}(\boldsymbol{x},t;\boldsymbol{x}_s) \tag{7.11a}$$

$$G^i_\mu(\boldsymbol{x}_r,t;\boldsymbol{x})=-B_{pjkl}(\boldsymbol{x})\frac{\partial \Gamma^{ij}}{\partial x_{\mathrm{p}}}(\boldsymbol{x}_r,t;\boldsymbol{x},0)*\frac{\partial u_k}{\partial x_l}(\boldsymbol{x},t;\boldsymbol{x}_s) \tag{7.11b}$$

$$G^i_e(\boldsymbol{x}_r,t;\boldsymbol{x})=-C_{pjkl}(\boldsymbol{x})\frac{\partial \Gamma^{ij}}{\partial x_{\mathrm{p}}}(\boldsymbol{x}_r,t;\boldsymbol{x},0)*\frac{\partial u_k}{\partial x_l}(\boldsymbol{x},t;\boldsymbol{x}_s) \tag{7.11c}$$

$$G^i_\theta(\boldsymbol{x}_r,t;\boldsymbol{x})=-D_{pjkl}(\boldsymbol{x})\frac{\partial \Gamma^{ij}}{\partial x_{\mathrm{p}}}(\boldsymbol{x}_r,t;\boldsymbol{x},0)*\frac{\partial u_k}{\partial x_l}(\boldsymbol{x},t;\boldsymbol{x}_s) \tag{7.11d}$$

$$G^i_\rho(\boldsymbol{x}_r,t;\boldsymbol{x})=-\Gamma^{ij}(\boldsymbol{x}_r,t;\boldsymbol{x},0)*\ddot{u}_j(\boldsymbol{x},t;\boldsymbol{x}_s) \tag{7.11e}$$

（二）各向异性介质中的弹性共轭运算

根据

$$\langle \delta\hat{u}, G_{\lambda}\delta\lambda_{\mathrm{b}} \rangle_{\mathrm{D}} = \langle G_{\lambda}^{T}\delta\hat{u}, \delta\lambda_{\mathrm{b}} \rangle_{\mathrm{M}} \tag{7.12}$$

可得

$$\delta\hat{\lambda}_{\mathrm{b}}(\boldsymbol{x}) = \sum_{s}\sum_{r}\int_{0}^{T}\mathrm{d}t G_{\lambda}^{i}(\boldsymbol{x}_{r}, t; \boldsymbol{x})\delta\hat{u}_{i}(\boldsymbol{x}_{\mathrm{r}}, t; \boldsymbol{x}_{s})$$

$$= -A_{pjkl}(\boldsymbol{x})\sum_{s}\int_{0}^{T}\mathrm{d}t\sum_{r}\frac{\partial\Gamma^{ij}}{\partial x_{\mathrm{p}}}(\boldsymbol{x}_{r}, t; \boldsymbol{x}, 0) * \frac{\partial u_{k}}{\partial x_{l}}(\boldsymbol{x}, t; \boldsymbol{x}_{s})\delta\hat{u}_{i}(\boldsymbol{x}, t; \boldsymbol{x}_{s}) \tag{7.13a}$$

$$\delta\hat{\mu}_{b}(\boldsymbol{x}) = -B_{pjkl}(\boldsymbol{x})\sum_{s}\int_{0}^{T}\mathrm{d}t\sum_{r}\frac{\partial\Gamma^{ij}}{\partial x_{\mathrm{p}}}(\boldsymbol{x}_{r}, t; \boldsymbol{x}, 0) * \frac{\partial u_{k}}{\partial x_{l}}(\boldsymbol{x}, t; \boldsymbol{x}_{s})\delta\hat{u}_{i}(\boldsymbol{x}, t; \boldsymbol{x}_{s}) \tag{7.13b}$$

$$\delta\hat{e}(\boldsymbol{x}) = -C_{pjkl}(\boldsymbol{x})\sum_{s}\int_{0}^{T}\mathrm{d}t\sum_{r}\frac{\partial\Gamma^{ij}}{\partial x_{\mathrm{p}}}(\boldsymbol{x}_{r}, t; \boldsymbol{x}, 0) * \frac{\partial u_{k}}{\partial x_{l}}(\boldsymbol{x}, t; \boldsymbol{x}_{s})\delta\hat{u}_{i}(\boldsymbol{x}_{r}, t; \boldsymbol{x}_{s}) \tag{7.13c}$$

$$\delta\hat{\theta}(\boldsymbol{x}) = -D_{pjkl}(\boldsymbol{x})\sum_{s}\int_{0}^{T}\mathrm{d}t\sum_{r}\frac{\partial\Gamma^{ij}}{\partial x_{\mathrm{p}}}(\boldsymbol{x}_{r}, t; \boldsymbol{x}, 0) * \frac{\partial u_{k}}{\partial x_{l}}(\boldsymbol{x}, t; \boldsymbol{x}_{s})\delta\hat{u}_{i}(\boldsymbol{x}_{r}, t; \boldsymbol{x}_{s}) \tag{7.13d}$$

$$\delta\hat{\rho}(\boldsymbol{x}) = -\sum_{s}\int_{0}^{T}\mathrm{d}t\sum_{r}\Gamma^{ij}(\boldsymbol{x}_{r}, t; \boldsymbol{x}, 0) * \ddot{u}_{n}^{j}(\boldsymbol{x}, t; \boldsymbol{x}_{s})\delta\hat{u}_{i}(\boldsymbol{x}_{r}, t; \boldsymbol{x}_{s}) \tag{7.13e}$$

式中，$\delta\hat{\rho}(\boldsymbol{x})$、$\delta\hat{\theta}(\boldsymbol{x})$、$\delta\hat{e}(\boldsymbol{x})$、$\delta\hat{\mu}_{\mathrm{b}}(\boldsymbol{x})$ 及 $\delta\hat{\lambda}_{\mathrm{b}}(\boldsymbol{x})$ 分别为 $\delta\rho(\boldsymbol{x})$、$\delta\theta(\boldsymbol{x})$、$\delta e(\boldsymbol{x})$、$\delta\mu_{\mathrm{b}}(\boldsymbol{x})$ 及 $\delta\lambda_{\mathrm{b}}(\boldsymbol{x})$ 的共轭扰动量；s 为炮点；r 为接收点。

利用

$$\psi_{i}(\boldsymbol{x}, t; \boldsymbol{x}_{s}) = \sum\Gamma^{ij}(\boldsymbol{x}, 0; \boldsymbol{x}_{r}, t) * \delta\hat{u}_{j}(\boldsymbol{x}_{r}, t; \boldsymbol{x}_{s}) \tag{7.14}$$

且记 $u_{m,l} = \dfrac{\partial u_{m}}{\partial x_{l}}$，式（7.13e）可表示为

$$\delta\hat{\rho}(\boldsymbol{x}) = \sum_{s}\int_{0}^{T}\mathrm{d}t\dot{u}_{i}\dot{\psi}_{i} \tag{7.15a}$$

$$\delta\hat{\phi}(\boldsymbol{x}) = -Q_{pjkl}\sum_{s}\int_{0}^{T}\mathrm{d}t\psi_{j,p}u_{k,l} \tag{7.15b}$$

式中，$\delta\hat{\phi}$ 代表 $\delta\hat{\lambda}_{\mathrm{b}}$、$\delta\hat{\mu}_{\mathrm{b}}$、$\delta\hat{e}$ 及 $\delta\hat{\theta}$；相应的系数 Q_{pjkl} 分别代表系数 A_{pjkl}、B_{pjkl}、C_{pjkl} 和 D_{pjkl}。

式（7.15）为各向异性介质中弹性反演的共轭公式。

在式（7.15）只有两个未知量，即位移波场 u_i 和 ψ_i。波场 u_i 满足初边值问题式（7.5），可用正演模拟计算。ψ_i 为往回传播的剩余数据波场。

（三）反演实例研究

以上作者给出了波动方程叠前多参数反演的基本公式，下面用该方法对苏里格气田的二维三分量数据进行反演。

苏里格气田为大型三角洲控制的岩性气藏，主要储集层为上古生界下石盒子组盒8段和山西组山1段河道砂。由于河道迁移多变，砂体分布广泛，砂体侧向延展连续性差，单砂体规模小，高渗砂体大于1000m的仅占1/4，一般为300～500m宽的规模，储层呈现极强的宏观非均质性。

以常规地震反演方法为主导的砂层预测技术在勘探阶段追踪主砂体发育带发挥了重要的作用，但要进一步提高砂体横向预测的精度，波动方程反演是很有必要的。下面用前面所述方法对30多千米的585b线二维三分量数据进行了反演。

1. 反演数据准备

反演数据准备包括地震数据和测井数据两部分。

1）地震数据

585b线三分量数据共有612炮，双边接收，接收道数为2880×3，道间距5m，炮间距40m，记录长度6s，1ms采样。图7.18为经过其他单位预处理和去噪以后的单炮水平分量和垂直分量数据。垂直分量上标志层——煤层比较明显，水平分量上有效信号比较弱，与噪声基本上在同一数量级，经处理室去噪后剖面上仍然存在较强线性斜干扰。作者对此两分量数据进行了反演前的数据处理，主要包括室内组合、重采样、数据切除和两分量上数据能量匹配。图7.19和图7.20分别为垂直分量和水平分量三道和四道组合后的炮记录和频谱分析。由图可以明显地看出，组合提高了信噪比，但不影响通放带宽度。由于动、静校正量的不完全，三道组合比较好。因预处理时两分量数据是单独进行的，另一方面预处理是由两家处理单位共同完成的，不能保证原始两分量数据的能量关系，为了尽量消除这种影响，作者对两分量数据进行了能量匹配。

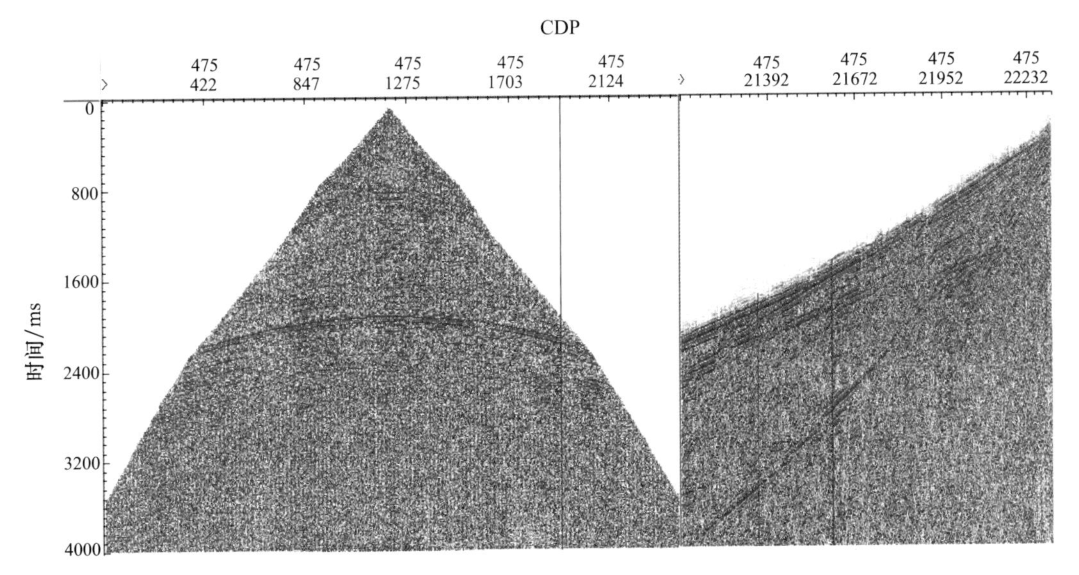

图7.18 预处理后的数据

2）测井数据

测井数据是反演的先验信息的主要来源。该测线上可用于反演的数据只有10口井的声波、密度测井数据，作者对这些井数据进行处理，获取伪横波测井和弹性参数测井数据。

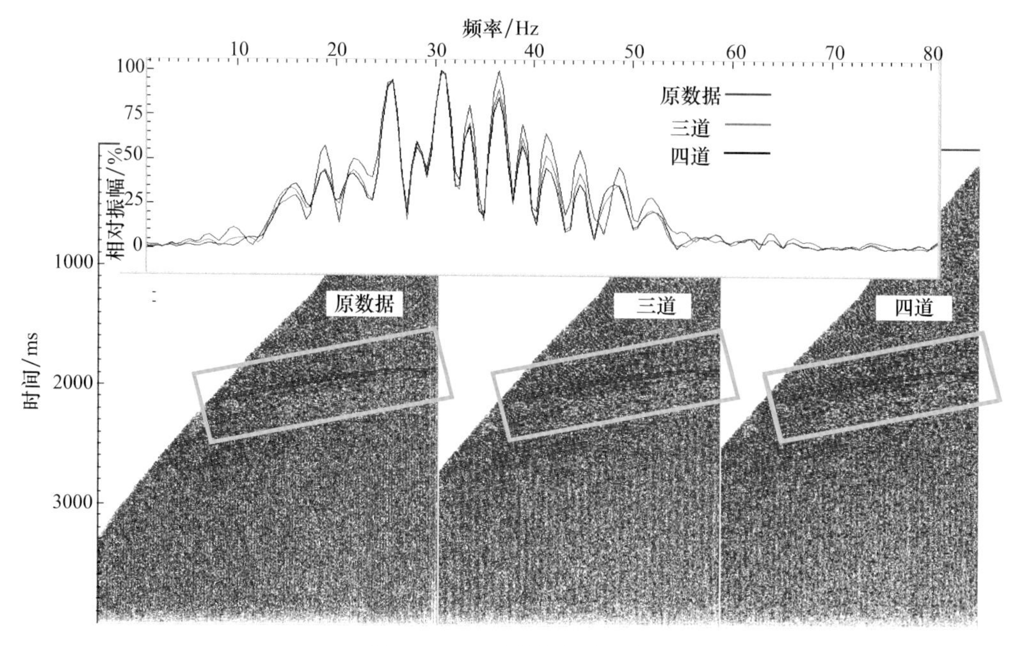

图 7.19 垂直分量组合数据

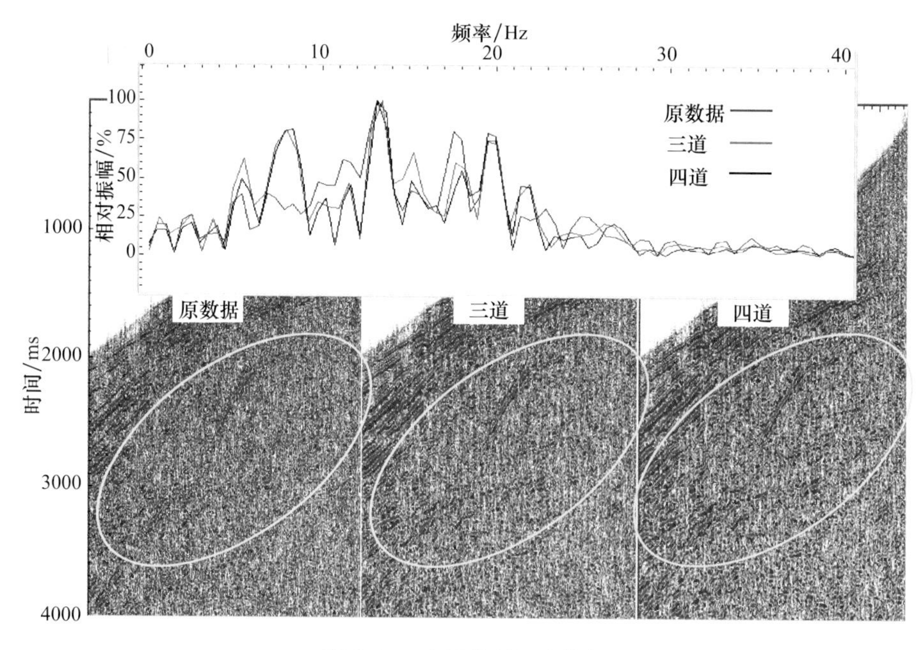

图 7.20 水平分量组合数据

2. 建立初始模型

建立反演初始模型包括以下工作：纵波速度分析、纵波层速度计算、时深转换、深度域纵横波速度和密度建模、深度域弹性参数建模。通过纵波速度分析和时深转换并结合纵横波速度比谱资料，通过正演模拟和调整，建立密度、弹性参数的初始模型，如图 7.21 所示（初始模型的部分显示）。

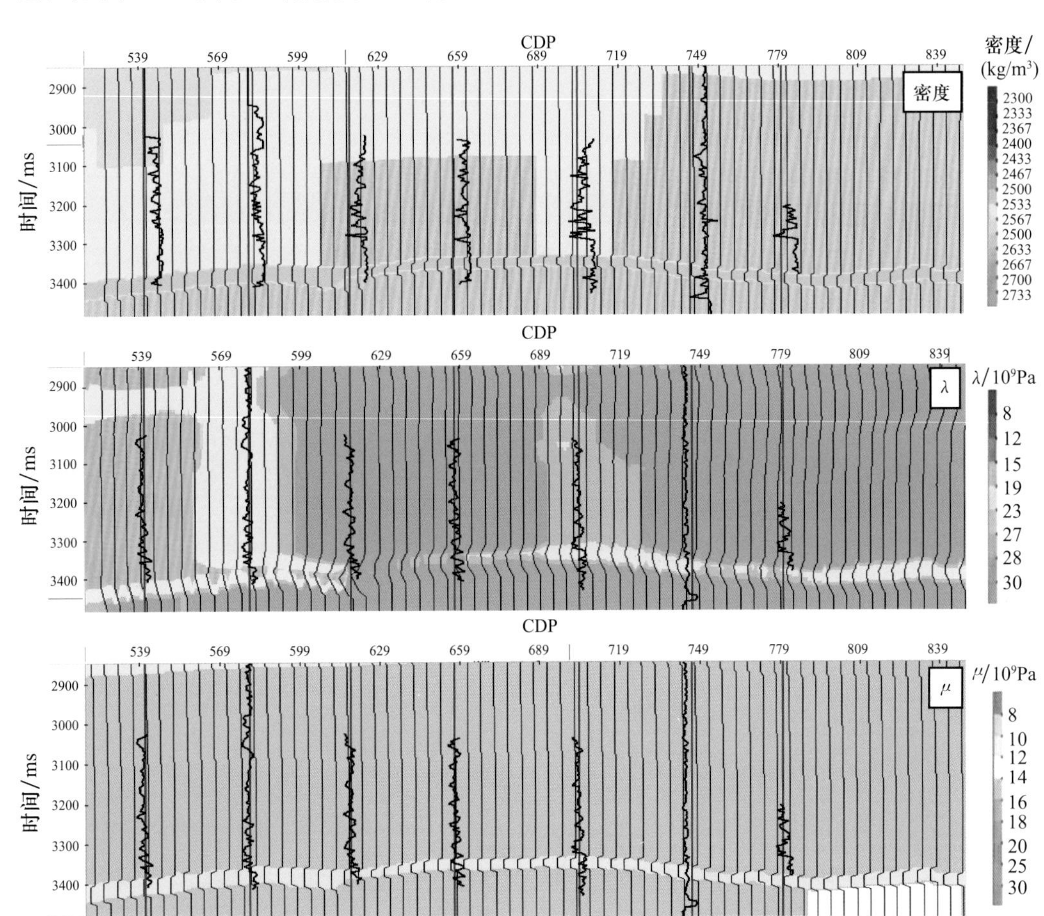

图 7.21 弹性参数 λ、μ 和密度的初始模型

3. 实测多分量数据反演及结果分析

完成数据准备和初试建模工作后，作者对 585b 线多分量数据进行反演，图 7.22 为一次迭代后的 λ、μ、密度和泊松比的部分反演结果，从图中可以清楚地看出 λ、密度剖面上变化比较复杂，不能明显区分出岩性和含气性变化的部分，而 μ 剖面上可以清晰地看到区域的岩性变化，尤其是该区的煤层在 μ 剖面上非常明显。泊松比数据也与岩性和含气性有关，但是泊松比剖面上可以很清楚地区分出岩性和含气性的区域。三参数和泊松比的反演结果与理论是一致的。

沿 585b 线上共有 10 口井：八口加密井 38-16-1 井至 38-16-8 井和探井苏 6 井、老开发井 38-16 两口井，其中苏 38-16 井、苏 6 井、苏 38-16-4 井、苏 38-16-5 井、苏 38-16-7 井和苏 38-16-8 井为 Ⅰ 类产气井，苏 38-16-2 井、苏 38-16-3 井为 Ⅱ 类井，苏 38-16-1 井和苏 38-16-6 井为 Ⅲ 类井，靠近测线的苏 4 井为 Ⅰ 类高产井。作者综合上面反演的三参数数据和泊松比数据，得出沿 585b 线的气藏剖面如图 7.23 所示。图 7.23（a）为七口井（苏 38-16-4 井～苏 38-16-8 井和苏 38-16 井、苏 4 井）参加反演的气藏剖面，

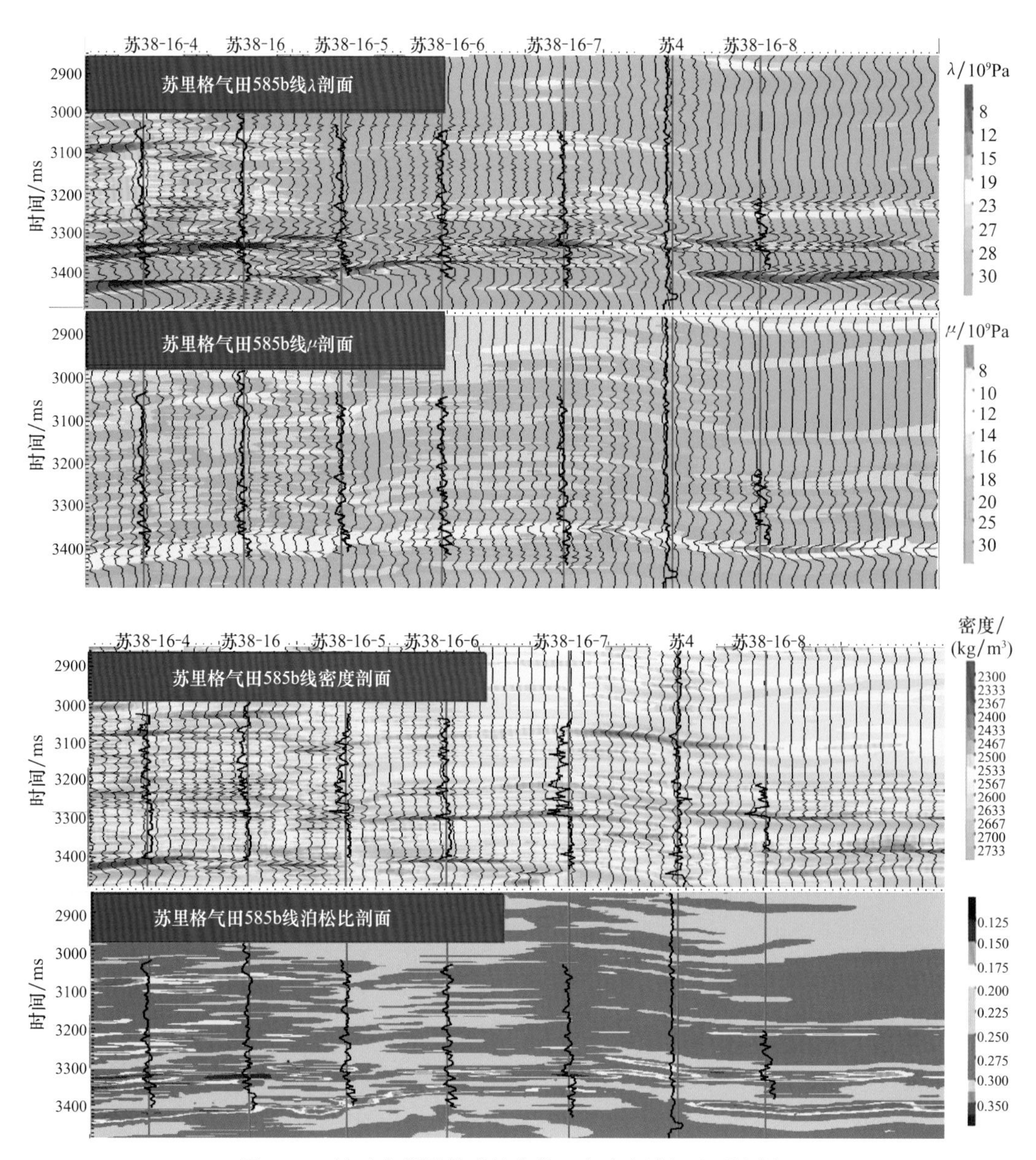

图 7.22　波动方程叠前弹性参数、密度和泊松比反演剖面

图 7.23（b）为六口井（除苏 4 井外）参加反演的气藏剖面，图 7.23（c）为苏 38-16 井和苏 38-16-8 井两口井参加反演的气藏剖面。比较图 7.23（a）～(c）可以看出，两口、六口、七口井的反演结果除一些细微的差别外，主体是类似的：苏 38-16-6 井周围的含气比较差，其他六口井处都显示了比较好的含气性，反演结果与实钻结果比较吻合。

因为上述反演把所有接收到的地震波都作为有效信号来对待，充分利用了所接收到的信息，所以具有较高的横向分辨率和反演精度，比较精确地反映了气藏和岩性的变化。

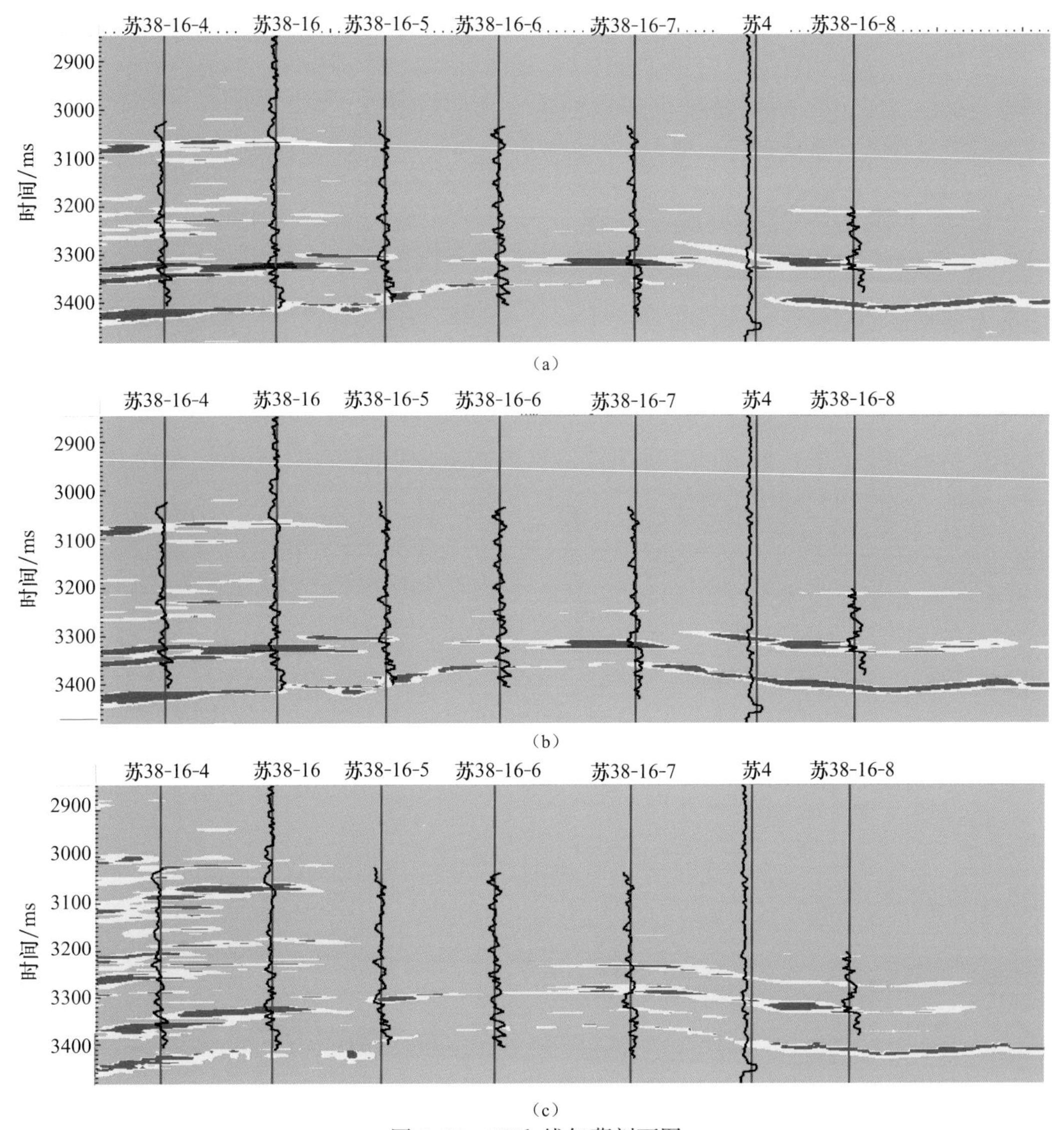

(a)

(b)

(c)

图 7.23 585b 线气藏剖面图

(a) 七口井参加反演；(b) 六口井参加反演（除苏 6 井）；

(c) 两口井参加反演（苏 38-16 井和苏 38-6-8 井）

二、气藏波场响应信息结构识别技术

地震记录道的特征可用反射振幅、频率、相位及传播时间的变化表征。通常地震数据是以记录道的数据体或剖面形式展现地层关系，形成一种特殊的信息结构。众所周知，地震记录的波形变化中包含了地层中含流体性质方面的信息，由于受到地震记录的信噪比和最小分辨率的限制，这种微弱的信息提取十分困难。当地层中富含天然气时，地震记录在其各种属性上会出现一定的变化特征。根据物理模拟和理论分析结果，当地层中含有天然气时，气层的波场响应具有强反射及较强的散射特征，且散射具有一定的空间分布性。

针对气藏地球物理场的信息结构特点，有效使用局部空间和时间的地震属性分析技术将会增强气层预测的稳定性。因此，合理选择信息结构分析技术是气层预测的关键。本书研究选择灰色系统理论和地震记录熵属性作为气层信息结构分析技术。

（一）灰色系统预测理论基础

灰色系统理论认为，尽管客观系统表象复杂，数据离乱，但它总是有整体功能的，必然蕴含某种内在规律。一切灰色序列都能通过某种生成弱化其随机性，显现其规律性。累加生成是使灰色过程由灰变白的一种方法，通过累加可以看出灰量积累过程的发展态势，使离乱的原始数据中蕴含的积分特性或规律性充分显露出来。一般的非负光滑序列经过累加生成后，都会减少随机性，呈现出近似的指数增长规律，原始序列越光滑，累加生成后指数规律越明显。

1. 灰色预测理论

灰色系统预测就是灰色建模过程，即对时间序列进行数量大小的预测。灰色模型表示为 GM(1,n)，1 表示一阶，n 表示变量的维数，一般采用 GM(1,1) 模型计算便可。若给出原始数据列

$$X^{(0)}=\{X_{(1)}^{(0)},X_{(2)}^{(0)},X_{(3)}^{(0)},\cdots,X_{(N)}^{(0)}\} \tag{7.16}$$

式中，N 为变量个数。

选择任一子数列，并记作

$$X_{(0)}=\{X_{(0)}^{(1)},X_{(0)}^{(2)},X_{(0)}^{(3)},\cdots,X_{(0)}^{(n)}\} \tag{7.17}$$

对子数列作一次累加生成，得

$$X_{(1)}=\{X_{(1)}^{(1)},X_{(1)}^{(2)},X_{(1)}^{(3)},\cdots,X_{(1)}^{(n)}\} \tag{7.18}$$

式中，$X_{(1)}^{(1)}=X_{(0)}^{(1)},X_{(1)}^{(2)}=X_{(0)}^{(1)}+X_{(0)}^{(2)},\cdots,X_{(1)}^{(m)}=\sum_{i=1}^{m}X_{(0)}^{(i)}$。

用上述序列建立灰色模型 GM(1.1)：

$$\frac{\mathrm{d}X_{(1)}}{\mathrm{d}t}+aX_{(1)}=u \tag{7.19}$$

式中，a 为发展系数，反映原始数列和累加数列的发展态势；u 为灰色作用量。

一般情况下，系统作用量应是外生的或前定的，而 GM(1,1) 是单列建模，只用到系统的行为序列，而没有外作用序列。GM(1,1) 中的灰色作用量是从背景值挖掘出来的数据，它反映数据变化的关系，其确切内涵是灰的。灰色作用量是内涵外延化的具体体现，它的存在是区别灰色建模与一般建模的分水岭，也是区分灰色系统观点与灰箱观点的重要标志。

用最小二乘法可以求出 a 和 u。记 $\hat{\boldsymbol{a}}=\begin{bmatrix}a\\u\end{bmatrix}$，则

$$\hat{\boldsymbol{a}}=(\boldsymbol{B}^{\mathrm{T}}\boldsymbol{B})^{-1}\boldsymbol{B}^{\mathrm{T}}\boldsymbol{Y}_N \tag{7.20}$$

式中，$\boldsymbol{B}=\begin{bmatrix} -\frac{1}{2}(X_{(1)}^{(1)}+X_{(1)}^{(2)}) & 1 \\ -\frac{1}{2}(X_{(1)}^{(1)}+X_{(1)}^{(2)}) & 1 \\ \vdots & \vdots \\ -\frac{1}{2}(X_{(1)}^{(1)}+X_{(1)}^{(2)}) & 1 \end{bmatrix}$

$$Y_N=\{X_{(0)}^{(1)},X_{(0)}^{(2)},\cdots,X_{(0)}^{(n)}\}$$

将灰参数 a、u 代入时间函数

$$\hat{X}_{(t+1)}^{(1)}=\left(X_{(1)}^{(0)}-\frac{u}{a}\right)\mathrm{e}^{-at}+\frac{u}{a} \tag{7.21}$$

对式（7.21）求一阶导数得

$$\hat{X}_{(t+1)}^{(0)}=-a\left(X_{(1)}^{(0)}-\frac{u}{a}\right)\mathrm{e}^{-at} \tag{7.22}$$

或

$$\hat{X}_{(t+1)}^{(0)}=\hat{X}_{(t+1)}^{(1)}-\hat{X}_{(t)}^{(1)}$$

利用上述模型进行预测，得到模型值序列

$$\hat{X}^{(1)}=\{\hat{X}_{(2)}^{(1)},\hat{X}_{(3)}^{(1)},\cdots,\hat{X}_{(N)}^{(1)}\} \tag{7.23}$$

式（7.23）经累减生成得

$$\hat{X}_{(k)}^{(0)}=\hat{X}_{(k)}^{(1)}-\hat{X}_{(k-1)}^{(1)},\qquad k=2,3,\cdots,N \tag{7.24}$$

可得原始数列的预测值序列

$$\hat{X}^{(0)}=\{\hat{X}_{(2)}^{(0)},\hat{X}_{(3)}^{(0)},\cdots,\hat{X}_{(N)}^{(0)}\} \tag{7.25}$$

由于介质中所含流体变化时，如地层水被天然气所替代，地震波形上必然有所反映（一般情况下非常微弱）。灰微分响应所得的预测值与实测值之间的误差能够反映出这种畸变，而它们之间的相对误差则体现发生偏差的程度。因此对误差和相对误差进行分析，可以做出地层中是否含有油气的预测。至于实际怎样才能做出准确的预测，原则是寻找相对误差大的层位段。

2. 计算方法验证

根据上述理论方法，作者研制了相应的计算程序。为检验该方法预测结果的可靠性，选择了苏里格地区已完钻的苏 6 井和苏 4 井进行预测方法验证，计算结果如下。

苏 6 井是苏里格地区打出的单井试气最高的一口井，日产气 120 多万 m^3，但由于该储气层是一单砂透镜体，现在稳产情况不佳。采用灰色波形预测方法，作者计算了过苏 6 井二维侧线 99591 的预测相对误差剖面如图 7.24 所示。图中上面是常规地震剖面，下面是预测相对误差，苏 6 井位于 CDP930。常规叠加剖面中 1770～1815ms 是上古生界二叠系石盒子组盒 8 段底部附近砂岩储集层的反射（通常采用 SEGY 负极性显示

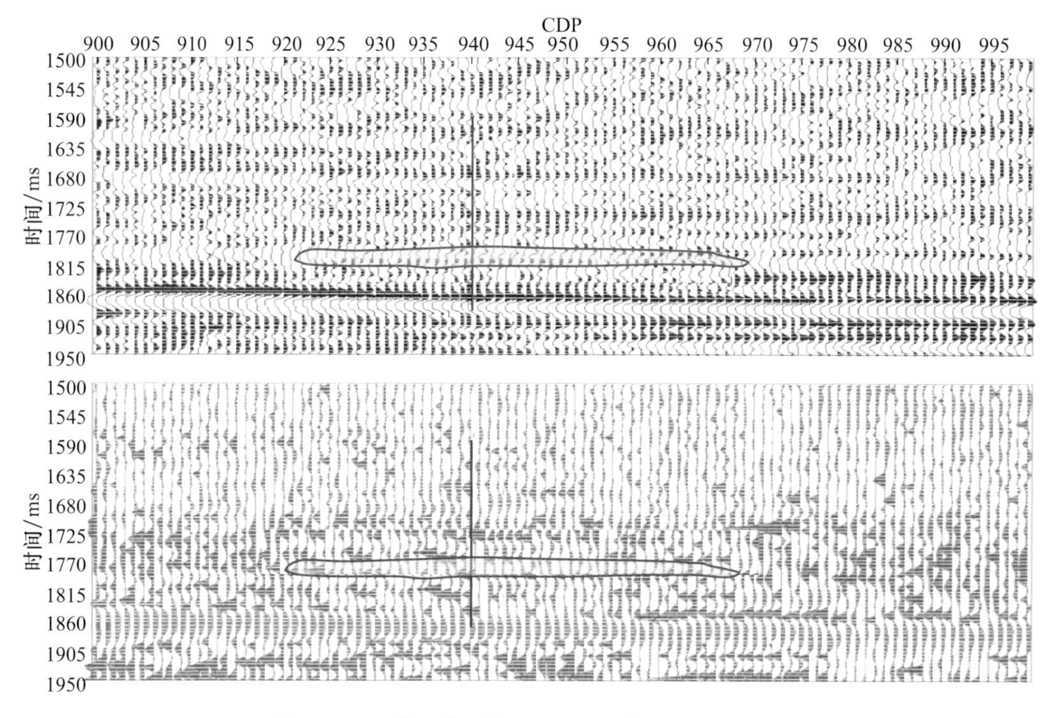

图 7.24　过苏 6 井测线 99591 预测结果（CDP931）

规则，波峰代表声阻抗降低，波谷代表声阻抗增加）。从图 7.24 上可以看出，在时间 1600～1800ms 出现了较大的负向相对误差，说明此段地层岩性变化较大，或地层含流体填充情况发生了交替改变，从而造成发射波振幅强弱变化规律性减弱。结合综合测井声速、密度和自然伽马曲线分析，发现此段为砂泥岩交互沉积。试气结果为盒 8 段有 9.4m 的含气层、10.1m 的气层，山西组山 1 段有 6.4m 的含气层。无阻流量每天 $120.1632\times10^4m^3$ 天然气。

苏 4 井也是苏里格地区另一口产量较高的井，位于苏 6 井东边 4km 处，日产气 $50.227\times10^4m^3$。目的层盒 8 上亚段有 3.6m 的气层，盒 8 下亚段有 7.3m 的气层，1.8m 及 3.1m 的含气层各一层。从图 7.25 的预测相对误差显示看，盒 8 段附近见一条连续性很好的负向相对误差条带，说明盒 8 中亚段含有明显的异常信息。对照钻井信息可以将产生较大预测误差的原因，归结为地层中含气所致。

由上述计算结果可以说明地层中的流体差异会在灰色预测中体现出来。因此，在一定条件下采用灰色预测方法进行气藏识别是可行的。

灰关联分析是灰色系统分析的手段之一，该方法通过两个数之间的大小差异与同组数列中的最大差异数值间的比重大小来刻画数列间的变化相似程度，关联度的大小从某种程度上体现了被关联序列与主关联序列间的关系密切程度。

图 7.26 是苏 6 井附近 1750～1850ms 的地震道与第 931 道的关联系数和关联度计算结果。根据苏 6 井的钻井资料，结合位于目的层盒 8 段附近较高关联度的范围，可大致圈定出含气砂体的大体范围。

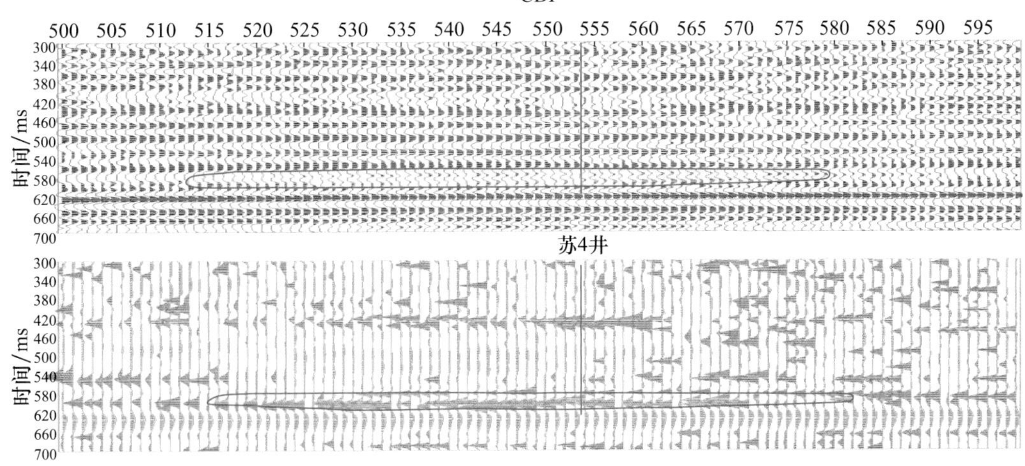

图 7.25 过苏 4 井段测线 99591 预测结果（CDP554）

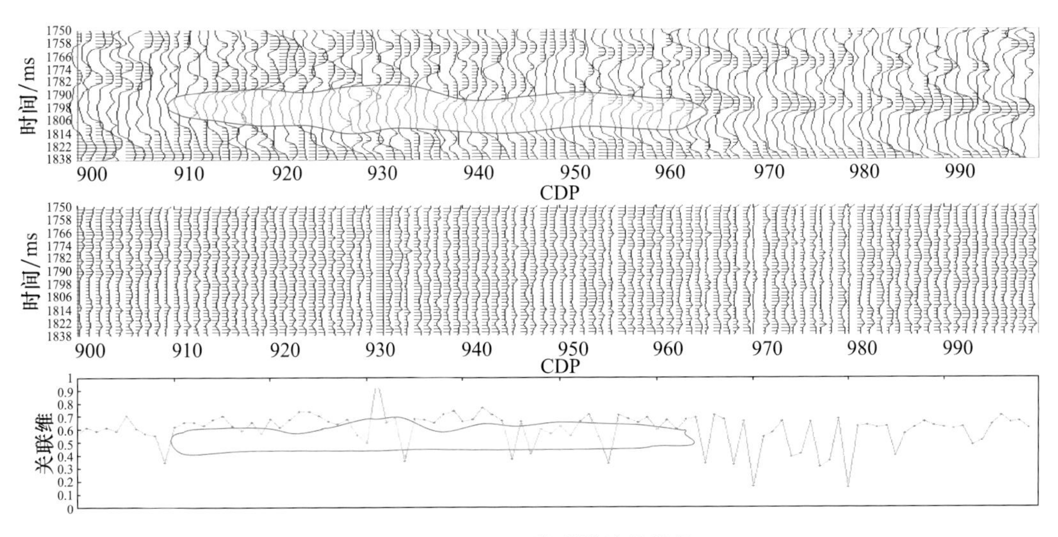

图 7.26 99591 关联维计算结果

99591 测线苏 6 井段 1750～1850ms 关联结果

图 7.27 是苏 4 井自正北方向投影到 99591 测线后第 554 道与其他道的关联，时窗范围为 1750～1850ms。目的层盒 8 段砂体大体为 NE 走向。通过对该侧线关联分析，可以看出，目的层盒 8 段附近出现较大关联度，结合苏 4 井的钻井资料，可划定含气砂体的大体范围。

3. 灰色预测理论应用

采用灰色预测理论，并结合近远道叠加振幅分析等其他资料，作者为长庆油田公司苏里格气田开发项目提供了三口开发井位。图 7.28 是苏 15-19 井的预测结果，图中盒 8 段目的层段见明显的负向相对误差，近远道叠加振幅也有一定异常。因此，将该位置作为优选井位之一。

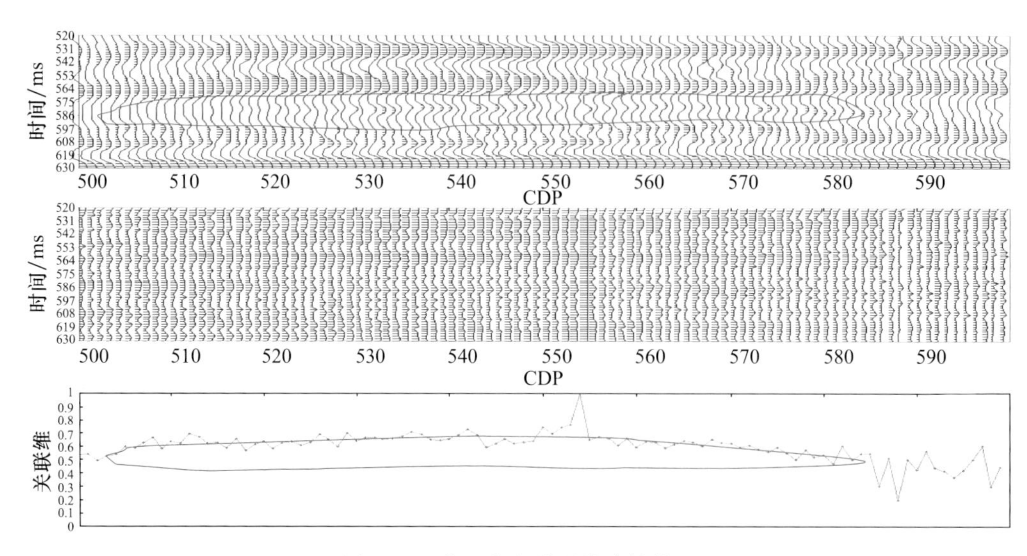

图 7.27　苏 4 井段关联维计算结果

99591 测线苏 4 井段 1750～1850ms 关联结果

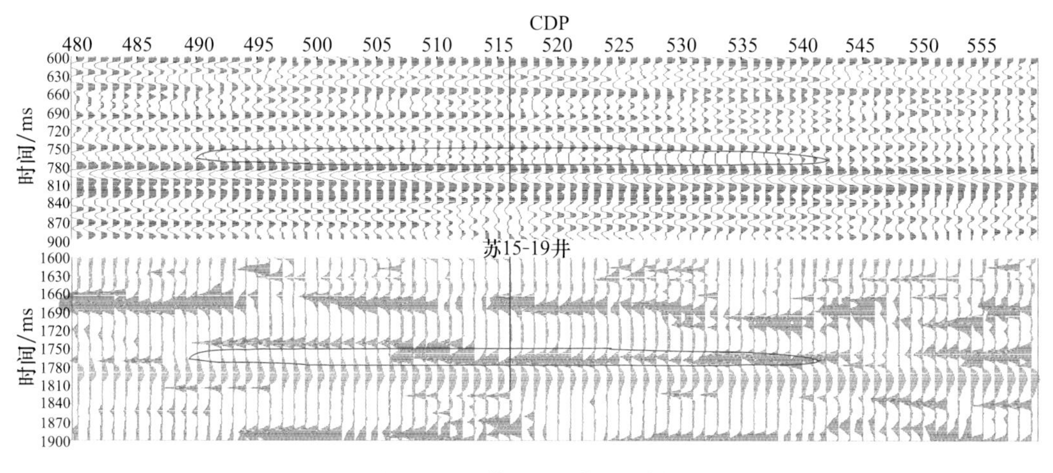

图 7.28　过苏 15-19 井预测剖面

2003 年提供的预测井位苏 15-19 井（位于 01684 测线 CDP513）

钻井结果显示，苏 15-19 井在盒 6 段与盒 7 段间打出 1.7m、2.8m 的气水层各一层，盒 8 段有 2m 左右的含气层 3 层，4.5m 的气层一层，山 1 段有一层 3m 厚的气层。灰色预测结果与实钻情况基本吻合。

（二）地震记录熵属性分析技术

1. 熵属性概念

熵可以用来测量信息结构特征，很早就被用来区分图像中的物体和背景，熵算子是一个非线性算子。克劳修斯定义微熵：

$$dS = dQ/T \tag{7.26}$$

式中，S 为系统在平衡态的熵；T 为温度；Q 为该温度时的能量。

熵与过程无关，一个广延量，具有可加性。玻尔兹曼从分子运动微观状态的角度解释宏观现象，揭示熵的统计物理意义，用公式表示为

$$S = k\ln\Omega \tag{7.27}$$

式中，S 为熵；k 为玻尔兹曼系数；Ω 为状态函数，即事物的丰富程度。

熵与概率联系密切，自然界存在大量由概率描述的不确定性问题，如果把热力学概率扩展为信号源每个信号出现的概率（即信号源的不确定性），这就是香农（Shannon）“信息熵”产生的背景。香农引入“信息熵”概念：用不确定性 H 来度量信源平均信息量大小。当收到一个信源符号后，信源的不确定性就得到一定程度的解除，被解除的不确定性的大小可用自信息量表示。

根据含气层波场信息结构特点，本书提出将地震信息结构的熵作为含气层检测的一种新的气层预测技术，即将地震信息结构的熵作为一种新的地震属性参数，通过上述熵表达式计算地震信息结构的熵属性，消除信息结构中熵较低的波形（或背景趋势），突出那些与气层反射有关的具有较高熵属性区域，从而实现利用地震资料进行含气反射层识别和预测的目的。

2. 物理模型资料实验

为验证该方法预测气藏的效果，作者采用实验观测的方法，模拟薄互层条件下含气层波场响应，并应用上述理论方法计算含气模型记录的熵属性变化剖面。图 7.29 为薄互层物理模拟记录计算的熵属性剖面。为了便于对比，图中分别显示了含水模型熵属性剖面［图 7.29（a）］和含气模型熵属性剖面［图 7.29（b）］，深色表示熵值较高。比较这两种剖面可以看出，除了盖层边界绕射因素外，由于含水层反射波形相对变化较小，其熵值相对较小，故在剖面中表现为微弱的分布。而含气层反射波形变化强烈，其熵属性在气层反射位置表现为较高的熵值，反映了气层反射波形复杂多变的特征。

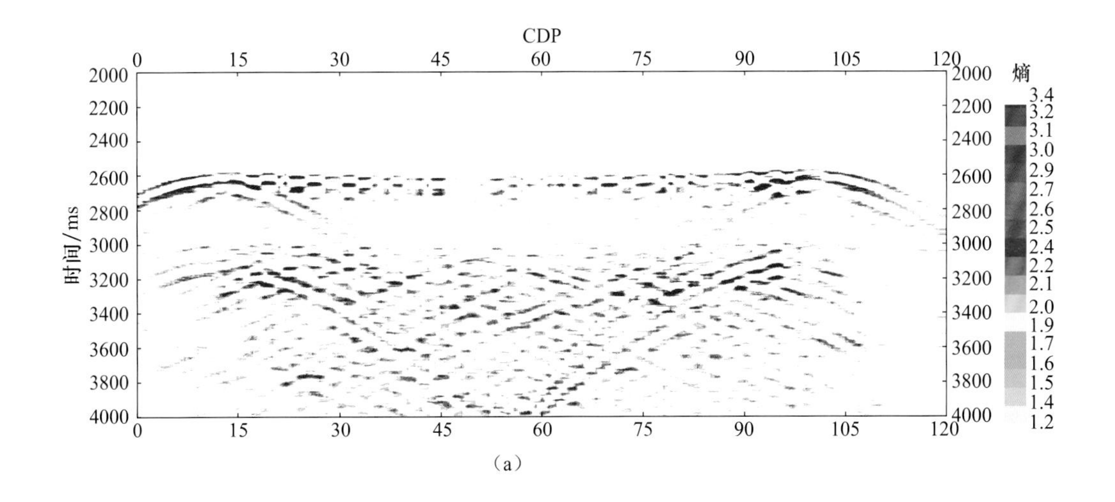

（a）

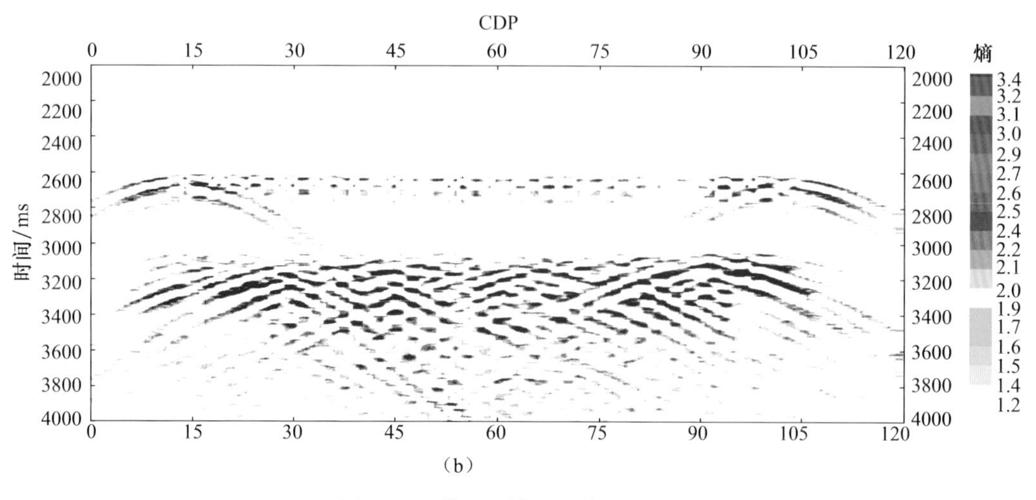

图 7.29 薄互层模型的熵属性剖面
(a) 高含水模型；(b) 含气模型

上述计算实例说明，本书提出的利用信息结构的熵属性进行含气层预测方法是可行的。采用该方法对薄互层物理模拟实验结果进行分析，取得较好效果。本书研究成果为气藏地球物理识别方法增加了一项新的、有效且实用的识别技术。

第三节 流体因子技术

一、基于 AVO 理论的岩性阻抗技术

当前利用地震资料进行岩性识别主要是叠后纵波资料，反演方法有两种，一是波阻抗反演方法，利用波阻抗或速度与岩性具有很好的相关性来识别岩性（Lindseth，1979）。致密砂岩、灰岩、白云岩、膏盐及火成岩等岩石通常具有较高的速度，而岩石中的流体如油、气、水速度比较低，运用这种明显的速度差异性，作者就可以根据反演的波阻抗剖面，从井出发向两边外推进行储层横向预测，这种方法在储层波阻抗与上、下围岩之间存在明显的差异且它们之间不存在重叠时，特别是对于含气储层的横向预测可以取得比较好的结果，但是实际情况比这种假设复杂得多，如砂岩储层含气时其速度和密度都降低，但泥岩同样具有低速和低密度的特点，图 7.30 是长庆苏 20 井测井资料分析，从岩石的纵波、横波速度及密度与岩性曲线（GR）的交会图上，可以看到纵波、横波速度及密度与岩性的相关性较差，单一的速度、密度值对应多个岩性值，造成作者利用速度、密度进行岩性解释时比较模糊。同样纵、横波阻抗与岩性的交会图上具有同样的特征，泥质含量高时，波阻抗降低；砂岩含量高，孔隙度大及孔隙中含有流体时波阻抗也降低，单一的阻抗值同样对应多个岩性值，使得作者利用波阻抗进行岩性解释时造成模糊。

岩性识别另一种反演方法是属性反演（Hampson et al.，2001），它是从叠后或叠前地震记录中提取各种地震属性，假设这些地震属性是岩石或岩石中的流体的客观反映，运用神经网络的方法对井旁道的地震属性与测井岩性曲线进行学习和训练，建立它

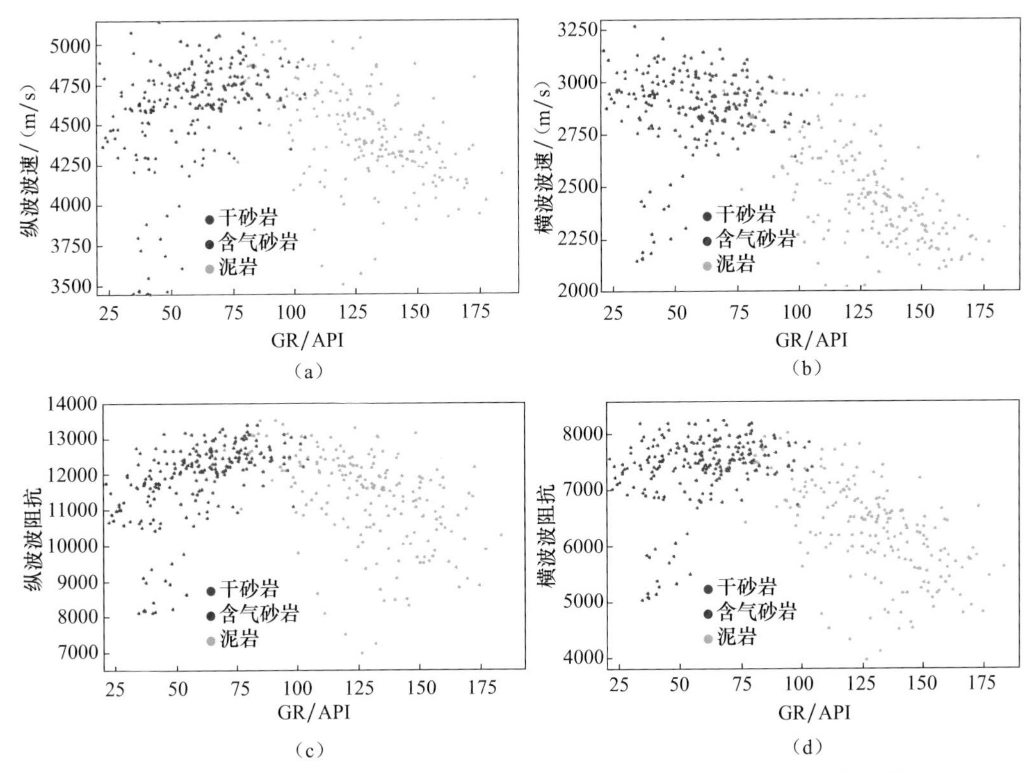

图 7.30 纵波速度、阻抗及横波速度、阻抗与岩性 GR 交会图（长庆苏 20 井）

（a）纵波速度-岩性；（b）横波速度-岩性；（c）纵波阻抗-岩性；（d）横波阻抗-岩性

们之间的联系，然后对整个地震数据进行反演，直接得到岩性剖面，这是目前一种流行的岩性反演方法，但属性与岩性之间的关系难以表达，纯粹变成了非线性求解的数学问题，物理意义不明确，令人难以信服地回答地震记录与岩性曲线之间存在的联系。

（一）岩性因子提取及岩性阻抗反演

实际上，叠后地震记录是实际地下岩石的岩性、孔隙度、泥质含量、饱和度等参数的综合反映，它是一维函数对应多个自变量，不能用简单的方法从中分离或提取出单个岩石物理参数。根据地震资料进行岩性识别只有纵、横波速度和密度三个参数可供利用，而不像测井资料有各种不同岩石物理性质的测井曲线可供利用，如估计孔隙度可以利用密度、中子和声波曲线，而估计泥质含量则可利用伽马、自然电位和密度曲线等。因此，必须把目光转到叠前，由于增加了一个变量——入射角，使得有更多的信息可以利用。根据 AVO 理论（Bortfeld 方程），叠前反射地震振幅是入射角的函数，它包含了岩石的流体因子和刚性因子的贡献。而由常用 Aki 和 Richards（1980）的近似公式，有

$$R(\theta)=\frac{1}{2}\left(\frac{\Delta V_{\mathrm{P}}}{V_{\mathrm{P}}}+\frac{\Delta\rho}{\rho}\right)-2\,\frac{V_{\mathrm{S}}^{2}}{V_{\mathrm{P}}^{2}}\left(\frac{\Delta V_{\mathrm{S}}}{V_{\mathrm{S}}}+2\,\frac{\Delta\rho}{\rho}\right)\sin^{2}\theta+\frac{1}{2}\,\frac{\Delta V_{\mathrm{P}}}{V_{\mathrm{P}}}\tan^{2}\theta \tag{7.28}$$

式中，$R(\theta)$ 为 P 波反射系数；V_{P}、V_{S} 及 ρ 分别为反射层面上下层的 P 波、S 波和密度的平均值；θ 为 P 波的入射角与透射角的平均值；ΔV_{P}、ΔV_{S} 及 $\Delta\rho$ 分别为反射层面上下层的 P 波、S 波和密度的变化量。

对式（7.28）重新组合，可写成

$$R(\theta)=\frac{1}{2}f_1(\theta)\frac{\Delta I_P}{I_P}+\frac{1}{2}f_2(\theta)\frac{\Delta L}{L}+\frac{1}{2}f_3(\theta)\frac{\Delta\rho}{\rho} \tag{7.29}$$

式中，$f_1(\theta)$、$f_2(\theta)$、$f_3(\theta)$ 均为角度 θ 的函数；I_P 和 ΔI_P 分别为纵波阻抗及其变化量；L 和 ΔL 分别为岩性阻抗及其变化量，它是纵波、横波速度及其平均值之比的函数。

因此，可以从叠前地震资料中，提取出单一的只反映岩性或流体变化的振幅剖面。也就是说，可以从叠前CDP道集中提取出反映纵波阻抗变化的反射振幅剖面，运用波阻抗反演技术反演出纵波阻抗剖面，同样可以提取出只反映岩性阻抗变化的振幅剖面，此外作者将其定义为岩性因子剖面。

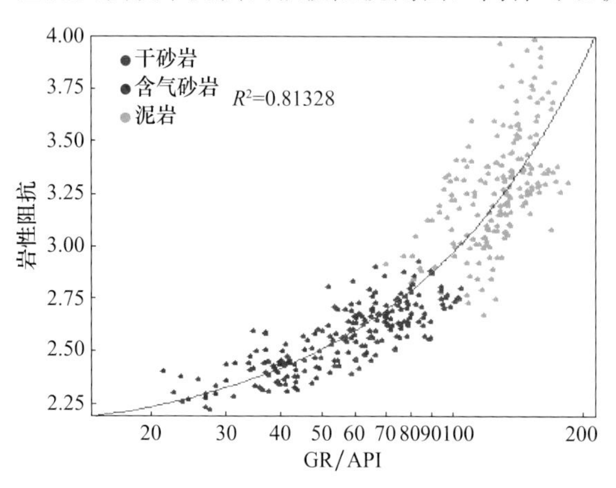

图7.31　岩性阻抗与岩性GR交会图（长庆苏20井）

岩性阻抗是岩石的纵波和横波的函数，图7.31是由长庆苏20井测量的纵、横波测井资料计算得到的岩性阻抗与测井岩性曲线（GR）的交会图，可以看到它们之间的相关性很好，相关系数达到90%以上，含气砂岩、干砂岩和泥岩可以互相区分开来，储层含气时岩性阻抗最低，利用岩性阻抗曲线可以很好地识别出岩性。

正如地震记录是由反射系数与地震子波的褶积得到一样，岩性因子道也可以看做是岩性反射系数与地震子波的褶积，运用本书提出的岩性阻抗反演技术把岩性因子剖面反演成岩性阻抗剖面，利用岩性阻抗剖面进行岩性解释。岩性阻抗反演技术从地震、测井资料出发，首先根据测井资料计算岩性阻抗曲线，对有纵、横波的测井资料直接进行转换，如没有横波测井数据，可利用岩石物理介质模型和Gasmman方程构建出拟横波数据再进行转换（Hilterman，2001），也可根据图7.31得到的经验公式直接由GR测井数据转换成岩性阻抗曲线；利用重新组合的AVO公式（7.29），通过线性拟合的方法直接从动校正后的叠前CDP道集中提取岩性因子剖面；由岩性阻抗曲线与从地震记录中提取的地震子波褶积制作岩性阻抗合成记录，与井旁道岩性因子剖面标定；利用新的目标函数，建立基于模型的岩性阻抗反演方法。基于模型的反演算法已十分成熟，关键技术是岩性阻抗曲线的生成及用于反演的目标函数的建立。反演技术流程如图7.32所示。

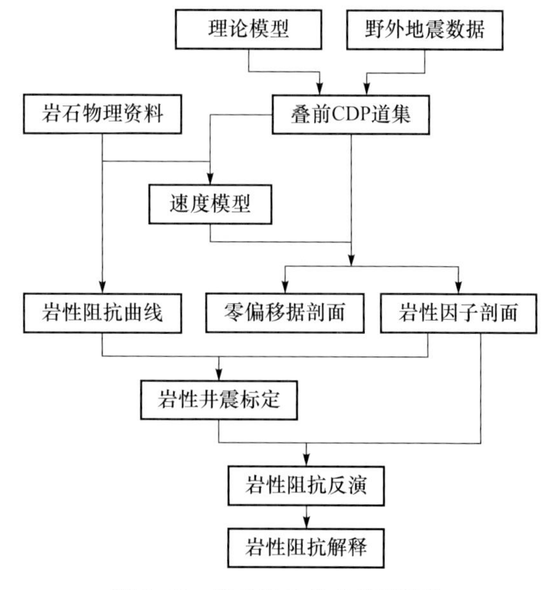

图7.32　岩性阻抗技术反演流程

（二）模型研究

为了研究岩性因子及岩性阻抗对不同流体的敏感性，作者设计了一组楔状体模型（图7.33），厚度范围为2～30m。采用Hilterman（2001）给出的三类AVO响应特征的岩石物理参数（表7.2），从浅至深分别为Ⅰ类暗点型、Ⅱ类相位反转型和Ⅲ类亮点型，楔状体中分别充填水和气两种流体，岩石物理参数总体随深度增加，相邻楔状体之间的岩性为泥岩，它们之间的波阻抗的差异也会造成反射。

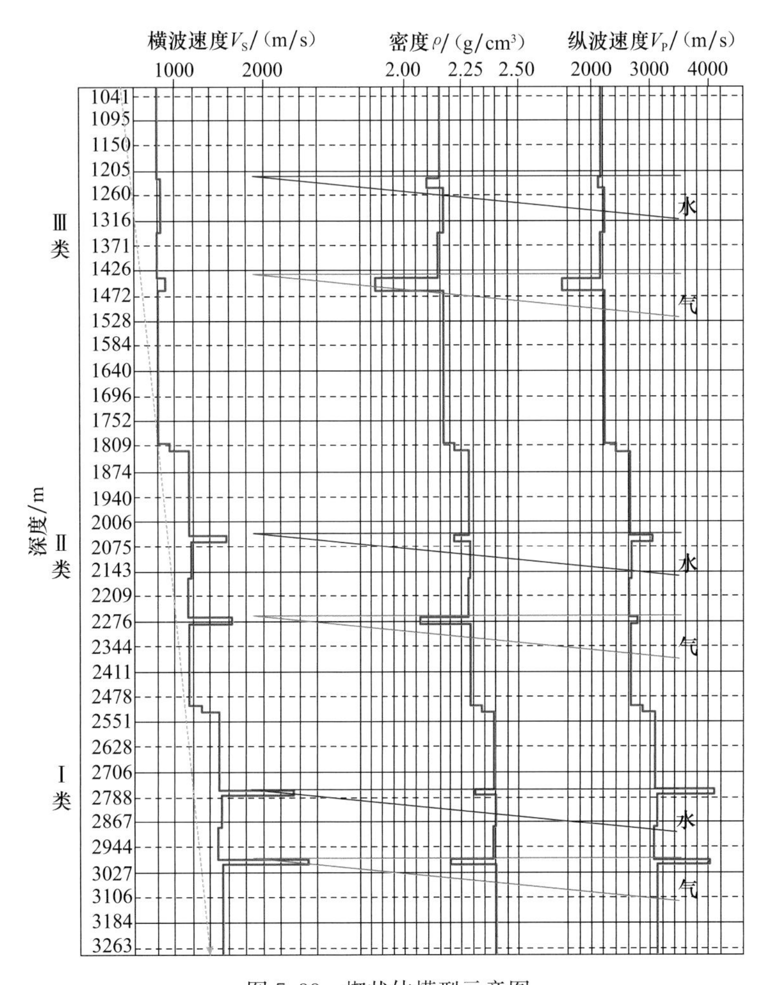

图7.33 楔状体模型示意图

在提取的岩性因子和属性剖面上同样明显地观察到类似的特征（图7.34），常规的属性都对Ⅲ类AVO气藏具有强烈的指示，但不能准确地指示出Ⅱ类、Ⅰ类AVO的气藏。对于梯度G波道，Ⅱ类AVO的水砂振幅强度则比Ⅰ类AVO的气砂的振幅还要大。$P*G$波道难以把Ⅰ类AVO的振幅响应的气砂从Ⅱ类AVO的振幅响应的水砂中分辨出来。而岩性因子则对三类AVO响应都能较好地指示出气藏，且泥岩、水、气砂的振幅呈依次增大的趋势。

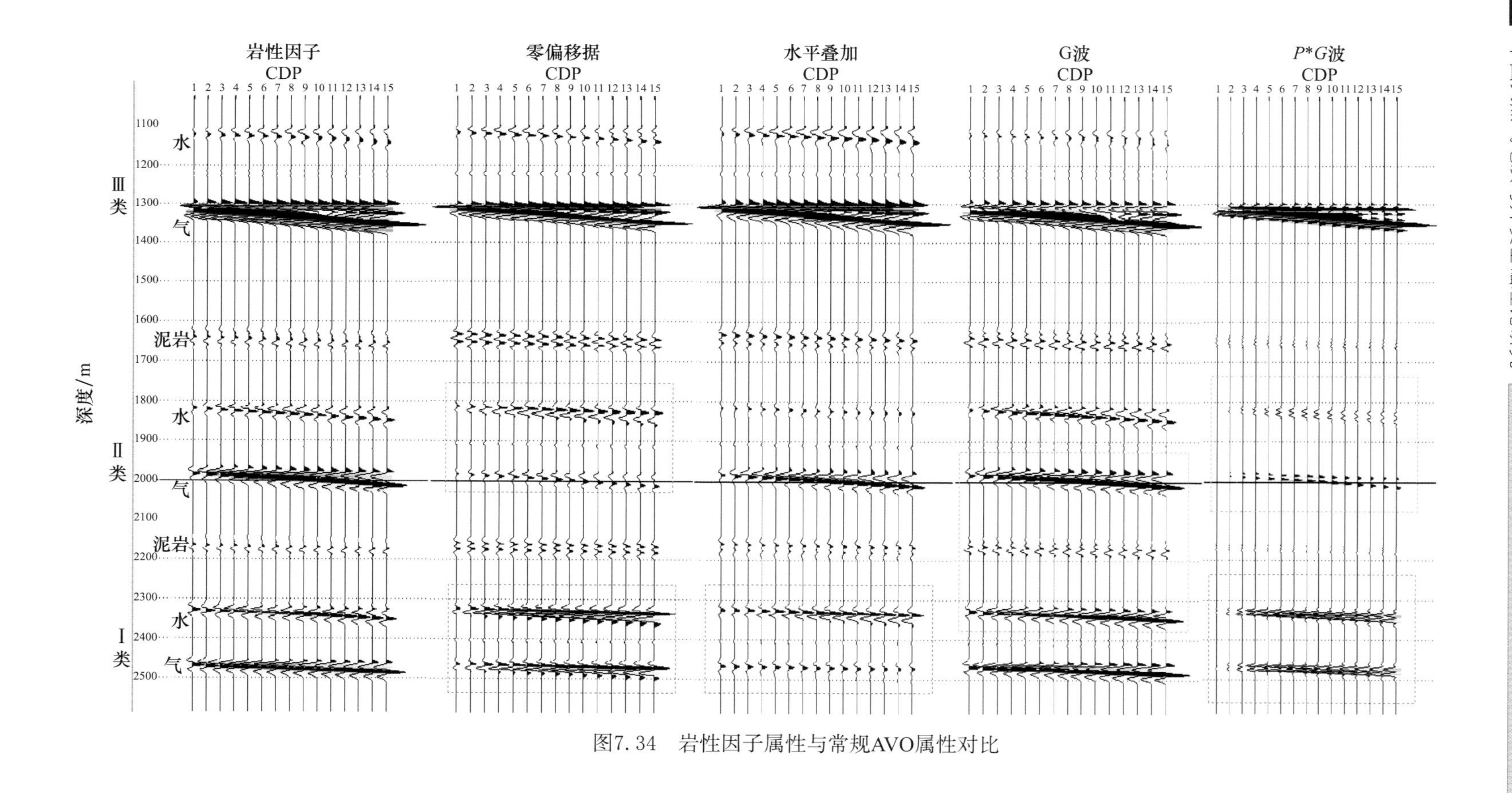

图7.34 岩性因子属性与常规AVO属性对比

表 7.2 岩石物理模型参数

AVO 类型	岩石	V_P/(ft/s)	V_S/(ft/s)	ρ/(g/m³)	V_P/V_S	泊松比
Ⅰ类	泥岩	10150	4970	2.40	2.04	0.343
	气砂	13500	8048	2.32	1.68	0.224
	水砂	13288	8288	2.21	1.60	0.182
	泥岩	10320	5100	2.41	2.02	0.339
Ⅱ类	泥岩	8670	3828	2.29	2.27	0.378
	气砂	10000	5233	2.24	1.91	0.311
	水砂	9125	5462	2.08	1.67	0.221
	泥岩	8840	3956	2.30	2.23	0.375
Ⅲ类	泥岩	7190	2684	2.16	2.67	0.419
	气砂	7000	2820	2.11	2.48	0.403
	水砂	5061	2956	1.88	1.71	0.241
	泥岩	7350	2813	2.18	2.61	0.414

（三）实际资料试验

苏里格气田位于鄂尔多斯盆地伊陕斜坡的西北侧，区域构造为宽缓的西倾单斜，倾角不足 1°，断裂和局部构造均不发育。苏里格气藏分布主要是受河道控制的岩性气藏，主要储集层为上古生界下石盒子组盒 8 段和山西组山 1 段河道砂体，主分河道呈南北纵向延伸、东西横向迁移、交叉复合现象较为频繁的展布格局，储层砂体在工区内广泛分布。岩石物理分析表明，砂岩含气以后，速度、密度及波阻抗明显降低，尤其是物性好的砂层，呈现了类似泥岩特征，这就给储层描述时单纯利用波阻抗反演技术进行储层横向追踪带来困难。

试验测线取自苏 6 井区的一条东西向二维地震测线。图 7.35 中显示的测线段上钻探了三口井，其中苏 38-16-6 井是一口储层厚度薄、产量低的Ⅲ类井，而苏 38-16-7 井和苏 38-16-8 井则是储层厚度大、产量高的Ⅰ类井。层位 s_1 相当于山西组山 1 段地层底部附近的反射，气藏主要分布在地震层位盒 8 段（h_8）和上山西组（s_1）之间。图 7.36 是提取的岩性因子剖面，可以看出Ⅰ类井对应于岩性因子高值，Ⅲ类井对应于岩性因子低值。同时苏 38-16-7 井和苏 38-16-8 井之间岩性因子的振幅值存在低值区，表明苏 38-16-7 井和苏 38-16-8 井之间的储层不连通，由小层对比剖面可知（图 7.37），苏 38-16-7 井和苏 38-16-8 井之间的气层不属于同一砂体。

二、声波阻抗梯度气藏识别技术

（一）声波阻抗梯度理论公式

弹性阻抗由 BP 公司的 Connolly（1999）提出，而相关的研究可以追溯到 20 世纪 70 年代末，基本与 AVO 的早期研究同步。弹性阻抗的提出被认为是 AVO 定量化进程中的重要事件，并在近几年得到迅速应用。

如图 7.38 所示，不同岩性或含流体储层的弹性阻抗随入射角变化的梯度存在较大的差异。小角度时，横波信息几乎很难影响反射系数变化，岩性和流体的可区分性很

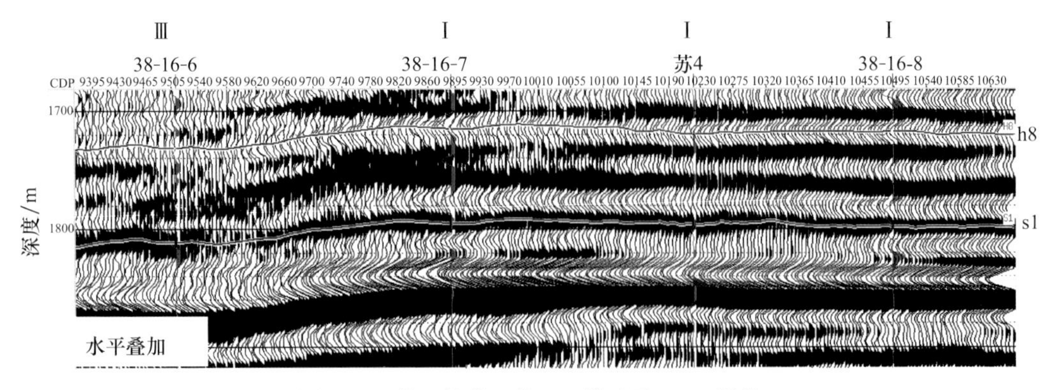

图 7.35　苏里格苏 6 井区二维地震 L585 测线

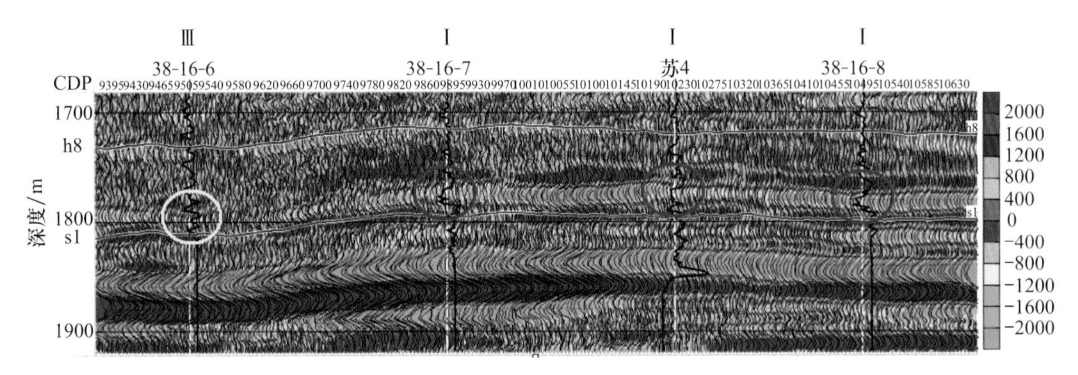

图 7.36　L585 测线岩性因子剖面

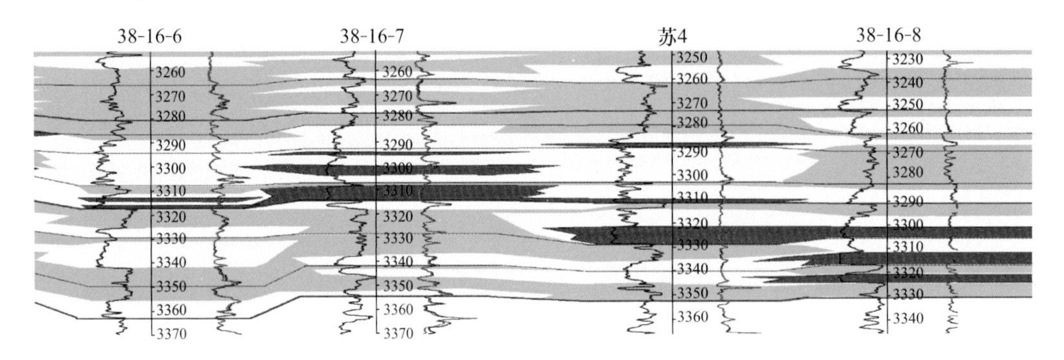

图 7.37　岩性曲线 GR 连井模型

差。当入射角达到 18°时，致密砂岩、孔隙砂岩、含气砂岩等弹性阻抗越来越小，而泥岩和煤层则具有相对较高的弹性阻抗，可以达到有效区分砂泥岩的目的。随着入射角继续增大，砂泥岩的弹性阻抗差异也越来越大，可区分性进一步增强。

显然，通过弹性阻抗技术可以直接有效区分不同岩性和气层，但前提是须拥有足够大的入射角。当入射角小于 15°时，气层的弹性阻抗介于致密砂岩和泥岩之间，不具可区分性。理论上，只有当入射角大于 15°，气层和有效储层才能有效区分，并且角度越大可区分性越强。但从地震反演的角度来看，入射角越大，气层与非气层之间的弹性阻抗差别太大，甚至不在一个数量级上，求得的弹性反射系数会非常大，导致反演的不稳定。并且实际

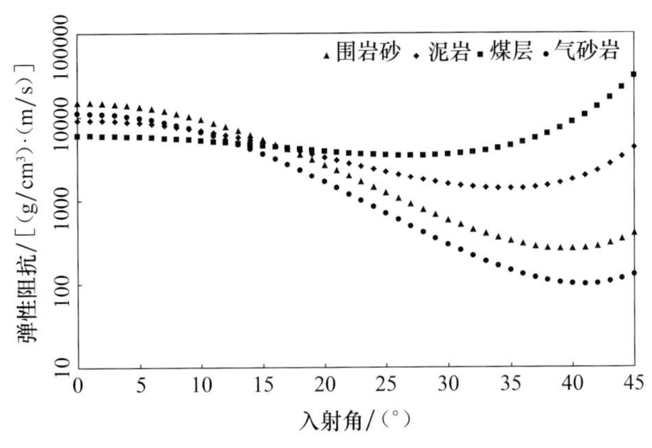

图 7.38 弹性阻抗识别岩性与含气性

资料受炮检距和资料品质影响，从而限制了弹性阻抗的应用，有必要寻求更好的解决办法。

分析气层的弹性阻抗变化特点可以发现，之所以在大角度条件下气层具有更低的弹性阻抗，根本原因是气层具有更快的变化梯度，这说明声波阻抗的变化梯度可能是更好的气层识别参数。

将弹性阻抗公式改写成如下形式：

$$\mathrm{EI}=\alpha^{1+\tan^2\theta}\beta^{-8k\sin^2\theta}\rho^{1-4k\sin^2\theta}=\mathrm{AI}\cdot\alpha^{\tan^2\theta}\beta^{-8k\sin^2\theta}\rho^{-4k\sin^2\theta} \tag{7.30}$$

将垂直入射的纵波阻抗提取出来，弹性阻抗则可以表述为纵波阻抗与其随入射角变化梯度之乘积，定义声波阻抗梯度（acoustic impedance gradients，AIG）公式如下：

$$\mathrm{AIG}=\mathrm{AI/EI}=\rho^{4k\sin^2\theta}V_{\mathrm{P}}^{-\tan^2\theta}V_{\mathrm{S}}^{8k\sin^2\theta}\approx\left(4\frac{\overline{V}_{\mathrm{S}}^2}{\overline{V}_{\mathrm{P}}^2}\ln\mu-1.233\ln V_{\mathrm{P}}\right)\sin^2\theta \tag{7.31}$$

式中，k 为相邻两层 $V_{\mathrm{S}}^2/V_{\mathrm{P}}^2$ 的平均值。式（7.30）和式（7.31）各参数含义参考文献 Connolly（1999）

（二）声波阻抗梯度理论模型分析

图 7.39 通过一口井的实际数据比较了 30°声波阻抗梯度（AIG(30)）和 k 值的关系，该结果表明，AIG 比 k 具有更明显的异常幅度。

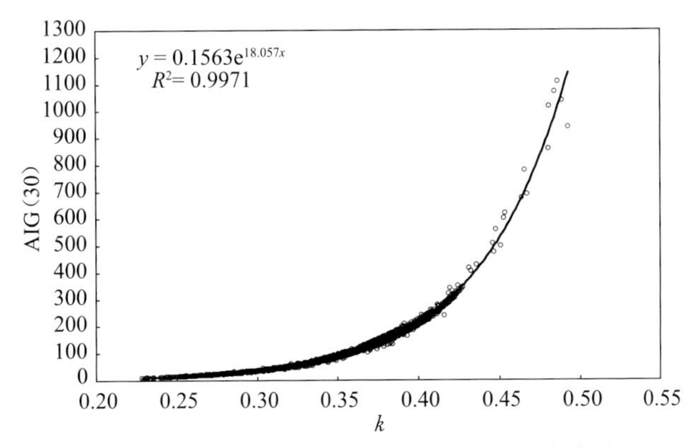

图 7.39 声波阻抗梯度与 k 值的指数相关关系

进一步比较 AIG 与 k 的关系可以发现，二者的指数关系非常好，相关系数接近 1。于是不难理解，AIG 将气层的泊松比异常以更突出的方式表达，因此在识别气层方面具有更高的敏感性和更低的多解性。

图 7.40 是声波阻抗梯度随入射角变化关系图，对比弹性阻抗可以发现，在任意入射角气层都具有最大的声波阻抗梯度，即使在入射角小于 15°时亦是如此。显然，通过声波阻抗梯度可以有效地释放小角度资料的气层识别潜力。

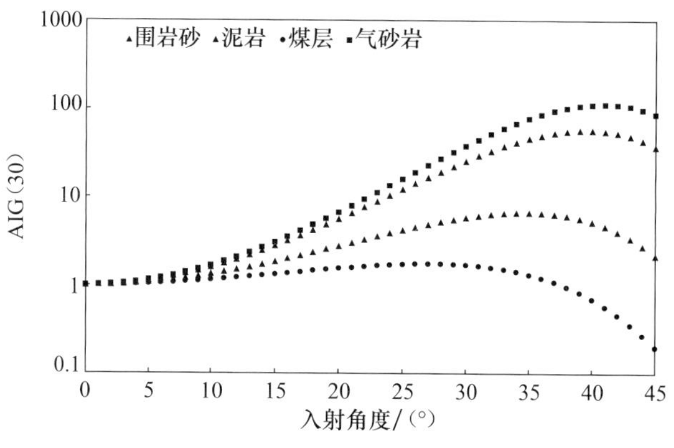

图 7.40 声波阻抗梯度随入射角变化关系图

（三）声波阻抗梯度技术应用实例

图 7.41 是在实验数据基础上形成的声波阻抗梯度岩石物理图板，随着孔隙度增大，AIG 背景值有增大趋势，但与低孔隙储层区分性不明显。表明 AIG 在非含气条件下对物性敏感性低。而当储层含气时，随着含气饱和度不断增大，AIG 值也快速增大，显著地偏离其背景值，说明 AIG 识别气层具有更低的多解性。泊松比、纵横波速度比遇到相对高孔非含气储层时则与气层有较大的重叠，导致气层识别敏感性不够。

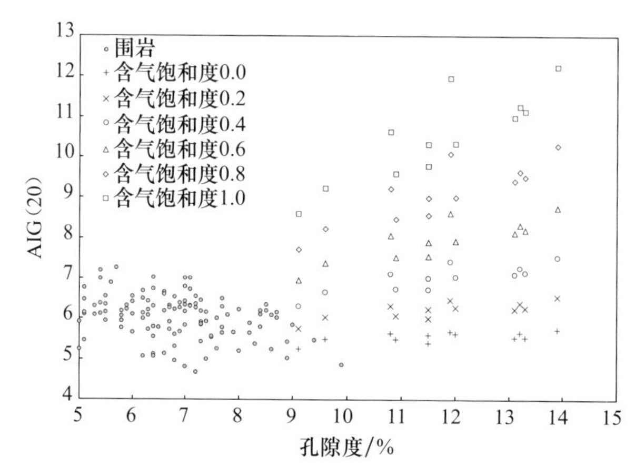

图 7.41 声波阻抗梯度与孔隙度、含气饱和度关系岩石物理图板

图 7.42 是应用 AIG 技术［图 7.42（a）］和 EI 技术［图 7.42（b）］对大川中安岳地区须二段开展的含气性检测剖面。可以看出，利用 AIG 技术可以大大降低多解性，

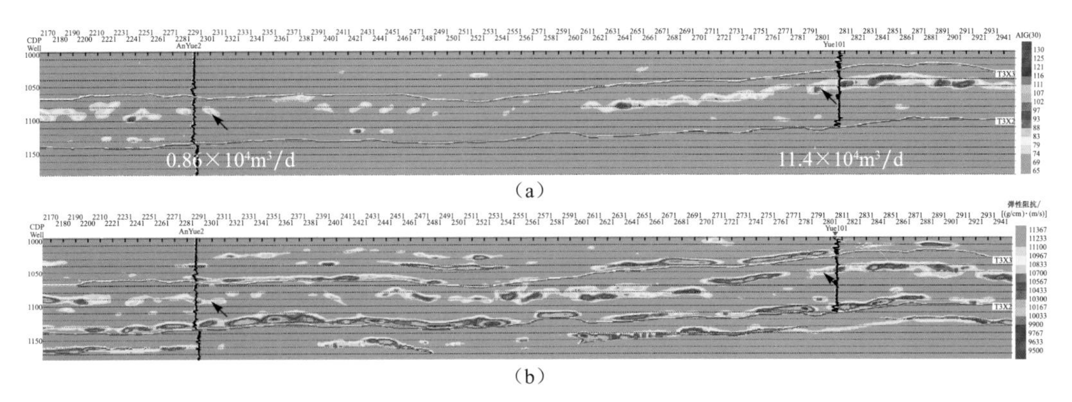

图 7.42 大川中安岳地区气层检测剖面

预测结果更符合地质规律。

AIG 技术应用于广安地区须四段三维地震区气层检测研究，工区面积 $450km^2$（24次覆盖范围），约 4h 可以完成整个三维数据反演，而要通过商业软件反演三参数并计算出气层检测弹性参数，需要 4～7d。由此可见，AIG 技术在工业化应用方面具有显著的优势。

三、指数泊松比流体因子气层识别技术

不同流体检测方法最终都可以归结为从地球物理资料中提取对储层流体敏感的参数，即流体检测因子。Smith 和 Gidlow（1987）最早提出流体因子（fluid factor）概念，也有学者称之为碳氢指示因子（hydrocarbon indicator），国内常称之为流体检测因子。

目前已公布的流体检测因子主要有两类。第一类是基于地震属性分析的流体检测因子，如 AVO 属性中的截距（P）与梯度（G）及其组合（乘积、加权数学运算等）（Ostrander，1984；Foster et al.，1993；Castagna et al.，1998）、加权叠加得到的纵横波反射系数组合（Smith and Gidlow，1987；Smith and Sutherland，1996）等。该类方法的优点是直接对地震道运算，计算快捷。不足之处是多解性较强，运算结果的物理意义不够清晰，解释难度较大，主要用于定性分析，目前已较少使用。第二类是弹性参数组合法，如拉梅常数-密度（λ-μ-ρ）组合（Fatti et al.，1994；Goodway et al.，1997）、纵横波阻抗组合（Hilterman，2001）、孔隙空间模量（ρ_f）（Hedlin，2000）、泊松阻抗（PI）（Quakenbush et al.，2006）等。基于弹性参数提出的流体检测因子物理意义更加明确，可解释性强，也可以开展定量化研究，为进一步评价储层的含气性差异提供了可能，是目前使用的主流方法。

尽管如此，不同方法识别储层流体的能力有很大差异。对 Hilterman（2001）公布的三类含气砂岩数据计算表明，气层识别效果最好的是孔隙空间模量（ρ_f），气层与水饱和砂岩的相对差异达到 85%以上；其次是 $\lambda\rho$、PI，这两种流体因子对Ⅲ类含气砂岩识别效果较好，气层与水饱和砂岩的相对差异接近 80%，Ⅱ含气砂岩约 50%，Ⅰ类含气砂岩约 30%。现有的弹性参数组合流体因子除孔隙空间模量外，多数对高阻抗的Ⅰ

类含气砂岩和气层与围岩阻抗接近的Ⅱ类含气砂岩敏感性不够；并且由于需要开展叠前反演以获得弹性参数，对大数据量处理运算成本较高。在实际工业应用中，上述方法通常需要借助多参数交汇提高对目标层的识别能力，含气层与泥岩不易区分，存在明显的多解性。

（一）指数泊松比因子理论公式

在声波阻抗梯度基础上，进一步提取出指数泊松比因子：

$$F_{\mathrm{EPR}}=c\cdot\mu^{4\left(\frac{V_{\mathrm{S}}}{V_{\mathrm{P}}}\right)^{2}}V_{\mathrm{P}}^{-\cos^{-2}\theta}\approx \mathrm{e}^{f(\sigma)} \tag{7.32}$$

式中，σ 为泊松比；c 为系数。

（二）敏感性分析及气层识别

指数泊松比因子具有放大气层与围岩泊松比差异的功能（图 7.43），根据 Hilterman（2001）公布的三种含气砂岩数据计算对比，气层的指数泊松比因子是水层的数十倍或更高，即使取对数后仍要普遍优于其他流体因子（表 7.3）。

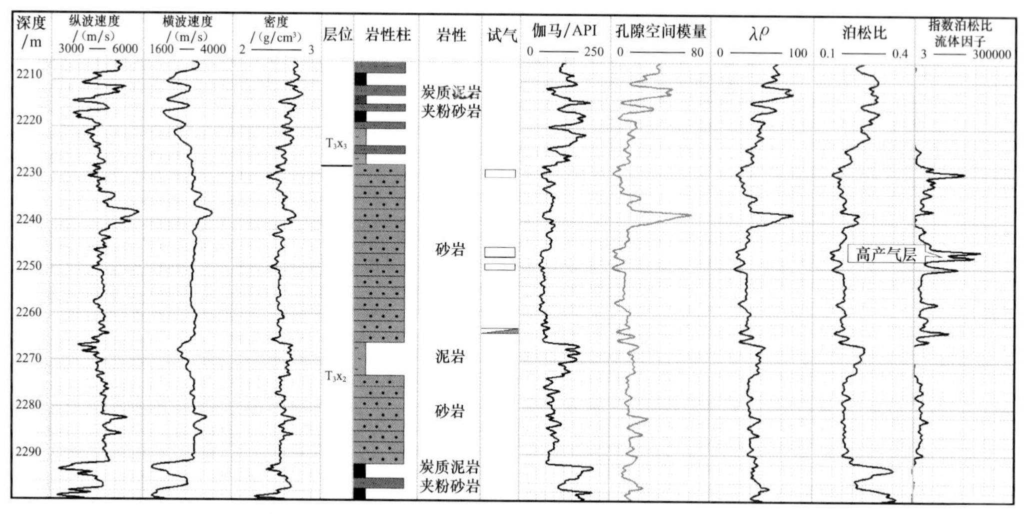

图 7.43 指数泊松比流体因子有效突出气层响应

表 7.3 不同流体因子流体敏感性对比

含气层组合		V_{P}	ρ	AI	$\rho\phi$	σ	PI	$\lambda\rho$	F_{EPR}	$\ln F_{\mathrm{EPR}}$
Ⅲ	围岩	2.134	2.11	4.502	12.485	0.403	1.937	13.687	0.39	0.49
	气层	1.543	1.88	2.90	1.476	0.241	0.505	2.671	15262.90	1.00
	相对变化/%	27.7	10.9	35.6	88.2	40.1	73.9	80.5	3963544.2	105.4
Ⅱ	围岩	3.048	2.230	6.797	12.05	0.311	1.767	20.895	567.00	1.52
	气层	2.781	2.080	5.785	1.62	0.221	0.888	9.481	126648.54	3.15
	相对变化/%	8.8	6.7	14.9	86.6	29.2	49.7	54.6	22236.4	108.1
Ⅰ	围岩	4.115	2.320	9.546	8.31	0.224	1.499	26.351	217651.02	6.43
	气层	4.050	2.210	8.951	1.22	0.182	1.057	17.781	2068663.51	9.52
	相对变化/%	1.6	4.7	6.2	85.3	19.0	29.5	32.5	850.4	48.0

第四节 含气饱和度地震预测技术

一、PGT 含气饱和度地震预测技术

Avseth 等（2005）提出了砂岩 AI-V_P/V_S 岩石物理图板（RPT），其重要作用是通过 AI 和 V_S/V_P 联合定量预测孔隙度和含气饱和度变化，目前，该图板已经得到较广泛的认可和应用。但碳酸盐岩的速度比较复杂，RPT 特点与砂岩有很大区别。另外，几乎所有已发表的模型都是在测井频带建立起来的，地震频带的 RPT 研究还是空白。在 RPT 技术中使用的是均匀介质模型，这显然不适用于物性较差的低孔渗气藏。为此，需要探索和建立新的适合低孔渗气层含气饱和度预测的新方法。本书以双重孔隙介质理论和非均匀饱和模型为基础，结合地震数据提取的岩石物理模型，通过地震正演技术，建立叠前地震属性与气层厚度、孔隙度及含气性之间的定量关系图板，即 PGT 技术。

（一）气藏特征地震正演分析

正演参数以四川盆地龙岗地区的龙岗 1 井、龙岗 2 井超深层白云岩储层为蓝本，结合实验室物性测试数据，围岩和气层的基本岩石物理参数如表 7.4 所示。注意到表中储层孔隙度很小的致密储层其顶界反射系数可能会为正，呈现 I 类 AVO 组合特征，该特征在长兴组顶部储层中比较常见。

表 7.4 地震正演岩石物理参数表

类别	参数	围岩	不同孔隙度储层/气层			
			3%	5%	9%	13%
水饱和	V_P/(m/s)	6447	6660	6480	6100	5700
	V_S/(m/s)	3414	3600	3520	3400	3267
	ρ/(g/cm^3)	2.731	2.785	2.749	2.676	2.603
气饱和	V_P/(m/s)	6447	6344	6102	5720	5282
	V_S/(m/s)	3414	3620	3563	3459	3353
	ρ/(g/cm^3)	2.731	2.755	2.698	2.585	2.472

白云岩储层整体孔隙度偏低，孔隙结构复杂，纵波速度随含气饱和度变化规律目前研究不多。本书使用弹性波正演方法，正演过程考虑了全部分量、多次波及 Q 影响。本书正演了 4 组、11 个饱和度、7 个厚度共 308 个模型，提取了 PG 属性数据对 616 个。子波系从该地区三维实际地震资料目的层附近提取，主频为 25Hz，高截频为 75Hz，厚度间隔为 5m，第一道从 0m 开始，第 7 道厚 30m。

由于模型数量很大，此处只挑选几组比较有代表性的正演结果加以描述，首先比较孔隙度为 5%，含水饱和度 0%（即气饱和）[图 7.44（a）] 和 80%时 [图 7.44（b）] 的叠前地震响应（图 7.45）。

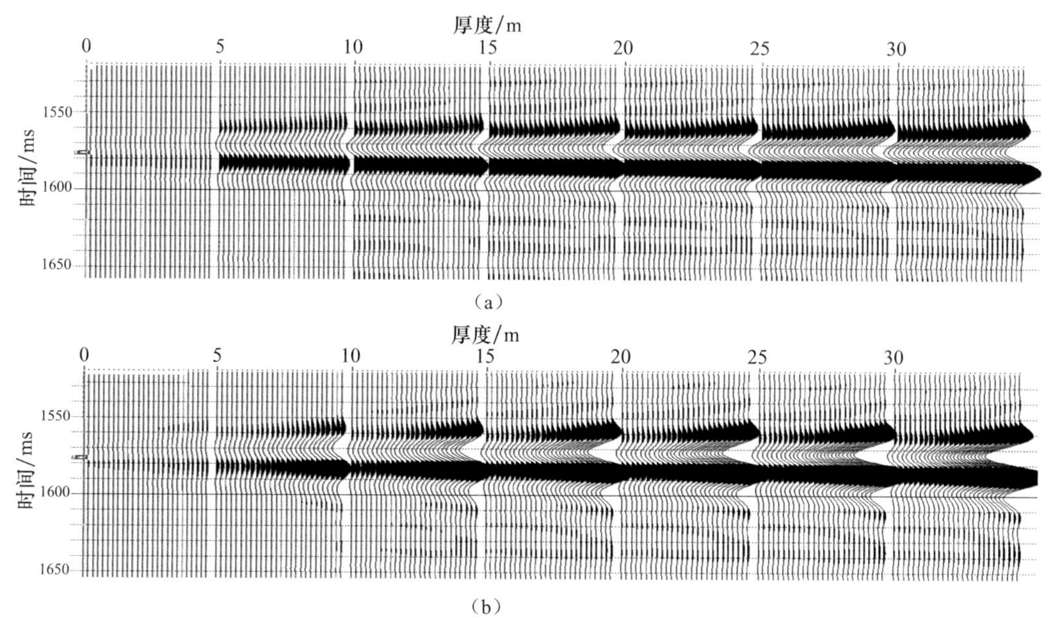

图 7.44　孔隙度 5%时不同饱和度、厚度叠前响应道集

(a) $S_w=0\%$；(b) $S_w=80\%$；储层厚度自左向右由 0m 增加至 30m

正演道集显示当少量含气时（$S_w=80\%$），振幅会随炮检距快速增大，而实际提取的 PG 属性（图 7.45）表明二者 G 属性是基本一致的，P 属性有微弱变化。该现象说明，在地震数据仅记录相对能量变化的情况下，处理过程对能量的改变（如道均衡、一致性处理等）会直接造成含气饱和度信息的失真（即在保持 G 属性时改变了 P_0），需特别注意。而以往熟悉的通过振幅随偏移距变化方式判别气层经常会产生误导。

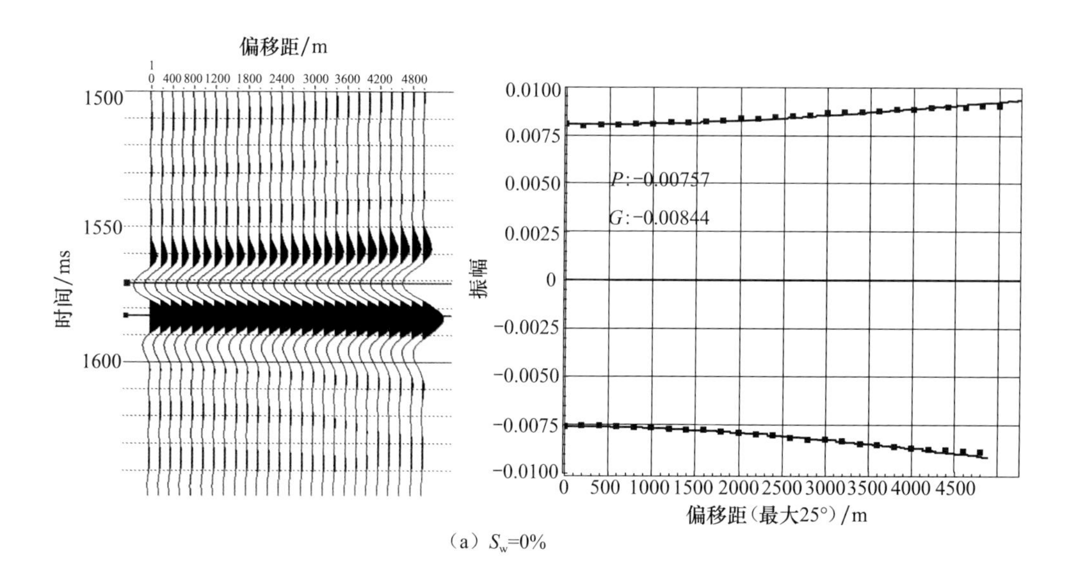

(a) S_w=0%

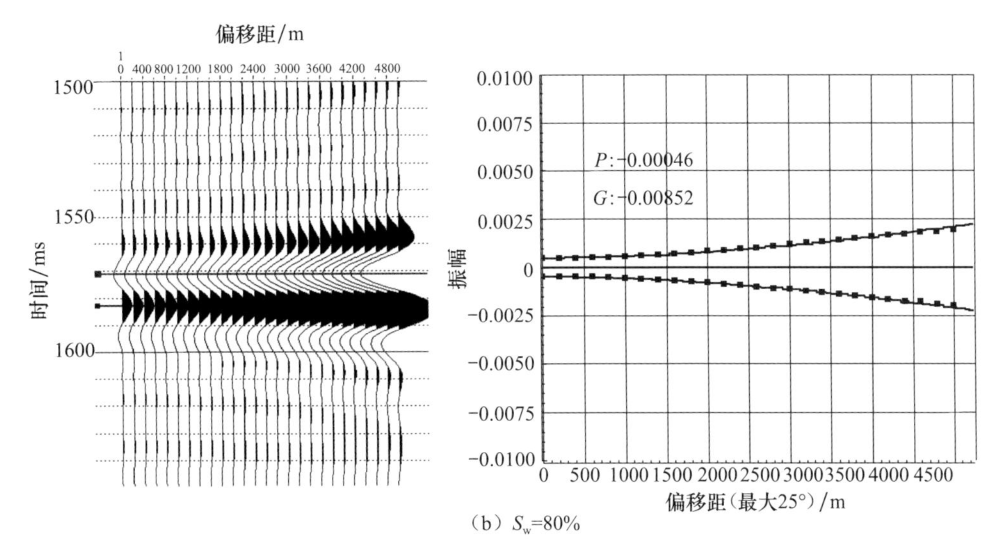

(b) S_w=80%

图 7.45 孔隙度 5%时不同饱和度气层 *PG* 属性比较

(a) S_w=0%；(b) S_w=80%；储层厚度为 10m

再比较气层厚度同为 5m、含水饱和度 10%时，孔隙度分别为 3%和 13%时的叠前道集响应。从道集上看（图 7.46），3%孔隙度时 5m 气层（第 2 道）振幅非常弱，为了显示其波形，图中增益略有放大。另外振幅随偏移距增大而增大的现象非常明显［图 7.47（a)］。然而，在孔隙度为 13%的正演结果中，主要表现为强振幅，振幅随炮检距的增大却呈现减小的趋势［图 7.47（b)］，这与通常所理解的气层有很大不同。

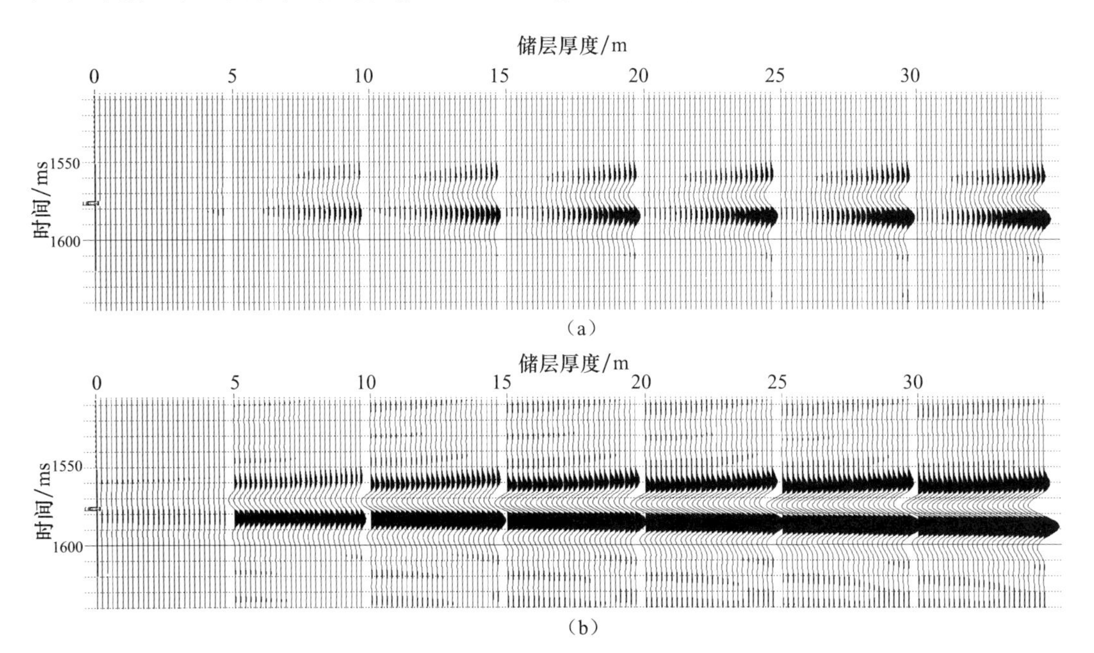

图 7.46 厚度 5m、S_w=10%时不同孔隙度气层叠前道集响应

(a) 孔隙度 3%；(b) 孔隙度 13%；储层厚度自左向右由 0m 增加至 30m

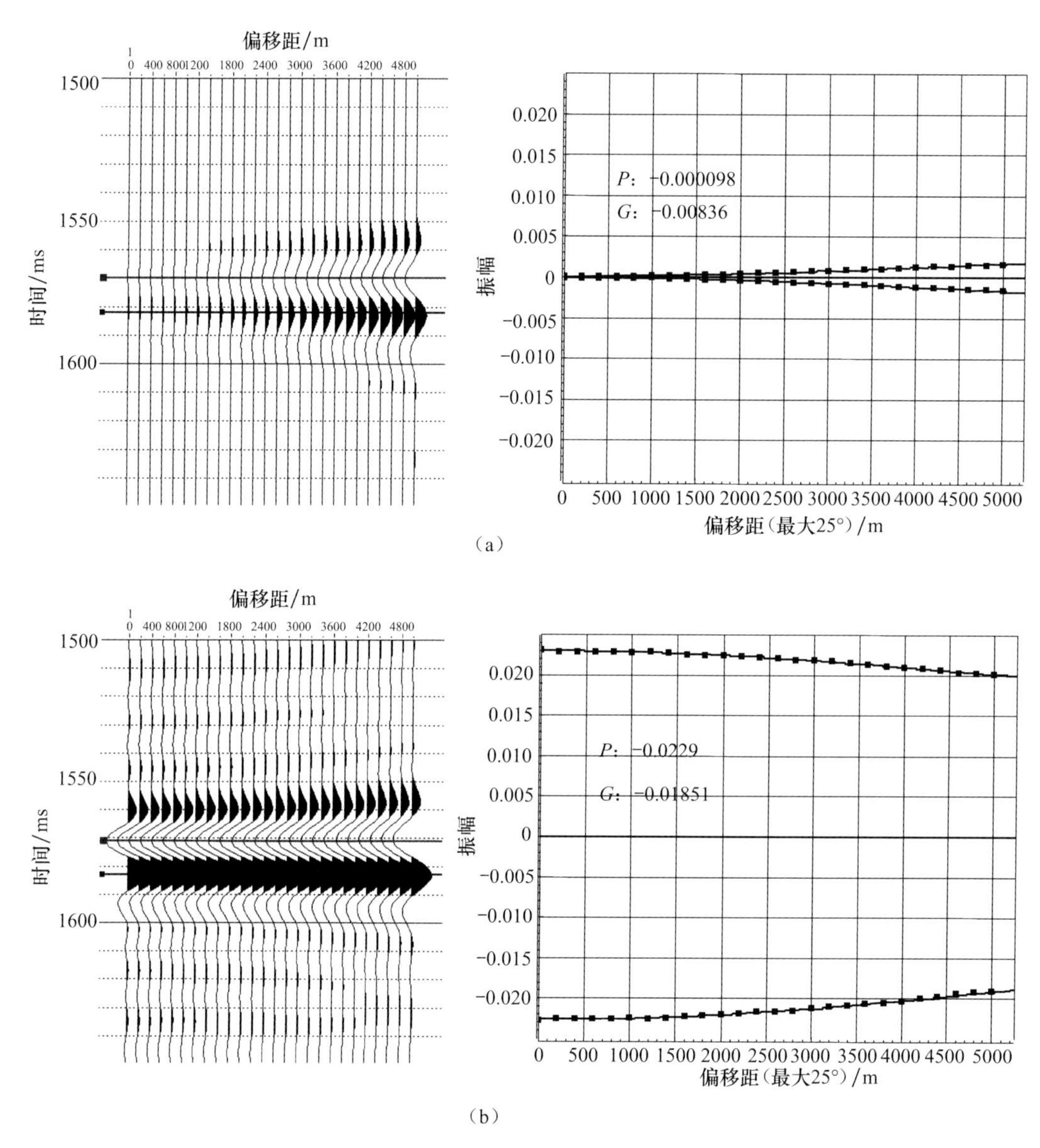

（a）

（b）

图 7.47　厚度 5m、S_w＝10％时不同孔隙度气层 PG 属性比较

（a）孔隙度为 3％；（b）孔隙度为 13％

上述结果表明，并非所有的气层都呈现振幅随炮检距增大的现象，孔隙性较好时，截距是反映含气性的最重要参数。这也是 AVO 属性不能判识某些好气层的重要原因之一。

如图 7.48 所示，当气层孔隙度较高时，道集上几乎很难看出含水和含气的差别，振幅和波形特征似乎也没有明显的差别，只是在厚度较大的情况下，通过子波旁瓣反射记录能显露出微弱变化。然而在提取的 PG 属性上（图 7.49），二者的差别还是非常明显的。气饱和时 P_0 比水饱和时增强了 26％，而 G 属性变化量为 8％。

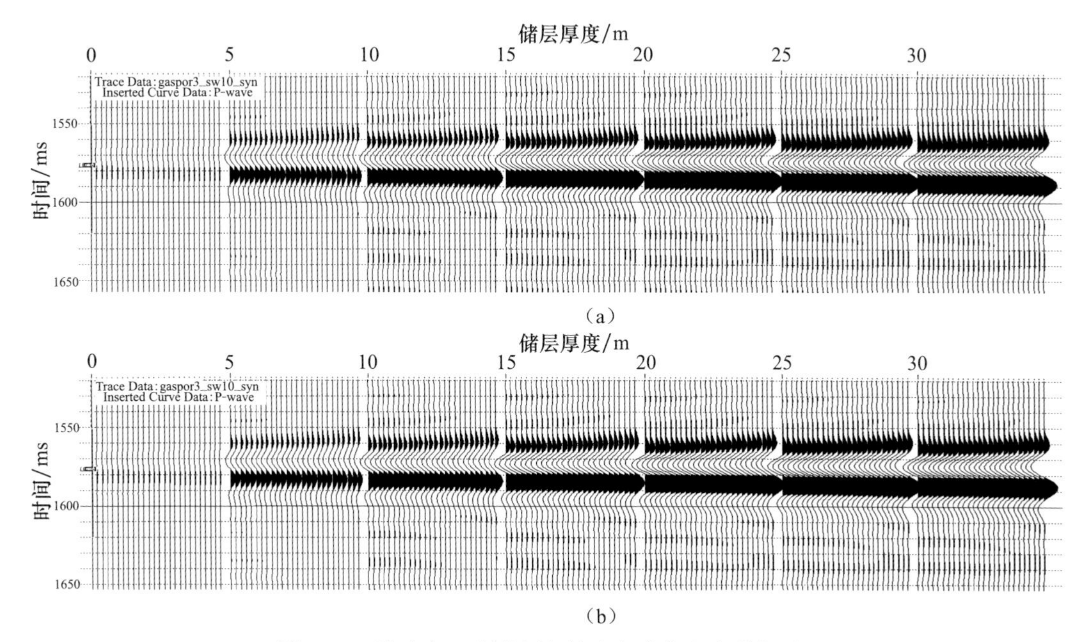

图 7.48 孔隙度 13%储层气饱和与水饱和之道集对比

(a) 气饱合；(b) 水饱合。储层厚度自左向右由 0m 增加至 30m

该模型结果表明，靠看剖面识别的“气藏”只是众多气藏的一小部分，即使是像如此厚的好气层（15m）也可能被遗漏。

通过正演分析得到以下认识：①气藏的 AVO 响应类型众多，几乎包括了Ⅰ类、Ⅱ类、Ⅲ类、Ⅳ类或相近的所有组合，因此常规的 AVO 分析手段很难识别大部分气层；②不少气层的 AVO 响应具有很强的隐蔽性，需要通过叠前定量解释手段“揭示”；③处理过程中应努力保持能量的整体相对关系，包括纵向变化和道集中随炮检距的变化，针对目的层增强能量的做法（“目标处理”中经常使用）可能是危险的；④经典的“振幅随偏移距增强”“亮点”等气藏判别方法其实具有很大的风险；⑤薄气层在地震中亦有可能产生较强的响应，探测其存在与否是有可能的，但不能准确预测其厚度。

（二）PGT 含气饱和度定量预测技术

根据以上正演模型，制作了 *PG* 属性岩石物理图板，如图 7.50 所示，图板中列出了孔隙度从 3%到 13%，厚度从 5m 到 30m，含水饱和度从 0%到 100%的全部 *PG* 属性数据点。含水饱和度变化用不同颜色来表示，圈点大小表示孔隙度变化。可以看出，在气层顶底反射拾取的 *PG* 属性基本上是相对原点对称的，相对而言由气层顶界拾取的 *PG* 属性要比底界 *PG* 属性更规则，理论上讲若震源置于气层中间，那么气层顶底反射得到的 *PG* 属性应是完全对称的；随着孔隙度增大，数据点由第四象限向第三、第二象限移动，并且随着含气饱和度的变化，其 *PG* 属性的变化幅度也相应变大，这主要归因于岩石的体积效应对波动特性的影响。在孔隙度较小时，厚度增大主要表现为 *P* 属性的绝对值增大；而当孔隙度较大时，厚度变化后数据点集呈螺旋状排列，此类气层靠 *PG* 属性区分的难度较大。以孔隙度 9%为例，5m 的气饱和状态与 15m 的水饱和状态具有

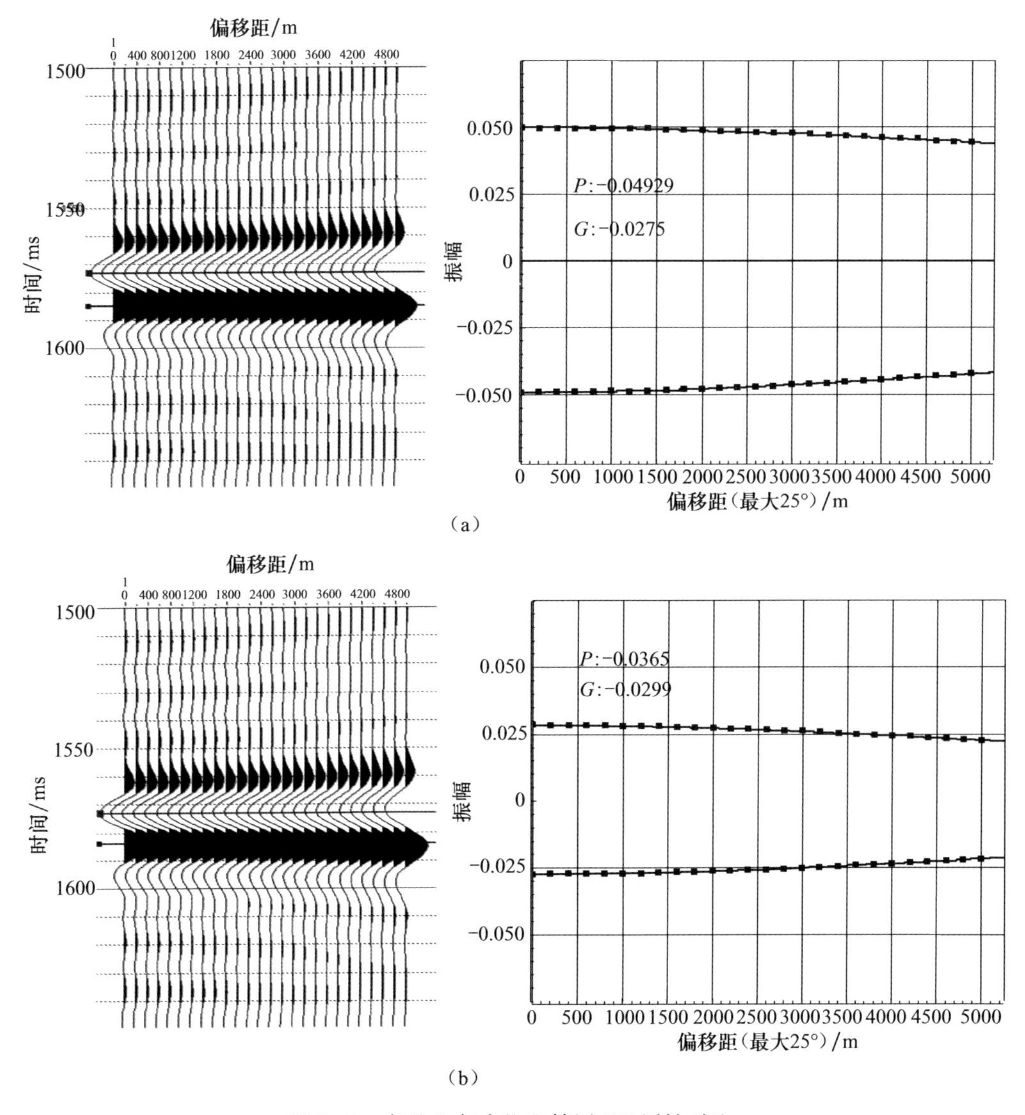

图 7.49　气饱和与水饱和储层 *PG* 属性对比

(a) 气饱合；(b) 水饱合。孔隙度为 13%，厚度为 15m

相近的 *PG* 属性。但在实际数据处理解释时，绝大部分薄气层会淹没在水层样点之中。

地震资料测量的是地下岩层或流体引起的相对反射强弱关系，因此有可能在振幅相对变化基础上解决饱和度估计问题。本书根据不同气藏的 *PG* 属性变化，提取了龙岗地区已知井附近的连续 *PG* 属性变化数据对，并兼顾了泥岩、围岩和水层的叠前 *PG* 属性，建立了飞仙关组及长兴组的含气饱和度定量预测模版，结果如图 7.51 所示。

根据已有井的情况加以标定后，这些数据点呈现出非常清楚的规律，气层与水层可以比较清楚地区分开，其界限称为水线（两条实线）。远离水线方向越远，含气性越好。图中与水线近似垂直的虚线是龙岗 1 井气藏连续采样结果，越靠近气藏顶部 *PG* 越低。另外从不同气藏含气最好的边界线来看（图中与实线近似平行的虚线），数据点相对比

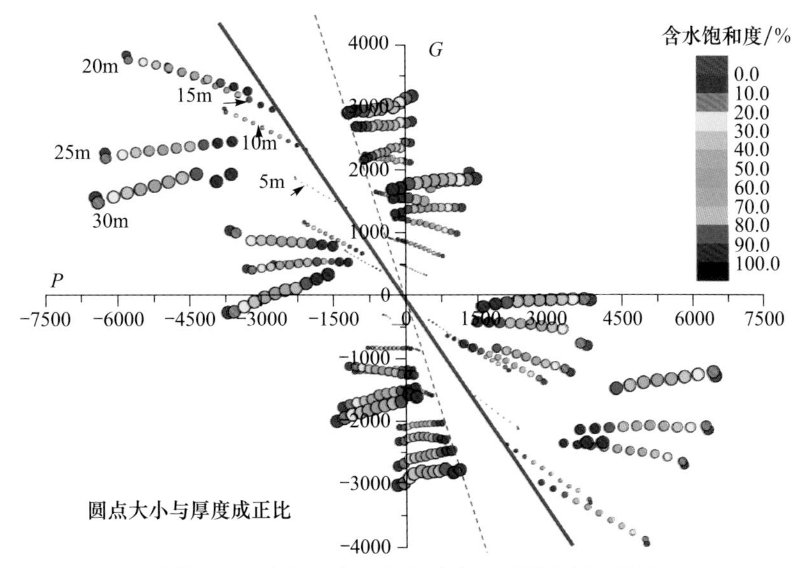

图 7.50 变饱和度、变孔隙度 PG 属性交汇图板

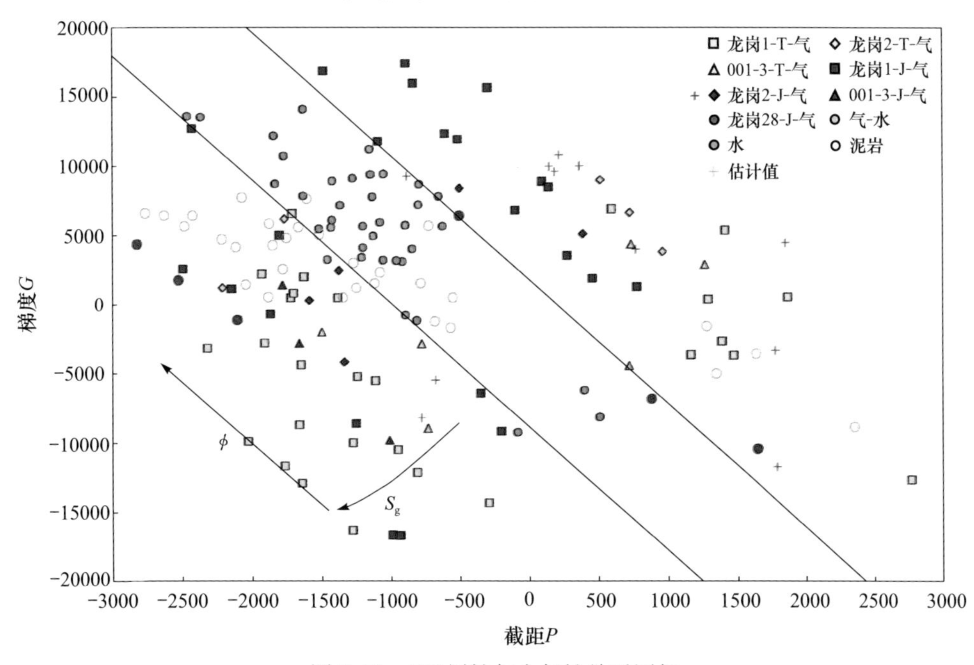

图 7.51 PG 属性与含气性关系图板

较整齐，与水线也近于平行。沿箭头方向是孔隙度增大的方向，因而两条虚线实际上构成了一个孔隙度-含气饱和度矩阵，每一个点均有其对应的孔隙度和饱和度，根据这个图板可以直接预测含气性的变化（假设储层厚度是比较稳定的）。尤其重要的是，该模板使用的均是实际井约束的地震数据，因此不存在尺度问题，可以直接指导地震含气性预测。

图 7.51 中也存在另外一个问题，泥岩（灰色圆圈）与含气区数据重叠比较严重，因此必须先剔除泥岩的影响，然后再区分孔隙性和含气性的变化。本书采取的解决办法是通过 AIG 技术对岩性和气层的敏感性，联合 PGT 技术综合识别气层含气性变化。

二、基于地震数据的AIS模板含气饱和度地震预测技术

（一）基于地震资料建立岩石物理模板

碎屑岩的沉积过程受控于水动力条件，以机械搬运为主，沉积物沉降后的主要化学过程是胶结作用，而通常由于胶结物的含量很少，胶结作用对岩石物理性质不产生大的改变。当然偶尔也会出现钙质胶结，由于碳酸盐岩矿物的加入及此类矿物对增强岩石骨架强度的重要影响，岩石物理性质会发生较大的变化。另一个化学过程是溶蚀作用，通常所见的溶蚀作用包括长石、石英的溶蚀，溶蚀作用的主要影响是孔隙度变化，从而导致岩石模量的改变。其他化学作用还包括黏土矿物的重结晶作用、变质作用等。但总体而言，碎屑岩的成岩过程并不会改变岩石的整体矿物及结构特征，大多数情况下原生组构依然能被较好地保存下来。国内外发表的大量关于碎屑岩的岩石物理测量结果表明，岩石物理参数与岩石孔隙度及流体性质的关系相对比较简单，矿物成分、孔隙度、流体性质、黏土含量等是影响岩石物理性质的主要因素。

碎屑岩的孔隙类型相对简单，通常以原生孔隙常见，有时也有较多的溶蚀孔。如图7.52所示，干燥砂岩的纵波速度和横波速度随着孔隙度增大而减小，孔隙度一致但纵横波速度有明显差异，通常是由于矿物成分的不同引起，如石英、长石、黏土矿物含量的变化。个别速度较高的样品，还受碳酸盐岩胶结物的影响。大量的研究表明，碎屑岩波速与孔隙度呈相对简单的线性相关，并且同一地区的相似沉积环境岩石的速度-孔隙度交会图数据点在趋势线附近有较好的收敛性。上述特点也使碎屑岩的储层预测比较容易实现，并且可以达到较高的预测可信度。当然由于薄层调谐和反演方法导致的孔隙度预测失真已不属于岩石物理讨论的范畴。

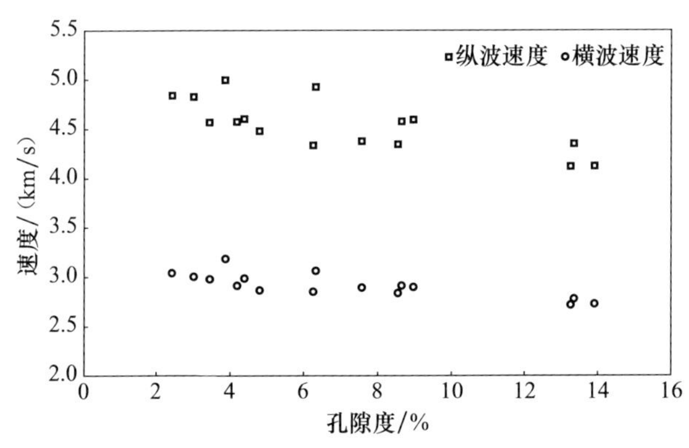

图7.52　干燥砂岩纵横波速度与孔隙度关系（超声波数据，广安101井）

由于孔隙介质密度的定义本质上依赖于孔隙度，如果岩石的矿物成分没有太大的变化，密度与孔隙度通常具有非常好的相关性，甚至是接近理想的理论关系（图7.53）。随孔隙流体的不同，通过流体置换方法可以计算得到不同流体饱和度岩石的密度，因此实验室通常仅作简单的密度测量。

不同岩石物理参数对孔隙度的敏感性存在较大的差别，对广安地区的分析表明，纵

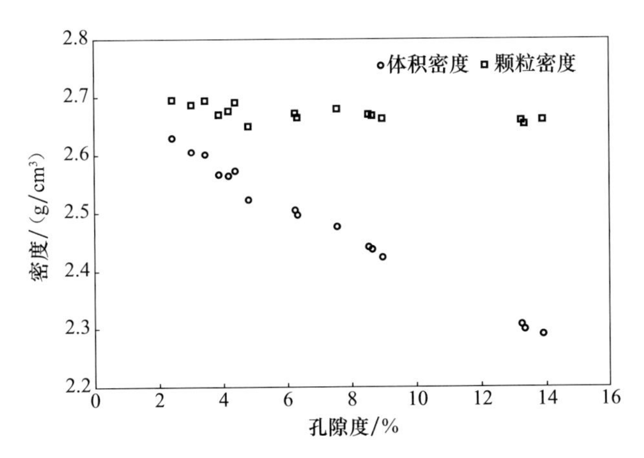

图 7.53　密度与孔隙度关系（广安 101 井）

波速度最敏感，横波次之，密度的敏感性最低。以骨架为参考标准，孔隙度为 15%的岩石，其纵波速度降低 21.7%，横波速度降低 19.2%，密度降低 9.8%。显然，从地震可检测性角度应该选纵波速度或横波速度预测孔隙度。然而纵波和密度受流体的影响较大，而在实际生产应用时很难将孔隙和流体的影响加以区分，因此横波信息成为物性描述的首选。

从本书测试的样品看，干燥岩石的纵波速度与孔隙度相关系数为 0.705，横波速度与孔隙度相关系数为 0.805，似乎横波速度预测孔隙度精度要更高一些。国外提出的岩石物理模板预测饱和度技术中使用了纵横波速度比和纵波阻抗的交会方式。从对我们测试的样品干燥状态纵横波速度比与孔隙度的交会结果来看（图 7.54），其相关系数仅有 0.222，显然要比速度低得多。

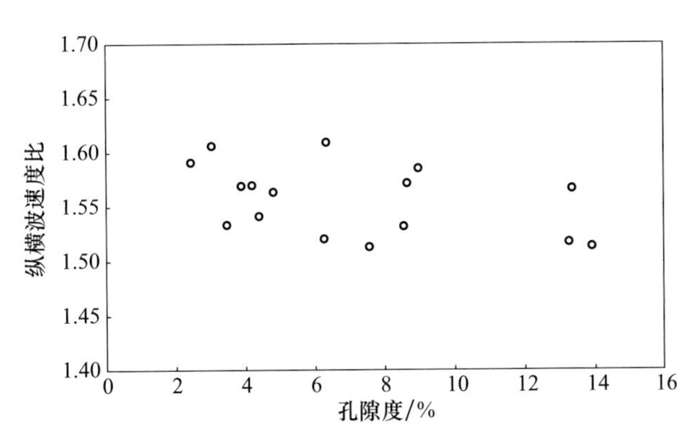

图 7.54　干燥砂岩纵横波速度比与孔隙度关系
超声波，围压 35MPa，广安 101 井

当然，本书得到的认识不一定具有普适性，可能不同研究对象各参数的孔隙敏感性会有变化，但总的规律应该是清楚的。如果岩石矿物比较单一，干燥状态的纵横波速度比与孔隙度相关性会比较高。同样，纵横波速度比（及泊松比）受孔隙流体的影响较大，因而描述物性也是不合适的。

从理论上分析，剪切模量是不受孔隙流体影响的。横波速度由于受密度的影响，其实严格意义上也反映了部分孔隙流体信息，只不过变化较小而已。图 7.55 是剪切模量与孔隙度的交汇图，从图中可以发现，二者的相关系数达到 0.901，前述几个岩石物理参数中对物性最敏感达到 36.3%，可检测性非常强。

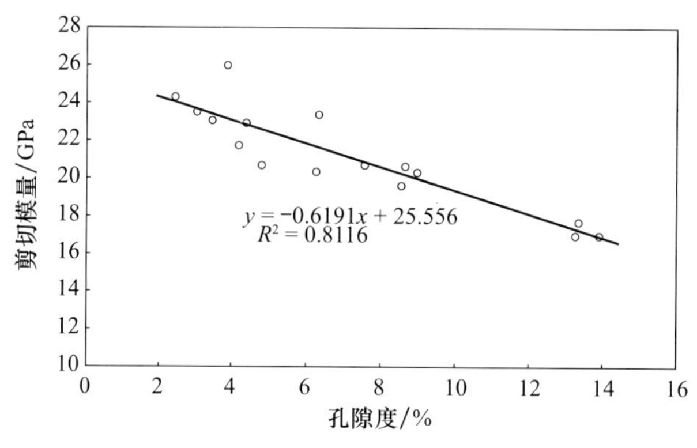

图 7.55 剪切模量与孔隙度关系

超声波，围压 35MPa，广安 101 井

考虑到实际地震反演时密度信息很难求准，横波速度也要靠大入射角地震资料来反映，一般的叠前弹性参数反演很难提供比较可靠的剪切模量，直接使用横波速度通常更加方便、可靠。流体引起的纵波速度变化最明显，密度次之（但低孔储层中也不到 4%），横波很微弱。含气饱和度增大，岩石体积密度降低，并且呈单调的线性关系。饱和度与纵波速度的关系则相当复杂，这取决于观测频率和岩石的物性。如前所述，当含气饱和度大于最大弛豫饱和度时，纵波速度随含气饱和度增大而减小；当含气饱和度小于最大弛豫饱和度时，纵波速度随含气饱和度增大而增大。

（二）AI-V_S 模板含气饱和度预测技术

虽然理论模型研究已经取得了较大进展，但地震频带的速度与饱和度关系依然没有得到足够的验证，并且对低孔砂岩的速度-饱和度关系似乎描述仍不够准确，这很可能意味着理论模型仍有明显的缺陷。目前比较可靠的是理论模型所揭示的一般规律，还不能直接指导地震频带的含气饱和度定量预测。

图 7.56 为通过地震方法得到的须二段砂岩气藏不同井的气层纵波速度与含气性的关系。由于无法通过地震数据获得确切的孔隙度和含气饱和度，只能根据地质知识的经验对孔隙度和含气性定性标定后得到。孔隙度可以根据井上气层段的平均孔隙度来确定，含气性靠抽样点离剖面上气层最高点的相对时间来描述，离气层顶部越近，含气饱和度越大，假设该过程中所抽样的同一气层的孔隙度是不变的。

该地震频带统计模型与前所述的最大弛豫饱和度模型具有惊人的相似之处，即最大弛豫饱和度随孔隙度增大向水饱和方向移动。孔隙度达到 15%时，含气饱和度预测面临着更多多解性，而在最大弛豫饱和度附近的高含气饱和度层比较难以准确预测，但这些点是少数。对致密砂岩气藏而言，大多数气层可以适用纵波速度随含气饱和度增大而

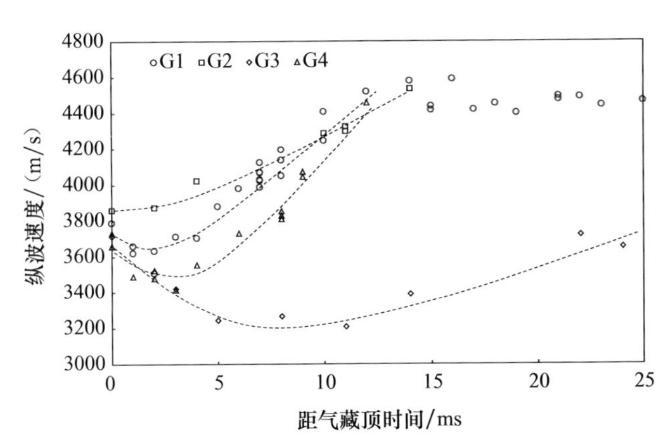

图 7.56 气藏不同部位的纵波速度变化特点

降低的一般规律。

图 7.57 是由实际地震数据建立的 AI-V_S 模板，彩色圆点表示不同气井抽样，红色实线表示水饱和砂岩的界限。按照基本的岩石物理实验数据理解，水饱和界限应该是比较规整的近似直线，并且可以理论计算。红色虚线相当于最大弛豫饱和度，在孔隙度很低时，最大弛豫饱和度接近气饱和，而孔隙度越高，最大弛豫饱和度越靠近水饱和。所以最大弛豫饱和度不是一条直线。

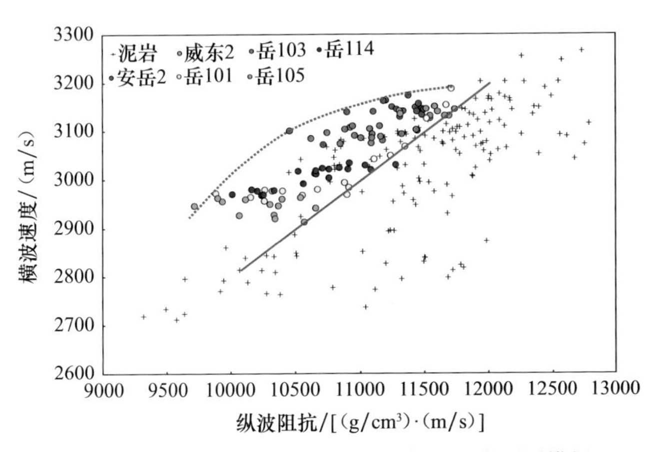

图 7.57 地震数据建立的 AIS 含气饱和度预测模板

（三）含气饱和度预测实例

实际地震数据由于受层厚的影响，反演的弹性参数与真实值之间存在系统调谐偏差，所以岩石物理模板需要经过厚度校正，厚度校正可以通过地震正演方法建立模板来实现。

图 7.58 是利用 AIS 模板预测的过岳 5 井含气性剖面，图 7.58（a）是含气性检测剖面，图 7.58（b）是含气饱和度剖面，岳 5 井测试产气 5900m^2/d。从剖面上看，该井位于比较好的连续含气层段，且处于相对高部位，但含气饱和度预测结果只有约 50%，并且气层连续性较差，该结果更接近实际钻探结果。而在低部位，预测存在含气性更好的储层，在 CDP2086 位置计划部署一口水平井，从作者的预测结果看，该位置是值得钻探的。

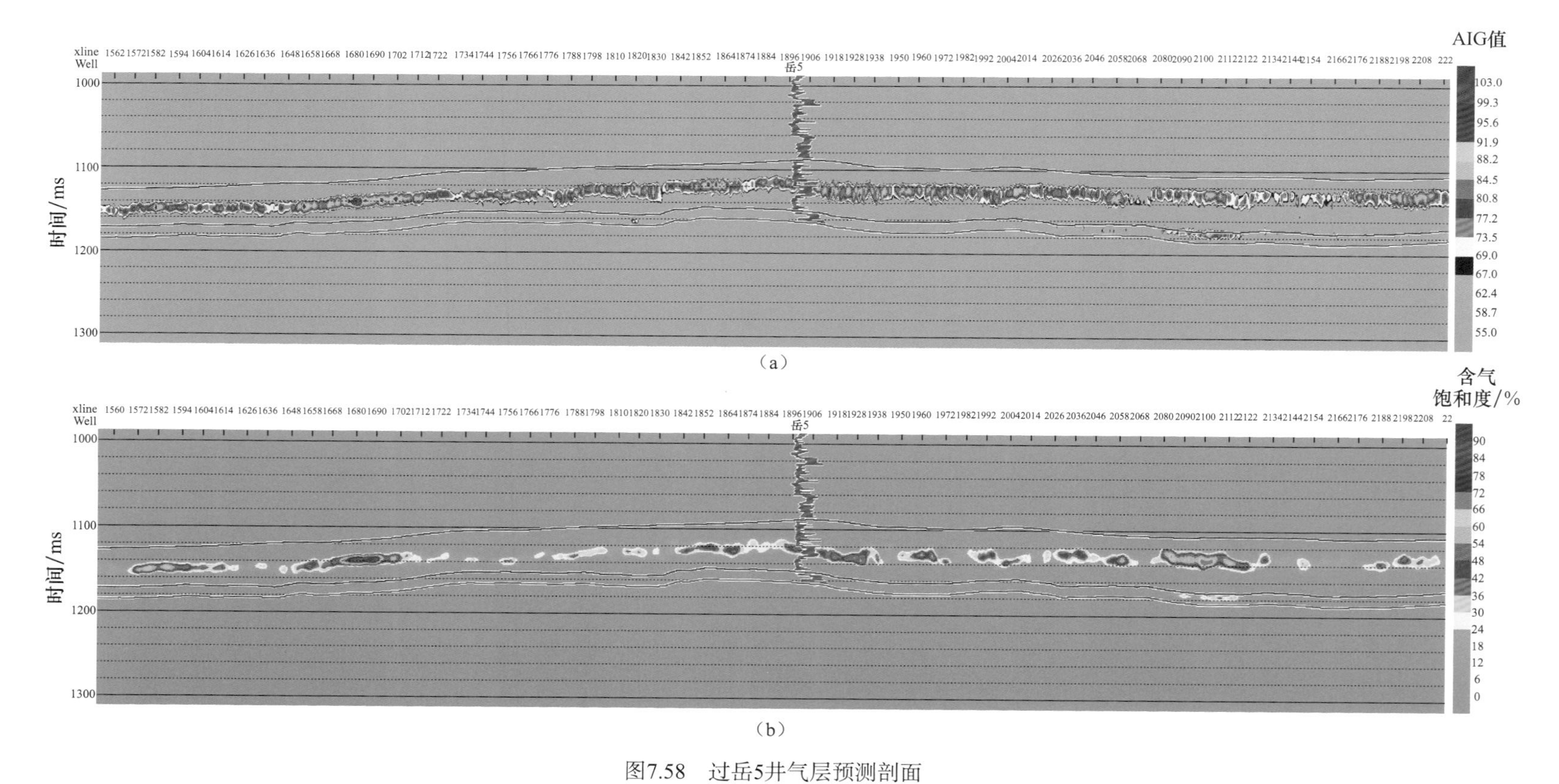

图7.58　过岳5井气层预测剖面

（a）AIG气层检测剖面；（b）AIS含气饱和度预测剖面

参考文献

Avseth P, Mukerji T, Mavko G. 2005. Quantitative Seismic Interpretation: Applying Rock Physics Tools to Reduce Interpretation Risk. Cambridege: Cambridge University Press.

Backus G E. 1962. Long-wave elastic anisotropy produced by horizontal layering. Journal of Geophysical Research, 67 (11): 4427-4440.

Castagna J P, Swan H W, Foster D J. 1998. Framework for AVO gradient and intercept interpretation. Geophysics, 63 (3): 948-956.

Connolly P. 1999. Elastic impedance. The Leading Edge, 18 (4): 438-453.

Fatti J L, Smith G C, Vail P J, et al. 1994. Detection of gas in sandstone reservoirs using AVO analysis: A 3-D seismic case history using the geostack technique. Geophysics, 59 (4): 1362-1376.

Foster D J, Smith S W, de-Sarkar S, et al. 1993. A closer look at hydrocarbon indicators. SEG Expanded Abstracts, 12 (1): 731-733.

Goodway W, Chen T, Downton J. 1997. Improved AVO fluid detection and lithology discrimination using lame petrophysical parameters. SEG Expanded Abstracts, 16 (1): 183-186.

Grechka V, Tsvankin I. 1999. 3-D moveout inversion in azimuthally anisotropic media with lateral velocity variation: Theory and a case study. Geophysics, 64 (4): 1202-1218.

Hampson D P, Schuelke J S, Quirein J A. 2001. Use of multiattribute transforms to predict log properties from seismic data. Geophysics, 66 (1): 220-236.

Hedlin K. 2000. Pore space modulus and extraction using AVO. SEG Expanded Abstracts, 19 (1): 170-173.

Hilterman F J. 2001. Seismic Amplitude interpretation. Tulsa: Society of Exploration Geophysicists.

Lichman E, Peters S W, Squyres D H. 2004. Wavelet energy absorption-1: Direct hydrocarbon detection by wavelet energy absorption. Oli & Gas Journal, 102 (2): 34-40.

Lindseth R O. 1979. Synthetic sonic logs-A process for stratigraphic interpretation. Geophysics, 44 (1): 3-26.

Mora P R. 1987. Nonlinear two-dimensional elastic inversion of multi-offset seismic data. Geophysics, 52 (9): 1211-1228.

Ostrander W J. 1984. Plane wave reflection coefficients for gas sands at nonnormal angles of incidence. Geophysics, 49 (10): 1637-1648.

Quakenbush M, Shang B, Tuttle C. 2006. Poisson impedance. The Leading Edge, 25 (2): 128-138.

Smith G C, Gidlow P M. 1987. Weighted stacking for rock property estimation and detection of gas. Geophysical Prospecting, 35 (9): 993-1014.

Smith G C, Sutherland R A. 1996. The fluid factor as an AVO indicator. Geophysics, 61(5): 1425-1428.

Tarantola A. 1987. Inverse Problem Theory-Methods for Data Fitting and Model Parameter Estimation. Amsterdam: Elsevier.

Tsvankin I. 1997. Anisotropic parameters and P-wave velocity for orthorhombic media. Geophysics, 62 (4): 1292-1309.

Zhang C J, Ulrych T J. 2002. Estimation of quality factors from CMP records. Geophysics, 7 (5): 1542-1547.

第八章 天然气藏地震识别实例

第一节 四川盆地大川中须家河组致密砂岩气藏识别

一、储层及气藏特征

（一）储层地质特征

大川中须家河组为一套砂岩、页岩含煤系地层，区内沉积厚度较稳定，通常为600m左右，属于沼泽湖泊相-湖泊三角洲-河流相沉积。纵向上可划分为六段三个沉积旋回，其中须1段、须3段和须5段以灰黑色、黑色页岩为主，夹灰色、深灰色灰质粉砂岩、煤层及煤线；须2段、须4段和须6段为浅灰色、灰白色细粒或中粒长石石英砂岩，局部夹黑色页岩及煤线，是主要的储集层。

本节以安岳地区须2段致密砂岩气藏为例，探讨其地震识别方法。对安岳地区须2段28口井248个单储层的厚度统计结果表明，85%以上的单储层厚度为2～5m，单厚度大于5m的储层约占10%，单层储层厚度均处于地震有效分辨能力之外。

对须2段储层孔隙度统计表明，峰值孔隙度为6.83%，孔隙度为5%～7%的样品占52.7%，显示该区储层更加致密。而在相邻的潼南气田，储层孔隙度峰值可达到近7.5%，储集性要优于安岳地区。单气层厚度统计表明，绝大多数厚为1～5m，个别气层厚度超过5m。

（二）气层岩石物理特征

在低孔渗储层中含气通常会导致纵波速度降低，这与流体与骨架的相互作用有关。气层密度降低则是流体置换的结果，实际地下储层中要么是气，要么是液体或二者的混合体。

视孔隙度和含气饱和度不同，该区气层（或含水气层）的纵波速度变化范围为4380～4750m/s，含气性好的岳101井、岳103井等较低，而含气性稍差的安岳2井的速度较高。图8.1是基于测井数据的纵横波速度交会图，气层纵波速度降低是孔隙性和含气综合作用的结果，而横波速度的降低则主要是孔隙度的响应。不同岩性和流体储层的纵横波速度具有较好一致性，在去除泥岩的情况下，识别气层也比较容易。

气层的三参数特性与部分较纯的泥岩夹层非常接近，是导致气层检测多解性的主要原因之一。较厚的泥岩层可以通过纵、横波速度剔除，而薄泥岩层由于尺度效应，地震反射信号响应往往更接近气层，无法通过反演或属性进行识别。

在第一拉梅常数（λ）与剪切模量（μ）交会图上（图8.2），λ对气层的可区分性不强，与泥岩、水层及致密的干层重叠较多。而μ对气层具有一定的可区分性，砂岩中气层的μ最低，气层的μ比泥岩高。上述特征与一般认识有较大不同，通常μ主要反映

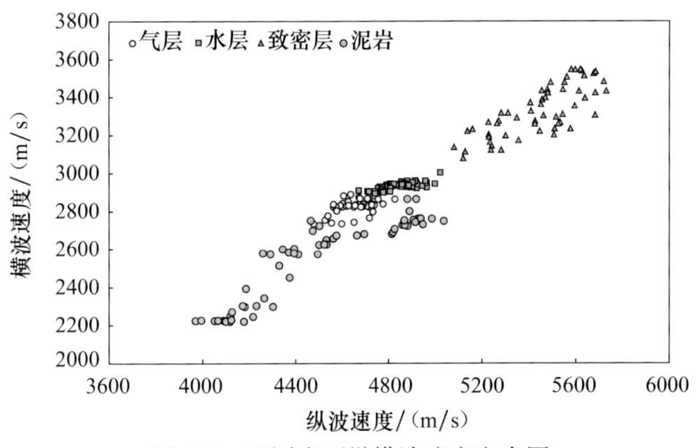

图 8.1 不同岩石纵横波速度交会图

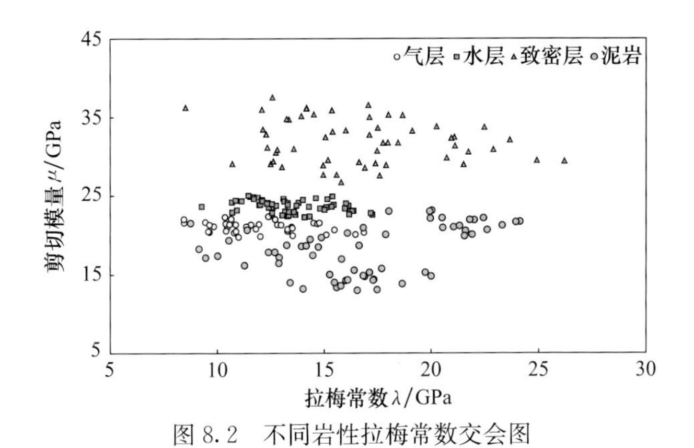

图 8.2 不同岩性拉梅常数交会图

储集性，而λ不仅反映储性，而且也是孔隙流体的重要指标。在致密储层中，天然气聚集受储层物性的影响非常大，那些孔隙度相对较高的部位总是具有更好的含气性。因而，预测储层物性在致密气藏勘探中具有重要意义，同时预测储层物性也具有很强的挑战性。

川中地区砂岩储层非常致密，含气引起的λ降低幅度不大，而孔隙度增大引起的弹性参数变化居于主导地位，气层识别困难。在体积模量和泊松比交会图上（图 8.3），同样难以区分气层，但在两种参数上均有降低的趋势。泊松比在大川中地区须家河组的其他气田均有较好的气层识别效果，如广安的须 6 段和须 4 段。

总之，通过常规地震解释方法或叠前反演技术识别该区须 2 段气层难度非常大。导致这一问题的根本原因是储层致密，加上含气饱和度普遍不高，气层引起的地震响应不够显著。

二、气层识别技术

（一）横波-孔隙度储层预测模型

如图 8.4 所示，安岳 2 井横波速度与孔隙度有较好的相关性，横波速度随孔隙度增大而减小的线性关系稳定。大多数储层的横波速度为 2750～3000m/s，孔隙度较大的数

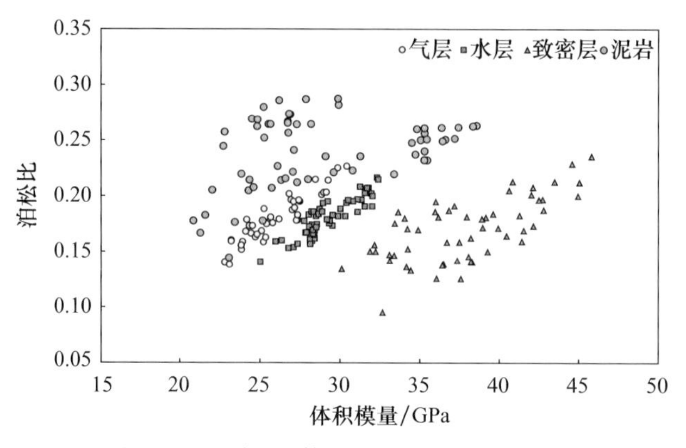

图 8.3　不同岩性体积模量与泊松比交会图

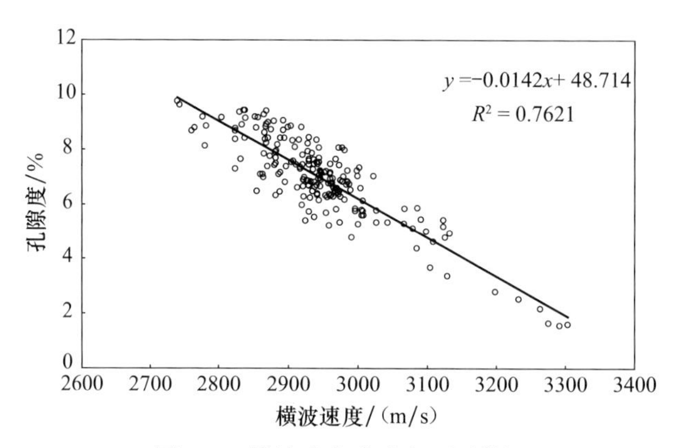

图 8.4　横波速度孔隙度预测模板

据点与拟合线相比较发散，这可能受两种因素影响：一是孔隙结构相对复杂；二是泥浆浸入比较普遍。通常情况下使用实验室测量的横波，二者的相关性要好得多。

（二）密度-孔隙度图板

将实验室测得的孔隙度数据、密度和测井密度进行校正后，可以看到使用测井资料与使用实验室结果的差异（图 8.5）。

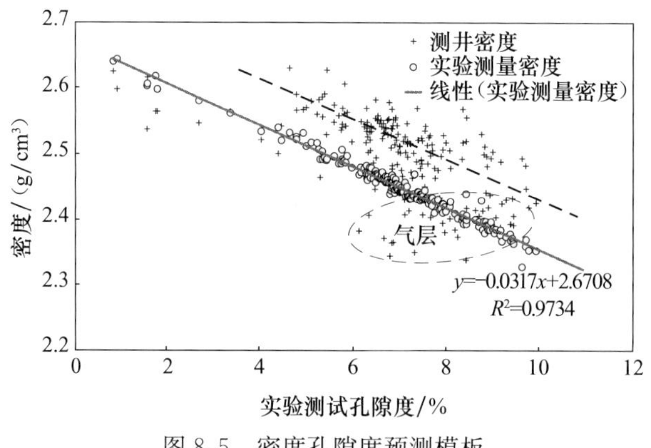

图 8.5　密度孔隙度预测模板

实验室测得的密度与孔隙度具有非常好的线性相关关系，数据点非常收敛。而测井获得的密度数据点较分散，并且比实验室密度普遍高 0.6～0.9g/cm^3，这是由泥浆浸入造成的。测井数据中偏离趋势线较远的点与测井解释的气层对应（测试产量为 $0.86\times10^4 m^3$/d，无水）。含气导致的测井密度下拉现象是叠前储层预测时很少使用密度法的主要原因之一，同样，使用阻抗信息预测孔隙度也有类似的问题，而在横波速度测井上则可以避免。

（三）气层敏感参数

从测井资料计算的声波阻抗梯度与横波的交会图上可以看到（图 8.6），气层与围岩有很多重叠，气层识别效果不理想。

测井资料与地震资料在测量上有几个关键区别特征：①测井数据受井眼条件的影响，揭开的地层在井眼附近被泥浆浸泡，孔隙充填泥浆，与原始地层不一致；②地震测量频率小于 100Hz，主频为 30～50Hz；而测井测量频率一般为 10k～20kHz，属于超声波范围，同一地层测井和地震观测到的速度是不同的。

为此，要正确揭示地震频带气层的真实响应，需要对测井资料进行必要的环境校正和测量条件恢复。具体的校正方式是通过孔隙流体替换方法将密度和纵波速度去泥浆化，通过动态双重孔隙介质理论，将测井速度校正到地震频带。图 8.7 是经过一系列校正后重新绘制的横波速度与弹性阻抗、声波阻抗梯度的交会图。新的结果展示气层基本上已远离围岩，在地震上具有较好的可区分性。

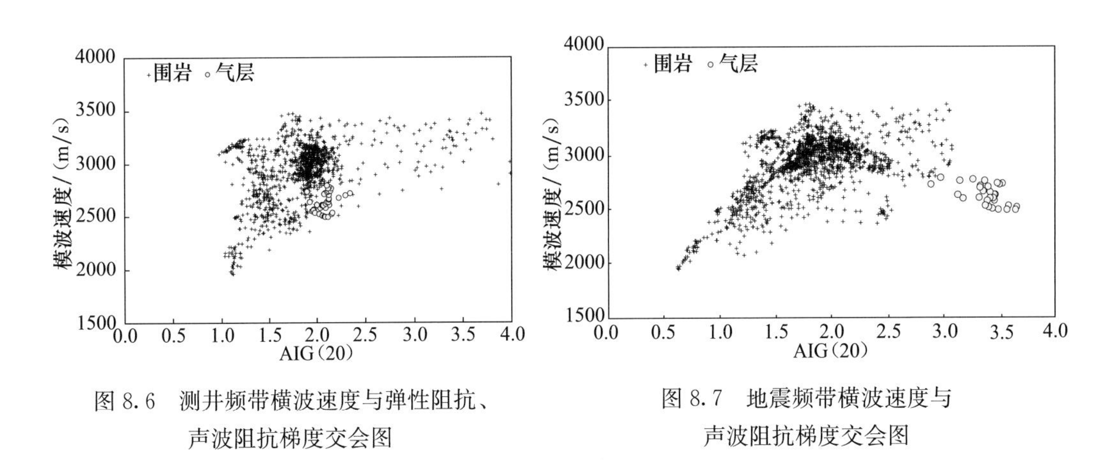

图 8.6 测井频带横波速度与弹性阻抗、声波阻抗梯度交会图

图 8.7 地震频带横波速度与声波阻抗梯度交会图

实际气层检测时，考虑到不同入射角资料对气层敏感性差异，选择 30°声波阻抗梯度进行气层检测。

尽管安岳 2 井储层较发育，但含气性并不好，测试产能气 $0.813\times10^4 m^3$/d。声波阻抗梯度预测结果表明与钻井对应的气层段有明显的异常，但幅度和连续性不好（图 8.8）。通过全区 39 口井检查对比，AIG 预测气层符合率在 75%以上，达到识别主要气层的目的。

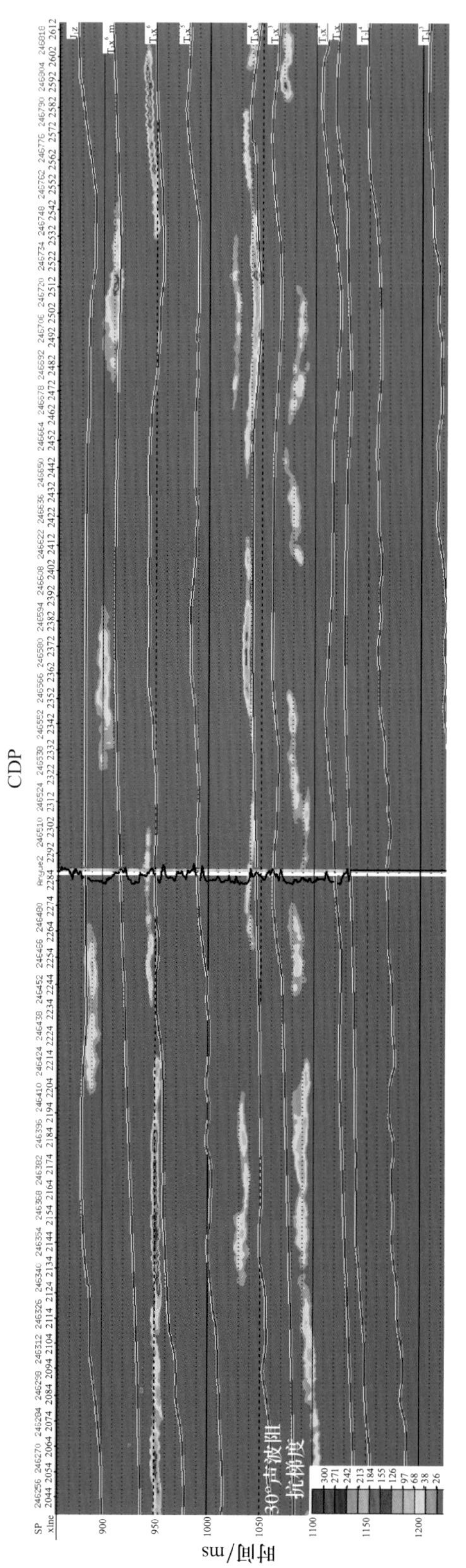

图8.8　安岳2井AIG技术气层检测剖面（测线06WW32）

（四）含气饱和度预测技术

目前公开的Jason商业软件可提供AI-V_P/V_S技术预测含气饱和度，但该方法需要叠前反演提供纵横波速度和密度，从而增大了所获参数的不确定性。本书研发的PGT技术，基于叠前道集数据拟合的AVO属性之梯度（G）和截距（P），不需要反演，可以节省大量运算成本；数据量少，节约存储成本。在满足勘探生产需求时，低成本、快速型技术具有更大的竞争优势。但从信息源上，上述两种技术都是使用的叠前道集AVO信息，并且都需要区分孔隙度和含气饱和度的综合影响。

分析已知井及井旁道的PG属性（图8.9），可以看出气层与水层可以较好地区分水层和干层集中在中间非气区。从原理上分析，离分界线越远含气饱和度越大，第四象限向第二象限方向孔隙度增大。由于该区须2段储层整体比较致密，因此PG属性相对量值较小。该结果表明，使用PG属性可以定量预测含气饱和度。

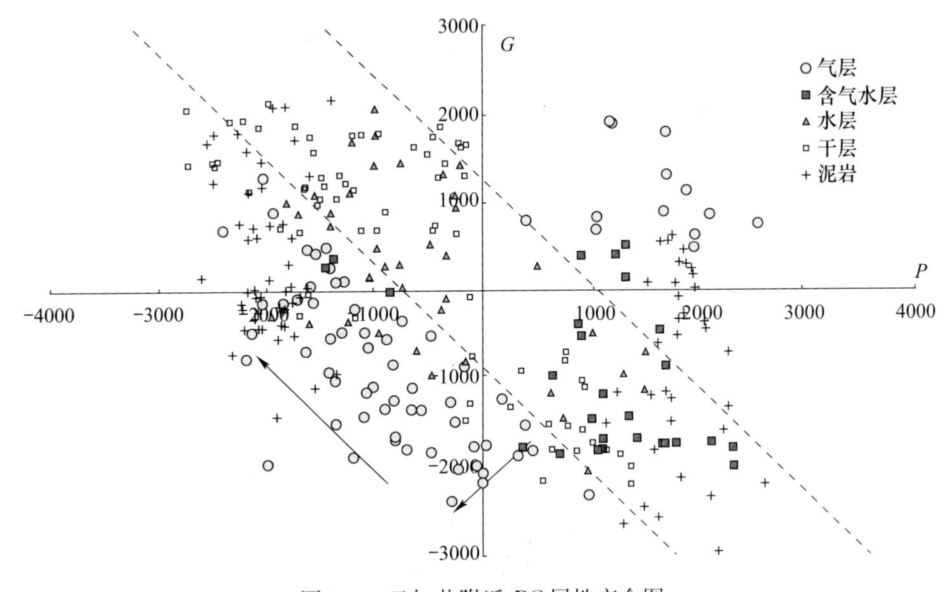

图8.9 已知井附近PG属性交会图

使用PGT技术，预测的含气饱和度剖面如图8.10所示。岳103井测试高产，预测结果显示该井含气饱和度在70%左右。2010年，为配合安岳地区须2段天然气储量探明工作，本书在安岳地区开展了2600km（覆盖面积为3155km^2）2D工区侧线处理解释工作。通过地震数据岩石物理建模方法、AIG声波阻抗梯度气层识别方法和PGT、AIS含气饱和度预测技术，开展了该区须2段含气性评价研究。

三、工业化应用效果

对广安构造须6段气藏的地震描述不仅直接协助储量探明近$800\times10^8m^3$，同时有效指导开发阶段开发井位部署。后续近50口井钻探结果表明，预测成功率超过90%。

安岳地区须2段气藏勘探实例中，共钻探井59口，以工业气井为标准，气层预测符

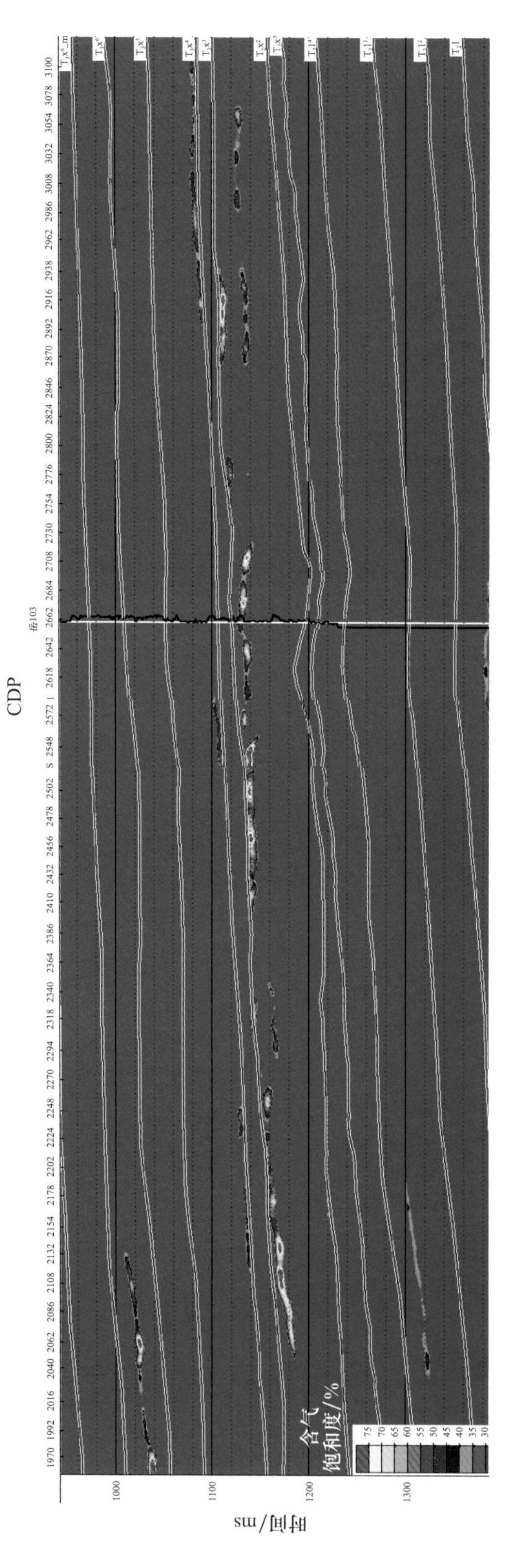

图8.10　岳103井含气饱和度预测剖面（测线06WW335）

合率达到86%以上。除对气层的识别效果大幅度改进外，该预测成果还指出威远隆起的东北斜坡具有更好的勘探前景，其中岳101-X12井测试获气$91\times10^4m^3/d$，油128t/d，为致密气勘探中的重大突破之一，证实了本书成果也能为勘探方向选择和新储量发现提供重要依据。

第二节　龙岗超深层碳酸盐岩礁滩气藏地震识别

一、储层及气藏特征

碳酸盐岩储层由于受沉积、成岩多种过程控制，储层成因复杂，孔隙结构多样，孔隙度与弹性常数间的相关性比较差，岩石物性与岩石物理参数之间的关系非常复杂，给地震储层预测带来很大难度。目前，国内外针对碎屑岩储层的基础研究相对较为成熟，建立了较可靠的岩石物理模型，并形成了较为有效的储层预测技术。由于碳酸盐岩与碎屑岩储层成因不同，储层特征上亦有很大区别，而且在碳酸盐岩领域开展的基础研究工作相对较少，认识也较为薄弱，现有的岩石物理模型及储层预测技术对碳酸盐岩储层预测的适用性有待研究。

四川龙岗地区飞仙关组鲕滩储层与长兴组生物礁储层以致密的白云岩为主，埋藏深度在5000m以上，储层溶蚀程度较低，孔隙不发育；因受深层地震资料品质限制，储层识别难度较大；受沉积、岩性等多种因素影响，气水关系非常复杂，给气层地震定量预测带来挑战。

本书将地震岩石物理基础研究与实际生产项目相结合，在对四川龙岗地区气藏特征分析及地震正演分析的基础上，分析地震弹性参数与流体的关系，联合声阻抗梯度技术和PGT含气饱和度定量估计技术进行飞仙关组和长兴组的含气饱和度预测，有效指导该区深层碳酸盐岩储层的气水识别工作。

二、气层识别方法

在三参数中，纵波速度对流体响应最敏感，其次为密度，横波受流体的影响很微弱。地层含气后会引起纵波速度下降，因而根据储层段的相对低速位置往往可以初步区分含气层。图8.11是密度与横波速度的交会图。由于横波速度对流体不敏感，而密度对流体的敏感性也不够，因而气层与围岩有很多重叠的数据点，故区分效果不好。

在纵波阻抗与20°弹性阻抗交会图上看到（图8.12)，与纵、横波速度区分气层类似的效果和同样的问题，通过弹性阻抗反演并不能直接区分气层，只是所取的五类样点相互之间的可区分性增强了（点集距离增大）。弹性阻抗与横波速度交会图在区分气层和岩性上效果与弹性阻抗-纵波速度交会类似（图8.13)，但从理论上分析，五类点集之间的可区分性略有增强，因为横波速度主要反映地层骨架信息，而弹性阻抗中则同时包含了流体和骨架信息。

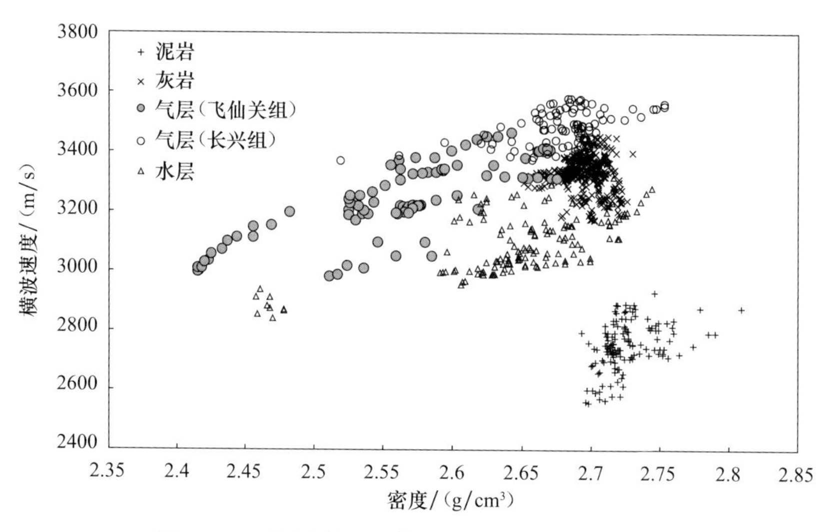

图 8.11　不同岩性、流体的密度与横波速度交会图

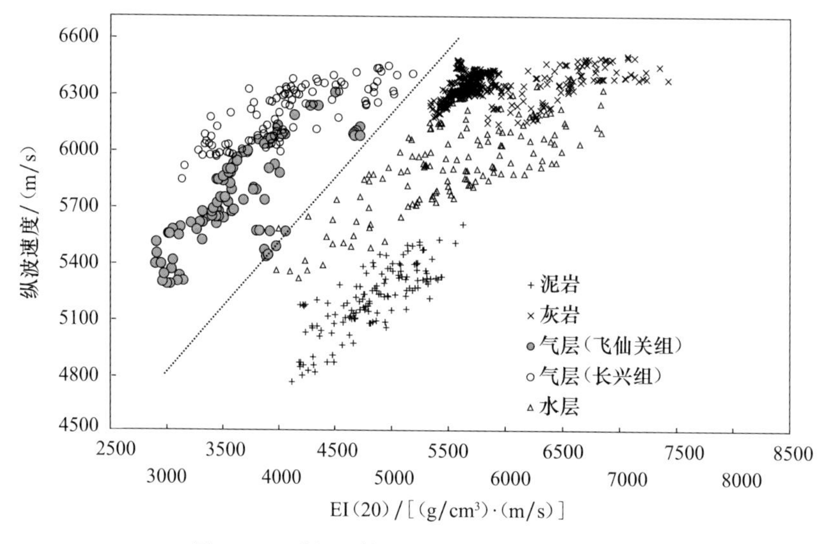

图 8.12　弹性阻抗（20）与纵波速度交会图

以图 8.12、图 8.13 中点线为界，其上为气层，下为水层、致密层和泥岩，气层与围岩重叠部分很少，表明多解性较低。分析证明，弹性阻抗须与其他参数联合才能更好识别气层。

气层的声波阻抗梯度一般要比围岩高，并且能将高饱和度气层区分得更清楚。如图 8.13所示，气层的 20°声波阻抗梯度多数大于 3.35，若以此为界，可以用声波阻抗梯度技术直接识别气层，仅有极少数点是重叠的，所以多解性很小。而在弹性阻抗中（图 8.14），气层与围岩有 50%以上的数据点是重叠的，具有较强的多解性，必须借助其他参数联合识别。

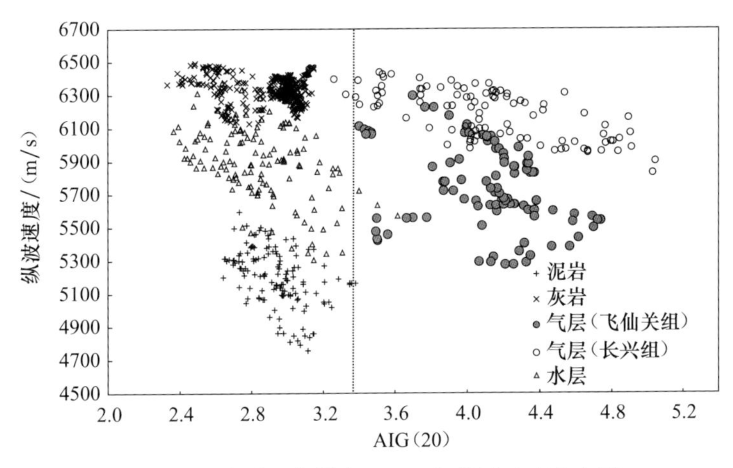

图 8.13 声波阻抗梯度（20）与纵波速度交会图

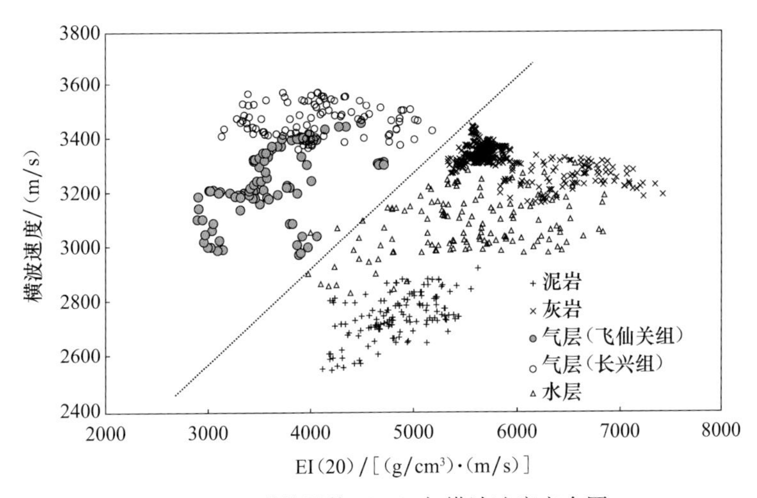

图 8.14 弹性阻抗（20）与横波速度交会图

三、工业化应用效果

在对气藏岩石物理特征分析的基础上，联合 *PG* 属性与含气饱和度关系模板和声波阻抗梯度技术，对深层碳酸盐岩进行地震定量气层检测。

图 8.15 是 Line3025 过龙岗 1 井的气层预测剖面，图 8.15（a）是先利用 AIG 技术剔除泥岩后的气层剖面，可以认为 AIG 气层识别的结果只是“含气层”，从台地边缘到台地内含气层均比较发育，只是厚度上有所变化。

PGT 技术在含气层基础上进一步描述了含气饱和度的变化，由图 8.15（b）可知，新方法得到的剖面中靠近台地边缘含气性最好。构造上属于相对低洼的部位，除非气藏全部充注天然气，否则含气性应该较差。在 AIG 剖面上，相对低洼的部位有比较强的异常，而经过饱和度估算后，其含气性并不好，构造对气藏的控制作用十分明显。龙岗 1、2 井区飞仙关组合长兴组含气饱和度预测结果经 17 口井验证，预测成果与完钻井符合率分别达 90.7%和 81%。

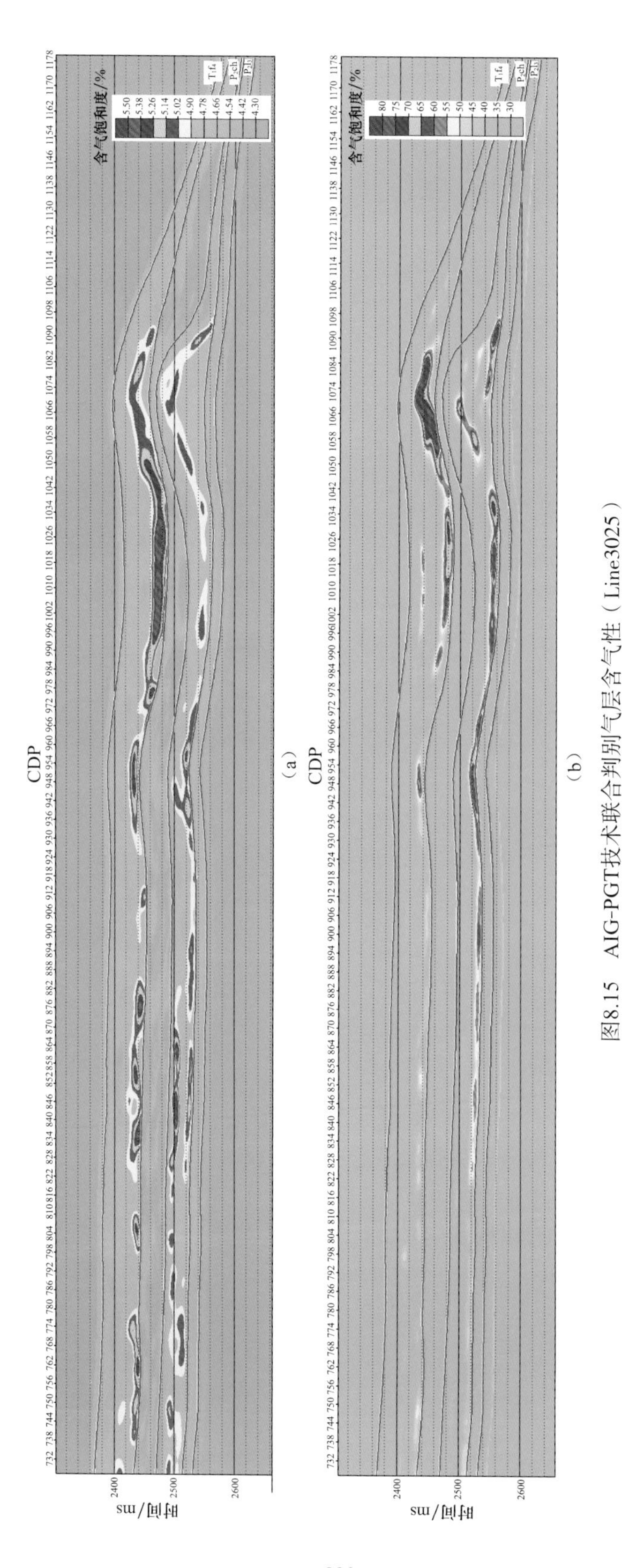

图8.15　AIG-PGT技术联合判别气层含气性（Line3025）

（a）声波阻抗梯度气藏检测剖面；（b）PGT含气饱和度预测剖面

第三节 三湖疏松砂岩储层预测技术

一、研究区概况

柴达木盆地第四系的形成是在新近纪末期新构造运动作用下，沉积中心由西向东整体迁移的产物，主要产气区为东部三湖地区的第四纪地层。三湖第四系已探明气田都具有“高丰度、大型、浅气藏”的特征，储集层为横向上稳定分布的疏松的高孔渗滨浅湖细砂岩、粉砂岩、泥质粉砂岩，盖层则以泥岩、含砂泥岩和砂质泥岩为主。储层单层厚度小（0.5～3.0m）、纵向发育层数多且累计厚度大，同时小幅度同沉积背斜圈闭的发育，为该区第四系沉积埋藏过程中所形成的生物气提供了最佳的聚集场所。

三湖地区第四系天然气地震勘探经历了三次飞跃：第一次飞跃，通过地层弹性参数，通过下拉时差分析法解释小幅度构造内幕，根据下拉时差定量化分析，确定含气级别；第二次飞跃，通过叠前深度偏移技术和精细速度模型，首次获得了第四系小幅度构造的完整背斜构造形态，从根本上突破了“人工趋势面法”和“相面法”的不确定性；第三次飞跃，在涩北地区开展高分辨率地震勘探试验，以解决气层厚度小，常规地震资料难以确定含气范围的难题。2000年取得突破性进展，为涩北大型平缓构造带含气范围的继续扩大提供了依据。截至2004年年底，三湖地区累计探明储量达$2771\times10^8m^3$，成为陆上四大气区之一。

三湖地区经历了约五十年的持续勘探和经验积累，逐步形成了一套较完整的第四系天然气地震检测技术或方法：①含气区地震反射呈现低频强振幅特征，气层段主频范围为10～20Hz；②同相轴横向相位变化反映含气的范围；③速度变化和下拉量为含气厚度和饱和度的综合反映，工业气区的层速度降低范围为150～250m/s，高产工业气区的层速度降低量大于400m/s；旅行时下拉幅度大于10ms，高产工业气藏的下拉幅度大于50ms；④模式识别综合判别各层段含气级别；⑤利用模式识别、测井约束宽带反演、三瞬属性、AVO属性等多参数综合判别含气边界；⑥测井约束宽带反演进一步检测各种参数判别的准确性；⑦AVO处理初步预测含气纵向变化的范围。

目前疏松砂岩气藏地震勘探仍然面临的主要问题有：①根据地震异常识别气区存在多解性；②缺乏有效工业储层（含气饱和度大于30%）的定量检测技术。因此，有必要针对该区的疏松砂岩气藏进行岩石物理建模研究和烃类检测敏感性参数分析，探索一种实现对疏松砂岩气藏定量检测的技术方案。

二、气层识别技术

（一）疏松砂岩地震岩石物理模型

Dvorkin和Nur（1996）提出了两种高孔砂岩理论模型——未固结砂岩模型和接触胶结模型。未固结砂岩模型描述了分选变差时，速度和孔隙度关系的变化，反映的是疏松砂岩的沉积趋势。在埋藏过程中，松散砂会逐步胶结。胶结矿物可能是成岩石英、方解石、钠长石、黏土或其他矿物。胶结物充填了颗粒接触缝隙，使岩石在孔隙度基本没有变化的条件下迅速变硬。接触胶结模型描述了高孔隙度时速度-孔隙度特征与胶结体积的关系，反映的是砂岩的成岩趋势。Avseth（2000）提出的常胶结模型则描述了特定胶结程度（通常对应于特定深度）的速度-孔隙度特征与分选之间的关系。数学上，这个模型是接触胶结模型和未固结胶结模型的组合。常胶结模型假定孔隙度变化（由于分选的变化）的砂岩都有同样数量的胶结。分选很好的端元孔隙度 ϕ_b 的干岩石弹性模量用接触胶结模型计算，孔隙度小于 ϕ_b 的干岩弹性模量用 Hashin-Shtrikman 低限进行内插。

采用以上三种高孔岩石物理模型，对台南 9 井深度为 1610～1625m 的声波测井数据进行了速度-孔隙度关系分析，饱水状态下的疏松砂岩纵横波速度采用 Gassmann 方程计算。图 8.16 表明 1%的常胶结模型适于描述台南 9 井目的层段的疏松砂岩。

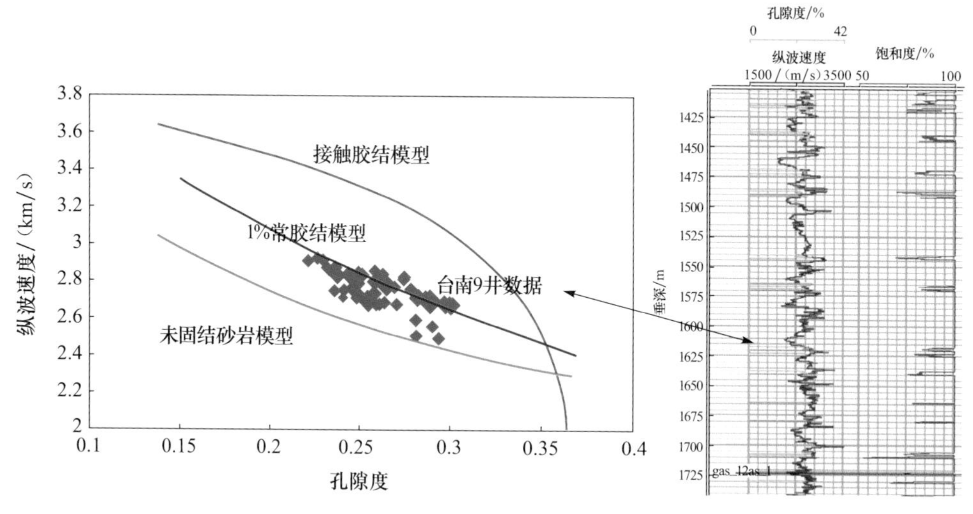

图 8.16 台南 9 井疏松砂岩地震岩石物理模型速度-孔隙度关系

（二）常胶结模型流体检测敏感参数分析

采用常胶结疏松砂岩模型，设定孔隙度为 28%，考察 $\lambda\rho$、μ、λ、K、M、I_P、V_S/ρ、V_P/V_S、E、ρ、V_P、V_S、I_S 这些参数随含水饱和度从 0 到 100%变化的最大差异。表 8.1 第二列为饱水和饱气时的弹性参数相对差异，从中可知，气水识别的前五个敏感参数为 $\lambda\rho$、λ、泊松比 σ、体积模量 K 和纵波模量 M；表 8.1 第三列为含水饱和度为 0 和 90%时的弹性参数相对差异，从中可知，对于含气定量检测较敏感的前五个参数为 $\lambda\rho$、λ、泊松比 σ、V_S/ρ 和 ρ。图 8.17 为疏松砂岩烃类检测敏感性参数对比图，取值来自表 8.1 第三列数据，可以观察到纵波波阻抗 I_P 和纵横波速度比 V_P/V_S 对含气饱和度的敏感不如 μ 和 V_S/ρ。

表 8.1 孔隙度为 28%时疏松砂岩弹性参数随含水饱和度变化的相对差异

敏感参数	饱水与饱气时的相对差异	含水饱和度为 0%和 90%时的相对差异
$\lambda\rho$	88.1	33.6
λ	86.3	24.7
σ	74	21
K	56.4	6.3
M	33.3	2.5
I_P	24	7.36
V_S/ρ	19	17.4
V_P/V_S	18.3	1.3
E	16	1.8
ρ	13	12
V_P	12.4	5
V_S	6.8	6.2
I_S	6.8	6.2

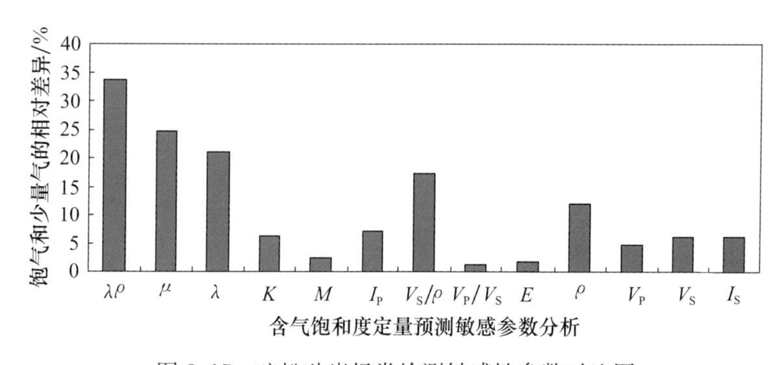

图 8.17 疏松砂岩烃类检测敏感性参数对比图

（三）岩石物理模板

给定孔隙度变化范围为 18%～32%、含气饱和度分布范围为 0～100%，根据常胶结模型计算每个孔隙度、饱和度所对应的纵波阻抗和纵横波波速比及剪切模量 μ 和 V_S/ρ，分别建立纵波阻抗和纵横波波速比 AI-V_P/V_S 岩石物理模板（图 8.18）、μ-V_S/ρ 两参数交汇的岩石物理模板（图 8.19）。

图 8.18 中横坐标为纵波阻抗，纵坐标为纵横波波速比，孔隙度从右往左变化范围为 18%～32%，含气饱和度从上到下变化范围为 0～100%，从图中可以看出，饱水和含气的纵横波波速比差异很大，因此该模板可用来检测含气储层；当含气饱和度大于 30%时，纵横波波速比差异较小，因此该模板在预测饱和度方面存在困难。

图 8.19 中横坐标为 μ（GPa），纵坐标为 V_S/ρ [（km/s)/(g/cm^3)]，孔隙度从右往左变化范围为 18%～32%，含气饱和度从下往上变化范围为 0～100%，从图中可以看出，含气饱和度从 0 到 100%均匀变化时，横坐标剪切模量仅反映骨架性质，所以不

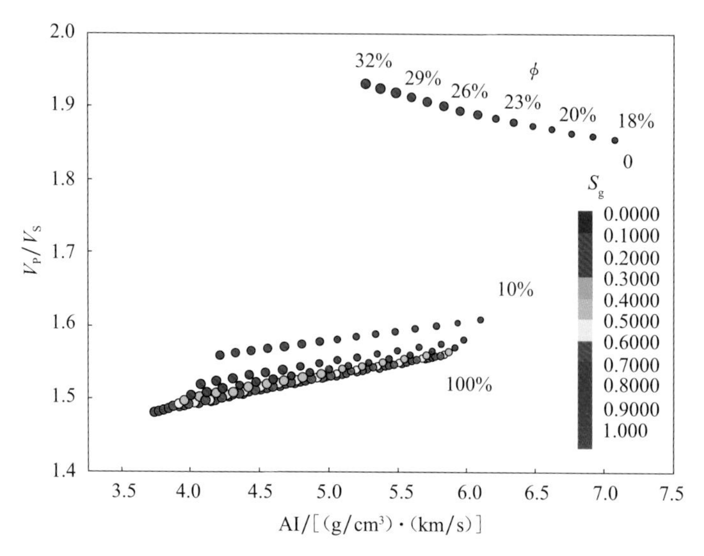

图 8.18　纵波阻抗和纵横波波速比交互模板

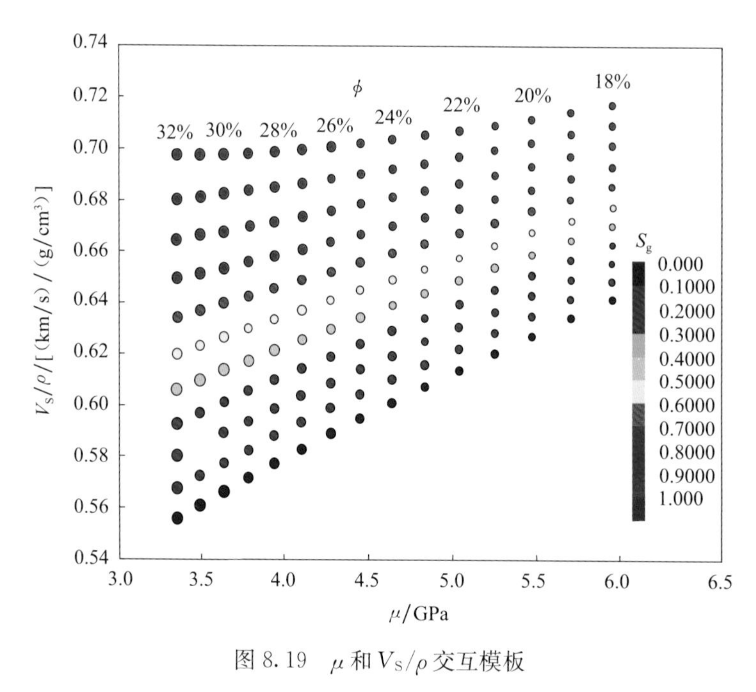

图 8.19　μ 和 V_S/ρ 交互模板

随饱和度变化，纵坐标 V_S/ρ 变化较均匀，从理论上讲，该模板在预测饱和度方面存在优势。

三、工业化应用效果

将涩 4-3-2 井 K7～K9 层含气储层段、含水段和泥岩段数据投影到纵波阻抗和纵横波波速比岩石物理模板（图 8.20）及剪切模量和横波速度密度比岩石物理模板上

(图 8.21)。从图 8.20 可以看出，该模板可以将含气储层段区分出来，但含气饱和度定量区分困难；由图 8.21 可以看出，在剪切模量和横波速度密度比岩石物理模板上，含气储层段的孔隙度和饱和度值与井的解释结果基本吻合。

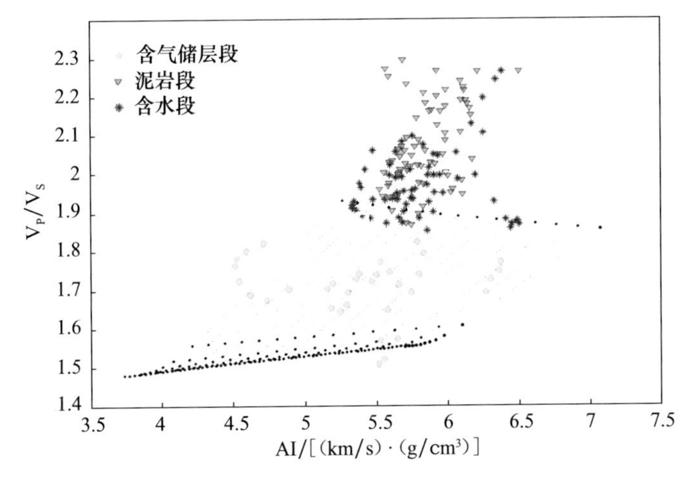

图 8.20 涩 4-3-2 井 K7—K9 层纵波阻抗和纵横波波速比交互图

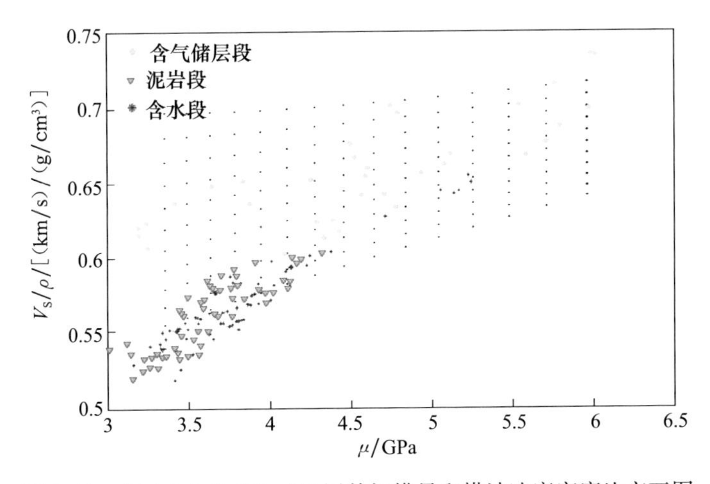

图 8.21 涩 4-3-2 井 K7—K9 层剪切模量和横波速度密度比交互图

对测线 091101 纵波叠前道集进行反演得到纵波阻抗、横波阻抗、纵波速度、横波速度、密度，然后由横波速度和密度进行道运算得到 μ 和 V_S/ρ，将反演得到 μ 和 V_S/ρ 投影到相应的岩石物理模板上，采用模板映射法得到每个投影数据点对应的孔隙度与饱和度，取含气饱和度大于 50%的有效储层，图 8.22 为 091101 测线 K7—K9 段反演饱和度剖面，该结果与相关的涩 23-3 井、涩中 6 井、涩 28 井这三口井的试气结果基本一致。

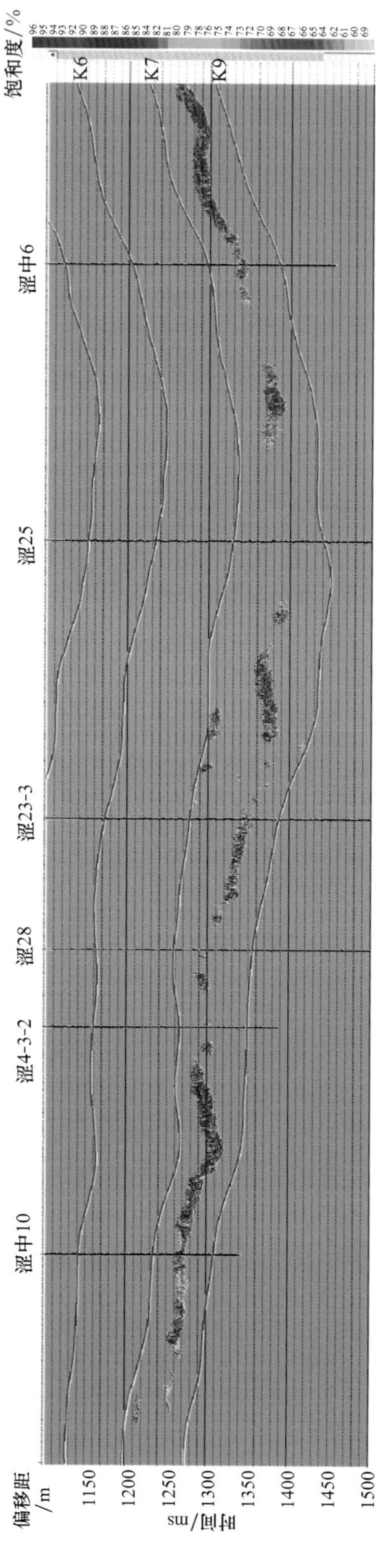

图8.22　091101测线K7-K9反演饱和度剖面

第四节 塔里木盆地乌什凹陷研究实例

一、工区概况

乌什凹陷位于塔里木油田库车拗陷西部，凹陷内自南向北发育两个次级构造带：古木别兹构造带和神木园构造带。古木别兹构造带北与神木园构造带以断层相接，南为温宿凸起，其界限为乌什南断裂。依拉克构造位于古木别兹构造带东段，2002 年 5 月在该构造上钻探乌参 1 井，并在白垩系舒善河组深度为 6038.5～6052m 处测获高产油气流，实现了乌什凹陷油气勘探的重大突破。2005 年 3 月设计依拉 2 井钻穿白垩系，但未见油气显示，且与乌参 1 井相比岩性变化较大，以砾岩为主，物性很差，测井解释孔隙度仅为 2%～4%。从两口井的目的层对比来看，依拉 2 井比乌参 1 井高 415m，说明依拉克构造西高点存在，但油气藏受岩性控制。

乌参 1 井白垩系舒善河组储层发育，属于扇三角洲前缘亚相，气层段集中在 6000～6052m，岩性为砂砾岩、含泥砾砂岩、砂岩。白垩系舒善河组主要有两套储盖组合：第一套储盖组合由白垩系舒善河组上部泥岩与其下伏的含砾砂岩组成，该套储盖配置优良，盖层厚度大，储层为块状含砾砂岩；第二套储盖组合为舒善河组内部深褐色泥岩与其下含砾粗砂岩组成。乌参 1 井和依拉 2 井试气结果表明，依拉克构造白垩系气藏不仅受构造控制，还更多地受岩性控制。因此运用最新研发的地震气藏检测技术圈定区内含气砂岩的分布对指导下一步勘探具有重要意义。通过对区内 8 条 2003 年采集的二维测线进行叠前保幅处理，综合利用已钻两口井的岩石物理数据、地震数据的振幅和衰减信息对依拉克构造白垩系含气储层进行预测。

二、气层识别技术

（一）AVO 气藏检测

AVO 气藏检测就是利用 Zoeppritz 近似表达式，对动校正后的叠前 CDP 道集，根据振幅随入射角变化关系，运用线性回归的方法拟合出各种与岩石物理参数有关的属性剖面，进行岩性分析和烃类检测。三类 AVO 含气砂岩在提取的零偏移距 P 波和梯度 G 波剖面上表现特征是不同的：如典型的 Ⅲ 类砂岩 P、G 值剖面为较大的负值，而在 $P*G$ 剖面上会表现出很强的正值特征，因大多数气藏均表现为 Ⅲ 类砂岩的特征，运用 P、G 或其组合剖面来预测气藏有很多成功的例子；而 Ⅱ 类含气砂岩因其 P、G 值接近于零，使 P、G 值及其组合剖面相对于背景值差异很小，因此这种方法对于 Ⅱ 类砂岩的识别效果不好。

依拉克白垩系砂岩气藏由于埋藏较深（达到 6000m），泥岩和含气砂岩的声波速度通常比较接近，因此工区内Ⅲ类 AVO 亮点型气藏很难出现。从乌参 1 井的井旁 CDP 道集分析知（图 8.23），该类气藏为 Ⅱ 类 AVO 响应气藏。图 8.24 是三类 AVO 理论模型分析，从浅至深分别为 Ⅲ 类亮点型、Ⅱ 类相位反转型和 Ⅰ 类暗点型。可以看到常规的零偏移距、$P*G$ 剖面对 Ⅱ 类AVO类型的含气砂岩检测效果都不理想［图 8.24（b）、（c）］，这与前

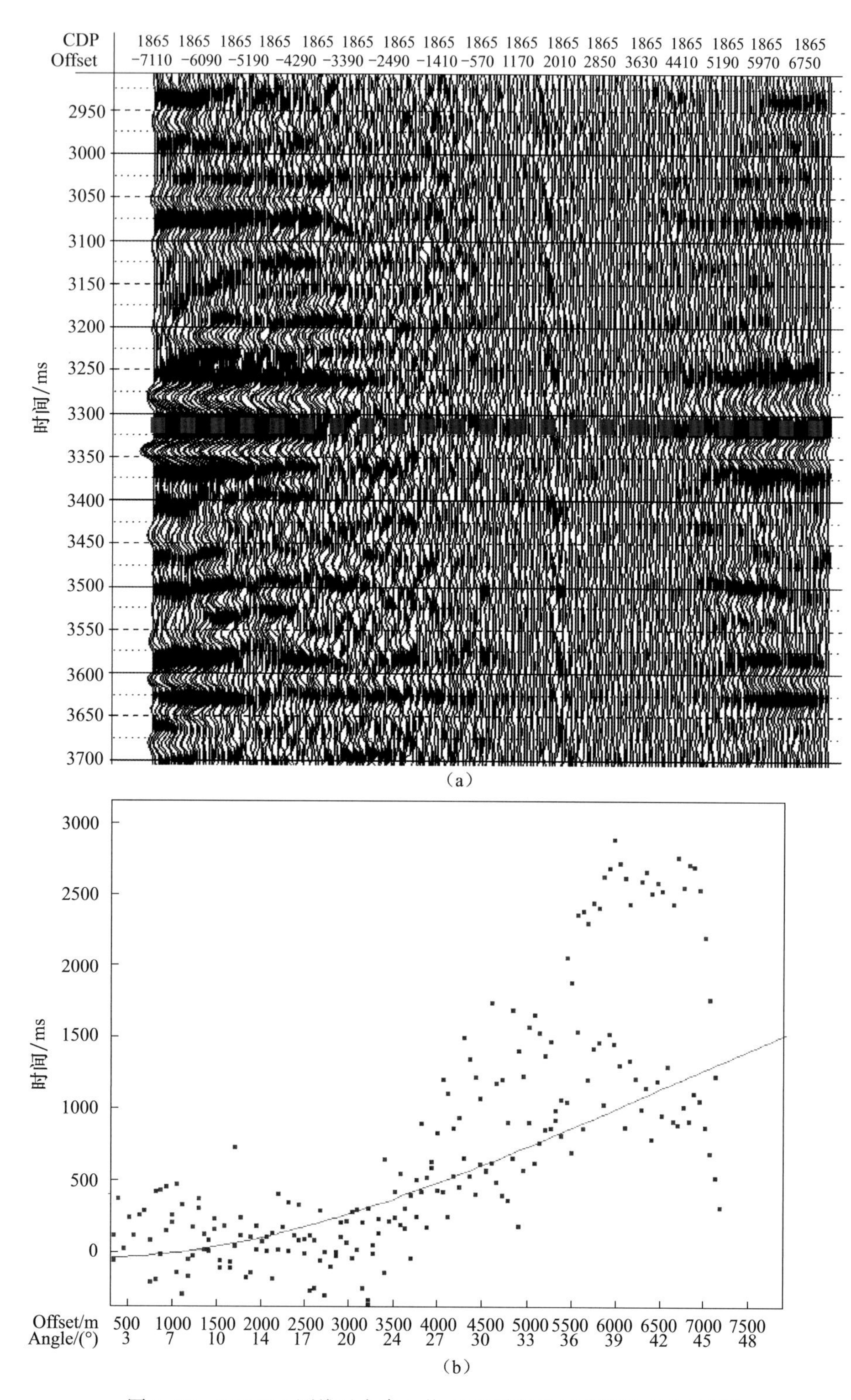

图 8.23　WS03L1 测线过乌参 1 井 CDP 道集及气藏底部 AVO 特征

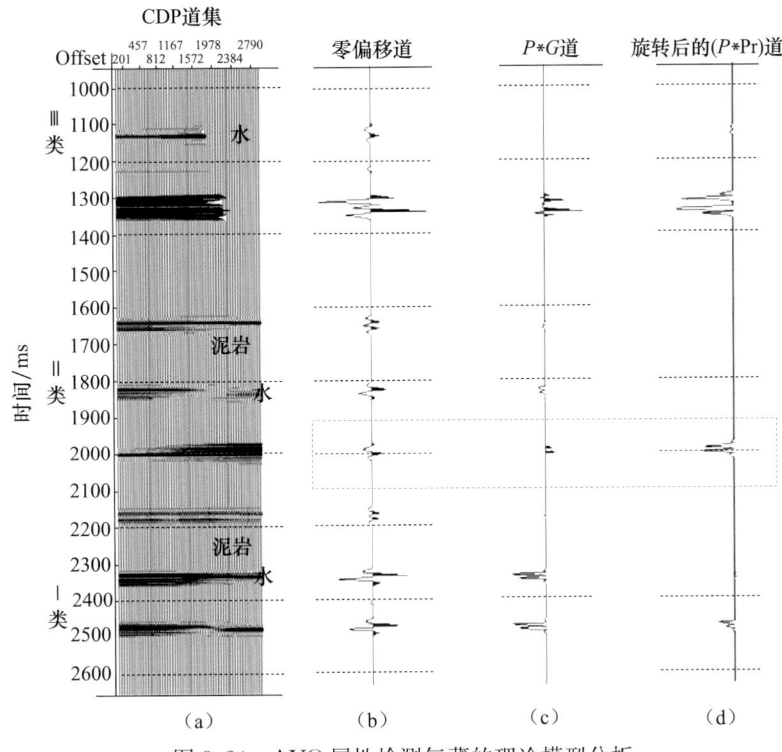

图 8.24 AVO 属性检测气藏的理论模型分析

(a) CDP 道集；(b) 零偏移道；(c) $P*G$ 道；(d) 旋转后的 ($P*\mathrm{Pr}$) 道

面的理论分析是一致的。作者利用 Hilterman (2001) 提出的 ($P*\mathrm{Pr}$) 的旋转属性 [图 8.24 (d)] 则可成功地识别出该类型的气藏，且其对 Ⅲ 类气藏也敏感，而对 Ⅰ 类含气砂岩敏感性不是太高，此处称之为 AVO 气藏因子剖面，在后面的分析中将常用到。

(二) 地震衰减气藏检测

衰减导致地震信号的能量向低频方向漂移，这种漂移程度既可由中心频率/中心尺度来量化，也可通过谱分析来描述。

图 8.25 是 WS03L1 测线过乌参 1 井和依拉 2 井的频谱图可以看出，乌参 1 井含气层段 (t=4150ms) 峰值频率 (17Hz) 明显比依拉 2 井相同层段 (t=4080ms) 处的峰值频率 (23Hz) 要低，说明气藏的衰减是严重的。在叠前道集上也可看到明显的中心频率随入射角变化的特征。

(三) 岩性阻抗反演

由地震资料反演的波阻抗或速度常用于油气藏识别，这是由于速度与岩性具有很好的相关性。但从乌参 1 井白垩系地层段岩石的纵波阻抗与岩性 (GR) 的交会图上可以看到 [图 8.26 (a)]，纵波阻抗与岩性的相关性较差，泥质含量高时，波阻抗降低；但砂岩含量高，孔隙度大及孔隙中含有流体时波阻抗也降低，单一的声波阻抗值对应多个岩性值，使利用波阻抗进行岩性解释时造成不确定性。而由岩性阻抗与测井岩性曲线

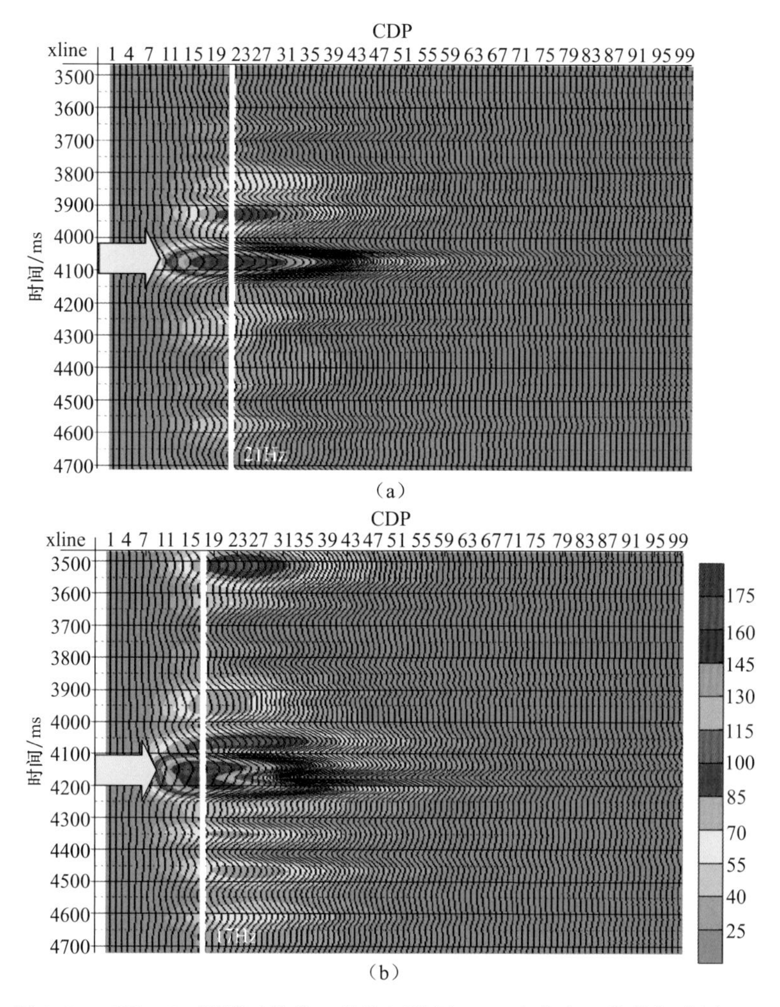

图 8.25 WS03L1 测线过依拉 2 井的频谱图（a）和乌参 1 井的频谱图（b）

（GR）的交会图可以看到它们之间的相关性很好［图 8.26（b）］，相关系数达到 85%，含气砂岩、干砂岩和泥岩之间可以互相区分开来，储层含气时岩性阻抗最低，利用岩性阻抗曲线可以很好地识别出岩性。

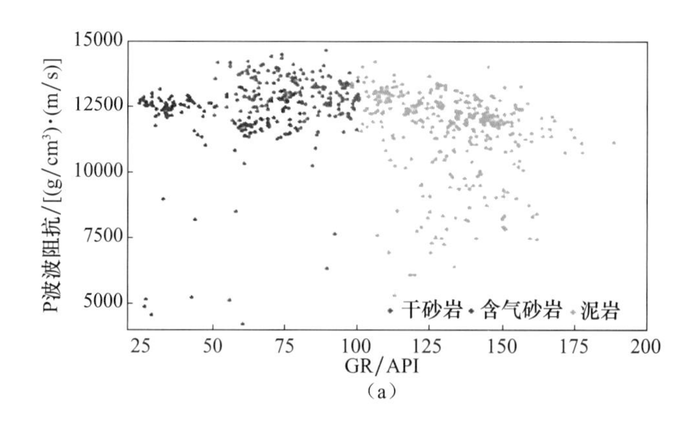

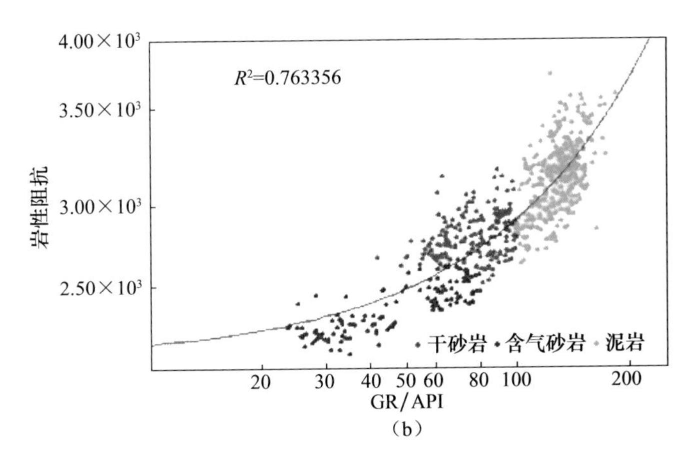

图 8.26 乌参 1 井白垩系声波阻抗与岩性 GR (a) 及岩性阻抗与岩性 GR (b) 交会图

三、工业化应用效果

图 8.27 是过乌参 1 井和依拉 2 井的 WS03L1 地震测线，乌参 1 井位于 CDP1865，依拉 2 井位于 CDP1425，T8-1 反射地震层位相当于白垩系气层顶部反射，可以看出乌参 1 井含气层顶（t=4115ms）比依拉 2 井（t=4050ms）相同层段要低。

根据井旁 CDP 道分析，乌参 1 井气藏 AVO 具有随炮检距增大特征 [图 8.23 (a)]，由于埋藏较深，应属于Ⅱ类 AVO 响应。从常规 $P*G$ 属性看（图 8.28），在乌参 1 井位置表现为低值，无异常显示，没有检测出气藏，这与理论模型的分析结果是一致的（图 8.24）。而利用 Hilterman (2001) 提出的 AVO 气藏因子剖面（图 8.29），乌参 1 井目的层附近有强烈的振幅异常显示，气藏特征明显。

由叠前衰减中心频率角道集数据可以叠加得到的远角度中心频率剖面，从图 8.30 可以看出，乌参 1 井在目的层段具有非常低的中心频率值，且延伸范围较大，尽管依拉 2 井目的层段位于构造较高部位，却表现为中心频率高值。

由零偏移距纵波剖面反演出的声波阻抗剖面（图 8.31），气层附近（乌参 1 井）的声波阻抗值与非气层附近（依拉 2 井）的波阻抗分布于一个蓝色条带内，它们之间难以清楚地区分开来，而从提取的岩性因子剖面看（图 8.32），乌参 1 井目的层附近岩性因子幅值大，说明该处岩性阻抗变化大，而依拉 2 井岩性因子幅值小，说明岩性阻抗变化不大。由岩性因子反演得到的岩性阻抗剖面可以看到（图 8.33），气层的岩性阻抗值表现为低值（红色和黄色条带），向依拉 2 井逐渐过渡为高值，至依拉 2 井气层消失（绿色背景）。此外，在乌参 1 井的东边和依拉 2 井的西边各自发育了横向范围较窄的砂体（约为 2km）。可见岩性阻抗剖面降低了声波阻抗剖面解释气层的多解性，提高了横向追踪精度。

对工区内的八条地震测线进行了气藏检测，图 8.34 是气藏检测的平面分布图，气藏呈 NE—SW 向展布，主要集中在乌参 1 井及其北面的三个条带上。最北部的振幅异常位于神木园构造斜坡上，该异常主要分布在测线 WS03321、WS03325、WS03327，往

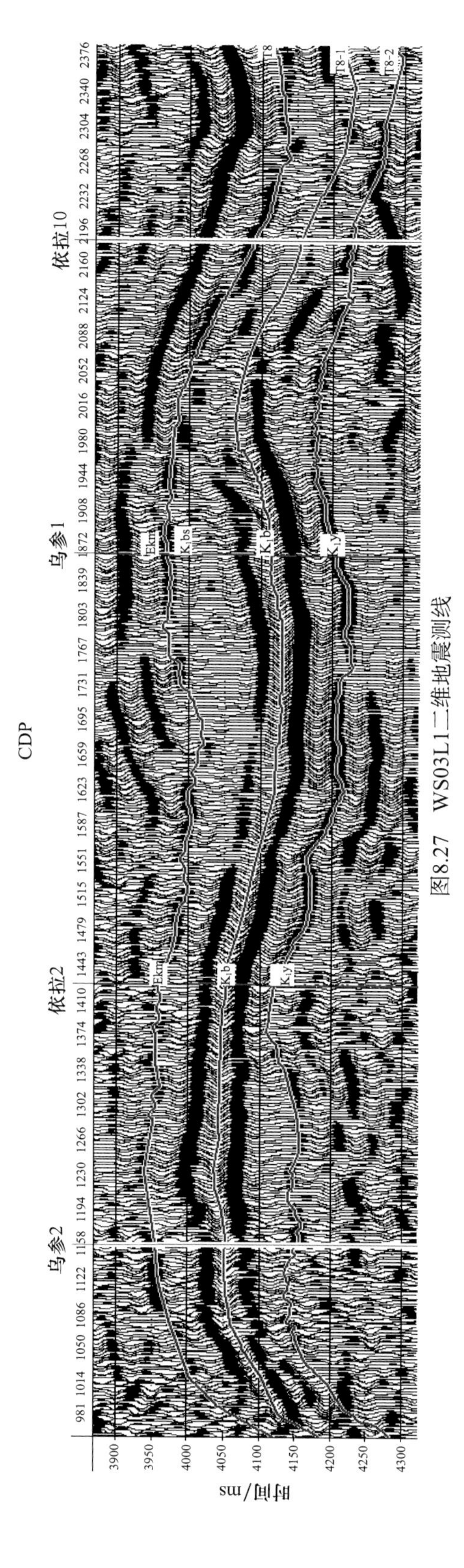

图8.27 WS03L1二维地震测线

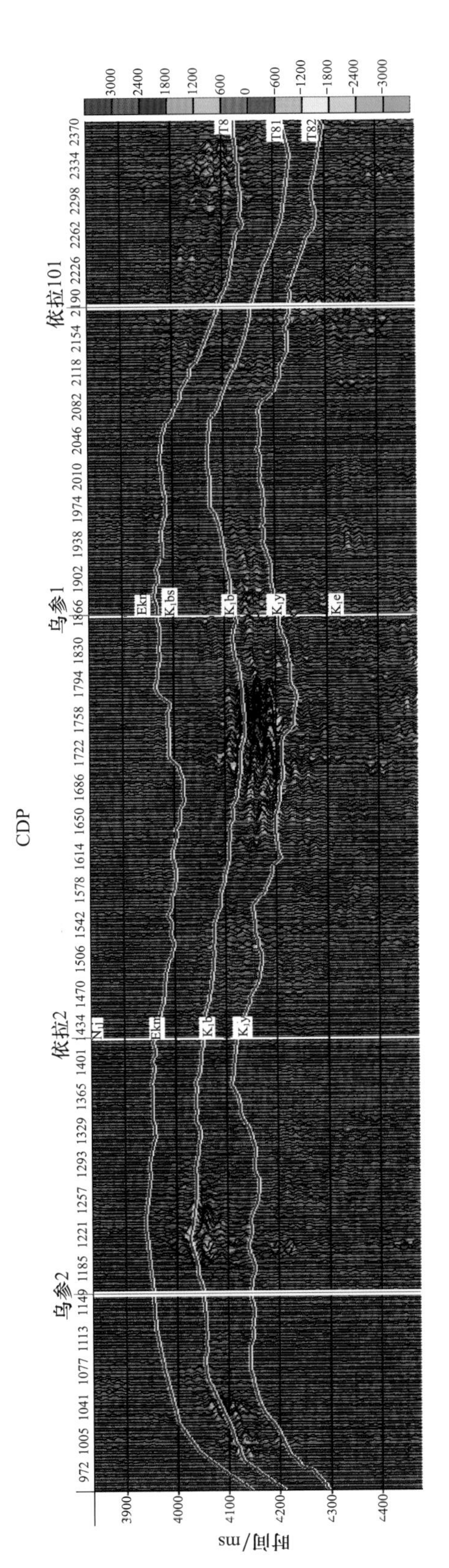

图8.28 WS03L1测线AVO属性$P*G$

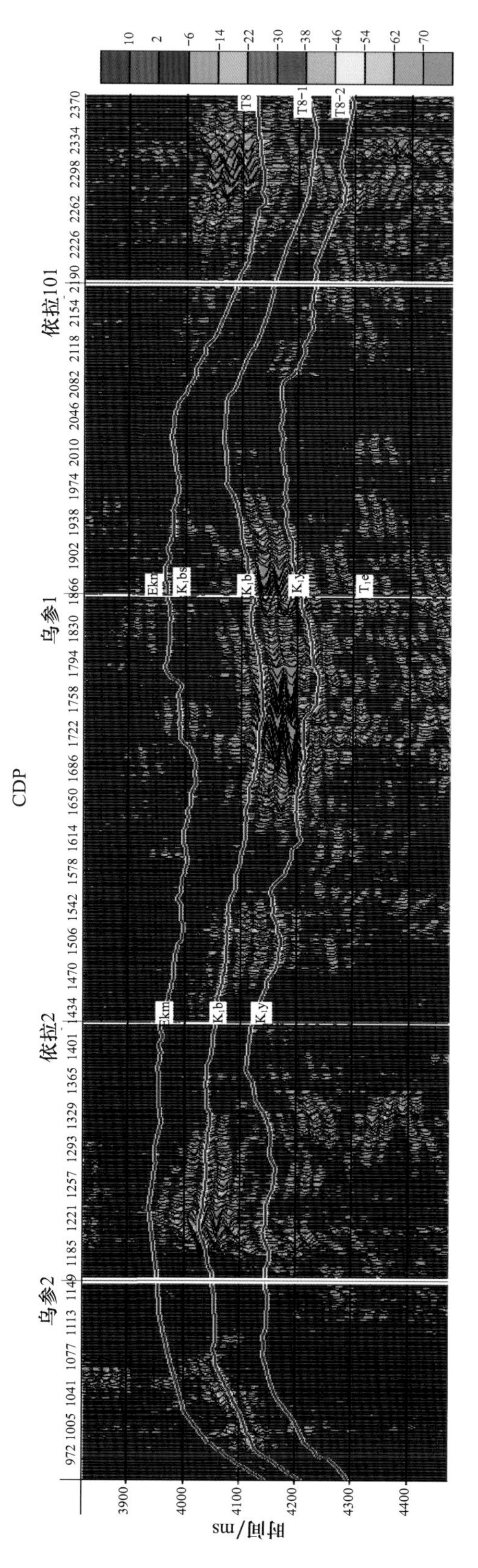

图8.29 WS03L1测线AVO气藏因子检测

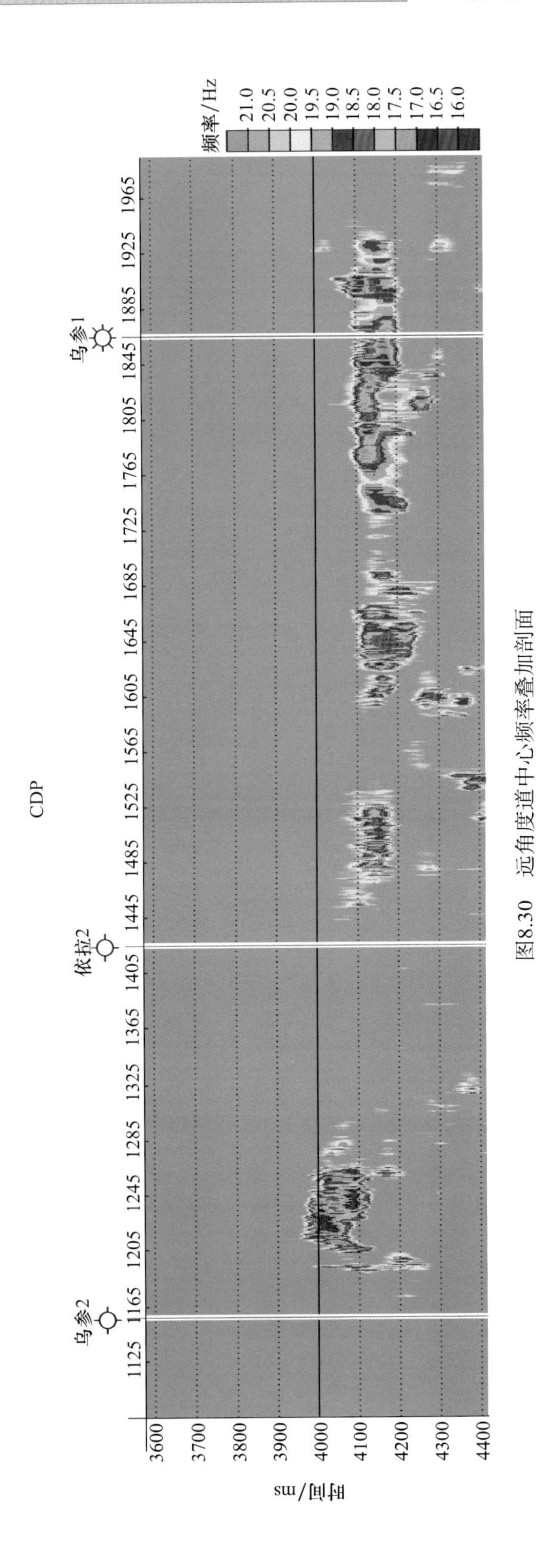

图8.30 远角度道中心频率叠加剖面

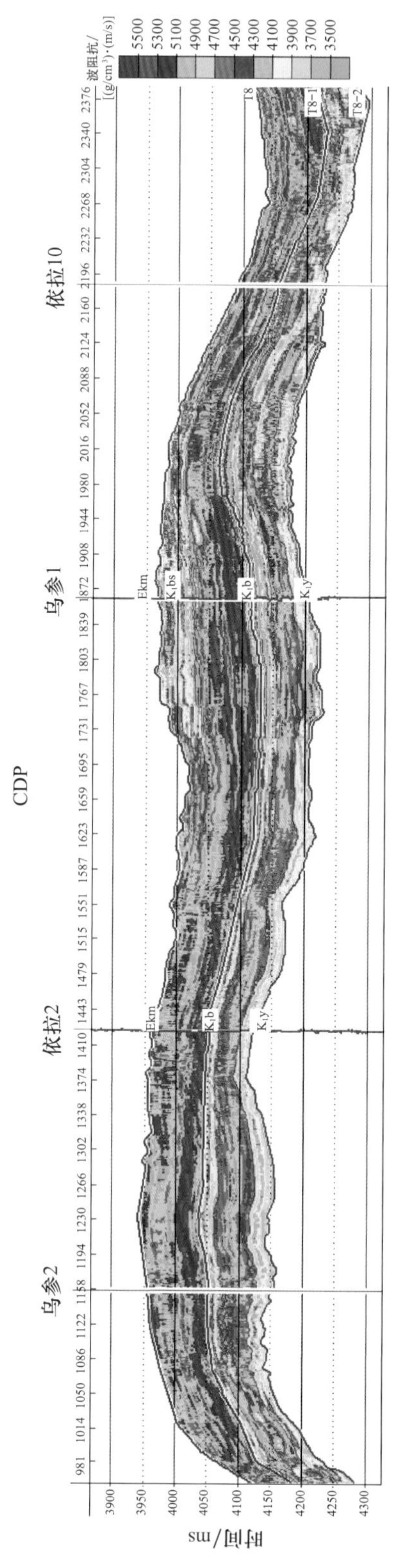

图8.31　WS03L1测线波阻抗反演剖面

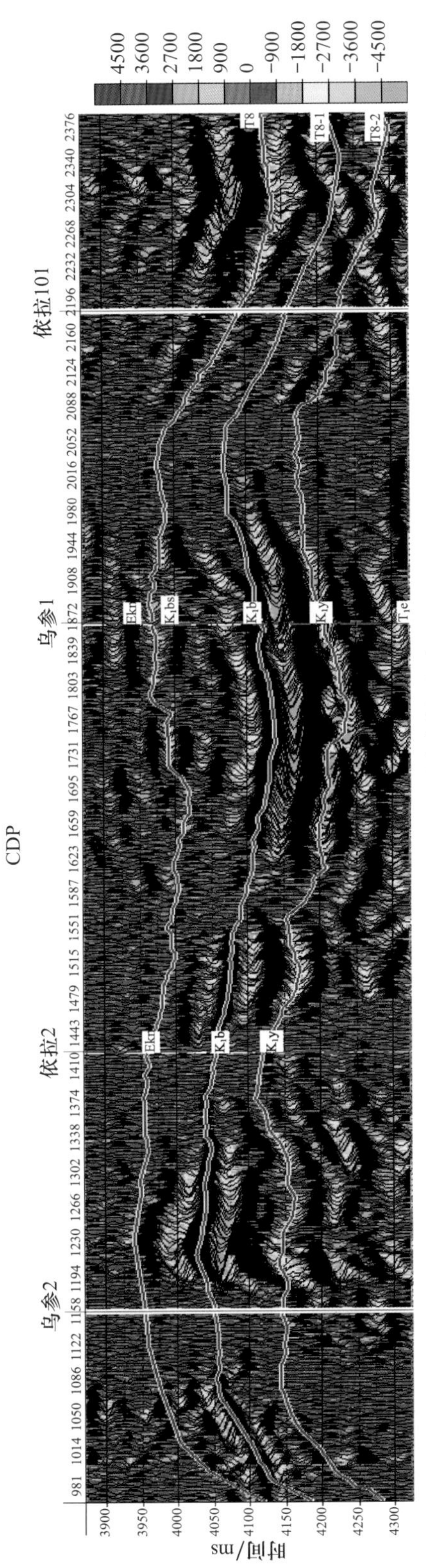

图8.32 WS03L1测线岩性因子

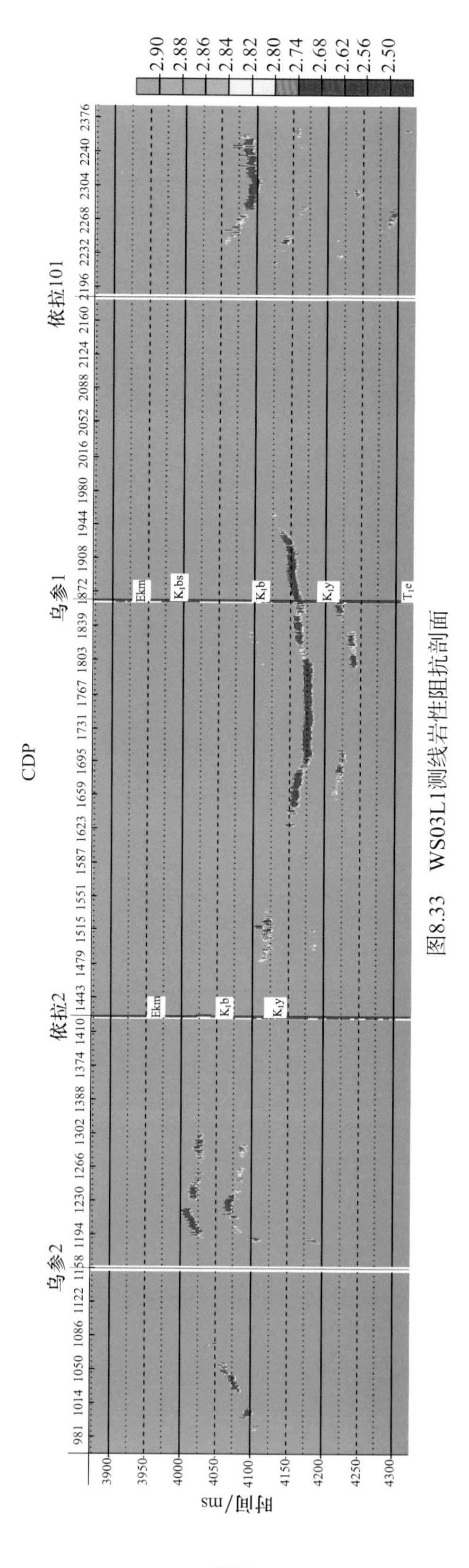

图8.33 WS03L1测线岩性阻抗剖面

西至 WS329 消失，且异常的埋藏相比于依拉克构造较浅（3400ms 左右），是一个比较有利的勘探方向。

本书研究成果提交后，油田在依拉克构造带上又钻了两口井，在目的层段都未见气异常显示，与研究成果一致。从图 8.32 和 8.33 可以看出，两口井都位于岩性因子低值和岩性阻抗高值区，为非岩性因子和岩性阻抗异常区，而距其右边大约 450m 处则存在一岩性因子高值和岩性阻抗低值异常区。在衰减属性中心频率远角度叠加剖面上也可以看出（图 8.30），WS2 井位于中心频率高值和梯度低值区，为非中心频率和梯度异常区。

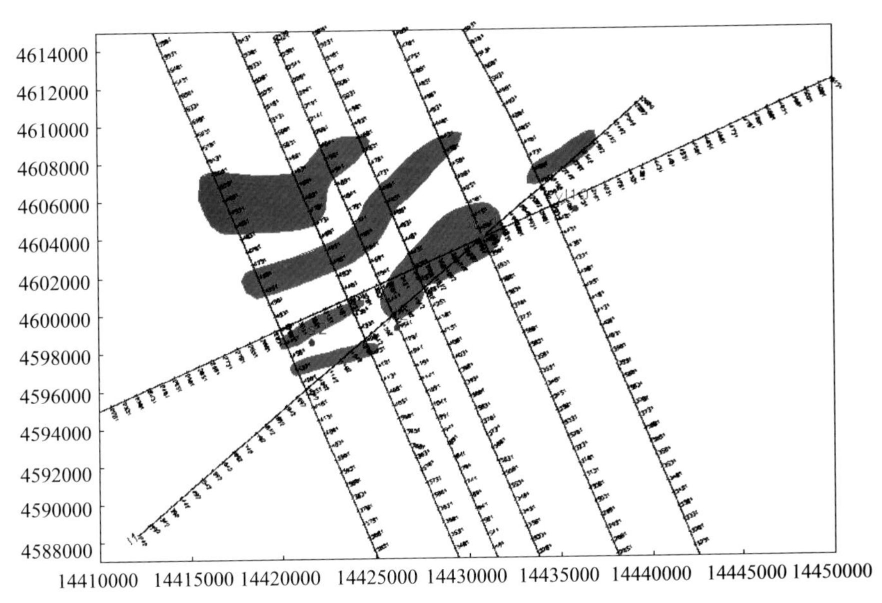

图 8.34 依拉克构造白垩系气藏检测平面分布图

参考文献

Avseth P A. 2000. Combining rock physics and sedimentology for seismic reservoir characterization of North Sea turbidite systems. Palo Alto: Stanford University PhD Thesis.

Dvorkin J, Nur A. 1996. Elasticity of high-porosity sandstones: Theory for two North Sea data sets. Geophysics, 61 (5): 1363-1370.

Hilterman F J. 2001. Seismic amplitude interpretation: Distinguished instructor short course. NO. 4. Society of Exploration Geophysicists and European Association of Geoscientists and Engineers, 2 (11): 2879-2885.

第九章 致密砂岩天然气藏开发地质特征

第一节 致密砂岩天然气藏概念界定

一、致密砂岩气概念

致密砂岩气（tight sand gas）是非常规天然气的主要类型，也是目前国际上开发规模最大的非常规天然气，在天然气资源结构中的意义和作用日趋显著。美国对致密砂岩气藏的研究和开发较早，1980 年，美国联邦能源管理委员会将地层条件下渗透率小于 0.1mD 的砂岩气藏（不包含裂缝）定义为致密气藏，并以此作为是否给予生产商税收补贴的标准（Federal Energy Rognlatory Commission，1980）。国外学者多以地层条件下渗透率 0.1mD 为界将储层划分为常规储层和致密储层。我国行业标准《致密砂岩气地质评价方法》（SY/T 6832—2011、GB/T 30501—2014），将致密气定义为砂岩气层覆压基质渗透率小于或等于 0.1mD，单井一般无自然产能或自然产能低于工业气流下限，但在一定经济条件和技术措施下可以获得工业天然气产量（中国石油勘探开发研究院，2011）。根据上述定义，将一个气藏界定为致密砂岩气需要满足两个条件：一是储层在地层条件下的平均基质渗透率小于或等于 0.1mD，此处的渗透率是指地层压力条件下的渗透率（$K_{\text{in-situ}}$），而不是常规的实验室测量的常压条件下的渗透率；二是只有通过储层压裂改造后才能获得工业产量。

将渗透率 0.1mD 作为划分致密气的界限值，这只是一种人为的规定，这一渗透率值并没有严格的科学含义，也不具有渗流特征发生明显变化的拐点意义。也就是说，从 0.1mD 以上的低渗储层过渡到 0.1mD 以下的致密储层，其渗流机理并没有发生本质的变化。只是随着渗透率的降低，产量进一步下降，储层压裂改造又增加了开发成本，使得这类资源的商业价值大大降低。美国政府为了鼓励和扶持这类资源的开发，将渗透率为 0.1mD 以下的储层中的天然气定义为致密气，给予税收和气价补贴。

将致密气界定为非常规天然气，是因为与常规气藏相比，在成藏特征和开发工艺上有其自身的特殊性，所以为了准确理解致密砂岩气的特征，需要明确其成藏地质学内涵和开发工程学内涵。

二、致密砂岩气成藏地质学内涵

致密气概念已经使用了 30 多年的时间，由于不同国家和地区的资源状况和技术经济条件的差异，不同学者对致密气概念有不同的认识。国内外学者在成藏机理上提出了多种模型：国外学者提出了“深盆气”（Master，1979）、“盆地中心气”（Rose et al.，1986）、“连续油气聚集”（赵靖舟等，2012）等成藏模型，描述了致密气作为非常规气，具有大面积连片分布、不存在气水界面、气藏边界不明显的分布特征；国内学者根据储集层致密演化与成藏时期的先后顺序提出了“先成型”与“后成型”（姜振学等，2006）、“原生型”与“改造型”致密气藏成藏模型（董晓霞等，2007），这些成藏模型描述了致密气藏的分布规律，“先成型”和“原生型”成藏模型类似国外学者提出的模型，形成的气藏分布范围广、储量规模大，“后成型”和“改造型”是指常规气藏经过后期改造后储集层致密化而成为致密气藏，但在分布特征上可保留常规气藏特征，如分布受构造控制、有明显的气藏边界或边底水等，这类致密气藏一般分布范围有限、储量规模较小。

三、致密砂岩气开发工程学内涵

致密气概念从其应用的实质上，更侧重于反映开发工艺的特殊性和经济性，而不强调其地质成藏特征。对于致密气的概念，公认的标准是美国联邦能源管理委员会的定义，即将地层条件下渗透率小于 0.1mD 的砂岩储集层中的天然气定义为致密砂岩气，一般情况下没有自然产能或自然产能低于工业标准，需要采用增产措施或特殊工艺井才能获得商业气流，并以此作为是否给予生产商税收补贴的标准。中国新制定的石油天然气行业标准《致密砂岩气地质评价方法》也采用了上述标准。

致密砂岩气从开发工程学上有三个主要特征。第一，致密气井获得工业产量必须经过压裂改造。致密气井依靠储层自然渗透能力一般没有产能或者产能达不到工业标准，必须经过较大规模的水力压裂才能获得工业产能，而常规天然气藏依靠储层自身的渗透能力即可达到较好的工业产量，一般不需要改造工艺。第二，致密气规模开发需要巨大的钻井工程投入。致密气井单井控制范围小，大部分致密气井日产量不足 $1\times10^4m^3$，为常规天然气井产量的几十分之一或者更低，产能建设所需的钻井工程量是常规气藏的十几倍以上。第三，致密气规模开发必须不断补充钻井维持稳产。由于致密气储层极低的渗透能力，气井稳产能力很差，规模开发后必须不断补充新井维持气田的长期稳产。以苏里格气田为例，按照 20%的年递减率测算，维持 $230\times10^8m^3$ 以上规模长期稳产，每年需要近 $50\times10^8m^3$ 的新增产能弥补老井递减，年新增钻井工作量 1500 口左右。而常规气藏单井稳产期较长，规模建产后随气井自然生产，后期很少补充甚至不再补充新井。上述三个特征造成致密气的开发成本远大于常规气藏，致密气的有效利用必须采用低成本的开发原则（马新华等，2012）。

四、致密储层渗透率参数评价

国外多采用地层条件下的渗透率来评价致密储集层，通过试井或实验室覆压渗透率测试求取地层条件下的渗透率值。中国一般习惯采用常压条件下实验室测得的空气渗透率来评价储集层，测试的围压条件一般为 1～2MPa。考虑到致密储集层的滑脱效应和应力敏感效应的影响，对不同孔隙结构的致密砂岩，地层条件下渗透率 0.1mD 大体对应于常压空气渗透率为 0.5～1.0mD（图 9.1）。与渗透率不同，从常压条件下恢复到地层压力条件下，致密砂岩的孔隙度变化不大。地层条件下渗透率为 0.1mD 的致密砂岩对应的孔隙度一般为 7%～12%。Surdam（1997）认为致密砂岩气储集层的物性特征一般为孔隙度小于 12%、常压空气渗透率小于 1.0mD。中国鄂尔多斯盆地苏里格气田和四川盆

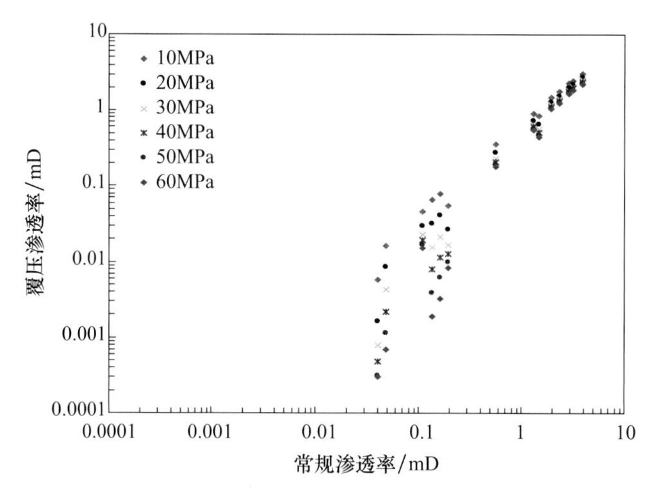

图 9.1 致密砂岩储层常规渗透率与覆压渗透率关系

地须家河组气藏的砂岩储集层常压条件下孔隙度一般为 3%～12%、渗透率为 0.001～1.000mD，覆压条件下渗透率小于 0.1mD 的样品比例占 80%以上，属于致密砂岩气。

第二节 致密砂岩天然气藏开发特征

一、致密砂岩气藏主要开发地质特征

我国致密砂岩气藏的基本特征可简要概括为六个方面（表 9.1）。

（1）储层致密，平均孔隙度小于 10%，平均渗透率小于 1mD，含气饱和度较低、束缚水饱和度较高。

（2）储层多薄层状分布，横向分布不稳定。

（3）储量丰度一般 $1\times10^8\sim3\times10^8m^3/km^2$，在数百平方千米甚至上万平方千米范围内连续分布，储量规模数千亿立方米至数万亿立方米。

（4）具有岩性或构造-岩性复合圈闭特征，部分地区气水关系复杂。

（5）直井单井产量一般为 $1\times10^4\sim3\times10^4m^3/d$，单井最终累计产量一般在 $3000\times10^4m^3$ 以内，单井稳产期短，但可以维持小产量保持长期生产，依靠井间接替保持气田整体稳产。

（6）由于产量低，在经济效益上属于边际气田。

表 9.1 中国典型致密砂岩气藏开发特征参数表

典型气田	气层分布	物性参数	储量丰度/($10^8m^3/km^2$)	单井产量/($10^4m^3/d$)	水气比/($m^3/10^4m^3$)	单井累计产量/10^4m^3	采气速度/%
苏里格气田	单层厚为 2～5m，累计厚为 10m	孔隙度为 7.8%、渗透率为 0.63mD、含水饱和度为 30%～50%	0.8～1.6	0.6～3	<0.5	<3000	1～1.5
合川气田	单层厚为 2～5m，累计厚度为 21m	孔隙度为 8.36%、渗透率为 0.27mD、含水饱和度为 40%～65%	1～3	0.5～3	富气区小于 1；一般大于 5	几千至上万	1～2

二、中国致密砂岩气藏主要类型

我国发现的致密气资源在多种类型盆地和盆地的不同构造位置均有分布，但更具规模意义的大型致密砂岩气主要分布在拗陷盆地的斜坡区。根据中国陆相拗陷盆地的地质条件，致密砂岩气的发育有以下基本特征：大型河流沉积体系形成了广泛分布的砂岩沉积，整体深埋后在煤系成岩环境下形成了致密砂岩，储集层与烃源岩大面积直接接触为致密气提供了良好的充注条件，平缓的构造背景和裂缝不发育有利于致密气的广泛分布和保存。

根据我国近年来发现的大型致密砂岩气藏的开发地质特征，可将致密砂岩气划分为三种主要类型。

（一）透镜体多层叠置致密砂岩气

以鄂尔多斯盆地苏里格气田为代表。发育众多的小型辫状河透镜状砂体，交互叠置形成了广泛分布的砂体群，整体上叠置连片分布，但气藏内部多期次河道的岩性界面约束了单个储渗单元的规模，导致储集层井间连通性差，单井控制储量低。苏里格气田砂岩厚度一般为30～50m，辫状河心滩形成的主力气层厚度平均为10m左右，砂岩孔隙度一般为4%～10%、常压渗透率为0.001～1.000mD，含气饱和度为55%～65%，埋藏深度为3300～3500m，异常低压，平均压力系数为0.87，气藏主体不含水。

（二）多层状致密砂岩气

砂层横向分布稳定，以川中地区须家河组气藏、松辽盆地长岭气田登娄库组气藏为代表。川中地区须家河组气藏发育三套近100m厚的砂岩层，横向分布稳定，但由于天然气充注程度较低，构造较高部位含气饱和度较高，而构造平缓区表现为大面积气水过渡带的气水同层特征。须家河组砂岩孔隙度一般为4%～12%，常压渗透率一般为0.001～2.000mD，埋藏深度为2000～3500m，构造高部位含气饱和度为55%～60%，平缓区含气饱和度一般为40%～50%，常压-异常高压，压力系数为1.1～1.5。长岭气田登娄库组气藏砂层横向稳定，为砂泥岩互层结构，孔隙度为4%～6%，常压渗透率一般小于0.1mD，天然气充注程度较高，含气饱和度为55%～60%，埋藏深度为3200～3500m，为常压气藏。

（三）块状致密砂岩气

以塔里木盆地库车拗陷迪西1井区为代表，侏罗系阿合组厚层块状砂岩厚度可达200～300m，内部泥岩隔夹层不发育，孔隙度为4%～9%，常压渗透率一般小于0.5mD，埋藏深度为4000～7000m，为异常高压气藏，压力系数为1.2～1.8，储量丰度较高。

三、苏里格致密砂岩气田主要特征

苏里格气田是我国目前发现的规模最大的天然气田，是我国致密砂岩气田的典型代表。其主体位于鄂尔多斯市乌审旗境内，区域构造属于鄂尔多斯盆地伊陕斜坡，勘探面积约为 $4\times10^4km^2$，主要产层为二叠系盒 8 段—山 1 段，埋藏深度主要为 3000～3600m。苏里格气田基本地质特征可概括为四个方面。

（1）典型的致密砂岩气。苏里格气田产层孔隙度主要为 3%～12%，常压空气渗透率主要为 0.01～1.00mD，50%以上样品的常压空气渗透率小于 0.1mD；通过覆压渗透率测试评价地层条件下储集层基质的渗透率，发现 85%以上样品覆压渗透率小于 0.1mD。不同孔隙结构的致密砂岩，其地层条件下渗透率为 0.1mD，大致对应常压空气渗透率为 0.5～1.0mD。苏里格气田无论是直井还是水平井，均需要压裂改造后才能达到工业产量。所以苏里格气田应归为致密砂岩气范畴。

（2）大面积含气，储量丰度低，平面上富集不均。在沉积地质历史时期，苏里格地区发育多个大型水系，形成了广泛的辫状河砂岩沉积，覆盖数万平方千米。砂岩沉积后，最大埋深达到 4000m 以上，在强烈的成岩作用下形成了致密砂岩，后期构造回返抬升后在平缓的构造斜坡区广泛分布。根据目前钻井揭示，数万平方千米气藏范围内具有整体含气的特征，气藏主体不含水，没有明显的气藏边界，具有“连续型油气聚集”的气藏分布特征。但气层厚度较薄，砂岩厚度为 30～50m，主力气层厚度约为 10m；地质储量丰度一般为 $0.5\times10^8\sim2.0\times10^8m^3/km^2$，丰度大于 $1.0\times10^8m^3/km^2$ 的相对富集区主要受辫状河体系叠置带的控制。

（3）储集体非均质性强，具有“二元”结构特征。苏里格气田在大面积连片分布的宏观背景上，气藏内部具有较强的储集层非均质性，储集体具有“二元”结构特征。根据砂岩的物性特征，将储集层划分为主力含气砂体和基质储集层两部分。主力含气砂体为粗砂岩相，孔隙度为 5%～12%、常压空气渗透率为 0.1～1.0mD、含气饱和度为 55%～65%，是探明地质储量的计算对象和产能的主要贡献者。基质储集层为中-细砂岩相，孔隙度为 3%～5%、常压空气渗透率小于 0.1mD、含气饱和度为 30%～40%，基质储集层没有计算在探明储量范围内。主力含气砂体为辫状河心滩相沉积，基质储集层为辫状河河道充填相沉积，受沉积相分布控制，主力含气砂体孤立状分布在连续分布的基质储集层中。根据钻井资料统计，主力含气砂体规模小，单个砂体厚度大多为 2～5m，横向分布主要在几百米范围内，一般单井可钻遇 2～3 个主力含气砂体，主力含气砂体的钻遇厚度和钻遇率约为总砂体的 1/3。虽然主力含气砂体呈多层状分散分布的特征，但将多层主力含气砂体投影叠置后，可覆盖近 100%的气田面积，所以苏里格气田具有整体含气的特征。

（4）单井控制储量和单井产量低。受储集层致密和强非均质性的影响，苏里格气田单井控制储量和单井产量低。根据产量递减法、产量累计法、不稳定产量分析法计算的苏里格气田直井单井控制储量主要为 $1000\times10^4\sim3500\times10^4m^3$。直井无阻流量主要为 $3\times10^4\sim30\times10^4m^3/d$，按照单井稳产三年的技术要求，平均单井配产 $1\times10^4m^3/d$，气井生产中后期以每天几千立方米的产量可保持长期生产。

四、致密砂岩气开发技术难点

致密砂岩气藏的基本特征决定了其开发的核心问题是如何提高单井产量来实现经济

有效开发，主要存在以下四个技术难点。

（1）如何寻找高效井位。关键是富集区和叠置有效砂体的预测，通过钻遇厚度和体积较大的复合有效砂体来提高单井产量和单井控制储量。

（2）如何提高单井产量。在寻找高效井位的同时，需要根据储层分布特征进行不同井型的优化选择及储层增产措施的配套应用来提高单井产量。

（3）如何提高储量整体动用程度。常规气藏传统稀井高产的开发模式不适应中低丰度天然气藏，需要通过多层压裂提高储量剖面动用程度、优化井网提高储量的平面动用程度。

（4）如何充分利用地层能量提高采出程度。需要深化认识中低丰度气藏低渗储层的低速非达西渗流特征，优化配产和生产管理，延长气井生产寿命，提高累计产量和采出程度。

五、国外开发技术现状

北美地区致密气藏开发已有30多年的历史，其开发技术思路主要体现在三个方面，即依靠储层预测和动态监测实施密井网开发，提高储量动用率和产能规模；依靠以直井为主的多层改造合层开采，提高气井产量；依靠低成本的钻完井和地面技术，降低开发成本。在该技术思路下，形成了一系列开发技术：一是气藏描述技术，发展了以提高储层预测和气水识别精度为目标的二、三维地震技术系列，包括构造描述、波阻抗反演、地震属性分析、频谱成像、三维可视化、地震叠前反演、地震相干属性和裂缝预测、分形气层检测技术等，气藏描述及三维地震技术的应用使钻井成功率提高到75%～85%；二是井网加密技术，在综合地质研究基础上，应用试井、生产动态分析和数值模拟等动态描述手段，确定井控储量与供气区形态，优化加密井网，最小井距缩小到300m以内，最终采收率可提高到50%以上；三是增产工艺技术，以直井多层压裂技术为主体，主要有连续油管分层压裂和封隔器分层压裂两种方式，其中连续油管分层压裂采用连续油管＋水力喷砂射孔＋环空压裂技术，可实现一趟管柱分压20层以上，缩短了作业时间、降低储层伤害及费用，部分厚层块状致密气藏实施大型压裂技术，一般缝长大于300m，加砂规模大于100m^3；四是钻采工艺技术，有突出特点的是小井眼钻井和欠平衡钻井，小井眼配套设备主要集中在钻头及马达、固井、完井、井控、测井、测试和射孔工具等方面，可节省钻井成本达40%以上，欠平衡钻井在致密气藏钻井中得到广泛应用，美国欠平衡钻井占总钻井数的比例已达到30%以上。近年来，随着水平井多段压裂在页岩气开发中的成功应用，水平井在低渗砂岩气藏开发中也在逐步扩大推广应用。在钻井方面保证1000m以上长水平段眼轨迹平滑，开发优质钻井液体系为安全快速钻井提供支持并有效保护储层，在多段压裂方面水平井分段压裂达到20段以上，并配套低伤害压裂液体系和微地震实时监测，保证多段压裂实施的有效性。

从国外低渗砂岩气田的成果开发技术和经验可以得到很好的启示。但由于我国低渗、低丰度碎屑岩气藏地质条件有其特殊性，需要在借鉴经验的基础上开展针对性技术攻关。我国低渗低丰度碎屑岩气藏与北美低渗砂岩（致密）气藏地质特征的不同主要表现在储层分布特征上。北美低渗砂岩（致密）气藏储层以海相沉积为主，厚度较大，横向连续性较好。如西加拿大盆地的致密气藏，主要储层段下三叠统 Montney 组为海相滨岸相-半深海相的粉砂岩沉积，储层厚度为 60～180m，在上千平方千米范围内连续分布。而苏里格气田储层为辫状河沉积，有效砂体呈小透镜体状，单层厚度为 2～5m，单井钻遇气层厚度为 10m 左右。在气藏描述、井位优选和井网优化等技术方向上国内外是一致的，但在技术内涵上国内应立足储层小而分散的特征，建立其特有的储层地质模型，发展基于地质模型的、针对性的井位优选和井网优化技术，提高高效井钻井成功率和储量动用程度。另外，国外低渗气藏储层厚度较大，多采用直井多级加密、多层压裂提高单井产量和采出程度。由于我国低渗气藏储层厚度薄，直井压裂方式难以实现较大幅度提高单井控制储量，需要积极探索水平井开发技术，但由于储层的强非均质性，水平井的应用存在一定的局限性。

第三节　中国致密砂岩天然气资源与开发现状

我国致密砂岩气具有巨大的资源潜力和可观的规模储量，可采资源量为 9×10^{12}～$12\times10^{12}m^3$，已成为我国新增探明天然气地质储量的重要组成部分，截至 2014 年年底，累计探明和基本探明致密砂岩气地质储量超过 $3\times10^{12}m^3$，主要分布于鄂尔多斯、四川、松辽、塔里木、吐哈等沉积盆地（表 9.2）。

表 9.2　我国主要低渗低丰度砂岩气藏储量和产量数据统计表

<table>
<tr><th>盆地</th><th>气田</th><th>至 2014 年探明地质储量/10^8m^3</th><th>预测最大探明地质储量规模/$10^{12}m^3$</th><th>2014 年产量/10^8m^3</th><th>预测最大年产能规模/10^8m^3</th></tr>
<tr><td rowspan="4">鄂尔多斯</td><td>苏里格</td><td>12700</td><td>4</td><td>240</td><td>300</td></tr>
<tr><td>大牛地</td><td>4000</td><td>0.5</td><td>35</td><td>40</td></tr>
<tr><td>子洲-米脂</td><td>1500</td><td>0.3</td><td>15</td><td>15</td></tr>
<tr><td>神木</td><td>3350</td><td>0.5</td><td>10</td><td>30</td></tr>
<tr><td rowspan="6">四川</td><td>合川</td><td>2300</td><td rowspan="4">1
（川中地区须家河组气藏）</td><td rowspan="4">12</td><td rowspan="4">30～50</td></tr>
<tr><td>安岳</td><td>2100</td></tr>
<tr><td>广安</td><td>1350</td></tr>
<tr><td>八角场</td><td>350</td></tr>
<tr><td>新场</td><td>2050</td><td rowspan="2">0.5</td><td>15</td><td rowspan="2">20</td></tr>
<tr><td>洛带</td><td>300</td><td>3</td></tr>
<tr><td>松辽</td><td>长岭</td><td>175</td><td>0.3</td><td>5</td><td>10</td></tr>
<tr><td>合计</td><td></td><td>30175</td><td>7.1</td><td>335</td><td>>450</td></tr>
</table>

我国在 20 世纪 80 年代即开始探索致密砂岩气的开发利用，主要针对川西地区，目的层包括三叠系须家河组和侏罗系两套层系。由于当时工艺技术的局限性，主要选取裂缝较为发育的局部富集区块进行开发，直井套管射孔完井、酸洗解堵后投入生产，后期采用排水采气保持气井生产，整体开发规模较小。“十一五”以来随着一批大面积分布的中低丰度致密砂岩气藏的发现和压裂工艺技术的突破，孔隙型致密砂岩气获得工业气流，储量和产量快速增长，以苏里格、大牛地、广安、合川、长岭、新场等为代表的一

批致密砂岩气田先后投入规模开发，带动了我国致密气领域的快速发展。2014 年，苏里格气田、大牛地气田、广安气田、合川气田、长岭气田登娄库组气藏、新场气田等主要致密砂岩气田年产量已超过 $300\times10^8\mathrm{m}^3$。其中，苏里格气田具有探明储量 $4\times10^{12}\mathrm{m}^3$、年产能规模近 $300\times10^8\mathrm{m}^3$ 的开发潜力，2014 年，苏里格气田已经建成年生产能力为 $250\times10^8\mathrm{m}^3$，年生产天然气为 $240\times10^8\mathrm{m}^3$ 的天然气田，成为我国储量和产能规模最大的天然气田。

参考文献

地质勘探专业标准化委员会. 2011. 中华人民共和国石油天然气行业标准. 北京：中国标准出版社：1-10.

董晓霞，梅廉夫，全永旺. 2007. 致密砂岩气藏的类型和勘探前景. 天然气地球科学，18 (03)：351-355.

姜振学，林世国，庞雄奇，等. 2006. 两种类型致密砂岩气藏对比. 石油实验地质，28 (03)：210-214，219.

马新华，贾爱林，谭健，等. 2012. 中国致密砂岩气开发工程技术与实践. 石油勘探与开发，39 (05)：572-579.

赵靖舟，付金华，姚泾利，等. 2012. 鄂尔多斯盆地准连续型致密砂岩大气田成藏模式. 石油学报，33 (8)：37-52.

中国石油勘探开发研究院. 2011. 致密砂岩气地质评价方法 (SY/T 6832—2011)//石油地质勘探专业标准化委员会. 中国人民共和国石油天然气行业标准. 北京：中国标准出版社：1-10.

Federal Energy Regulatory Commission. 1980. Natural gas policy act of 1978. Michigan：American Enterprise Institute for Public Policy Research：340-346.

Master J A. 1979. Deep basin gas trap，Western Canada. AAPG Bulletin，63 (2)：152-181.

Rose P R，EverettJ R，Merin I S. 1986. Potential basin centered gas accumulation in Cretaceous Trinidad Sandstone，Raton basin，Colorado//Spencer C W，Mast R F. Geology of Tight-Gas Reservoirs：AAPG Studies in Geology，25：111-128.

Surdam R C. 1997. A new paradigm for gas exploration in anomalously pressured “tight gas sands” in Rocky Mountain Laramide Basins. Memoirs-American Association of Petroleum Geologists，67：283-298.

第十章 致密砂岩天然气藏“甜点储集体”成因机理与描述方法

第一节 “甜点储集体”主控因素与成因模式

此处所说的“甜点储集体”是指在广泛分布的致密储层背景上，由原始沉积相带、成岩作用等因素约束形成的储集性和渗透性都相对较好的储集体，其中聚集形成的天然气藏称为“甜点储集体”（Spencer，1985），是气藏产能的主要贡献者和开发布井的主要对象。“甜点”物性下限的划分标准因气藏具体地质条件的不同而有所差异。主河道发育带、有利沉积微相控制“甜点”储层发育和分布。与“甜点”储层相对应的连续分布的致密储层可称为“基质”储层，属于渗透率级别更低的致密储层，一般比“甜点”储层的渗透率至少低一个数量级，由于含气丰度更低，开发面临更大的技术和经济挑战。对“甜点”空间分布的准确描述是该类气藏规模开发首先要解决的基础地质问题。“甜点储集体”的发育、分布有规律可循，并可指导相对高效井的布井，从而实现对中低丰度天然气储量的效益开发。

一、“甜点储集体”主控因素

（一）气源条件

大型弥散型水系形成的河流-三角洲沉积体系中，发育多期叠置的大型碎屑岩储集体集合群，控制了中低丰度天然气藏群的分布，发育两种成藏面貌，即气源充沛时，下部河道含气性优于上部河道；气源不充沛时，上部河道砂体含气性好。这种储层发育和气水分布特征决定了开发层系优选和井位部署的针对性。

我国陆上自石炭纪—二叠纪以来发育的大型陆内拗陷和前陆型沉积盆地，分别在石炭纪—二叠纪、三叠纪—侏罗纪和白垩纪等阶段，发育至少在盆地一翼是相当平缓的浅水海陆-陆相湖泊沉积环境。这类沉积环境与经典的海陆过渡和陆相湖泊环境相比，有以下特殊性：①盆地的床底很平坦，湖泊水体很浅，受古气候、水系周期性发育及地壳振荡性构造运动的影响，湖水可以在大范围收缩和扩张，因而湖岸线两侧以河流-三角洲为主的沉积体系都超大规模发育；②因盆地底床相对平缓，一系列注入湖（海）盆的水系往往呈弥散状发育，而且在某一时间段内往往有多条主水系同时发育。且随着水系的切割与填平补齐作用，地势被不断淤平，河道的数量渐趋增多，河道的规模也渐趋变小，形成砂岩体的厚度渐趋变薄，但连续性会逐渐趋于变好（图 10.1）；③形成的砂岩体单体规模有限，且尺度可变性大，但同期发育的众多砂体可以左右搭肩，并随时间发展又上下叠置、左右联合，形成的砂体群规模很大，往往呈集群式发育和分布；④呈集群式分布的砂体群往往与同期发育的煤系气源岩有大面积和大范围紧密

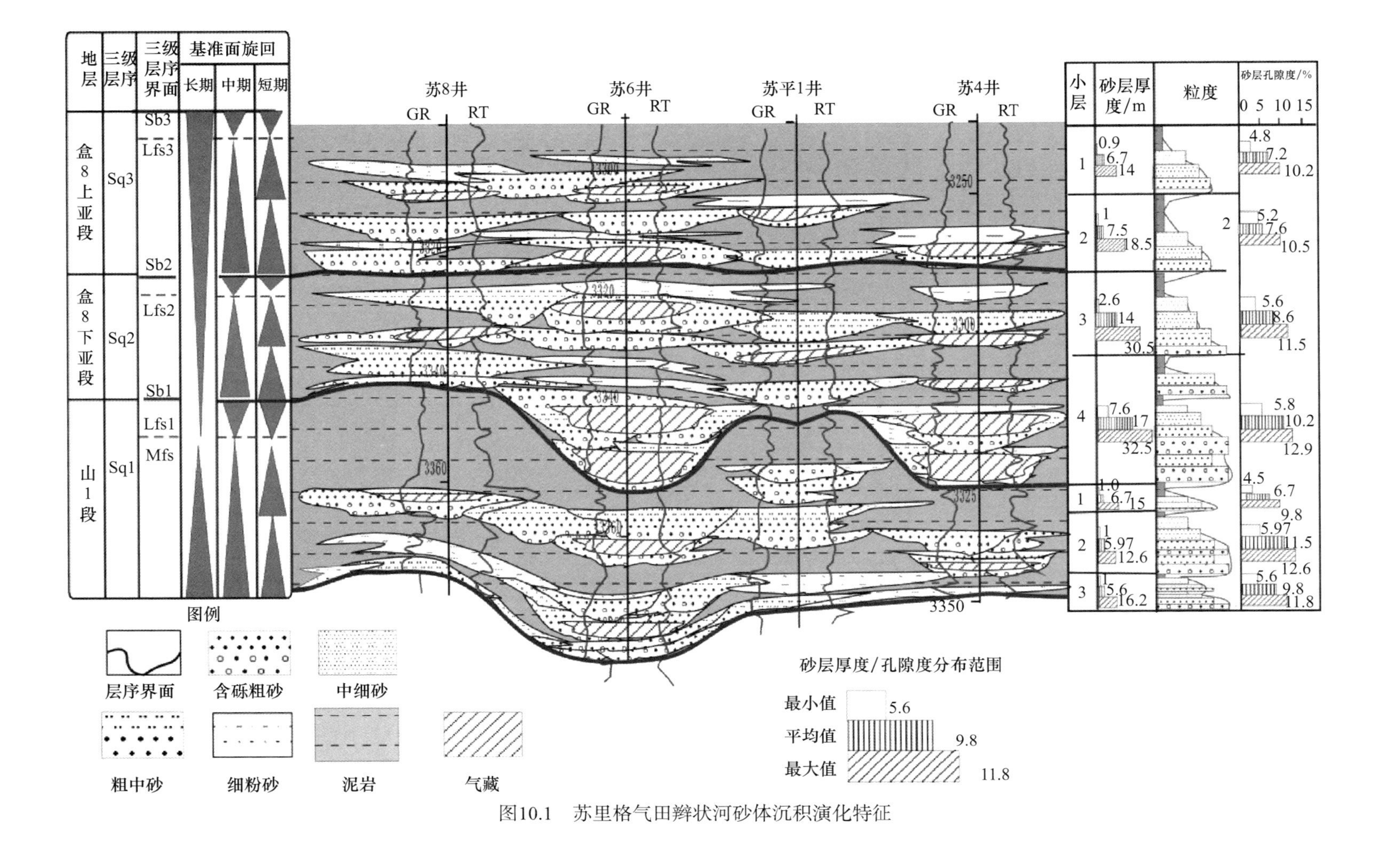

图10.1 苏里格气田辫状河砂体沉积演化特征

接触，易于天然气近距离运移和大规模成藏。由于地层产状平缓，天然气主要靠一次运移即进入以储集体为单元的岩性圈闭中，而在储集体内的二次分异过程较差，甚至缺失。加之储集体的物性条件偏差，形成的天然气藏群总体以中低丰度为主。作者以鄂尔多斯盆地苏里格气田和四川盆地川中地区广安、合川等气田为例，予以解剖和说明。

鄂尔多斯盆地在石炭系—二叠系发现的苏里格大气田和四川盆地在川中地区须家河组发现的数个气田，其储集体却是在典型的大型河流-三角洲沉积环境下形成的。其中，鄂尔多斯盆地在山西期和石盒子期，来自北部的数条水系南北延伸数百千米，形成的河流-三角洲沉积宽度达200～250km。由于构造背景平缓，水系具有弥散性发育特征，具辫状河性质的多期河道沉积了厚度可达百米、分布范围数万千米的砂岩储集体群。这些河流相砂体的沉积演化具有明显的规律性，受古地形、沉积可容空间和水动力条件的控制，整体表现为“填平补齐”沉积过程，大致可划分为早、中、晚三个发育阶段（图10.1）。早期阶段河道多发育在一期侵蚀基准面上的古地形低洼区，河道数量相对较少，且沉积可容空间较小。河流水动力和下切作用强，河道沉积的粒度较粗、厚度较大、横向连续性较差；中期阶段在早期尚不充分的填平补齐作用后，河道的侵蚀下切作用减弱，水系的弥散性增加，河道数量增加，河道的迁移性增强，形成的河道砂体规模减小、数量增加、粒度变细，但一定范围内砂体间横向连通性变好；到晚期阶段，河道迁移性更强，形成数量众多的小砂体，相互切割连片，与泥岩呈薄互层状分布。在一个横向呈等时变化而垂向呈继承发展的沉积剖面上，下部早期形成的河流相砂体，单元厚度和规模较大，物性较好，但分布局限，横向连通性较差；中部砂体单元规模变小，数量增加，连通性变好；晚期随着填平补齐作用的充分到位，水系的弥散性进一步增强，河道数量进一步增多，砂体规模变小，沉积粒度变细，但横向连续性变好，物性变差。

四川盆地川中地区上三叠统须家河组是在前陆盆地缓翼一侧发育的大型河流-三角洲沉积体系。区域沉积环境研究揭示，须家河组须2段、须4段、须6段是浅水湖泊-河流沉积体系的主发育期，其中在湖盆NE—E地区发育着至少3～4条永久性较好的水系，形成的河流-三角洲体系也表现为相带宽、规模大的特点。以须2段为例，共发育三大主水系，其中三角洲平原亚相的宽度为58～92km，面积达$2.2\times10^4km^2$，三角洲前缘亚相的宽度为120～140km，面积达$4.2\times10^4km^2$（图10.2）。

须家河组河流沉积垂向演变特征与鄂尔多斯盆地石炭纪—二叠纪发育的水系变化具有异曲同工之妙。早期水系数量少、规模大、分隔性明显，形成的砂体粒度粗、单层厚、物性相对较好。中晚期随着地势被淤平，水系的弥散性增强，河道数量增多、规模变小、连续性变好，形成的砂体单层厚度变薄、粒度变细、连续性变好。

上述储集体发育特征，与气源灶的匹配条件组合起来，决定了其中天然气藏分布的基本面貌。当气源充沛时，下部物性较好的储集体就可以成藏，而且形成含气丰度相对较高的“甜点储集体”，上部河道砂体也充注了天然气，但因储集体的物性较差，形成的多为致密气且丰度和产量低，经济性不好。如苏里格气田，下部物性较好的早期沉积砂体含气饱和度可达70%，上部物性较差的砂体由于束缚水饱和度较高，含气饱和度降至 50%～60%，甚至更低。当气源不充沛时，下部物性较好的河道砂岩不能成藏，主要为水层，而上部河道砂岩则是主要成藏层位，其中的“甜点储集体”不单受沉积微相控制，源灶、裂缝和构造背景与河道主砂体在三维空间的组合匹配是主要控制因素。如四川盆地合川气田须 2 段气藏，上部砂体是天然气聚集有利层位，受物性较差影响，含气饱和度为 55%～65%，是主要的产气层；下部物性较好的砂体，由于气源不足，主要为水层或气水同层。这两种截然不同的气水分布特征，决定了开发层系选择和井位部署。

（二）沉积分异

沉积分异作用造成了不同尺度上的沉积物非均质性。在区域沉积体系规模内，不同物源区的沉积岩矿物成分具有明显的分区性；在沉积相带规模内，同一沉积体系内部的不同相带之间，在砂体规模、叠置样式和泥质含量等诸多方面存在差异；在沉积微相规模中，不同微相中沉积岩具有不同的结构、构造和成分等特征。这种不同尺度上的非均质性使沉积物在后期埋藏演化过程中发生不同的成岩作用和孔隙变化，进一步控制了有效储层的形成与分布（图 10.3、图 10.4）。

（三）沉积物源

来自不同物源区的沉积物的碎屑成分具有差异，表现为沉积岩石类型的区域性分异，是有效储层宏观分布的重要控制因素。通过对比发现，苏里格气田东区的储层物性和气产量都略差于苏里格气田中区，如中区储层平均孔隙度达 9.42%，而东区平均孔隙度为 8.70%；中区Ⅰ类井配产 $2.10\times10^4m^3/d$，而东区Ⅰ类井配产 $1.89\times10^4m^3/d$（表 10.1）。这种变化可能是由沉积岩石类型分区性造成的。苏里格气田盒 8 段砂岩具

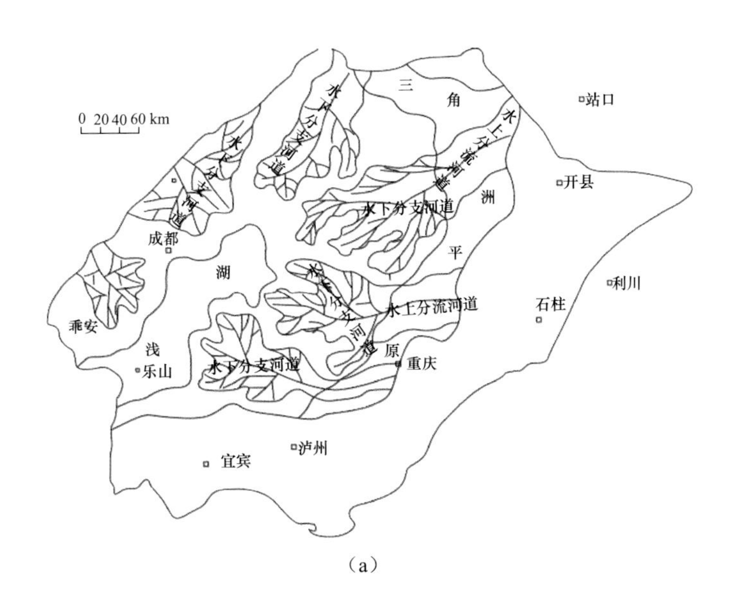

（a）

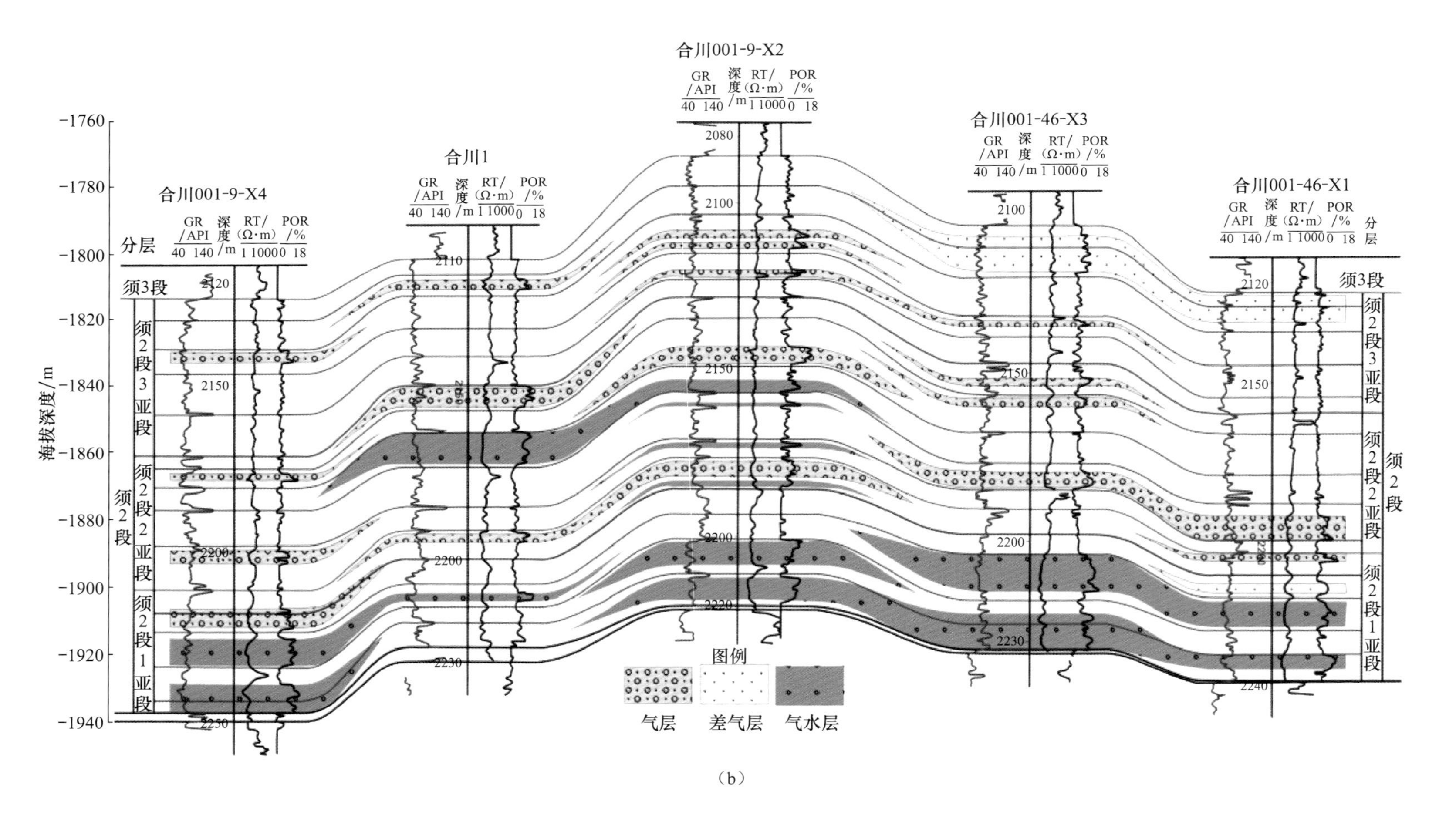

图 10.2 四川盆地川中地区须家河组气藏沉积和储层分布图
（a）上三叠统层序Ⅱ低位体系域（须2段）沉积相图；（b）须家河组储层分布图

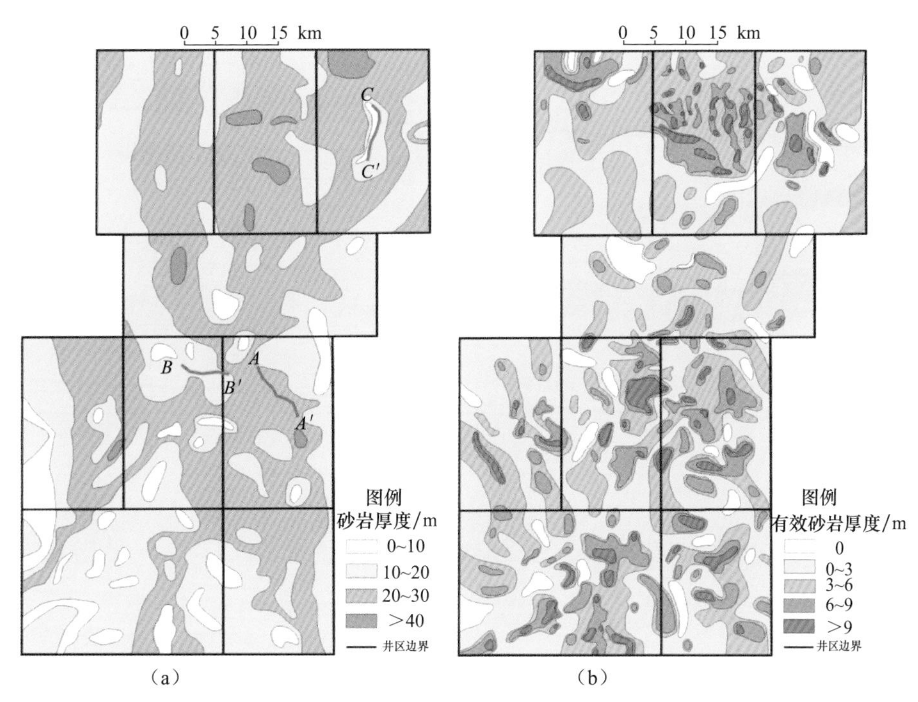

图 10.3 苏里格中区盒 8 下亚段砂岩厚度分布及有效砂岩厚度分布图

(a) 砂岩厚度分布；(b) 有效砂岩厚度分布

有较强的分区性，苏里格气田东区主要为岩屑石英砂岩和岩屑砂岩，而苏里格气田中区主要为石英砂岩。由此看来，这种分区性是受物源区控制。苏里格气田北部存在两大物源区（图 10.5）：西部为中元古界富石英变质岩物源区，石英含量达到 80%～95%；而东部为太古界相对贫石英区，以酸性侵入岩为主，石英含量为 25%～60%（席胜利等，2002）。

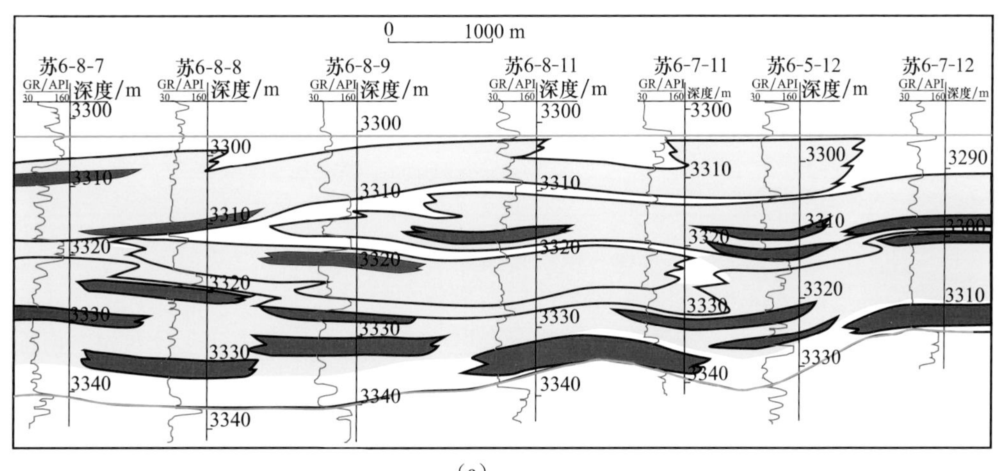

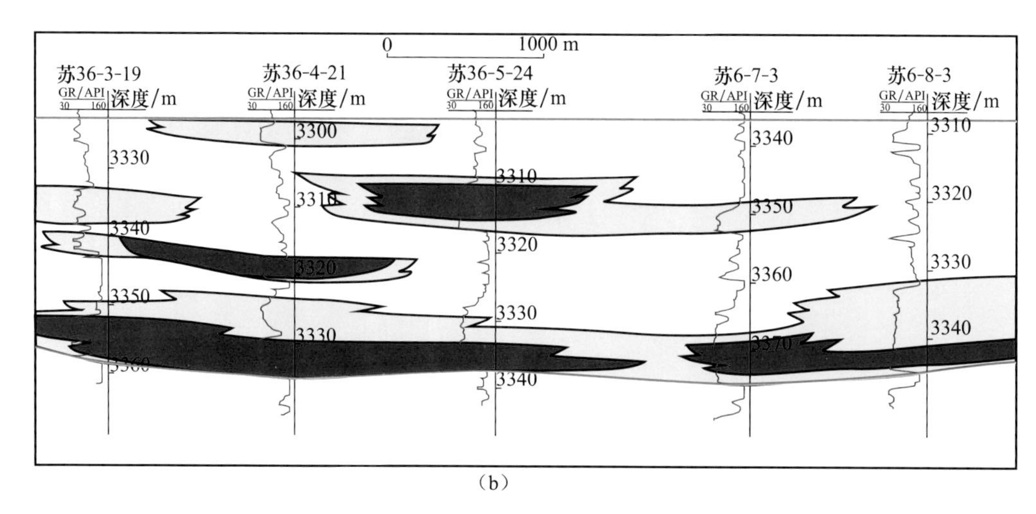

(b)

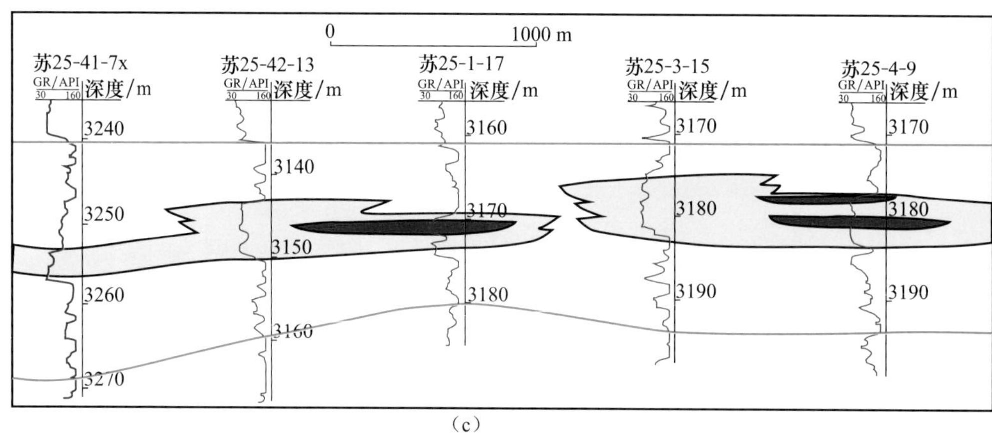

(c)

图例

砂体　有效砂体　小层界线

图 10.4　苏里格中区盒 8 下亚段不同沉积相带砂体及有效储层分布图

(a) *A*—*A*′剖面；(b) *B*—*B*′剖面；(c) *C*—*C*′剖面

表 10.1　苏里格中区与东区盒 8 段储层特征及单井产能对比

区块	碎屑成分/%			储层物性特征			单井配产水平/($10^4 m^3/d$)	
	石英	长石	岩屑	平均孔隙度/%	平均渗透率/mD	平均含气饱和度/%	Ⅰ类井	Ⅱ类井
中区	86.8	0.9	12	9.4	0.89	63.5	2.10	1.07
东区	79.7	0.1	20	8.7	0.81	62.2	1.89	0.98

广安地区须家河组须 6 段与须 4 段发育受多物源控制的大型辫状河复合砂体，受不同物源母岩性质的影响，须家河组砂岩的岩石成分在平面上表现出分区性。如须 6 段可划分出五个岩性分区，北部长石岩屑砂岩分布区与岩屑砂岩分布区交互分布，而南部井区为岩屑石英砂岩分布区。物源体系造成的砂岩成分具有分区性，对有效储层的形成具有一定的控制作用，处于岩屑长石砂岩区的有效储层比处于岩屑砂岩区的有效储层厚度更大（图 10.6）。

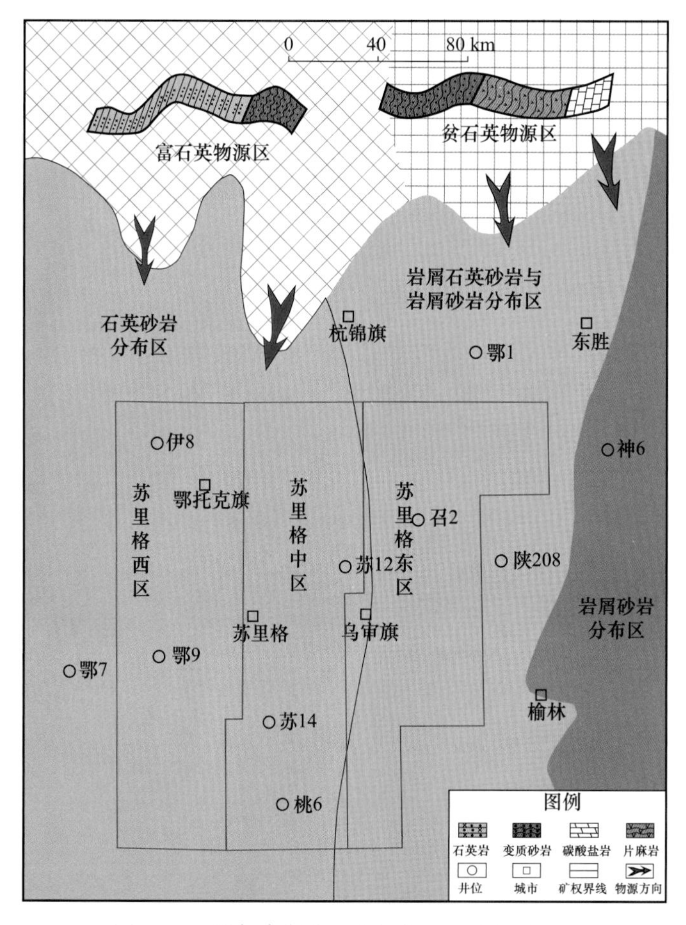

图 10.5 鄂尔多斯盆地北部物源及岩性分区图

（四）沉积相带与沉积微相

在同一沉积体系内部，不同沉积相带有效储层的发育程度及分布模式不尽相同。广安须家河组储层中，须 6 段为辫状河三角洲平原亚相沉积，辫状河道在平面上分带性较明显，主分流河道叠置带与次分流河道叠置带相间分布。须 6 段有效储层的带状分布受河道叠置带和岩性区带的控制作用较强，主分流河道叠置带内，Ⅰ类和Ⅱ类有效储层较发育，有效储层厚度大，且纵横向连通性较好；而在次分流河道叠置带内，有效储层以Ⅲ类储层为主，有效储层砂体较薄，且纵横向连续性差。

苏里格气田盒 8 段储层发育于连片分布的辫状河沉积体系中，而辫状河体系内部在平面上的相带分布可分为辫状河体系叠置带、辫状河体系过渡带和辫状河体系间洼地，辫状河体系叠置带砂岩厚度较大，辫状河体系过渡带砂岩厚度次之，而辫状河体系间洼地砂体几乎不发育。其中，辫状河体系叠置带和过渡带是有效储层较发育的相带，在辫状河体系叠置带内，有效储层多层叠置，但是单层厚度较小；而辫状河体系过渡带内，有效储层呈孤立分布，但单层厚度较大（图 10.4）。

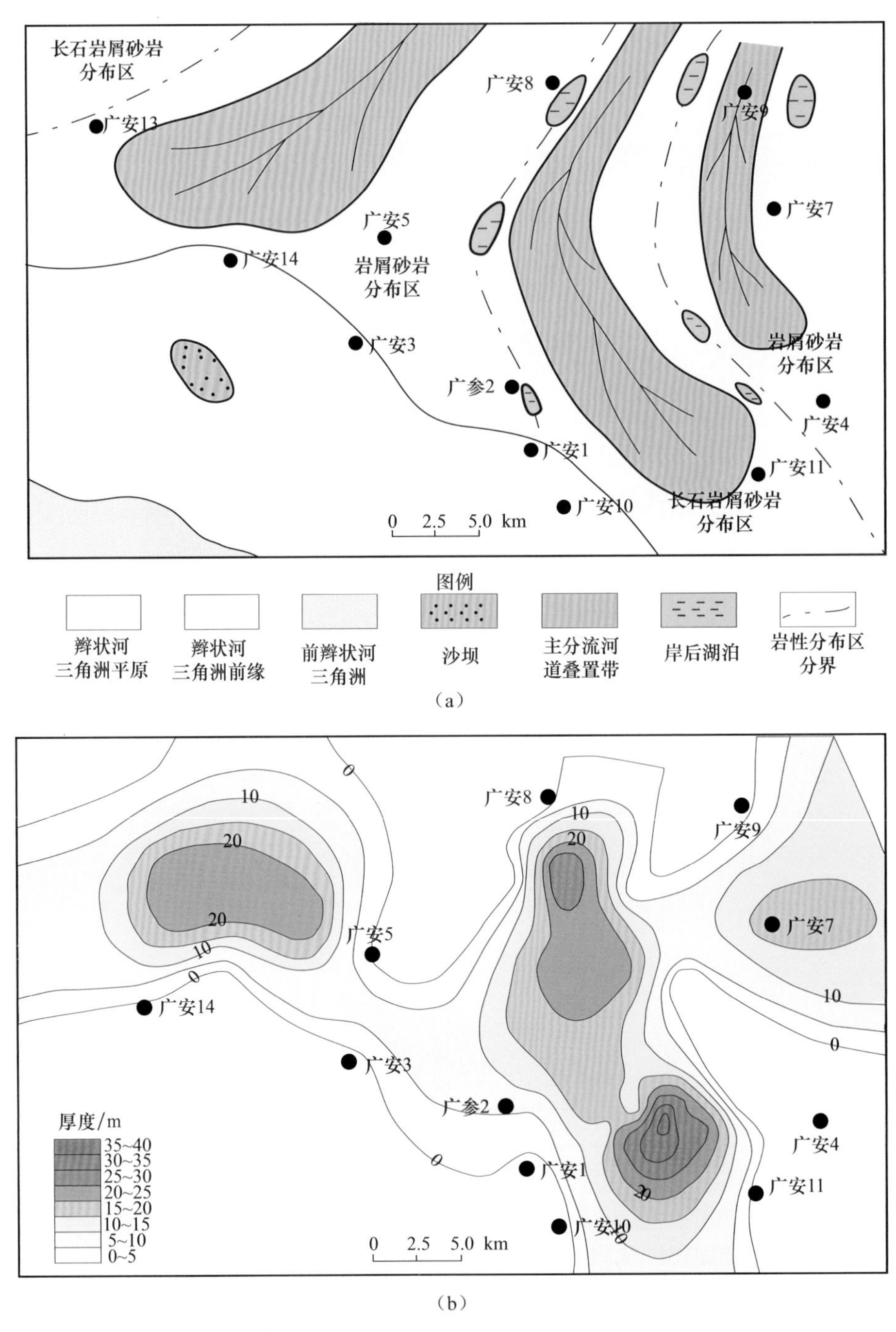

图 10.6 广安气田须家河组须 6 中亚段沉积相平原图及有效储层厚度分布图

(a) 沉积相平面图；(b) 有效储层厚度分布图

沉积微相尺度上，不同沉积微相的有效储层的发育程度不同。因为不同沉积微相对应不同的水动力条件，在沉积物的搬运过程中，水动力条件的差异导致碎屑物质发生粒度分异，因此不同沉积微相的粒度、成分和结构等发生变化，从而影响砂岩在成岩过程中原生孔隙的更多保留或次生孔隙的形成。通过对苏里格和广安气田致密砂岩储层的对比研究，认为高能水道微相中较纯的粗砂岩或砂砾岩是有效储层最发育的岩相。

苏里格气田盒8段辫状河沉积体系中，辫状河道分为高能水道和低能水道。高能水道（或主水道）是指辫状河道中具有持续水流活动的水道，高能水道一般较深，且水动力较强，是心滩的主要发育场所；低能水道发育在主水道两侧河床较浅的部位，水动力较弱，在枯水期可能出现断流（图10.7）。大多数有效储层为河道底部砂岩和心滩沉积中的粗砂岩或含砾粗砂岩，而这两类“粗岩相”，多形成于高能水道环境中。

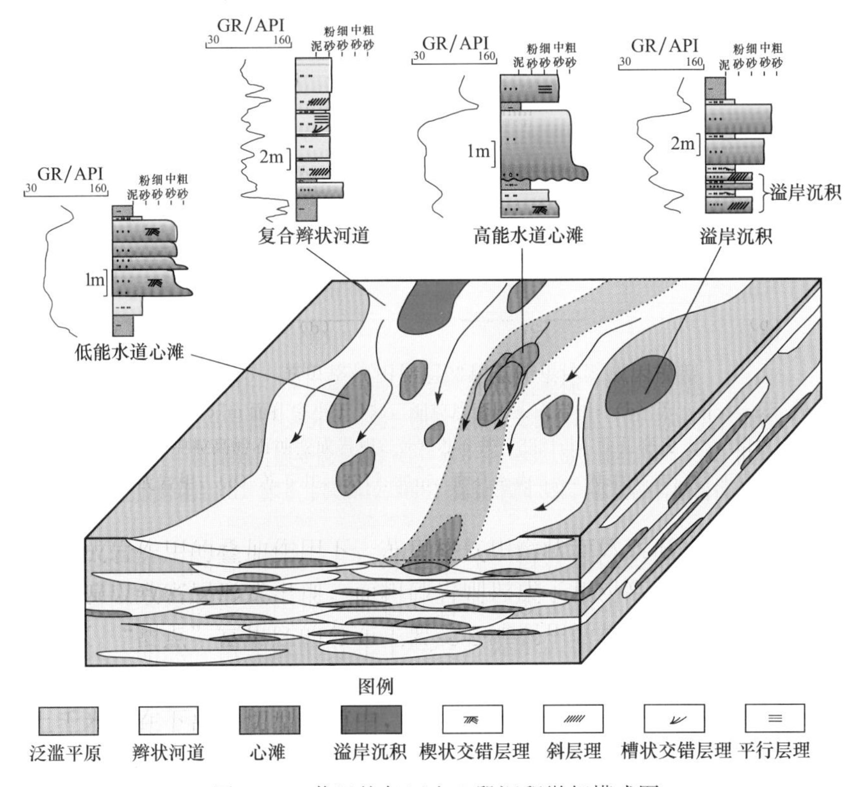

图10.7 苏里格气田盒8段沉积微相模式图

广安气田须家河组储层中，辫状河三角洲主分流河道与苏里格气田盒8段高能水道类似，在主分流河道心滩叠置带中下部，多发育物性相对较好的Ⅰ类、Ⅱ类储层，顶部多发育Ⅲ类储层，而次分流河道心滩砂岩物性相对较差，Ⅰ类、Ⅱ类储层比例相对较低。与苏里格盒8段不同的是广安须家河组分流河道底部冲刷作用强烈，发育大量泥砾或泥质含量较高，故储层物性较差，多发育Ⅲ类、Ⅳ类储层（图10.8）。须家河组高能水道心滩砂体形成于较强的水动力环境，易碎岩屑、泥质和杂基含量较少，利于有效储层的形成。

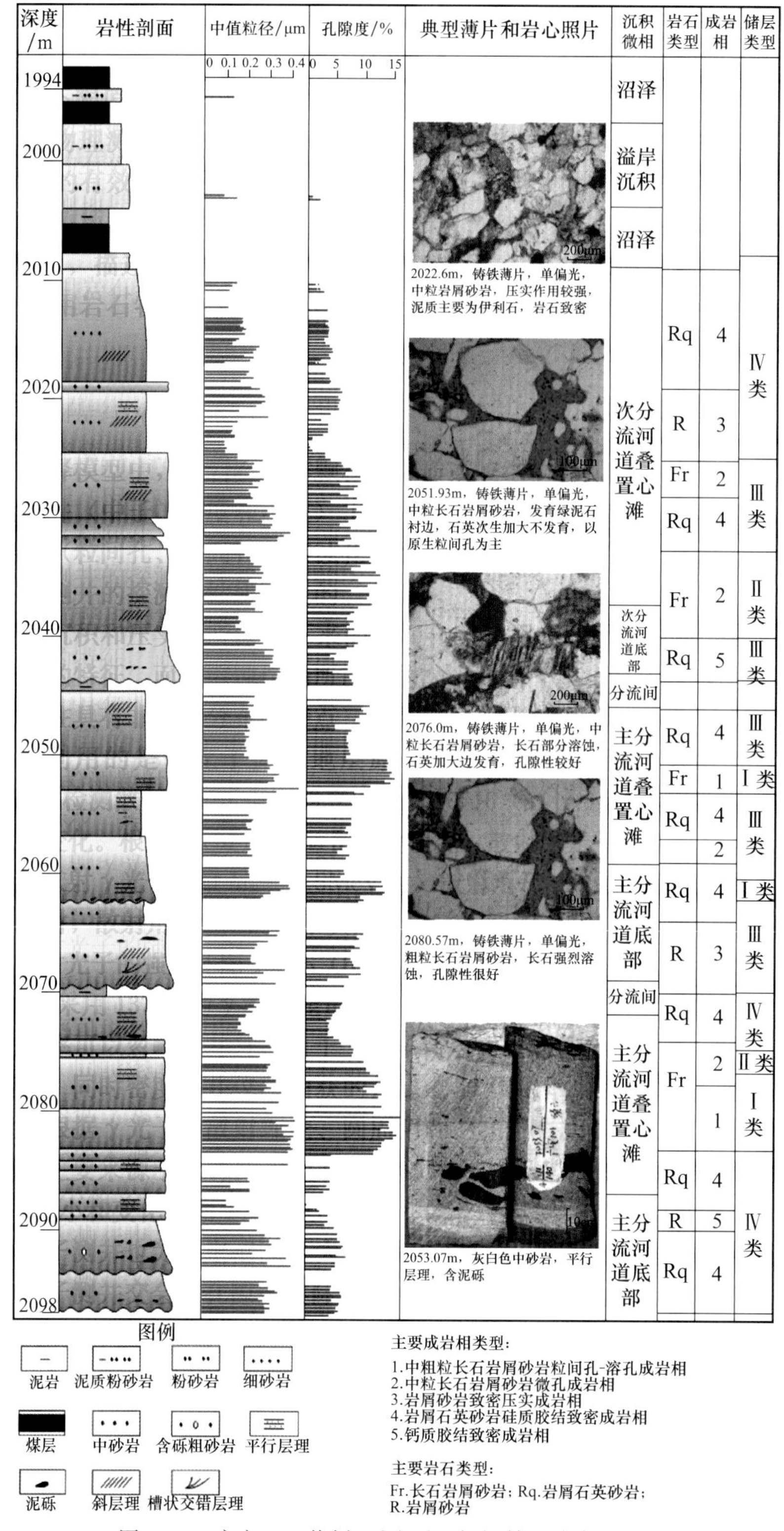

图 10.8　广安 101 井须 6 段沉积-成岩-储层综合柱状图

高能水道中“粗岩相”有利于有效储层的形成，是由于高能水道砂岩中含更多硬度较大的粗颗粒，且易碎颗粒和杂基含量较小，在后期成岩演化过程中，这种岩石学特征有利于保留更多的原生孔隙或形成次生孔隙，从而形成有效储层。不同微相的成岩和孔隙演化特征不同，Morad 等（2010）总结了不同微相中成岩作用的差异，并认为沉积微相对成岩作用具有较强的控制作用，对苏里格气田盒 8 段和广安气田须家河组储层的综合研究证实了这一观点，沉积微相与岩石类型和成岩相之间具有一定的对应关系（图 10.8，表 10.2）。

表 10.2 广安地区须家河组岩石类型及孔隙特征

岩石类型	碎屑成分/%			成岩及孔隙演化特征	储层类型
	石英	长石	岩屑		
长石岩屑砂岩	60～75	10～20	10～30	长石颗粒溶蚀作用较强，形成粒内溶孔、颗粒溶孔、铸模孔等孔隙	Ⅰ、Ⅱ
岩屑砂岩	50～75	<10	30～45	沉积岩、火山岩等塑性岩屑含量高，压实致密，孔隙不发育	Ⅳ
			20～30	石英、长石含量较低低，压实作用强，溶蚀作用弱，孔隙不发育	Ⅲ
岩屑石英砂岩	75～80	<10	10～20	石英含量高，硅质胶结作用发育（含量大于 3%），形成硅质胶结致密成岩相	Ⅱ、Ⅲ

（五）沉积岩石学特征

由沉积分异造成的沉积物成分、结构和构造的非均质性，对储层物性具有较直接的影响。沉积物粒度是诸多岩石学特征参数中对储层物性影响最大的参数；岩石成分对成岩作用和孔隙演化的影响较大，但是物性与岩石成分之间的对应关系一般仅存在于特定的地区，没有适用于不同地区的规律；此外，部分沉积构造对储层物性影响较大。

广安须家河组与苏里格盒 8 段储层物性均明显表现为受粒度控制，对大量样品分析数据的统计表明，孔隙度与岩石粒度参数具有较好的正相关关系（图 10.9），须家河组部分粗粒度的样品孔隙度较低，可能是由于河道底部泥砾发育或泥质含量较高，也可能是由于部分粗砂岩发育碳酸盐胶结。

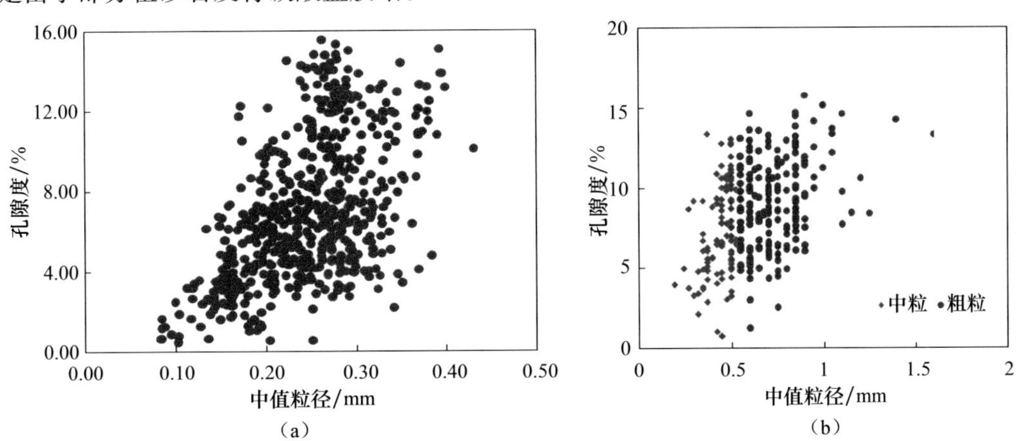

图 10.9 广安须家河组和苏里格盒 8 段砂岩孔隙度与粒度参数关系
（a）广安须家河组；（b）苏里格盒 8 段

为研究物性与碎屑成分之间的关系，对苏里格东区盒 8 段样品的填隙物成分作了一定的限定，由于杂基含量和碳酸盐胶结物含量分布较随机，无明显规律，故删除了此两项参数值较高的数据点。盒 8 段砂岩储层物性与石英含量呈较好的正相关关系，与岩屑含量呈负相关，且粗粒砂岩中石英含量相对较高，岩屑含量相对较低（图 10.10），这一规律与“粗岩相”形成时水动力较强有关。

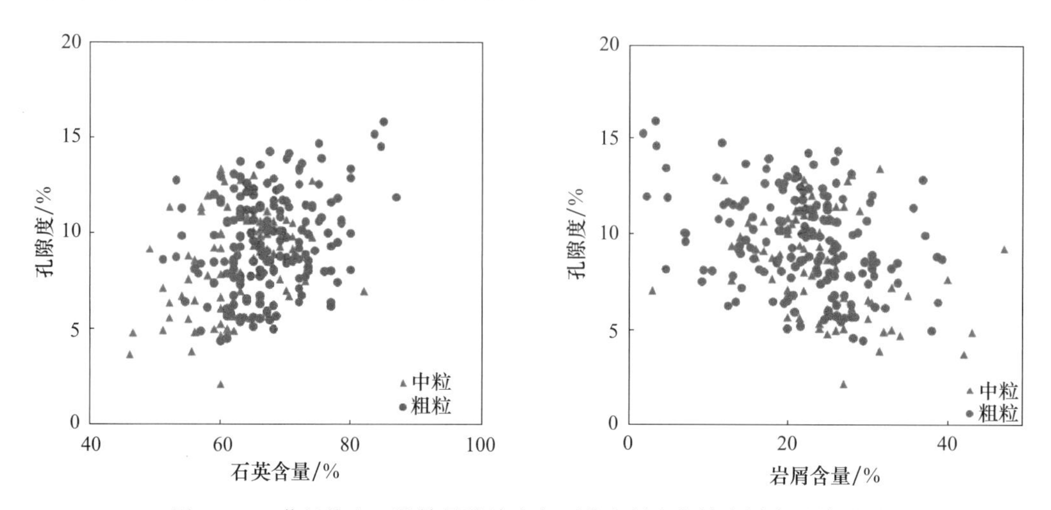

图 10.10　苏里格盒 8 段储层孔隙度与石英含量和塑性岩屑含量关系图

广安须家河组砂岩中，储层物性与石英含量和岩屑含量之间无明显的相关性，但受长石含量的影响较大，当长石含量大于 10%时（长石岩屑砂岩或长石石英砂岩），砂岩多发育长石粒内溶蚀孔，储层物性相对较好。

（六）成岩作用

沉积分异导致了碎屑岩储层的原始非均质性，而成岩作用进一步改造储层，加强非均质性。在成岩改造过程中，压实和胶结作用使储层致密化，为破坏性成岩作用；溶蚀作用能够改善储层物性，是建设性成岩作用。在成岩过程中，砂岩的成分和结构特征，是控制有效储层形成的内因；成岩流体和埋藏过程，是控制有效储层形成的外因。

1. 压实作用

在早成岩阶段，压实作用大量降低原生孔隙。如砂岩不发育早期胶结物，机械压实作用可以使原始粒间孔隙度降低 26%，在储层埋藏早期，埋深小于 2000m 时，机械压实是砂岩致密化的主要机制之一（Paxton et al.，2002）。广安须家河组与苏里格盒 8 段都经历过较深的埋藏作用，最大埋深多大于 4000m，因此发生了较强的压实作用。

在一定的地质背景中，埋藏深度是决定压实强度的主要因素。苏里格盒 8 段储层埋深多大于 2500m，部分地区埋深大于 3500m，随着埋深的增大，颗粒间的接触方式由点接触依次演化为线接触、凹凸面接触和缝合线接触，当埋深大于 3000m 时，凹凸接触和缝合线接触类型明显增多［图 10.11（a）、（b）］。

压实效果与碎屑成分之间有很大的关系。石英颗粒抗压能力较强，长石次之，岩屑抗压能力最小，因此，岩屑含量较高的砂岩在压力作用下，颗粒多发生形变，并与黏土和杂基等混揉在一起，变得很致密，几乎无原生孔隙留存［图 10.11（c）］；而石英与长石含量较高的砂岩抗压能力较强，能一定程度保留原生孔隙［图 10.11（a）］；但是，较纯的石英砂岩如埋深较大，会发生压溶或次生加大，颗粒之间缝合线接触，原生孔隙极度缩小［图 10.11（b）、（d）］。

图 10.11 苏里格下石盒子组盒 8 段储层显微照片（红色部分为铸体）

（a）苏 72 井，3242.5m，铸体薄片，单偏光，粗粒石英岩屑砂岩，压实作用不强烈，颗粒以点接触和线接触为主，保留原生孔隙；（b）苏 322 井，3424.9m，铸体薄片，单偏光，中粗粒石英砂岩，次生加大石英呈充填状，孔隙几乎不发育；（c）召 40 井，3205.6m，铸体薄片，单偏光，粗粒岩屑砂岩，岩屑发生挤压变形，较致密；（d）苏 81 井，3338.3m，粗粒石英砂岩，部分石英次生加大，溶蚀孔较发育

2. 胶结作用和自生黏土矿物

胶结作用是砂岩致密化的主要机制之一。煤系酸性水介质条件缺乏早期碳酸盐胶结物，且利于晚期 SiO_2 的沉淀，故而煤系地层致密砂岩中的胶结作用以硅质胶结为主（郑浚茂和应凤祥，1997）。硅质胶结以石英次生加大和自生石英孔隙充填为主，石英次生加大使矿物颗粒呈线接触关系［图 10.12（a）］，大幅度降低孔隙度。石英含量较高的砂岩中，石英的次生加大胶结更为发育，这类砂岩虽然在压实作用过程中能保留较多的原生孔隙，但是较强的石英次生加大胶结作用可使这些保留下来的原生孔隙基本消失

[图 10.12 (b)]。

广安须家河组储层中，石英次生加大胶结较发育，其含量一般为 1%～3%，最高可达 5%以上，分为四期加大。广安须家河组中岩屑石英砂岩中石英含量最高（75%～80%），石英次生加大胶结也最为发育，该类砂岩主要成岩相类型为硅质胶结致密成岩相，为非有效储层。广安须家河组在古近纪末期达到最大埋深 4800m，在深埋过程中，石英次生加大一度使储层孔隙度下降到 5%以下。苏里格气田盒 8 段和山 1 段储层也经历了两期石英加大，其含量一般为 1%～6%，最高可达 10%以上，一般分为两期，形成于主要压实期之后，石英次生加大降低了储层物性。

煤系地层成岩环境中的自生黏土矿物包括高岭石、伊利石、绿泥石及一些混层黏土矿物等。随着成岩作用演化，到中后期成岩环境开始由酸性向碱性转化，开始形成自生伊利石、绿泥石等黏土矿物，多形成于 1～2 期石英加大和早期溶蚀作用发生之后，呈孔隙环边状分布在孔隙壁（朱宏权和张哨楠，2004）。

自生黏土矿物对有效储层的形成，既有抑制作用，又有促进作用。石英次生加大程度与干净的石英颗粒表面积大小、埋藏温度和埋藏时间等因素有关，以自生绿泥石为主的自生黏土矿物环边，能够在一定程度上降低可供胶结的石英颗粒表面积，从而起到抑制石英次生加大和保留原生粒间孔隙的作用，且黏土矿物环边越连续，该效应越明显。在广安须家河组储层中，较连续的绿泥石环边有效地抑制了石英次生加大，保留了原生孔隙 [图 10.12 (c)]，使储层物性较好，而在绿泥石环边不连续处，见石英次生加大晶面 [图 10.12 (d)]，从反面证明了绿泥石环边对石英次生加大的抑制作用。

3. 溶蚀作用

溶蚀作用所形成的次生孔隙，是低渗砂岩气藏中有效储层的重要特征，低渗砂岩中所发育的次生孔隙，有效地改善储层物性，使储层质量得到显著提升（刘锐娥等，2002）。碎屑岩储层中溶蚀作用的几个要素是不稳定组分、成岩流体和流体运移通道。

在溶蚀作用的各种因素中，地质历史中溶蚀流体和流体通道的性质变化多端，不易被认识，而不稳定组分是储层固有特征。较小的研究区内流体特性变化不大，砂岩中不稳定组分的分布对溶蚀作用的控制较强，因此更关注不稳定组分的分布。不稳定组分主要指长石和不稳定岩屑等骨架颗粒，以及碳酸盐和某些易溶的黏土等胶结矿物，煤系地层低渗砂岩储层中由于缺少碳酸盐胶结物，因此主要的溶蚀矿物是长石。

广安地区须家河组气藏具有煤系烃源岩特征，在深埋藏过程中，煤系地层可在成岩早期产生大量酸性体、腐殖酸，使溶蚀作用强烈，长石、岩屑及杂基、胶结物发生溶蚀形成粒间溶蚀扩大孔、粒间溶孔、粒内溶孔和胶结物溶孔、杂基内溶孔等次生孔隙，由于胶结物不发育。在限定粒度与填隙物含量的前提下，对须家河组储层的统计表明，长石含量与孔隙度具有一定的相关关系（图 10.13），而通过对大量薄片的观察发现，长石岩屑砂岩中溶蚀孔明显多于其他类型砂岩，长石溶蚀产生的粒内孔是主要的溶蚀孔类型 [图 10.12 (a)]，随着长石含量的增多，溶蚀孔越发育，使储层物性变得更好。广安须家河组气藏有效储层主要发育于岩屑长石砂岩区，从另一方面反映溶蚀作用对有效储层形成的控制作用强。

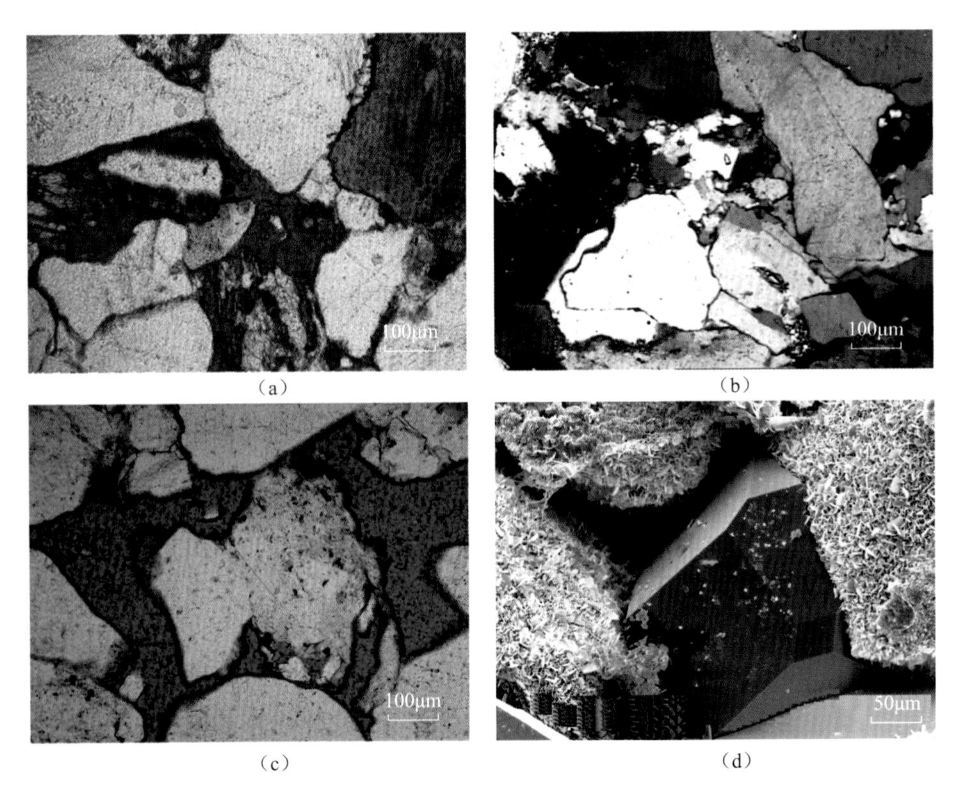

图 10.12 广安须家河组须 6 段储层显微照片（红色或蓝色部分为铸体）

(a) 广安 101 井，2076m，铸体薄片，单偏光，粗粒长石岩屑砂岩，粒间溶孔、颗粒溶孔较发育，粗粒长石岩屑砂岩粒间孔-溶孔成岩相；(b) 广安 12 井，1952m，铸体薄片，正交光，中粒岩屑石英砂岩，石英含量较高，发育石英加大胶结，岩屑石英砂岩硅质胶结成岩相；(c) 广安 101 井，2080.2m，铸体薄片，单偏光，粗粒石英岩屑砂岩，发育绿泥石环边，石英次生加大不发育，原生孔隙连通性好；(d) 广安 101 井，2080.2m，扫描电镜照片，石英颗粒表面分布叶片状绿泥石，见少量石英次生加大晶面

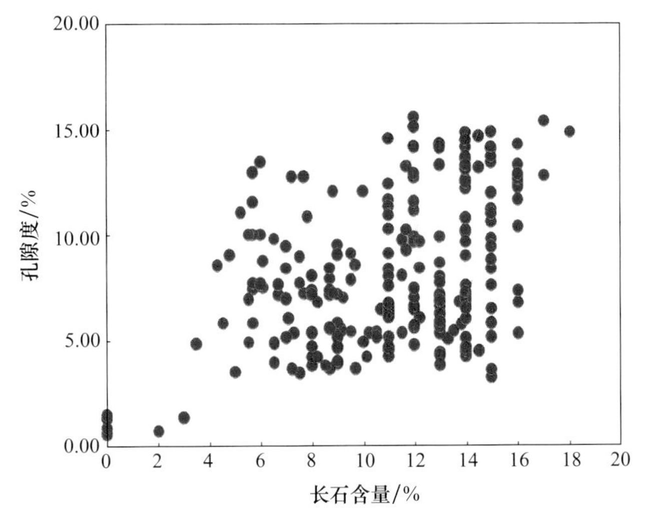

图 10.13 广安气田须家河组储层孔隙度与长石含量关系图

苏里格气田盒8段和山1段储层中，有效储层与次生孔隙发育段对应，次生孔隙主要为火山岩屑颗粒溶孔、铸模孔或颗粒填隙物的溶蚀扩大孔，而次生溶孔一般在粗岩相中更发育（图10.14），可能因为粗岩相对原生孔隙的保存，为流体提供了通道，更有利于溶蚀孔的发育。

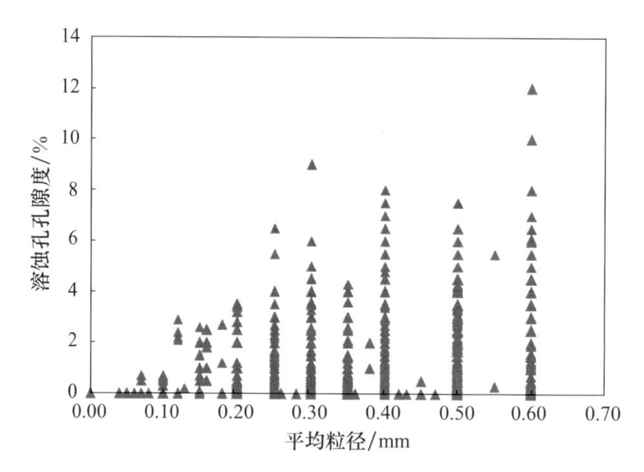

图10.14　苏里格气田盒8段储层次生溶孔孔隙度与粒径关系图

二、“甜点储集体”成因模式

物源、沉积微相和建设性成岩作用是在广泛分布致密储集体背景上，控制相对优质储集体发育的主要因素。在致密砂岩气藏中，“甜点储集体”成因特征可概括为三个方面：一是主水系形成的主砂体和多期水系继承发育形成的复合砂体是“甜点储集体”富集分布区。二是深埋环境下以机械压实作用为主导的成岩演化是原生孔隙大量损失、储层致密化的主要机理。特别是在煤系地层中，由于缺乏早期胶结物的支撑作用，压实作用更为强烈。三是受物源和沉积水动力的控制，可溶矿物和刚性矿物颗粒在不同岩相中分布不同，刚性颗粒和可溶矿物的富集为建设性成岩作用提供了有利条件。富集刚性颗粒的砂岩抗压实能力强，有利于原生孔隙保存和孔隙流体的流动，为可溶矿物溶蚀提供了有利条件，因此会发生差异和选择性溶蚀。溶蚀作用选择性地改善一部分储集体的储渗性能，是决定“甜点”储渗体发育的重要原因。

根据鄂尔多斯盆地苏里格气田开发揭示和总结的规律，“甜点储集体”是孔隙度大于5%、渗透率大于0.1mD的粗粒石英砂岩，其成因机理是石英颗粒和石英岩屑稳定，在搬运过程中可保持较大粒度，主要沉积在辫状河水系的心滩部位，形成粗粒石英砂岩；而火山岩、千枚岩等塑性颗粒随搬运距离的增加，磨损粒度变细，主要沉积在水动力较弱的河道充填部位，形成中、细粒岩屑砂岩。成分差异导致后续成岩作用和孔隙演化的差异（图10.15），粗粒石英砂岩抗压实能力强，有利于原生孔隙的保存、孔隙流体流动和溶蚀作用的发生，促进改造型“甜点”储集体的出现，其孔隙度一般为5%～12%、渗透率为0.1～2mD，含气饱和度为60%～70%；而在中-后期阶段伴随地势被淤平和水系更加弥散，沉积的中、细粒岩屑砂岩塑性颗粒含量更高，抗压实能力更弱，形成了致密压实相，不利于孔隙流体的流动，溶蚀作用相对弱，其孔隙度一般为3%～5%、渗透率0.001～0.1mD，含气饱和度小于50%。

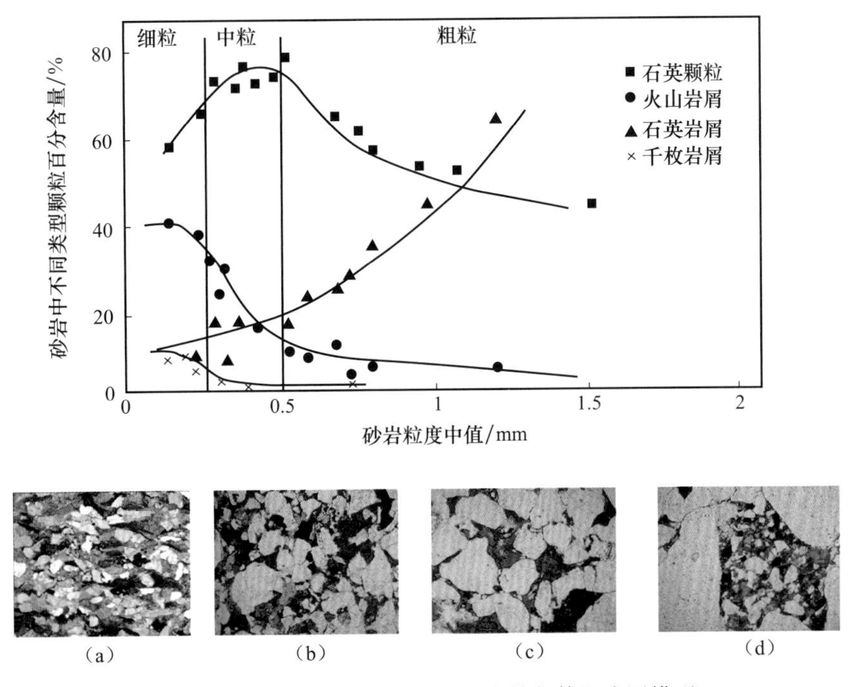

图10.15 苏里格气田储层“甜点储集体”成因模型

(a)苏6井，3310.67m面孔率小于1%，细粒致密压实成岩相；(b)苏6井，3375.40m，面孔率为2%，中粒高岭石蚀变成岩相；(c)苏6井，3321m，面孔率为8%，粗粒石英岩屑砂岩溶孔成岩相；(d)苏6井，3317.30m，面孔率为3%，砾状砂岩微溶蚀成岩相

在沉积和成岩作用的叠加作用下，苏里格气田辫状河体系形成的砂岩组合中，中砂岩和细砂岩普遍以致密层形式出现，而粗砂岩则形成了相对高孔、高渗的主力产层——“甜点”富集区。“甜点”富集区的分布主要受心滩沉积微相控制，外形近似不规则的椭圆形。经密井网区解剖研究，心滩厚度一般为3～8m、宽度一般几十米至几百米、长度几百米至上千米，在下部下切型河道中，心滩规模较大，向上规模变小，75%以上的心滩呈孤立状分布，但多个层位的心滩垂向上叠置在一起，则规模相当大，可覆盖含气面积的90%以上，反映了“甜点”储层发育的广泛性。相对高产井位的部署，首先要选择一级侵蚀界面控制的下切型河道发育部位。

四川盆地川中地区须家河组气藏相对高渗层的分布除了受沉积水动力造成的粒度控制外，物源也是其主要因素之一，长石含量大于10%是相对高渗层的主要发育条件之一。

第二节 “甜点储集体”识别与评价方法

受沉积与成因作用的双重控制，“甜点储集体”主要发育在辫状河心滩相的粗砂岩相，与次生孔隙发育带具有很好的对应关系。通过对“甜点储集体”的测井响应机理研究，建立储层次生孔隙度大小的测井解释模型及岩石相解释模型，通过储层四性关系与相对高渗储层下限值研究可识别“甜点储集体”。

储层岩石物理测井评价是储层评价重要手段，也是储层预测的基础，是描述储层表征高渗气层的有效手段（于兴河，2008）。岩石物理测井的基本任务就是在钻井条件下，通过探测地层的各种岩石物理特征（如声、磁、光、高低频电、自然和激发放射性、核磁等），描述地层岩性、物性、含气性、孔隙结构和储层类型等特征的变化，在此基础上运用岩石物理测井响应理论和反演解释方法，最终达到储层的表征和定量解释的目的。

一、不同孔隙结构的岩石物理测井响应机理和解释模型

在测井解释模型中，把岩石看作颗粒、泥质或胶结物、孔隙及其所含流体组成。尽管三孔隙度测井（中子、密度和声波）主要是用于求取储层孔隙度的，但是，他们对不同的孔隙结构（粒间孔、晶间孔和溶蚀孔）的测井响应机理是不同的。这是由不同的孔隙成因和不同测井的探测特性所决定的。

砂体经过沉积和压实后所保留下来的粒间孔隙和晶间孔隙，在测井探测的范围内，具有均匀分布的特征。而经溶蚀作用所产生的次生孔隙（颗粒溶孔、铸模溶孔）影响因素比较多，往往具有非均匀分布的特点。

密度测井利用的是 γ 光子撞击地层原子核所产生的康谱顿散射效应（Compton Respose），通过检测散射 γ 光子强度的变化［图 10.16（a）］，反映地层的电子密度进而反映体积密度的变化。根据 Klein-Nishina 的理论研究，散射 γ 光子的能量与其散射角是有密切关系的，当入射 γ 光子能量 $h\nu_0=0.5$MeV 时，散射角 $\theta>90°$ 的概率已小到可以忽略；当 $h\nu_0\geqslant2.5$MeV 时，散射角 $\theta>90°$ 的概率实际上为零，图中 I_e 和 I_0 分别表示入射光子和散射角为 θ 的散射光子的强度［图 10.16（b）］。

DEN 测井采用 137Cs 为 γ 源，能量为 0.662MeV，因而所产生的散射角 $\theta>90°$ 的散射 γ 光子的概率可以忽略。并且，由于 γ 光子在与物质的一次碰撞中，损失其大部分能量或全部能量，同时密度测井仪器捕获的是高能 H 段的散射光子，反映一次 γ 散射的信息，因此，根据 γ 光子的散射理论、圆周角和三角形外角的性质可以证明，DEN 测井的响应范围主要来源于以源距为直径的半球地层体积，反映的是该体积中地层密度（孔隙度）的大小和变化［图 10.16（c）］。

同样，中子测井也为一定范围（为 30～40cm）中地层体积孔隙中含氢量的变化，所以密度和中子测井交会的孔隙度实际上反映的是三度空间中地层总孔隙度的大小。

但是，由于声波测井接受的是沿井壁滑行的首波，声波测井反映的是地层中分布较均匀的基质孔隙（图 10.17）。由此可以得到描述储层次生孔隙度大小的测井解释模型 VUGP（次生孔隙度指数）：

$$\mathrm{VUGP}=f(\phi_{\mathrm{CNL}},\phi_{\mathrm{DEN}},\phi_{\mathrm{AC}},V_{\mathrm{sh}},V_{\mathrm{sand}})$$

式中，ϕ_{CNL} 为校正后的中子孔隙度；ϕ_{DEN} 为密度测井解释孔隙度；ϕ_{AC} 为声波测井解释孔隙度；V_{sh} 为储层泥质含量；V_{sand} 为储层砂岩含量。

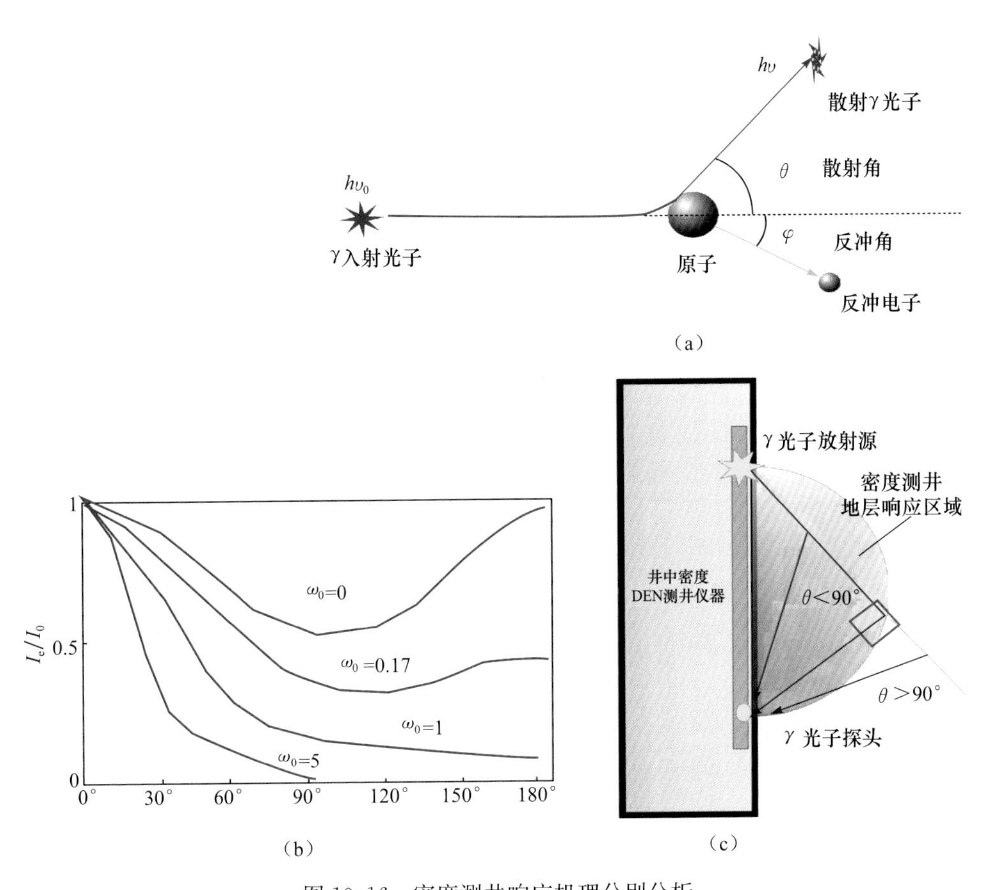

图 10.16 密度测井响应机理分别分析

(a) 康普顿效应；(b) 散射光子的强度；(c) 密度。图中 $h\nu_0$、$h\nu$ 分别表示入射和散射光子能量；ω_0 为康普顿效应定义变量，$\omega_0=\frac{h\nu_0}{m_0c^{1/2}}$，其中 m_0 为电子静止质量，c 为光速

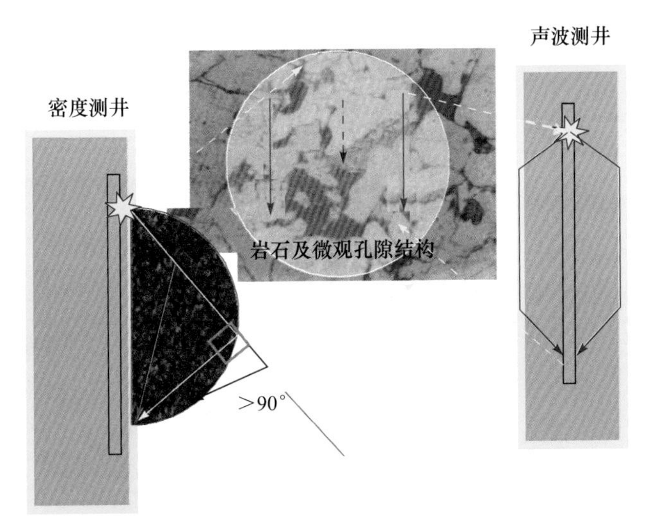

图 10.17 声波密度测井识别次生溶孔的机理

通过次生孔隙度的大小，可以有效地识别“甜点储集体”。图 10.18 为苏里格气田测井次生孔隙解释 VUGP 与岩石薄片对比分析图。测井解释次生孔隙发育段与薄片观察的次生孔隙发育段相对应，颗粒溶孔面孔率与 VUGP 有很好的正向关系。但数值上两者不完全相等，颗粒溶孔面孔率要高于 VUGP。由测井解释原理可知，次生孔隙的孔径越大，非均质性越强，则对密度测井响应越强，被声波测井遗漏的可能性越大。因此可以认为，测井解释的 VUGP 是砂岩中存在非均匀分布的大孔或超大孔。

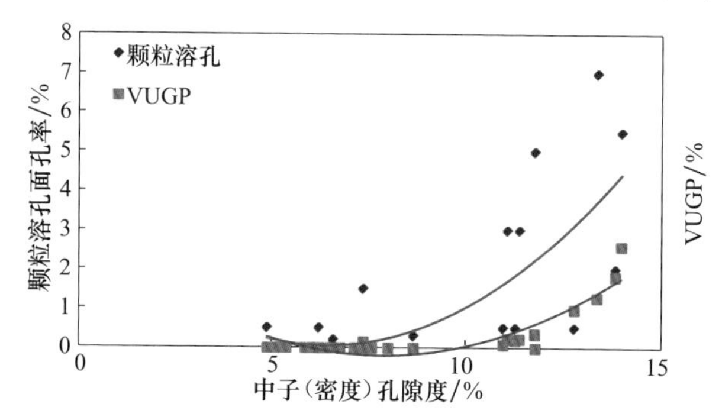

图 10.18 测井次生孔隙度 VUGP 与铸体薄片中颗粒溶孔面孔率的关系

从 23 口井的单井产气量 Q（$10^4m^3/d$）与储层参数（孔隙度 POR、次生孔隙度指数 VUGP、溶孔发育段厚度和有效厚度 H_e）的相互关系可以看出（图 10.19），与一般砂岩气田用孔隙度表征储层的方法不同，苏里格气田气井产气量直接与次生孔隙度发育段厚度 H（VUGP＞0）关系最好。由此进一步证明，测井解释的次生孔隙度指数 VUGP 是表征相对高产气层的重要特征参数之一。

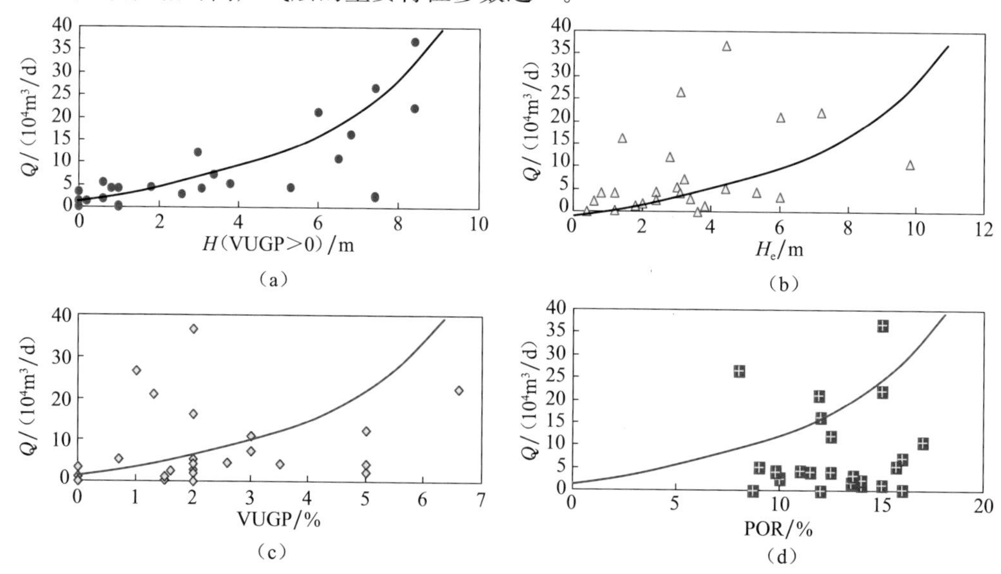

图 10.19 各井测井解释储层参数与其产气量 Q 关系图

(a) H（VUGP>0）-Q 产气量；(b) H_e-Q 产气量；

(c) VUGP-Q 产气量；(d) POR-Q 产气量

二、多维岩石物理属性空间的岩石相解释

（一）多维岩石属性识别岩石相的机理

测井曲线中蕴含有极为丰富的地质信息。各种不同的岩石物理测井方法，以及同一测井曲线不同属性特征（幅度、形态、接触关系、光滑程度等）从不同方面反映地层的岩性特征、沉积特征。例如，测井曲线幅度可以反映沉积物粒度、分选性及泥质含量等；测井曲线形态特征反映沉积物组合形式和层序特征；接触关系反映砂体沉积初期、末期水动力能量及物源供应的变化速度等。利用测井曲线响应特征，可以确定岩石的成分、粒度、物性及孔隙含流体性质等。

尽管单个测井信息的反演距有多解性，但是如果共同使用多个与某地质特征关系密切的测井信息，则会降低其多解性。

用一组不同的岩石物理测井属性特征，运用适当方法进行岩石相解释，就是所谓的测井相分析方法，即“表征地层特征，并且可以使该地层与其他地层区别开来的一组测井响应特征集”。这是一个 n 维数据向量空间，每一个向量代表一个深度采样点上的几种测井方法的测量值，如自然伽马、自然电位、井径、声波时差、密度、补偿中子、微球型聚焦电阻率、深中感应等 9 维向量是一个测井参数向量。假设一个 2m 厚的地层共有 16 个采样点，于是一个 16×9 的测井数据集就可以表征这个地层。测井相分析就是利用上述测井响应的曲线形态特征及定量方面的测井参数值来描述地层的沉积相。测井系统愈完善，测井质量愈好，测井相图反映实际地层沉积相的程度也就愈好。

（二）测井岩石相的识别及效果分析

由前面的分析可知，岩性的粗细直接影响岩石物性的变化。因此，苏里格气田的高渗砂体的岩相特征为含砾岩屑石英粗砂岩。若能用测井曲线对地层的岩相进行解释，将具有三方面的意义。

（1）在测井剖面上识别出粗岩相带，指示相对高渗砂层的发育段。

（2）能提供普遍连续的岩相剖面，为基准面旋回划分、沉积相研究和地质建模等提供依据。

（3）岩石相与岩石物理测井属性的关系和解释方法，为地震横向预测提供解释原理和模型。同时，也为开发及其他储层精细预测创造了条件。

将对岩性反应敏感的一组测井：中子（CNL）、密度（DEN）、声波（AC）、光电吸收系数（PE）和自然伽马（GR）测井对全井段作多信息属性交会可以看出（图 10.20），单个测井信息很难区分的各种岩性和储层段，在多维测井属性交会中就比较容易识别。由图中可知：

（1）密度 DEN 和声波测井对煤层具有很好的识别作用。煤层的体积密度一般小于 2.2g/cm^3，声波时差大于 290μs/m。

（2）灰岩的声波时差一般小于 180μs/m。

（3）含气砂层（储层）的定性判别特征如下。GR 不大于 60API，通常为 40API；

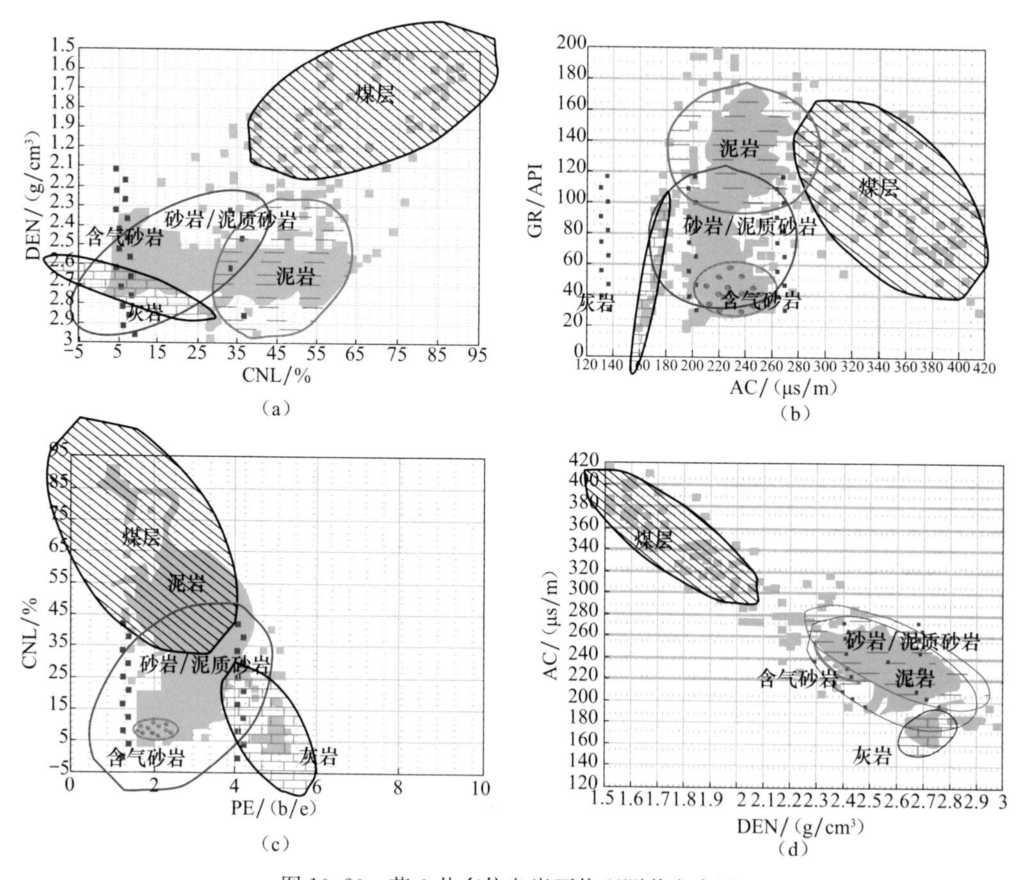

图 10.20　苏 6 井多信息岩石物理测井交会图

PE 为 1.8～2.2b/e，是纯石英的常见值；DEN 为 2.3～2.6g/cm²；AC 为 200～270μs/m。

根据岩性薄片特征和岩石物理属性的分布特征，将苏里格气田岩相类型分成六种：含砾粗中粒岩屑石英砂岩、中粒石英砂岩、中细粒岩屑石英砂岩、细粉泥质砂岩、泥岩和煤。以苏 6 井岩心分析数据作为学习样本，对储层岩性响应敏感的岩石物理测井曲线（如 CNL、DEN、PE、GR 和 AC）作多维属性空间聚类分析，由此形成测井岩相识别模式。在此基础上对任一口井的目的层段的测井资料，通过点群分析和判别分析，就可以得到连续的岩相解释剖面。

将测井岩石相解释结果与岩心描述结果进行对比，两者不仅在大的岩性段上十分相近，而且多出的砾岩相都对应河床的冲刷面。并且由于测井数据的连续精确性，测井岩石相的解释往往能反映出很多细节的变化。

三、有效储层识别与分类评价

有效储层识别是油气田地质研究工作的一项重要内容，它是油气储量计算和开发方案的依据。相对高渗砂体无疑是一类优质储层，而有些差气层，虽然产量低，直接开采经济上不合算，但是它们对油气储量的贡献却不容忽视。因此，在识别相对高渗砂体的同时，也要对如何划分储层的其他类别有相应的标准和科学的方法。

（一）有效储层的下限值标准的确定

有效储层下限值标准的确定，不仅仅取决于地质条件本身，同时还与当时的技术条件和经济政策有关（何东博，2005）。尤其是对致密砂岩储层，因为其本身条件的复杂，易受钻井和压裂施工的污染，所以在确定致密砂岩储层的下限值标准时，具有一定的难度。

过去人们在油田地质研究中根据岩心含油产状和级别，与岩石物性对比而确定有效厚度下限，这种方法准确性较差。现在已逐步积累和建立了一些比较严格的定量方法。例如，产油渗透率下限，即建立产油量与油层渗透率的关系曲线，可确定油层有效厚度渗透率下限。目前国内外通常采用渗透率标准划分油田的有效储层。

（二）有效储层的分类

对于苏里格气田可以得到有效储层下限值和储层分类标准。

Ⅰ类储层（高产气层）：孔隙度大于7%，同时，次生孔隙度指数VUGP>0，或孔隙度大于12%。

Ⅱ类储层：孔隙度为7%～12%，VUGP≥0。

Ⅲ类储层：孔隙度为5%～7%，VUGP≥0。

实际测井解释结果显示，Ⅲ类储层较少。因此，有效储层主要是Ⅰ类、Ⅱ类储层，同时满足S_w<50%和V_{sh}<40%。

第三节 “甜点储集体”定量表征

客观认识“甜点储集体”发育规律和规模尺度的空间变化，是开发井网优化、提高储量动用程度的重要保证。要实现开发井网对众多“甜点储集体”的有效控制，井距要与甜点规模大小相适应，过大或过小都不是最佳选择。因此，对“甜点储集体”的定量表征研究显得尤为重要。

“甜点储集体”的主要研究手段包括岩心单砂体划分、测井相识别、井间精细对比、露头对比研究、试井解释等方法，建立描述单砂体尺度大小及叠置关系的三级构型。

一、有效单砂体规模尺度

致密砂岩天然气藏“甜点储集体”一般发育规模小，地震储层预测难度大，可利用野外地质露头勘测、密井网开发试验区的钻井资料，通过地质解剖和地质统计规律，实现对有效单砂体规模尺度的精细刻画，主要包括有效单砂体的厚度、宽度和长度等尺度参数。

（一）厚度

应用岩心和测井资料可以识别划分有效单砂体，从单砂体厚度分布频率图上看，主要为 2～5m，其中盒 8 段略好于山 1 段，但是整体相差不大（表 10.3、表 10.4，图 10.21）。

表 10.3 有效单砂体厚度统计 （单位：m）

层位	有效单砂体厚度	区块		
		苏 6	苏 10	苏 14
盒 8 上亚段	均值	3.76	3.15	3.4
	峰值	3.65	3.1	3.4
盒 8 下亚段	均值	3.23	3.66	3.62
	峰值	3.2	3.3	3.5
山 1 段	均值	3.29	2.73	3.45
	峰值	3.31	2.7	3.2

表 10.4 有效单砂体厚度分布累计频率 （单位：m）

有效单砂体厚度分布累计频率	有效单砂体厚度	
	盒 8 段	山 1 段
P90	1.8	1.75
P50	3	3
P10	5.5	6

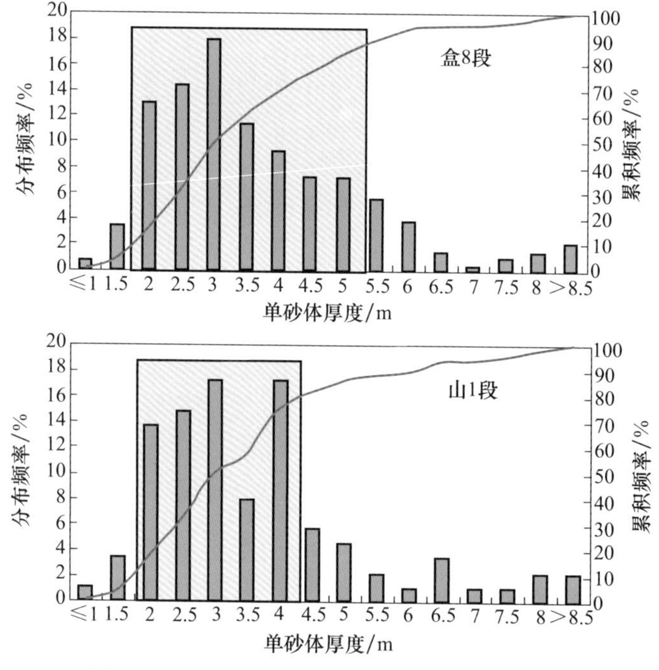

图 10.21 盒 8 段、山 1 段单砂体厚度分布频率

（二）宽度

有效单砂体宽度主要为 300～500m，宽厚比为 40～80。

（1）野外露头反映苏里格气田有效单砂体规模较小，宽度为 200～400m。山西柳林盒 8 段—山 1 段露头：有效单砂体宽度为 200～400m（图 10.22）。大同辫状河露头：宽厚

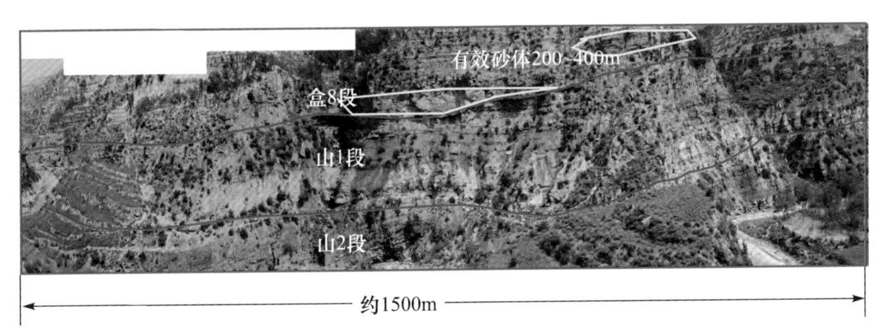

图 10.22 山西柳林露头剖面

比为 40～80，折算到苏里格单砂体宽度为 80～350m（表 10.5）。美国绿河盆地致密砂岩气藏：厚为 2～5m，宽为 35～700m，主要分布在 300m 左右。通过不同厚度河流相砂体宽度累计分布可以看出，尽管砂体厚度的变化较大，砂体宽度主体为 300～500m。

表 10.5 大同砂质辫状河露头砂坝规模统计表

成因单元编号	最大厚度/m	平均厚度/m	实际测量宽度/m	追踪目估宽度/m	宽厚比	断面形态	成因单元体系
Ⅱ-1	1.85	1.5	110	160	53	顶凸底平透镜状	纵向砂坝
Ⅱ-2	3.4	3.2	186	220	73		
Ⅱ-3	2.26	1.6	55	69	43		
Ⅲ-1	4.2	3.1	105	105	25	楔状	斜向砂坝

（2）小井距条件下的地质解剖，反映苏里格气田有效单砂体宽度主要为 300～500m。苏 10、苏 14 和苏 6 区块 6 条 500～800m 井距剖面（96 口井）精细解剖，主要宽度为 300～500m（图 10.23、表 10.6）。

表 10.6 有效砂体宽度统计

砂层组	小层	有效砂体宽度/m		
		最宽	最窄	平均
盒 8 上亚段	1	1134.7	35.7	431.9
	2	1017.1	30.1	491.4
盒 8 下亚段	3	772.1	54.6	348.6
	4	1082.2	28.7	492.1
	5	779.8	59.5	350.7
	6	928.2	32.2	573.3
山 1 段	7	1133.3	12.6	315
	8	1113	42	447.3
	9	1239	29.4	334.6

（三）长度

平行水流方向剖面解剖，有效砂体长度主要为 400～700m，少量可达到 1200m 以上，呈椭圆或长椭圆状（图 10.24、表 10.7）。沉积物理模拟辫状河单砂体长宽比为 1.5～3。美国绿河盆地辫状河砂坝砂体长宽比为 1.4～2。

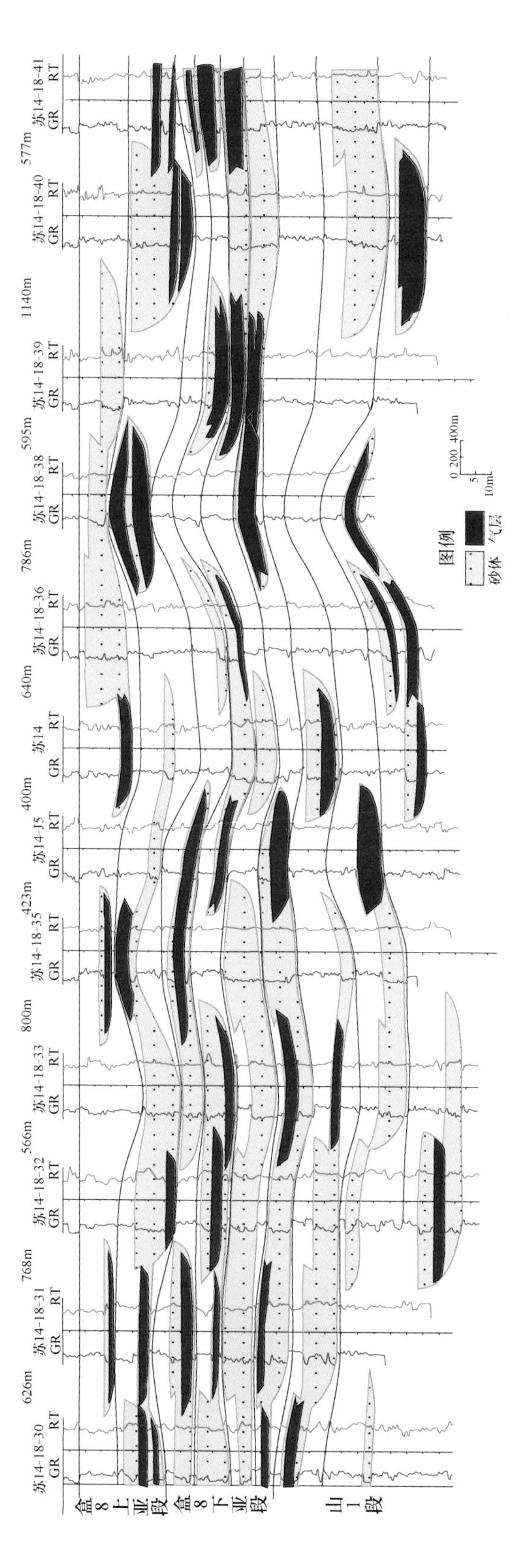

图10.23 苏14区块砂体对比剖面

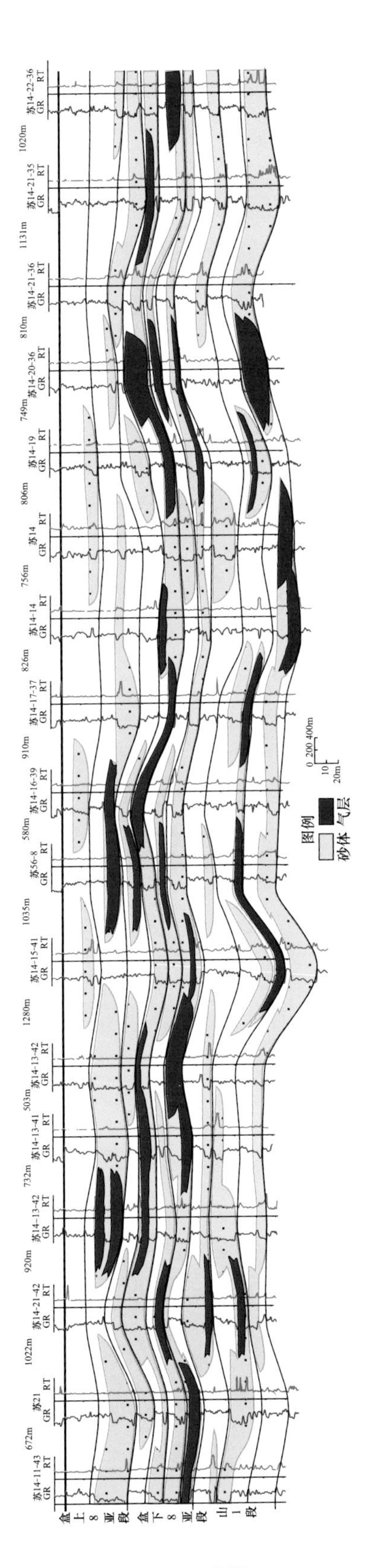

图10.24　苏里格气田苏14井区沉积相对比剖面（平行水流方向剖面）

表 10.7 有效砂体宽度、长度统计

砂层组	小层	有效砂体宽度/m			有效砂体长度/m		
		最宽	最窄	平均	最长	最短	平均
盒 8 上亚段	1	1134.7	35.7	431.9	240	225	232.5
	2	1017.1	30.1	491.4	1665	210	639
盒 8 下亚段	3	772.1	54.6	348.6	1620	195	636
	4	1082.2	28.7	492.1	1575	90	420
	5	779.8	59.5	350.7	675	150	397.5
	6	928.2	32.2	573.3	1470	135	516

二、复合有效砂体叠置类型及规模

有效砂体精细解剖认为，苏里格气田复合有效砂体可见四种叠置类型（图 10.25）。其中，孤立型有效砂体占主导地位，其次为堆积叠置型有效砂体，再次为切割叠置型和横向局部连通型有效砂体。

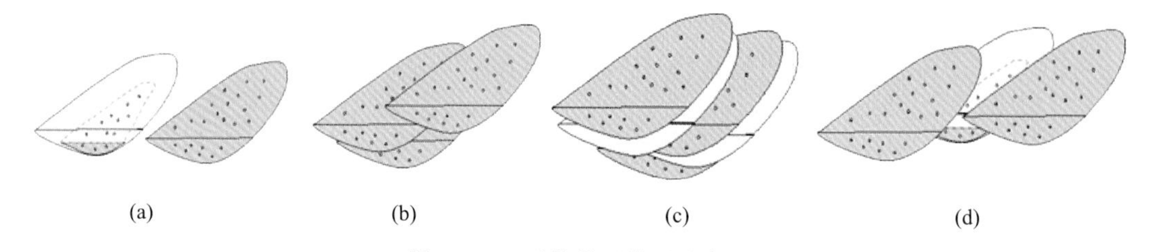

图 10.25 砂体叠置类型示意图

(a) 孤立型；(b) 切割叠置型；(c) 堆积叠置型；(d) 横向局部连通型

（一）孤立型

厚度主要为 2～5m，宽度为 300～500m，长度为 400～700m。

（二）切割叠置型

高能水道叠置带内可形成 2～3 个有效砂体切割叠置，复合砂体厚度为 5～10m，宽度为 500～1200m，长度为 800～1500m。

（三）堆积叠置型

高能水道叠置带内多个有效砂体堆积叠置，但切割作用弱，砂体间有物性隔层，复合砂体厚度与切割叠置型基本一致，宽度和长度基本等同于孤立型砂体。

（四）横向局部连通型

低能水道下部粗砂岩体起搭桥作用，可形成分布范围较大的复合有效砂体。

三、有效砂体在各小层的分布特征

苏里格气田盒 8 段—山 1 段地层可划分为 9 个小层。有效砂体纵横向均分散分布，横向上小层有效砂体钻遇率为20%～40%，纵向上9个小层均有分布，主力层不明显（图10.26，表10.8）。

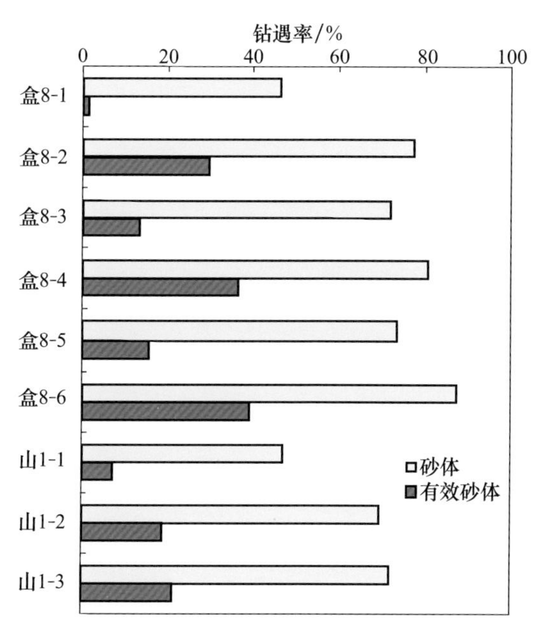

图10.26 垂向上有效砂体、砂体钻遇率统计图

表10.8 盒8上亚段、盒8下亚段、山1段气层、砂体钻遇率一览表

层位		气层			砂体		
		井数	钻遇率/%		井数	钻遇率/%	
盒8上亚段	1	3	1.79	31.35	81	46.55	89.29
	2	50	29.76		135	77.59	
盒8下亚段	3	23	13.69	76.19	125	71.84	94.64
	4	62	36.90		140	80.46	
	5	26	15.48		128	73.56	
	6	66	39.29		152	87.36	
山1段	1	12	7.14	41.67	82	47.13	91.07
	2	32	19.05		121	69.54	
	3	36	21.43		125	71.84	
合计		158	94.05		160	95.24	

参考文献

何东博. 2005. 苏里格气田复杂储层控制因素和有效储层预测. 北京：中国地质大学（北京）博士学位论文.

刘锐娥，孙粉锦，拜文华，等. 2002. 苏里格庙盒8气层次生孔隙成因及孔隙演化模式探讨. 石油勘探与开发，29（04）：47-49.

席胜利，王怀厂，秦伯平，等. 2002. 鄂尔多斯盆地北部山西组、下石盒子组物源分析. 天然气工业，22（02）：21-24.

于兴河. 2008. 油气储层表征与随机建模的发展历程及展望. 地学前缘，15（1）：1-15.

郑浚茂，应凤祥. 1997. 煤系地层（酸性水介质）的砂岩储层特征及成岩模式. 石油学报，18（04）：19-24.

朱宏权，张哨楠. 2004. 鄂尔多斯盆地北部上古生界储层成岩作用. 天然气工业，24（02）：29-32.

Morad S，Al-Ramadan K，Ketzer J M，et al. 2010. The impact of diagenesis on the heterogeneity of sandstone reservoirs：A review of the role of depositional facies and sequence stratigraphy. AAPG Bulletin，94（8）：1267-1309.

Paxton S T，Szabo J O，Ajdukiewicz J M，et al. 2002. Construction of an intergranular compaction curve for evaluating and predicting compaction and porosity loss in rigid grained sandstone reservoirs. AAPG Bulletin，86（12）：2047-2067.

Spencer C W. 1985. Geologic aspects of tight gas reservoirs in the Rocky Mountain region. Journal of Petroleum Technology，37（7）：1308-1314.

第十一章 致密砂岩天然气藏非线性渗流特征与开发机理

第一节 致密砂岩储层渗流主要影响因素

在低渗、致密不含可动水气藏，气体单相渗流存在滑脱效应，气测渗透率随孔隙压力的增加而减小，且岩石越致密、孔道半径越小，滑脱效应越严重（王军磊等，2014）。当储层中含部分可动水时，孔隙表面水膜随压力梯度的移动及在喉道处变形、堵塞是产生气体低速非达西渗流的实质性原因。水在细小的孔隙喉道处堵塞，中值喉道半径小于某一临界值时堵塞效应明显，气体流动必须克服毛细管力，形成低速非线性渗流，在这种情况下，启动压力梯度发挥主要作用，而滑脱效应不明显。克服气体启动压力梯度的说法，其实主要是克服多孔介质中含水以后所产生的液相的压力梯度。若气体流动存在低速非达西特征必须满足两个条件：①储层渗透率低，甚至特低；②储层要含水，且含水饱和度要达到临界饱和度值。储层渗透率越低、含水饱和度越高，气体低速非达西流动特征越明显。

对孔隙型低渗储层而言，目前室内柱塞岩心试验均表现出一定的应力敏感性，即随着围压的增加（地层上覆有效压力），导致岩石变形而使渗透率降低。但实验室现象并不一定代表真实的地下情况：一方面实验过程可能加剧了岩心变形；另一方面由于地下储层的强非均质性，井筒周围压力下降的同时，围岩仍保持较高压力并产生应力拱，而造成有效应力的增加并不全部作用到泄压的地层上。低渗储层在开发过程中变形量非常小，储层孔隙度及渗透率的改变也非常小，应力敏感不明显。所以不能简单地将实验室测得的低渗储层的应力敏感推广应用到实际气藏条件下。但对于高压带裂缝的低渗储层而言，其应力敏感性是明显的。

一、气体滑脱效应

1941 年，克林肯贝格（Klinkenberg）提出了微管流动时的“滑脱效应”。认为气-固之间的分子作用力远比液-固间的分子作用力小得多，在管壁处的气体分子有的仍处于运动状态，并不全部黏附于管壁上。另一方面，相邻层的气体分子由于动量交换，可连同管壁处的气体分子一起作定向的沿管壁流动，即“滑动效应”。主要表现在以下几个方面：①平均压力越小，意味着气体分子密度小，气体分子间的相互碰撞就少，它的平均自由行程就大，这样使气体易流动，则气体滑脱现象越严重，气测渗透率值越大；②越致密的岩心，孔道半径越小，滑脱效应则越严重；③高温下气体分子更活泼，平均自由行程大，滑脱效应大；④分子量越小，滑脱效应越严重，同时随着气体黏度的增大而增大。

气藏形成后，滞留在岩石孔隙中的水，主要以水膜水、毛细管水及充填在孔隙角落和弯曲处水的形式存在于岩石中。这些水在开采初期或酸化、压裂等作业措施前，几乎是不流动的。通过室内实验研究表明，砂岩气体滑脱效应随着含水饱和度的增加而降低的，如图 11.1 所示。这与不含水条件下单相滑脱效应的结论相反。

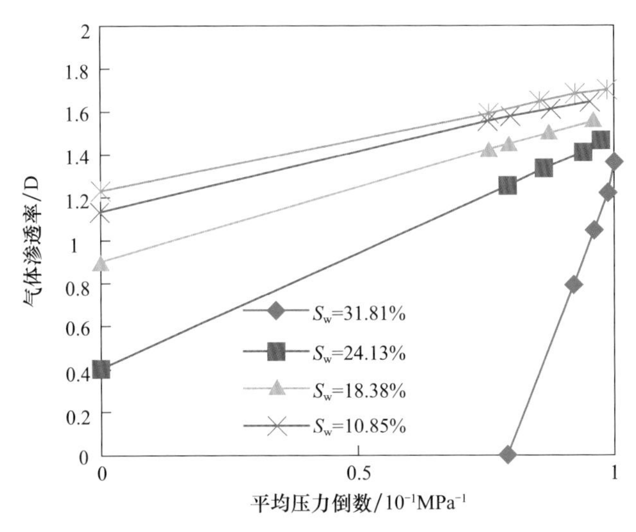

图 11.1　不同含水饱和度下的滑脱效应

地层水的存在使地层中的气、水接触关系变得复杂，气体不仅与固体孔道壁接触，同时也与孔隙中的地层水接触。在压力较低时，气体须克服束缚水所产生的毛细管阻力才能保持连续流动，在渗流曲线上表现为启动压差。随着实验压力的进一步增加，气体渗透率增大。气、水接触关系发生变化，分布在较大喉道处封闭孔隙中气体的地层水逐渐变少，这部分地层水以水膜水的形式分布在孔隙壁上，或者以毛细管水状态充填那些更小的毛细管、喉道或盲端中。此时，较大喉道中的气体渗流相对变得通畅。当相接触状态稳定以后，气体渗流受滑脱效应的影响，对应气体渗流曲线上随着压力的增加，渗透率逐渐减小。

二、启动压力梯度

以薄片渗流连续照相的手段来研究含水气藏气体渗流的微观机理，观察到孔隙表面水膜在压差作用下在喉道处聚集堵塞，一定时间聚集能量后，气体才开始流动，此种现象实质上是孔隙喉道处水膜水变形或运移造成的堵塞导致的（王晓冬等，2013）。孔隙中值喉道越小，堵塞现象越明显。因此，孔隙表面水膜的运移及在喉道处变形、堵塞是产生气体低速非达西渗流的实质性原因。水在细小的孔隙喉道处堵塞，中值喉道半径小于某一临界值时堵塞效应明显，气体流动必须克服毛细管力，形成低速非线性渗流。

因此分析研究发现，克服气体启动压力梯度的说法，其实主要是克服多孔介质中含水以后所产生的各种敏感效应和液相的压力梯度。如图 11.2 所示，含水饱和度越大，启动压力梯度呈指数变化。通过统计实验数据，可以得出满足工程需要的简化关系式，

即气相的启动压力梯度与液相启动压力梯度的含水饱和度平方的关系为

$$\lambda_g = \lambda S_w^2 \tag{11.1}$$

式中，λ_g 为气相启动压力梯度，Pa/m；λ 为液相启动压力梯度；Pa/m；S_w 为含水饱和度，%。

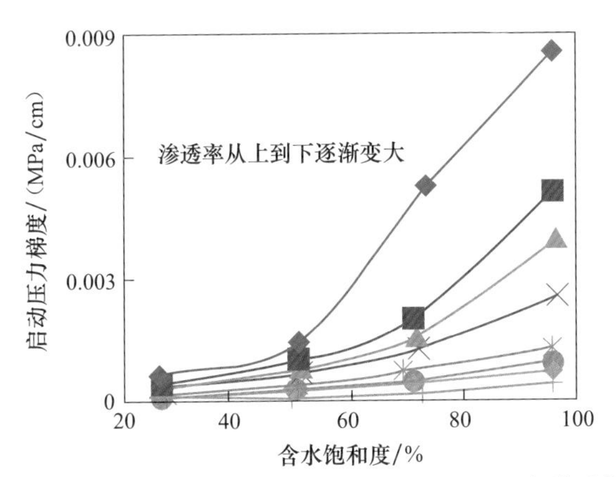

图 11.2 不同渗透率情况下压力梯度和含水饱和度关系曲线

三、储层应力敏感性

目前，关于低渗气藏开发过程中应力敏感影响的评价方法主要是依靠室内岩心的压敏实验，而室内的实验条件往往与实际地层条件差别很大，地层中的岩石本身具有一定的抗弯及抗剪能力，并且还受到各种约束力的作用，因此，上覆岩石的重力作用并不能完全作用于下面的有效储层中，而室内实验中围压是始终不变地加在岩心上，导致岩石受压变形（图 11.3），夸大了应力敏感的影响。分析应力敏感实验评价方法的误差主要有以下几方面（李乐忠和李相方，2013）。

（一）岩心的误差

在地层条件下，岩心所受围压与内压为地层压力，岩心处于压缩状态，当岩心取到地面以后，岩心围压与内压均变为大气压，所受压力状态改变，应力得以释放，岩心孔隙体积膨胀变大；岩心所受围压降低后，基质颗粒的应力向外释放，基质颗粒向外会产生膨胀。综合这两方面的影响因素，岩心在地面条件下会比在地下条件下更为疏松，因而增大实验结果的误差。

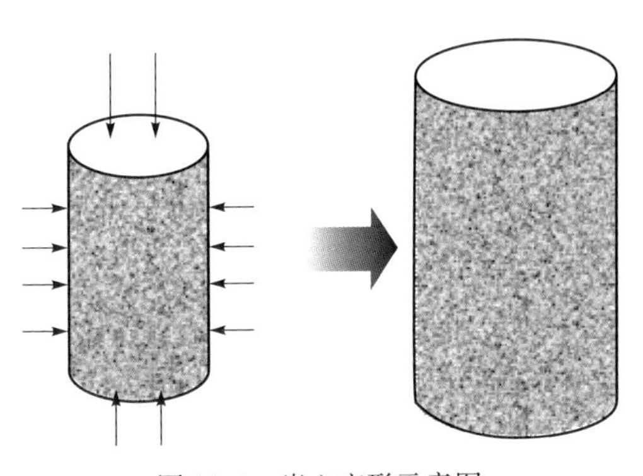

图 11.3 岩心变形示意图

（二）敏感实验装置误差

目前应力敏感实验装置如图 11.4 所示，岩心径向加围压方向与橡胶筒接触，轴向上通过刚性柱塞加流体压差。

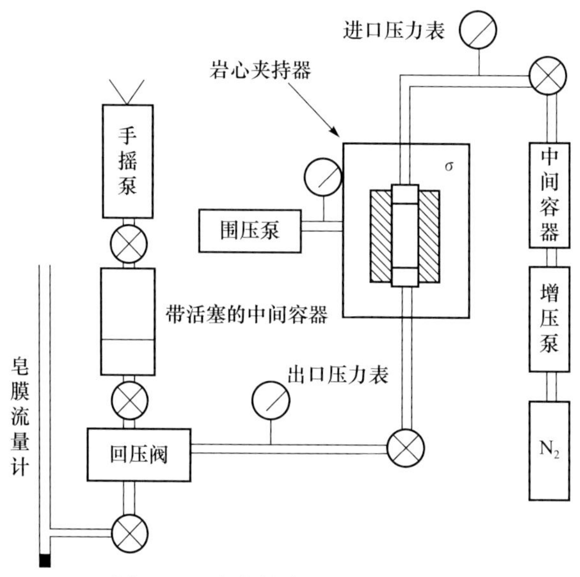

图 11.4　应力敏感实验装置示意图

该实验装置的误差在于岩心在由橡胶制成的岩心套中受压变形，如图 11.5 所示，流体压力逐步变化，而岩心的围压始终为 P，导致岩心尺寸在实验过程中发生较大改变，$R_1>R_2>R_3$。在真实储层中，由于上覆岩层的内应力可以屏蔽大部分的上覆压力，上覆压力不会直接作用于有效储层，而实验中的围压是恒定不变地加在橡皮套筒上，而橡皮套筒抗弯性很弱，导致岩心所受到的压力很大，因此，目前的实验结果夸大了应力敏感的影响。

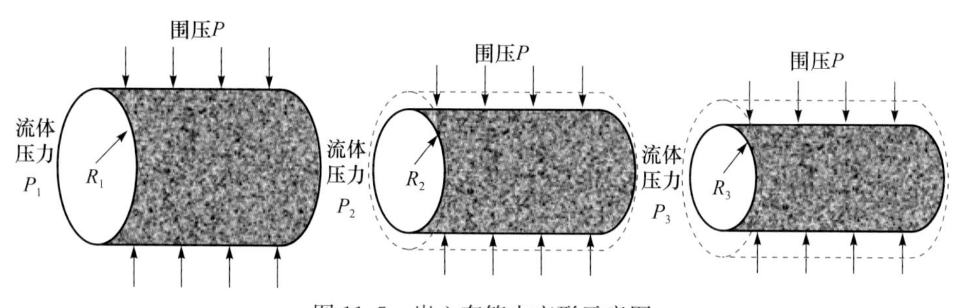

图 11.5　岩心套筒中变形示意图

第二节　致密气藏非线性渗流产能与有效动用评价

一、含水致密气藏类型划分与产能公式

总结前人研究发现，在低渗致密气藏不含束缚水时，气体属单相渗流，明显受滑脱效应和应力敏感性的影响，不存在启动压力梯度；在低渗透气藏含有束缚水和约束可动水时，气体渗流受滑脱效应、应力敏感性和启动压力梯度的共同影响；在低渗透气藏含有束缚水和可动水时，储层含水饱和度较高，气体渗流受应力敏感性和启动压力梯度的

影响（贾永禄等，2000；王昔彬等，2005；何军等，2013）。因此，依据地层水的赋存状态不同将低渗致密气藏分为三类储层（图 11.6）。

Ⅰ类储层受束缚水影响（$S_w=S_{wi}$），视为低渗气藏单相气体流动区，S_{wi}为束缚水饱和度。该区束缚水占据一定的孔隙空间，但不对气体流动形成阻力，气藏开采主要考虑应力敏感性和滑脱效应影响。

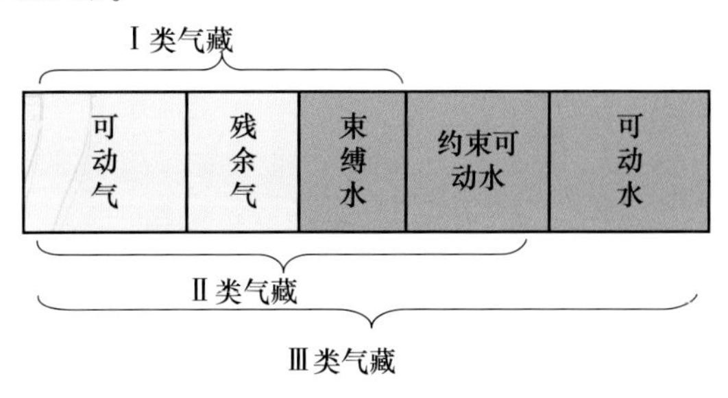

图 11.6 含水低渗气藏类型划分示意图

Ⅱ类储层受约束可动水影响（$S_w=S_{wi}+S_{fc}$），视为低压状态下气体连续流动区。其中，该类气藏含水饱和度既包含了束缚水饱和度 S_{wi}，也包含了约束可动水饱和度 S_{fc}，该类型约束可动水存在启动压力梯度，在低压状态下轻易不能动用，因此，该区应同时考虑应力敏感性、滑脱效应和启动压力梯度对低渗致密气藏开采的影响。

Ⅲ类储层受可动水影响（$S_w=S_{wi}+S_{fc}+S_d$），视为气、水两相连续流动区。该区含水饱和度不仅包含了束缚水饱和度 S_{wi}和约束可动水饱和度 S_{fc}，还包含了可动自由水饱和度 S_d，流体流动时启动压力梯度影响明显。

（一）考虑应力敏感性和滑脱效应气井产能公式推导（Ⅰ类）

考虑滑脱效应的运动方程：

$$V_g=-\frac{K(P)}{\mu}\left(\frac{\mathrm{d}P}{\mathrm{d}r}\right)\left(1+\frac{b}{P_m}\right) \tag{11.2}$$

式中，V_g 为气体流速，m/s；$K(P)$ 为压力 P 下的渗透率，m^2；μ 为平均压力下气体黏度，Pa·s；b 为气体滑脱因子，Pa；P_m 为平均地层压力，Pa，下同。

当地层压力降落很大时，$K(P)$ 随压力变化符合负指数衰减方程：

$$K(P)=K_o e^{-\alpha_K(P_o-P)} \tag{11.3}$$

式中，K_o 为地层压力为 P_o 时的渗透率，m^2；$-\alpha_K$ 为应力敏感系数，Pa^{-1}；P_o 为原始地层压力，Pa；P 为地层压力，Pa，下同。

将式（11.3）代入式（11.2）得到考虑启动压力梯度和应力敏感性的运动方程为

$$V_g=-\frac{K_o e^{-\alpha_K(P_o-P)}}{\mu}\frac{\mathrm{d}P}{\mathrm{d}r}\left(1+\frac{b}{P_m}\right) \tag{11.4}$$

由气体状态方程 $PV=nZRT$，得到

$$PV=nRTZ(P) \tag{11.5}$$

式中，R 为气体普适常量，$R=8.314\mathrm{J/(mol\cdot K)}$；$n$ 为气体物质的量，mol；T 为气层温度，K；$Z(P)$ 为平均压力下气体的压缩因子，无量纲，下同。

由方程 $V=M/\rho$，得到等温条件下天然气的密度为

$$\rho_g=\frac{PM}{RTZ(P)} \tag{11.6}$$

式中，ρ_g 为气相密度，g/m^3；M 为气体的摩尔质量，g/mol，下同。

同理，可得到在标准条件下天然气的密度为

$$\rho_{gsc}=\frac{MP_{sc}}{RT_{sc}Z_{sc}(P)} \tag{11.7}$$

式中，ρ_{gsc}为标准状态下气相密度，g/m³；P_{sc}为标准状态下压力，Pa；T_{sc}为标准状态下温度，K；$Z_{sc}(P)$ 为标准状态下气体的压缩因子，无量纲；下同。

由式（11.6）、式（11.7）可得

$$\rho_g=\frac{T_{sc}Z_{sc}(P)\rho_{gsc}}{P_{sc}}\frac{P}{TZ(P)} \tag{11.8}$$

质量流量表达式，即

$$Q_m=\frac{2\pi K_o h}{\mu}e^{-\alpha_K(P_o-P)}r\frac{dP}{dr}\frac{Z_{sc}T_{sc}\rho_{gsc}}{P_{sc}T}\frac{P}{Z}\left(1+\frac{b}{P_m}\right) \tag{11.9}$$

式中，Q_m 为质量流量，m³/s；h 为气层厚度，m，下同。

引进拟压力函数 m

$$m=2\int_{P_o}^{P}e^{\alpha_K P}\frac{P}{Z\mu}dP \tag{11.10}$$

$$m_e-m_w=\frac{1}{Z\mu}\left[\left(\frac{2}{\alpha_K}e^{\alpha_K P_e}P_e-\frac{2}{\alpha_K^2}e^{\alpha_K P_e}\right)-\left(\frac{2}{\alpha_K}e^{\alpha_K P_w}P_w-\frac{2}{\alpha_K^2}e^{\alpha_K P_w}\right)\right] \tag{11.11}$$

式中，P_e 为边界压力，Pa；P_r 为参考压力，Pa；P_w 为井底压力，Pa；m_e 为地层拟压力，Pa；m_w 为井底拟压力，Pa。

气体的体积流量表达式，即

$$Q_{sc}=\frac{Q_m}{\rho_{gsc}}=\frac{2\pi K_o h}{\mu}e^{-\alpha_K(P_o-P)}r\frac{dP}{dr}\frac{Z_{sc}T_{sc}}{P_{sc}T}\frac{P}{Z}\left(1+\frac{b}{P_m}\right) \tag{11.12}$$

将式（11.10）代入式（11.12），可得到

$$\frac{Q_{sc}e^{\alpha_K P_o}}{r}dr=\frac{\pi K_o h}{\mu}dm\frac{Z_{sc}T_{sc}\rho_{gsc}}{P_{sc}T}\left(1+\frac{b}{P_m}\right) \tag{11.13}$$

将式（11.13）积分并整理可以得到

$$Q_{sc}=\frac{\pi K_o h}{\mu}\frac{Z_{sc}T_{sc}\rho_{gsc}}{P_{sc}T}\frac{(m_e-m_w)}{e^{\alpha_K P_o}(\ln r_e-\ln r_w)}\left(1+\frac{b}{P_m}\right) \tag{11.14}$$

将式（11.11）代入式（11.14），得应力敏感性和滑脱效应的产能公式为

$$Q_{sc}=\frac{\pi K_o h}{\mu}\frac{Z_{sc}T_{sc}\rho_{gsc}}{P_{sc}T}\left(1+\frac{b}{P_m}\right)$$

$$\frac{1}{Z}\left[\frac{\frac{2}{\alpha_K}e^{\alpha_K P_e}P_e-\frac{2}{\alpha_K^2}e^{\alpha_K P_e}}{e^{\alpha_K P_o}(\ln r_e-\ln r_w)}-\frac{\frac{2}{\alpha_K}e^{\alpha_K P_w}P_w-\frac{2}{\alpha_K^2}e^{\alpha_K P_w}}{e^{\alpha_K P_o}(\ln r_e-\ln r_w)}\right] \tag{11.15}$$

式中，r_e 为边界半径，m；r_w 为全井半径，m。

（二）考虑应力敏感性和启动压力梯度及滑脱效应气井产能公式推导（Ⅱ类）

考虑应力敏感性和启动压力梯度及滑脱效应运动方程：

$$V_{g}=-\frac{K(P)}{\mu}\left(\frac{dP}{dr}-\lambda_{g}\right)\left(1+\frac{b}{P_{m}}\right) \tag{11.16}$$

式中，λ_g 为启动压力梯度，Pa/m，下同。

将式（11.3）代入式（11.16），得到运动方程为

$$V_{g}=-\frac{K_{o}e^{-\alpha_{K}(P_{o}-P)}}{\mu}\left(\frac{dP}{dr}-\lambda_{g}\right)\left(1+\frac{b}{P_{m}}\right) \tag{11.17}$$

设函数

$$\dot{P}=P-\lambda_{g}r \tag{11.18}$$

则

$$\frac{dP}{dr}-\lambda_{g}=\frac{d\dot{P}}{dr} \tag{11.19}$$

式中，$\dot{P}$ 为视地层压力，Pa，下同。

将式（11.18）代入式（11.3），可以得到

$$K(P)=K_{o}e^{-\alpha_{K}(P_{o}-P)}=K_{o}e^{-\alpha_{K}(P_{o}-\dot{P}-\lambda_{g}r)} \tag{11.20}$$

将式（11.20）代入式（11.17），可以得到

$$V_{g}=-\frac{K_{o}e^{-\alpha_{K}(P_{o}-\dot{P}-\lambda_{g}r)}}{\mu}\frac{d\dot{P}}{dr}\left(1+\frac{b}{P_{m}}\right) \tag{11.21}$$

将式（11.18）代入式（11.8）可以得到

$$\rho_{g}=\frac{T_{sc}Z_{sc}(P)\rho_{gsc}}{P_{sc}}\frac{\dot{P}+\lambda_{g}r}{TZ(P)} \tag{11.22}$$

为便于求解且满足工程计算，将状态方程中与启动压力梯度乘积的半径简化为平均半径，即

$$\lambda_{g}r=\lambda_{g}\bar{r} \tag{11.23}$$

式中，$\bar{r}$ 为平均半径，m，下同。

将式（11.23）代入式（11.22）可以得到

$$\rho_{g}=\frac{T_{sc}Z_{sc}(P)\rho_{gsc}}{P_{sc}}\frac{\dot{P}+\lambda_{g}\bar{r}}{TZ(P)} \tag{11.24}$$

则气体在气藏中流动的质量通量为

$$Q_{m}=\frac{2\pi h e^{\alpha_{K}\lambda_{g}r}K_{o}e^{-\alpha_{K}(P_{o}-\dot{P})}}{\mu}r\frac{d\dot{P}}{dr}\rho_{g}\left(1+\frac{b}{P_{m}}\right) \tag{11.25}$$

将式（11.24）代入式（11.25）可以得到

$$Q_{m}=\frac{2\pi h e^{\alpha_{K}\lambda_{g}r}K_{o}e^{-\alpha_{K}(P_{o}-\dot{P})}}{\mu}r\rho_{gsc}\frac{d\dot{P}}{dr}\frac{T_{sc}}{P_{sc}T}\frac{\dot{P}+\lambda_{g}\bar{r}}{Z(P)}\left(1+\frac{b}{P_{m}}\right) \tag{11.26}$$

引进拟压力函数 m

$$m=2\int_{P_{r}}^{P}e^{\alpha_{K}\dot{P}}\frac{\dot{P}+\lambda_{g}\bar{r}}{Z\mu}d\dot{P} \tag{11.27}$$

$$m=\frac{1}{Z\mu}\left[\frac{2}{\alpha_{K}}e^{\alpha_{K}\dot{P}}(\dot{P}+\lambda_{g}\bar{r})-\frac{2}{\alpha_{K}^{2}}e^{\alpha_{K}\dot{P}}\right]+C \tag{11.28}$$

$$
\begin{aligned}
m_{\mathrm{e}}-m_{\mathrm{w}}&=\frac{1}{Z\mu}\left\{\left[\frac{2}{\alpha_{\mathrm{K}}}\mathrm{e}^{\alpha_{\mathrm{K}}\dot{P}_{\mathrm{e}}}(\dot{P}_{\mathrm{e}}+\lambda_{\mathrm{g}}\bar{r})-\frac{2}{\alpha_{\mathrm{K}}^{2}}\mathrm{e}^{\alpha_{\mathrm{K}}\dot{P}_{\mathrm{e}}}\right]\right.\\
&\quad\left.-\left[\frac{2}{\alpha_{\mathrm{K}}}\mathrm{e}^{\alpha_{\mathrm{K}}\dot{P}_{\mathrm{w}}}(\dot{P}_{\mathrm{w}}+\lambda_{\mathrm{g}}\bar{r})-\frac{2}{\alpha_{\mathrm{K}}^{2}}\mathrm{e}^{\alpha_{\mathrm{K}}\dot{P}_{\mathrm{w}}}\right]\right\}\\
&=\frac{2}{\alpha_{\mathrm{K}}Z}\left[\left(P_{\mathrm{e}}-\lambda_{\mathrm{g}}r_{\mathrm{e}}+\lambda_{\mathrm{g}}\bar{r}-\frac{1}{\alpha_{\mathrm{K}}}\right)\mathrm{e}^{\alpha_{\mathrm{K}}(P_{\mathrm{e}}-\lambda_{\mathrm{g}}r_{\mathrm{e}})}\right.\\
&\quad\left.-\left(P_{\mathrm{w}}-\lambda_{\mathrm{g}}r_{\mathrm{w}}+\lambda_{\mathrm{g}}\bar{r}-\frac{1}{\alpha_{\mathrm{K}}}\right)\mathrm{e}^{\alpha_{\mathrm{K}}(P_{\mathrm{w}}-\lambda_{\mathrm{g}}r_{\mathrm{w}})}\right]
\end{aligned}
\tag{11.29}
$$

因此，气体在气藏中流动的体积流量为

$$
Q_{\mathrm{sc}}=\frac{Q_{\mathrm{m}}}{\rho_{\mathrm{gsc}}}=\frac{2\pi h\mathrm{e}^{\alpha_{\mathrm{K}}\lambda_{\mathrm{g}}r}K_{\mathrm{o}}\mathrm{e}^{-\alpha_{\mathrm{K}}(P_{\mathrm{o}}-\dot{P})}}{\mu}r\frac{\mathrm{d}\dot{P}}{\mathrm{d}r}\frac{Z_{\mathrm{sc}}T_{\mathrm{sc}}}{P_{\mathrm{sc}}T}\frac{\dot{P}+\lambda_{\mathrm{g}}\bar{r}}{Z}\left(1+\frac{b}{P_{\mathrm{m}}}\right)
\tag{11.30}
$$

将式（11.30）整理得

$$
\frac{Q_{\mathrm{sc}}\mathrm{e}^{\alpha_{\mathrm{K}}P_{\mathrm{o}}}\mathrm{e}^{-\alpha_{\mathrm{K}}\lambda_{\mathrm{g}}r}}{r}\mathrm{d}r=2\pi K_{\mathrm{o}}h\mathrm{e}^{\alpha_{\mathrm{K}}\dot{P}}\frac{\dot{P}+\lambda_{\mathrm{g}}\bar{r}}{Z\mu}\mathrm{d}\dot{P}\frac{Z_{\mathrm{sc}}T_{\mathrm{sc}}}{P_{\mathrm{sc}}T}\left(1+\frac{b}{P_{\mathrm{m}}}\right)
\tag{11.31}
$$

将式（11.27）代入式（11.31）可以得到

$$
\frac{Q_{\mathrm{sc}}\mathrm{e}^{\alpha_{\mathrm{K}}P_{\mathrm{o}}}\mathrm{e}^{-\alpha_{\mathrm{K}}\lambda_{\mathrm{g}}r}}{r}\mathrm{d}r=2\pi K_{\mathrm{o}}h\mathrm{d}m\frac{Z_{\mathrm{sc}}T_{\mathrm{sc}}}{P_{\mathrm{sc}}T}\left(1+\frac{b}{P_{\mathrm{m}}}\right)
\tag{11.32}
$$

将式（11.32）两边积分得到

$$
\begin{aligned}
&Q_{\mathrm{sc}}\mathrm{e}^{\alpha_{\mathrm{K}}P_{\mathrm{o}}}[-E_{\mathrm{i}}(1,\alpha_{\mathrm{k}}\lambda r_{\mathrm{e}})]-Q_{\mathrm{sc}}\mathrm{e}^{\alpha_{\mathrm{K}}P_{\mathrm{o}}}[-E_{\mathrm{i}}(1,\alpha_{\mathrm{k}}\lambda r_{\mathrm{w}})]\\
&\quad=\frac{\pi K_{\mathrm{o}}h}{\mu}\frac{Z_{\mathrm{sc}}T_{\mathrm{sc}}}{P_{\mathrm{sc}}T}(m_{\mathrm{e}}-m_{\mathrm{w}})\left(1+\frac{b}{P_{\mathrm{m}}}\right)
\end{aligned}
\tag{11.33}
$$

式中，E_{i} 为指数积分函数，无量纲，下同。

将式（11.33）整理得

$$
Q_{\mathrm{sc}}=\frac{\pi K_{\mathrm{o}}h}{\mu}\frac{Z_{\mathrm{sc}}T_{\mathrm{sc}}}{P_{\mathrm{sc}}T}\frac{m_{\mathrm{e}}-m_{\mathrm{w}}}{\mathrm{e}^{\alpha_{\mathrm{K}}P_{\mathrm{o}}}[E_{\mathrm{i}}(1,\alpha_{\mathrm{K}}\lambda r_{\mathrm{w}})-E_{\mathrm{i}}(1,\alpha_{\mathrm{K}}\lambda r_{\mathrm{e}})]}\left(1+\frac{b}{P_{\mathrm{m}}}\right)
\tag{11.34}
$$

将式（11.29）代入式（11.34），可以得到考虑应力敏感性和启动压力梯度及滑脱效应的气井产能方程为

$$
\begin{aligned}
Q_{\mathrm{sc}}=&\frac{\pi K_{\mathrm{o}}h}{\mu}\frac{Z_{\mathrm{sc}}T_{\mathrm{sc}}}{P_{\mathrm{sc}}T}\left(1+\frac{b}{P_{\mathrm{m}}}\right)\cdot\\
&\frac{\frac{2}{\alpha_{\mathrm{K}}Z}\left[\left(P_{\mathrm{e}}-\lambda_{\mathrm{g}}r_{\mathrm{e}}+\lambda_{\mathrm{g}}\bar{r}-\frac{1}{\alpha_{\mathrm{K}}}\right)\mathrm{e}^{\alpha_{\mathrm{K}}(P_{\mathrm{e}}-\lambda_{\mathrm{g}}r_{\mathrm{e}})}-\left(P_{\mathrm{w}}-\lambda_{\mathrm{g}}r_{\mathrm{w}}+\lambda_{\mathrm{g}}\bar{r}-\frac{1}{a_{\mathrm{K}}}\right)\mathrm{e}^{\alpha_{\mathrm{K}}(P_{\mathrm{w}}-\lambda_{\mathrm{g}}r_{\mathrm{w}})}\right]}{\mathrm{e}^{\alpha_{\mathrm{K}}P_{\mathrm{o}}}[E_{\mathrm{i}}(1,\alpha_{\mathrm{K}}\lambda r_{\mathrm{w}})-E_{\mathrm{i}}(1,\alpha_{\mathrm{K}}\lambda r_{\mathrm{e}})]}
\end{aligned}
\tag{11.35}
$$

（三）考虑应力敏感性和启动压力梯度气井气-水两相产能公式推导（Ⅲ类）

考虑启动压力梯度的运动方程：

$$
V_{\mathrm{g}}=-\frac{K(P)K_{\mathrm{rg}}}{\mu}\left(\frac{\mathrm{d}P}{\mathrm{d}r}-\lambda_{\mathrm{g}}\right)
\tag{11.36}
$$

式中，K_{rg} 为气相相对渗透率，无量纲，下同。

将式（11.3）代入式（11.36），得到考虑启动压力梯度和应力敏感性的运动方程为

$$V_g = -\frac{K_o e^{-\alpha_K(P_o-P)} K_{rg}}{\mu}\left(\frac{dP}{dr}-\lambda_g\right) \tag{11.37}$$

将式（11.20）代入式（11.37）可得

$$V_g = -\frac{K_o e^{-\alpha_K(P_o-\dot{P}-\lambda_g r)} K_{rg}}{\mu}\frac{d\dot{P}}{dr}$$

$$V_g = -\frac{e^{\alpha_K\lambda_g r} K_o e^{-\alpha_K(P_o-\dot{P})} K_{rg}}{\mu}\frac{d\dot{P}}{dr} \tag{11.38}$$

则由式（11.24）和式（11.38），可得到气体在气藏中流动的质量通量为

$$Q_m = \frac{2\pi e^{\alpha_K\lambda_g r} K_o e^{-\alpha_K(P_o-\dot{P})} K_{rg} h}{\mu} r\rho_{gsc}\frac{d\dot{P}}{dr}\frac{T_{sc}}{P_{sc}T}\frac{\dot{P}+\lambda_g\bar{r}}{Z} \tag{11.39}$$

则气体在气藏中流动的体积流量为

$$Q_{sc} = \frac{2\pi K_o K_{rg} h}{\mu} e^{-\alpha_K(P_o-\dot{P}-\lambda_g r)} r\frac{d\dot{P}}{dr}\frac{Z_{sc}T_{sc}}{P_{sc}T}\frac{\dot{P}+\lambda_g\bar{r}}{Z} \tag{11.40}$$

将式（11.27）代入式（11.40），可得到

$$\frac{Q_{sc}e^{\alpha_K P_o}e^{-\alpha_K\lambda_g r}}{r}dr = 2\pi K_o K_{rg} h\,dm\frac{Z_{sc}T_{sc}}{P_{sc}T} \tag{11.41}$$

将式（11.41）两边积分并整理可以得到

$$Q_{sc} = 2\pi K_o K_{rg} h\frac{Z_{sc}T_{sc}}{P_{sc}T}\frac{m_e-m_w}{e^{\alpha_K P_o}[E_i(1,\alpha_K\lambda r_w)-E_i(1,\alpha_K\lambda r_e)]} \tag{11.42}$$

将式（11.29）代入式（11.42），得到考虑应力敏感性和启动压力梯度的气相产能方程为

$$Q_{sc} = \frac{\pi K_o K_{rg} h}{\mu}\frac{Z_{sc}T_{sc}}{P_{sc}T} \times \frac{\frac{2}{\alpha_K Z}\left[\left(P_e-\lambda_g r_e+\lambda_g\bar{r}-\frac{1}{\alpha_K}\right)e^{\alpha_K(P_e-\lambda_g r_e)}-\left(P_w-\lambda_g r_w+\lambda_g\bar{r}-\frac{1}{a_K}\right)e^{\alpha_K(P_w-\lambda_g r_w)}\right]}{e^{\alpha_K P_o}[E_i(1,\alpha_K\lambda r_w)-E_i(1,\alpha_K\lambda r_e)]} \tag{11.43}$$

二、不同流动状态气藏产能对比分析

已知我国某含水低渗气藏单井，气藏的基本参数为孔隙度 ϕ=0.05、标态温度T_{sc}=293K、渗透率 K=0.95mD、地层温度 T=395.6K、含水饱和度 S_w=0.496、压缩因子Z=0.89、黏度 μ=0.027mPa·s、泄压半径 r_e=800m、边界压力 P_e=30.16MPa、井筒半径 r_w=0.1m、井底流压 P_w=21.25MPa、气藏厚度 h=9.5m、应力敏感系数 α_K=0.015Pa^{-1}。

根据该井的含水条件，选取考虑应力敏感性、滑脱效应和启动压力梯度的产能模型，计算产量为 7.24×10^4m^3/d，该井实际测试日平均产量为 7.12×10^4m^3/d，误差仅为 3.7%，若选用其他产能模型计算，结果均远大于该值。由此可见，有必要根据气藏的各种实际物性情况选取不同的产能公式进行测算。

图 11.7 为考虑应力敏感性不同流动状态下气井产量与压力差的关系曲线，当压差为 5～15MPa 时，气井产量增加显著，当压差为 15～25MPa 时，气井产量增加放缓。其中达西流动气井产量最大，考虑应力敏感性和启动压力梯度气井产量最小。当压差为 5～10MPa 时，启动压力梯度、应力敏感性和滑脱效应对气井产量的影响比较小，当压差为 10～25MPa 时，启动压力梯度、应力敏感性和滑脱效应对气井产量的影响比较明显。图 11.8 为考虑滑脱效应不同流动状态下气井产量与滑脱因子的关系，气井产量随着滑脱因子的增大而增大，当只考虑滑脱效应时，气井产量最大，当考虑滑脱效应、启动压力梯度和应力敏感性时，气井产量最小。

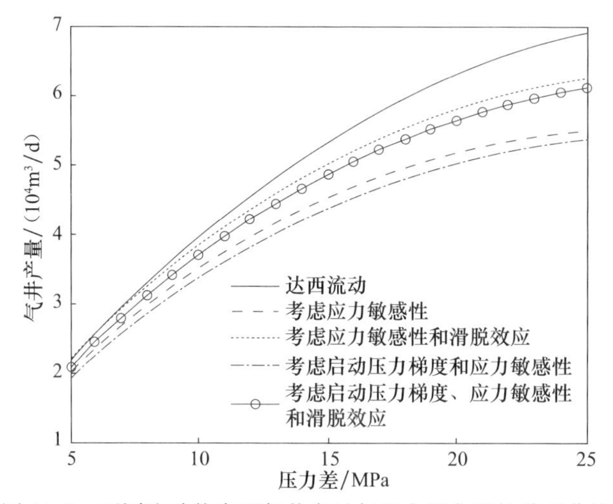

图 11.7　不同流动状态下气井产量与压力平方差的关系曲线

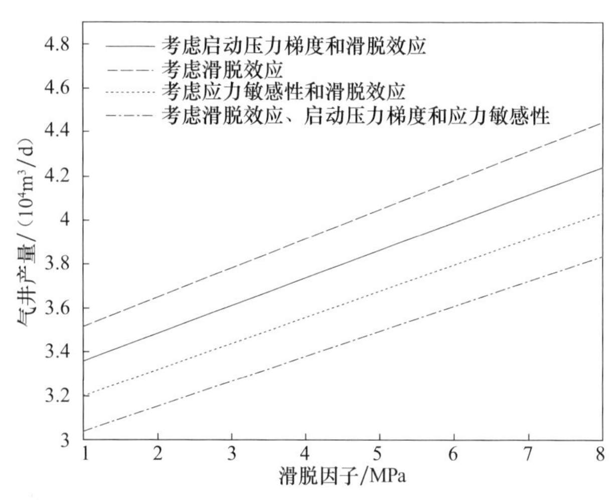

图 11.8　考虑滑脱效应不同流动状态下气井产量与滑脱因子的关系曲线

图 11.9 为考虑启动压力梯度下不同流动状态下气井产量与启动压力梯度的关系，气井产量随启动压力梯度的增加而减小，当启动压力梯度比较大，为 0.008～0.01MPa/m 时，应力敏感性和滑脱效应对气井产量的影响较小。当考虑启动压力梯度和滑脱效应时，气井产量最大。当考虑启动压力梯度和应力敏感性时，气井产量最少。

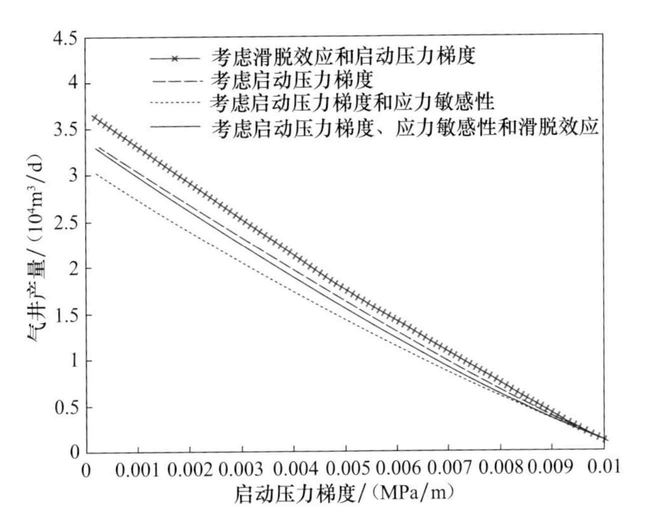

图 11.9　考虑启动压力梯度不同流动状态下气井产量与启动压力梯度的关系曲线

三、致密砂岩天然气藏有效动用评价

（一）有效动用理论概述

在含水气藏气体渗流的过程中，何种影响因素占主导地位，取决于地层水在孔隙喉道处是否会形成堵塞而阻碍气体的流动，以及气体流动时的压力梯度是否会造成水膜水的变形或运移双重因素的影响。在靠近井筒附近的地层，由于气体渗流的动力较大，压力梯度大，压力作用下将占据较多渗流通道的水膜水挤到其他位置，使其变形并重新分布，或产生运移，气体渗流主要受阀压效应的影响，气体渗流曲线呈上翘型（或下凹型）。此时滑脱效应的影响可以忽略。在远离井筒的地层中，气体渗流的动力较低，气泡无法克服较小喉道中水膜水的束缚，水膜水基本保持绝对静止不动的状态，气体的渗流主要发生在畅通的孔隙喉道中，滑脱效应的影响占主导地位，阀压效应的影响表现得不明显。综上所述，含水气藏中的气体渗流实际上是一种复合型渗流。

由于气体低速非达西渗流存在，即带拟启动压力梯度的流动，导致含水低渗致密气藏单井开采存在一个动用区域，动用范围可以通过计算动用半径得到，通过优化井距和生产压差达到一个最大的控制区域（图 11.10）。假设储层初始含水饱和度较高且几乎不可动，可建立气体低速非达西渗流模型并推导出平面径向流时的解析解。

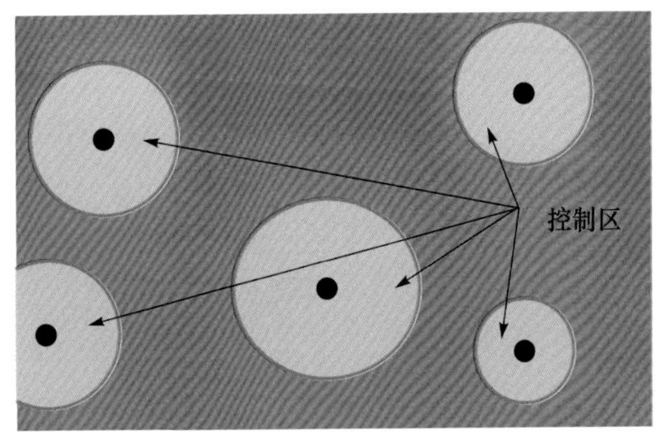

图 11.10　单井控制区域示意图

（二）有效动用控制方程

在含水低渗致密气藏中，流体流动受到固体和流体的界面张力限制，只有驱动压力梯度大于拟启动压力梯度的时候，流体才能流动。拟启动压力梯度越大，气体在该类气藏越难流动。因此拟启动压力梯度的大小表明流体流动困难程度。描述气体低速非达西流动整个过程的数学模型建立过程如下：

质量守恒方程

$$\frac{\partial}{\partial t}(\rho_g \phi) + \mathrm{div}(\rho_g \boldsymbol{v}) = 0 \tag{11.44}$$

非达西运动方程

$$\boldsymbol{v} = \frac{K}{\mu}(\nabla P - G) \tag{11.45}$$

式中，G 为流体启动压力梯度，MPa/m；ϕ 为孔隙度，%，下同。

真实气体状态方程

$$PV = nZRT \tag{11.46}$$

式中，Z 为压缩因子，是温度 T 和体积 V 的函数。

实际状态下气体密度为

$$\rho_g = \frac{PM}{RTZ} \tag{11.47}$$

类似的标准状态下气体密度为

$$\rho_{gsc} = \frac{P_{sc}M}{RT_{sc}Z_{sc}} \tag{11.48}$$

由式（11.47）和式（11.48）可以得到

$$\rho_g = \frac{T_{sc}Z_{sc}\rho_{gsc}}{P_{sc}} \cdot \frac{P}{TZ} \tag{11.49}$$

气体等温压缩系数表达式为

$$C_\rho = \frac{-\frac{\mathrm{d}V}{V}}{\mathrm{d}P} = -\frac{1}{V} \cdot \frac{\mathrm{d}V}{\mathrm{d}P} = \frac{1}{P} - \frac{1}{Z} \cdot \frac{\mathrm{d}Z}{\mathrm{d}P} \tag{11.50}$$

将式（11.45）、式（11.49）带入式（11.44），简化后对时间项推导为

$$\frac{\partial(\rho_g \phi)}{\partial t} = \frac{T_{sc}Z_{sc}\rho_{gsc}\phi}{P_{sc}T}\left[\frac{1}{P} - \frac{1}{Z(P)} \cdot \frac{\partial Z(P)}{\partial P}\right] \cdot \frac{P}{Z(P)} \frac{\partial P}{\partial t} \tag{11.51}$$

由式（11.50）和式（11.51），简化时间项为

$$\frac{\partial(\rho_g \phi)}{\partial t} = \frac{T_{sc}Z_{sc}\rho_{gsc}\phi\mu(P)}{P_{sc}T}C_\rho \cdot \frac{P}{\mu(P)Z(P)} \frac{\partial P}{\partial t} \tag{11.52}$$

则空间项 X 方向的表达式为

$$\frac{\partial(\rho_g v_x)}{\partial x} = \frac{\partial}{\partial x}\left[\frac{T_{sc}Z_{sc}\rho_{gsc}}{P_{sc}} \cdot \frac{P}{TZ} \cdot \frac{K}{\mu(P)}\left(\frac{\partial P}{\partial x} - G\right)\right]$$

$$=\frac{T_{sc}Z_{sc}\rho_{gsc}K}{P_{sc}T}\left\{\frac{\partial}{\partial x}\left[\frac{P}{\mu(p)Z(P)}\cdot\frac{\partial P}{\partial x}\right]-G\cdot C_{\rho}\frac{P}{\mu(P)Z(P)}\cdot\frac{\partial P}{\partial x}\right\} \tag{11.53}$$

引入拟压力函数

$$m^{*}=2\int_{P_a}^{P}\frac{P}{\mu(P)Z(P)}\mathrm{d}P \tag{11.54}$$

为满足工程需要，将 $\mu(P)Z(P)$，简化为$\overline{\mu Z}$，即平均压力和温度下的 $\mu(P)Z(P)$ 的值。拟压力函数的微分形式为

$$\frac{\mathrm{d}m^{*}}{\mathrm{d}P}=\frac{P}{\mu(P)Z(P)} \tag{11.55}$$

将式（11.55）带入式（11.52），得时间项

$$\frac{\partial(\rho_g\phi)}{\partial t}=\frac{T_{sc}Z_{sc}\rho_{gsc}\phi\mu(P)}{P_{sc}T}C_{\rho}\cdot\frac{\partial m^{*}}{\partial t} \tag{11.56}$$

将式（11.55）代入式（11.53），则空间项的 X 方向表达式为

$$\frac{\partial(\rho_g v_x)}{\partial x}=\frac{T_{sc}Z_{sc}\rho_{gsc}K}{P_{sc}T}\left(\frac{\partial^2 m^{*}}{\partial x^2}-G\cdot C_{\rho}\frac{\partial m^{*}}{\partial x}\right) \tag{11.57}$$

同理得到空间项 Y 方向和 Z 方向的表达式为

$$\frac{\partial(\rho_g v_y)}{\partial x}=\frac{T_{sc}Z_{sc}\rho_{gsc}K}{P_{sc}T}\left(\frac{\partial^2 m^{*}}{\partial y^2}-G\cdot C_{\rho}\frac{\partial m^{*}}{\partial y}\right) \tag{11.58}$$

$$\frac{\partial(\rho_g v_z)}{\partial x}=\frac{T_{sc}Z_{sc}\rho_{gsc}K}{P_{sc}T}\left(\frac{\partial^2 m^{*}}{\partial z^2}-G\cdot C_{\rho}\frac{\partial m^{*}}{\partial z}\right) \tag{11.59}$$

引入哈密顿算子得到拉普拉斯方程形式

$$\frac{\partial(\rho_g v_x)}{\partial x}+\frac{\partial(\rho_g v_y)}{\partial y}+\frac{\partial(\rho_g v_z)}{\partial z}=\frac{T_{sc}Z_{sc}\rho_{gsc}K}{P_{sc}T}(\nabla^2 m^{*}-C_{\rho}G\nabla m^{*}) \tag{11.60}$$

将式（11.56）和式（11.60）代入式（11.44），得到控制方程的一般形式

$$-(\nabla^2 m^{*}-C_{\rho}G\nabla m^{*})=\frac{\phi\mu(P)C_{\rho}}{K}\cdot\frac{\partial m^{*}}{\partial t} \tag{11.61}$$

定义气体导压系数

$$\eta=\frac{K}{\phi\mu(P)C_{\rho}} \tag{11.62}$$

则式（11.61）的控制方程简化为

$$-\nabla^2 m^{*}+C_{\rho}G\nabla m^{*}=\frac{1}{\eta}\frac{\partial m^{*}}{\partial t} \tag{11.63}$$

式（11.63）就是气体低速非达西渗流的偏微分控制方程。

（三）低速非达西径向渗流有效动用解析解

假设 $G_c=C_{\rho}G$，将公式（11.63）转换成柱坐标系下的稳态径向流常微分方程形式（图 11.11）：

$$\frac{\mathrm{d}^2 m^{*}}{\mathrm{d}r^2}+\frac{1}{r}\cdot\frac{\mathrm{d}m^{*}}{\mathrm{d}r}+G_c\frac{\mathrm{d}m^{*}}{\mathrm{d}r}=0 \tag{11.64}$$

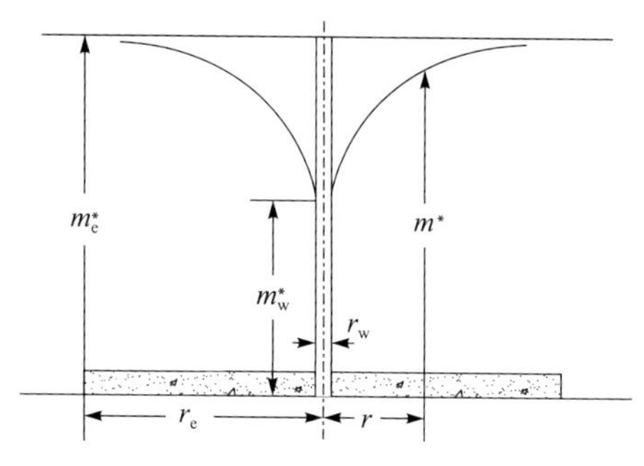

图 11.11 径向流压力分布示意图

内外边界定压：

$$\begin{cases} r = r_w \\ r = r_e \end{cases} \quad \begin{cases} m^*(P = P_w) = m_w^* \\ m^*(P = P_e) = m_e^* \end{cases}$$

根据内外边界定压条件得到式（11.64）的解析解：

$$\begin{aligned} m^*(r) &= C_1\left(\sum_{i=1}^{\infty}\frac{(-G_c r)^i}{i \cdot i!} + \ln|r| + C_2\right) \\ &= -C_1 E_i(G_c r) + C_2 \end{aligned} \tag{11.65}$$

式中

$$C_1 = \frac{m_e - m_w}{E_i(G_c r_w) - E_i(G_c r_e)}$$

$$C_2 = m_w + C_1 E_i(G_c r_w)$$

将式（11.54）代入内外边界条件，两边积分得到

$$m_e^* - m_w^* = \frac{1}{\mu Z}(P_e^2 - P_w^2) \tag{11.66}$$

同样，代入外边界和任意点压力条件，得到如下公式：

$$m_e^* - m^* = \frac{1}{\mu Z}(P_e^2 - P^2) \tag{11.67}$$

结合式（11.66）、式（11.67），推导出压力 $P(r)$ 表达式：

$$P^2(r) = \overline{\mu Z}\left[-C_1 E_i(G_c r) + C_2\right] \tag{11.68}$$

式中

$$C_1 = \frac{P_e^2 - P_w^2}{\overline{\mu Z}\left[E_i(G_c r_w) - E_i(G_c r_e)\right]}$$

$$C_2 = \frac{1}{\mu Z}P_w^2 + C_1 E_i(G_c r_w)$$

如果低渗透致密气藏不含水的话，则拟启动压力梯度为0，式（11.68）则退化成达西流动条件下的压力分布形式如下：

$$P^2(r) = P_w^2 + (P_e^2 - P_w^2) \cdot \frac{\ln\frac{r}{r_w}}{\ln\frac{r_e}{r_w}} \tag{11.69}$$

（四）有效动用理论分析

由于含水低渗透致密气藏拟启动压力梯度的存在，开采过程中井筒外围储层难以有效动用，为了搞清该类储层开采的动用情况，采用以下数据试算进行理论分析：井底流压为10MPa、地层压力为25MPa、泄压半径为1000m、井筒半径为0.1m、标态温度为273K、地层温度为395.6K、压缩因为0.89、气体等温压缩系数为0.1MPa^{-1}、气体黏度为0.028mPa·s、储层厚度为10m、含水饱和度为51%、渗透率为0.95mD，拟启动压力梯度是含水饱和度和渗透率的函数。

图 11.12 是定压边界条件下达西与非达西流动压力分布比较图。非达西流动情况下，压力沿泄压半径到一定位置就不再变化，说明井筒外围有很大一部分面积的储层没有动用，这与常规达西流动压降情况明显不同，达西流动情况下储层全部动用。

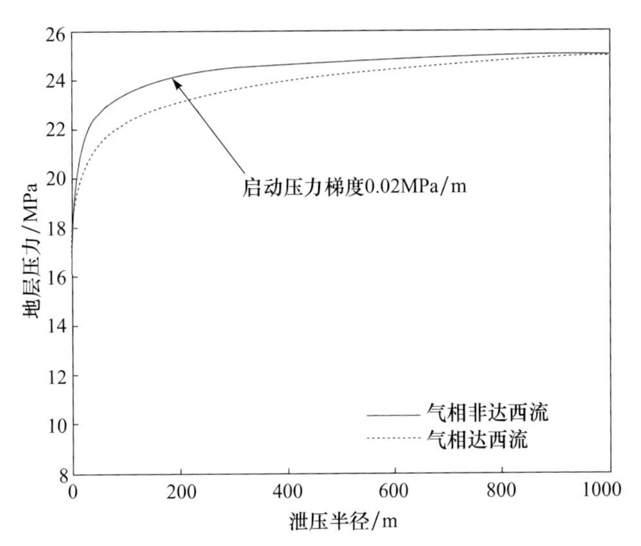

图 11.12 定压边界条件下达西与非达西流动压力分布比较图

图 11.13 是定压边界条件下启动压力梯度不同时地层压力分布图。启动压力梯度越大，井筒周围压力下降越快，能量主要消耗在井筒附近，越远处的流体难以流动；反之，启动压力梯度约小，能量波及的范围越大，动用半径也越大。

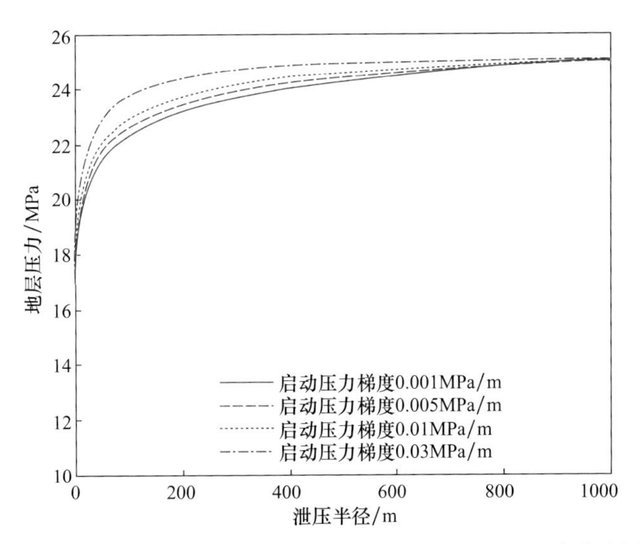

图 11.13 定压边界条件下启动压力梯度不同时地层压力分布图

图 11.14 是启动压力梯度不同时地层压力梯度沿泄压半径分布图。在给定生产压差下，当启动压力梯度为 0.005MPa/m 时，地层压力梯度大于启动压力梯度的位置大约在 300m 处，也就是说只有井筒附近 300m 以内的气体才能有效动用；而当启动压力梯

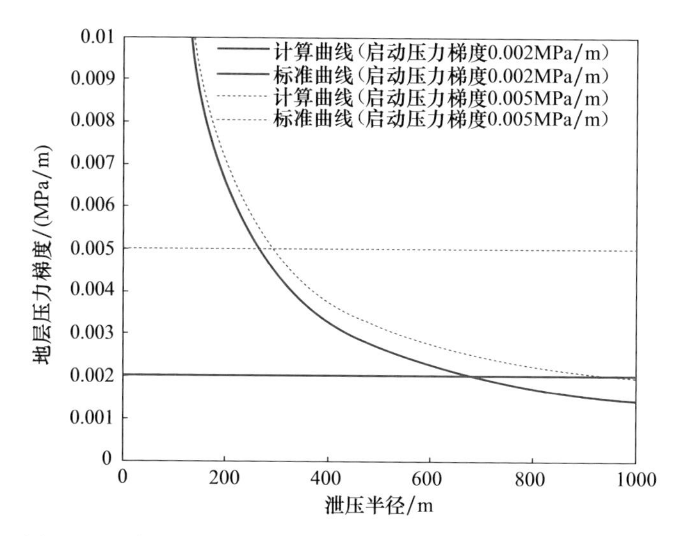

图 11.14　启动压力梯度不同时地层压力梯度沿泄压半径分布图

度仅为 0.002MPa/m 时，地层压力梯度大于启动压力梯度的位置大约在 700m 处，也就是说井筒附近 700m 以内的气体都能有效动用，可见启动压力梯度对低油藏的动用情况影响非常大。

图 11.15 是定压边界条件下不同等温压缩系数下地层压力分布图。可以看出其他条件不变时，等温压缩系数越大，能量波及范围越小，动用情况越差。

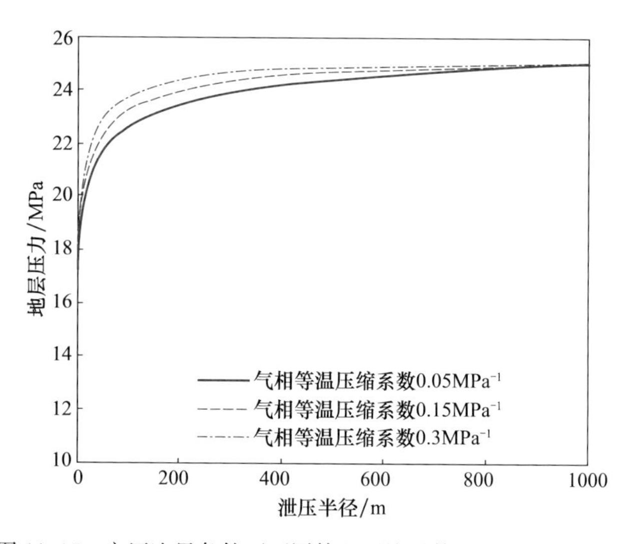

图 11.15　定压边界条件下不同等温压缩系数下地层压力分布图

（五）实例分析

广安气田须 4 段气藏是位于川中古隆中斜平缓构造带南充构造群东部，广安构造须 6 段藏的西部。试气井 29 口，平均单井产气量为 $2.5\times10^4m^3/d$，产水量为 $32.7m^3/d$；投产井 9 口，平均单井产气量为 $1.16\times10^4m^3/d$，产水量为 $15m^3/d$（截至 2008 年 7 月

31日)。其中，广安126井3月底关井，7月份间歇开井生产4d；广安127、5井5月底关井，7月份开井生产9d；广安113井7月中旬停产。先后于2006年年底、2007年年底上报了控制储量和探明储量，如表11.1所示。

表11.1 控制储量和探明储量

申报时间	储量类别	含气面积/km²	有效厚度/m	孔隙度/%	含气饱和度/%	天然气体积系数倒数	天然气储量/10^8m^3	储量丰度/($10^8m^3/km^2$)
2006年年底	控制	605.33	9.8	8.6	56	235	670.65	1.11
2007年年底	探明	415.6	10.6	9.1	56	252	566.91	1.36

广安气田须4段气藏属于典型的含水低渗透气藏，初始含水饱和度约为43%，该类气藏属于Ⅲ类气藏，流体流动需要克服启动压力的低速非达西流动。单井动用半径的计算方法主要有经济极限法、采气速度法、试井分析法、渗流实验法、生产动态法及非达西渗流法。

1. 经济极限法

经济极限井距公式

$$L_{\min}=\sqrt{\frac{A(I_{\mathrm{D}}+I_{\mathrm{B}})(1+R)^{T/2}}{10NE_{\mathrm{R}}C(P_{\mathrm{g}}-O-T_{\mathrm{ax}})}} \tag{11.70}$$

式中，A为气藏含气面积，km^2；I_D为平均直井单井钻井投资，万元/井；I_B为平均单井地面工程投资，万元/井；R为投资贷款税率，小数；T为评价年限，年；C为天然气商品率，小数；N为地质储量，10^8m^3；E_R为采收率，小数；P_g为天然气价格，元/10^3m^3；T_{ax}为评价税费，元/10^3m^3。

须4段气藏平均直井单井钻井投资为2000万元/井，平均单井地面工程投资为279.6万元/井，投资贷款利率为25%，天然气商品率为98%。根据地质研究成果和目前的试采情况，须4段气藏含气面积为415.6km²，地质储量为$566.91\times10^8m^3$，采收率取为45%。天然气价格按868元/10^3m^3计算，当评价年限为27年时，极限井距为780m。

2. 采气速度法

采气速度与极限井距间的关系式为

$$L=\sqrt{\frac{3.65\tau_{\mathrm{g}}q_{\mathrm{g}}A}{VN}} \tag{11.71}$$

式中，A为气藏含气面积，km^2；N为探明地质储量，10^8m^3；V为采气速度，小数；τ_g为采气时率，小数；q_g为平均单井日产气量，$10^4m^3/d$。

须4段气藏含气面积为415.6km²，探明地质储量为$566.91\times10^8m^3$。按采气速度2.04%考虑，采气时率取0.8，平均单井日产气量为$0.8\times10^4m^3/d$时，合理井距为840m。

3. 试井分析法

广安113井于2008年1月31日关井15d压力恢复，采用压差曲线法，解释计算探测半径523.7m，如图11.16所示。

4. 渗流实验法

利用包界须家河组岩心渗流实验，计算须4段气井平均动用半径为822m。

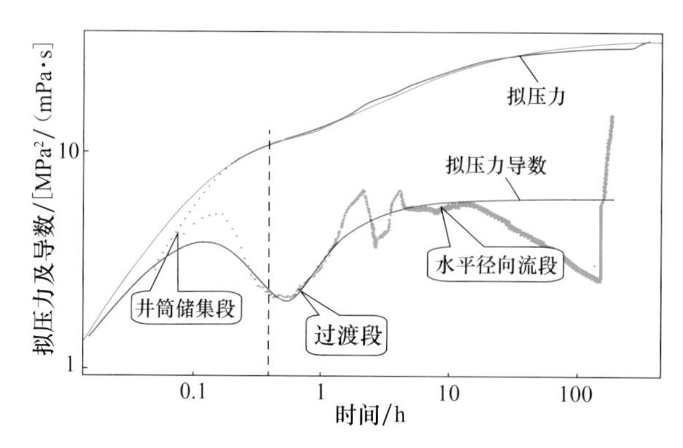

图 11.16 广安 113 井均质地层模型双对数拟合分析图

虚线为实测数据，实线为拟合数据

5. 生产动态法

广安 128 井于 2007 年 5 月投产，已累计产气 $806\times10^4 m^3$，弹性二相法计算单井控制动态储量为 $0.923\times10^8 m^3$。考虑到须 4 段气藏储量丰度 $1.36\times10^8 m^3/km^2$，同时动态储量比容积法储量小，推测广安 128 井单井控制面积在 $0.679km^2$ 以上。广安 123 井压力和产量比较稳定，弹性二相法计算动态控制储量为 $0.2636\times10^8 m^3$；广安 126 井压力和产量变化较快，产量累计法计算动态控制储量为 $0.7347\times10^8 m^3$。综合三口投产井的动态特征，须 4 段气藏平均单井控制面积为 $0.60km^2$ 左右，井距为 760m 左右。

6. 低速非达西渗流法

以广安须 4 段气藏分析单井动用半径，分析地层压力随距井筒距离的增大的变化趋势。由图 11.17 可知，广安 123 井、广安 126 井、广安 113 井三口井的地层压力随着距井筒距离的增大而增大，广安 123 井的地层压力随着距井筒距离的增大趋势最明显。由图 11.18 分析地层压力梯度随距井筒距离的变化而变化的趋势，如图 11.18 所示距井筒 710～750m 处气体开始发生流动，并随着距井筒距离的增大，地层的压力梯度逐渐减小。另外，随着地层压力的增大动用半径增大，当增大到某个值后，动用半径将不再发生变

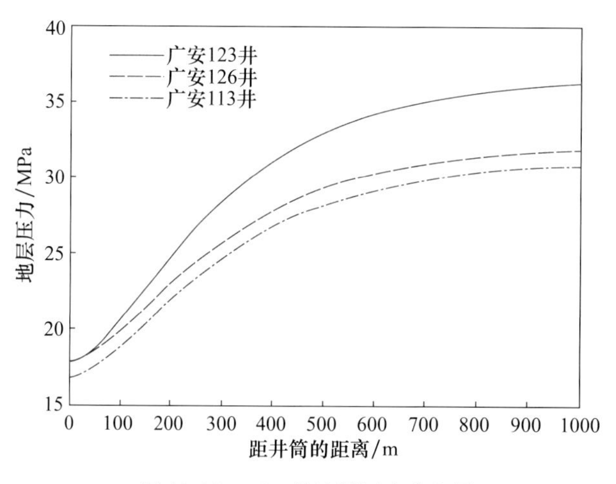

图 11.17 三口井地层压力分布图

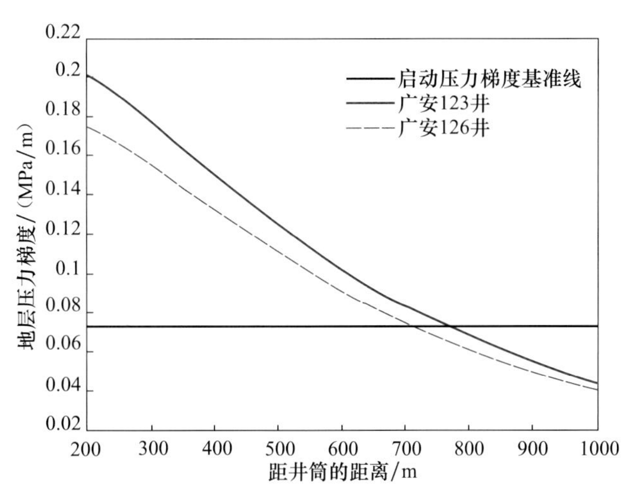

图 11.18 两口井地层压力梯度分布图

化。因此，须四区块储层平均渗透率约为 0.66mD，为低渗透气藏。考虑拟启动压力梯度 G_g=0.073MPa/m，算得平均单井动用半径约为 700m，单井控制面积约为 1.54km^2，单井控制储量约为 211.38×10^{8}m^3。

表 11.2 是对比经济极限法、采气速度法、试井分析法、渗流试验法、生产动态法与本书非达西渗流法算的平均单井动用半径对比情况，须 4 段气藏区块现场实际推测井控半径大约为 700m，与本方法计算结果相近。

表 11.2 不同方法动用半径对比 （单位：m）

方法类别	经济极限法	采气速度法	试井分析法	渗流试验法	生产动态法	非达西渗流法
平均单井动用半径	390	420	523.7	822	380	700

表 11.3 是广安 106 井、广安 113 井、广安 123 井、广安 126 井、广安 128 井在不同边界压力下，调整生产压差、日产气等参数得到不同的动用半径对比表。可见须 4 段气藏广安 128 井控范围最小只有 554m，广安 106 井控范围最大为 766m，平均 700m 左右。综上所述，由上各方法对比并参考各种生产数据可知，在含水低渗砂岩气藏中，由考虑启动压力梯度的产能公式计算储层的平均单井动用半径是最可靠的。

表 11.3 不同井动用半径对比表

井号	边界压力 P_e/MPa	流压 P_w /MPa	生产压差 ΔP/MPa	日产气 Q_{sc} /10^4m^3	气相渗透率 K_g/mD	含水饱和度 S_w/%	含气饱和度 S_g/%	有效厚度 h/m	启动压力梯度 G_g /(MPa/m)	动用半径 r_e/m
广安 106	31.65	11.61	20.04	1.4	0.54	41.7	56.53	17.6	0.073	766
广安 113	30.82	16.84	13.98	0.46	1.195	43.94	56.16	28.8	0.073	705
广安 123	36.25	17.82	18.43	1.06	0.3476	60.27	39.73	17.6	0.073	764
广安 126	31.92	17.97	13.95	2.63	0.34	67.26	32.74	32.38	0.073	711
广安 128	22.23	15.18	7.05	3.21	0.2155	72.47	27.53	48.4	0.073	554

第三节　致密砂岩储层基质-裂缝渗流及开采特征

中低丰度天然气藏群中的储集体都有很强的非均质性。如前所述，“甜点”储集体往往被致密层所包围，呈半孤立状分布，且尺度规模有较大变化。此处所说的半孤立状分布是指甜点储集体的孔吼结构和物性条件都明显好于周围的致密层，其中聚集天然气以后，含气饱和度和成藏机制也都与周围的致密层不同。但致密层中也有天然气的低丰度聚集，只是含气饱和度更低，束缚水饱和度更高。因为孔吼结构复杂，成藏机制主要以扩散流方式成藏，所以从天然气在甜点和致密层中的分布来看，二者是连续分布，中间并没用明显的阻断。当对“甜点富集区”优先开发时，随着气藏内部压力、含气饱和度的变化，特别是直接与甜点接触和近邻的天然气，不可能不发生变化。

为了提高这类气藏的单井产量，改善资源的经济性，对这类气藏的开发一般都要实施人工压裂，以增加产量和可动储量的规模。研究发现，在人工裂缝、甜点富集区和致密层之间，气体会产生耦合渗流机制。可将压裂井控制范围内的气体流动分为三个区域：①远离人工裂缝的外围致密区，该区域的气体以间歇流动方式流入裂缝控制范围，最终并入“甜点富集区”的天然气开发动用中；②人工裂缝控制范围的“甜点富集区”，流体以低速非线性渗流方式流动；③人工裂缝区，流体呈高速非线性流动。

一、基质-裂缝渗流数学模型

根据致密储层流动特点，其储层与压裂井中的流体流动可以分为三个部分：第一部分为远离裂缝位置的流体流入裂缝控制范围椭圆的非线性渗流；第二部分为裂缝控制椭圆范围内的低速非线性渗流；第三部分为人工压裂裂缝内的高速非线性渗流。

数学模型的基本假设条件如下：

（1）裂缝关于井筒对称分布，具有有限导流能力，且位于气层中部。

（2）流体在裂缝的渗流服从高速非线性渗流规律。

（3）地层均质且各向同性，忽略重力与毛细管力的影响。

（一）裂缝中高速非线性渗流

前人从大量的实验中发现达西定律并不是在任何情况下都适用。当渗流速度超过一定值后，速度与压力梯度之间的线性关系开始遭到破坏。人们经过大量的实验和理论推导，得出了上述地层流体非线性渗流的各种表达式，其中以二项式的高速非线性渗流模型用的最为广泛。

$$-\nabla P=\frac{\mu}{K}v+\beta\rho v^{2} \tag{11.72}$$

式中，β为高速非线性渗流系数即惯性系数，若β有变化，则非线性渗流模型随之改变；v为渗流速率。

β具体的表达式为

$$\beta=-\frac{1}{\phi}\exp[45-\sqrt{407-81\ln(k_{e}/\phi)}] \tag{11.73}$$

裂缝中的渗流速度为

$$v=\frac{Q}{\rho wh} \tag{11.74}$$

由气体性质及气体状态方程可以得到

$$Q=q_{sc}\rho_{gsc}, \quad \rho=\frac{PM}{RZT}, \quad R=\frac{P_{sc}M}{Z_{sc}T_{sc}\rho_{gsc}} \tag{11.75}$$

将式（11.75）代入式（11.74），得

$$v=\frac{q_{sc}P_{sc}ZT}{PZ_{sc}T_{sc}wh} \tag{11.76}$$

将式（11.76）代入到式（11.72）中，得

$$\frac{d}{dx}P(x)=\frac{\mu q_{sc}P_{sc}ZT}{KPZ_{sc}T_{sc}wh}+\beta\rho\left(\frac{q_{sc}P_{sc}ZT}{Z_{sc}T_{sc}wh}\right)^2 \tag{11.77}$$

由拟压力函数定义可得其微分式为

$$\frac{d}{dx}m(x)=\frac{2P\left[\frac{d}{dx}P(x)\right]}{\mu Z} \tag{11.78}$$

整理式（11.78）、式（11.74）得到

$$\frac{d}{dx}m(x)=\frac{2q_{sc}P_{sc}T(\mu PZ_{sc}T_{sc}wh+\beta\rho q_{sc}P_{sc}ZTK)}{KPZ_{sc}^2T_{sc}^2w^2h^2\mu} \tag{11.79}$$

分离变量后积分得到

$$m_{x_f}-m_{r_w}=\frac{2q_{sc}P_{sc}Tx_f}{KZ_{sc}T_{sc}wh}+\frac{2q_{sc}^2P_{sc}^2T^2x_f\beta\rho Z}{PZ_{sc}^2T_{sc}^2w^2h^2\mu} \tag{11.80}$$

式中，m_{x_f}为裂缝末端拟压力，$Pa^2/(Pa\cdot s)$，m_{r_w}为井筒压力，$Pa^2/(Pa\cdot s)$。

（二）人工压裂裂缝控制范围内的椭圆渗流

裂缝井采气时，诱发地层中的平面二维椭圆渗流，形成以裂缝端点为焦点的共轭等压椭圆和双曲线流线族，其直角坐标和椭圆坐标的关系为

$$x=a\cos\eta, \quad y=b\sin\eta$$

$$a=c\,\mathrm{ch}\xi, \quad b=c\,\mathrm{sh}\xi$$

椭圆渗流区的运动方程为

$$\frac{d}{d\xi}P(\xi)-G=\frac{2\mu vx_f\mathrm{ch}\xi}{K} \tag{11.81}$$

椭圆渗流区流速表达式为

$$v=\frac{Q}{4\rho x_fh\mathrm{ch}\xi} \tag{11.82}$$

换成标态下流速表达式为

$$v=\frac{q_{sc}P_{sc}ZT}{PZ_{sc}T_{sc}x_fh\mathrm{ch}\xi} \tag{11.83}$$

将式（11.83）代入式（11.81）得到

$$\frac{\mathrm{d}}{\mathrm{d}\xi}P(\xi)-G=\frac{2\mu q_{\mathrm{sc}}P_{\mathrm{sc}}ZT}{KPZ_{\mathrm{sc}}T_{\mathrm{sc}}h} \tag{11.84}$$

由拟压力函数定义可得其微分式为

$$\frac{\mathrm{d}}{\mathrm{d}\xi}m(\xi)=\frac{2P\left[\frac{\mathrm{d}}{\mathrm{d}\xi}P(\xi)-G\right]}{\mu Z} \tag{11.85}$$

整理式（11.84）和式（11.85）

$$\frac{\mathrm{d}}{\mathrm{d}\xi}m(\xi)=\frac{q_{\mathrm{sc}}P_{\mathrm{sc}}T}{KZ_{\mathrm{sc}}T_{\mathrm{sc}}h} \tag{11.86}$$

两边分离变量积分得到

$$m_{\xi}-m_{x_{\mathrm{f}}}=\frac{q_{\mathrm{sc}}P_{\mathrm{sc}}T}{KZ_{\mathrm{sc}}T_{\mathrm{sc}}h}(\xi-r_{\mathrm{w}}) \tag{11.87}$$

由于 $\xi=\frac{\ln(a+b)}{x_{\mathrm{f}}}$，则

$$m_{\xi}-m_{x_{\mathrm{f}}}=\frac{q_{\mathrm{sc}}P_{\mathrm{sc}}T}{KZ_{\mathrm{sc}}T_{\mathrm{sc}}h}\left[\frac{\ln(a+b)}{x_{\mathrm{f}}}-r_{\mathrm{w}}\right] \tag{11.88}$$

（三）无限大地层区域低速非达西径向渗流

此处流体的流动为低速非达西渗流，此时径向定常渗流的数学模型为

运动方程

$$-\nabla P=\frac{\mu}{K}v \tag{11.89}$$

流速表达式为

$$v=\frac{Q}{2\pi r\rho h} \tag{11.90}$$

换成标准状态下流速表达式为

$$v=\frac{q_{\mathrm{sc}}P_{\mathrm{sc}}ZT}{2\pi rhPZ_{\mathrm{sc}}T_{\mathrm{sc}}} \tag{11.91}$$

将式（11.91）代入式（11.89）中得

$$\frac{\mathrm{d}}{\mathrm{d}r}P(r)-G=\frac{\mu q_{\mathrm{sc}}P_{\mathrm{sc}}ZT}{2KPZ_{\mathrm{sc}}T_{\mathrm{sc}}\pi rh} \tag{11.92}$$

拟压力函数定义可得其微分式为

$$\frac{\mathrm{d}}{\mathrm{d}r}m(r)=\frac{2P\left[\frac{\mathrm{d}}{\mathrm{d}r}P(r)-G\right]}{\mu Z} \tag{11.93}$$

整理式（11.92）和式（11.93）得到

$$\frac{\mathrm{d}}{\mathrm{d}r}m(r)=\frac{q_{\mathrm{sc}}P_{\mathrm{sc}}T}{KZ_{\mathrm{sc}}T_{\mathrm{sc}}\pi rh} \tag{11.94}$$

两边分离变量积分得到

$$m_{r_{\mathrm{e}}}-m_{\xi}=\frac{q_{\mathrm{sc}}P_{\mathrm{sc}}T}{KZ_{\mathrm{sc}}T_{\mathrm{sc}}\pi h}\ln\frac{r_{\mathrm{e}}}{\xi} \tag{11.95}$$

因为流体在两种流动的交界处压力相等，裂缝内的流动和裂缝外的流动相加即得此时的总流量。

由 $m_{r_e}=\dfrac{(P_{r_e}-Gr_e)^2-(P_{r_w}-Gr_w)^2}{\overline{\mu z}}+m_{r_w}$，联合式（11.95）可得含水致密气藏产能公式为

$$(P_{r_e}-Gr_e)^2-(P_{r_w}-Gr_w)^2$$
$$=\overline{\mu Z}\left\{\frac{q_{sc}P_{sc}T}{KZ_{sc}T_{sc}\pi h}\ln\frac{r_e}{\xi}+\frac{q_{sc}P_{sc}T}{KZ_{sc}T_{sc}h}\left[\frac{\ln(a+b)}{x_f}-r_w\right]+\frac{2q_{sc}P_{sc}Tx_f}{KZ_{sc}T_{sc}wh}+\frac{2q_{sc}^2P_{sc}^2Tx_f\beta\rho_{gsc}}{Z_{sc}T_{sc}w^2h^2\mu}\right\} \tag{11.96}$$

二、基质-裂缝耦合渗流开采特征

图 11.19 为苏 39-17-3 井实际数据与拟合数据对比图。苏 39-17-3 井所处区域，小层渗透率为 0.5mD，小层厚度为 8.4m，小层孔隙度为 10%，地层气体黏度为 0.027mPa·s，地层温度为 120℃。气井地层压力为 30MPa，井底流压为 6MPa。从图中可以看出，模拟结果与实际结果符合度很高，证明了该基质-裂缝渗流数学模型的正确性。气井初期产能较高，日产量在 500d 之前迅速下降，随后趋于平缓。

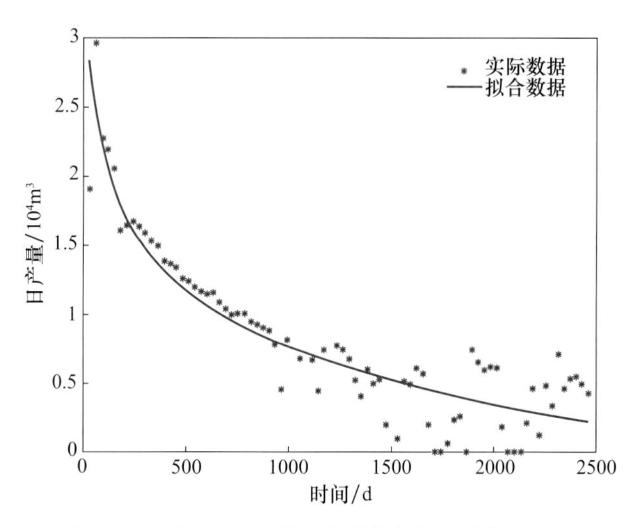

图 11.19　苏 39-17-3 井实际数据与拟合数据对比图

基质-裂缝耦合流动机制决定了气井生产初期主要是压裂裂缝控制范围内的气体流动，产量较高，但递减快，年递减率可到 20%以上。气井生产中后期主要反映蕴藏在基质孔隙中的天然气低速非线性流动，可以使低产量保持较长期稳定，当地层压力减至一定的门槛后（如苏里格气田废弃地层压力 5MPa），通过间歇开井，维持地下地层能量，可使气井整个生产周期达到 15 年以上，且中后期单位压降产气量明显增加（图 11.20）。

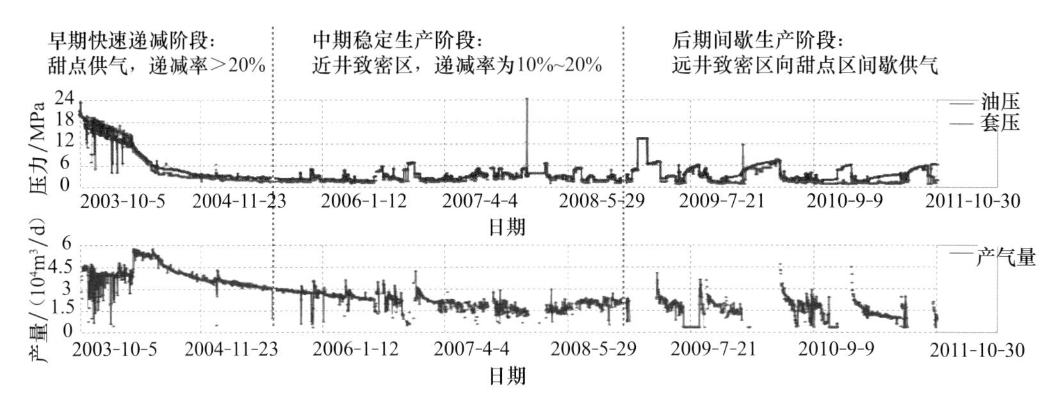

图 11.20　苏里格气田典型井生产曲线

第四节　致密砂岩气藏非均质供气特征与开发模式

与常规气藏相比，中低丰度气藏渗流有其独特性。常规气藏由于渗透率较高，压降传导较快，可在较短时间内达到渗流边界，进入拟稳态生产阶段。而中低丰度气藏由于渗透率低和孔吼结构复杂且强非均质变化，压降传导慢，在较长时间内压降传导难以到达渗流边界，往往需要一年以上甚至更长时间来达到拟稳态生产。

建立致密气藏非均质流动机制，可以评价外围致密区以间歇流动方式，向相对高渗区输送天然气的数量。判断达到拟稳态的时间，分析拟稳定段气井的动态储量，根据后期间歇生产段再评价动储量，比较两者大小，最后根据生产压力和产量分析动储量评价结果。研究认为，苏里格气田致密区向“甜点富集区”贡献的气量，可增加单井累计产量 5%～15%。这种通过“甜点”采致密区储量的开发方式，可有效将可动储层的物性下限向下延伸至孔隙度 3%，可再新增 10%左右的可采储量，进一步扩大气田开发的储量基础。经计算，通过开采高渗区储量带动致密区储量动用的方式，在苏里格气田已探明储量区，至少可以增加可采储量 $1800\times10^8\mathrm{m}^3$，相当于又增加了一个地质储量规模近 $5000\times10^8\mathrm{m}^3$ 的大型气田。

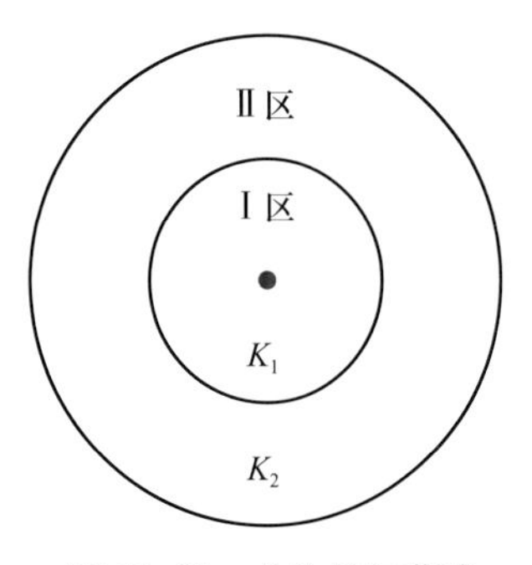

图 11.21　非均质气藏渗流模型示意图

一、致密气藏非均质渗流模型

储层非均质性是指储层的基本性质在三维空间上分布的不均一性，对油气田的勘探和开发效果影响很大，是储层评价和油气藏描述的重要内容，其研究水平将直接影响对储层中油、气、水分布规律的认识和开发中效果的好坏。针对非均质气藏渗透率横向非均质性进行研究，建立简单渗流模型，根据渗透率不同可把气藏分为两个区（图 11.21）。

二、低渗区向高渗区供气特征

图 11.22 为不同生产时间条件下非均质地层压力随距离的变化曲线。可以看出，

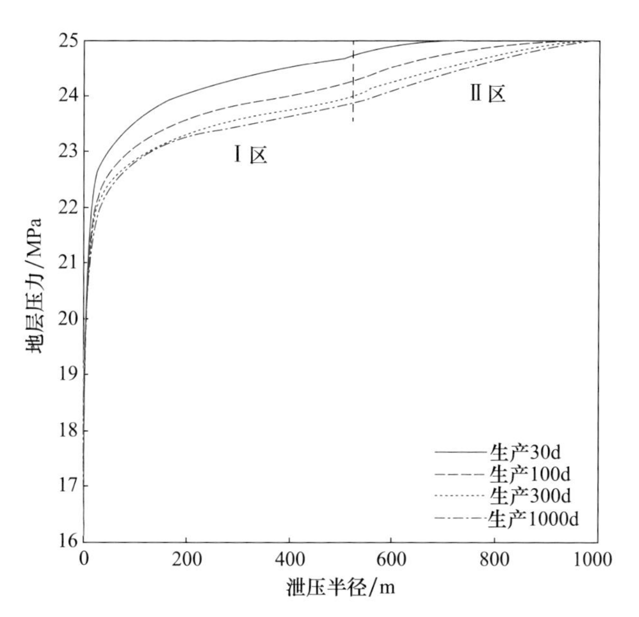

图 11.22 不同生产时间非均质地层压力分布

随着生产时间的增加，地层压力不断降低，在Ⅰ区、Ⅱ区分界点处地层压力梯度有明显变化。

图 11.23 为不同生产时间条件下非均质地层压力梯度随距离的变化曲线。随着生产时间的增大，Ⅰ区高渗区地层压力梯度变化幅度不大，分界点处压力梯度突然增大，Ⅱ区低渗区地层压力梯度逐渐增大。可见随着时间的增加，低渗区向高渗区供气。

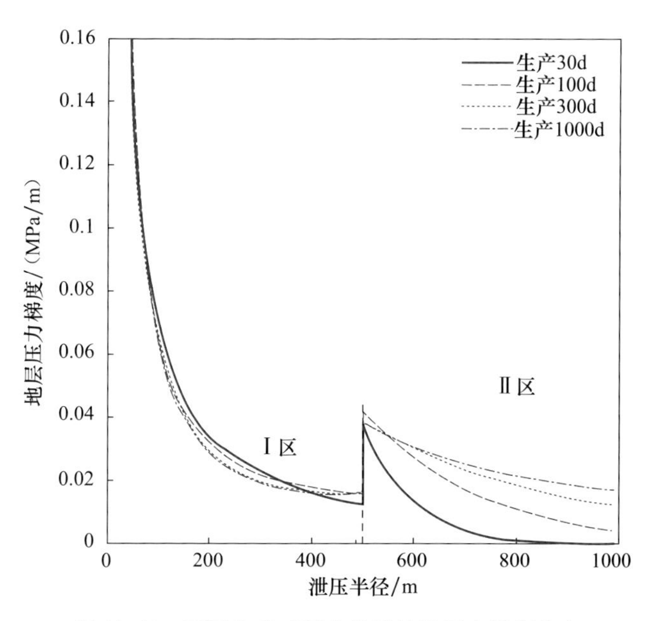

图 11.23 不同生产时间非均质地层压力梯度分布

图 11.24 为不同启动压力梯度条件下非均质地层压力随泄压半径的变化曲线。启动

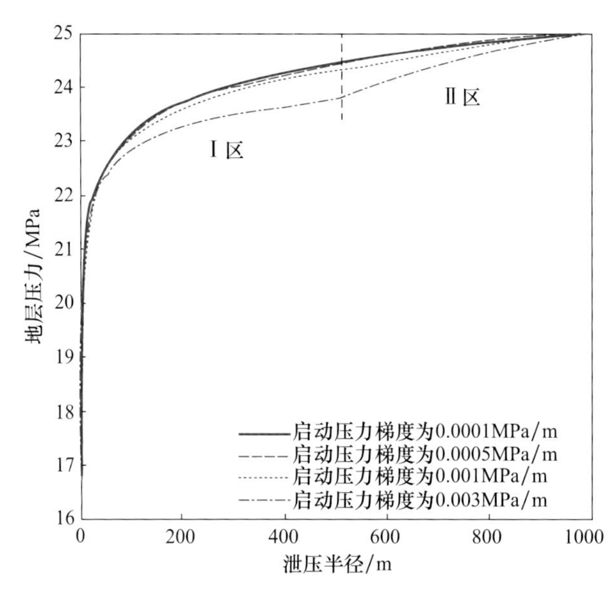

图 11.24　不同启动压力梯度条件下非均质地层压力分布

压力梯度对近井地带的地层压力基本没有影响。启动压力梯度较小时，非均质性对压力的影响不明显。随着启动压力梯度的增大，地层压力下降幅度显著增大。

图 11.25 为不同启动压力梯度条件下非均质地层压力梯度随泄压半径的变化曲线。可以看出，Ⅰ区高渗区：地层压力梯度随泄压半径增大而减小，随着启动压力梯度的增大，地层压力梯度降低；Ⅱ区低渗区：地层压力梯度随泄压半径增大而减小，随着启动压力梯度的增大，地层压力梯度增大。

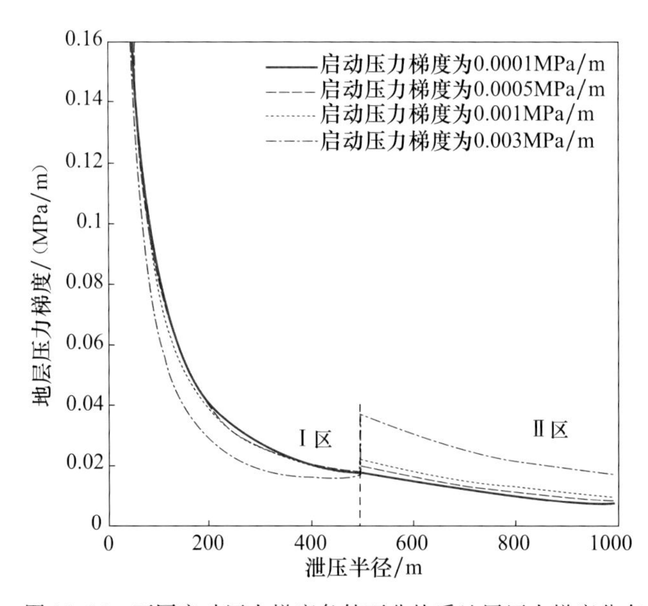

图 11.25　不同启动压力梯度条件下非均质地层压力梯度分布

图 11.26 为不同产气量条件下非均质地层压力随泄压半径的变化曲线。可以看出，内边界定产的情况下，随着产气量的增加，地层压力逐渐减小，非均质性对压力分布的影响越大。图 11.27 为不同产气量条件下非均质地层压力梯度随泄压半径的变化关系曲线。可见，在高低渗分界点处，地层压力梯度突然增大。日产气量越高，地层压力梯度越大。

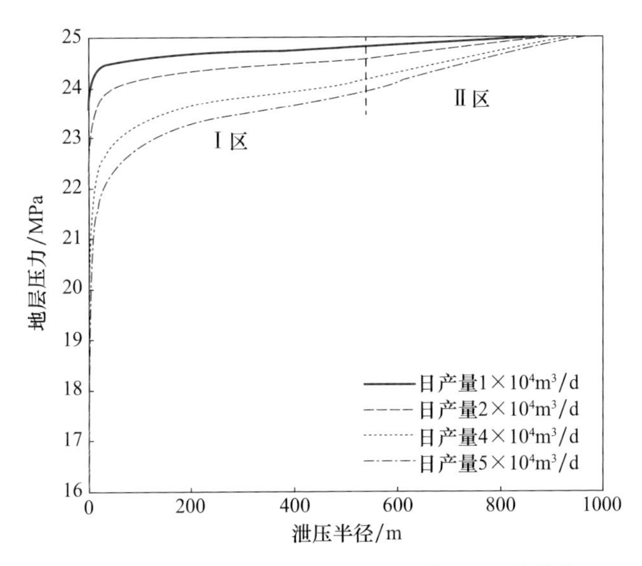

图 11.26 不同产气量条件下非均质地层压力分布

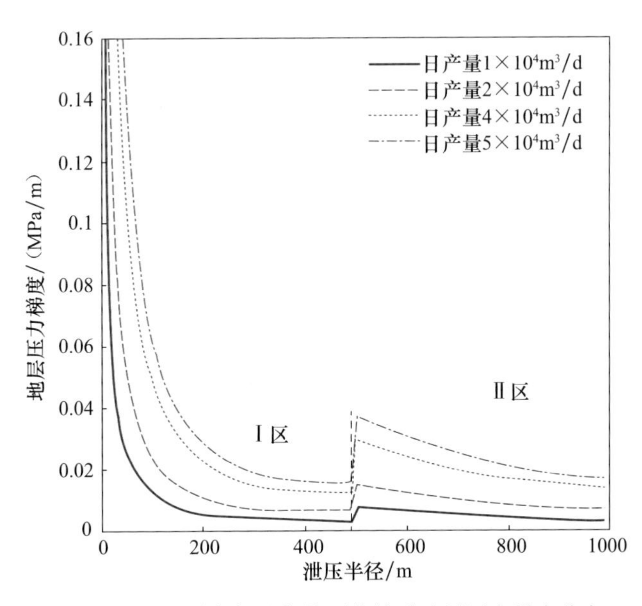

图 11.27 不同产气量条件下非均质地层压力梯度分布

图 11.28 为不同气藏厚度时非均质地层压力随泄压半径的变化曲线。可以看出，内边界定产的情况下，随着气藏厚度的减小，生产压差增大，分界点附近压力变化明显，

非均质性对压力分布的影响越大。图 11.29 为不同气藏厚度条件下非均质地层压力梯度随泄压半径的变化曲线。由图 11.29 可以看出，内边界定产情况下，随着气藏厚度的减小，地层压力梯度逐渐增大，分界点附近压力梯度变化明显，非均质性对压力分布的影响越大。

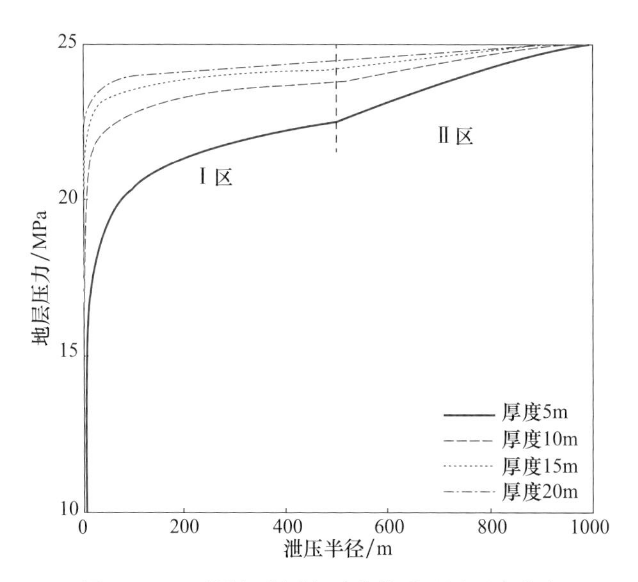

图 11.28　不同气藏厚度时非均质地层压力分布

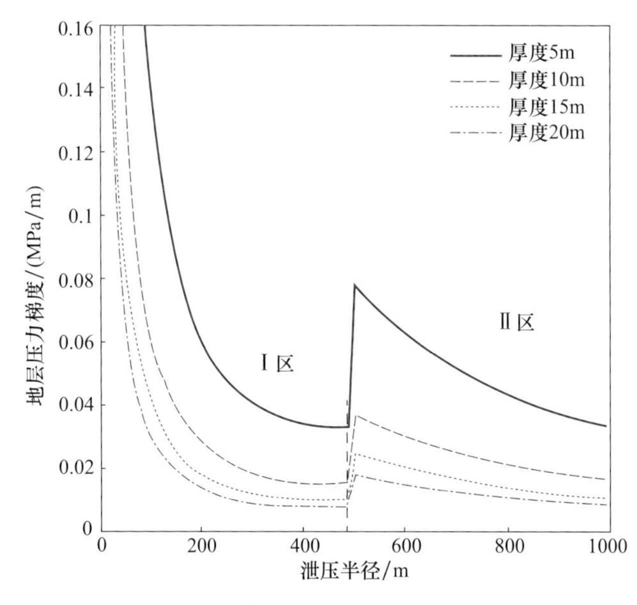

图 11.29　不同气藏厚度时非均质地层压力梯度分布

图 11.30 为考虑渗透率分布不同的情况下对地层压力的影响。可见，把渗透率按平均值来处理与考虑渗透率不同时，地层压力有一定差别，这也说明了研究非均质性的意义。图 11.31 为考虑非均质性对产气量的影响。由图 11.31 可以看出，Ⅰ

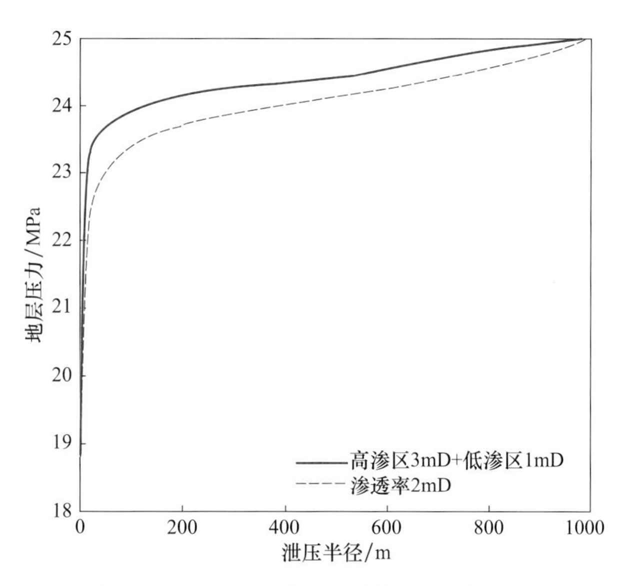

图 11.30　非均质性对地层压力分布的影响

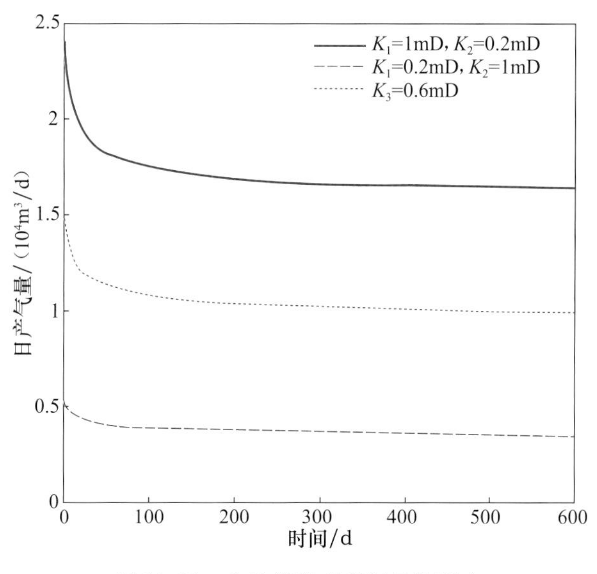

图 11.31　非均质性对产气量的影响

区为高渗区，Ⅱ区为低渗区的产气量远大于其相反情况，说明甜点设在高渗区的开发效果明显。另外，由图 11.31 中还可以看出，考虑非均质性的意义，其产气量和均质地层有明显差别。

图 11.32 为启动压力梯度不同的情况下产气量的变化。由图 11.32 可见，启动压力梯度越大，产气量越低。没有启动压力梯度时日产量是最大的。

图 11.33 是达西流动与非达西流动低渗透贡献对比图，由图可以看出，对于非均质地层低渗透区的贡献率随着开采阶段的深入贡献率不断增大，达西流动初期低渗透贡献

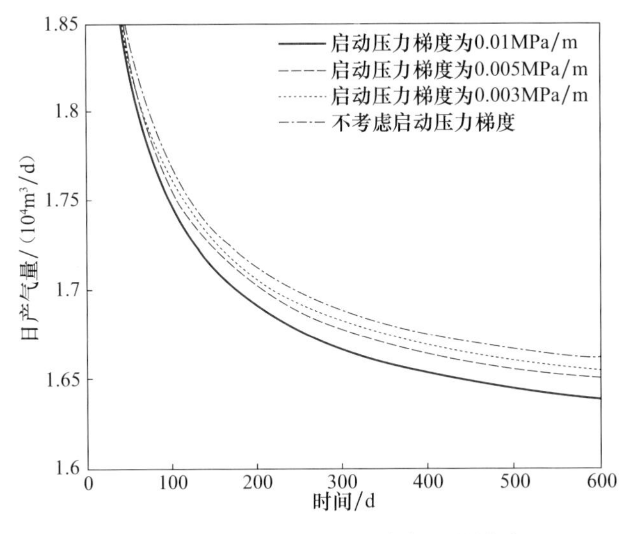

图 11.32 启动压力梯度对产气量的影响

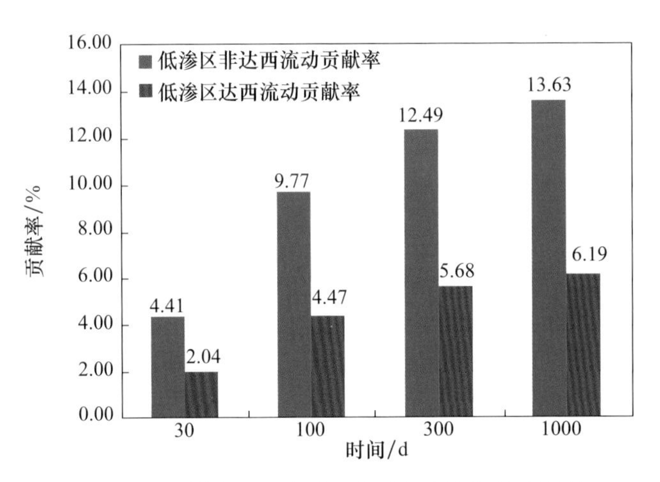

图 11.33 低渗区非达西、达西流动贡献率对比图

为 2%左右，中后期则达到 6%左右，增幅大约为 4%；而非达西流动初期低渗透贡献率为 4%，后期接近 14%，增幅达 10%，因此可以看出，对于低渗透致密碎屑岩气藏，随着开采的深入，低渗区对开采的贡献率逐渐增大，且比常规达西流动气藏低渗区贡献率要大，低渗透致密碎屑岩气藏开采中后期对生产贡献达到 14%左右，其低渗区贡献率约是常规达西流动气藏的 2 倍。

图 11.34 分别为生产时间不同时低渗区贡献率随油藏厚度的变化散点图。生产时间相同的情况下，随着油藏厚度的增加，低渗区贡献率逐渐增大，当油藏厚度达到 10m 以上时，低渗区贡献率增加缓慢。说明油藏厚度 10m 为临界厚度，大于此临界厚度时低渗区贡献率基本不变。且生产中后期低渗区贡献率是生产初期的 3 倍，说明低渗区在生产后期供气充足。

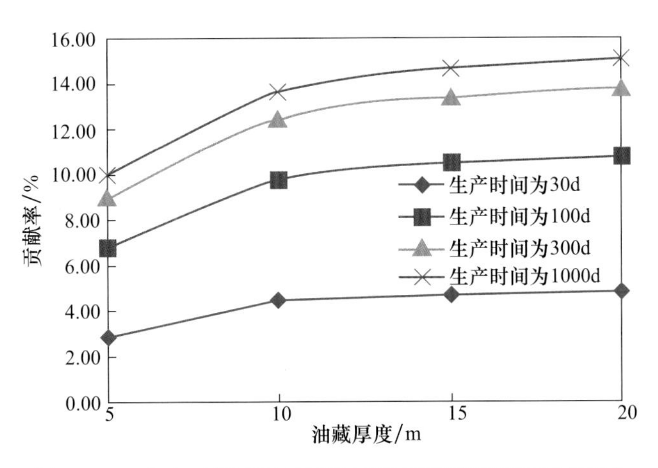

图 11.34 生产时间不同时低渗区贡献率随油藏厚度的变化

图 11.35 为不同生产时间下低渗区贡献率增加幅度随厚度变化曲线。随着生产时间的增大，低渗区贡献率增加幅度逐渐减小。同一生产时间，随着油藏厚度的增大，低渗区贡献率增加幅度逐渐增大，当油藏厚度达到 10m 时，低渗区贡献率增加幅度基本不变。生产初期低渗区随着油藏厚度的增加贡献率增加幅度明显变大，生产后期基本不变。

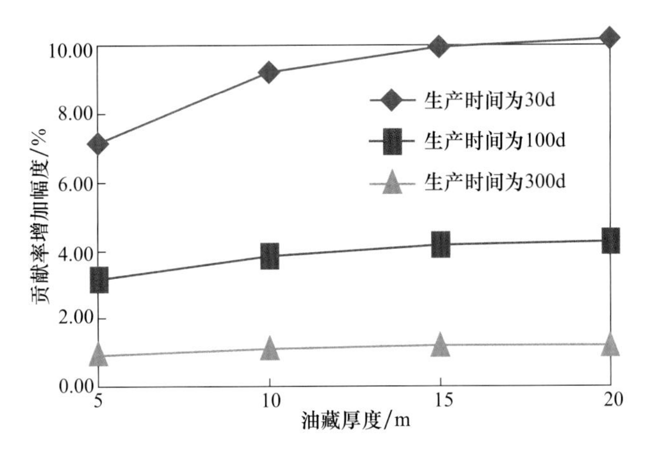

图 11.35 不同生产时间下贡献率增大幅度随厚度变化曲线

图 11.36 为启动压力梯度不同时低渗区贡献率随时间的变化。不含启动压力梯度的情况下贡献率最低。生产初期，启动压力梯度越大，低渗区贡献率增长越快；生产中后期，低渗区贡献率基本不变，随着启动压力梯度增大，低渗区贡献率逐渐增大，且启动压力梯度由 0.001MPa/m 增大为 0.003MPa/m 时低渗区贡献率增大了一倍，说明启动压力梯度对低渗区贡献率的影响很大。

三、“甜点”外围低渗区供气能力分析

苏里格气田储层结构为致密砂岩中包裹着透镜状相对高渗的主力产气砂体。苏里格

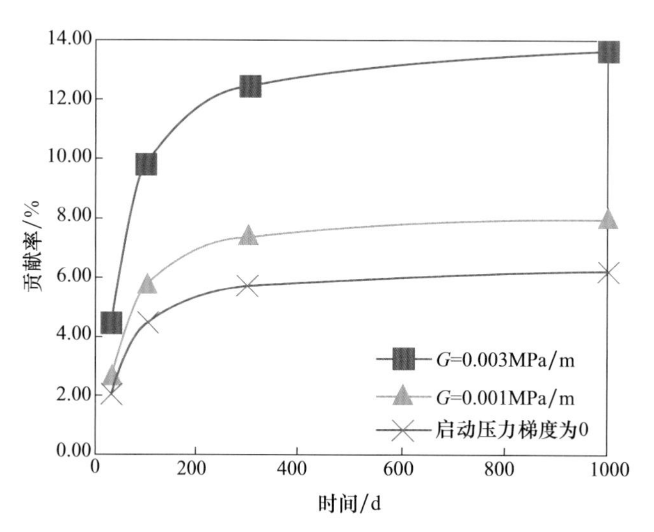

图 11.36　启动压力梯度不同时低渗区贡献率随时间的变化

气田提交探明储量的下限值为 POR＞5%、PERM＞0.1mD、V_{sh}＜20%、S_w＞50%。但在探明储量界定的有效砂体之外的致密砂体中也同样含气，只是含气饱和度较低，对气井产能贡献有限，这在气井的生产动态上已有所反应；而且这部分致密砂岩占整个砂层厚度的 70%，其有效开发动用为进一步扩大产能规模或延长稳产期提供了资源后备。

气井生产首先动用相对高渗层，当压力到达相对高渗层边界时，出现拟稳态的生产特征；随着生产压差的增加，达到外围低渗储层的启动压力后，低孔低渗区储量开始动用；从实际气井生产规律来看，也呈现外围低渗区供气的特征。本节利用理论分析法和数值模拟法分析外围低孔低渗储层的供气能力。

（一）理论分析法

首先判断达到拟稳态的时间，分析拟稳定段气井的动态储量，然后根据后期间歇生产段再评价动储量，比较两者大小，最后根据生产压力和产量分析动储量评价结果。下面以苏 38-16-5 井为例进行评价。

1. 计算井底流压

根据井口套压和基本静态数据（图 11.37），折算井底流压。

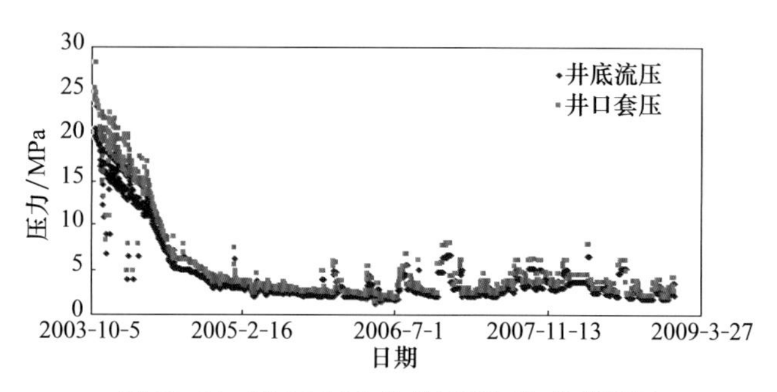

图 11.37　苏 38-16-5 井井口套压与井底流压

2. 判断生产到达拟稳态的时间

采用“Y 函数法”、“$\lg(\Delta P_{wf}^2/\Delta G_p)$-$\lg G_p$”关系、“$P_{wf}^2$-$t$”关系三种方法，判断达到拟稳态的时间。当达到拟稳态后，前两种方法关系图上均出现水平直线段，“P_{wf}^2-t”关系图上出现直线段。

1) Y 函数法

Y 函数就是在不稳定流动条件下，单位厚度产量的压力变化率的单位为 MPa/[d/($10^4\,m^3$/d)]，其数学表达式为

$$Y=\frac{T_{sc}}{qP_{sc}ZT}\cdot\frac{d(P_i^2-P_{wf}^2)}{dt}$$

根据苏 38-16-5 井的数据作图（图 11.38），可得到达到拟稳态的时间 t_0＝573d。

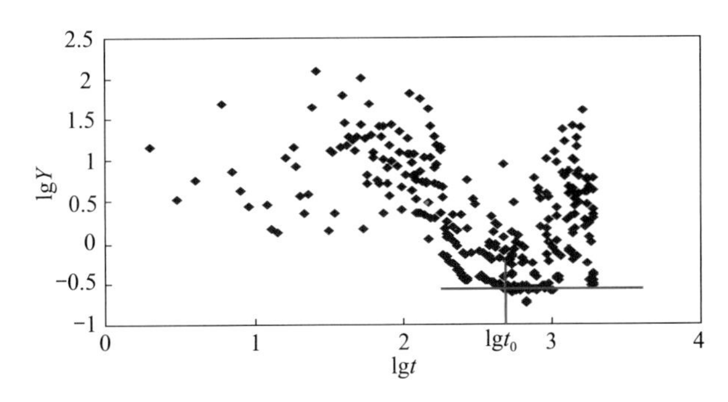

图 11.38 苏 38-16-5 井 Y 函数图

2) $\lg(\Delta P_{wf}^2/\Delta G_p)$-$\lg G_p$ 关系图解法

该方法就是利用井底流压和累计产量两个参数，推导得到 $\lg(\Delta P_{wf}^2/\Delta G_p)$-$\lg G_p$ 关系曲线，该曲线出现水平直线段的时间就是渗流到达拟稳态的时间。在苏 38-16-5 井的 $\lg(\Delta P_{wf}^2/\Delta G_p)$-$\lg G_p$ 关系曲线上（图 11.39），当累计产量达到 G_{p_0} 时，曲线出现水平直线段，再根据累计产量与生产时间的关系曲线（图 11.40），即可得达到拟稳态的时间 t_0＝570d。

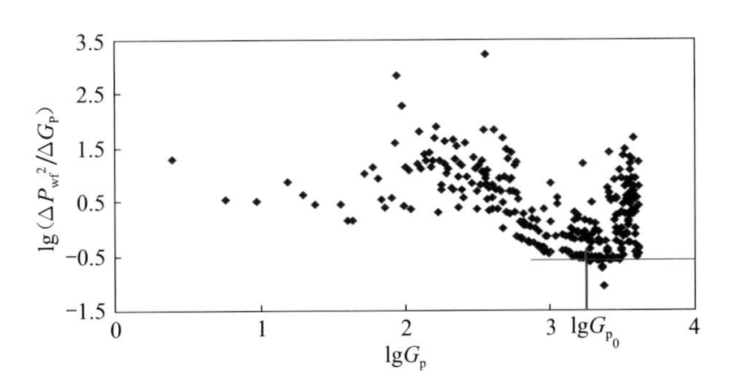

图 11.39 苏 38-16-5 井 lg（$\Delta P_{wf}^2/\Delta G_p$）-$\lg G_p$ 关系曲线

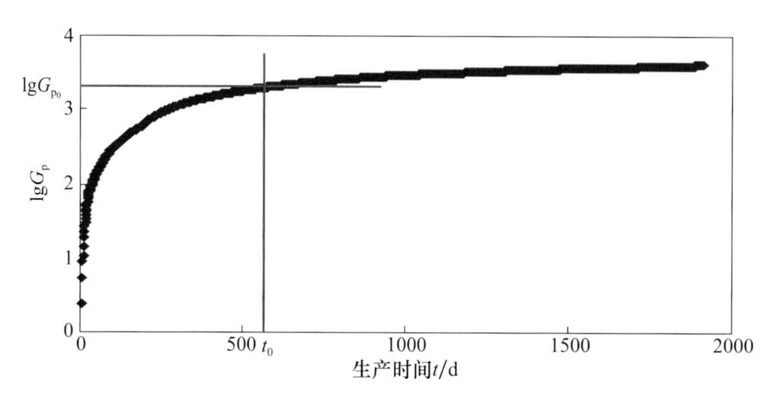

图 11.40　苏 38-16-5 井累计产量与生产时间关系曲线

3）P_{wf}^2-t 关系图解法

利用井底流压和生产时间两个参数，作出 P_{wf}^2-t 关系曲线，该曲线出现直线段的时间即是渗流达到拟稳态的时间。根据苏 38-16-5 井 P_{wf}^2-t 的关系曲线（图 11.41），有直线段出现，即可得到达到拟稳态的时间 t_0=578d。

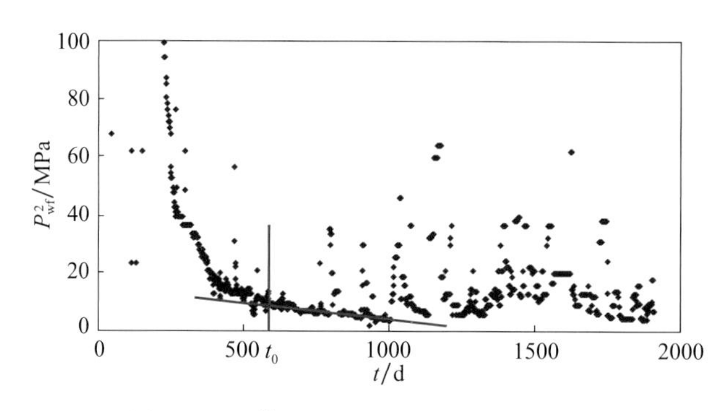

图 11.41　苏 38-16-5 井 P_{wf}^2-t 的关系曲线

综合来看，苏 38-16-5 井投产 570d 左右达到拟稳态，对应日期是 2005 年 4 月底。

3. 单井动态储量预测结果分析

从达到拟稳态至 2006 年 7 月中旬，气井连续稳定生产，根据这段相对稳定的生产数据，采用指数递减规律方法，预测苏 38-16-5 井的动态控制储量为 $5460\times10^4m^3$。

从 2006 年 7 月之后采用间歇开井，产量变化较大，这段产量数据的变化规律已不同于拟稳定生产段。根据后期间歇生产段的产量递减规律预测苏 38-16-5 井的动态控制储量为 $6450\times10^4\sim7200\times10^4m^3$。

从到达拟稳态后的两段产量数据预测的动态控制储量对比来看，外围低渗区对气井产量有补给作用。

4. 生产情况分析

从压力上分析，拟稳定生产段套压逐渐下降，平均套压为 2.3MPa；而间歇生产段的平均套压为 3.6MPa，开井期的平均套压为 2.8MPa（图 11.42），仍高于拟稳定生产段的套压水平。这也说明了外围低渗区对气井能量有一定的补给能力。

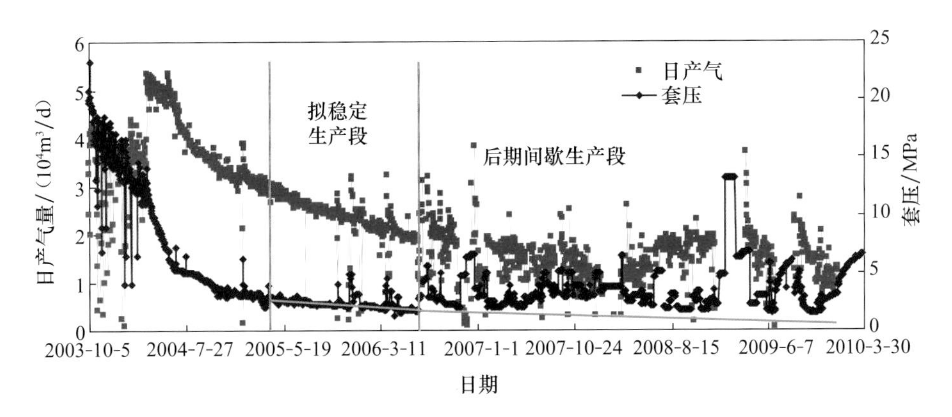

图 11.42 苏 38-16-5 井生产曲线

从气井产气量分析，截至 2010 年 1 月，苏 38-16-5 井已累计产天然气 $4485\times10^4m^3$，按动态储量 $5460\times10^4m^3$ 计算，动态储量采出程度为 82%，应接近废弃条件，但实际该井于 2010 年 1 月的平均日产量仍在 $1\times10^4m^3$ 以上；而按动态储量 $6450\times10^4\sim7200\times10^4m^3$ 计算，动态储量的采出程度为 62.3%～69.5%，该条件下日产量为 $1\times10^4m^3$ 较合理。

综合分析表明，苏 38-16-5 井外围低渗储层对气井有能量补给，供气量为 $990\times10^4\sim1740\times10^4m^3$。可以采用同样的分析方法，对其他老井进行外围低渗储层供气能力分析，分析结果见表 11.4。外围低渗区对最终累计产量的贡献占 5%～15%。

表 11.4 外围低渗储层供气能力分析表

类别	井名	到达拟稳态的时间/d	预测动态控制储量/10^4m^3	
			拟稳定段	后期间歇段
Ⅰ	苏 38-16	656	2400	3240～3850
	苏 40-16	725	3610	4800～5250
	苏 38-16-8	334	2400	3210～3580
	苏 39-14-2	214	5370	5500～6220
	苏 39-14-3	672	2730	3630～4020
	桃 5	895	2500	2720～2990
Ⅱ	苏 38-16-3	475	2470	3060～3210
	苏 38-16-2	224	2660	2840～2950
	苏 36-13	702	1730	2070～2300
	苏 37-15	813	1720	1910～2070
	苏 38-14	832	1290	1660～2000
	苏 39-17	570	1797	1940～2130
	苏 38-16-7	664	1400	1890～2050
Ⅲ	苏 39-14-1	578	934	1340～1540
	苏 35-15	846	708	1190～1320
	苏 36-18	868	687	884～980
	苏 38-16-4	374	736	1080～1190
	苏 40-14	790	806	1320～1450

（二）数值模拟法

为了定量化评价低效储层的贡献，利用数值模拟方法，预测不同孔隙度下限约束下的气井配产和累产气量，从而评价低效储层的贡献。以孔隙度下限5%和3%作为分类标准，对储层进行分类评价，划分有效储层，建立不同的储层净毛比（NTG）参数模型，为数值模拟提供两套不同储层分类标准下的数据体（图11.43）。

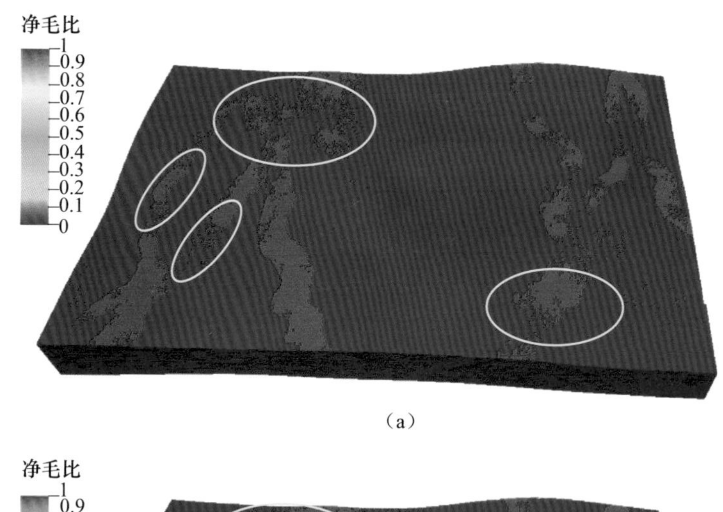

（a）

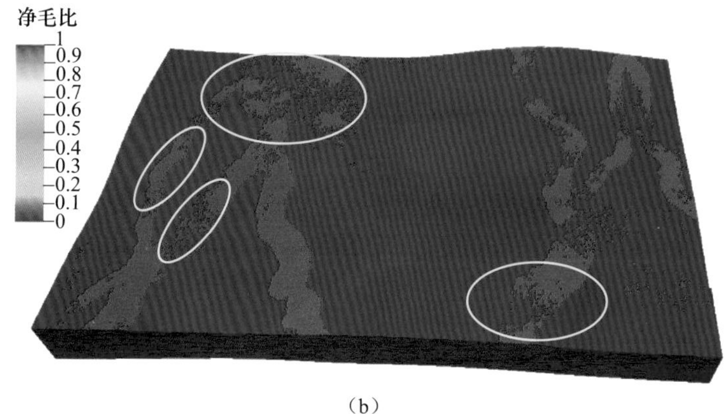

（b）

图11.43 孔隙度下限5%和孔隙度下限3%的储层净毛比模型

（a）孔隙度下限5%；（b）孔隙度下限3%

以两种模型为基础，利用苏39-14井、苏39-14-1井、苏39-14-2井的数据进行历史拟合、预测模拟计算。模拟结果见表11.5、表11.6及图11.44～图11.47。

表11.5 典型井概况

井号	投产时间	初始套压/MPa	原始地层压力/MPa	目前累产气/10^4m^3
苏39-14	2002-10-26	22.8	28.2	594
苏39-14-1	2003-10-16	22.4	27.7	1022
苏39-14-2	2003-10-27	23	28.6	3340

表 11.6 低效储层对气井开发贡献

井名	孔隙度下限/%	储层厚度/m	稳产 3 年配产/(m^3/d)	累计产量/10^4m^3	低效储层贡献/10^4m^3	低效储层贡献率/%
苏 39-14	>5	30.82	5600	1854.1	308.1	16.6
	>3	55.92	5700	2162.2		
苏 39-14-1	>5	27.48	7700	1800.3	83.3	4.6
	>3	39.84	7600	1883.6		
苏 39-14-2	>5	46.5	20000	6735.3	2032.5	30.2
	>3	57.8	20000	8767.8		

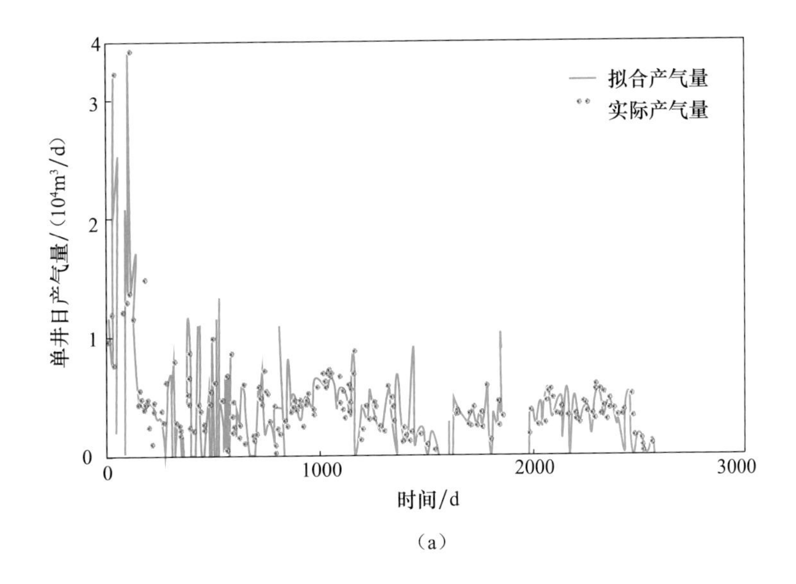

(a)

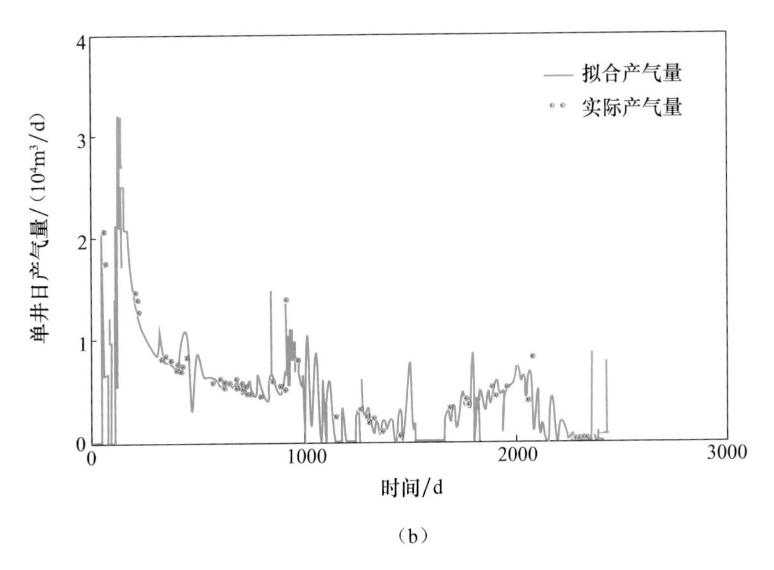

(b)

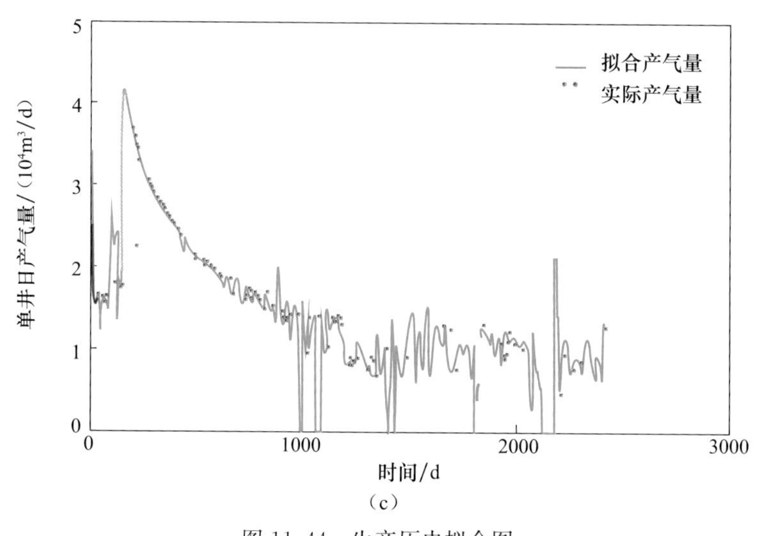

（c）

图 11.44　生产历史拟合图

（a）苏 39-14 井；（b）苏 39-14-1 井；（c）苏 39-14-2 井

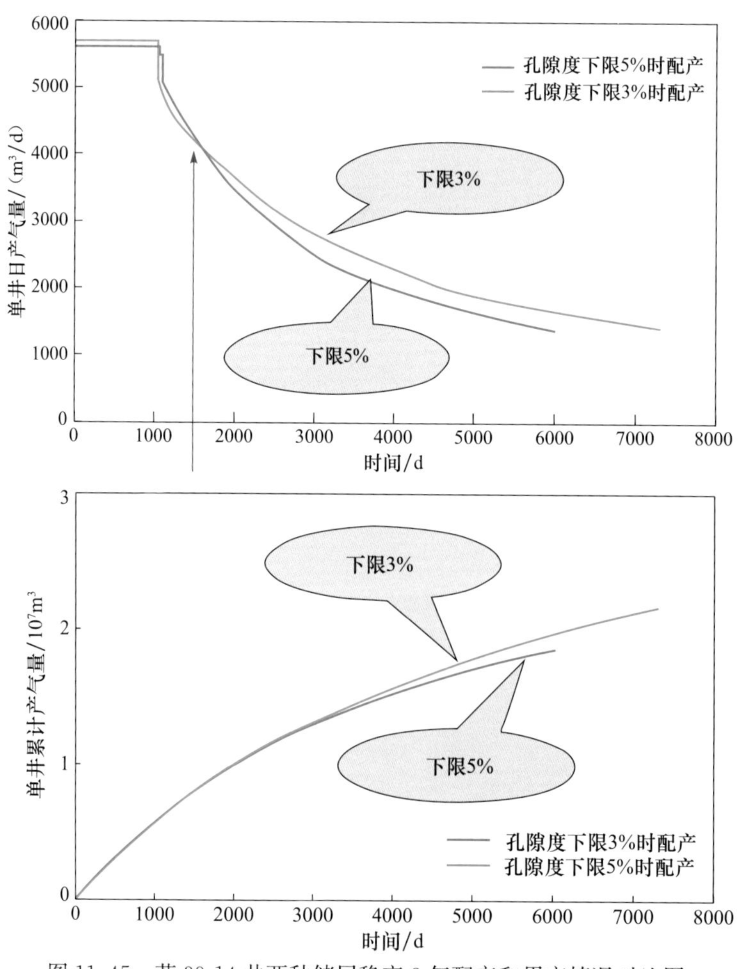

图 11.45　苏 39-14 井两种储层稳产 3 年配产和累产情况对比图

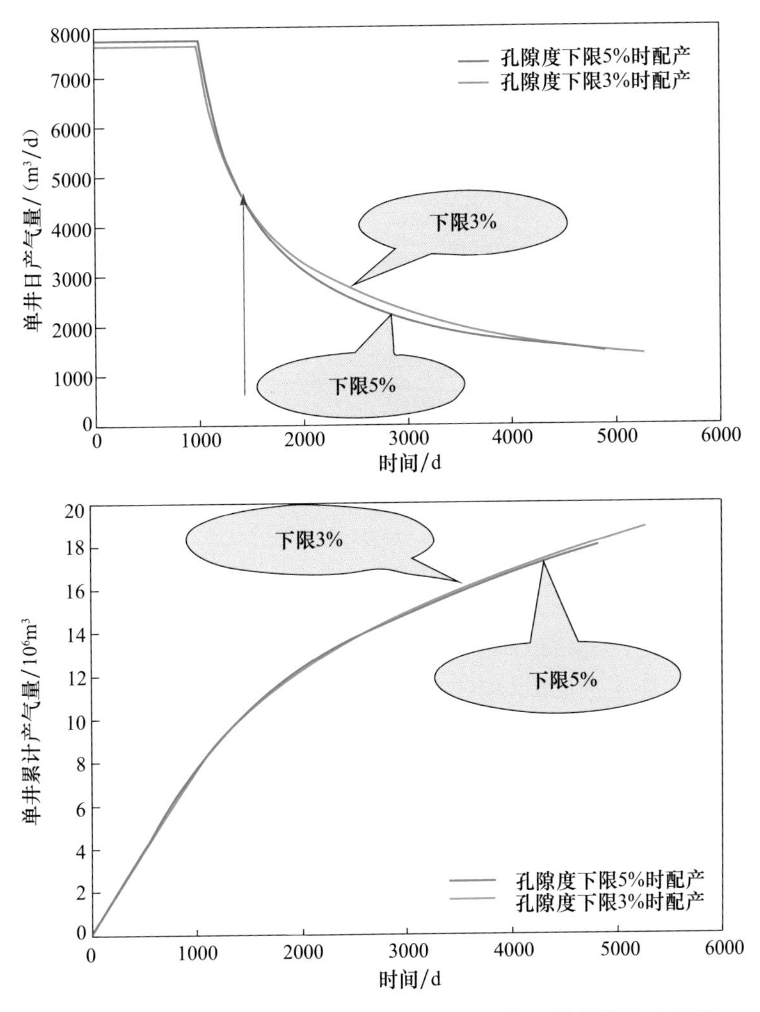

图 11.46　苏 39-14-1 井两种储层稳产 3 年配产和累产情况对比图

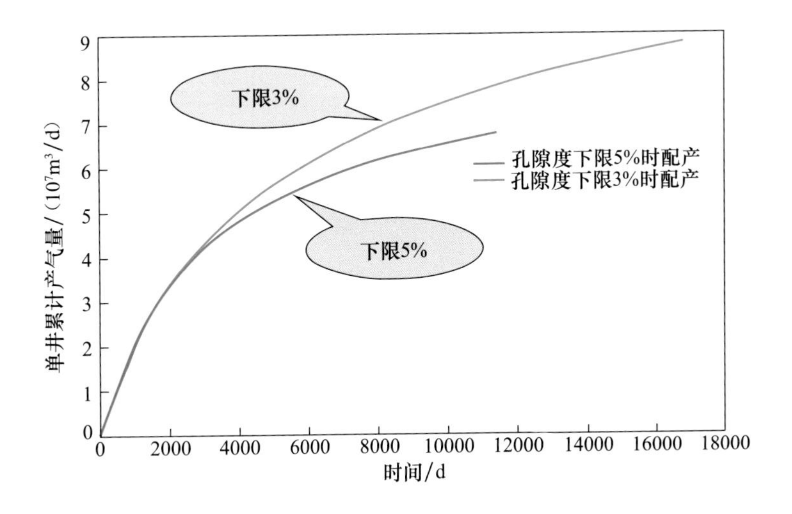

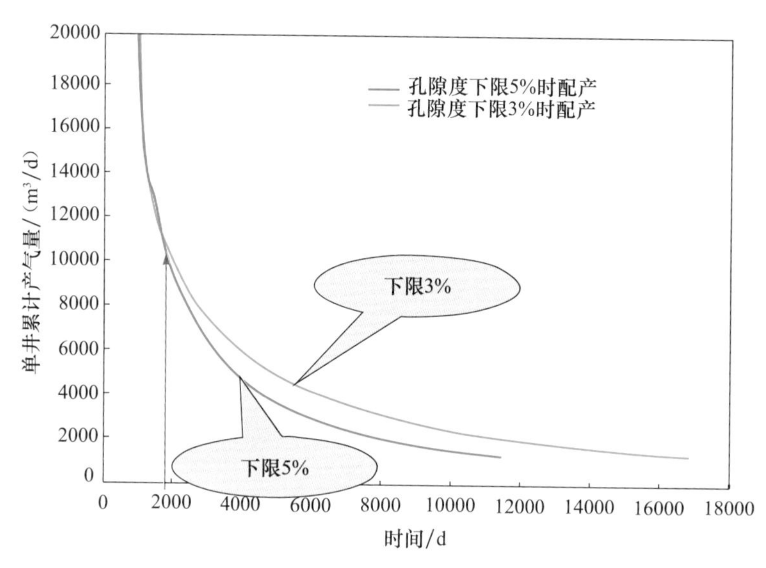

图 11.47 苏 39-14-2 井两种储层稳产 3 年配产和累产情况对比图

数值模拟分析表明，孔隙度下限 3%和 5%两套标准下，气井稳产 3 年，单井配产差异不大，但相同废弃条件下的单井累计产量相差较大，且低效储层可以延长气井寿命。孔隙度为 3%～5%的低效储层对气井累计产量贡献明显，其中苏 39-14-1 井和苏 39-14 井低效储层贡献率分别达到了 4.6%和 16.6%。总体来看，苏里格气田致密层的动用对增加气井初期产量贡献不大，但可增加气井最终累计产量、延长气井生产周期。因此，在实际开发部署中，应将目前提交储量的有效层与致密层整体考虑，结合直井多层和水平井分段压裂改造技术进步，努力提高单井产量，并为气田长期稳产提供资源基础。

参考文献

何军，胡永乐，何东博，等. 2013. 低渗致密气藏产能预测方法. 断块油气田，(3)：334-336.

李乐忠，李相方. 2013. 储层应力敏感实验评价方法的误差分析. 天然气工业，33 (2)：48-51.

贾永禄，谭雷军，冯曦，等. 2000. 低速非达西渗流中气井、油井试井分析方程的统一. 天然气工业，20 (3)：70-72.

王军磊，贾爱林，何东博，等. 2014. 致密气藏分段压裂水平井产量递减规律及影响因素. 天然气地球科学，25 (2)：278-285.

王昔彬，刘传喜，郑荣臣. 2005. 大牛地致密低渗透气藏启动压力梯度及应用. 石油与天然气地质，26 (5)：698-702.

王晓冬，郝明强，韩永新. 2013. 启动压力梯度的含义与应用. 石油学报，34 (1)：188-191.

第十二章 致密砂岩天然气藏规模有效开发技术

第一节 复合砂体分级构型描述与开发井布井技术

进行开发井的优化部署，首先要提高气藏描述精度。大型致密砂岩天然气藏含气砂体一般小而分散，埋藏深度大，利用地球物理信息进行准确识别和定量预测的难度大。需要采取滚动描述的思路，综合应用地质与地球物理手段，随着钻井资料的增加，从区域到局部、从区块到井间、从定性到定量，不断提高储集层描述精度。针对大型致密砂岩天然气藏储集层地质特征，形成了大型复合砂体分级构型描述技术，由大到小逐级预测富集区、有利砂体叠置带和井间储集层的分布，为开发评价井、骨架井和加密井的部署提供地质模型。

一、复合砂体分级构型划分

对大型复杂油气田，需要在不同尺度上认识沉积特征与储集层分布模式及砂体的规模尺度，以满足开发概念设计、富集区优选、井网设计和井位确定的需要。应用沉积体系研究方法、地震分析方法、有效砂体预测与成因单元刻画技术，建立不同级次的储层分布模型，满足不同开发阶段的布井需求。

（一）构型划分原则及方法

根据沉积体的生长发育过程，由小到大可划分为不同的成因单元，以河流相为例，可划分为纹层（组）、层（系）、单砂体、单河道、河道复合体、河流体系、盆地充填复合体等，其规模尺度由毫米级发展到数千米级。为满足气田开发储渗单元体的描述，一般可选取其中的四级构型进行研究和划分，以河流相为例，由大到小包括河流体系、河道复合体、单河道、单砂体。在实际应用过程中可根据具体地区的地质特征和研究需要进行相应调整，建立适应该地区的构型划分方案。

（二）各级构型的规模尺度和预测方法

（1）单砂体和单河道：厚度一般为米级、宽度几十米到百米级，通过岩心单砂体划分、测井相识别、井间精细对比、露头对比研究、试井解释等方法，建立描述单砂体尺度大小及叠置关系构型单元，建立单砂体分布模型，用来优化井网井距。

（2）河道复合体：厚度一般十几米到几十米、宽度百米到千米级，有较明显的地震响应，通过钻井砂体叠加样式、目的层时差分析、地震波形分析等方法，结合有效砂体厚度分布趋势约束，建立描述有利相带分布的构型单元，预测高能相带分布，用以优选高产井位。

(3) 河流体系：厚度一般在几十米以上、宽度达数千米，通过有利沉积-成岩相带、砂岩分布、储层反演等方法，结合骨架井约束建立描述沉积体系的构型，满足建产区块的优选。

下面以苏里格气田大型辫状河复合砂体为例，介绍砂体分级构型描述技术和方法。

根据苏里格气田大型辫状河复合砂体内部结构，由大到小可将其划分为四级构型：辫状河体系、主河道叠置带、单河道及心滩（表 12.1，图 12.1）。

表 12.1　苏里格气田复合砂体 4 级构型划分

构型划分	地层单元	构型尺度			几何形态	识别方法	研究目的
		厚度	宽度	长度			
一级（辫状河体系）	组-段	几十米级	十千米级	上百千米级	宽条带	砂泥岩分布、地震相	预测富集区、部署评价井
二级（主河道叠置带）	段	十几米级	千米级	几十千米级	条带状	岩心、测井相叠置样式、地震相	预测高能河道叠置带、部署骨架井
三级（单河道）	小层	米级	百米级	千米级	条带状	岩心、测井相	预测单砂体、部署加密井
四级（心滩）	小层	米级	百米级	百米到千米级	不规则椭圆状	岩心、测井相、试井	预测单砂体、部署加密井

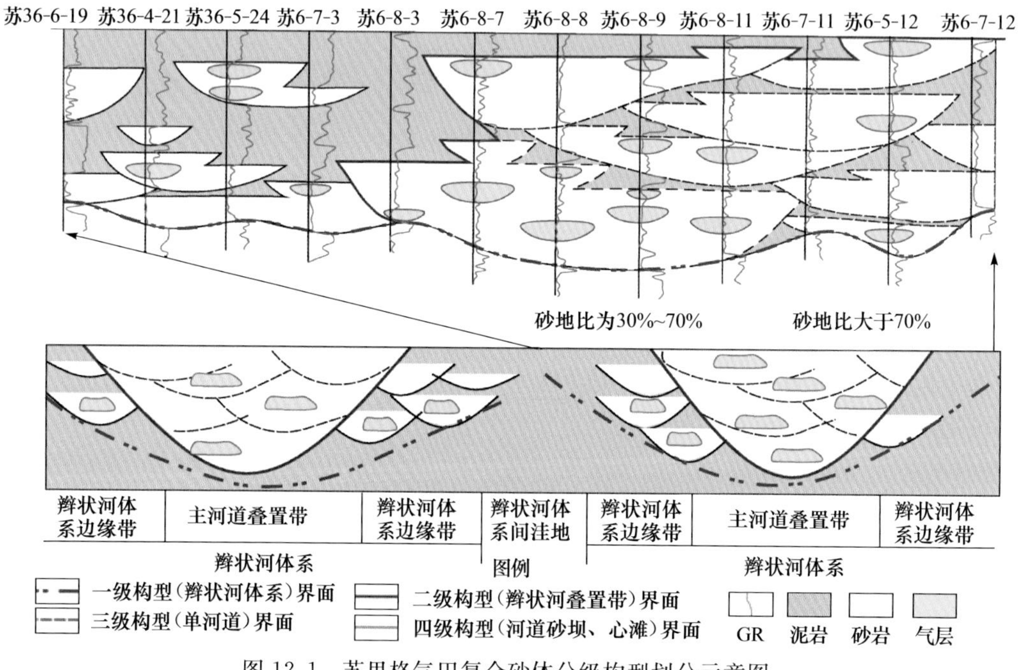

图 12.1　苏里格气田复合砂体分级构型划分示意图

辫状河体系以段为研究单元，在苏里格气田可划分为盒 8 上亚段、盒 8 下亚段和山 1 段共三个地层单元。辫状河体系的厚度一般在几十米以上、宽度可达十几千米、长度可达上百千米，呈宽条带状分布，形成了宏观上“砂包泥”的地层结构。根据砂体叠置样式可将辫状河体系划分为主河道叠置带和辫状河体系边缘带两部分。叠置带砂地比大于70%，是含气砂体的相对富集区，剖面上具下切式透镜复合体特征，平面上呈条带状分布，厚度一般为十几米到几十米、宽度可达数千米、长度可达几十千米。边缘带砂地比为30%～70%，在叠置带两侧呈片状分布。在叠置带和边缘带内，以小层为研究单元，可进一步划分出单河道和心滩砂体，即三、四级构型。心滩砂体是形成主力含气砂体的基本单元，呈不规则椭圆状，厚度为米级，宽度为百米级，长度为百米到千米级。辫状河体系控制了含气范围，主河道叠置带控制了相对高效井的分布，心滩砂体的规模尺度是井距设计的地质约束条件。

二、分级构型分布预测与井位优选

将复合砂体分级构型描述与开发井位部署有机结合，采用评价井、骨架井、加密井的滚动布井方式可有效提高钻井成功率。以苏里格气田中区为例进行分析（图12.2）。

（一）一级构型：辫状河体系和相对富集区分布预测

主要利用探井、早期评价井和地震反演资料，结合宏观沉积背景，研究一级构型即辫状河体系的展布和砂岩分布特征。以苏里格气田中区盒8下亚段为例，可将其划分为三个辫状河体系［图12.2（a）］，呈SN向展布，砂岩厚度在15m以上的区域可作为相对富集区，以此为依据部署区块评价井，落实区块含气特征。

（二）二级构型：主河道（高能河道）叠置带分布描述和高效井位预测

在一级构型分布研究基础上，可将气田分解为多个区块开展二级构型分布预测［图12.2（b）］。主河道叠置带分布在辫状河体系地势相对较低的“河谷”系统中，河道继承性发育，一定的地形高差和较强水动力条件有利于粗岩相大型心滩发育，主力含气砂体较为富集，沉积剖面具有厚层块状砂体叠置的特征，泥岩隔夹层不发育。主河道叠置带两侧地势相对较高部位发育辫状河体系边缘带，以洪水期河流为主，心滩规模一般较小，沉积剖面为砂泥岩互层结构。在已钻评价井砂体叠加样式约束基础上，研究沉积相分布特征，利用目的层时差分析、地震波形分析、AVO含气特征分析等方法可以预测辫状河体系中主河道叠置带的分布，进而部署骨架井。

（三）三、四级构型：单河道和有效单砂体分布描述和滚动布井优化

在二级构型研究基础上，可进一步细化到小层，开展三、四级构型，即单河道和单砂体的分布预测。在评价井和骨架井约束下，通过井间对比，利用沉积学和地质统计学规律，结合地球物理信息，进行井间储集层预测，并编制小层沉积微相图，指导加密井的部署［图12.2（c）］。根据加密井试验区和露头资料解剖，苏里格气田心滩砂体多为孤立状分布，厚度主要为2～5m、宽度主要为300～500m、长度主要为400～700m，单个小层内心滩的钻遇率为10%～40%。加密井位的确定优先考虑三方面因素：①骨架井井间对比处于主河道叠置带砂体连续分布区；②地震叠前信息含气性检测有利；③与骨架井的井距大于心滩砂体的宽度和长度。

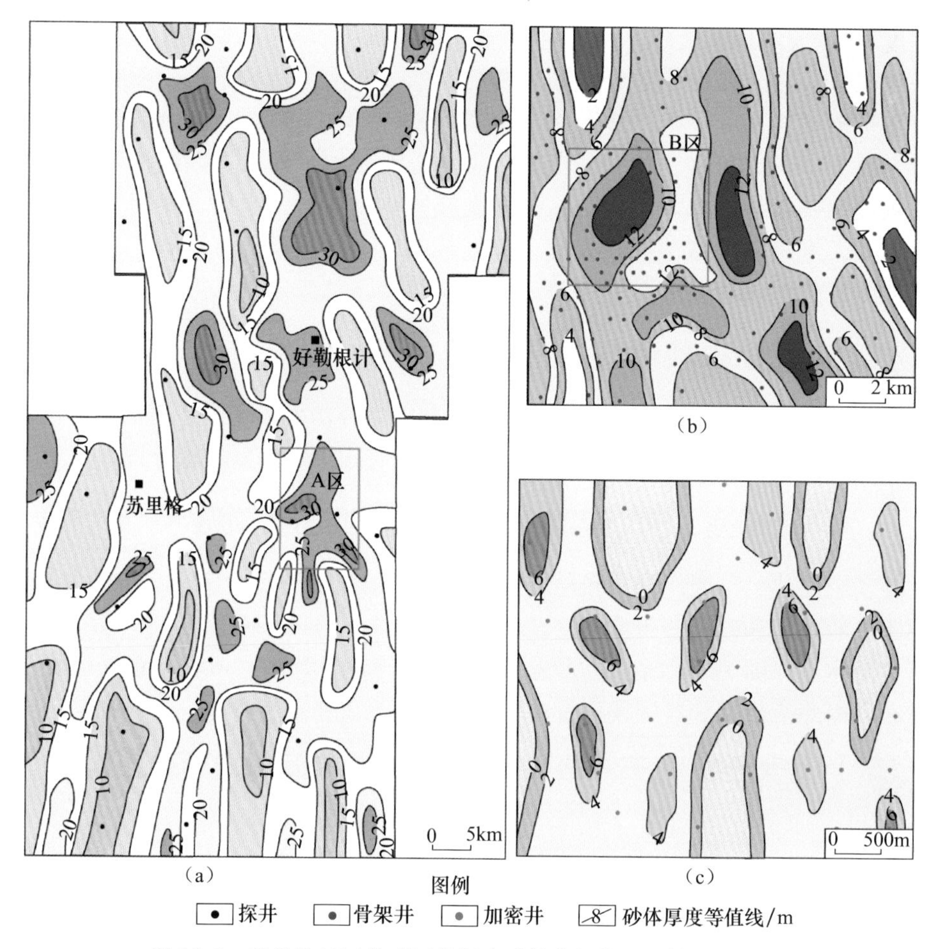

图 12.2　苏里格气田典型区块复合砂体分级构型砂体分布特征

(a) 苏里格气田中区辫状河砂体分布特征（一级构型）；(b) A 区主河道叠带砂体分布特征（二级构型）；(c) B 区某小层砂体分布特征（三级构型）

第二节　开发井井距优化技术

致密砂岩气田一般没有明显边界，在数千乃至数万平方千米范围内广泛分布。由于渗透率低、储集层横向连续性和连通性差等原因，造成单井控制面积小和单井控制储量低，所以致密砂岩气田不宜采用常规气田的大井距开发，而是需要采用较密的井网来开发，以提高地质储量的动用程度和采收率（何东博等，2013）。此外，由于致密气单井产量低、递减快，主要依靠井间接替保持气田稳产，所以致密气田开发要达到一定规模的生产能力并保持较长时间稳产，所需钻井数量很大。鉴于此，认为有必要在气田开发早期开展合理井网研究，以尽量避免早期形成的井网在开发中后期难以调整进而导致开发效益的下降。

一、井距优化技术

井距优化的目的是使开发井网在不产生井间干扰情况下，达到对储量的最大控制和动用程度。致密砂岩气田井距优化需要综合考虑储集层分布特征、渗流特征和压裂完井工艺条件三方面的因素。若井距过大，井间就会有部分含气砂体不能被钻遇或在储集层改造过程中不能被人工裂缝沟通，造成开发井网对储量控制程度不足，采收率低；若井距过小，就会出现相邻两口井钻遇同一砂体或人工裂缝系统重叠的现象，从而产生井间干扰，致使单井最终累计产量下降，经济效益降低。因此，致密砂岩气田开发井距的优化非常重要。

根据苏里格气田的实践经验，致密砂岩气田井网优化的技术流程可归纳为五个步骤：①根据砂体的规模尺度、几何形态和展布方位，进行井网的初步设计；②开展试井评价，考虑裂缝半长、方位，拟合井控动态储量和泄压范围，修正井网的地质设计；③开展干扰试井开发试验，进行井距验证；④设计多种井网组合，通过数值模拟预测不同井网的开发指标；⑤结合经济评价，论证经济极限井网，确立当前经济技术条件下的井网。

下面详细论述五种方法优化致密砂岩气田开发井距的过程。

（一）地质模型评价法

致密砂岩气田储集层分布宏观上多具有多层叠置、大面积复合连片的特征，但储集体内部存在沉积作用形成的岩性界面或成岩作用形成的物性界面，导致单个储渗单元规模较小，数量众多的储渗单元在气田范围内集群式分布。要实现井网对众多储渗单元（或有效含气砂体）的有效控制，需要根据储渗单元的宽度确定井距，据其长度确定排距。所以，利用地质模型进行井距优化的关键是确定有效含气砂体的规模尺度、几何形态和空间分布频率。

建立面向井距优化的地质模型，首先要在沉积、成岩和含气特征研究基础上确定有效含气砂体的成因，如认为苏里格气田的有效含气砂体是辫状河沉积体系中的心滩砂体；然后确定有效含气砂体的分布规模和几何形态，确定方法主要有三种：其一，地质统计法，利用岩心资料和测井解释结果确定有效砂体厚度的分布区间，再根据定量地质学中同种沉积类型砂体的宽厚比和长宽比来估计有效砂体的大小；其二，露头类比法，最好选取气田周边同一套地层的沉积露头，开展露头砂体二维或三维测量描述，建立露头研究成果与气田地下砂体的对应转化关系，预测气田有效砂体的规模尺度。如南Piceance盆地Williams Fork组发育透镜状致密砂体，应用露头资料建立了曲流河点砂坝单砂体的分布模型［图12.3（a)］，为井距优化提供了依据；其三，密井网先导试验法，开辟气田密井网试验区，综合应用地质、地球物理和动态测试资料，开展井间储集层精细对比，研究一定井距条件下砂体的连通关系，评价砂体规模的大小。在苏里格气田，经密井网先导试验验证［图12.3（b)］，400～600m井距条件下大部分井间砂体是不连通的。

（二）泄气半径评价法

泄气半径评价是基于试井理论，利用动态资料评价气井的控制储量和动用范围，进而优化井距。考虑压裂裂缝半长、表皮系数、渗流边界等参数建立解析模型，利用单井的生产动态历史数据（产量和流压）和储集层基本地质参数进行拟合，使模型计算结果

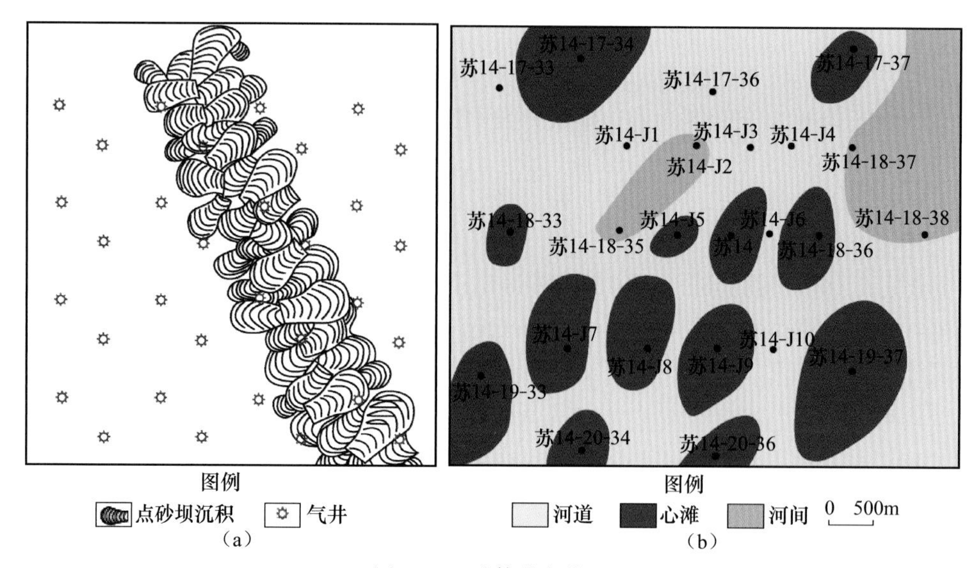

图 12.3　砂体分布模型

(a) 南 Piceance 盆地 Williams Fork 组点砂坝砂体分布模型；(b) 苏 14 密井网解剖区心滩砂体分布模型

与气井实际生产史和动态储量一致，进而确定气井的泄气半径，进行合理井距评价。致密气气井通常为压裂后投产，考虑裂缝的评价方法主要有 Blasingame、AG Rate-Time、NPI、Transient 四种典型无因次产量曲线分析图版和同时考虑压力变化的裂缝解析模型。四种典型无因次产量曲线图版方法是根据气井的产量数据拟合已建立的不同泄气半径与裂缝半长比值下的无因次产量、无因次产量积分、无因次产量导数与无因次时间的典型关系曲线，进而确定裂缝半长和泄气半径（图 12.4）。裂缝解析模型是在产量一定的情况下，拟合井底流压，从而确定裂缝半长和泄气半径（图 12.5）。

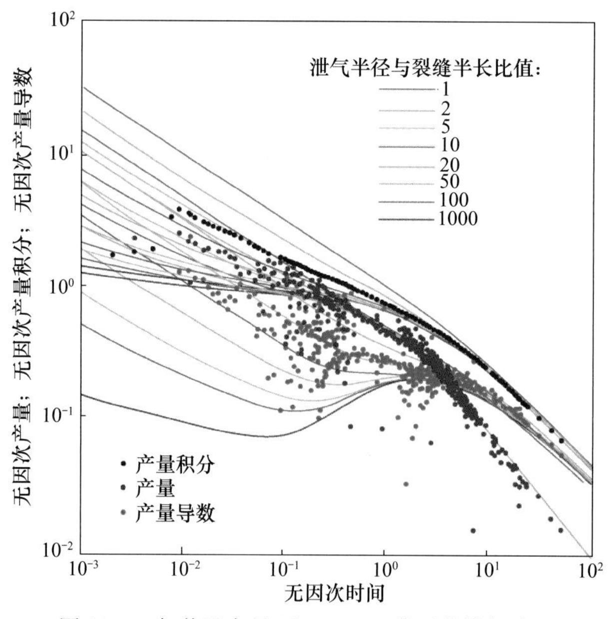

图 12.4　气井日产量 Blasingame 典型曲线拟合图

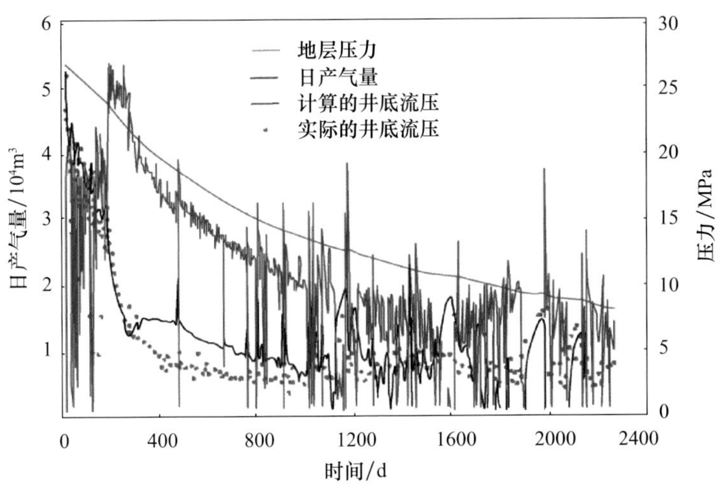

图 12.5 苏里格某气井生产动态裂缝模型典型曲线拟合图

致密砂岩气田本身储集层渗透性差，非均质性强，气体渗流速度慢，达到边界流动状态的时间可长达数年。也就是说，在气井投产后的较长时间内，气井周围的泄压范围是一个随时间不断扩大的动态变化过程，所以利用生产初期动态资料评价的气井泄气半径和动态储量可能比实际情况要小。另外，致密砂岩气田的开采方式为压裂后投产，人工裂缝可以突破有效砂体的地质边界，扩大气井的泄压范围。所以，在实际应用中，以泄气半径评价方法（动态评价方法）获得的泄气半径要与地质模型评价法得到的泄气半径结果相互验证，以得到相对客观的认识。

（三）干扰试井评价法

干扰试井是指试井时，通过改变激动井的工作制度（如从开井生产变为关井，从关井变为开井生产，或改变激动井的产量等），使周围反映井的井底压力发生变化，利用高精度和高灵敏度压力计记录反映井中的压力变化，确定地层的连通情况，进而明确井间含气砂体的范围。为避免井间干扰，合理井距要大于含气砂体的尺寸，所以通过干扰试井，可以得到井距的最小极限值，也可以用加密井压力资料评价井间连通情况。将测量的加密井原始地层压力，与相邻已投产井的早期原始地层压力相比较，若没有明显降低，说明邻井的生产对加密井没有影响，井间不连通；若加密井已经泄压，说明井间是连通的。

（四）数值模拟评价法

数值模拟法主要是在三维地质模型的基础上，设计不同井距、排距的井网组合，采用数值模拟方法模拟单井的生产动态，预测生产指标，研究井距与单井最终累计产量之间的关系。当井距较大时，一个储渗单元内仅有一口生产井在生产，则不会产生井间干扰，单井最终累计产量不会随着井距的变化而发生变化；当井距缩小到一定程度时，就会出现一个储渗单元内有两口或多口井同时生产的现象，这时就会产生井间干扰，单井最终累计产量也会开始随着井距的减小而降低；随着井网的进一步加密，大量井会产生井间干扰，单井最终累计产量会急剧下降。图 12.6 为井网密度-单井最终累计采气量-采收率关系曲线。由图可知，单井最终累计产量明显降低的拐点位置对应的井网密度可确定为合理井网密度。同时利用数值模拟还可以预测不同井距条件下的采收率（采出程度）指标，随着井网的不断加密，采出程度不断提高。

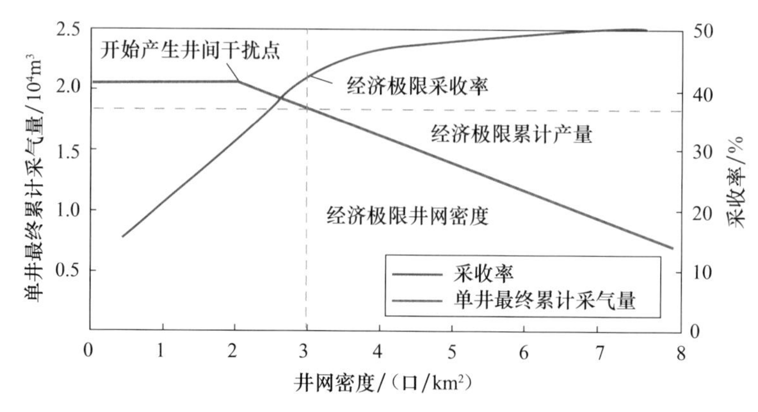

图 12.6　井网密度-单井最终累计采气量-采收率关系曲线
（据 Garth et al.，2007，有修改）

（五）经济效益评价法

为实现在经济条件下达到气田的最大采出程度，需要对气田开展经济效益评价研究。首先根据钻井、完井和地面建设投资求取单井经济极限采气量。根据数值模拟得到的井网密度与单井最终累计采气量关系曲线（图 12.6），与经济极限累计产量相对应的井网密度即为经济极限井网密度，与经济极限井网密度相对应的采收率即为经济极限采收率。一般情况下，通过使井网加密到不产生井间干扰的最大密度来实现经济效益的最大化。在经济条件允许的情况下，井网可以加密到产生井间干扰，以牺牲一定程度的单井累计采气量来获得更高的采出程度。

二、井网几何形态

在确定合理的井距、排距后，应根据气井有效控制面积的几何形态确定井网节点的组合方式，即井网几何形态。从心滩砂体的几何形态来考虑，河道主要呈 SN 向展布，则心滩呈不规则椭圆形近 SN 向展布，应采用菱形井网提高对心滩的控制程度。井网几何形态的确定还应考虑人工裂缝的展布方向。SHELL 公司在 Pinedale 致密气田的井网设计中，沿裂缝走向拉大井距、垂直裂缝走向缩小井距，形成菱形井网。苏里格气田主产层最大主应力方向为近 EW 向，主裂缝沿 EW 向延伸，与砂体走向不一致，所以井网设计主要考虑砂体的方向性。苏里格气田基础开发井网可确定为菱形井网，东西向井距 600m 左右、南北向排距 800m 左右。具体实施过程中，可根据气层发育的实际情况，在基础井网基础上适当调整，形成不规则的近菱形井网。

第三节 水平井优化设计

应用水平井主要基于两方面的考虑：一是直井单井控制储量和单井产量低，气井生产初期递减快，要建成规模产能并保持长期稳产，需要大量的产能建设井和产能接替井，为减少开发井数和管理工作量，提高开发效益，需要发展水平井技术，提高单井控制储量和单井产量；二是直井密井网开发方式下采收率水平较低，而且由于致密砂岩气藏储层非均质性较强，有效单砂体厚度薄，井网密度过大，虽然可提高采收率，但难以确保单井经济极限累计产量，所以不能照搬国外的多次加密方式，需要探索水平井提高采收率的可行性（卢涛等，2013；李波等，2015）。

近年来，水平井分段压裂技术的进步，为致密砂岩气藏水平井开发提供了技术保障。目前，水平井开发技术在储集层横向稳定的层状致密砂岩气藏中的应用获得了较好的开发效果，并积累了一定的经验，如榆林气田长北区块与壳牌石油公司合作开发，采用双分支水平井，水平井段设计长度为2km，已投产的14口双分支水平井平均单井产量达到$63\times10^4m^3/d$，达到直井产量的3倍以上。但对于透镜状致密砂岩气藏，如苏里格气田，有效储层分布具有很强的非均质性，对水平井的应用提出了更大挑战，水平井地质设计中需要考虑以下几个因素：通过地质目标优选和轨迹设计提高气层钻遇率；确定最佳的水平段方位、长度、压裂段数和水平井井网；将水平井地质设计与改造工艺有机结合，提高气藏采收率。

下面以苏里格气田为例，详细论述透镜状致密砂岩气田水平井优化设计流程与方法。

一、水平井地质目标优选

苏里格气田目的层为大型辫状河沉积，多期次辫状河河道的频繁迁移与切割叠置作用，使得含气砂体多以小规模的孤立状分布在垂向多个层段中，单层的气层钻遇率低于40%。但在整体分散的格局下，局部区域存在多期砂体连续加积形成的厚度较大、连续性较好的砂岩段，即主力层段较为明显，有利于水平井的实施。

通过储集层结构特征研究认为，苏里格气田水平井地质目标需满足以下条件：①处于主河道叠置带，砂岩集中段厚度大于15m，横向分布较稳定、邻井可对比性强；②主力层段气层厚度大于6m，储量占垂向剖面的比例大于60%；③地球物理预测储集层分布稳定，含气性检测有良好显示；④邻井产量较高，水气比小于$0.5m^3/10^4m^3$，在已开发区加密部署时，应选取地层压力较高的部位；⑤构造较为平缓。

根据密井网区的地质解剖，总结了五种适于部署水平井的气层分布模型：厚层块状型、物性夹层垂向叠置型、泥质夹层垂向叠置型、横向切割叠置型、横向串糖葫芦型（图12.7、表12.2），其中厚层块状型、横向切割叠置型、横向串糖葫芦型气层与井眼直接接触，物性夹层垂向叠置型、泥质夹层垂向叠置型可以通过人工裂缝沟通井眼上下的气层。根据实钻情况统计，厚层块状型、物性夹层垂向叠置型、泥质夹层垂向叠置型是三种主要的目标类型。

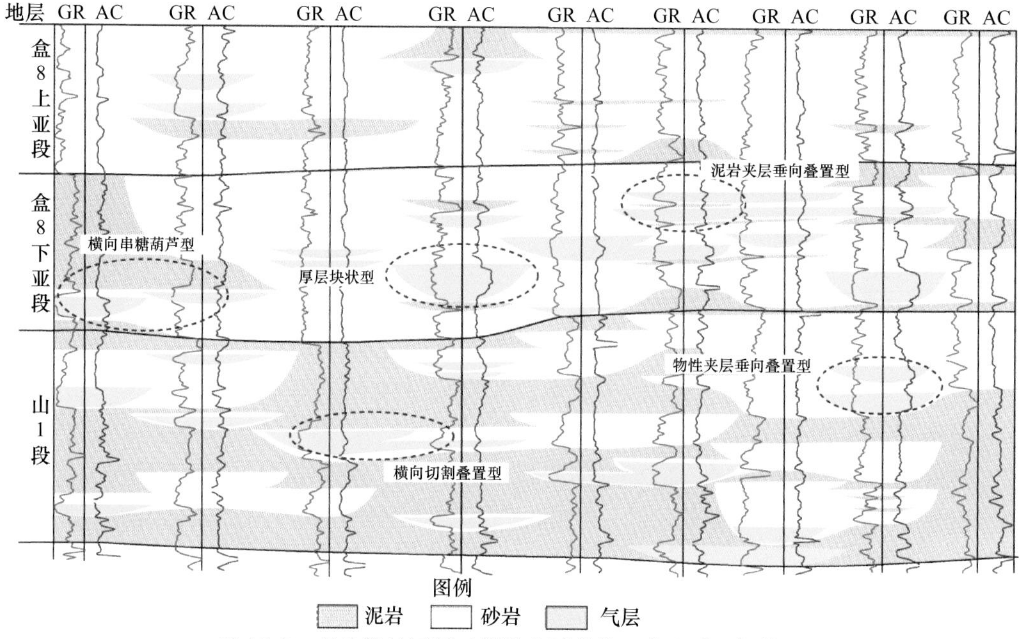

图 12.7　苏里格气田适于部署水平井的 5 种地质目标模型

表 12.2　苏里格气田水平井地质目标定量评价参数

类型	气层厚度/m	样品数/个	占样品总数百分比/%	有效砂体长度/m		
				最小值	最大值	平均值
厚层块状型	>6	27	24	350	1300	670
物性夹层垂向叠置型	6～15	38	34	350	1800	980
泥质夹层垂向叠置型	6～15（泥岩隔层厚度小于 3m）	23	21	600	1500	870
横向切割叠置型	>3	17	16	1000	3500	1600
横向串糖葫芦型	>3（有效砂体间距小于 100m）	5	5	800	1900	1300

二、水平井主要参数优化设计

（一）水平段方位

水平井水平段的方位主要取决于砂体走向和地层的最大主应力方向。前者可以保证水平段较高的气层钻遇率，后者保证水平井的压裂改造效果。苏里格气田地质研究证实，有效砂体基本呈 SN 向展布，东西向变化快、范围小。因此，从气层钻遇率考虑，水平段方向应以 SN 向为主。同时，盒 8 段最大主应力方向为 NE98°—NE108°（近 EW 向），人工裂缝方向平行于最大主应力方向；水平段方位与裂缝垂直时改造效果最佳。综上所述，苏里格气田砂体走向与最大地应力方向配置较好，水平段方位应选择 SN 方向为主。

（二）水平段长度

水平井产能随水平段长度的增加呈非线性增大，水平段长度达到一定值后产能的增幅会逐步减小。而且随着水平段长度的增加，对钻井技术、钻井设备及钻井成本的要求会越来越高。所以水平段长度的优化应从储集层分布情况、钻井技术、成本、效益等方面综合考虑，选取最优值。

1. 地质分析法

不同于储集层横向稳定的气田，苏里格气田的强非均质性对水平段长度的优化有较大影响。为有利于压裂改造施工，水平段应保持在目的层段内稳定钻进。根据苏里格气田储集层分布的地质统计规律，单个小层内有效砂体的钻遇率仅为10%～40%，反映有效砂体为孤立分散状且分布频率较低。因而，水平段钻遇一套有效砂体后，需要继续钻进较长距离才可能钻遇第二套有效砂体，而且由于砂体厚度薄，目前很难准确预测第二套有效砂体的分布位置；即使钻遇第二套有效砂体，也会因为钻遇了较长距离的非储集层或低效储集层段，而降低了经济效益。所以在目前技术条件下，苏里格气田水平井设计以钻遇一套有效砂体为主（单砂体或复合砂体）。根据统计规律，适于部署水平井的五类地质目标的有效砂体长度主要为670～1600m，因此水平段长度可初步确定为800～1500m。目前根据钻机能力，主要采用1000～1200m的水平段，并开始探索更长水平段的开发试验。

2. 气藏工程法

一般来说，水平井的水平段越长，气井的穿透程度越大，水平井与气藏的接触面积越大，气井产能越高。但是由于井筒摩阻及钻井过程中气层污染或水平井压裂、酸化等一系列原因，水平井产量的增加与水平段长度的延伸并非线形关系，而是随着水平段的延伸，产量增幅越来越少，同时随着水平段的延伸，钻井成本将大幅度增加。摩阻产生的压降方程为

$$\Delta P_{\mathrm{wf}}(x_i)=P_{\mathrm{wf}}(x_i+\Delta x)-P_{\mathrm{wf}}(x_i)=-\frac{10^{-7}f\rho Q_{\mathrm{h}}^2(x_i)}{\pi^2 D^5} \tag{12.1}$$

式中，f 为摩阻系数，无量纲；ρ 为气体密度，$\mathrm{kg/m^3}$；$Q_{\mathrm{h}}(x_i)$ 为水平井筒流量，$10^4\mathrm{m^3/d}$；D 为水平井筒内径，m；P_{wf} 为井筒压力，MPa。

从摩阻压降方程式可知，因摩擦造成的水平井筒压力损失与流量的平方呈正比。对于高渗高产气藏来说，摩阻压降随水平段长度的增加，对气井产量的影响愈加明显，从而可以优化水平段长度；但对于苏里格型致密气藏来说，气体黏度较小，流量小，摩阻对产量影响非常小，故应用摩阻法优化水平段长度是不可取的（图12.8）。

利用两种方法计算水平井长度与产量的关系。Joshi公式如下：

$$Q_{\mathrm{h}}=\frac{2.714\times10^{-5}KhT_{\mathrm{sc}}(P_{\mathrm{e}}^2-P_{\mathrm{wf}}^2)}{\mu_{\mathrm{g}}Z_{\mathrm{g}}P_{\mathrm{sc}}T\left[\ln\left(\dfrac{a+\sqrt{a^2-(L/2)^2}}{L/2}\right)+\dfrac{\beta h}{L}\ln\left(\dfrac{\beta h}{2r_{\mathrm{wh}}}\right)\right]} \tag{12.2}$$

式中，K 为储层渗透率，mD；h 为有效储层厚度，m；T_{sc} 为标况下的温度，K；P_{sc} 为标况下的压力，MPa；P_{wf} 为井底压力，MPa；P_{e} 为边界压力，MPa；μ_{g} 为气体黏度，mPa·s；Z_{g} 为气体偏差因子，无量纲；T 为储层温度，K；L 为水平段长度，m；a 为椭圆形边界长半轴，m；β 为水平与垂直渗透率比值的平方根，无量纲；r_{wh} 为水平井筒半径，m。

替换比产能公式如下：

$$Q_h = R \cdot \frac{0.07746kh(P_e^2 - P_{wf}^2)}{\mu_g Z_g T\ln(r_{ev}/r_{we})} \tag{12.3}$$

式中，r_{ev}为直径供给半径，m；r_{we}为等效直井当量井径，m；R为替换比，无量纲。

利用Joshi产能公式和替换比产能评价公式可以得到水平井长度与无阻流量的关系曲线。理论上讲，如果曲线出现拐点或无阻流量随水平段长度的增加而变化的幅度较小，对应的水平段长度即为水平段最优长度。但根据苏里格气田水平井数据计算的水平段长度与无阻流量的关系曲线表明，利用Joshi产能公式计算的结果是无阻流量随水平段长度的增加而增加，且增加的幅度变大；利用替换比产能评价方法计算的结果是随水平段长度的增加而增加，且增加的幅度变小，但在水平段长度相对合理的范围内，曲线没有出现拐点。因此，从理论上讲，致密气藏水平井水平段越长越好，不存在最优长度。要得到合理的长度，须结合实际地质条件、钻机能力、工艺技术水平及经济因素综合确定。

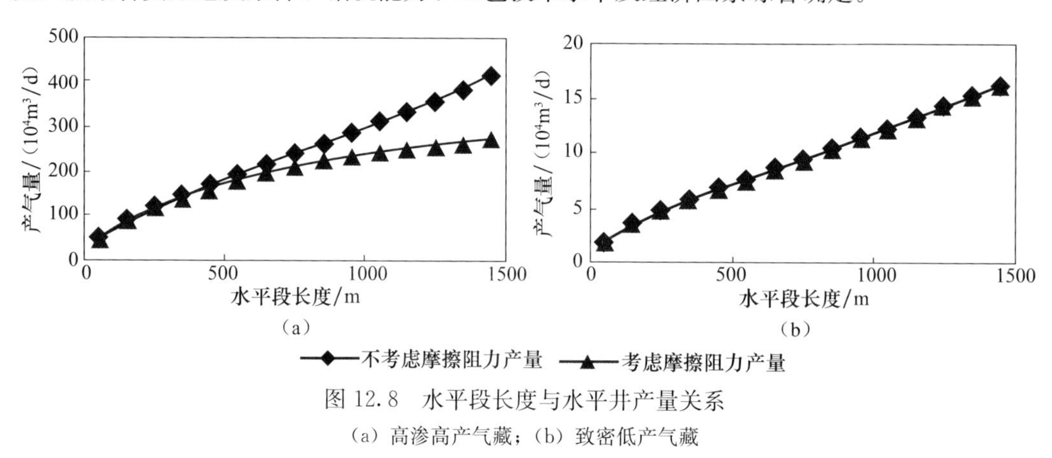

图 12.8　水平段长度与水平井产量关系

(a) 高渗高产气藏；(b) 致密低产气藏

3. 数值模拟法

针对苏里格型致密砂岩气藏有效砂体的规模和分布特点，在实际的地质模型中随机部署了两口水平井，井号分别为W1和W2，设计水平段长度分别为500m、800m、1000m、1200m、1500m和1800m，W1井配产为$6\times10^4 m^3/d$，W2井配产为$2\times10^4 m^3/d$，模拟对比气井不同水平段长度时的稳产时间、稳产期末累计产气量、最终累计采气量、单位水平段增产量等参数（图12.9、图12.10）。

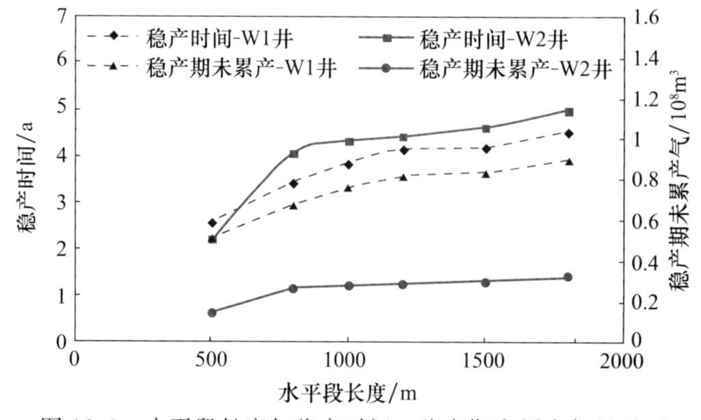

图 12.9　水平段长度与稳产时间、稳产期末累产气量关系

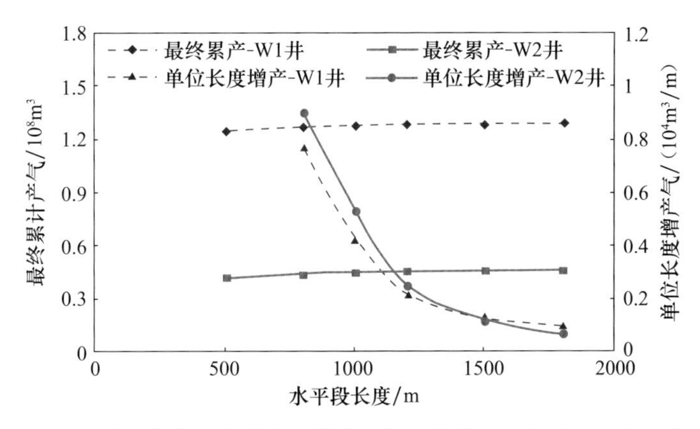

图 12.10 水平段长度与最终累计产气量、单位水平长度增产气量关系

由图 12.9 和图 12.10 可知，水平井段长度增加，稳产时间、稳产期末累计产气量及最终累计产气量均增加，且增加幅度逐渐变缓，但绝对增量太小，即使关系曲线上有拐点，也不能优化水平段长度；而单位水平段长度增产气量随水平段长度的增加是逐渐降低的，可以从经济的角度，根据单位长度的钻井成本与增产气量收入的关系确定目前经济技术条件下的最优水平段长度。

4. 经济评价法

水平井的水平段长度除了考虑地质和气藏工程因素外，还应考虑到钻井成本，因此，可以通过经济评价法来优化水平段长度。

根据苏里格气田水平井单位进尺费用及天然气价格，对比不同水平段长度时的单位长度增产气量收入与单位进尺费用的关系，从而确定最优的水平段长度。计算结果表明，水平段长度超过 1200m 后，单位长度增产气量收入小于单位进尺费用（图 12.11），经济上不合理。因此，在目前经济条件下，苏里格气田水平井的水平段长度在 1000～1200m 为宜。

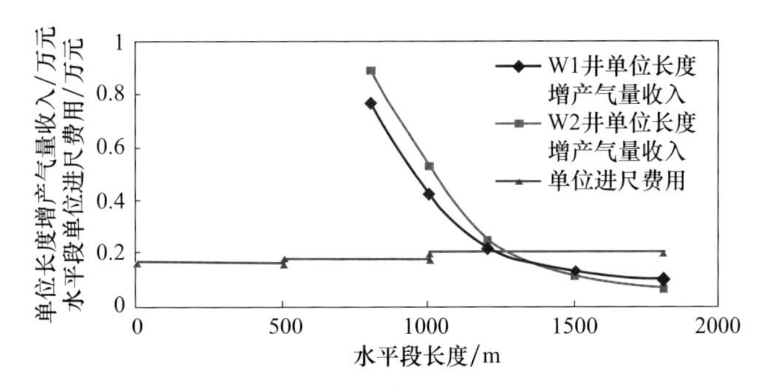

图 12.11 不同水平段单位长度增产气量收入与单位进尺费用关系图

（三）压裂间距

致密气藏水平井采用分段压裂方式完井投产，压裂规模和压裂间距是影响水平井产

能的关键因素，本书只讨论压裂间距的影响。理论上，应以每条裂缝控制的泄压范围不产生重叠为原则确定最小间距。但实际上这个最小间距很难确定，而且由于储集层的变化，即使在同一口井中，这个最小间距也是变化的。目前，常见做法是综合考虑技术、成本、效益等方面的因素，通过建立水平段长度、压裂段数、产能、钻井成本、压裂成本之间的多参数关系模型，将水平段长度和压裂间距的优化做统一考虑。

1. 理论分析法

选用比较实用于低渗气藏的有限导流裂缝水平井产能公式确定压裂段数。从基础理论出发，在分析已有模型优缺点的基础上，正确认识地层中裂缝产量的分布特征和规律，利用有限导流垂直井 Dupuit 公式原理，计算出有限导流水平井产能公式的当量井径，利用当量井径和叠加原理，确定气藏水平井的压裂段数。

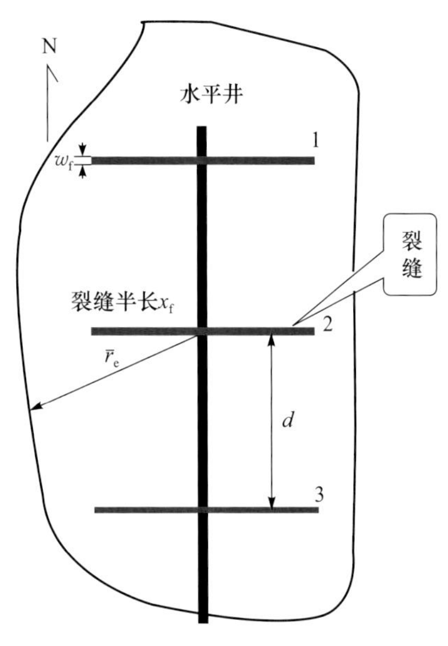

图 12.12　有限导流水平井裂缝模型

假设水平井长度为 L，钻遇砂体内部均质，压裂 n 段，裂缝间距 d，每条有限导流裂缝的长、宽、高分别为 $2x_f$、w_f（图 12.12）、h。裂缝半长远大于水平井井筒半径，裂缝内的流体从裂缝边缘逐渐向井筒的周围聚集，裂缝内可以近似看作地层厚度为 w_f，流动半径为 $h/2$，边界压力为 P_e，井底压力为 P_w 的平面径向流。

根据有效导流垂直裂缝井 Dupuit 型产量计算公式，可知当量井径公式为

$$r_{we}=2x_f e^{-[1.5+f(C_{FD})+S]} \tag{12.4}$$

式中，x_f 为裂缝半长，m；$f(C_{FD})$为无限导流裂缝与有限导流裂缝之间的差值函数，无量纲；S 为表皮因子，无量纲。

利用当量井径代替水平井中压裂造成的裂缝，即水平井替换为半径为当量井径的压裂直井，再利用叠加原理，计算出多条裂缝的整个水平井的产量。假设各裂缝形态相同，基质和裂缝渗透率也相同，则由下式参数计算的 r_{we}也相同。

$$C_{FD}=\frac{K_f w_f}{K x_f},\ u=\ln C_{FD}$$

$$f(C_{FD})=\frac{1.65-0.328u+0.116u^2}{1+0.18u+0.064u^2+0.005u^3}$$

式中，C_{FD}为裂缝导流能力，无量纲；K_f 为裂缝渗透率，mD。

以三条裂缝为例，裂缝均匀分布，裂缝产量对称分布，假设 q_1 为裂缝 1 和 3 的流量，q_2 为裂缝 2 的流量，P_w 为井筒的流动压力，裂缝处相同，利用叠加原理，则有：

$$P_e^2-P_w^2=\frac{\mu_g Z_g T}{774.6Kh}[q_1\ln(2dr_{we})+q_2\ln d]$$

$$P_e^2-P_w^2=\frac{\mu_g Z_g T}{774.6Kh}(q_1\ln d^2+q_2\ln r_{we})$$

$$P_e^2 - P_w^2 = \frac{\mu_g Z_g T}{774.6Kh} q_t \ln r_e \tag{12.5}$$

整理式（12.5）得

$$\begin{aligned} \frac{q_1}{q_2} &= \frac{\ln(r_{we}/d)}{\ln(2r_{we}/d)} \\ q_{r1} &= \frac{\ln(r_{we}/d)}{2\ln(r_{we}/d)+\ln(2r_{we}/d)} \\ q_{r2} &= \frac{\ln(2r_{we}/d)}{2\ln(r_{we}/d)+\ln(2r_{we}/d)} \\ q_t &= \frac{774.6Kh}{\mu ZT}(P_e^2-P_w^2)/\left[\ln\frac{\bar{r}_e}{(2dr_{we})^{q_{r1}}d^{q_{r2}}}\right] \end{aligned} \tag{12.6}$$

式中，$q_{r1}=q_1/q_t$、$q_{r2}=q_2/q_t$ 分别为裂缝 1 和裂缝 3、裂缝 2 的产量占总产量的比例；q_t 为三条裂缝总产量，$10^4m^3/d$；$\bar{r}_e$ 为水平井等效波及半径，m；d 为裂缝间距，m。

根据以上理论公式和水平井相关参数（表 12.3），计算出定水平段长度条件下，不同压裂段数对应的水平井产量以及产量增量，见图 12.13。

表 12.3 水平井相关参数表

厚度 h/m	水平段长度 L/m	$\bar{r}_e$/m	气体黏度 μ/(mPa·s)	气藏温度 T/K	偏差系数	生产压差（$P_e^2-P_w^2$）/MPa^2
6	1000	500	0.023	378	0.99	240
裂缝渗透率 K_f/mD	裂缝宽度 w_f/m	裂缝半长 x_f/m	基质渗透率 K/mD	无因次导流能力 C_{FD}	f（C_{FD}）	当量井径 r_{we}/m
1000	0.005	100	0.9	0.055	3.99	0.824

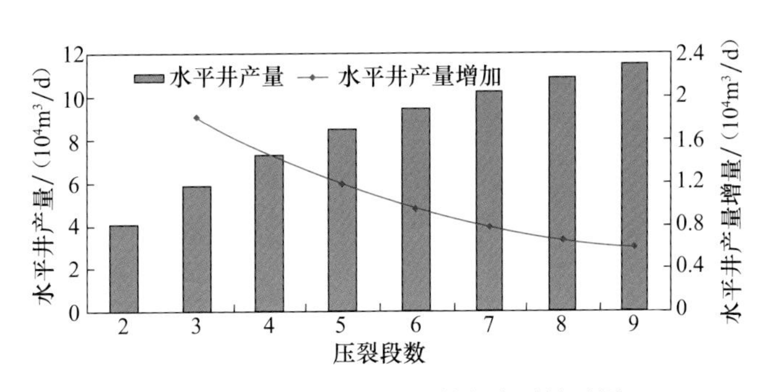

图 12.13 水平井压裂段数与产量关系图

由图（12.13）可知，1000m 水平段对应的合理压裂段数为 8～10 段。

2. 数值模拟法

在地质模型的基础上，应用数值模拟的方法设计两口水平井 W1 和 W2，每口井设计了 800m、1200m、1500m 和 1800m 四个水平段长度，每个长度均设计 3、4、5、6、7 段压裂段数组合方案，进行优化压裂段数研究。

模拟结果表明，每个水平段长度随着压裂段数的增加，稳产时间均逐渐增加，生产压差不断降低。当压裂段数为五段的时候，四个水平段长度的模拟结果均出现了拐点，因此，水平段长度为800～1800m的合理压裂段数为5～6段（图12.14）。

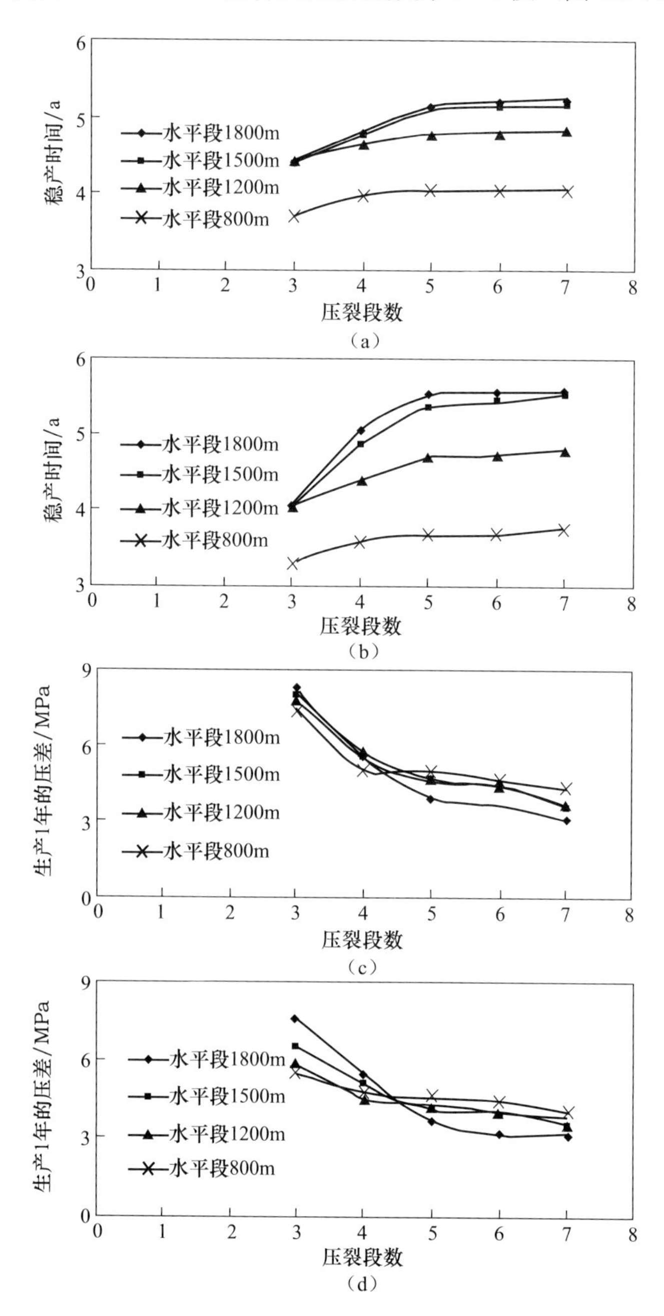

图12.14　水平井压裂段数及其生产指标模拟曲线

(a) W1井不同水平段长度的压裂段数和稳产时间关系图；(b) W2井不同水平段长度的压裂段数和稳产时间关系图；(c) W1井不同水平段长度的压裂段数和生产压差的关系；(d) W2井不同水平段长度的压裂段数和生产压差的关系

3. 国外成果借鉴

国外学者路易斯安那大学的 Bagherian 等（2010）提出用产量、累产和定义的 K 值进行压裂段数优化。k 值的定义：

$$k=\frac{Q_{cum}^{i}-Q_{cum}^{i-1}}{\lg t_i-\lg t_{i-1}}=\frac{q_i\times(t_i-t_{i-1})}{\lg\frac{t_i}{t_{i-1}}} \tag{12.7}$$

式中，k 为自定义值，代表某时间段内产量贡献，10^4m^3；Q_{cum} 为某时间段内的累计产量，10^4m^3；t 为生产时间，d；q 为某时间的日产量，$10^4m^3/d$。

假设某储层压力为 29.3MPa、温度为 82℃、孔隙度为 5%、有效厚度为 18.3m，分析渗透率、水平段长度、泄气面积等几个敏感因素对压裂段数优化的影响。

为研究渗透率对压裂段数的影响，设计水平段长度取 610m，泄气面积为 1.3km²，渗透率取 0.00043mD、0.002mD、0.011mD 进行模拟，模拟结果表明，渗透率为 0.00043mD、0.002mD、0.011mD 时的最优压裂段数分别为 8 段、7 段、6 段。

为研究水平段长度对压裂段数的影响，设计储层渗透率取 0.002mD，泄气面积为 1.3km²，水平段长度取 610m、914m、1524m 进行模拟，模拟结果表明，渗透率为 610m、914m、1524m 时的最优压裂段数为 7 段、9 段、大于 10 段。

为研究泄气面积对压裂段数的影响，设计水平段长度为 610m，储层渗透率取 0.002mD，泄气面积取 0.52km²、1.3km² 进行模拟，模拟结果表明，泄气面积取 0.52km²、1.3km² 时的最优压裂段数分别为 5 段、7 段。

根据水平段长度、渗透率及泄气面积对压裂段数的影响规律，结合苏里格气田水平井基本数据：地层压力为 28.5MPa，温度为 106℃，水平段长度为 1000m，渗透率 0.1mD（地下），泄气面积为 1km²，类比可知苏里格气田水平井压裂段数为 5～6 段。

综合上述分析，苏里格气田水平井水平段长度为 1000～1200m 时，合理的压裂段数为 5～10 段，相应的合理压裂间距应为 100～150m。

目前，苏里格气田水平井压裂间距仍按 100～150m 进行设计，下一步应积极开展微地震压裂监测，在技术趋于成熟、成本控制更加有效的基础上，进一步开展压裂间距优化研究，还要结合苏里格气田的地质条件开展非等间距压裂的研究和现场试验。

（四）水平井井网

目前，苏里格气田水平井主要有两种部署方式，一是选取局部有利位置分散部署，需要考虑与已钻直井的相互配置；二是选取有利区块整体集中部署，需要考虑水平井网的设计。水平井网设计时，首先应确定水平井的控制面积，按水平段平均长度 1000m 考虑，两个端点再向外侧各延伸 200m 左右的控制距离，则控制面积的长度为 1400m 左右；控制面积的宽度按照有效砂体的宽度考虑为 500～600m。实际上，根据致密储集层的压降传导顺序，从近井端到远井端，压力的波及范围近似梯形（图 12.15），所以在水平井网部署时，可考虑头尾对置的排列方式。

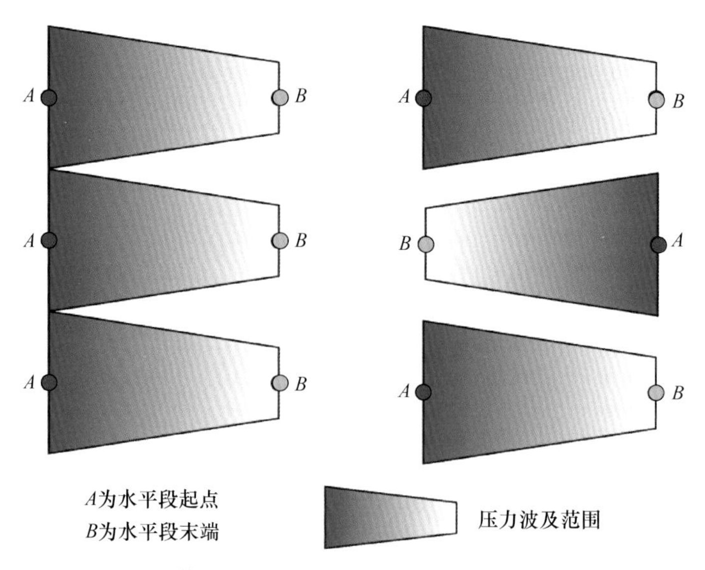

图 12.15　苏里格气田水平井压降平面与井网组合示意图

三、水平井提高单井控制储量和采收率机理分析

如前所述，目前苏里格气田水平井以钻遇一套有效砂体为主。那么与直井相比，水平井是提高了单井控制储量还是只提高了采气速度？水平井实钻剖面分析发现，在一套有效砂体内存在阻流带（图 12.16）。在直井开发方式下，压裂缝主要为 EW 向展布，难以克服南北两侧阻流带的影响，而使储量的动用程度不充分；水平井则可以钻穿 EW 向延伸、SN 向排列的阻流带，提高储量的动用程度，经数值模拟计算，水平井有效控

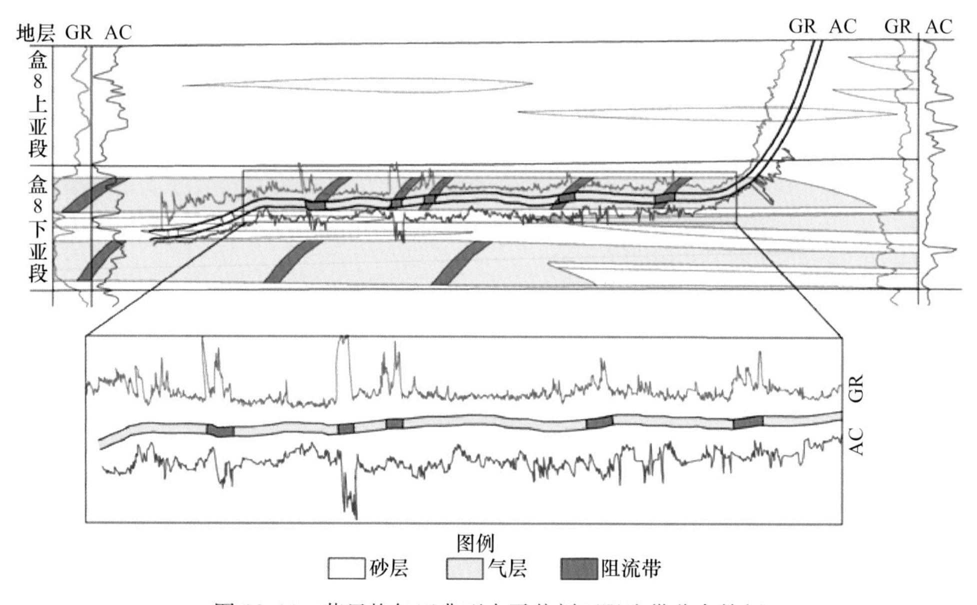

图 12.16　苏里格气田典型水平井剖面阻流带分布特征

制层段的采收率可达80%以上。水平井的动态储量可以达到直井动态储量的2～3倍，甚至更高，也验证了水平井钻穿阻流带提高储量动用程度的认识。另外，水平井压裂可沟通垂向上未钻遇的有效砂体，提高单井控制储量和采收率。

水平井与分段压裂技术的组合应用，虽然可以提高钻遇有效砂体及邻近井筒有效砂体的动用程度，但在垂向剖面上仍会剩余部分被较厚泥岩隔开的气层，这部分气层的储量又难以满足部署双分支水平井的经济要求，可以考虑组合应用水平井与定向井以提高储量整体动用程度。

第四节 致密砂岩天然气藏开发技术的应用

一、在苏里格气田开发中的应用

随着苏里格研究工作的不断深化，在苏里格气田开发评价和产能建设过程中提出了多个开发技术方案，推动了苏里格气田开发工作的不断发展，最具代表性的技术方案有三个。在气田开发评价早期为提高Ⅰ＋Ⅱ类井比例，提出了高效布井方案；为解决开发方案中的井网部署问题，在储层定量描述技术上提出了密井网试验方案，提高储量动用程度；在产能建设过程中，随着地质认识的不断深入和储层改造工艺的进步，提出水平井开发试验方案，较大幅度提高了单井产量。

（一）高效布井技术方案

针对苏里格气田地质特点，通过地质研究与地震储层预测相结合，形成了一套高效布井技术。该技术以砂体分级构型理论为指导，地质规律与二维数字地震预测相结合，坚持“高能河道带和含气性检测相结合、地震叠前和叠后预测相结合”的技术路线。在苏里格气田合作开发过程中得到了推广应用，统计苏里格气田2007年以来的钻井效果，Ⅰ＋Ⅱ类井比例得到明显提高，由攻关前的60%提高到75%左右。随着Ⅰ＋Ⅱ类井比例的提升，对单井日产量、单井累计产量和产能建设所需钻井数量等开发指标产生了积极影响。

（二）密井网试验方案

我国天然气开发传统上采用稀井高产的开发模式，但由于低渗气田单井控制储量低，并借鉴国外开发经验，需要采用小井距的开发模式。利用苏里格气田开发评价早期96口井的地质统计学规律，结合气田周缘露头资料研究，并在最初两排12口800m×1200m评价井的基础上，基本明确了苏里格气田有效砂体的空间分布特征，即各小层有效砂体钻遇率为30%左右，说明有效砂体以孤立状分布为主；通过露头资料、试井解释和辫状河储层定量地质学研究，认为有效砂体呈不规则椭圆状，宽度在几十米至数百米范围内，以300～500m为主，长度在百米到千米范围内，以400～700m为主；在800m×1200m井网条件下，井间储层是不连通的，仍有一部分有效砂体未能钻遇，有进一步加密的空间。

在该认识的基础上，选取苏 14、苏 6 两个区块，提出密井网变井距试验方案，对精细刻画有效砂体展布、规模尺度、叠置模式，论证气井的合理井网井距起到了重要的指导作用。在密井网试验成果的基础上，确定了苏里格气田的合理井网井距为 600m×800m。应用该井网编制了苏里格气田整体开发方案产能规模 $249\times10^8m^3$，稳产 20 年。通过井网优化，显著提高了储量的动用程度和采收率，为延长气田稳产期发挥了积极作用。

（三）水平井试验方案

随着气田储层地质特征认识的不断深入和水平井储层改造技术的不断进步，苏里格气田开发方式由直井开发为主逐渐向丛式井、水平井开发转变。经过多年的前期评价及攻关研究，苏里格气田在直井、丛式井开发上积累了一定的开发经验，形成了苏里格气田特色的富集区优选、高效布井等一系列开发技术。水平井开发方面也取得了一些进展，但仍处在探索阶段。为了攻克苏里格气田水平井开发关键技术，在水平井地质目标评价、水平井技术参数优化设计阶段研究成果的基础上，在苏里格东区三维地震区 $260km^2$ 的面积内设计了不同开发井型的开发试验方案。

考虑到实际的储层地质条件，试验方案按照水平井优先原则，在储层地质条件好的区域，优选布署水平井，尽可能提高纵横向储量动用程度，从而获得较高的采收率。试验方案包括三个方面：①有效砂体厚度为 4～8m、主力层不明显、多层叠置为主的区域，布署直井丛式井；②有效砂体厚度大于 6m、主力层明显的区域，部署水平井整体开发；③其余井控程度低的区域部署骨架井。共筛选出可整体部署水平井的区块 6 块，单块面积为 $4\sim28km^2$，合计面积为 $69km^2$。水平井水平段长度 1000m，压裂 5 段，采用 600m×1600m 井网，共部署水平井 68 口。通过水平井技术的应用，不但可以提高单井控制储量和单井产量，而且水平井可以克服有效砂体内租流带的影响，并通过人工压裂沟通部分井筒周围未钻遇的小型含气砂体，可以在一定程度上提高气田采收率。

二、在须家河组气藏和登娄库组气藏开发中的应用

（一）四川盆地川中地区须家河组气藏

须家河组气藏与苏里格气田相比，具有相似性，也具有差异性（表 12.4）。立足于须家河组气藏地质特征，借鉴苏里格气田开发经验，提出了须家河组气藏开发的技术路线，主要为：①开展气、水分布研究，优选富集区块；②在富集区内采用 800～1000m 井距，丛式井布井；③在有利区块优选水平井，多段压裂；须 6 段气藏厚层块状储层采用大型压裂，须 2 段多层储层采用分层压裂；富气区应控制生产压差，延长无水采气期；④气、水同层区一方面要优化射孔，减少高含水层的动用，初期可适当放大生产压差，利用地层能量带水生产，中后期加强排水采气，延长气井寿命。截至 2010 年年底，在广安气田和合川气田共优选有利区块 $252km^2$，地质储量为 $820\times10^4m^3$，建成生产能力 $20\times10^8m^3$，2010 年产量 $10\times10^8m^3$，为西南油气田年产量保持 $150\times10^8m^3$ 以上发挥了重要作用。

表 12.4 苏里格气田、合川气田须家河组气藏特征参数对比表

参数	合川须家河组气田	苏里格气田
砂层	厚层块状，厚约为 100m，泥岩隔夹层不发育	砂泥岩互层，砂岩厚为 30～50m
气层	单层厚为 2～5m，累计厚度为 21m，一定井区范围内连通性较好	单层厚为 2～5m，累计厚为 10m，孤立状分散分布
物性	气层平均孔隙度为 8.36%、平均空气渗透率为 0.27mD	气层平均孔隙度为 7.8%、平均空气渗透率为 0.63mD
裂缝	局部有裂缝	裂缝不发育
含水饱和度	S_w 为 50%～65%，普遍存在可动水	S_w 为 30%～50%，以束缚水为主
气水层分布	气层主要分布在构造高部位，构造翼部以气、水同层为主	除西部局部区块有残余地层水外，整体地层水不活跃
生产特征	构造高部位气井日产气 2×10^4～$3\times10^4m^3$，水气比为 $1m^3/10^4m^3$；构造翼部气井日产气小于 $1\times10^4m^3$，水气比大于 $5m^3/10^4m^3$	气井平均日产气 $1\times10^4m^3$，水气比为 $0.5m^3/10^4m^3$

（二）松辽盆地南部登娄库组气藏

长岭气田登娄库组气藏作为吉林油田深层碎屑岩天然气的典型代表，是吉林油田目前现实的上产领域，其有效开发能够极大地带动整个深层碎屑岩的勘探开发进程。长岭气田区域构造位于松辽盆地南部长岭断陷中部隆起带，2007 年提交天然气探明地质储量 $172.88\times10^8m^3$，叠合含气面积为 $33.31km^2$，有效厚度为 50.5m，孔隙度为 2%～7%，渗透率为 0.1～0.3mD，含气饱和度为 55%～65%。

登娄库组气藏与苏里格气田相比，储层物性较低，但储层发育层段稳定、储层厚度和储量丰度大。借鉴苏里格气田开发技术经验，在登娄库组气藏含气范围内通过密井网、多层压裂技术的实施可实现有效开发。登娄库组气藏直井单井动态储量为 2000×10^4～$4000\times10^4m^3$，合理配产为 1×10^4～$3\times10^4m^3/d$。但登娄库组气藏与苏里格相比，其主力层段明显，中部砂岩段储量占整体的 70%左右，且该砂岩段横向分布稳定，内部泥岩夹层不发育，适合水平井开发。通过 1000m 水平段、分压 10 段的开发试验，单井无阻流量达到 $42.8\times10^4m^3/d$。通过对气田地质认识的进一步深入及工艺水平的不断进步，水平井的有效储层钻遇率、水平段长度、压裂段数等有进一步提升的空间，对水平井的产能都有积极的影响，可保证水平井实现较高产能的稳定产量。

参考文献

何东博，贾爱林，冀光，等. 2013. 苏里格大型致密砂岩气田开发井型井网技术. 石油勘探与开发，40（1）：79-89.

李波，贾爱林，何东博，等. 2015. 苏里格气田强非均质性致密气藏水平井产能评价. 天然气地球科学，26（3）：539-549.

卢涛，张吉，李跃刚，等. 2013. 苏里格气田致密砂岩气藏水平井开发技术及展望. 天然气工业，33（8）：38-43.

Bagherian B, Ghalambor A, Sarmadivaleh M, et al. 2010. Optimization of multiple-fractured horizontal tight gas well//SPE International Symposium and Exhibiton on Formation Damage Control. Society of Petroleum Engineers.

Stotts G W J, Anderson D M, Mattar L. 2007. Evaluating and developing tight gas reserves-best practices//Rocky Mountain Oil & Gas Technology Symposium. Society of Petroleum Engineers.